径路の幾何学と素粒子論

メンスキー著
菅野公男訳
町田　茂監訳

物理学叢書
55

吉岡書店

М. Б. МЕНСКИЙ

ГРУППА ПУТЕЙ
ИЗМЕРЕНИЯ • ПОЛЯ • ЧАСТИЦЫ

МОСКВА «НАУКА»
ГЛАВНАЯ РЕДАКЦИЯ
ФИЗИКО-МАТЕМАТИЧЕСКОЙ ЛИТЕРАТУРЫ
1983

父母に捧げる

目　　次

第4章　振動子のスペクトル観測

第II部　ゲージ理論と重力理論における径路群

第5章　ゲージ場とその幾何学的解釈

第6章　径路群とゲージ場における粒子の局所(運動学)的性質

第7章　非ユークリッド位相をもつ空間におけるゲージ場

第8章　2-径路の群と量子論的紐

第9章 ゲージ場内の粒子の状態とその群論的解釈

第10章 重力と径路群

第11章　軌道の半群と径路積分の導出

第12章　結び・未解決の問題

訳者序

はじめに原著について述べておきます．エム・ベ・メンスキー著“径路の群・観測・場・粒子”（モスクワ，《ナウカ》社，1983年）の翻訳原稿を書き終えるのと前後して（1986年），全面的に書き改められた第8章と新たに追加された第11章との原稿，ならびに訂正箇所の指示が記入されたテキストが著者から届きました．かくして，本書は，いずれソ連でも出版されると予想される改訂版の翻訳になっています（本書の p.450 で言及されている英語版の第8章とは，本書に訳出した，改訂後の第8章を指しています．英語版については確かな情報が得られず，参照することはできませんでした）．本書のタイトル中に，幾何学という語を用いたことは，幾何学を代数学に帰着させうることをもって自己の理論の特色のひとつとする原著者の意に反するかも知れませんが，できるだけ多くの方々に関心を持っていただこうとした結果です．

次に，記法，記号，訳語についてお断わりしておきます．p.132 では，$pL=\{pl|l\in L\}$で右剰余類が定義されています．これは，たとえば，ポントリャーギンの連続群論の§2に与えられているものとは左右が逆になっています．また，因子空間が，p.132 では P/L，p.399 では $K\backslash G$ のように書かれています．訂正したり統一することは控えました．ご諒解ください．訳語では，英訳すれば space-carrier なる語が群の表現空間の意味で用いられており，これを台空間と訳しておきました．関数の support と混同されることはないと思います．人名を，ロシア文字から片仮名に書きなおすとき，誤りが生じる恐れがあり（たとえば，アハロノフは，ロシア文字では，アアロノフの

音を持つ文字で表わされています)，それゆえ参考文献は原著から，そのまま転載しました．

町田茂先生は，快く監訳者をお引き受けくださり，拙い原稿に目を通してくださいました．学問上はもとより，出版社と訳者との仲介など，先生のお力添えがなければ，本書が世に出ることは不可能でした．心からお礼を申しあげます．また，友人川本宏氏の勧めがなかったら，この仕事は始まることはありませんでした．彼から与えられた「最初の一“言”」と，度々の励ましに感謝します．長い間お世話してくださった吉岡書店編集部の上川正司氏はじめ，校正，印刷に携わってくださったすべての方々にもお礼を申しあげます．

1988年9月

菅野 公男

序　　文

本書では，観測の量子論，ゲージ場および重力の理論における広範囲の問題が検討されている．このように異なる領域を扱っているにもかかわらず，本書ではそれらが自然な仕方で統一されている．著者がそれに成功したのは，径路を要素とする空間に基礎を置く，ある数学的方法をこれらの問題に応用したからである．観測の理論における諸問題では，この空間における積分が重要な役割を演じ，場の理論における諸問題では，その群論的性質が要となる働きをする．後者は，著者によって，径路群の概念としてまとめあげられている．

先に触れた諸問題に創造的な仕方でとりくむことによって著者はそれらに新しくかつ多くの点で意外な観点から光をあてることに成功する一方，ある場合には実際的に重要な問題を提起し，また解くことにも成功している．このようにして本書の第Ｉ部では物理的に大変明瞭な仕方で，時間的に連続して行われる観測の量子論が定式化され，第II部では，これまで用いられてきた微分幾何学の用語にくらべて物理学者にとっては概念的に受け入れやすい代数的基礎のもとに，ゲージ場と重力場およびそれらの中を運動する粒子の理論が構築されている．本書の大部分は，ほとんど全くと言ってよいほど引用されている文献では光があてられなかった問題にあてられており，その内容のかなりの部分が著者自身の研究に基づくものである．

エム.ベ.メンスキーのこの本は物理学者を対象としている．本書では現代の数学的方法が持つ精妙さと美しさとが極限的とも言える物理的解釈の明晰さと結合されている．著者は物理学者にとってなじみ深い言葉で群論的扱い方の原理的側面の多くを語るのに成功すると同時に，考察下の物理的課題にとってこの扱い方が単純でかつ自然でもあることを証明している．径路積分の理論の基礎は本書において最も明晰に説明されている．その上著者は≪有限範囲内の≫，すなわち径路空間の有界な領域での積分を一貫して利用することによって，この方法が応用できる範囲を本質的に拡大することができた．

本書は，理論物理学者にも，量子力学，場の量子論を専攻する学生，大学院生にも興味深くかつ有用なものとして読むことができるものであると言える．

アカデミー会員

エヌ・エヌ・ボゴリューボフ

著者から

本書では１）ファインマンの径路積分に基づく連続観測の計算；２）外場としてのゲージ場と重力場の中の粒子を径路群を基礎として記述すること，というふたつの領域の問題を検討する．これらの問題をそれぞれ第Ｉ部と第II部で考察するが，第Ｉ部と第II部は切り離して読んでよい．どちらの場合でも径路の理論形式が用いられる．観測の理論で要となるのは径路の空間上の測度であり，ゲージ理論と重力理論ではこの空間の群論的構造が重要である．しかしながら，数学的観点からも物理学的観点からも，本書のふたつの部分で検討する諸問題の間には深い関係がある．

観測の量子論は量子力学の本質的部分であり，量子力学を理解するために極めて重要である．それにもかかわらず，観測の量子論は今日でもなお，満足すべき状態からほど遠いところにある．近年，観測の量子論への関心は著しく高まってきている．これは，量子論を更に発展させるためには，その基礎をもっと深く理解することが必要であるということと結びついている．これはまた，実験の正確さ，観測の精度に対する実践的な要求とも関係しており，このような正確さや精度を高めるためには，観測誤差の評価を行なう際に量子効果を考慮する必要があるのである．

本書の第Ｉ部では，観測の量子論を構成するために，確率振幅の計算とファインマンの径路積分の応用を試みる．もっと正確に言えば，観測される系がある状態から他の状態に遷移する振幅は径路のある族にわたる積分で表現されるのである（全く観測が行なわれない場合と違って，すべての径路にわたる積分ではない）．時間的に連続して行なわれる観測のような困難な課題は，これによって自然な仕方でかつ簡単に解きうるものとなる．この方法によれば，被観測系への観測装置の影響(被観測系の状態の収縮)は自動的にとり入れられることになる．具体的な観測，つまり系の位置観測と系の運動のスペクトル成分の観測に応用できる新しい計算方法がつくり上げられる．被観測系としては，例として調和振動子およびふたつの調和振動子の結合系を考察する．

ゲージ場と重力の理論は現在の量子論の中心課題であって，そこには多くの新しい数学的な，そしてまた物理学的なアイディアが統一されている．近年，ゲージ理論においては，マンデルスタムにより提唱された径路の理論形式と径路に依存する関数とが一層広く使われている．この理論形式では，関数(場)は時空の点にではなく，この点に終る径路に依存している．

本書の第II部では，この理論形式に新しい数学的根拠を与える試みを行ない，これによって理論形式をさらに発展させる．新しい根拠とは著者が提唱した，並進群の一般化である径路群である．径路群とその表現とを用いると，マンデルスタムの諸論文に現われていた多くの複雑さと作為的構成を排して，径路の理論形式を本質的に強固なものとすることができる．ミンコフスキー空間における径路群は通常のゲージ場にも重力場にも共通かつ有用であることが明らかにされる．

径路群を基礎にとれば，ミンコフスキー空間においてのみならず，標準的ではない位相をもつ空間においても，ゲージ場を自然な仕方で記述できる．これによって，アハロノフ-ボーム効果，磁気単極，捩れた粒子，一般化されたブロッホ関数のような物理現象や概念を明解に記述できる．径路群の多次元的一般化(2次の径路の群など)は非アーベル的微分形式の分類と分析のための自然な手段であることが示される．さらにこの一般化を行なうと非アーベル的形式の一般化も，より高い次元と結びついた類似のゲージ場の導入も可能になる．このような一般化されたゲージ場は弦，膜等の，場の量子論に現われる非局所的量子的対象の理論において重要な役割を果たすに違いない．このような構想の枠内で，第8章では，紐の運動学と力学を分析しよう．このような対象の非局所的性質は，少なくとも定性的には，閉じ込めを明らかにするクォークの模型をつくる可能性を与える．

以前に出版した著者の本〔37〕の表紙には，ド・ジッター空間とそこにおける粒子の軌道を象徴的に図示してある．（図1，a）しかしながら，その本の他の箇所では粒子の軌道はずらせて描かれており，あたかも時空の外に存在するかのようである．（図1，b）．著者はそれを良い前兆であると受け取った，というのは当時はすでに径路依存の理論形式を群論的にとらえ直す仕事をしていたからである（著者は〔37〕のしめくくりで，このことに言及しておいた）．意味するところは，時空多様体は実在を近似的にしか記述しないということである．より正しい描像は軌道からなる網によって，もっと正確には軌道の各配置にある確率振幅を与える関数によって得られる．幾何学は軌道の網の分布を表わす確率振幅の特性としてのみ現われるが，それはこの分布*の極限状態を反映する．

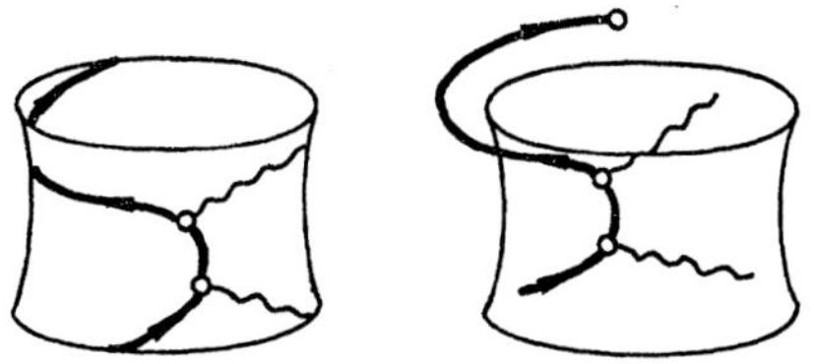

a）　　b）

図1.

多くの人により指摘されていることだが，径路群とその表現は理論における局所的要素と大域的要素とを同一の水準に持ち込み，同一の用語で記述する技術である．したがって，まさにこの技術こそ理論の局所的側面と大域的側面との相互関係の研究にうってつけなのである．このような相互関係を明らかにする例は，ゲージ的に帯電した粒子の局所的性質をループからなる部分群の表現を用いて記述することがそうである（第6章）．時空の唯一点に（仮想的に）存在する粒子の性質は，この点から出てこの点にもどるループの助けを借りて記述されることが示される．一点に存在する粒子は，ループの助けで全時空をいわば触知し，このような触知の結果としてのみ粒子の局所的性質（すなわち，その運動学，特に共変微分の形）が生じる．

* 軌道あるいは径路は通常のミンコフスキー空間内の曲線で与えられるが，ミンコフスキー空間は時空とは決して同一されえず，すこし後で分かるように時空の任意の接空間のモデルである．

ここで提唱している理論形式の重要で特徴的な面は，内部対称性がひとつの普遍的群，つまり径路群のさまざまな表現を記述する際に現れるということ，さらには，その直接的な時空的解釈をも可能にするところにある．したがって内部対称性を要請する必要はなくなる．それらは，以前に考えられていたよりはるかに豊かな時空構造の現れとして必然的に得られる．この構造は，点からなる時空多様体によってではなく，それに作用する径路群を伴う，径路を要素とする空間によって記述される．

重力を考えるときには構造は複雑になる，というのはローレンツ群を完全に分離すること，他から切り離してひとつの因子として考えることは不可能だからである．そのかわりに，それを径路群と統一して一般化されたポアンカレ群を考察しなければならない．しかしながら，内部対称性も場（ゲージ場と重力場）も，この普遍的時空群の現れとしてのみ生じることは従前通りである．このことを考えると，径路群とそのさまざまな一般化は，現在の理論にとり入れられているよりはもっと詳細な時空関係を調べるための有効な道具になりうる．重要なのは，このような研究が，これまでに成功した以上に大きな規模で物質を幾何学に帰着させることになるかもしれないことである．

第II部で考察される径路群と第I部で扱われる径路積分との間の関係について若干述べておこう．このような関係は第9，第10章で調べる．そこで分かることだが，外場の中の粒子に対する径路積分は，自由粒子に対する径路積分の表式で，積分記号下に径路群の適当な表現を代入すれば得られる．実際には径路の理論形式のこれらふたつの側面の間にはもっと密な関係がある．媒介変数表示の仕方の異なる径路を互いに同じものとみなさなければ，ある媒介変数をもつ一群の径路が得られるが，それはもはや群ではなくて半群である．とはいえ，径路積分を群論的に基礎づけるには，つまりファインマン積分を重み乗数 $\exp(iS)$ をも含めて導出するにはこれで十分である．このようにして，媒介変数表示された径路の半群は，群論的考察から運動学だけでなく外場の中における粒子の力学をも導出せしめる．この結果の詳しい考察と，径路群を考察する際自然に生じる若干の問題については結章（第12章）に述べてある．

本書のもとになっているのは昨年国立モスクワ大学で著者が行なった講義である．本書のために内容を本質的に書きあらため加筆した．

本書は「物理学的レベル」で書かれている．基本的目的は既知の数学的構造と新しいそれとを記述し，その物理的内容を分析することであった．数学的観点から証明を厳密に行なうことはおろか，定義と命題の定式化を正確にすることさえ，この課題を達成させなかったであろうし，この本を読みうる読者の範囲を著しく狭めることになったであろう．したがって，これらの正確化は，可能な場合でも行なわなかった．その上，証明の概略しか与えられていない場合もしばしばである．数学者にとっては，本書で述べた諸結果の厳密な証明が容易であることは疑いない．もちろん，その際には，多くの場合に，問題としている概念をもっと正確に定義しなければならないし，命題と定理の適用範囲を述べておかなければならない．

本書の内容は易しいとは決して言えないが，専攻分野でも数学的素養の点でも異なる階層の読者を想定して書かれている．著者の目的は，本書をすべての階層の読者に受け入れられるものにすることにあった．そのため，各章をできるだけ独立して読めるように特別の努力をはらった．若干の説明と公式とが，章や節が異なれば異なる形でくり返されているのは，そのためである．そのようなわけで，本の分量が幾分増したが，そのかわり，目的に応じて斜めに，あるいは選択的に読むことができる．

参考文献は決して完全ではない．研究に直接利用した論文の他に，ある種のリスト，書籍，そして著者が何らかの理由で本書に関係ありとみなした論文も引用してある．本書では多くの問題が新しい視点から考察されているので，重要でかつ広く引用されている論文のうちで文献表から落ちているものもあるが，お許し願いたい．

第I部では通常の単位系を用いるが，第II部では，(特に断らない限り) $c=\hbar=1$ とした単位を用いる．星印(*)は，はじめて読む際には，とばしてもよい節を示している．

この機会に，研究を支持して下さったエヌ・エヌ・ボゴリューボフ，多くの原理的問題の解決に有用な議論の相手をして下さった多数の物理学者，数学者の皆様に深い感謝の意を表する．特に，エス・ペ・ノヴィコフ，ヴェ・ベ・ブラギンスキー，ア・ア・スラヴノフ，イ・ヤ・アレフィエヴァ，ヴェ・エヌ・ルデェンコ，ユ・エム・ジノヴィエフに感謝する．また，ヴェ・ペ・パヴロフには心から御礼を言いたい．彼は原稿を通読し多くの有益な注意を与えてくれた．もしも，父，ベ・エム・メンスキーの精神的な励ましがなかったら，この本が出るのはずっと遅くなったか，または全く世に出ることはなかったであろうことは確かである．早過ぎた死のために，彼は本書を目にすることができなかった．父への感謝の念が消え去ることは無い．

エム・ベ・メンスキー

第1章　序論・概要

本書の内容は伝統的には互いにかけ離れたものとみなされている理論物理学のふたつの領域を含んでいる：1)観測の量子論；2)ゲージ理論と重力，がそれである．しかしながら，これらは，本書においては一般的数学的理論形式で統一されており，このことは両者の間に深い物理的関係があることを示している．

上述のふたつの対象へのアプローチの基礎にあるのは**径路の理論形式**である．この用語は物理学者にはまず第一にファインマンの径路積分を思い出させる．しかし60年代からは，この径路の理論形式は第二の側面，すなわち，径路に依存するマンデルスタム関数をもつようになった．次のことを示そう．1)有限範囲の径路積分は連続的観測の量子論を構築せしめる．2)径路を変数とするマンデルスタム関数は，著者が70年代に定義した，いわゆる《径路群》の表現論において生じるものと同じである．径路群に基づいてゲージ場と重力場の理論を発展させることができる．更には，群論的アプローチには，どのような新しい可能性が隠されているのか．以上の 1)と 2)の問題は独立した意義を有しており，（それぞれ第Ⅰ部と第Ⅱ部で）全く別々に説明される．それ故に，観測の理論に興味のない読者は，次の §1 はとばして，§2 を読んだのち直ちに第Ⅱ部に移ってよい．本章の目的は，本書で考察される諸問題を一般的に（それ故必然的に不完全かつ表面的に）示すことである．

§1.　径路積分と連続的観測

径路積分または軌道に沿っての積分は，量子力学の定式化のひとつとしてリチャード・ファインマン〔11, 12〕によってはじめて提唱された．この方法の本質は，量子系が一点から他の点に移る確率振幅 $A(x, x')$ は，これらの点* を結ぶ径路に沿う遷移確率振幅の和によって与えられる，とする点にある．アイディアは極めて単純である．系は点 x から点 x' へ，これらの点を結ぶ任意の径路$\{x\}$に沿って移ることができる．ファインマンの仮説によれば，径路$\{x\}$に沿う移行の確率振幅は

$$A\{x\}=e^{\frac{i}{\hbar}S\{x\}} \tag{1.1}$$

に等しい．ここに $\hbar$ はプランクの定数（作用量子）であり，$S\{x\}$ は作用積分（または作用汎関数）であり，与えられた径路に沿って次式で与えられる：

$$S\{x\}=\int_0^{\tau}dt\left[\frac{m}{2}\dot{x}^2-U(x, t)\right].$$

点 x から点 x' への移行の全確率振幅を求めるには，すべての可能な移行の振幅をたし合わせなければならない，すなわち，すべての径路に沿う積分

$$A(x', x)=\int d\{x\}A\{x\}=\int d\{x\}\,e^{\frac{i}{\hbar}S\{x\}} \tag{1.2}$$

をとらねばならない．径路に沿う積分を計算するために，ファインマンは首尾一貫した手続きを提案しているが，それを詳述するのは，しばらく先にしよう．この処方は数学者が用いている積分とか測度の厳密な概念に対応するものではないことだけ，ここで指摘しておく．それにもかかわらず，言葉の煩雑さを避けるために，物理学者は (1.2) の型の対象を径路積分と呼ぶのである．本書でもそのように呼ぶことにする．

技術的には，径路に沿う積分(和)遂行の処方はかなり複雑であるが，ファインマンの仮説は普通の量子力学と同値である．それ故，はじめのうちは，ファインマンのアプローチは実際上いかなる長所も持たなかったのである．しかし原理的重要性はそもそもの初めから明らかであった．それは，古典理

---

* 量子系またはそれが運動する空間は任意であるが，基礎となるアイディアを理解するためには1次元の量子系を考察すれば十分である．以下では1次元の系のみを扱うが，任意自由度の場合への一般化は困難ではない．

論の術語で記述される可能事象によって量子的遷移の特質を描くことができた点にある．実際，定まった軌道に沿う移行は古典理論に特有である．移行の量子的特質は，古典的軌道について和をとった後にはじめて現れる．かくして，量子化の本質は**確率振幅**の概念，振幅の和をとる規則，そして基本的振幅(1.1)に集中している．

可能事象(軌道)のもつ古典的性格が，ファインマンのアプローチでは計算を著しく一目瞭然たらしめることは大変重要である．最も単純な場合には，この見通しのよさは大して重要ではないとしても，計算の各段階で物理的意味を深く理解することが必要である込み入った状況下では，ファインマンのアプローチはすぐれた点をもっている．それは，例えば理論の種々の一般化の際に，すなわち，しっかりと確立された合法則性の範囲外に出ようという試みをする際に重要となる．第I部で示すように，このアプローチは（時間的に引き続き行われる）**連続的観測**の量子論を構築する際に効能を発揮する．〔81-83〕．位置の追跡（**径路の観測**）を例として，これを明らかにしよう．

積分 (1.2) の中にはすべての径路が同等の資格で入っている．このことは，まさにどの径路に沿って系が運動するのかを明らかにするいかなる可能性も原理的に存在しないという状況を特徴づけるものである．時間 $0 \leqq t \leqq \tau$ の間に粒子が点 x から点 x' へ運動するのを座標を用いて追跡したとしてみよう．明らかに，この結果として粒子がどの径路を通ったか，の情報が得られ，それゆえ様々な径路が同等の資格で振幅を表す式に入るわけにはゆかなくなる．この情報を考慮すると，積分は特別な一群の径路について行なうか，またはすべての径路に適当な重み関数を与えて行なわなければならなくなる．

誤解を避けるために，まず，位置の追跡がいかなる意味をもつものかを明らかにせねばならない，というのは，例えば素粒子に対してこのような観測が原理的に可能かどうか疑わしいからである．《位置の追跡》という語が最も明らかな意味をもつのは巨視系における観測を問題にする場合である．巨視系は量子的性質をもたず，それ故その記述には径路積分は不要であると考えがちである．しかし，そうではない．実際にはすべての物理量は量子的である．しかし巨視系を観測する際には量子的性質を考慮に入れるのは困難である，というのは巨視系のパラメーターは量子的尺度に特徴的な量に比してはるかに大きいからである．特に巨視系の作用は作用量子 $\hbar$ よりもはるかに大きい．重要なのはこのことではなく，巨視系で観測を行なうと量子的ゆらぎが全く意味を失うような測定誤差が生じるのが普通であることである．例えば，それに対する作用積分が $\hbar$ の桁まで正確に分かるほど詳しく巨視系の運動を観測するのはむつかしい．

しかし，これらの考察からすでに明らかなように，もし十分に高い精度でその運動を測定するならば，巨視系の量子性は明らかに示される．測定器具を高度化するのに応じて，測定精度は高まる．現在の精密な測定は，量子効果が顕著になるばかりでなく，これから先精度を高めようとすれば，この量子効果が本質的障害となるような水準に達している．特に，測定精度への量子的限界は重力アンテナ(重力波検出の能力をもつ装置)の設計と関連して真剣に研究されている．この問題のより詳細な考究と若干の引用はのちほど行なう．(第I部への注解を見よ)．

このようにして巨視系に関しては位置の追跡は明白な意味をもつが，追跡を十分正確にするためには量子効果を考慮しなければならない．測定される系が素粒子である場合でさえも位置追跡はある有限な正確さで行なうことができる．それにはウィルソンの霧箱とか泡箱を用いればよい．これらのかわりに，inductance pick-up を近接してならべてもよい．これは電子を吸収せず，電子の飛跡を記録するのである．各 pick-up に誘導される電流がつくる場は電子の飛跡に影響を与えるが，これはまさに観測系が量子系に与える除去できない影響であって，不確定性原理により記述される．この影響下での状態の変化は，いわゆる**状態の収縮**，または**波束の収縮**である．径路積分の方法では収縮は自動的にとり入れられる．

原理的に重要なことは，測定が有限な正確さでしか行なわれ得ないということである．位置追跡が Δa の正確さでなされるとする．もし追跡の結果として $\{a\}=\{a(t)|0\leqq t\leqq\tau\}$ が得られたとすれば，これは点 x から点 x' への移行が条件 $|x(t)-a(t)|\lesssim\Delta a$ を満たす径路 $\{x\}$ のうちの一つに沿って行なわれたことを意味する．これはまたすべての径路で覆われている空間の中

に，ある帯状領域を選び出したということ，および粒子がこの帯状領域からはみ出すことがないのは十分に明らかであること，のふたつを意味している．径路からなるこの帯状領域を α と記そう．明らかに，帯状領域 α は径路 $\{a\}$ よりも，測定結果を表わすのに適している，というのはそれは測定精度と測定結果の両方についての情報を含んでいるからである．

もしも位置追跡の結果が径路の帯状領域 α に対応するならば，粒子は疑いなくこの帯状領域の範囲内を伝わって行ったのである．この場合，点 x から点 x' への移行の確率振幅は帯状領域 α の中にある径路についてだけの積分，または重みつきの積分：

$$A_\alpha(x',\ x)=\int_\alpha d\{x\}\, e^{\frac{i}{\hbar}S\{x\}}=\int d\{x\}\rho_\alpha\{x\}\, e^{\frac{i}{\hbar}S\{x\}} \tag{1.3}$$

で表わされる．ここに $\rho_\alpha\{x\}$ は帯状領域 α 内の径路については1に近く，帯状領域の外では急速に減少する関数である．もしも測定結果が分かっているならば，公式 (1.3) は系がある点から他の点に移る確率振幅を与える．もしも測定がまだ行なわれていないのであれば，同じ公式が何らかの測定結果に対する確率振幅を与える，すなわち，位置追跡の(確率的)予言を可能にする．振幅から**確率**を得るためには，絶対値の2乗を計算すればよい．かくして，量

$$P_{x',\,x}(\alpha)=|A_\alpha(x',\ x)|^2$$

は，系が点 x に始まり点 x' に終るという条件下で位置追跡を行なうときの任意の結果 α に対する確率となる．

後程この確率分布を詳しく調べることにしよう．しかし今の時点でも極端な場合には計算を全くしなくてもそれを分析することができる．径路 $\{\xi\}$ は x と x' とを両端とする作用の極値曲線とせよ，すなわち

$$m\ddot{\xi}=-\frac{\partial U(\xi,\ t)}{\partial \xi}$$

$$\xi(0)=x, \qquad \xi(\tau)=x'$$

とせよ．積分 (1.2) に寄与するのは $\{\xi\}$ に近い径路だけである，というのは他の径路に対しては作用 $S\{x\}$ は径路が変わるごとに急速に変化し，因数

$\exp(iS/\hbar)$は速く振動するからである．遷移の全確率振幅(1.2)に寄与する帯状領域の幅はΔa_qに等しいとしよう．この帯状領域の中央に径路$\{\xi\}$がある．この帯状領域を$\alpha_q=(\{\xi\},\Delta a_q)$と記そう．定義によって$A_{\alpha q}\approx A$(振幅の記号中で両端を表す$x$と$x'$とを省略した．) これは帯状領域$\alpha_q$についての積分は径路全部についての積分に近い値をもつことを意味している．帯状領域α_qよりもはるかに広い幅をもつ帯状領域αを考えてみよう，すなわち，$\Delta a\gg\Delta a_q$としよう．もし$\alpha_q\subset\alpha$，つまり古典的軌道$\{\xi\}$が帯状領域αの範囲内にありさえすれば，$A_\alpha\approx A$は明らかである．そうでない場合には$A_\alpha\approx 0$である．

我々は純粋に古典的な結論を得る：位置追跡の結果，古典的軌道$\{\xi\}$からのずれが測定装置の精度を特徴づける大きさΔaを越えない径路$\{a\}$が得られる．この結果は，$\Delta a\gg\Delta a_q$のとき，正しい．

もし測定装置の誤差が量子的誤差より小さくて$\Delta a\ll\Delta a_q$ならば，定性的に異なる結果が得られる．この場合には帯状領域αは量子的帯状領域α_qよりはるかに狭い．もし$\alpha\subset\alpha_q$ならば，すなわち測定結果$\{a\}$が古典軌道$\{\xi\}$からΔa_q以上はずれないならば，振幅A_αは大きい．しかしαが帯状領域α_qの外にはみ出しているときには，αのような細い帯状領域内そのものの中で乗数$\exp(iS/\hbar)$が互いに打ち消しあうには，作用積分の≪変化の速度≫はまだ不十分である．そして$\{a\}$が著しく(Δa_q以上，したがって当然またΔa以上)離れているときにのみ，作用の変化速度は十分に大きくなり，振動は互いに打ち消しあって，振幅A_qは減少する．したがって$\Delta a\ll\Delta a_q$の場合には，古典軌道$\{\xi\}$からのずれが測定誤差ΔaどころかΔa_qよりも大きな測定結果$\{a\}$が有限確率で現れる．$\Delta a\to 0$の極限では，振幅A_αは任意の$\{a\}$の測定結果と同じ絶対値をもつ．この場合には，測定結果は帯状領域ではなくて，ひとつの特別な径路$\{a\}$によって特徴づけられるといってよい．そして，もともとのファインマンの仮説により，様々な径路の確率振幅$\exp\{iS\{a\}/\hbar\}$は位相因子だけが異なり絶対値は同じである．

この結果の解釈は明らかである．測定精度があまりに高いとき，つまり$\Delta a\ll\Delta a_q$のときには，測定は量子系の振舞いに強く作用し，系はその古典的軌道から遠く離れることができる．この場合，測定装置の影響下での状態の変化(収縮)は系の振舞いを著しく変様させ，それを古典的軌道から逸らせてしまうといってよかろう．

このようにして位置測定の低い精度，$\Delta a \gg \Delta a_q$ は測定器機の誤差に起因する測定結果のばらつきとなり，あまりに高い精度，$\Delta a \ll \Delta a_q$ は量子系への測定装置の影響に起因する測定結果のばらつきとなる．最小のばらつき(Δa_q に等しい)は測定器機の精度が量子的切断に等しい，つまり $\Delta a \approx \Delta a_q$ の場合に得られる．測定のこのような条件は，測定時の量子的雑音の観点から最適である．量子的切断 Δa_q の大きさは条件 $A_{\alpha_q} \approx A$ で定義されていることを想起しよう．

径路積分を位置追跡(径路の観測)の計算に応用するのは極めて自然であるが，実際にはこの方法の応用範囲はもっと広い．量子系における連続的観測の結果を，径路のある一部または径路の空間における重み関数を指定して定式化することができる場合には，どんな場合であれ確率計算に径路積分を応用することができる．本書の第I部では，それを径路の観測の計算だけでなく，簡単な系のスペクトル観測の計算にも応用する．

量子論的観測の理論において径路積分の方法が有する，際立って自然な長所は観測装置の作用下で生じる状態の変化(波束の収縮)を自動的に考慮に入れることができる点にある．通常のオブザーバブルを観測する際の収縮は伝統的なオペレーター形式で扱うことができる．しかし，このオブザーバブルを連続的に観測して記述するに際しては，非常に多くの，オブザーバブルの瞬時的測定全体をもってそれに代えなければならない．このとき，まず第一に，実際の測定を反映するようにこれらのオブザーバブルを正しく選び出すのは常に容易なことだとは言えないし，第2には，長い連鎖をなす各測定の際の収縮を計算することは描像全体を著しく複雑にする．径路積分の方法(その基礎に関しては先に述べた通りである)によれば，連続的観測の際の収縮の計算は自動的に遂行される．その際，収縮が本質的で，従ってシュレディンガー方程式による記述が不可能な場合でも，系の力学のそれに適した記述が得られるのである．

§2. ゲージ理論における径路の関数と径路群

1962年，スタンリー・マンデルスタムは量子物理学における径路の理論形式の定性的に新たな応用を提唱した〔146, 147〕．それまでは座標を用いて表わした粒子の状態は時空の点に依存する関数 $\psi(x)$ を用いて記されていた．そのかわりに，これらの点に終わる**径路*に依存する関数** $\Psi[x]$ をマンデルスタムは考察したのである．この際にも記述の対象は同一なのであるから，はるかに多くの自由度(有限ではなくて連続的自由度)を含むこの理論形式は内容過剰である．実際に，径路の関数 $\Psi[x]$ は補助条件を満足し，それによってこの関数を点の関数 $\psi(x)$ に帰着させることができる．しかし，径路の関数の長所は，点の関数が不可避的に有する特殊な任意性をもたない点にある．

問題としているのは**ゲージ変換**と結びついた任意性である．例えば，もしも $\psi(x)$ が電磁場 $A_\mu(x)$ の中の荷電粒子の状態であれば，ゲージ変換,

$$\psi(x)\mapsto e^{ie\chi(x)}\psi(x), \qquad A_\mu(x)\mapsto A_\mu(x)+\frac{\partial\chi(x)}{\partial x^\mu} \tag{2.1}$$

で表わされる任意性がある．(ここで指数関数の指数に現れる e は粒子の電荷である.) 場の中の荷電粒子を記述する理論形式はゲージ変換のもとで不変になるようにつくられていて，それ故物理的オブザーバブルには何らの任意性もない，つまり，理論における任意性は仮のものである．しかし，まさにこの理由で全く任意性を含まない理論形式の存在が望ましいのである．この点においてこそ，点の関数 $\psi(x)$ のかわりに径路の関数 $\Psi[x]$ を利用するマンデルスタムの理論は異なっている．

電磁場の場合にゲージ不変で径路に依存する理論形式を導入〔146〕したあと，マンデルスタムは直ちにそれを重力の場合にも応用した〔147〕．後になってビリャニッキー・ビルラ〔148〕とマンデルスタム〔150〕はこの理論形式

---

* 目下のところ，パラメーター表示に依らない径路に関心がある．それ故(パラメーター表示の仕方が本質的である径路積分での記号 $\{x\}$ とは別に)いささか異なる記号 $[x]$ を用いることにする．

を任意のゲージ場の場合へ一般化した．

マンデルスタムの理論形式では，ゲージ不変性は，技術的意味で理論を本質的に複雑化するという犠牲をはらって達成されたので，彼の理論はすぐには認知されなかった．その複雑さにもかかわらず，時とともに市民権を得てきた(あるいは，むしろ，我々の注目を引くようになっている)．このアプローチはゲージ場および重力場と関係する諸現象の本質に一層深く立入ることを可能にさせることが分かっている．最近ではマンデルスタムの理論形式を扱った論文の量は著しく増加している．径路という語のみがゲージ場の記述に適しているとの確信がますます拡がりつつある．径路を用いて，場の量子論における重要な諸問題のうちのひとつ，クォークの閉じ込め(すなわち，なぜ個々のクォークは観測されないで，結合状態＝ハドロンの形でのみ観測されるか，の説明)を解明する望みがもたらされた．ウィルソン，トホフト，ポリヤコフ，マンデルスタム等の研究〔100, 151, 155, 158, 160〕が示すところによれば，閉じ込めの問題は，ゲージ場の位相の遷移を考慮すれば解けそうである．ゲージ場の位相そのものは，もしこの場を閉じた径路がつくる集合上の場とみなせば，自然な仕方で記述できる．**径路を用いる理論形式**はどれも本質上はマンデルスタムの理論形式の一種であって，どれも第一級の重要性を獲得している(上に引いた論文以外に〔153 - 154〕をも見よ)．

本書では，ゲージ理論と重力の理論における径路に依存する理論形式を構築するための群論的アプローチを考察する．このアプローチの本質は，理論にとって非本質的な面だけで異なる径路を同一視すれば，(マンデルスタムも利用した)ミンコフスキー空間における径路の集合に群構造を定義できる点にある．このようにして得られる群は〔171 - 173〕で定義されており，**径路群***と呼ばれる．ゲージ場自身は閉じた径路(ループ)からなる部分群の表現として得られ，ゲージ場の中の荷電粒子は，ループの部分群から誘導される全径路の表現により記述される．重力場とその中を運動する粒子を記述す

* すでに以前から径路の亜群は考察されていた〔168〕．論文〔167, 169, 170〕では群そのものがはっきりとした形でとりあげられてはいないが，径路群の表現である作用素は利用されている．

る場合には，鍵となる役割はループの部分群ではなく，ホロノミー群と関係のある他の部分群がそれを果たす．極めて本質的なことは，ミンコフスキー空間で定義された径路群が普遍的であって，多分曲がった空間に対してさえも有効らしいことである．

径路群とは何か，について少し触れておこう．

径路群とは通常の並進群の一般化であって，力の場が零でなく，しかも対称性を持たない場合にも用いることのできるものである．並進群の要素は周知の如くベクトルである．これは，どちらの向きへどれだけの距離だけ移動(並進)が行なわれるか，ということだけによって群要素が特徴づけられることを意味している．これと違って，径路群の要素は，移動の向きと距離だけでなく，それに沿って移動が行なわれる曲線にも依存する．諸々の(電磁，ゲージまたは重力)場と，これらの場の作用下で運動する粒子は，径路群の適当な表現によって特徴づけられる．これらの表現は，ゲージ場または重力場の幾何学的記述に際して生じるホロノミー群と密接に関係している．

かくして，径路群を用いることにより，重力とゲージ理論の発展に伴って広く物理学に入りこんでいる幾何学的概念の代数的諸性質をより深く分析できるようになる．同時に径路群は径路の理論形式の簡単化を可能にする，というのは，多くの複雑な構成は型通りの群演算に帰せられ，この理論形式が扱う対象の諸性質は群構造を利用して引き出されるからである．

電気力学の簡単な例について，径路群とその表現が，ゲージ理論にどのように現われるのか見てみよう．

時空の点の関数 $\psi(x)$ は電荷 e をもって電磁場の中を運動している粒子の状態を記述するものとしよう．ゲージ変換によって，波動関数とポテンシャルは公式 (2.1) に従って変換される．粒子の運動を記述し，径路に依存する関数をつくるために，まず，場だけによって定義される径路の補助的関数を導入しよう．時空のある一点，例えば基準系の原点 O を固定し，この点に始まり様々な点 x に終わるすべての可能な径路 $[\xi]$ を考える．従って $[\xi]=\{\xi(\tau)\,|\,0\leqq\tau\leqq1\}$，$\xi(0)=0$，$\xi(1)=x$ である．このような径路の各々に次の量を対応させる．

$$\alpha[\xi]=\exp\left[ie\int_0^1 d\tau\,\dot{\xi}^\mu(\tau)A_\mu(\xi(\tau))\right]=\exp\left[ie\int_{[\xi]} d\xi^\mu A_\mu(\xi)\right]. \tag{2.2}$$

径路の関数 $\alpha[\xi]$ の助けを借りて，波動関数 $\psi(x)$ を径路に依存する形に変える．すなわち，各関数 $\Psi(x)$ を次式で定義される $\Psi[\xi]$ に対応させる．

$$\Psi[\xi]=(\alpha[\xi])^{-1}\psi(x).$$

径路の関数 $\Psi[\xi]$ が通常の波動関数の代わりに荷電粒子の状態を表わしうることは明らかである．これは通常の波動関数と同じ情報を含み，さらに，本質的に異なる(言うまでもなくより複雑な)仕方で波動関数を表現している．容易に分かるように，**径路の関数** $\Psi[\xi]$ はゲージ変換で不変である．実際，公式(2.1)に従ってポテンシャルを変えるとき，因子 $\alpha[\xi]$ は

$$\alpha[\xi]\mapsto\alpha'[\xi]=\exp\left[ie(\chi(x)-\chi(0)\right]\alpha[\xi]$$

のように変換される．波動関数 $\psi(x)$ の変換性 (2.1) を考慮すれば，径路の関数に対しては

$$\Psi[\xi]\mapsto\Psi'[\xi]=e^{ie\chi(0)}\Psi[\xi]$$

を得る，すなわち，本質的ではない(x に依存しない)位相因子だけの変換が得られる．

このようにして径路の関数 $\Psi[\xi]$ はゲージ不変な理論を構成するための基礎となる．これらの関数の導入の仕方は人工的である．径路群に基づく群論の枠内では，これらは実に自然に生じることがのちほどわかるはずである．

径路群について少し述べておこう．前の計算で重要なのは，公式 (2.2) で定義された $\alpha[\xi]$ である．この量は容易に分かるように，曲線 $\xi(\tau)$ が時空内でどのようにパラメーター表示されるかには依らない．定義を少し変えて，

$$\alpha[\xi]=\exp\left[ie\int_0^1 d\tau\,\xi^\mu(\tau)A_\mu(\xi(\tau)-\xi(0))\right]$$

とすると，パラメーターの取り替えと一般の並進による曲線の変更，$\xi'(\tau)=\xi(f(\tau))+a$ に対しても $\alpha[\xi]$ は不変となる．最後に，曲線 $[\xi]$ の任意の箇所に，そこから出て，次いで逆向きに (図 2 を見よ．) 戻る任意の曲線で表わ

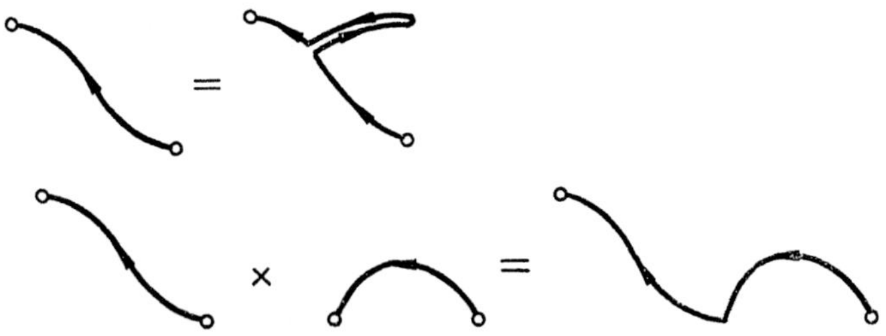

図 2.

される≪盲腸≫を付け加えても $\alpha[\xi]$ は変化しない．以上が意味するところは，パラメーター表示の仕方，一般の並進，および先に述べた任意個数の≪盲腸≫の付加と除去，だけで異なる曲線を同一視して曲線を類別すると，$\alpha[\xi]$ は曲線にではなく，実際には曲線の類によって決まる，ということである．このような類は群をなすことが分かる．類を表わすために≪径路≫という語を使うこととし，全体としての群を径路群と呼ぼう．径路の積は，因子である径路のひとつをまず辿り，次いで残りの径路を辿ることによって得られるひとつの径路として定義される(図 2 を見よ)．

写像 $[\xi]\mapsto\alpha[\xi]$ は径路群の表現ではない．しかし，これを閉じた径路(ループ)，$\xi(0)=\xi(1)$ に限って見れば，ループからなる部分群の表現となっている．この表現とその非可換な場合への一般化がゲージ理論への代数的アプローチにおいて果たす役割は，幾何学的アプローチにおいて**ホロノミー群**が果たす役割と同じである．この表現は，(電磁またはゲージ)場をポテンシャル $A_\mu(x)$ を用いて記述する際に，ゲージの任意性およびそれと関連した困難が生じるにもかかわらず場をうまく表現する．

径路群はミンコフスキー空間の曲線によって定義される．しかし，径路群をローレンツ群と統一すると，そのときに得られる**一般化されたポアンカレ群**は重力場とその中を運動する粒子を記述するのに利用できる．径路群のこのような普遍性は，それが深い物理的意味をもっていることを表わしている．この問題はそれぞれの箇所で考察しよう．

本書で全く互いに無関係なふたつの問題，すなわち，ファインマンの径路積分とマンデルスタムの径路関数が考察されていることに奇異の感を抱く読者があるかもしれない．しかし，それらの間には密接な関係があることが分かるであろう．

第I部，第II部でそれぞれ扱われる諸問題の相互関係についての重要な指摘は，第11章に与えておいた．核心は，径路積分が径路群の表現論の枠内で得られることにある．このためにはより広い群，正確にはパラメーター表示された径路の部分群を調べなければならない．物理的に異なる意味をもつ部分群の表現を織り込むときに，ファインマンが仮定した重みつきの径路積分(1.1)が生じる．この重みを定義する作用積分はこの場合には，仮定されるのではなく，部分群の性質を用いて自動的に得られるのである．この方向への研究は径路積分の群論的解釈を与え，結局は量子確率論をつくりあげることができるものと期待してよさそうである．

第I部　径路積分と連続的観測の量子論

第I部では，径路積分に基づいて連続的観測の量子論を扱う．調和振動子の位置追跡と，調和振動子および調和振動子の結合系におけるスペクトル観測が詳しく考察される．

すべての考察は通常の非相対論的量子論の枠内で行なわれる．第I部では，径路群はもちろん，群論の手法さえ用いることはない．この理由で，そしてまた，ここで考察される問題は他の問題と切り離しても興味あるものであるから，第I部は本書の残りの部分とは独立に，少々の数学的準備があれば読み通すことができる．

他方，観測の理論に関心のない読者は，この部分をとばして，直ちに第II部に進んでも，理解の上で何ら支障はない．

第2章　可能事象，ファインマン積分と連続的観測

径路積分を連続的観測の量子論に利用するアイディアについては序論（第1章，§1）で述べた通りである．ここでは，より詳しく課題を提起して径路積分の必要な知識を与えることにしよう．まず，確率振幅の理論を手短に説明しておこう．これは径路積分の基礎であり，応用範囲も広く，観測の量子論にとって極めて重要である．

観測の量子論は，過去から今日に至るまで，最も興味深く，重要で，そして同時に，最も詳しく研究されてきた量子力学の一分野である．観測過程の記述には，量子的系の力学の記述にとってのシュレディンガー方程式のような簡単明瞭な手段が存在しない．観測装置の影響下での被観測系の状態変化（収縮）は特別な困難を惹き起こす．量子力学の教程中で扱われる理想化された思考実験と較べると，実際の観測は，はるかに複雑であることの方が多いが，今やこれを記述する量子論的方法が要求されているのである．

実際の観測で実に頻繁にあらわれるのは，時間的にひきつづき行われる連続的観測である．このような観測では，どんな場合でも，状態の収縮は連続的に起こるので，その考察は本質的にむつかしくなる．連続的観測を，非常に多くのひき続き行われる瞬時的観測として表わすと解決できる問題もあるが，実際上は，理論形式が煩雑になり，単純で直接的な解釈を許さなくなる．その上，このような方法で表現できるのは，実際に行なわれる連続的観測の一部に過ぎない（この問題については第3章，§6を見よ．径路の観測に伴う状態の収縮が詳細に分析してある．）．

連続的観測の理論を，《有限範囲内の》径路についての積分に基づいて研

究する方法の長所は次の通りである．1)それは観測の全過程を，径路のような古典的描像を表わす語によって，すなわち，実験で用いられる概念を表わす語によって記述できるようにする．それ故，内容の解釈に関する問題は一般的に生じない．2)それは観測装置の作用下における被観測系の状態の収縮を自動的にとり入れている．最後の理由によって，≪有限範囲内の≫ファインマン積分を，相互作用している古典的系と量子的系の双方をともに記述するための有効な手段とみなすことができる．この意味で，ファインマン積分の方法は観測の理論だけでなく，はるかに広い応用範囲をもちうる．特に，巨視的量子効果の理論におけるその有効性は捨て去ることができない．

§1．量子論的過程の可能事象．可能事象としての径路

径路積分の基礎は，量子論的過程が可能事象のどれかひとつを通して実現されるという描像と，その場合にその過程が生じる確率を見出すための規則である．ここで基礎となるのは，確率振幅の概念である〔12〕．よく知られている古典的例を挙げれば，源を出た粒子は不透明な衝立につくられたふたつのスリットのうち一方だけを通って検出器へ達することができる(図3)．粒子は第1スリットか，または第2のスリットを通って飛んでゆくことができる．ある定まったスリットを通っての粒子の飛行は，源から検出器へ，という決定論的過程のひとつの可能事象である．この場合に，決定論的過程の確率をいかにして計算するか，を考えてみよう．

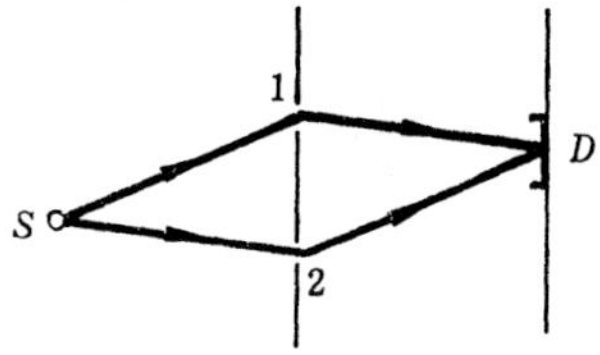

図 3.

計算の仕方は実験条件による．最も簡単な実験では，検出器D以外には他の観測装置は存在しない．この場合には，検出器Dによって粒子を見い出したあとで，どちらのスリットを粒子が通過したのか，を明らかにすることはできない．つまり，ふたつの可能事象のどちらが実現されたのか，は明らかにできない．このときには，ふたつの可能事象はそれぞれ**確率振幅** A_1 と A_2 によって特徴づけられるのであって，**それらに確率を与えることはできない．**

確率を与えることは物理的に無意味である．過程全体の確率を見出すためには，まず，振幅の和をとる，という規則に従ってその確率振幅を求め，次いでこの振幅を2乗する：

$$A=A_1+A_2, \qquad P=|A|^2. \tag{1.1}$$

このように，可能事象のなかのどれが実現されるのか，を明らかにすることが原理的に不可能であるときには，振幅の和をとる，という規則が本質的である：いくつかの可能事象のうちのどれかひとつとして行われる過程の確率振幅は，これらの各可能事象の確率振幅の和に等しい．このような場合には，**可能事象は干渉的である**，という．

スリットを用いたもうひとつの実験は，各スリットの傍に検出器を置くものである．ただし，このとき検出器は粒子を吸収しないように，もっと一般的には，検出器は，できるだけ粒子の運動に影響を与えないようにしておく．新しく追加したこの検出器があれば，粒子が検出器Dに達したあとで，粒子がどちらのスリットを通ったのか，すなわち，可能事象のうちのどれが実現されたのか，という問題にも答えることができる．この場合には，確率の計算は前の場合と全く異なることが分かる．まず，各可能事象の**確率**を（確率振幅を2乗して）求めなければならない．そのあとでそれらの和をとる：

$$P=P_1+P_2, \quad P_1=|A_1|^2, \quad P_2=|A_2|^2. \tag{1.2}$$

このようにして，実験の条件を壊さずに，可能事象のうちのどれが実現されたのかを，原理的にもせよ明らかにできる可能性がある場合には，各可能事象は確率によって特徴づけられ，確率の和をとる，という規則が適用される：いくつかの可能事象のうちのひとつとして行なわれる過程の確率は，各可能事象の確率の和に等しい．このような場合には，**可能事象は排他的**である，という．

この先重要となる**確率振幅の和の規則**を詳しく見ておこう．ところで量子力学では，これ以外に，**振幅の積の規則**も用いられ，これらふたつの規則の両方を用いてはじめて，任意の過程の計算が可能となる．振幅の和の規則が用いられるのは，様々な仕方（可能事象）で実現される事象の確率振幅を計算するときである．振幅の積の規則は，複合的事象，つまり，様々の《より要素的》な事象の総体として実現される事象の確率振幅を計算するときに用いられる．例えば，すぐ前の例で粒子が第1のスリットを通るという事象は，1)源から第1のスリットまでの粒子の飛行，2) 第1のスリットから検出器までの粒子の飛行，というふたつの事象がひき続き起こったものと考えられる．もしも，これらふたつの事象の各々についての確率振幅が分かっていれば，第1のスリットを粒子が通過する確率振幅は，これらふたつの振幅* を掛け合わせることにより得られる．

量子論的可能事象の考察にもどろう．強調すべきことは，ひとつの同じ事象がある実験では干渉的であり，他の実験では排他的となることである．すべては観測装置の設定，それがいかなる情報をもたらすかに依る．だから量子力学で，なにか複雑な過程の計算を行なうときには，その過程だけでなく，その過程を調べるために利用される装置をも注意深く分析しなければならない．観測装置を変えれば，過程の性格も変化する．このことは，形式的には確率計算の規則の変更となって現れる．物理学的観点から言えば，このとき問題となるのは観測の対象(過程)への観測装置の除去できない影響であって，これは量子力学に特有のものである．

これまで述べてきたことは，今日では十分に分かりきったあたりまえのことである．しかし，それが物理学者間の合意となり，心理的障害を克服するまでには多くの年月を要したのである．確率振幅の概念および振幅の和や積の規則と直接的に結びついている量子力学的考え方の意義を見直すのは困難

* 容易に分かるように，量子力学における確率振幅に対するこれらの演算は，古典確率論においてそれらに対応する演算に完全に類比的である．古典確率論では，確率の和と積が全く同じ条件下(可能事象のどれかとして問題の事象が実現する，あるいは，幾つかの一連の事象の総体として問題の事象が実現する)で用いられる．かくして，すべての計算は確率振幅について行なわれ，最後に確率を求める，という点だけで，量子論は古典確率論と異なる．可能事象が排他的である場合には量子論においても振幅の和の代わりに確率の和が用いられることもあるのは確かである．しかし，これはまさに各可能事象の実現が古典的観測装置を用いて観測される場合である．この場合には，観測の段階で古典的となった系を問題にしているのである．

である*．これらの考え方は今日でもその意義を有している．確率振幅の概念はまだその可能性を尽くしてはいない．ポール・ディラックがもらした意見によれば，量子力学の鍵であるふたつの要素——オブザーバブルの非可換性と確率振幅の概念——のうちで後者は一層重要であり，まさに理論の将来の発展および今日の困難の克服と結びついている．我々の見解ではこの主張は今日でも全く正しい．そして確率振幅という思想の発展と応用の主流としてあるのがファインマンの**径路積分**の方法なのである．

径路積分と関連した基礎的アイディアについての説明を兼ねて，簡単のために，唯ひとつの座標 x で記述される，1次元の非相対論的な系を考察しよう．もっとも，記号 x を複数個の座標と考えれば，すべてこれから行なわれる考察はそのまま多次元の系でも有効である．

系は時間 $[0, \tau]$ の間に点 x から点 x' まで動くものとしよう．古典的な系は一定の径路に沿って動く．この意味は各瞬間毎にその位置が分かっていること，すなわち，関数 $t \mapsto x(t)$ が区間 $[0, \tau]$ で分かっているということである．このような関数(曲線)が与えられているとき，**径路****$\{x\} = \{x(t) \mid 0 \leqq t \leqq \tau\}$ が与えられている，と言うことにしよう．点 x から点 x' への古典的な系の径路は常に一定である．量子系については，どの径路に沿って系が点から点へ移動するのかを言うことはできない．ファインマンが示したところによれば，様々な径路は移行の方法としての可能事象であり，各可能事象はその**確率振幅** $A\{x\}$ で特徴づけられる．点 x から点 x' への移行の全確率振幅を求めるには，すべての可能事象の振幅を加え合わせなければならな

---

* 量子力学は古典的ではない別の論理的基礎に基づくべきだとの意見がある．今日も，この量子論理学(例えば〔3, 12, 62, 63, 70-78〕)の諸法則を定式化する試みが続けられている．しかし，実際的見地から言えば，古典論と量子論の原理的違いは確率振幅の概念および振幅の計算の中にすでに含まれている．

** 本書の第Ｉ部だけでなく(全く異なる問題を扱う)第II部をも読む読者は，《径路》という語が第Ｉ部と第II部では異なる意味で用いられていることに気付くはずである．目下問題にしている対象 $\{x\}$ は，パラメーター表示された径路と呼べば，より正しくなろう．第II部で考察される径路 $[x]$ は群をつくるが，この径路自体はパラメーター表示された径路の同値類である(この同値類の正確な定義は，相対論的な場合について第II部で与えられる)．第Ｉ部ではパラメーター表示された径路しか出てこないから，《パラメーター表示された》という語句を一貫して省略する．

い，すなわち．x から x' へのすべての径路について積分しなければならない：

$$A(x',\ x)=\int d\{x\}A\{x\} \tag{1.3}$$

上に述べたことから分かるように，ファインマンの仮説では**個々の径路はある点から他の点への移行に対する干渉的可能事象**である．径路が可能事象であることは全く自然である：ある点から他の点への移行は，どれかひとつの径路を通らなければ実現されない．とはいえ，量子力学においては，この命題も自明ではないから注意を払う価値はある．本質的には，これは，量子力学もはじめに考えられたほどには古典力学から甚しくかけ離れたものではないことを意味している．移行の径路というものは量子力学では一般に無意味なものと思われていて，粒子は点から点へあたかも飛躍する如く考えられていたのである．粒子がいかなる径路を経て移行するかと問うことは無意味であり，この間には確率の用語を用いても答えることはできないと思われていたのである．実際，確率の用語をもってしては答を与えることができないことをファインマンは示した．しかし，確率振幅をもってすれば答えることができるのである．粒子は点から点へこれらの点を結ぶ径路のひとつ $\{x\}$ に沿って移行する，そして各径路は確率振幅 $A\{x\}$ で特徴づけられる．

ファインマンの仮説によれば，この振幅は

$$A\{x\}=e^{\frac{i}{\hbar}S\{x\}} \tag{1.4}$$

に等しい．ここに $S\{x\}$ は径路に沿って計算した作用積分であり，$\hbar$ はプランクの定数(作用量子)である．かくして，確率振幅は，与えられた径路に沿って作用は何個の量子を含むかによって決まることになる．

かくして，ファインマンのアプローチでは量子力学は，全く疎遠なものと思われていた古典力学にある程度近いものになったのである．より正確に言えば，ファインマンは，何ら変更することなく当時の量子力学をあるがままに受け入れる一方，その量子力学の中に，古典的概念に近い要素を見出したのである．粒子は古典力学におけると同じように，径路のひとつに沿って移動する．違いは《僅かに》，個々の径路は確率によってではなく，確率振幅によって特徴づけられる，という点にあるに過ぎない．

そこで，径路は移行に対する可能事象である，というのがファインマンの第1命題となる．この命題は定量的正確化を要する．定量化の第一歩として，ファインマンは，各径路の確率振幅は作用を介して式(1.4)で表わされると仮定した．次の一歩は，各径路は干渉的な可能事象である，という極めて重要な仮定である．これは径路の各々に確率を関連させることが無意味であることを意味している．これはまた，点から点への移行の確率を計算する際には確率の和の規則でなく，確率振幅の和の規則を用いるべきであることを意味する．その結果，公式(1.3)が得られる．この公式に基礎を置く理論は通常の形に定式化された量子力学と同値である(同値性の証明は〔11, 12〕を見よ)．

しかしながら，本書第I部の全内容の基礎となる問題が生じるのは，まさにこの点においてである．すなわち，**径路は可能事象として本当に常に干渉的なのだろうか**．これらの可能事象が排他的となり，従って振幅ではなく確率によってそれらが特徴づけられることはあり得ないのだろうか．

答は明らかである．もし，実験条件によって移行の径路についての情報を得る可能性がなければ，そしてこの可能性がない場合に限って，移行の径路は干渉的可能事象である．もし，一点から他の点へ系が移行する間に，(たとえ部分的にもせよ)移行の径路についての情報を与える**観測**が行われるならば，先の命題は正しくなく，公式(1.3)は他のものに変えなければならない．次節に始まる観測の理論の研究方法は以上に述べたことがらに基礎を置いている．

径路積分を説明する前に，振幅と量子論的可能事象の理論は，単なる径路積分よりもはるかに広い応用範囲をもっていることに注意しよう．ある場合には，ある物理的過程の可能事象として径路ではない何か他の一組の状態を選ぶ方が便利であったり，自然であったりする．その際，何を選ぶかに関しては何の制限もない．何をもって一組の状態(可能事象)とするかは任意，または殆んど任意でありうる．それらは古典物理学で考察される状態と一致しなくてもよいし，量子力学で扱いなれている状態(それはヒルベルト空間をなし，シュレディンガー方程式を満たす)でなくてもよい．大切なことは，可能事象を選ぶことによって移行の振幅が正しく定義されるということだけである*.

例えば著者による研究〔36, 37〕では粒子を記述するための可能事象として時空の唯一点に局所化された状態を利用した．このような状態は観測されえないが，（相対論的な場合にも非相対論的場合にも）粒子の局所的相互作用を記述する際に仮想的状態として果たす役割に大きい．文献[37]では**量子論的可能事象（仮想状態）**を任意に選んだ場合の一般的計算方法を概説しておいた．その際，（正規直交系をなす可能事象とは別に）**正規化行列**または**正規化作用素**という新しい概念が生じた．特に，因果的伝播関数は，時空の一点に局所化された一組の仮想状態に対する正規化作用素とみなしうることが示されている．系が十分に高度の対称性をもつ場合には，仮想状態（可能事象）間の遷移の振幅は群の表現論を用いて見出すことができる．この場合，理論は完全に，または，ほとんど完全に，与えられた群によって定まってしまう．このとき特殊な役割を果たすのは，様々な特質をもつ部分群から誘導される対称性の群の表現である．例を挙げれば，ミンコフスキーの時空（ポアンカレ群），ガリレイの時空（ガリレイ群），あるいは，ド・ジッターの時空（ド・ジッター群）における素粒子の理論であって，これらは，論文[36]にある．

量子論的可能事象または仮想状態の概念は決して究め尽くされていないというのが我々の見解である．逆に，この概念はたった今，その本質の深みを顕しはじめたところである．特に，それによって，**観測**を記述する**射影作用素値測度**と**作用素値測度**との間の関係を明らかにすることができる．もしも，ある観測が作用素値測度によって記述されるならば，射影作用素値測度をも常に用いることができる．しかしそのためには，実在的状態だけでなく仮想状態をも考察の対象として，状態空間を拡張しなければならない．その際には，例が示すように，仮想状態は形式的，数学的のみならず，深い物理的意味をもつ．対称性をもつ系の場合には，仮想状態の空間は**誘導表現**による変換を受け，実の状態の空間はそのある部分表現によって変換される[37, 39, 40].

§2．連続的観測の計算法

序論（第1章，§1）で，**≪有限範囲内の≫径路積分の方法を用いて，連続的観測の計算**の基礎となる基本的考え方を定式化した．しかし，そこで考察したのは系の径路の観測（座標の追跡）という特殊な場合だけであった．ここでは任意の連続的観測を課題としよう．

---

* これと関連して，古典的な系の状態を想起させるとはいえ，ファインマンの径路でさえも古典的系の状態とは異なることに注意しよう．古典的径路は作用の極値曲線（力が作用していなければ直線）であるが，量子論的可能事象として組をなす径路は任意である.

技術的に細部にわたる議論を避けるために，径路積分をいかに定義するかについては，当面言及しないでおこう．観測についての課題を提起するためには，この積分の直観的描像があれば十分である．より正確な定義はのちほど与えられる．

ファインマンの仮説によれば，系が点 x から点 x' へ時間 τ の間に移行する確率振幅は径路積分，

$$A(x', x) = \int_{I(x', x)} d\{x\}\, e^{\frac{i}{\hbar} S\{x\}} \tag{2.1}$$

に等しい．積分は点 x と x' とを結び，時間間隔 $[0, \tau]$ でパラメーター表示された径路の族 $I(x, x')$ に関して行なう． 径路がパラメーター表示されているという条件は式中の記号には明言されていない，というのは，本書第I部の全体にわたって，この条件は変わらないからである．ところで， 積分 (2.1) が移行の振幅を定義するのは，移行がどの径路を経て行なわれるかについて，たとえ部分的にもせよ，情報を得る原理的可能性が無い場合だけである，つまり径路は**干渉的可能事象**である．

さて，時間 $[0, \tau]$ の間(一般的には連続的な)**観測**が行なわれると仮定し，その結果を α で記そう．我々が考察するのは，観測結果 α が移行の径路についての情報を含む(極めて一般的な)状況である．最も簡単な場合には，結果 α は， 移行がある族 I_α に属するある径路に沿って行なわれることを表わしていてもよい． このときには， 粒子が点 x から点 x' に移行するための可能事象は，点 x と x' とを結ぶ径路のうちで族 I_α に属するすべての径路である．そのような径路の族を

$$I_\alpha(x', x) = I_\alpha \cap I(x', x)$$

と記すことにしよう．もし，観測結果 α が他の情報を何も含まなければ，族 $I_\alpha(x', x)$ に属する径路は干渉的であり，一点から他の点への移行の振幅はこの族にわたる積分によって計算される：

$$A_\alpha(x', x) = \int_{I\alpha(x', x)} d\{x\}\, e^{\frac{i}{\hbar} S\{x\}} \tag{2.2}$$

しかし，観測結果αを用いても，移行の径路が属する径路の族を特定できないこともありうる(実は，これこそ最も典型的な場合である). このときには，結果αは，移行がある径路を経て行なわれることはより確かであり，他の径路を経て行なわれることはあまり確かではないことを示す. このことは，すべての径路の集合上で定義される非負の関数(正確には汎関数) $\rho_\alpha\{x\}$ を用いて表現できる. この場合には一点から他の点への移行の振幅はすべての径路に適当な重みをつけた積分で計算しなければならない:

$$A_\alpha(x',\ x)=\int_{I(x',x)} d\{x\}\rho_\alpha\{x\}\ e^{\frac{i}{\hbar}S\{x\}} \tag{2.3}$$

容易に分かるように，公式(2.2)は公式(2.3)の特別な場合である. それは**重み関数**を族I_αの上では1，その外では0に選んだ場合に相当する. もし，重み関数を，族I_αに属する径路に対しては1とあまり変わらず，この族の外では急速に減少するように選べば，公式(2.2)と(2.3)から得られる振幅は互いに近い値をとる. 実際上は，これらふたつの公式のうち計算に便利な方を用いる. **ガウス型の重み関数**を，すなわち，2次形式の指数関数を選ぶのが最も多くの場合に便利である，というのは，そうすれば径路積分を容易に実行できるからである. 今後，具体例を扱うときには，まさにこのように選ぶ. また，実際に行なわれる観測を記述する際にも，重み関数をガウス型に選ぶと真実に近いようである，ということも注意しておこう.

これまでは，系の運動の始点と終点は正確に知られているものと仮定してきた. しかし，実際の状況では，**初めと終りで波動関数(量子的状態)だけ**が分かっているに過ぎない. この場合には，振幅 (2.3) とこれらの関数とのたたみ込みをつくらなければならない. 得られる表式,

$$A_{\psi'\alpha\psi}=\int dx'\int dx\,\overset{*}{\psi}{}'(x')\ A_\alpha(x',\ x)\,\psi(x) \tag{2.4}$$

は，系が$t=0$と$t=\tau$にそれぞれ状態ψとψ'にあり，時間$[0,\ \tau]$の間観測され，その結果がαとなる確率振幅である.

このことは次のように考えれば分かる．系は $t=0$ に状態 ψ にあるとせよ．意味するところは，この瞬間に系の座標が x である確率振幅は $\psi(x)$ に等しい，ということである．時刻 τ に系の座標が x' となる確率振幅を計算しよう．$t=0$ における，異なる座標を量子論的可能事象と考えよう．時刻 τ に系が点 x' に来るという移行は，これらの可能事象 x のうちの任意のものを介して実現される．各可能事象を介して行われる移行の確率振幅は振幅の積法則を用いて見出すことができる．移行が点 x を介して行なわれたとせよ．系が(時刻0に)点 x にある確率振幅は $\psi(x)$ である：この点から(時刻 τ に)点 x' へ移ってきている確率振幅は $A_\alpha(x', x)$ に等しい．従って，系が可能事象 x を経て点 x' に移ってきている確率振幅は積

$$\psi_{\alpha x}(x')=A_\alpha(x', x)\psi(x)$$

に等しい．しかし，実験的条件から可能事象 x のうちどれが実現されていたかを定義できる可能性はない．従って系が x' にある全振幅は《部分的》振幅すべての和として計算すべきである：

$$\psi_\alpha(x')=\int dx A_\alpha(x', x)\ \psi(x).$$

これは，時刻 $t=\tau$ には系が波動関数 ψ_α で表わされる状態にあることを意味している．ここで問題を提起しなければならない：系が時刻 τ に，前もって与えておいた状態 ψ' となる確率振幅は何か．量子力学の公理に従うと，そのような振幅はふたつの状態の**スカラー積**で表わされる：

$$A_{\psi'\alpha\psi}=(\psi', \psi_\alpha)=\int dx'\overset{*}{\psi}{}'(x')\psi_\alpha(x')$$

これが公式(2.4)である．

もっと一般的状況，つまり被観測系の初期状態が**密度行列**で表わされる場合を考えてみよう．この状況を表現するには，状態 ψ を状態 ψ_α に変換する作用素が必要である．その作用素を A_α で記すと定義によって，

$$\psi_\alpha(x')=(A_\alpha\psi)(x')=\int dx\ A_\alpha(x', x)\psi(x) \tag{2.5}$$

となる．次に，観測が行なわれるまで，つまり時刻0までは，系の状態は密度行列Pで表わされるとせよ．状態 ψ_i の組をうまく選んで，この組に関しては密度行列を対角形，

$$P=\sum_i p_i|\psi_i\rangle\langle\psi_i|.$$

にすることは常に可能である．

このような密度行列で表わされる状態は，純粋状態 $|\psi_i\rangle$ を用いて次のように解釈できる．系は純粋状態 $|\psi_i\rangle$ のどれかひとつの状態にあるが，どの状態にあるかは正確には分からない．系が純粋状態 $|\psi_i\rangle$ にある確率が p_i である．

このように解釈すると，純粋状態に対してつくりあげた観測の表わし方をそのまま用いることができる．時刻0に系が純粋状態 $|\psi_i\rangle$ にあったとすれば，結果 α をもた

らした観測のあと，時刻 τ には系は状態 $A_\alpha|\psi_i\rangle$ にある(このことは先に座標表示で示しておいた)．時刻 0 には系は確率 p_i で純粋状態 $|\psi_i\rangle$ にあったのだから，観測後の時刻 τ には系は確率 p_i で状態 $A_\alpha|\psi_i\rangle$ に見出される．従って観測後の時刻 τ における状態を表わす密度行列は，

$$P_\alpha=\sum_i p_i A_\alpha|\psi_i\rangle\langle\psi_i|A_\alpha{}^\dagger=A_\alpha P A_\alpha{}^\dagger \qquad (2.6)$$

に等しい．最後に，時刻 τ に系が密度行列 P' をもつ状態にあるのを見出す確率は，

$$W_{P'\alpha P}=\mathrm{Tr}(P'P_\alpha)=\mathrm{Tr}(P'A_\alpha P A_\alpha{}^\dagger) \qquad (2.7)$$

に等しい．このようにして，(2.7)は，系が時刻 0 と τ にはそれぞれ状態 P, P' にあるという条件下で時間[0, τ]の間連続的観測をするときに，結果 α を得る確率となる．

<付言>

観測が行なわれないときの通常の発展作用素

$$U_\tau=e^{-\frac{i}{\hbar}\tau H}$$

と同じように，**作用素 A_α は観測が行われるときの系の発展を記述する．** しかし，作用素 A_α は，一般的に，いかなるハミルトニアンとも関係づけられないし，通常の発展作用素に対して成り立つシュレディンガー方程式，

$$i\hbar\frac{d}{d\tau}U_\tau=HU_\tau$$

のような型の微分方程式を A_α に対して書くこともできない．**観測が行われるときには，系の力学は一般的に言って，もはや時間的な意味で局所的には記述できない。** 記述は大域的になり，そのような大域的記述に便利な理論形式のうちのひとつが，径路の理論形式なのである．

公式(2.3)，または，より一般的場合の(2.4)は，移行の間に(一般的に言って連続的な)観測が行なわれる，という条件の下で，ある状態が他の状態に遷移する確率振幅を与える．同時に振幅 $A_{\psi'\alpha\psi}$ は次の三つの事象からなる複合事象の確率振幅とみなすことができる：1)時刻 0 には系の状態は ψ である；2)時間[0, τ]の間観測が行なわれ，それは結果 α を与える；3) 時刻 τ には系の状態は ψ' である．この振幅をこの先どのように利用するかを，理解するためには，事象からなるこの短連鎖をより長い連鎖の一部と見，しかも可能事象とみなさなければならない．このとき，物理学的考察(実験条件の解析)から，可能事象(ψ', α, ψ)がその一要素である一組の可能事象が干渉的かどうかを明らかにしなければならない．これを行なえば，さらに振幅 $A_{\psi'\alpha\psi}$

を用いて演算を行なうべきか，それとも確率

$$P_{\psi'\alpha\psi}=|A_{\psi'\alpha\psi}|^2 \tag{2.8}$$

をとるべきかが明らかになる．

原理的にはどちらも可能である．しかし，事象連鎖 (ψ', α, ψ) が他の可能事象に対して排他的である場合だけを扱うことにしよう．これは，現存する観測器具と観測機構を用いれば，連続的観測の結果 α の如何のみならず，状態 ψ, ψ' がいかなるものかについても明らかにできることを意味している．例えば，時刻0，τ において，ψ と ψ' が固有状態となるオブザーバブルの完全系を測定すればよい．そうすれば，これらの観測結果によって，正にどのような状態 ψ, ψ' が実現されていたのかを一意的に定義できる．特にこれは座標(位置)の観測についても可能である．あとで，位置が有限精度で測定される場合を考察しよう．ここでは，時刻0，τ に座標は正確に観測されているものと仮定する．このとき系はオブザーバブルである座標の固有状態，

$$\psi(x)=\delta(x-\bar{x}), \qquad \psi'(x')=\delta(x'-\bar{x})$$

となり，公式(2.4)により $A_{\psi'\alpha\psi}=A_\alpha(x', x)$ を得る．かくして振幅 $A_\alpha(x', x)$ は振幅 $A_{\psi'\alpha\psi}$ の特別な場合と考えてよい．

径路積分の方法によって連続的観測を計算する図式の一般的特徴は以上の通りである．これを具体的観測の計算に応用するためには，更に 1)径路積分を実行する手続きを述べ，2)連続観測の結果を径路という用語を用いて定式化することを学ばなければならない．1) については次節で述べる．2) については，第1章，§1で，ある場合（連続的位置追跡または径路の観測）に対してはすでに行なってある．そして，スペクトル観測の場合は次章で学ぶ．しかし，この課題の一般解は存在しない．そのたびごとに**実験装置**を分析し，それが与える情報を径路という語を用いて表現しなければならない．

これと関連した注意であるが，可能事象の組は無数にあり，径路というのは**量子論的可能事象のひとつの組**にすぎない．可能事象としての径路が様々な連続的観測を分析するのに便利であることは多分確かである．しかし，ある場合には全く別の可能事象の組の方が有用であることもあり得る．瞬時的

観測の記述に対しては，すべての場合に，他の可能事象の方が便利である．その場合にも議論の一般的形は変わらない．対称な系の群とその誘導表現（§1の最後にある議論を参照せよ）を考察すれば，基本事象の組は多数あることが分かる．

§3. ファインマンの径路積分

連続観測の計算は径路に沿ったある積分に帰することを前節で示した．本節では，このような積分の理論からの最も基礎的な知識を手短かに与えよう．まず注意すべきことは，量子力学に応用される**ファインマンの径路積分**は極限操作によって定義されるのであるが，数学で用いられる積分あるいは測度の一般的定義の特別な場合とみなすことはできないことである．このことは次のようにも表現できる：（情報理論において用いられ，そしてまたブラウン運動とか拡散のようなタイプの過程を記述するために用いられる，径路の集合上の**ウィーナーの測度**と異なり）径路の集合上にファインマン測度というものは存在しない．それにもかかわらず，用語を煩雑化させないために，物理学者は《ファインマンの径路積分》なる用語を用いるのである．我々もこの習慣に従うことにする．

さらにつけ加えて言えば，ファインマンの径路積分，より正確にはその一般化である**連続**（**continual**）**積分**または**関数積分**（これらも，ときとして径路積分と呼ばれるが，本質上は場についての積分である）は厳密な数学的意味において積分と呼ばれるものではないにもかかわらず，現代の量子論では有用な道具である．それは，場の量子論のある分野から，それまで使い慣れてきた作用素を用いる理論形式を追い出してしまった．2次の作用で生成される，いわゆる**ガウスの連続積分**についてしか正確な計算をすることができないという事情は，先に述べた有用性の妨げにはならない．唯一，ガウス積分だけが量子論に生じるすべての課題を実際に解くことができる．これは，いわゆる摂動論という特殊な方法によってすべての連続積分をガウス型の積分に帰着させることができることと結びついている．径路（または，場についての）積分の方法が長所をもっていることは，その応用範囲が不断に拡がりつつあることから分かるが，その長所とは，作用素的方法に比して特に事態を一目瞭然たらしめる点にある．実際，連続積分の方法に直接現れるのは，なじみ深い古典像――径路あるいは場――であり，このことは課題の設定と計算をすべての段階で見通しのよいものにする．このことを前節では連続的観測の分析を例として見たわけである．

量子力学における**径路積分***は記号的には次のような形，

$$A(x',\ x)=\int d\{x\}\ e^{\frac{i}{\hbar}S\{x\}} \tag{3.1}$$

に書かれる．ここに $S\{x\}$ は径路 $\{x\}$ に沿う作用で，ラグランジアン L の積分

$$S\{x\}=\int_0^\tau dt\, L(x(t),\ \dot{x}(t),\ t)$$

に等しい．

径路積分を正確に定義する方法はいくつもあるが，それらのうち最も簡単な方法では，1)はじめは，任意の径路ではなく有限個の線分からなる折れ線を考えて，この折れ線に沿う積分を定義し，次いで 2)折れ線の個数を無限大にする極限をとる．

折れ線，同じことだが部分的には直線である径路は図のように定義される(間隔 t_i-t_{i-1} はすべて $\Delta t=\tau/N$ に等しい)．明らかに，この折れ線は節 $x_i=x(t_i)$ を持っている．このとき作用は折れ線に対して計算され，これらの節の関数となる．折れ線の要素の個数Nを固定すると，有限多重積分，

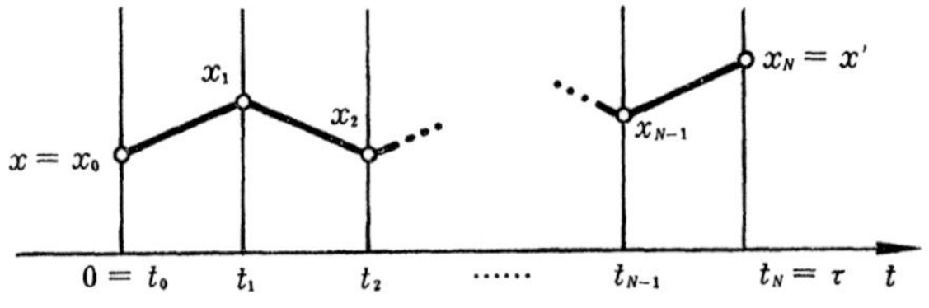

図 4.

* 簡単のために1次元の系をとるが，公式の大多数は多次元の場合へそのまま拡張できる．のちほど，その場合を具体的に見ることにしよう．

$$A_N(x',\ x)=J_N\int dx_1\ldots\int dx_{N-1}\ e^{\frac{i}{\hbar}S(x_0,x_1,\cdots,x_N)}$$

が定義される．径路積分は，極限

$$A(x',\ x)=\lim_{N\to\infty}A_N(x',\ x) \tag{3.2}$$

で定義される．

ここでNだけに依存する規格化定数 J_N は，極限が存在するように選ぶ．

簡単な，自由粒子の場合を見てみよう．

$L=\frac{1}{2}m\dot{x}^2$ である．折れ線に対して作用を計算すると，

$$S(x_0,\ x_1,\cdots,\ x_N)=\frac{m}{2\Delta t}\sum_{k=1}^{N}(x_k-x_{k-1})^2$$

となる．規格化定数としては

$$J_N=\left(\frac{mN}{2\pi i\hbar\tau}\right)^{N/2}$$

と選ぶ*べきである．

このとき，有限多重積分による径路積分の近似式は

$$A_N(x',\ x)=\int dx_1\int dx_2\cdots\int dx_{N-1}\cdot K_{\Delta t}(x_N,\ x_{N-1})$$
$$\times K_{\Delta t}(x_{N-1},\ x_{N-2})\cdots\cdots K_{\Delta t}(x_1,\ x_0)$$

となる．ここに，

$$K_{\Delta t}(x'',\ x')=\left(\frac{m}{2\pi i\hbar\Delta t}\right)^{1/2}e^{\frac{im}{2\hbar\Delta t}(x''-x')^2} \tag{3.3}$$

である．この関数が条件

$$\int dx' K_{t''-t'}(x'',\ x')\ K_{t'-t}(x',\ x)=K_{t''-t}(x'',\ x) \tag{3.4}$$

を満たすことを直接に証明することは難しくない．これを用いると，任意のNに対して，従ってまた $N\to\infty$ の極限でも，振幅 $A_N(x',\ x)$は

---

* 1次元の場合のみを陽に考察している．もし，自由度が大きければ，各自由度毎に，このような規格化乗数が必要であり，従って全体の規格化乗数は自由度に対応する巾となる．

$$A(x',\ x)=K_\tau(x',\ x)=\left(\frac{m}{2\pi i\hbar\tau}\right)^{1/2}e^{\frac{im}{2\hbar\tau}(x'-x)^2} \tag{3.5}$$

に等しくなる．

条件(3.4)は，標準的な**ガウス積分**，

$$\int_{-\infty}^{\infty}dx\ e^{ax^2+bx}=\left(\frac{\pi}{-a}\right)^{1/2}e^{-\frac{b^2}{4a}} \tag{3.6}$$

を用いて証明できるが，これは解析接続をすれば，パラメーターa，bが複素数であっても成り立つ．関係(3.4)は(3.3)の形の関数に対してだけでなく，もっと広い範囲の関数に対しても正しい．条件(3.4)は径路積分の理論では重要で，**アインシュタイン–スモルコフスキーの条件**，または**チャップマン–コルモゴロフの条件**と呼ばれている．

この関係は多次元の場合へ一般化できる上に，伝播の振幅と考えると自然な解釈ができる．関数$K_{\Delta t}(x'',\ x')$は系が時間Δtの間に点x'から点x''へ移行する確率振幅(または確率)を表わすものとすれば，関係(3.4)は，この振幅(確率)が振幅(確率)の和と積という通常の規則に従うことを意味している．実際，時間，$[t,\ t'']$の間に点xから点x''へ移行が行なわれるならば，その間のある瞬間$t'\in[t,\ t'']$に系はどこかの点x'を通るはずである．このとき，xからx''への移行はふたつの段階からなるとみなすことができる：まず，時間$[t,\ t']$の間にxからx'へ，次いで時間$[t',\ t'']$の間にx'からx''へ，と移行する．ある定点x'を通る移行の振幅(確率)は振幅(確率)の積の規則で与えられ，移行の全振幅(確率)は振幅(確率)の和の規則に拠り，すべてのx'について和をとることによって得られる．この結果が(3.4)の関係である．

関数$K_{\Delta t}(x'',\ x')$が実正値関数であって，確率を定義するものであれば，アインシュタイン–スモルコフスキーの関係式は厳密に数学的意味での径路積分(径路の空間における測度)を定義するための基礎となる(例えば，[13, 16, 21])．関数$K_{\Delta t}(x'',\ x')$が複素的で，(量子論における)確率振幅を定義するものであれば，測度を定義することは一般に不可能である．しかしなが

ら，径路積分を有限多重積分によって定義することはできる．自由粒子という簡単な場合には，伝播の振幅は (3.3) の形であり，たった今見たように，径路積分を計算することができて，結果は (3.5) に等しい．直ちに確かめることができるように，このようにして得られた振幅 $A(x', x)$ は(変数 x', τ について)シュレディンガー方程式を満たしている．それ故に，当然のことながら，もし自由粒子が $t=0$ に点 x にあれば，$t=\tau$ の瞬間には波動関数は $\psi(\tau, x')=A(x', x)$ に等しい．

強い場の中の粒子，$L=\frac{1}{2}m\dot{x}^2-U(x, t)$，という，より複雑な場合には，径路を近似する折れ線上での作用は，

$$S(x_0, x_1, \cdots, x_N)=\frac{m}{2\Delta t}\sum_{k=1}^{N}(x_k-x_{k-1})^2-\Delta t\sum_{k=1}^{N}U_k$$

の形*をもつ．ここに U_k は折れ線の第 k 番目の要素上のある点におけるポテンシャル・エネルギーである．しかしながら，これらの点を各折れ線上で任意の方法で変えても，折れ線の要素の個数を大きくするときの極限値は変わらない．特に $U_k=U(x_k, t_k)$ ととってもよい．それにもかかわらず，ポテンシャル・エネルギーが任意である場合には，極限を求めることはうまくゆかない．次節では，力の作用を受けている調和振動子という特別な場合を考察する．

実際的には，**径路積分**を座標空間ではなく**相空間**で定義すると一層扱いやすくなることがよくある．それを導くために，作用汎関数を座標と速度（1次元の場合には，それぞれひとつずつの座標と速度）に依存するラグランジアンでなく，座標と運動量に依存するハミルトニアンで表わそう：

$$L=p\dot{x}-H(x, p),\quad p=\partial L/\partial\dot{x}\ ;\ S\{x\}=\int p\,dx-\int_0^{\tau}dtH(x, p) \tag{3.7}$$

今度は移行の振幅を相空間 $\{x, p\}$ における径路積分の形で，すなわち，曲線 $\{x\}$ と $\{p\}$ についての積分の形で表わそう：

$$A(x', x)=\int d\{x\}d\{p\}\exp\left\{\frac{i}{\hbar}\left[\int p\,dx-\int_0^{\tau}dt\ H(x, p)\right]\right\} \tag{3.8}$$

---

* 規格化定数 J_N は自由粒子の場合と全く同じである，というのは，それは作用に依らないものと定義されているからである．(さもなければ径路積分は完全に任意なものとなってしまうであろう.)

相空間における積分 (3.8) を意味づけるために，これまでのように，それを有限多重近似，すなわち，公式 (3.2) で定義しよう．そのために，座標空間における曲線 $\{x\}$ は，以前のように，すなわち，部分的には直線で連続である(折れ線である)としよう．一方，運動量空間における曲線 $\{p\}$ は部分的に定数(従って不連続)であると近似しよう．

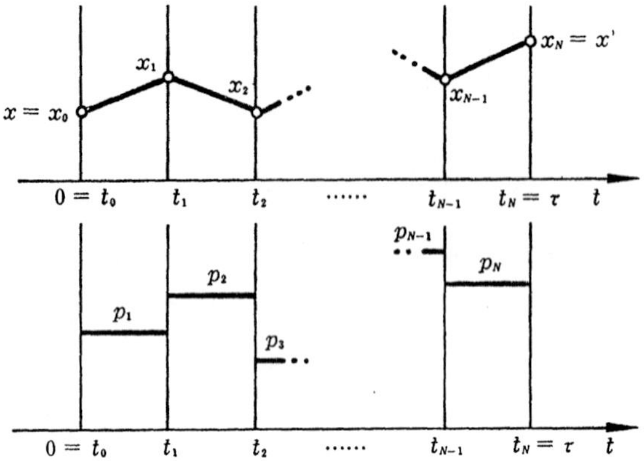

図 5.

図5から分かるように，このとき，曲線 $\{x\}$ は折れ線の節 x_k を与えることによって定義されており，曲線 $\{p\}$ は区間 $[t_{k-1},\ t_k]$ における値，p_k によって定義されている．忘れてならないのは，p_k の値は x_k の値とは関係していないことである．換言すれば，ある時間間隔における運動量を表わす定数はその同じ時間間隔における速度を表わす定数とは無関係である． 積分 (3.8) の有限多重近似を x_k と p_k についての積分で定義しよう：

$$A_N(x',\ x)=\int dx_1\cdots\int dx_{N-1}\int\frac{dp_1}{2\pi\hbar}\cdots\int\frac{dp_N}{2\pi\hbar}$$

$$\times\exp\left\{\frac{i}{\hbar}\sum_{k=1}^{N}\left[p_k(x_k-x_{k-1})-H(x_k,\ p_k)\right]\right\}.$$

これによって相空間における径路積分が完全に定義されたことになる．多次元の場合への一般化は全く明らかである．

ラグランジアンが $L=\dfrac{1}{2}m\dot{x}^2-U(x,\ t)$ の形であれば， 座標空間と相空間とにおける径路積分の定義が一致することを直接確かめるのはむつかしくない．この場合，ハミルトニアンは $H=\frac{1}{2m}p^2+U(x,\ t)$ であり，相空間における径路積分の多重近似は

$$A_N(x',\ x)=\int dx_1\cdots\int dx_{N-1}\exp(-\frac{i\Delta t}{\hbar}\sum_{k=1}^{N}U_k)$$

$$\times\prod_{j=1}^{N}\int(\frac{dp_j}{2\pi\hbar})\exp\left\{-\frac{i\Delta t}{2m\hbar}p_j{}^2+\frac{i(x_j-x_{j-1})}{\hbar}p_j\right\}$$

に等しい．変数 p_j についての積分は，ここではすべてガウス型であるから，公式(3.6)を用いて計算できる．残るのは x_k について多重積分であるが，それは規格化まで含めて座標空間における径路積分の多重近似と一致することが容易に確かめられる．見ての通り，相空間においては，規格化は，はるかに簡単な形である．その上それは自然な物理的意味を持っている，というのは相空間における各測度 $dx_k\,dp_k$ は，相空間における《細胞》の大きさ(作用量子)を表わす $2\pi\hbar$ で割られているからである．

§4. 調和振動子に対する径路積分

2次のポテンシャル $U(x)=\frac{1}{2}m\omega^2x^2$ に対する径路積分，すなわち**調和振動子**の場合の径路積分を計算しよう．この系に対する作用は

$$S\{x\}=\int_0^\tau dt[\frac{1}{2}m\dot{x}^2-\frac{1}{2}m\omega^2x^2]$$

の形をもっている．作用は径路 $\{x\}$ の汎関数であって，次の方程式と境界条件，

$$\ddot{\eta}+\omega^2\eta=0,\quad \eta(0)=x,\quad \eta(\tau)=x' \tag{4.1}$$

を満たす振動子の古典軌道上で最小値をとる．

径路を

$$x(t)=\eta(t)+z(t)$$

という和の形に表わそう．このとき，古典径路からのずれを表わす $z(t)$ は斉次境界条件，$z(0)=z(\tau)=0$ を満たす．和の形に書かれた径路の式を積分に代入し，部分積分を行なうと，容易に分かるように，作用もまた和の形に

表わされて，

$$S\{x\}=S\{\eta\}+S\{z\} \tag{4.2}$$

となる（$\eta(t)z(t)$を含む項は，ポテンシャルが2次であるために寄与しない）．径路積分(3.1)の作用としてこの表式を用いると，因数 $\exp[(i/\hbar)S\{\eta\}]$ を積分記号の外に出すことができる．残るは $\{z\}$ に沿う積分，すなわち，境界値が0となる径路に沿う積分だけである：

$$\begin{aligned} A(x',\ x)&=\int_x^{x'} d\{x\}\, e^{\frac{i}{\hbar}S\{x\}}=A(0,\ 0)\ e^{\frac{i}{\hbar}S\{\eta\}} \\ A(0,\ 0)&=\int_0^0 d\{z\}\, e^{\frac{i}{\hbar}S\{z\}} \end{aligned} \tag{4.3}$$

公式(4.3)は径路積分を計算し終った結果の式と見てよい．実際，古典的径路に沿う作用 $S\{\eta\}$ は陽に計算できるし，残る径路積分 $A(0,\ 0)$ はもはや x，x' に依存していない．かくして，決定されないまま残っているのは，x と x' には依存しない因数だけである．

この因数は**径路積分のスペクトル表現**[12]を用いて計算できる．スペクトル表現についてもっと一般的場合を考察しよう，というのは，それが先々必要になるからである．

外力 $F=F(t)$ の作用下にある**調和振動子**，

$$S\{x\}=\int_0^\tau dt\left[\frac{1}{2}\,m\dot{x}^2-\frac{1}{2}\,m\omega^2x^2+Fx\right] \tag{4.4}$$

に対する径路積分を計算しよう．自由振動子に対してと同様に，これに対しても $x=\eta+z$ とおいて変数変換に行ない，$\{z\}$ についての積分になおす．先の場合と同じく，軌道 η は右辺が0である方程式 (4.1) に従うことに注意しよう．自由振動子に対してと同様に，このときも作用は和 (4.2) の形に分かれ，径路積分は積 (4.3) の形で表わされる．しかし，今度は，これらすべての公式において，外力を含む (4.4) の形の作用を用いなければならない．

積分 $A(0,0)$ を計算するために，径路 $z(t)$ と力 $F(t)$ とを区間$[0,\ \tau]$でフーリエ級数に展開しよう：

$$z(t)=\sum_{n=1}^{\infty} c_n \sin \Omega_n t, \quad F(t)=\sum_{n=1}^{\infty} F_n \sin \Omega_n t, \tag{4.5}$$

ここで，今後常に用いる記号：

$$\Omega_n=\frac{n\pi}{\tau}$$

を導入した．境界値が 0 である径路 z に対しては展開 (4.5) は自然である．しかし，区間 $[0, \tau]$ の端点で任意の値をとる力 F も同じ形の級数に展開できる．境界値が 0 でない場合には，級数の係数の減少が緩慢になるだけである．

展開 (4.5) を作用の表式に代入しよう．そうすると，作用はフーリエ係数の関数となる：

$$S\{z\}=S(c_1,\ c_2,\ \cdots)=\frac{\tau}{2}\sum_{n=1}^{\infty}\left[\frac{m}{2}c_n^2(\Omega_n^2-\omega^2)+c_nF_n\right],$$

そして，径路積分はこれらの係数についての積分となる：

$$A(0,0)=\int_0^{\tau} d\{z\}\, e^{\frac{i}{\hbar}S\{z\}}=J\int_{-\infty}^{\infty} dc_1\int dc_2\cdots e^{\frac{i}{\hbar}S(c_1,c_2,\cdots)}\,. \tag{4.6}$$

このような**径路積分のスペクトル表現**が可能であることの事実上の根拠は，連続な径路の集合と数列 c_1，$c_2\cdots$ の集合との間に互いに 1 対 1 の対応が存在することである．形式的に証明を行なうためには，節 $0=z_0$，$z_1, \cdots z_{N-1}$，$z_N=0$ をもつ折れ線をフーリエ級数 (4.5) に展開し，径路積分の有限次元近似 $A_N(0,\ 0)$ において，z_1，$\cdots z_{N-1}$ についての積分から，展開の際のはじめの係数，c_1，$\cdots$，c_{N-1} についての積分に移らなければならない．その際，($N\to\infty$ の極限では新しい積分変数への変換行列式として) 数因子 J を見出すことは原理的に可能である．しかし，ここではそれを別の方法で求めよう．

積分 (4.6) は本質において (無限個の) 一重積分の積である．各々はガウス積分であるから，すべて公式 (3.6) によって計算できる．その結果次式が得られる．

$$A(0,0)=J\prod_{N=1}^{\infty}\left(\frac{4\pi i\hbar}{\tau m(\Omega^2{}_n-\omega^2)}\right)^{1/2}\exp\left(\frac{i\tau}{4m\hbar}\sum_{n=1}^{\infty}\frac{F_n{}^2}{\omega^2-\Omega_n{}^2}\right).$$

この無限積の ω 依存性はオイラーの公式を用いるとはっきりする．その公

式は，我々の用いている記号では

$$\prod_{N=1}^{\infty}\left(1-\frac{\omega^2}{\Omega_n{}^2}\right)=\frac{\sin\omega\tau}{\omega\tau} \tag{4.7}$$

である．無限積中のその他の因子は規格化定数に含ませることができる．最後に，指数関数の指数は，容易に確かめられるように，簡単に $(i/\hbar)S\{\zeta\}$ と書ける．ここに ζ は

$$m\ddot{\zeta}+m\omega^2\zeta=F,\quad \zeta(0)=\zeta(\tau)=0,$$

の解である（そのためには，この方程式の解をフーリエ級数の形で求め，その解を作用積分に代入すればよい）．式(4.3)と併せると，

$$A(x',\ x)=J'\left(\frac{\omega\tau}{\sin\omega\tau}\right)^{1/2}\ e^{\frac{i}{\hbar}[S\{\eta\}+S\{\zeta\}]}$$

が得られる．

容易に分かるように，指数関数の指数は $(i/\hbar)S\{\xi\}$ である．ここに，ξ は古典的振動子，

$$m\ddot{\xi}+m\omega^2\xi=F,\quad \xi(0)=x,\quad \xi(\tau)=x' \tag{4.8}$$

の軌道である．定数 J' は，$\omega=0$，$F\equiv 0$ という特別な場合を考えれば得られる．このとき，振動子は自由粒子となり，それに対する径路積分は計算済みである．結果として，

$$A(x',\ x)=\left(\frac{m\omega}{2\pi i\hbar\sin\omega\tau}\right)^{1/2}\ e^{\frac{i}{\hbar}S\{\xi\}} \tag{4.9}$$

が得られる．これが，任意の力を受けて運動する振動子の径路積分に対する表式である．のちほど，我々には，この表式も，途中の公式(4.6)——径路積分のスペクトル表現——も必要になる．公式(4.9)に現れている古典的作用は求積の形で陽に見出し得る（例えば[12]）．

最後のふたつの節で導いた径路積分についての結果は，以下の章で考察する内容のためには十分すぎるほどである．しかし，読者にこの技法についてもっと広い知識を与えるために，付録Aにおいて，定義はより形式的になるが，それ故またはるかに簡単な方法で，より一般的な関数積分を考察しよう．

第３章　振動子の径路の観測

前節において任意の連続的観測を《有限範囲内の》径路積分を用いて計算する処方が定式化された．今度はこの処方を振動子の径路観測の計算に，換言すれば，振動子の座標を連続的に追跡する計算に応用しよう．この場合，径路積分の応用の仕方は最も明瞭であるが，しかし計算の実行はそれほど簡単ではない．次章では振動子における別の観測——スペクトル観測——が考察されるが，それははるかに簡単な計算ですむ．

読者は，もしそうしたければ，この章をとばして直ちに次章に進んでも理解の上で困ることはない．原理的問題にのみ関心があって，応用に関心がなければ，本章の§6だけを読むのもよい．そこでは径路観測を例として，《有限範囲内の》径路積分が，観測に起因する状態の収縮（波束の収縮）をいかに自動的に計算の中にとり入れているかが示されている．その節を理解するには前の諸章（第１章の§１，第２章の§§１－３）に含まれている知識で十分である．

§1．振動子に対する径路の帯状領域上の積分

任意の量子力学的な系の径路観測，あるいはその座標追跡に関する課題はすでに序論（第１章，§１）で提起され，第２章，§２で精密化された．この場合，振幅の計算は有限な幅をもつ径路の帯状領域上の積分に帰せられる．実際，系が $t=0$ の点 x から $t=\tau$ には点 x' へと移行する振幅はこれらの点を結ぶ径路に沿う積分，

$$A(x',\ x)=\int_{I(x,x')} d\{x\}\ e^{\frac{i}{\hbar}S\{x\}}$$

に等しく，もし，この移行の間に径路観測が行なわれるならば，積分の範囲は観測結果に対応する領域に限らなければならない．もし，径路観測が Δa の有限精度で行なわれ，観測結果が帯状領域 I_α で表わされるならば，移行の振幅はこの帯状領域内にある径路上の積分：

$$A_\alpha(x',\ x)=\int_{I(\alpha x',x)} d\{x\}\ e^{\frac{i}{\hbar}S\{x\}}$$

あるいは，対応する重み関数をつけた全径路上の積分：

$$A_\alpha(x',\ x)=\int d\{x\}\ \rho_\alpha\{x\}\ e^{\frac{i}{\hbar}S\{x\}} \tag{1.1}$$

で表わされる．

この振幅は観測の結果 α を得る確率振幅である．もし，観測の前後に系が任意の量子的状態にあるならば，それらの状態の波動関数を (1.1) に乗じてから変数 x, x' についての積分をも行なわなければならない．このような精密化はのちほど行なうことにして，今は系の位置 x, x' が観測の前後で正確に知られているものとして振幅 (1.1) を利用しよう．調和振動子の場合にこの振幅は何に等しいのかを，見てみよう．

調和振動子の力学的性質は作用

$$S\{x\}=\int_0^\tau dt\left[\frac{1}{2}\ m\dot{x}^2-\frac{1}{2}\ m\omega^2x^2+F_x\right] \tag{1.2}$$

で表わされ，また，この系に対する全径路にわたる積分は第2章の §§4，6 で計算され，詳しく分析されている．今度は同じ系に対して径路の帯状領域にわたる積分計算を行なわなければならない．そのためには，まず径路の帯状領域という概念を定義しなければならない．

この定義は様々な仕方で行なうことができ，そして本質において異なる定義の仕方は異なる観測装置に対応している．しかし，実際的には，異なる定

義の間の違いはそれほど大きくなく，それ故ここで問題にしているような観測の基礎的性質はどのような定義を利用しても分析できる。径路観測をその精度 Δa（これは帯状領域の幅に相当する）で特徴づけよう。観測結果——これはある径路 $\{a\}=\{a(t)|0\leqq t\leqq\tau\}$ である．もし，観測精度を固定することにすれば，観測結果および対応する径路の帯状領域は軌道 $\{a\}$ により一意的に特徴づけられる．かくして $\alpha=\{a\}$ である帯状領域を定義する明瞭な方法のひとつは次のようである．すべての $t\in[0,\ \tau]$ に関して $|x(t)-a(t)|\leqq\Delta a$ であれば，径路 $\{x\}$ は帯状領域 $I_{\{a\}}$ に属する，と言うことにしよう．これは，帯状領域中の径路はいかなる瞬間にも帯状領域の中央の径路から Δa より大きく離れることはないという意味である．しかし，次の定義も帯状領域の定義として同等である：

$$\text{もし，}\ \langle(x-a)^2\rangle\leqq\Delta a^2\ \ \text{ならば}\ \ \{x\}\in I_{\{a\}}. \tag{1.3}$$

ここに $\langle\ \rangle$ は時間についての平均

$$\langle v\rangle=\frac{1}{\tau}\int_0^\tau dt\ v(t)$$

を表わす．

定義 (1.3) の意味するところは，帯状領域中の径路はどれだけでも遠く中央の径路から離れることはできるが，ずれの自乗平均が Δa を越えてはならないから，より大きなずれほど，より短時間の間しか実現しない，ということである．どの定義を採るかは径路を観測する観測系を分析したあとでのみ決定可能であることは明らかである．しかし，推定程度の計算のためならば，どのような定義を採ってもよい．計算が最も簡単になる，ずれの自乗平均による定義を採ろう*．そうすると，振幅を帯状領域 $I_{\{a\}}$ にわたる積分で定義することができる．しかし，計算の簡単化という前と同じ考え方にたって，帯状領域 $I_{\{a\}}$ にわたる積分のかわりに，重み関数を帯状領域外では急速に減少するように選んで公式 (1.1) を利用しよう．もし，この重み関数を，2次形式を指数にもつ指数関数の形：

---

* とは言うものの，直観的には装置の機能の大部分はまさにこの定義に対応しているようである．

$$\rho_{\{a\}}\{x\}=\exp\left(-\frac{<(x-a)>^2}{\Delta a^2}\right) \tag{1.4}$$

に選べば，計算は極度に簡単になる．

この簡単化の原因は明らかである．重み関数をこのように選ぶと径路積分はガウス型になるからである．それと同時に，重み関数をこのように選ぶと，幅の狭い帯状領域を採る場合よりも，実際に用いられる観測器機の大多数を無条件的に正しく表わすことができる．実際，径路の観測結果が $\{a\}$ であることは，《真の》径路が $\{a\}$ の近くにある確率は大きく，$\{a\}$ から離れるにつれて，それが真の径路である確率はゆっくり減少し，Δa（観測の精度）だけ離れるとその確率は急速に小さくなることを意味する．この確率分布が不連続だとは想像しがたい．2次の分布 (1.4) を用いることのもっとまともな論拠をあげることはできる．しかし，そのためには測定装置の量子論的分析が必要であろうし，我々がしようとしている近似計算には実際上何らの新味もない，あまりにもかけ離れた議論をすることになろう．

そこで，公式(1.1)を用い，そこへ作用(1.2)と重み関数(1.4)を代入して，調和振動子の径路観測に対する確率振幅を求めよう．このとき，積分記号下の指数関数の指数はある2次形式である．この2次形式における項をまとめ直すと，積分は，作用する力が複素的となる他は，本質的には調和振動子の作用積分と一致する：

$$A_{\{a\}}(x',\ x)=e^{-\frac{<a^2>}{\Delta a^2}}\int d\{x\}\,e^{\frac{i}{\hbar}\tilde{S}\{x\}}$$

ここに，

$$\tilde{S}\{x\}=\int_0^\tau dt\left[\frac{1}{2}m\dot{x}^2-\frac{1}{2}m\tilde{\omega}^2x^2+\tilde{F}x\right], \tag{1.5}$$

$$\tilde{\omega}^2=\omega^2-i\nu^2\ ;\ \tilde{F}(t)=F(t)-i\,m\,\nu^2\,a(t)$$

である．振動数と力の虚数部分は，測定の精度 Δa に依存し，その大きさが

$$\nu^2=\frac{2\hbar}{m\tau\Delta a^2} \tag{1.6}$$

で与えられる，ある特性振動数νによって表わされる．

調和振動子に対する径路積分は第2章，§4で見出されている．そこにある表式（第2章，公式(4.9)）は振動子のパラメーターと振動子に作用する力に解析的に依存している．だから，公式(4.9)は，これらのパラメーターが複素数値をとり，複素数で表わされる力が作用するときにも用いることができる．このことから次の表式を直ちに書くことができる：

$$A_{\{a\}}(x',\ x)=\left(\frac{m\tilde{\omega}}{2\pi i\hbar\sin\tilde{\omega}\tau}\right)^{1/2}\exp\left[-\frac{<a^2>}{\Delta a^2}+\frac{i}{\hbar}\tilde{S}\{\tilde{\xi}\}\right]. \tag{1.7}$$

この表式は次のような方程式で表わされる複素的振動子：

$$m\ddot{\tilde{\xi}}+m\tilde{\omega}^2\tilde{\xi}=\tilde{F},\quad \tilde{\xi}(0)=x,\quad \tilde{\xi}(\tau)=x' \tag{1.8}$$

の《古典的》軌道上における作用を含んでいる．今後我々に必要なのは確率だけ，つまり見出した振幅の絶対値の自乗だけである．確率に対する表式中の数係数はどうでもよい．従って，指数関数(1.7)の指数の実部を見出さなければならない．解析の結果，それは，$-<|\tilde{\xi}-a|^2>/\Delta a^2$に等しいことが分かる．従って確率は

$$P_{\{a\}}(x',\ x)=|A_{\{a\}}(x',\ x)|^2=J^2\,e^{-\frac{2}{\Delta a^2}<|\tilde{\xi}-a|^2>} \tag{1.9}$$

に等しい．

この量は，径路観測の前後では振動子は定まった位置，それぞれx，x'，に居るとしたとき，径路観測の結果$\{a\}$が得られる確率である．次節では得られた確率分布を分析する．

§2．径路の観測と古典像からのずれ

前節では，振動子は観測の前後に定点x，x'に居るという仮定の下で，振動子の径路観測（座標追跡）という実験を考察した．このあと，我々は，観測の前後で振動子が任意の量子的状態にある場合をも含む，より一般的な状況を調べるつまりであるが，まず，x，x'が既知であるとの仮定から得られた

先の確率分布を分析しよう．

確率分布 (1.9) は複素関数 $\lambda(t)=\tilde{\xi}(t)-a(t)$ によって表わされている．ここに $\{a\}$ は径路観測の結果であり，$\tilde{\xi}$ は条件 (1.8) を満たす関数である．これらのことから，関数 $\lambda(t)$ は，

$$m\ddot{\lambda}+m\tilde{\omega}^2\lambda=\delta F,\quad \lambda(0)=\delta x,\quad \lambda(\tau)=\delta x' \tag{2.1}$$

という方程式の解であることがわかる．ここに，

$$\delta F=F-F_{\{a\}},\quad \delta x=x-a(0),\quad \delta x'=x'-a(\tau)$$

であり，

$$F_{\{a\}}=m\ddot{a}(t)+m\omega^2 a(t)$$

である．$\tilde{\omega}$は公式

$$\tilde{\omega}^2=\omega^2-i\nu^2,\quad \nu^2=2\hbar/m\tau\Delta a^2$$

で定義されており，径路観測の精度 Δa に依存している．

振動子に対する境界条件 x, x', 径路観測の精度 Δa，そして径路観測の結果 $\{a\}$ を知れば，方程式 (2.1) を解いて関数 $\lambda(t)$ を見出すことができる．このとき所与の観測結果の確率は

$$P_{\{a\}}(x',\ x)=J^2 e^{-\frac{2\|\lambda\|^2}{\Delta a^2}} \tag{2.2}$$

に等しい，すなわち

$$\|\lambda\|^2=\langle|\lambda|^2\rangle=\frac{1}{\tau}\int_0^\tau dt|\lambda|^2(t)$$

によって直接に表わされることになる．ここで新たに導入した記号 $\|\lambda\|$ を説明しておこう．積分 $\|\lambda\|^2$ が有限となる複素数値関数は，**ヒルベルト空間**と呼ばれる(複素数体上の)無限次元線型空間をつくる(例えば [23, 24] を見よ)．この条件を満たす各関数 λ はヒルベルト空間のベクトルであり，また数 $\|\lambda\|$ はベクトルのノルムと呼ばれ，通常の有限次元ベクトルの絶対値またはその長さと同じ働きをする．

かくして確率 $P_{\{a\}}(x',\ x)$ は関数 λ のノルム $\|\lambda\|$ に依存し，この関数は問題 (2.1) を解けば得られる，ということになる．従って，数学的には確率分布(2.2)の分析は(2.1)の解の分析に帰着させられる．ノルム $\|\lambda\|$，すなわち，

確率は，ふたつの数δx，$\delta x'$と関数δFによって決定されることは明らかである．そして，δx，$\delta x'$，δFの値が0であることは$\|\lambda\|$が0であること，従って最大確率に対応しており，また，これらの量が増加すれば，一般的に言って$\|\lambda\|$も増加し，確率$P_{\{a\}}(x', x)$は小さくなる．この事実の物理的意味を説明しよう．

径路観測の最も確からしい結果は$\delta x=\delta x'=0$かつ$\delta F\equiv 0$に対応している．このとき，

$$m\ddot{a}+m\omega^2 a=F,\quad a(0)=x,\quad a(\tau)=x'$$

である．かくして，径路観測の結果のうちで最も確からしい結果は，振動子は与えられた境界条件をもつ軌道に沿って運動する，という古典的描像に完全に対応している．もし，δx，$\delta x'$，δFが0と異なれば，これは径路観測の結果が古典像に対応していないことを意味する．このような結果はあまりありそうにないが，その確率が0に等しいわけでは決してない．これこそ固有の量子効果であって，我々が研究すべきものである．

このようにして，量δx，$\delta x'$，δFは観測結果の古典論による予言からのずれを特徴づける．この理由で(そしてまた考察の便宜上)，これらの量をそれぞれ**位置のずれ**，**力のずれ**と呼ぶことにする．関数$\lambda(t)$は**ずれの関数**，そのノルム$\|\lambda\|$は，**ずれのノルム**である．位置と力のずれは，ずれの関数を(方程式と境界条件(2.1)によって)定義するが，ずれのノルムは(公式(2.2)によって)確率で直接に定義される．ずれのない結果が最も確からしい．ずれが大きくなればなるほど，それに対応する結果の確率は一般に小さくなる．今や我々の課題はこの依存性を定量的に特徴づけることである．

公式(2.2)から，もしずれのノルムが$\|\lambda\|^2\ll\Delta a^2$であれば，対応する観測結果の確率は最大値に近いことが分かる．ノルムが$\|\lambda\|^2\sim\frac{1}{2}\Delta a^2$の桁になると確率は本質的に減少しはじめ，ずれのノルム$\|\lambda\|^2\gg\Delta a^2$に対しては，このような結果の確率は実際上0に等しい．従って，径路を観測すると，条件

$$\|\lambda\|^2\lesssim\frac{1}{2}\Delta a^2 \tag{2.3}$$

を満たす限りどのような結果も可能であり，しかもこれらの結果のどれもが

ほぼ同じ確率で生じる，と言ってよい．条件 (2.3) を満たさないような結果は生じそうにない．従って，ずれ δx, $\delta x'$, δF がどの程度であれば不等式 (2.3)が満たされるか，すなわち，観測の結果，実際に出会うずれはいかなるものか，を明らかにしなければならない．

この分析を二段階に分けて行なう．はじめは，ずれ δx, $\delta x'$ は 0 として，ずれ δF はどの程度の大きさまで許されるのかを明らかにしよう．このときに，物理的に最も重要な結論が得られる．そのあとで，ずれ δx, $\delta x'$ の効果を分析し，ある程度精密な物理的結論を引き出す．

§3. 振動子に作用する力の評価

前節では径路観測の様々な結果の確率を得た．結果として $\{a\}$ を得る確率は，我々が位置のずれと呼ぶ δx, $\delta x'$ と力のずれと呼ぶ $\delta F=F-m(\ddot{a}+\omega^2 a)$ の 3 個のパラメーターに依存している．本節では $\delta x=\delta x'=0$ とおいて確率の，力のずれへの依存を分析する．そのあとで，位置のずれは共鳴に近い振動数成分にのみ影響することを示す．それ故，本節の結果は共鳴から遠いところで正しい描像を与えることになる．共鳴振動数成分のふるまいは，のちほど別個に分析する．

前節で見たように，結果 $\{a\}$ を得る確率は，$\delta F=0$ のとき，すなわち，径路 $\{a\}$ が古典的振動子の運動に対応しているとき，最大となる．古典的径路からはずれた径路も 0 でない確率で現れる．このとき，結果 $\{a\}$ が生じる確率は，ずれのノルムが不等式

$$\|\lambda\|^2 \lesssim \frac{1}{2}\Delta a^2 \tag{3.1}$$

を満たしていれば最大値に近い値をもつ．本節で行なった仮定のもとでは，ずれの関数 $\lambda(t)$ は方程式

$$m\ddot{\lambda}+m\tilde{\omega}^2\lambda=\delta F, \quad \lambda(0)=\lambda(\tau)=0 \tag{3.2}$$

によって定義される．ここに $\tilde{\omega}^2=\omega^2-i\nu^2$, $\nu^2=2\hbar/m\tau\Delta a^2$ である．

実態に即した次のような局面での観測の問題を見てみよう．振動子に作用する力は未知で，径路観測を行なうことによってこの力について知ることが

できると仮定してみる．径路を観測した結果は $\{a\}$ であるとしよう．このとき，振動子にはたらく力について何がわかるだろうか．より正確に言えば，求められていることは 1) 振動子にはたらく力を評価すること，および 2) この評価の誤差を知ること，すなわち，どの程度この評価は信用できるか，である．

先に述べたことから，第1の問題に対する答は明白である．径路の観測結果で最も確からしいのは古典的径路であるから，作用している力としては古典的公式で見出される力が一番よいと思われる．換言すれば，もし径路観測の結果として $\{a\}$ が得られたとき，振動子に作用している力としては関数

$$F_{\{a\}}=m(\ddot{a}+\omega^2 a)$$

をとるのが一番よい．得られた確率分布から形式的に出てくるこの結果は全く取るに足らないものである．より関心がもたれるのは他の問題である：振動子に作用する真の力は，この自明な力からどれほどずれることができるであろうか．

この問に対する答も実際上不等式(3.1)と方程式(3.2)に含まれている．真の力の最も確からしい(古典的)力からのずれ δF は不等式 (3.1) を満たすようなものだけが許される．従って原理的には問題は解かれている．観測の結果，径路 $\{a\}$ が得られたとしよう．このとき最も確からしい作用力は $F_{\{a\}}$ である．それにもかかわらず真の力はこの力からずれているかも知れないのである．任意の関数 $F(t)$ をとり次のように問題を設定しよう；真の力をこの関数で表わすことができるか．答はこうなる．差 $\delta F=F-F_{\{a\}}$ を求め，これを方程式 (3.2) の右辺に代入して方程式を解かなければならない．こうして得られる関数 $\lambda(t)$ が不等式(3.1)を満たせば，真の力を関数 F で表わすことができる．もし，不等式が満たされなければ，それは不可能である．

この一般的解は，しかしながら，力のずれの測り方のわかりやすい表現になっていない．わかりやすい表現を得るために簡単な特別な場合を考えてみよう．問題はこうである：真の力と最も確からしい力との差は特定の振動数をもつと考えてよいか．もしそうならば，ずれはどの程度か．言い換えると，

ずれ $\delta F(t)$ は調和関数であると仮定するのである．不等式(3.1)が満たされるようにすると，この関数の最大振幅はどれだけになるか．簡単のためしばらくは問題の振動数を $\Omega_n=n\pi/\tau$ とする．調和関数の位相についても

$$\delta F(t)=\delta F_{\Omega_n}\sin\Omega_n t$$

と置いて特別な値をとっておく．もし，力のずれがこのような振動数と位相をもてば，その最大振幅はどれだけか，が問題なのである．

この特別な関数 δF を方程式 (3.2) の右辺に代入すると，方程式は簡単に解くことができて，次の形でずれの関数が得られる．

$$\lambda(t)=\frac{\partial F_{\Omega n}}{m(\tilde{\omega}^2-\Omega_n{}^2)}\sin\Omega_n t$$

ずれのノルムも，この場合には簡単に計算でき，

$$\|\lambda\|^2=\frac{\delta F^2_{\Omega n}}{2m^2|\tilde{\omega}^2-\Omega_n{}^2|}=\frac{\partial F^2_{\Omega n}}{2m^2[(\Omega_n{}^2-\omega^2)^2+\nu^4]}$$

に等しい．最後に，この表式を不等式(3.1)に代入し，$\nu^2=2\hbar/m\tau\Delta a^2$ を用いると結局，

$$\delta F^2_{\Omega}\lesssim m^2(\Omega^2-\omega^2)^2(\Delta a^2+\frac{\Delta a^4_{\Omega}}{\Delta a^2})\tag{3.3}$$

が得られる．ここに

$$\Delta a^2_{\Omega}=\frac{2\hbar}{m\tau|\Omega^2-\omega^2|}$$

である．

最後のふたつの公式では，振動数 Ω_n における添字 n をわざと落としてある．というのは，上に導いた不等式(3.3)という簡単な結論は，$\Omega=\Omega_\alpha$ として，また δF の位相を特別に選んだ場合に正しいのであるが，実際には，この不等式は任意の振動数 Ω と

$$\delta F(t)=\delta F_{\Omega}\sin(\Omega t+\varphi)\tag{3.4}$$

の形をもつ力のずれに対して成り立つことを証明できるからである．例外は共鳴振動数 ω の前後でオーダー π/τ の範囲にある振動数だけである．この振動数帯では，位置のずれ δx，$\delta x'$ をも考慮しなければならない．共鳴振動数

から π/τ 以上離れた振動数成分に対しては $\delta x=\delta x'=0$ とすることができるし，不等式 (3.3) は正しい．これが事実であることを証明するにはあまりにも多くの紙面が必要であるから，ここでは証明は行なわない．とりあえず，この不等式の物理的意味を分析しよう．

不等式 (3.3) の示すところによれば，真の力は力の推定値と比較すると余分な振動数成分 Ω を有するが，この成分の振幅は任意に大きな値をとることはできない．換言すれば，力の推定値 $F_{\{a\}}$ は振動数 Ω についてどの程度信用できるかを表わしているのが不等式 (3.3) である．例えば，径路観測の結果は $a\equiv 0$ であったと仮定してみよう．これは，振動子には十中八九，力が作用しなかった($F_{\{a\}}\equiv 0$)ことを意味している．しかし，振動数 Ω の力がそれに作用していた可能性はある．この場合，そのような力の振幅は疑いもなく不等式 (3.3) でおさえられている．もし，力の振幅がこの不等式を満たしていれば，径路を観測してもその力を発見できないだろう．しかし，大きな振幅をもつ力は径路観測の助けを借りて発見できる．このようにして，不等式 (3.3) は，見出し得る最小の力の大きさを求めよ，という問題に対する解答になっている．

式(3.3)によれば，振動数 Ω の力を推定するときの最大可能誤差は，振動子のパラメーター，振動数 Ω のみならず，径路観測の精度 Δa にも依存している．ここで，この精度が固有な量子論的限界 Δa_Ω といかに関係しているかは重要である．本質的には三つの場合があって，それらは，$\Delta a\gg\Delta a_\Omega$(観測の古典的条件)の場合，$\Delta a\ll\Delta a_\Omega$(観測の量子論的条件)の場合，そして $\Delta a\approx\Delta a_\Omega$ (古典および量子的条件の境界，これはまた後に見るように観測の最適条件でもある)の場合である．

もしも，観測の古典的条件 $\Delta a\gg\Delta a_\Omega$ が実現されるならば，公式(3.3)は次のように簡単になる：

$$\Delta a\gg\Delta a_\Omega \text{ のとき，} \partial F_\Omega\lesssim m|\omega^2-\Omega^2|\Delta a. \tag{3.5}$$

容易に分かるように，これは純粋に古典的結果である．実際，もし古典的振動子が調和力 (3.4) を受ければ，結果もまた力と同じ振動数を持つ調和関数

で，振幅は $a_\Omega = F_\Omega/(m|\omega^2-\Omega^2|)$ である．それ故，もし古典振動子の径路を精度 Δa で観測するとすれば，振幅 F_Ω の評価誤差は (3.5) の大きさにまで達することが可能である．このようにして観測の古典論的条件に対しては，量子論的公式 (3.3) は妥当な結果を与える．そしてまた当然期待されるように，観測誤差 Δa が小さければ小さいほど，評価誤差 δF も小さくなる．

しかし，観測誤差 Δa を小さくしていくと，実験家は遅かれ早かれ，それを Δa_Ω のレベルにまで下げることになり，そのあとは全く別の，観測の量子論的条件，$\Delta a \ll \Delta a_\Omega$ が効き始める．公式(3.3)から分かるように，この条件下では評価誤差は観測誤差に逆比例する：

$$\Delta a \ll \Delta a_\Omega \text{ のとき，} \delta F_\Omega \lesssim m|\omega^2-\Omega^2|\frac{\Delta a_\Omega^2}{\Delta a} = \frac{2\hbar}{\tau \Delta a} \tag{3.6}$$

径路観測をより正確に行なえば行なうほど，振動子に作用する力の推定は正確でなくなる．このときには，観測過程が量子系にもたらす原理的に除去不能な摂動が現れる．公式(3.6)は定量的に不確定性と一致している，というのは，それは，座標の不確定度 Δa と時間経過における運動量の不確定度 $\delta F_\Omega \tau$ との積がプランク定数のオーダーでなければならないことを示しているからである．

径路積分の方法を用いると，常に観測から引き出しうる情報の最大値の推定へと導かれる．いかなる装置も (3.6) をしのぐ精度で作用力を推定することはできない，というよりも，最上とは言えない装置では，(3.6) の精度さえも与えることはできない．全く同じように，ハイゼンベルクの不確定性原理も観測に際して入手しうる情報の最大値を評価するのに用いることができる．それ故，径路積分で得られた公式 (3.6) は不確定性原理と内容的には同じになる．しかしながら，不確定性原理から直接に公式 (3.6) を導くのはむつかしいことに注意しよう．径路観測のような込み入った観測条件に対しては不確定性原理に直接基づく結論はあてにならない．

結局，径路観測の誤差 Δa が小さくなると，力の推定誤差 δF_Ω は，はじめのうちは小さくなり(3.5)，そのあとは大きくなる(3.6)．これらふたつの条件の境目に(与えられた振動数に対する)観測の最適条件が存在する：

$$\delta F_{\Omega} \lesssim \delta F_{\Omega}^{\mathrm{opt}} = 2\sqrt{\frac{m\hbar\,\|\omega^2-\Omega^2|}{\tau}},\quad \Delta a \simeq \Delta a_{\Omega}\ \text{のとき}, \tag{3.7}$$

これは，もはや絶対的限界である．ある振動数をもって作用する力を径路観測から評価するとき，(3.7)を越す精度で行なうことはできない．

式 (3.7) から，形式的には，共鳴に近づくと，つまり，$\Omega \to \omega$ にしたがって作用力の推定精度は限りなく大きくなる．しかし，まさにこの場合に公式(3.3)は使えなくなるのである．これは $|\Omega-\omega| \gtrsim \pi/\tau$ の限りにおいてのみ正しい．もし，許される範囲ぎりぎりで，$|\Omega-\omega| \simeq \pi/\tau$ とおくと，(3.7) によって力の共鳴成分の推定に対して次の精度を得る：

$$\delta F_{\mathrm{res}}^{\mathrm{opt}} \simeq 2\sqrt{2\pi}\,\frac{\sqrt{\hbar m\omega}}{\tau} \tag{3.8}$$

以上の考察はそれ自体では何も証明してはいないが，高い精度に達することはできないとの感をいだかせる．これは実際に正しいことが証明できる：共鳴振動数に更に近づくと，作用力の推定精度を高めることはできなくなる．しかし，この事実の証明は多くの紙面を要するので省略しよう．

最適条件 $\Delta a = \Delta a_{\Omega}$ は径路観測の精度 Δa だけでなく振動数 Ω にも依存することに注意しよう．我々にとって関心があるのはただひとつの振動数だけである (例えば，振動子への作用はこの振動数のみで与えられ，その効果を記録することだけが必要である)と仮定しよう．このとき，(振動子のパラメーターである m と ω は固定しておいて)，我々の関心の的であるこの振動数において観測が最適であるためには，径路観測を精度 $\Delta a = \Delta a_{\Omega}$ で行なわなければならない．もしも，作用が原理的に様々な振動数で与えられるものならば，ある振動数に対しては観測の古典論的条件 ($\Delta a \gg \Delta a_{\Omega}$) を，他の振動数に対しては量子論的観測条件 ($\Delta a \ll \Delta a_{\Omega}$) を，そして唯ふたつの振動数 $\Omega = \sqrt{\omega^2 \pm \nu^2}$ に対しては観測の最適条件 ($\Delta a = \Delta a_{\Omega}$) を得ることになる．この意味で，次章で考察するスペクトル観測は優っている．スペクトル観測は，各振動数ごとに観測を最適化することによって，異なる振動数それぞれに対して独立に実行することができる(図 6)．

ここまで力のずれ $\delta F(t)$ が調和関数である場合を詳しく見てきた．もし，

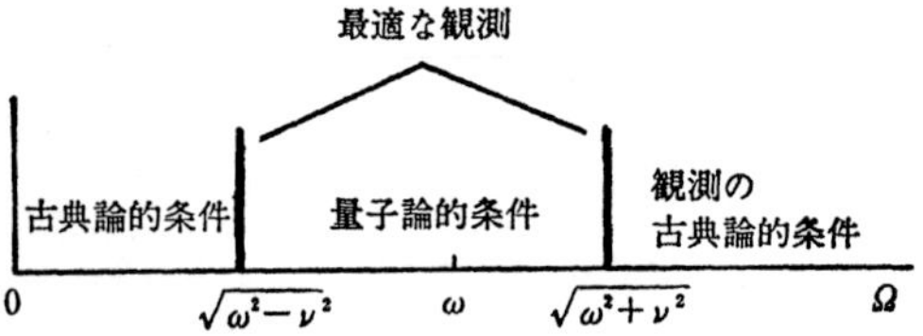

図6.

真の力 F がその測定値 $F_{\{a\}}$ から調和関数で表される分だけずれているならば，この調和関数の振幅はある値を越えることができないことが分かった．しかし，一般の場合に力のずれ δF がどのように制限されるかという問題には答えていない．この問題に答えるために，ずれの関数をフーリエ級数に展開しよう，

$$\delta F(t)=\sum_{n=1}^{\infty}\delta F_{\Omega_n}\sin\Omega_n t. \tag{3.9}$$

これを方程式(3.2)の右辺に代入し，方程式の解も同じようにフーリエ級数

$$\lambda(t)=\sum_{n=1}^{\infty}\lambda_n\sin\Omega_n t$$

に展開すると，その係数は容易に見出せる．さらに，ずれのノルムはいわゆる**パーシバルの公式**を用いて

$$\|\lambda\|^2=\frac{1}{\tau}\int_0^{\tau}dt|\lambda(t)|^2=\frac{1}{2}\sum_{n=1}^{\infty}|\lambda_n|^2 \tag{3.10}$$

と分かる．最後に，このようにして得られたずれのノルムの表式を不等式(3.1)に代入すると条件，

$$\sum_{n=1}^{\infty}\frac{\delta F_{\Omega n}^2}{(\Omega^2{}_n-\omega^2)^2+\nu_{\flat}}\lesssim m^2\,\Delta a^2$$

が得られる．

不等式(3.3)は，力のずれのフーリエ係数(これは一般の場合に許されるずれを定義する)に対する唯一の条件である．しかし，この式からの帰結として，一層弱くはあるがそれだけに分かりやすい条件が出てくる．実際，

(3.11)の左辺の各項は正である．従って級数が全体として右辺よりも小さくなるためには，いかなる場合でも級数の各項は右辺よりも小さくなければならない．各項についてそれを表わす不等式を書き，ν^2の表式を代入すると$\delta F_{\Omega n}$のフーリエ係数に対する不等式(3.3)を得る．従って，多くの振動数成分をもつ任意の力のずれ (3.9) に関して言えば，各振動数成分はすでに詳しく分析した不等式 (3.3) を必ず満たさなくてはならない．従って，先に述べた結論はすべていくつかの振動数成分に対しても正しい．

しかし，不等式(3.11)は様々な振動数に対する不等式 (3.3) の全体よりも一層強い制限を各振動数成分に課している．実際，級数(3.11)の各項は原理的には $m^2\Delta a^2$ の大きさになることができるが，もしどれかの項が実際にこの大きさになると，残りの項は 0 に近い値をとることになる．もし，級数のなかのいくつかの項が 0 とはかなり異なっていても，和だけが $m^2\Delta a^2$ に達しうるのであるから，それらの各々はかなり小さくなければならない．例えば，Ω を中心とする振動数帯の幅を $\Delta\Omega$ とし，この振動数帯中のすべての Ω_n について係数 $\delta F_{\Omega n}$ はほぼ等しいとしよう．この共通の値を δF_Ω とする．このとき幅 $\Delta\Omega$ 内には $\Delta\Omega/\pi$ 個の離散的振動数成分が存在するから，(3.11)より

$$\delta F^2{}_\Omega \lesssim \frac{\pi}{\tau\Delta\Omega} m^2(\Omega^2-\omega^2)^2\left(\Delta a^2+\frac{\Delta a_\Omega^4}{\Delta a^2}\right)$$

が得られる．このようにして，関数 $\delta F(t)$ がいくつかの振動数成分をもつときには，各成分は単独で存在する場合よりも強く制限される．言うまでもなくこれは，関数 $\lambda(t)$ に対する不等式(3.1)と，ノルムにはすべての振動数成分が寄与するということからの単純な帰結である．すべての振動数成分を一度に考慮に入れた場合の力の推定は，(3.1)と(3.2)に基づき，次のように定式化できる．条件 $\mathrm{Im}\,\lambda(0)=\mathrm{Im}\,\lambda(\tau)=0$, $\mathrm{Im}(\ddot{\lambda}+\tilde{\omega}^2\lambda)\equiv 0$, $\|\lambda\|^2\lesssim\frac{1}{2}\Delta a^2$ を満たすすべての複素数値関数 $\lambda(t)$ をとろう．力のずれ δF はこれらの関数 $\lambda(t)$ のうちの任意のものを用いて，公式

$$\delta F=m\,\mathrm{Re}(\ddot{\lambda}+\tilde{\omega}^2\lambda)$$

で定義することができる．

本節で得られた諸公式は，振動子の径路観測の過程を計算するための基礎である．次節では境界条件，すなわち観測の前後に振動子が占める状態が，観測の際に果たす役割を分析しよう．これで全体像がはっきりするであろう．しかしながら，結局は，本節で導入された諸公式が何らの修正を必要とすることなく適用可能であることが分かるであろう．

§4*．観測の前後における振動子の位置

前節では位置のずれ $\delta x = x - a(0)$，　$\delta x' = x' - a(\tau)$ を0とみなし得る場合を，すなわち径路観測の結果が観測前後の振動子の位置と理想的に整合する場合を分析した．どのような場合にこの仮定は許されるのであろうか，また，ずれが大きいときには何が起こるのだろうか．たとえ $\delta F = 0$ であっても $|\delta x|$ と $|\delta x'|$ が大きくなれば，ずれのノルム $\|\lambda\|$ が増大するのは全く明らかである．このことは，観測の前後における振動子の位置と整合しない観測結果が得られる確率は小さいことを意味している．問題は，いかなる δx，$\delta x'$ を大きいとみなすべきなのか，すなわち，径路が位置と不整合であるとみなされるのはどんなときなのか，という点にのみある．

この問題を解くために0でない境界条件をもち，右辺を0とした，ずれの関数に対する次の方程式を見てみよう：

$$\ddot{\lambda}_0 + \tilde{\omega}\lambda_0 = 0, \quad \lambda_0(0) = \delta x, \quad \lambda_0(\tau) = \delta x'. \tag{4.1}$$

これは複素振動数をもつ振動子の固有振動の問題に他ならない．必要なことは固有振動のノルム $\|\lambda_0\|$ の境界条件への依存性を見出すことである．

簡単な近似による推定から始めよう．その後で正確な結果を導く．方程式(4.1)の一般解はふたつの独立解，

$$\lambda_0^{(1)} = e^{i\tilde{\omega}t}, \quad \lambda_0^{(2)} = e^{-i\tilde{\omega}t}$$

の重ね合わせである．ここに $\tilde{\omega} = \omega_0 - i\Gamma$ は複素振動子の固有振動数である．その実部，虚部は

$$\omega_0 = \frac{1}{2}(\kappa^2 + \omega^2) \qquad \Gamma = \sqrt{\frac{1}{2}(\kappa^2 - \omega^2)}$$

に等しい．ここに $\kappa^4 = \omega^4 + \nu^4$ である．これらの特殊解のノルムは

$$\|\lambda_0{}^{(1)}\|^2=\frac{1}{2\Gamma\tau}(e^{2\Gamma\tau}-1),\quad \|\lambda_0{}^{(2)}\|^2=\frac{1}{2\Gamma\tau}(1-e^{-2\Gamma\tau})$$

である．

さて，$\max(|\delta x|,\ |\delta x'|)=\delta a$ とする．解 $\lambda_0{}^{(1,2)}$ の境界値を調べると，境界条件(4.1)が満たされるためには，$\lambda_0{}^{(1)}$ の係数はオーダー $e^{-\Gamma\tau}\delta a$ 以下に，$\lambda_0{}^{(2)}$ の係数はオーダーで δa 以下にして，これらの重ね合わせをとらなければならないことが分かる．このとき，重ね合わせた各項のノルムの2乗は同じ値，$(\delta a^2/2\Gamma\tau)(1-e^{-2\Gamma\tau})$ を越えない．重ね合わされる項のうち，たとえひとつの項にせよ，ノルムはこの大きさに達するはずだから，重ね合わせた結果に対するノルムは次のようになろう，

$$\|\lambda_0\|^2\sim\frac{\delta a^2}{2\Gamma\tau}(1-e^{-2\Gamma\tau}).$$

もしも，$\Gamma\tau\lesssim 1$ ならば，これは δa^2 に等しく，$\Gamma\tau\gg 1$ のときには $\delta a^2/2\Gamma\tau$ のオーダーである．

ノルム $\|\lambda_0\|$ に対して厳密な計算を行なうと，その範囲に対して次の評価を得る：

$$\varepsilon_-(\delta x^2+\delta x'^2)\leqslant\|\lambda_0\|^2\leqslant\varepsilon_+(\delta x^2+\delta x'^2),\tag{4.2}$$

ここで $\varepsilon_\pm$ は2次方程式，

$$2(\mathrm{ch}\,2\Gamma\tau-\cos 2\omega_0\tau)\varepsilon^2-4\left(\frac{\mathrm{sh}\,2\Gamma\tau}{2\Gamma\tau}-\frac{\sin 2\omega_0\tau}{2\omega_0\tau}\right)\varepsilon$$
$$+\left(\frac{\mathrm{sh}\,\Gamma\tau}{\Gamma\tau}\right)^2-\left(\frac{\sin\omega_0\tau}{\omega_0\tau}\right)^2=0$$

の解である．方程式から分かるように，$\varepsilon_\pm$ は $\Gamma\tau\lesssim 1$ のときにはオーダー1，$\Gamma\tau\gg 1$ ならばオーダー $1/2\Gamma\tau$ であり，これは先に行なった評価と合う．

不等式(4.2)の導出について少し述べておこう．方程式(4.1)の解は境界条件 δx，$\delta x'$ について線型に表わされる．それ故，この解のノルムは境界条件について2次である．それを

$$\|\lambda_0\|^2=(\delta X,\ C\,\delta X)$$

の形に書こう．ここに δX は成分 δx，$\delta x'$ をもつベクトルであり，C は，任意のベクトル f に対して $(f,\ Cf)\geq 0$ の意味で，正の行列である．もし，$\varepsilon_\pm$ が不等式 $\varepsilon_-\mathbf{1}\leqslant C$

$\leq \varepsilon_+ \mathbf{1}$（行列不等式 $A \geq B$ は $A-B$ が正行列であることを意味する.）を満たす数であれば，それらは，我々にとって関心のある不等式(4.2)を満たす．他方，行列 C は方程式(4.1)を用いると陽に見出しうるし，数 $\varepsilon_\pm$ は行列が正となるための規準を用いて見出すことができる[25].

不等式 (4.2) を用いると，いかなる場合に境界条件が無条件的に非本質的であるかが分かる．もし，

$$\delta x^2 + \delta x'^2 \lesssim \frac{1}{2\varepsilon_+} \Delta a^2 \tag{4.3}$$

であれば，$\| \lambda_0 \|^2 \lesssim \frac{1}{2} \Delta a^2$ となり，この程度の小さな位置のずれ δx, $\delta x'$ は確率 (2.2) の減少となって現れないことが分かる．もし，位置のずれが大きければ，一般的に言って確率は減少する．しかしながら問題を完全に解くためには，位置のずれも力のずれも，すなわち，境界条件も関数 $\lambda(t)$ に対する方程式の右辺も，同時に考慮しなければならない．

λ_0 は複素振動子の≪固有振動≫，すなわち，右辺が0の方程式 (4.1) の解とし，λ_1 は≪強制振動≫，すなわち，境界条件が0である方程式 (3.2)の解とする．このとき，$\lambda = \lambda_0 + \lambda_1$ は問題(2.1)の解である，すなわち，位置のずれも力のずれも考慮に入れられている．前節と，本節の初めにおいて，関数 λ_1 と λ_0 のノルムを分析したが，今度はそれらの和のノルム $\| \lambda \| = \| \lambda_1 + \lambda_0 \|$ についてある程度の結論を引き出さなければならない．完全にこのノルムを分析することはやめておこう，というのは，多大の骨折りを要する上にあまり多くの結果が得られないからである．だから若干の注意を述べるに留めよう．

もし，固有振動のノルム $\| \lambda_0 \|$ が非常に小さければ，全体としての関数のノルム $\| \lambda \|$ は強制振動のノルム $\| \lambda_1 \|$ に近いことは明らかである．次のようにすれば，これをもっと厳密な形に定式化できる．§2で述べたように関数 λ は無限次元の(いわゆるヒルベルト)空間のベクトルと見ることができる．このとき，ベクトルのノルム $\| \lambda \|$ は通常の有限次元ベクトルの長さと同じ役割を果たす．有限次元ベクトルの和は三角形の規則によって見出すことができ，三角形の辺の長さはよく知られた不等式を満たす：各辺の長さは残

りの二辺の長さの和よりも小さい．それ故，有限次元ベクトルに対しては，いわゆる三角不等式，$|\vec{a}+\vec{b}|\leqslant|\vec{a}|+|\vec{b}|$ が成り立つ．同じような不等式がヒルベルト空間のベクトルに対しても成り立ち，同じく三角不等式と呼ばれている[24]．この不等式を我々にとって問題の和 $\lambda_1+\lambda_0=\lambda$，和 $\lambda+(-\lambda_1)=\lambda_0$ および $\lambda+(-\lambda_0)=\lambda_1$ に応用して，

$$|\|\lambda_1\|-\|\lambda_0\||\leqslant\|\lambda\|\leqslant\|\lambda_1\|+\|\lambda_0\| \tag{4.4}$$

が得られる．

不等式(4.4)に基づいて，問題の大きさ $\|\lambda\|$ についてどんなことが言えるだろうか．まず明らかなことは，もし $\|\lambda\|^2\lesssim\frac{1}{2}\Delta a^2$，かつ $\|\lambda_0\|^2\lesssim\frac{1}{2}\Delta a^2$ ならば，$\|\lambda\|^2\lesssim\frac{1}{2}\Delta a^2$ である，すなわち，対応する観測結果は確かに得られそうである，ということである．これは全く明らかである．もし，力のずれも位置のずれも十分に小さければ，径路 $\{a\}$ は古典的軌道に十分に近く，それ故これは観測結果として得られる可能性がある．このためには力のずれがどの程度に小さくなければならないか，については§3で明らかにした．位置のずれがどの程度小さくなければならないか，に関しては本節の冒頭で明らかにし，不等式(4.3)で表わしてある．§3で得たすべての結論は $\delta x=\delta x'=0$ に対してのみならず，不等式(4.3)を満たすすべての δx，$\delta x'$ に対して正しい，これが，ここまでの考察から得られる基礎的結果である．

不等式(4.4)からは，しかし，$\|\lambda_0\|^2\gg\frac{1}{2}\Delta a^2$ の場合について全く何も言うことができない．次の結論だけである：このとき，もしも $\|\lambda\|^2\lesssim\frac{1}{2}\Delta a^2$ が許されるとすれば，それは $|\|\lambda_1\|-\|\lambda_0\||^2\lesssim\frac{1}{2}\Delta a^2$ という条件下，すなわち，$\|\lambda_1\|^2\gg\frac{1}{2}\Delta a^2$ という条件下においてだけである．ここで我々は固有振動も強制振動も大きくて，しかもそれらの和が小さい，つまり，それらが相殺する場合を扱うことになる．これは，しかし，例外的と言うべきである，というのは，固有振動と強制振動とは互いに質的に別物だからである．

固有振動と強制振動は，もし力が共鳴振動数に近い振動数で作用するならば，互いに(完全に)打ち消し合う．この場合の考察をここで行なうつもりはない．まさにこれこそが，共鳴振動数 ω を中心とする幅 π/τ の振動数帯で基

礎的評価(3.3)が無効となる原因であることを指摘するに留めよう．

これまで，どのような条件があれば $\|\lambda\|^2 \lesssim \frac{1}{2}\Delta a^2$ となり，従って対応する観測結果の確率が大きくなるか，について述べてきた．その叙述から，いかなる条件下で $\|\lambda\|^2 \gg \frac{1}{2}\Delta a^2$ となり，確率が小さくなるかも明らかになる．これは $\|\lambda_1\|^2$ または $\|\lambda_0\|^2$ または両者共に大きくなる場合に起こる．§3では $\|\lambda_1\|$ が大きくなる条件を調べた．これは力のずれ δF が大きくなる場合である．このように大きな力のずれは起こりそうにない，つまり，実際の観測で出会うことはない．本節のはじめでは $\|\lambda_0\|$ が大きくなる条件を見出した．このためには位置のずれが十分に大きくなる必要がある．もっと具体的には，これは，

$$\delta x^2 + \delta x'^2 \gg \frac{1}{2\varepsilon_-}\Delta a^2 \tag{4.5}$$

の場合に起こる．従って，このように大きな位置のずれが生じる確率は小さい，つまり観測においてこのようなずれに出会うことは無い，と結論すべきである．実際には起きないこの場合には，径路 $\{a\}$ は観測前後の振動子の位置と不整合である，ということにしよう．これまで見てきたように，この不整合とは単に δx, $\delta x'$ が0でないというに留まらず，もっと強い条件(4.5)を意味している．§3の結果が有効なのは，他でもなく観測の結果として径路が不整合となる確率が非常に小さいからである．

§5*. 振動子の始状態と終状態が任意である場合

これまでは，観測前後の振動子の位置は正確に知られていると仮定して計算を行なってきた．今度は一般の場合を見てみよう．すなわち，観測前後の位置はある正確さでのみ知られており，これは必ずしも径路観測の結果とは一致しない，と仮定しよう．このような考察の結果として，これまでに得られている諸結果は幾分か精密化され，また基礎づけされる．例えばどの程度正確に x, x' を知れば前節での諸結論が正しいものとなるかが，分かるであろう．

時刻 $t=0$, τ には振動子の量子状態 ψ, ψ' が分かっているものと仮定し

よう．この場合，径路観測の結果の確率振幅と確率は，$A_{\{a\}}(x',\ x)$ にこれらの状態関数を乗じて積分すれば得られる（第2章，§2）：

$$A_{\psi'\{a\}\psi}=\int dx'\int dx\,\overset{*}{\psi}{}'(x')A_{\{a\}}(x',\ x)\psi(x),$$

$$P_{\psi'\{a\}\psi}=|A_{\psi'\{a\}\psi}|^2.$$

この振幅を正確に計算するためには，$A_{\{a\}}(x',\ x)$の絶対値のみならず，その位相をも知らなければならない．また同じように正確に波動関数 ψ，ψ' をも知る必要がある．しかし，結果の適用範囲を狭めないために，状態 ψ，ψ' については最も一般的な仮定だけをすることにし，この原則にしたがって振幅 $A_{\{a\}}(x',\ x)$の位相についても，それが不必要な範囲で考えよう．

振幅$A_{\{a\}}(x',\ x)$の絶対値は前に見出してある（公式(1.9)，(2.2)）：

$$|A_{\{a\}}(x',\ x)|=J\,e^{-\frac{1}{\Delta a^2}\|\lambda\|^2}.$$

関数 ψ，ψ' に関しては，それらがそれぞれ点 $\bar{x}$，$\bar{x}'$ の近くの幅 Δx，$\Delta x'$ の中に集中しているとだけ仮定しよう．このような関数は，例えば，座標を対応する正確さで観測した後での振動子の状態を表わしている．これらの関数の形や減少の様子は，これから行なう分析のためにはどうでもよい．例えば，

$$|\psi(x)|=A\,e^{-\frac{(x-\bar{x})^2}{\Delta x^2}},\quad |\psi'(x')|=A'\,e^{-\frac{(x'-\bar{x}')^2}{\Delta x'^2}}$$

としてよい．このとき，問題の確率振幅の形は

$$A_{\psi'\{a\}\psi}=J_1\int dx'\int dx$$

$$\times\exp\left[-\frac{\|\lambda\|^2}{\Delta a^2}-\frac{(x-\bar{x})^2}{\Delta x^2}-\frac{(x'-\bar{x}')^2}{\Delta x'^2}+i\Lambda(x',\ x)\right] \qquad (5.1)$$

で，ここに $\Lambda(x',\ x)$は被積分関数の位相を表わすある未知関数である．

もちろん，この振幅を完全に調べあげるためには位相 $\Lambda(x',x)$を考慮しなければならない．しかしながら，位相を考慮に入れなくてもある程度の給論を出すことはできる．実際，もし被積分関数の値が積分領域全体で小さければ（そして急速に0になるならば），振幅(5.1)にしても，確率 $P_{\psi'\{a\}\psi}$ にしても，それらは極めて小さな量である．そして，そのようになるのは，積分記

号下の指数関数が小さな場合である．より正確に表現すれば，分析は，不等式

$$\sqrt{P_{\psi'\{a\}\psi}}=|A_{\psi'\{a\}\psi}|\leqslant J_1\int dx\int dx' \times\exp\left[-\frac{\|\lambda\|^2}{\Delta a^2}-\frac{(x-\bar{x})^2}{\Delta x^2}-\frac{(x'-\bar{x}')^2}{\Delta x'^2}\right]$$

に基づいて実行できる．

実際には，ここで不等式をオーダーについての等式に変えることができる：

$$P_{\psi'\{a\}\psi}\sim J_1{}^2\left[\int dx'\int dx\ \exp\left[-\frac{\|\lambda\|^2}{\Delta a^2}-\frac{(x-\bar{x})^2}{\Delta x^2}-\frac{(x'-\bar{x}')^2}{\Delta x'^2}\right]\right\}^2 . \tag{5.2}$$

いうまでもなく，この式は，位相が任意である場合の積分 (5.1) の値が，公式 (5.2) で表わされるその最大値に近いということを意味してはいない．そうでなくて，波動関数の値は変えないでおいて，位相を適当に選べば，積分の値をその最大値に近づけることができるという意味である．この場合には確率は大きくなり，これらの状況に実際に出会うことは，頻繁に起こることになる．我々が等式 (5.2) を用いるときには，このように頻繁に生じる局面を考察しているのである．

確率 (5.2) のいろいろなパラメーターへの依存性を調べよう．容易に分かるように，この確率が最大値に達するのは，

$$F=F_{\{a\}}=m(\ddot{a}+\omega^2 a),\qquad \bar{x}=a(0)\quad \bar{x}'=a(\tau) \tag{5.3}$$

のとき，すなわち，観測結果が古典像と一致するときである．確率 $P_{\psi'\{a\}\psi}$ をこの場合について評価しよう．

このような≪古典的≫条件がある場合にのみ (5.2) の被積分関数はその可能な最大値 1 に達することができる．これは $x=\bar{x}$, $x'=\bar{x}'$ であるときに起こる．このときには $\delta x=\delta x'=0$ である．そもそものはじめから $\delta F=0$ だから，このときずれのノルムは 0，$\|\lambda\|=0$ となり，被積分関数は 1 に等しくなる．積分変数 x, x' が $\bar{x}$, $\bar{x}'$ からずれると被積分関数は減少する．しか

し，条件，

$$(x-\bar{x})^2 \lesssim \frac{1}{2}\Delta x^2,\quad (x'-\bar{x}')^2 \lesssim \frac{1}{2}\Delta x'^2,\quad \|\lambda\|^2 \lesssim \frac{1}{2}\Delta a^2 \qquad (5.4)$$

が満たされている間は，それは(オーダーで) 1 に近く留まる．

今問題にしている場合には，$\delta F=0$ だから，ずれのノルム $\|\lambda\|$ は $\delta x=x-a(0)$，$\delta x'=x'-a(\tau)$ にのみ依存する．それは，前節の結果から，$|\delta x|$，$|\delta x'|$ がある限界に達するまでは十分に小さなままである(不等式(5.4)の第 3 式が満たされている)．式(4.3)によれば，そのためには，

$$(x-a(0))^2+(x'-a(\tau))^2 \lesssim \frac{1}{2\varepsilon_+}\Delta a^2 \qquad (5.5)$$

であれば十分である．

$$\bar{\Delta}x=\min\left(\frac{\Delta x}{\sqrt{2}},\ \frac{\Delta a}{\sqrt{2\varepsilon_+}}\right);\quad \bar{\Delta}x'=\min\left(\frac{\Delta x'}{\sqrt{2}},\ \frac{\Delta a}{\sqrt{2\varepsilon_+}}\right)$$

と書くことにしよう．式(5.5)を考慮すると，不等式(5.4)は次の不等式に同値である：

$$|x-\bar{x}| \lesssim \bar{\Delta}x,\quad |x'-\bar{x}'| \lesssim \bar{\Delta}x'.$$

積分変数の変換を行なっても，この長方形内郎では被積分関数はやはり 1 に近く，その外側では急速に減少する．それ故，積分は近似的に長方形の面積に等しい．これより

$$P_{\psi'\{a\}\psi} \sim J_1{}^2\,\bar{\Delta}x^2\,\bar{\Delta}x'^2 \qquad (5.6)$$

となる．

観測結果に対する確率がこのような値をとるのは条件 (5.3) が満たされるとき，すなわち，古典的描像に対応する条件が満たされるときである．しかし，条件(5.3)が満たされなくても，(5.3)からのずれが小さければ，明らかに確率はその最大値に近い値をとる．どの程度のずれが許されるのであろうか．この問題に答えるために，条件 (5.3) が満たされていない一般的状況を見てみよう．

式(5.2)における被積分関数が著しく 0 と異なるのは領域(5.4)においてだけである．$\|\lambda\|^2 \lesssim \frac{1}{2}\Delta a^2$ となるためには力のずれがあまり大きくないこと，

つまり(3.11)によれば，

$$\sum_{n=1}^{\infty}\frac{\delta F_{\Omega n}^2}{(\Omega_n{}^2-\omega^2)^2+\nu^4}\lesssim m^2\Delta a^2 \tag{5.7}$$

が必要であり，かつ位置のずれも十分に小さくなければならない．さらに，(5.4)のはじめのふたつの不等式が満たされなくてはならない．不等式(5.5)と不等式 (5.4) のはじめのふたつが同時に満たされるということは，平面上の点 $(x,\ x')$ が，これら一組の不等式で定義されるふたつの領域の交わりに属していることを意味している．

このためには，それらの交わりは空でない集合でなければならない，すなわち，

$$\begin{aligned}|\bar{x}-a(0)|&\lesssim \max\left(\frac{\Delta x}{\sqrt{2}},\ \frac{\Delta a}{\sqrt{2\varepsilon_+}}\right)\\|\bar{x}'-a(\tau)|&\lesssim \max\left(\frac{\Delta x'}{\sqrt{2}},\ \frac{\Delta a}{\sqrt{2\varepsilon_+}}\right)\end{aligned} \tag{5.8}$$

でなければならない．

導出された不等式(5.8)は径路$\{a\}$が，それを観測する前後の振動子の位置についての情報と整合するための条件である．もし，この整合条件が満たされなければ，対応する観測結果の確率は減少する．整合条件を満たさない径路が観測にかかる確率は小さい．もし，$\Delta x\lesssim\Delta a/\sqrt{\varepsilon_+}$ かつ $\Delta x'\lesssim\Delta a/\sqrt{\varepsilon_+}$ であれば，整合条件(5.8)は条件(4.3)になる．これは観測前後の振動子の位置は正確に知られているとの仮定に基づいて導出された条件である．これで，位置が正確に知られているとはどのような場合をいうか，との問に答えられる．その不確定度が $\Delta a/\sqrt{\varepsilon_+}$ より小さい場合，というのがその答である．

もし，径路が不整合であれば，すなわち，条件(5.8)が成り立たなければ，確率は小さい．そのような径路を実際に観測することはない．もし，この条件が満たされていて，さらに(5.7)も満たされているならば，(5.2)の被積分関数は面積 $\bar{\Delta}x\times\bar{\Delta}x'$ の長方形内部で1に近く，確率はその最大値 (5.6)に近い．

まとめとして結論すれば，条件(5.7)と(5.8)を満たす観測結果は頻繁に起

こる．これらふたつの条件を満たさない径路には実際上遭遇しない．もし，振動子に作用する力の推定という課題をとりあげるとすれば，条件 (5.8) を破る不整合の径路を一般的に考えることはできない．実際の観測の結果として我々が出会うすべての径路は整合的径路である．もし，このようなある観測結果 $\{a\}$ を我々が有していれば，疑いなくそれに対しては条件(5.7)も満たされている（さもなければ，この径路は観測結果として生じることはなかったはずである）．それ故，真の力はその最もよい推定値 $F_{\{a\}}=m(\ddot{a}+\omega^2 a)$ からひどくかけ離れることはないと保証できる．可能なずれは不等式 (5.7) で表わされている．これはまた，§3 で既に得られている諸結論への究極的論拠でもある．

§6. 径路を観測する際の状態の収縮

量子力学における最も複雑な問題のひとつは観測時の**状態の収縮**についての問題である．それは，今日に至るまで完全には理解されていないという理由では原理的観点から，また時間的発展を記述する通常のシュレディンガー方程式を用いることができないという理由では技術的観点からも複雑である．この技術的観点から見て重要なことは，**≪有限範囲内の≫径路積分の方法が収縮を自動的に考慮に入れており**，また，多分，それをもっと分かりやすくすることである．

径路の観測を，時間 $\tau=N\Delta t$ の間，小さな間隔 Δt 毎に，精度 Δa で次々と行なわれる一連の座標観測として表わそう．系は観測の前($t=0$ の瞬間)に状態 ψ にあるものとしよう．そのあとは第1回目の観測が行なわれるまで通常のシュレディンガー方程式に従って変化する．時刻 $t_1=\Delta t$ には，系は

$$\psi_1(x_1)=\int_{-\infty}^{\infty} dx_0 K_{\Delta t}(x_1,\ x_0)\psi(x_0)$$

で表わされる状態 ψ_1 にある．ここに，$K_t(x,\ x')$ は変数 $t,\ x$ についてシュレディンガー方程式を満たし，その上初期条件 $K_0(x, x')=\delta(x-x')$ を満たす関数である．このような関数は，アインシュタイン－スモルコフスキーの条件(第2章，方程式 (3.4)) を満たし，ファインマンの径路積分を構成する

のに用いられる伝播の振幅に他ならない．特に自由粒子に対しては，この関数は第2章の公式(3.3)で定義される形をもっている．

時刻t_1に第1回の座標観測が行なわれる．その結果はa_1であるとしよう．もし，観測が精度Δaで行なわれるならば，これは，座標が区間$[a_1-\Delta a,\ a_1+\Delta a]$にあることは疑いようのないことである，という意味である．座標を観測した後では，系はもはや状態ψ_1ではなく，ある新しい状態ψ_1'にある．この新しい状態への遷移は状態の収縮または波束の収縮と呼ばれる．これは観測装置から被観測系への反作用の結果である．

状態の収縮を，シュレディンガー方程式，あるいはそれに類似の力学的原理に基づいて表わすことはできない．その原因は観測装置の古典的特質にある．量子力学においては，状態の収縮は力学的原理のかわりに射影型の演算によって記述される．我々が今問題としている座標観測の場合には，観測はある有限精度で行なわれ，結果として$[a_1-\Delta a,\ a_1+\Delta a]$を与えるが，収縮というのは，この区間では新しい波動関数はもとの波動関数と一致し，この区間外では新しい波動関数は0となることである．

$$\psi_1'(x)=\begin{cases}\psi_1(x) & a_1-\Delta a\leq x\leq a_1+\Delta a\ \text{で．}\\ 0 & \text{上の区間外で．}\end{cases}$$

座標観測が行なわれて，系が状態ψ_1'に移った後では，次の長さΔtの時間の間，系はシュレディンガー方程式に従って変化し，時刻$t_2=2\Delta t$には状態，

$$\begin{aligned}\psi_2(x_2)&=\int_{-\infty}^{\infty}dx_1\,K_{\Delta t}(x_2,\ x_1)\,\psi_1'(x_1)\\&=\int_{a_1-\Delta a}^{a_1+\Delta a}dx_1\int_{-\infty}^{\infty}dx_0\,K_{\Delta t}(x_2,\ x_1)K_{\Delta t}(x_1,\ x_0)\psi(x_0)\end{aligned}$$

に移る．この瞬間に再び観測が行なわれ，結果$[a_2-\Delta a,\ a_2+\Delta a]$が得られる．観測の結果，状態の収縮が起こり，系は状態ψ_2から状態

$$\psi_2'(x)=\begin{cases}\psi_2(x), & a_2-\Delta a\leq x\leq a_2+\Delta a\ \text{のとき．}\\ 0\quad, & \text{上の区間外で．}\end{cases},$$

に移る．そのあとは，シュレディンガー方程式で記述される発展が再び始ま

る，等々.

この結果，$t=\tau=N\Delta t$ の瞬間には，観測結果 a_1, $a_2, \cdots$, a_{N-1} を与える N-1個の座標変数が生じ，系は状態

$$\psi_N(x')=\int_{-\infty}^{\infty} dx\, A_{a_1,\dots,a_{N-1}}(x',\ x)\psi(x)$$

にあることがわかる．ことに

$$A_{a_1,\dots,a_{N-1}}(x',x)=\int_{a_1-\Delta a}^{a_1+\Delta a} dx_1\cdots\int_{a_{N-1}-\Delta a}^{a_{N-1}+\Delta a} dx_{N-1}\, K_{\Delta t}(x',\ x_{N-1}) \cdots\cdots K_{\Delta t}(x_2,\ x_1)\, K_{\Delta t}(x_1,\ x)$$

である．今，問題：$t=\tau$ の瞬間に系が状態 ψ' にある確率振幅はいくらか，を考えると，答はスカラー積$(\psi',\ \psi_N)$で与えられる，つまり，この確率振幅は，

$$A_{\psi'(a_1,\dots,a_{N-1})\psi}=\int dx'\int dx\, \overset{*}{\psi'}(x')A_{a_1,\dots,a_{N-1}}(x',\ x)\psi(x)$$

である．極限 $N\to\infty$ に移ると，連続的座標追跡あるいは径路観測のある別表現が得られるが，その際，この場合の遷移の振幅は，

$$A_{\psi'\{a\}\psi}=\int dx'\int dx\, \overset{*}{\psi'}(x')A_{\{a\}}(x',\ x)\,\psi(x),$$

$$A_{\{a\}}(x',\ x)=\lim_{N\to\infty} A_{a_1,\dots,a_{N-1}}(x',\ x)$$

に等しくなる．ここに得られた表式を第2章の式 (2.4) と比較し，径路積分の定義(第2章，§3）を考慮すると，両者は明らかに，完全に同じものである．このようにして≪有限範囲内の≫径路積分は，実際に連続的観測の手続きを，その際に生じる状態の収縮をも含めて記述するのである．

ここまで我々は径路の観測を，有限精度で行なわれ，区間 $[a_i-\Delta a,\ a_i+\Delta a]$ で表わされる一連の座標観測として見てきた．結果として帯状領域での積分が得られたが，その際帯状領域は条件 $|x(t)-a(t)|\leq\Delta a$ で与えられる．しかし，もし我々がそのような一連の観測を，2乗平均，

$$<(x-a)^2>=\frac{1}{\tau}\int_2^{\tau} dt(x(t)-a(t))^2\lesssim\Delta a^2$$

の意味での径路の帯状領域に帰着するように構築しようと試みてもうまくゆかない．とは言え，実際に用いられる測定器機の多くが，大きくはあるが短時間のピークには注意を払わずに，まさに2乗平均に反応するはずであることも直観的に明らかである．

今問題としているのは，径路積分の方法の融通性と，連続観測を一連の瞬時的観測として表現する方法の限界性である．すべての観測がそのように一連の観測として有効に表現できるわけでは決してない。それらの多くは≪時間的に局所的≫ではない。観測器機が慣性を有している場合がその例であり，また観測器機の大部分はそのようなものである。径路積分の方法はこのような場合の観測も，慣性のない時間的に局所的な観測も同じように楽々と記述せしめる．特に，一連の瞬時的観測として表わすことのできない≪**積分**≫**型の観測**を扱うのがスペクトル観測であり，これは次章で考察される．

もし，状態の収縮という現象を強調すれば，以上に述べたところを別の形で表現できる．我々はたった今，状態の収縮が起こる過程を見たばかりである．その際，所与の具体的場合には，収縮は径路積分を用いても，通常の量子力学の方法(射影)を用いても，容易に表わすことができた．しかし，他の場合には径路積分の方法の方が著しく柔軟性に富んでいる．かくして，例えば次章では，この方法によって振動子の径路の様々な振動数成分の観測，すなわちスペクトル観測を難無く計算する．このような観測の場合にも収縮は起こるが，それは径路積分の方法で自動的に考慮に入れられていることになる．これを通常の量子力学の枠内で記述することは不可能である．かくして，**≪有限範囲内の≫径路積分は，本質的に，互いに相互作用している量子力学的系と古典的系を記述するための普遍的方法である**．この方法の応用範囲は先々単なる観測の理論よりもはるかに広いものとなるように思われる．例えば，この方法は巨視的量子効果の理論においても力を発揮することになるかもしれない．

第4章　振動子のスペクトル観測

第2章では《有限範囲内の》径路積分に基づいて，連続的観測の量子論を研究する方法を定式化した．第3章では，この方法を振動子の観測の分析と計算に応用した．本章ではもうひとつのタイプの連続的観測，つまり，スペクトル観測，または同じことだが，系の軌道の個々の振動数成分の観測を見てみよう．考察は調和振動子および調和振動子に関連した系を例として行なう．

スペクトル観測の例によって一層明らかになることは，所与の方法を観測理論に応用できるということと，その方法の他の方法との違いである，というのは，スペクトル観測は積分的な観測の類に属しており，これは一連の多数回の瞬時的観測に帰着させることができないからである．このことは，今の場合には，それに沿って積分を実行すべき《径路の族》が，径路観測の場合に用いられた径路の帯状領域にくらべてあまりはっきりしたものでない点にあらわれる．原理的に重要なことは，《有限範囲内の》径路積分の方法は，これらの積分的観測の場合にも，何らの困難や努力なしで，系の状態の収縮を考慮せしめることである．伝統的な観測の量子論の枠内では，このような課題を設定することは全く不可能である．

§1．スペクトル観測と径路積分のスペクトル表現

第2章，§2で定式化された連続的観測の記述法を，ここまでは径路観測という例についてのみ説明してきた．この場合に，その応用は，径路観測の結果を反映するのに適した径路の族としての帯状領域の定義に帰着させられ

た．今度は別種の連続的観測——スペクトル観測を見てみよう．この場合にも主たる課題は観測結果を反映するのに適した径路の族を定義することにある．そのあとに残る問題は数学上のテクニックだけである．

具体的に議論するために，再び一次元の系を見てみよう．スペクトル観測とは，系の径路 $\{x\}=\{x(t)\,|\,0\leqq t\leqq\tau\}$ の個々の振動数成分の観測である．時間の範囲は有限であるから，離散的振動数の組を扱うことになる．これらは関数 $x(t)$ をフーリエ級数に展開すれば得られる(のちほど，このようにして得られた結果を，フーリエ積分への展開によって得られる連続的振動数の組を用いて分析する.)

かくして，今の場合には関数 $\{x\}$ のフーリエ係数が観測される．このことは，この種の観測を記述する方法がいかなるものかを示唆している．まず径路 $\{x\}$ に沿う積分を，これらの径路のフーリエ係数についての積分に変換し，その後で，観測結果に対応する有限領域での積分に移らなければならない．

径路積分をフーリエ係数についての積分として書き表す方法（径路積分のスペクトル表現）は第2章§4で調和振動子の例について見たものである．そこで得られた結果を課題の最終的定式化のために利用しよう．

径路$\{x\}$を区間 $[0,\tau]$ でフーリエ級数，

$$x(t)=\sum_{n=1}^{\infty}x_n\sin\Omega_n t \tag{1.1}$$

に展開する．ここに $\Omega_n=n\pi/\tau$ である．展開係数 x_n は，我々がその観測を論じようとしている振動数成分である．かくして，装置はある精度でひとつの，あるいは複数個の係数 x_n を観測する，と仮定しよう．この種の装置は一種のスペクトル分析器である．もし，被観測系が巨視的であれば，このような観測を実行するのに問題はない：スペクトル分析器はこのような系の観測にうってつけである．それと同時に，巨視的系とはいえ，観測精度が極めてよければ，その量子的性質が現われ始める．これらの量子性の役割とそれを計算にとり入れる方法をまず見ておかなければならない．

振動数成分 x_n を測る装置の具体的構成はどうでもよい．しかし，この装置に関して一般的にどのような仮定がなされているのか，は明らかにしてお

かなくてはならない．問題にしているアプローチでは，**系の運動について装置はどのような情報を与えるのか**，を明確にしておくことが重要である．例えば，径路を観測する装置は，勿論成分 x_n について何らかの情報をもたらす．しかし，どのような情報をもたらすかはそれほど簡単ではない．実際，もし径路が完全に正確に測定されるならば，その測定結果に従って，すべての成分 x_n を全く正確に定義できるであろう．しかし，測定がある有限精度で行なわれるときには，事態はかなり複雑である．逆に，例えば，唯ひとつの成分 x_n だけを測定する装置(スペクトル分析器)は径路 $\{x\}$ を時間の関数として定めるに足る情報はもたらさない．

量子力学においては，装置がいかなる情報をもたらすかを考慮することは重要である．というのは，装置が被観測系にどのように影響するのか，装置は系の運動にいかなる摂動を与えるのか，がそれによって決まるからである．概して，装置が運動について，より多くの情報をもたらせばもたらすほど，装置は系の運動に，より多くの影響を与える．しかし，量だけでなく情報の内容も重要である．観測装置が被観測系にいかなる影響を与えるかは，装置がいかなる情報をもたらすかに依る．装置の系への影響は，いわゆる系の状態の収縮をひき起こす．収縮は上述の如く，装置がもたらす情報の量と内容とに依る．まさにこの故に，収縮の問題は複雑なのである．そして，(もう一度くり返しておくが)，≪有限範囲内の≫径路積分の方法がすぐれているのは，装置がもたらす情報の記述と系の収縮の記述とが同時にその方法の内に含まれているからである．これは単に≪積分領域を限定する≫操作にすぎない．しかし，この操作が被観測系に対する装置の影響，即ち収縮を自動的に取り入れているのである．

本章では，ひとつ，あるいは何個かの振動数成分の値を知るための観測を見てみよう．観測は有限な正確さで行なわれ，これらの精度は振動数成分ごとに異なっていてもよいとする．もし，成分 x_n の誤差が Δa_n に等しく，その観測結果が a_n に等しければ，これは量 x_n が区間 $[a_n-\Delta a_n,\ a_n+\Delta a_n]$ にあることを意味する．特に，ある n については，Δa_n が無限大であってもよい．これは，x_n の大きさについては観測はいかなる情報ももたらさないこと，即ち，この量は実際上は観測されないことを意味する．

このことから，観測をいかに表わすべきかは明らかである．径路 $\{x\}$ に関する積分から径路の振動数成分 x_n についての積分に移り，各振動数成分についての積分領域を区間 $[a_n-\Delta a_n,\ a_n+\Delta a_n]$ に制限しなければならない．もし，何らかの振動数成分が所与の観測では全く測定されないのであれば，その成分についての積分は，もともとの径路積分におけると同様，無限領域で行なわなければならない．

積分を具体的に書き表わすことが残っている．第2章，§4で示したように，振動子に対する径路積分のスペクトル表現に移るためには，任意の境界条件 x, x' をもつ径路 $\{x\}$ に沿う積分を，まず，境界条件：$z(0)=z(\tau)=0$ をもつ径路 $\{z\}$ に沿う積分に帰着させなければならない．これは，分解 $x(t)=\eta(t)+z(t)$ を用いて行われる．ここに関数 η は条件

$$\ddot{\eta}+\omega^2\eta=0,\qquad \eta(0)=x,\qquad \eta(\tau)=x', \tag{1.2}$$

を満たすものである．そうすると，振動子に対する作用は，和 $S\{x\}=S\{\eta\}+S\{z\}$ に分解され，径路 $\{x\}$ に沿う積分は径路 $\{z\}$ に沿う積分に帰着させられる：

$$A(x',\ x)=\int_x^{x'} d\{x\}\, e^{\frac{i}{\hbar}S\{x\}}=e^{\frac{i}{\hbar}S\{\eta\}}\int_0^0 d\{z\}\, e^{\frac{i}{\hbar}S\{Z\}}.$$

振動数成分についての積分に移るためには，関数 η，z と振動子に作用する力を表わす関数をフーリエ級数に展開する必要がある：

$$\eta(t)=\sum_{n=1}^{\infty}\eta_n\sin\Omega_n t,\qquad z(t)=\sum_{n=1}^{\infty}Z_n\sin\Omega_n t,$$
$$F(t)=\sum_{n=1}^{\infty}F_n\sin\Omega_n t\ . \tag{1.3}$$

このとき，(当面，すべての)径路にわたる積分は，

$$A(x',x)=J\,e^{\frac{i}{\hbar}S\{\eta\}}\int_{-\infty}^{\infty}dz_1\int_{-\infty}^{\infty}dz_2\cdots e^{\frac{i}{\hbar}S(z_1,z_2\cdots)}$$

の形に書かれる．ここに $S\{x\}$ は外力 $F(t)$ の作用下で運動する振動子に対する作用積分：

$$S\{x\}=\int_0^\tau dt\,[\frac{1}{2}m\dot{x}^2-\frac{1}{2}m\omega^2x^2+Fx], \qquad (1.4)$$

であり，$S(z_1, z_2, \cdots)$ は，この作用積分を径路 $\{z\}$ と力 F のフーリエ係数で表わすときに得られる関数である：

$$S(z_1,\ z_2,\ \cdots)=\frac{1}{2}\tau\sum_{n=1}^{\infty}[\frac{1}{2}m\,z^2{}_n(\Omega^2{}_n-\omega^2)+F_nz_n].$$

このように書き表わされたすべての径路にわたる積分は，移行の時間内に全く観測が行なわれない(移行の径路について何の情報も得られない)場合の移行の振幅を定義する．もし，この時間内に径路の振動数成分が観測され，その観測結果が数 a_n で表わされるとすると積分は有限領域で，即ち，

$$\Delta_n=[a_n-\eta_n-\Delta a_n,\ a_n-\eta_n+\Delta a_n],$$

の中を動く変数 z_n について行なわなければならない．このようにして（記号 α で，すべての振動数成分についての観測を表わすと），

$$A_\alpha(x',\ x)=J\ e^{\frac{i}{\hbar}\{\eta\}}\int_{\Delta 1}dz_1\int_{\Delta 2}dz_2\cdots\ e^{\frac{i}{\hbar}S(z_1,\dots z_2,\dots)}$$

が得られる．

各変数 z_n について区間 Δ_n で積分するかわりに，Δ_n 上では1に近く，その外側では急速に減少する重み関数を導入して無限領域で積分してもよい．そのためには，ガウス分布

$$\rho_n(z_n)=\exp\left[-\frac{(z_n-a_n+\eta_n)^2}{\Delta a^2{}_n}\right]$$

を採ると便利である．これは便利であるだけではなく，鋭い境界をもつ区間上で積分するよりはもっと実態に即して振動数成分の観測結果を記述する．こうすると振動数成分の観測を表わす振幅は

$$A_\alpha(x',\ x)=J\ e^{\frac{i}{\hbar}S\{\eta\}}\int_{-\infty}^{\infty}dz_1\rho_1(z_1)\int_{-\infty}^{\infty}dz_2\rho_2(z_2)\cdots e^{\frac{i}{\hbar}S(z_1,z_2,\dots)}$$

(1.5)

の形をとる．

以上で課題の設定は終り，問題は積分を計算することである．今の場合には計算はとるに足りない．実際，z_1，z_2，…についての多重積分は積分の積となり，各変数 z_n についての積分はガウス型だから第2章の公式 (3.6) によって計算できる．計算の結果，振幅に対する表式は無限積，

$$A_\alpha(x',\ x)=e^{\frac{i}{\hbar}S\{\eta\}}\prod_{n=1}^{\infty}A_n(a_n-a_n{}^{\mathrm{cl}}) \tag{1.6}$$

の形となる．ここで記号，

$$A_n(u)=J_n\exp\left\{-\frac{u^2}{\Delta_n{}^2+\dfrac{(\Delta a_n^{\mathrm{opt}})^4}{\Delta a_n{}^2}}\left[1-i\left(\frac{\Delta a_n^{\mathrm{opt}}}{\Delta a_n}\right)^2\mathrm{sgn}(\Omega_n-\omega_n)\right]\right\},$$

$$a_n^{\mathrm{cl}}=\frac{F_n}{m(\omega^2-\Omega_n{}^2)}+\eta_n\ ,$$

$$(\Delta a_n^{\mathrm{opt}})^2=\frac{4\hbar}{m\tau\,|\,\Omega^2{}_n-\omega^2|}$$

を導入した(数因子 J_n は，これから先の議論にとって非本質的である)．

振幅 $A_\alpha(x',\ x)$は，観測前後の振動子の位置 x と x' とが分かっている場合に観測を行なうと，結果として α が得られる確率振幅と解釈できる．もしも，これらの位置が正確に知られているならば，振幅の絶対値の2乗は，結果 α の確率を与える．もし，波動関数 ψ，ψ' だけが知られているのであれば，まず，これらの状態間の遷移の振幅：

$$A_{\psi'\alpha\psi}=\int dx'\int dx\,\overset{*}{\psi}{}'(x')A_\alpha(x',\ x)\psi(x)$$

を見出し，そのあと，この振幅の2乗を計算して確率に移るべきである．このようにして得られる確率分布を次節で分析しよう．

§2. 振動子のスペクトル観測と振動子に作用する力の評価

前節では，径路積分のスペクトル表現を用いて，スペクトル観測の任意の結果に対する確率振幅を見出した．次には，この確率振幅からの帰結を分析しよう．スペクトル観測の前後で振動子の位置 x, x' が分かっている(例えば $t=0$, τ の瞬間に高い精度で座標観測が行なわれる) 場合から始めよう．

この場合には，スペクトル観測の結果が $\alpha=(a_1, a_2, \cdots)$ である確率は，対応する振幅の絶対値を2乗するだけで得られる：

$$P_\alpha(x', x)=|A_\alpha(x', x)|^2=\prod_{n=1}^{\infty} P_n(a_n), \tag{2.1}$$

ここに

$$P_n(a_n)=J^2{}_n \exp\left\{-\frac{2(a_n-a_n^{\mathrm{cl}})^2}{\Delta a_n{}^2+\dfrac{(\Delta a_n^{\mathrm{opt}})^4}{\Delta a_\alpha{}^2}}\right\} \tag{2.2}$$

である．

これからまず第一に，個々の振動数成分の観測は互いに独立である（すべての振動数成分について観測を行なう際の確率分布は因数分解されていて，個々の振動数成分の観測に対する確率分布の積となっている）ことが分かる．それ故，ひとつの任意に選んだ振動数成分の観測を表す確率分布 $P_n(a_n)$ を調べれば十分である．それに対しては，最も確からしい結果は $a_n=a_n^{\mathrm{cl}}$ であることがわかる．ここに

$$a_n^{\mathrm{cl}}=\eta_n+\frac{F_n}{m(\omega^2-\Omega^2)} \tag{2.3}$$

である．振動数成分 x_n の，この最も確からしい値が，まさしく古典的振動子の運動に対応していることは容易に分かる．実際，力 $F(t)$ の作用下で，境界条件 x, x' が与えられたとき，古典的振動子は軌道 $\xi=\eta+\zeta$ に沿って運動するであろう．ここで，η は境界条件 x, x' を満たす自由振動子（固有振動）の軌道であり，ζ は境界値0（$x=0$, $x'=0$）の条件を満たし，力 F の作用を受けて運動する振動子（強制振動）の軌道である．すべての関数をフーリエ級数に展開すると $\xi_n=a_n^{\mathrm{cl}}$ は容易に確められる．

このようにして，振動数成分 x_n を観測すると，結果として a_n^{cl} が得られることが最も確からしいことになる．しかし，分布 (2.2) は古典的軌道とは異なる諸結果も可能であることを示している．もしも，古典的軌道との差があまり大きくなければ，即ち，

$$(a_n-a_n^{\mathrm{cl}})^2 \lesssim \frac{1}{2}\left(\Delta a_n{}^2+\frac{(\Delta a_n^{\mathrm{opt}})^4}{\Delta a^n}\right) \tag{2.4}$$

であれば，確率は最大値に近い．容易に分かるように，この不等式から引き出すことのできる物理的結論は，観測誤差 Δa_n が量子論に特有の大きさ，

$$(\Delta a_n^{\mathrm{opt}})^2=\frac{4\hbar}{m\tau\,|\,\Omega^2{}_n-\omega^2|} \tag{2.5}$$

と比較してどのような大きさをもつかに本質的に依存している．$\Delta a_n \gg \Delta a_n^{\mathrm{opt}}$ であれば，和 (2.4) の第1項が優勢で，観測誤差が大きくなるにつれて観測結果のばらつきも大きくなる．この場合には，成分 x_n の観測条件は純古典的となる．$\Delta a_n \ll \Delta a_n^{\mathrm{opt}}$ の場合には，和(2.4)で第2項が優勢となり，観測誤差が小さいほど観測結果のばらつきは大きくなる．最後に，古典的，量子的両条件の境目，つまり，$\Delta a_n \simeq \Delta a_n^{\mathrm{opt}}$ の場合には，観測条件は最適となる．この場合に観測結果のばらつきは最小で，$\Delta a_n^{\mathrm{opt}}$ に等しい．

スペクトル観測の結果を利用して，振動子に作用する力を推定するという課題をとりあげよう．成分 x_n を精度 Δa_n で観測した結果が a_n であるとしよう．振動子に作用する力についてどれだけのことが言えるだろうか．我々に分かっているのは，観測すれば古典的結果を得ることが最も確からしいということである．それ故，力の第 n 番目の振動数成分が，

$$F_n{}^{(0)}=m(\omega^2-\Omega_n{}^2)(a_n-\eta_n) \tag{2.6}$$

に等しいとすると，力に対して最も確からしい推定値が得られる．この式中の a_n は観測結果であり(今の場合，これは既知であると仮定している)，η_n は境界条件 x, x' を持つ振動子の，自由振動の振動数成分である．古典的問題を解けば，このような成分は容易に見出すことができて，それは

$$\eta_n=\frac{2\Omega_n}{\tau(\Omega_n{}^2-\omega^2)}\,(x-(-1)^n x') \tag{2.7}$$

に等しい．

このようにして，成分 x_n の観測結果 a_n に応じて，力の第 n 成分を推定できる．最もよい推定値は通常の古典的法則に依拠して見出される．しかし，観測結果 a_n が，最も確からしい古典的結果 a_n^{cl} とは異なることもあり得ることが分かっている以上，我々は，振動子に作用する真の力 (正確には，その振動数成分 F_n) もその推定値 $F_n{}^{(0)}$ とは異なることがあり得ると結論できる．

不等式(2.4)に対応して，その差は次のように制限される：

$$(F_n - F_n{}^{(0)})^2 \lesssim \frac{1}{2} m^2 (\Omega_n{}^2 - \omega^2)(\Delta a_n{}^2 + \frac{(\Delta a_n^{\mathrm{opt}})^4}{\Delta a_n{}^2}). \tag{2.8}$$

これが，振動子に作用する力の推定値 (2.6) の精度はどの程度か，との問に対する答である．

古典的，量子論的，および(それらの境界である)最適観測条件を個別に見てみると，それぞれの場合に推定誤差 $\delta F_n = F_n - F_n{}^{(0)}$ が次のような公式として得られる：

$$\Delta a_n \gg \Delta a_n^{\mathrm{opt}} \text{ のとき，} |\delta F_n| \lesssim \frac{1}{\sqrt{2}} m |\omega^2 - \Omega_n{}^2| \Delta a_n,$$

$$\Delta a_n \ll \Delta a_n^{\mathrm{opt}} \text{ のとき，} |\delta F_n| \lesssim 2\sqrt{2} \frac{\hbar}{\tau \Delta a_n},$$

$$\Delta a_n \simeq \Delta a_n^{\mathrm{opt}} \text{ のとき，} |\delta F_n| \lesssim \delta F_n^{\mathrm{opt}} = 2\sqrt{\frac{\hbar m |\Omega_n{}^2 - \omega^2|}{\tau}}.$$

力の推定値対する可能な最小誤差 $\delta F_n^{\mathrm{opt}}$ は時間 τ の増加に伴ない減少することが分かる．その上，それは，問題の成分の振動数 Ω_n が共鳴振動数 ω に近づくと減少する．この結論は，しかしながら，観測前後の振動子の位置 x, x' が全く正確に分かっていると仮定して得られるものである．のちほど見るように，この仮定は，共鳴振動数から τ^{-1} 以上離れた振動数に対してのみ許されるものである．振動数 Ω_n が許容範囲の境界にある，つまり，$|\Omega_n - \omega| \sim \tau^{-1}$ であると仮定すると，(2.9)より

$$\delta F_{\mathrm{res}}^{\mathrm{opt}} \approx 2\sqrt{2}\sqrt{\frac{\hbar \omega m}{\tau}} \tag{2.10}$$

が得られる．のちほど，通常の条件下でも，力に対するこの推定は正当なものであることが分かるであろう．そして，同時に，いかにしたらこの制限を克服できるかも見ることになろう．

これまでの詳しい分析は，あるひとつの振動数成分 x_n についてのものである．しかし確率分布 (2.1) は積の形をしているから，同時にいくつかの振動数成分を観測しても新しいことは何も起きない．ただひとつ，興味ある事実を指摘しておこう．調和振動子の径路観測を調べたとき，特に次のような

課題を検討した：径路観測を基にして，振動子に作用する力の振動数成分をいかにして推定するか．そして，力の推定の精度に対して，公式 (2.8) によく似た公式(第3章，(3.3) の公式) を得た．これらの公式に現れる測定誤差 Δa と Δa_n が一致するとみなせば，実際上，ふたつの公式は同じものになる．しかし，極めて本質的な違いは，径路観測が唯ひとつの誤差 Δa で特徴づけられているのに対して，スペクトル観測では各振動数成分を任意の正確さで測ることができることである．それ故，ある一定の Δa で径路観測をする場合には，共鳴の両側にある唯ふたつの振動数に対してのみ観測は最適となり，他の振動数に対しては，観測条件は古典論的(共鳴から遠いとき)か，量子論的(共鳴の近くで)のいずれかになる．スペクトル観測の場合には，観測条件が全振動数に対して最適となるように，個々の誤差 Δa_n を選ぶことができる．

このように，もし力を推定するための観測がひとつの振動数に関して行なわれるのであれば，振動子の径路観測と振動数成分の観測とは，力の推定値の正確さに関する量子論的制限という意味では同値である．もし，作用力のスペクトルにおけるいくつかの振動数成分を推定する必要があるとすれば，スペクトル観測は径路観測よりも有利である (勿論，各振動数について観測誤差を最適となるように選ぶ，という条件はつく)．

力の推定に関する式をもう少し挙げておこう．振動子に作用する力は有限個の振動数成分 F_n, $n\in Sp$ のみを有すると仮定しよう．このとき，力を推定するためには成分 x_n, $n\in Sp$ を観測しなければならない．測定値 a_n(と観測前後の振動子の位置 x, x') から，仮定したスペクトルの各振動数成分についての最良の推定値 $F_n^{(0)}$, $n\in Sp$ が得られ，そのあとで，力そのものの最良の推定値：

$$F^{(0)}(t)=\sum_{n\in Sp} F_n^{(0)}\sin\Omega_n t$$

が得られる．

この推定の誤差 $\delta F=F-F^{(0)}$ は，容易に分かるように，係数 $\delta F_n=F_n-F_n^{(0)}$ をもつフーリエ級数に展開される．パーシバルの公式 (第3章，式 (3.10)) によって，自乗平均誤差に対して

$$<(F-F^{(0)})^2> = \frac{1}{\tau}\int_0^\tau dt\,(F(t)-F^{(0)}(t))^2 = \frac{1}{2}\sum_{n\in Sp}\delta F_n{}^2$$

が導かれる．この量は，不等式(2.8)または(2.9)を用いて見積ることができる．例えば，もし，すべての成分が最適条件で測定されているならば，

$$<(F-F^{(0)})^2> \lesssim 2\frac{\hbar m}{\tau}\sum_{n\in Sp}|\Omega_n{}^2-\omega^2|$$

となる．ただ，念頭に置いておかなければならないのは，振動数 Ω_n，$n\in Sp$ のなかで，共鳴振動数 ω を中心とし，幅 τ^{-1} をもつ振動数帯に属するものが無い場合に限って，この公式は正しいということである．

§3*．スペクトル観測の前後における振動子の座標の不確定性について

スペクトル観測の前後における振動子の座標 x，x' が正確に知られている場合を詳細に検討してきたが，量子系に対しては，このような状況は当然というよりは極めて例外的である．普通は，座標はある有限な正確さで知られているに過ぎない．本節では，観測の前後における振動子の位置がそれぞれ正確さ Δx と $\Delta x'$ で知られている場合を見てみよう．その際，これらの不確定度がどの程度であれば位置は正確に知られているとしてよいのか，即ち，いかなる条件下で前節の結果を正しいものとみなしうるのか，を明らかにしよう．また共鳴振動数の近くでの観測に際しては不確定性を考慮に入れることが絶対的に必要であることを明らかにするとともに，共鳴の観測に対して適切な正確化を行なおう．

もし，スペクトル観測が行なわれる前には振動子は状態 ψ にあり，その後では状態 ψ' にあるものとすれば，これらの状態間の遷移の(確率)振幅は積分，

$$A_{\psi'\alpha\psi} = \int dx' \int dx\, \overset{*}{\psi}{}'(x')\,A_\alpha(x',\,x)\,\psi(x)$$

で定義される．振幅 $A_\alpha(x',\,x)$ は§1で，位相を除いて，完全に求めてある．それ故，原理的には振幅 $A_{\psi'\alpha\psi}$ を任意の状態 ψ，ψ' に対して求めることがで

きる．しかし我々は，振幅 $A_\alpha(x', x)$ の位相を無視し，状態 ψ, ψ' には最も一般的な仮定だけを行なって，分析を易しい場合に限定しよう．これらの状態は点 $\bar{x}$ と $\bar{x}'$ を中心とし，幅がそれぞれ Δx と $\Delta x'$ の区間に完全に集中しているとしよう．この状態は，例えば座標を対応する正確さで観測すると生じる．それ故，これから先得られる諸結果は，特に，(時刻 $t=0$ の) スペクトル観測に先立って正確さ Δx で振動子の位置を測り，(時刻 $t=\tau$ の) スペクトル観測の直後に正確さ $\Delta x'$ で位置を測る場合に関するものである．

波動関数の正確な形は我々の分析にとってどうでもよいから，それらは

$$|\psi(x)|=A\, e^{-\frac{(x-\bar{x})^2}{\Delta x^2}}, \quad |\psi'(x')|=A'\, e^{-\frac{(x'-\bar{x}')^2}{\Delta x'^2}}$$

の形であると定義しよう．振幅 $A_\alpha(x', x)$ の絶対値に対して表式 (2.1) を用いると

$$A_{\psi'\alpha\psi}=J''\int dx'\int dx\, \exp\left\{-\sum_n \frac{(a-a_n^{\mathrm{cl}})^2}{(\Delta a_n^{\mathrm{tot}})^2}\right\}$$
$$\times\exp\left\{-\frac{(x-\bar{x})^2}{\Delta x^2}-\frac{(x'-\bar{x}')^2}{\Delta x'^2}+i\Lambda(x', x)\right\} \quad (3.1)$$

が得られる，ここに，

$$(\Delta a_n^{\mathrm{tot}})^2=\Delta a^2+\frac{(\Delta a_n^{\mathrm{opt}})^4}{\Delta a_n{}^2}$$

であり，$\Lambda(x', x)$ は被積分関数の位相を定義する，ある関数である．我々にとって関心あるのは確率 $P_{\psi'\alpha\psi}$, 即ち振幅 $A_{\psi'\alpha\psi}$ の絶対値である．積分の絶対値は被積分関数の絶対値を積分したものより小さいか，あるいはそれと等しい．かくして $|A_{\psi'\alpha\psi}|$ に対して，位相 $\Lambda(x', x)$ は未知のままである不等式が得られる．しかし，さらに，その不等式はオーダーについての等式に変えることができて，

$$P_{\psi'\alpha\psi}\sim J^2\left[\int dx'\int dx\, \exp\left\{-\sum_n \frac{(a_n-a_n^{\mathrm{cl}})^2}{(\Delta a_n^{\mathrm{tot}})^2}\right\}\right.$$
$$\left.\times\exp\left\{-\frac{(x-\bar{x})^2}{\Delta x^2}-\frac{(x'-\bar{x}')^2}{\Delta x'^2}\right\}\right]^2 \quad (3.2)$$

となる．実際，積分 (3.1) の絶対値の2乗は波動関数 ψ, ψ' の位相に依存し，これらの位相を適当に選ぶとその最大値 (3.2) に達する．他の位相をとれば積分は著しく小さくなることもあり得る．このことは，波動関数のそのような位相は所与の観測結果 α と組合わせた場合，それ(α)が起る確率が小さくて，比較的稀にしかそれに遭遇しないことを意味する．等式 (3.2) を採用するということは，実際の観測において十分に頻繁に遭遇するような状態 ψ, ψ' のみを考察する，ということである．

確率(3.2)は $a_n=\bar{a}_n^{\mathrm{cl}}$ のときその最大値に達する．ここに $\bar{a}_n^{\mathrm{cl}}$ は x, x' のかわりに $\bar{x}$, $\bar{x}'$ を代入して公式(2.3)，(2.7)から計算できる：

$$\bar{a}_n^{\mathrm{cl}}=\frac{2\,\Omega_n}{\tau(\Omega_n{}^2-\omega^2)}(\bar{x}-(-1)^n\bar{x}')+\frac{F_n}{m(\omega^2-\Omega_n{}^2)}\,.$$

このとき，(3.2)の被積分関数は点 $x=\bar{x}$, $x'=\bar{x}'$ でその最大値 (1) に達し，長方形

$$|x-\bar{x}|\lesssim\Delta x,\quad |x'-\bar{x}'|\lesssim\Delta x' \tag{3.3}$$

の内部では1に近く，その外では急速に減少する．積分の値は長方形の面積 $4\,\Delta x\Delta x'$ にほぼ等しい．

実際には，被積分関数は，この長方形よりもはるかに小さな領域で大きな値をとり，この狭い領域外では減少するということもあり得る．このことは，x と x' の変化に伴って a_n^{cl} が変化することにより起こるかも知れない．しかしながら，もし長方形(3.3)全体にわたって a_n^{cl} と $\bar{a}_n^{\mathrm{cl}}$ との差が $\Delta a_n^{\mathrm{tot}}$ を越えなければ，被積分関数の著しい減少は長方形の外側でしか実現しない．このように，a_n^{cl} と $\bar{a}_n^{\mathrm{cl}}$ との差が $\Delta a_n^{\mathrm{tot}}$ を越えないのは，不等式

$$\Delta x+\Delta x'\lesssim\frac{\tau|\Omega_n{}^2-\omega^2|}{2\Omega_n}\Delta a_n^{\mathrm{tot}} \tag{3.4}$$

が満たされる場合である(観測されない振動数成分に対しては $\Delta a_n^{\mathrm{tot}}$ の大きさは無限大であり，それ故それらの振動数に対しては，不等式 (3.4) は明らかに満たされる.)．

不等式(3.4)は，a_n が $\bar{a}_n^{\mathrm{cl}}$ と異なるときに積分記号下の表式がその最大値よりもはるかに小さくなるための条件である．その上，長方形 (3.3) の内部

では $a_n^{\mathrm{cl}}=\bar{a}_n^{\mathrm{cl}}$ とみなすことができる．従って，不等式 (3.4) が満たされているときには，すべては，振動子の位置が観測前後では正確に知られていて，$\bar{x}$, $\bar{x}'$ に等しい場合と同じようになる，と言ってよい．これは，不確定度 Δx, $\Delta x'$ をスペクトル観測の分析に際して無視できるための条件であって，この場合には前節の結論はそのまま正しい．

もし，不等式 (3.4) が満たされていなければ，状況は全く別である．この場合には，長方形(3.3)の内部でふたつの量 a_n^{cl} と $\bar{a}_n^{\mathrm{cl}}$ は大きく異なっていてもよい．同時に，(3.2) の被積分関数が大きな値をもつためには，a_n が a_n^{cl} に近い値をもつことしか要求できない．$\bar{a}_n^{\mathrm{cl}}$ と極端に異なる a_n に対してさえも，被積分関数が1に近く，このような a_n の値に対する確率が最大値に近くなるような領域を見出すことができる(ここでは，所与の Δx, $\Delta x'$ を固定して最大確率を問題にしている．座標の不確定度が異なる場合に確率を比較するのは無意味である，というのは，そのときには条件の異なる実験を比較することになるからである)．換言すれば，もし不等式(3.4)が満たされていなければ，観測結果 a_n のばらつきは正確に x, x' が知られている場合よりも大きくなる．

この結論の意味を理解することは容易すぎるほどである．振動子の位置の不確定度 Δx, $\Delta x'$ が大きく，一方，観測される振動数成分が共鳴に近ければ，不等式 (3.4) は成り立たない．ところで，位置の不確定性は振動子の運動に対する境界条件の不確定性を意味している．不確定な境界条件をもつ純古典的な振動子を考えてみれば，その固有振動はある程度曖昧なものとなろう．とりわけ共鳴振動数の近くでは固有振動を強制振動と区別するのがむつかしくなる．結果として，固有振動の曖昧さは，振動子に作用する力の定義，もっと正確には共鳴成分の定義を妨げる雑音として把握できよう．

量 a_n のばらつきを定量的に定義しよう．境界値 x, x' が長方形 (3.3) の範囲内で変化するとき，量 a_n^{cl} は，

$$|a_n^{\mathrm{cl}}-\bar{a}_n^{\mathrm{cl}}|\lesssim\frac{2\Omega_n}{\tau|\Omega_n{}^2-\omega^2|}(\Delta x+\Delta x')$$

の範囲で変化する．差 $|a_n-a_n^{\mathrm{cl}}|$ は常に $\Delta a_n^{\mathrm{tot}}$ よりも小さくなければならない

から(さもなければ，(3.2)の被積分関数は小さくなる.)，a_n は次の範囲でのみ変化しうる：

$$|a_n-\bar{a}_n^{\mathrm{cl}}|\lesssim \Delta a_n^{\mathrm{tot}}+\frac{2\Omega_n}{\tau|\Omega_n{}^2-\omega^2|}(\Delta x+\Delta x') \qquad (3.5)$$

公式 (3.5) は最も一般的な場合における観測結果のばらつきを表わしている．不等式(3.4)が満たされているときには，この不等式(3.5)の右辺の第2項は無視できる．このときの特別な場合として前節の全結果が得られる．これは，観測前後の振動子の座標が正確に知られているとみなしてよい状況そのものである．

§4*．共鳴に近い振動数成分の観測

前節では，振動数成分 x_n の観測結果のばらつきは，(観測の前後における振動子の位置が不確定度 Δx，$\Delta x'$ で知られているとき)一般に不等式，

$$|a_n-\bar{a}_n^{\mathrm{cl}}|\lesssim \Delta a_n^{\mathrm{tot}}+\frac{2\Omega_n}{\tau|\Omega_n{}^2-\omega^2|}(\Delta x+\Delta x') \qquad (4.1)$$

で書き表わされることを示した．ここに，$\bar{a}_n^{\mathrm{cl}}$ は，振動子の位置の平均値 $\bar{x}$，$\bar{x}'$ に対応するこの振動数成分の古典的値であり，$\Delta a_n^{\mathrm{tot}}$ は古典的部分と量子的部分とからなる観測誤差：

$$(\Delta a_n^{\mathrm{tot}})^2=\Delta a_n{}^2+\frac{(\Delta a_n^{\mathrm{opt}})^4}{\Delta a_n{}^2}$$

である．この公式(4.1)の意味は容易に理解できる．公式(2.4)で表わされるばらつきと比較すると，この式は，位置 x，x' の不確定性の結果としての量 η_n の不確定性に由来するばらつきをも含んでいる．

この場合に，力の推定は，言うまでもなく，位置の平均値に対応して行なうべきである：

$$F_n{}^{(0)}=m(\omega^2-\Omega_n{}^2)(a_n-\bar{\eta}_n),$$

ここで，$\bar{\eta}_n=\dfrac{2\Omega_n}{\tau(\Omega_n{}^2-\omega^2)}(\bar{x}-(-1)^n\bar{x}')$

である．観測結果のばらつきが大きいので，力の推定誤差も大きくなる：

$$|\delta F_n|\lesssim m|\Omega_n{}^2-\omega^2|\Delta a_n^{\mathrm{tot}}+\frac{2m\Omega_n}{\tau}(\Delta x+\Delta x'). \qquad (4.2)$$

特に観測の最適条件，$\Delta a_n = \Delta a_n^{\mathrm{opt}}$ の下では

$$|\delta F_n| \lesssim \delta F_n^{\mathrm{opt}} = 2\sqrt{2}\sqrt{\frac{\hbar|m\Omega_n{}^2-\omega^2|}{\tau}} + \frac{2m\Omega_n}{\tau}(\Delta x + \Delta x') \tag{4.3}$$

となる．

公式(4.2)から，§2の諸結果の適用限界が明らかになる．その節での基礎でもあった公式(2.8)は，座標の不確定度 Δx, $\Delta x'$ が十分に小さい場合の(4.2)と同じである(このとき，係数に違いがあるが，これはすべての推定が問題の量のオーダーについて行なわれているからである)．特に，観測の最適条件の下では，公式(4.3)を用いることができて，もし，

$$\Delta x + \Delta x' \ll \sqrt{\frac{2\hbar\tau|\Omega_n{}^2-\omega^2|}{m\Omega_n{}^2}} \tag{4.4}$$

であれば，座標の不確定性を無視できることになる．

もしも，振動子の状態が(例えば大きな正確さで座標を測るなどして)特別に用意されるのでなければ，振動子は，最も大きな確率で，古典的状態に最も近い，いわゆる**コヒーレントな状態**にある．この場合には，座標の不確定度は $\Delta x = \sqrt{\hbar/2m\omega}$ に等しい．力の作用は状態のコヒーレント性を壊さない．もしも，観測を最適状件で，即ち，古典的条件の境界で行なうならば，状態の収縮は小さく，それ故にコヒーレント性は壊れない．従って，観測後の座標の不確定度は前のままで，$\Delta x' = \sqrt{\hbar/2m\omega}$ である．この場合には，条件(4.4)は，

$$\sqrt{\omega\tau|\Omega_n{}^2-\omega^2|} \gg \Omega_n$$

となる．この条件が満たされていれば，§2で導かれた最適観測に対する公式は依然として正しい．換言すれば，公式(4.3)では第1項が支配的である．もしも，観測を共鳴に十分近いところで行なうならば，そのときには逆の条件(それは $|\Omega_n-\omega| \lesssim \tau^{-1}$ と書ける)が満たされ，今度は公式(4.3)で第2項が支配的になる．即ち，共鳴の観測精度に対して

$$\delta F_{\mathrm{res}}^{\mathrm{opt}} \simeq 2\sqrt{2}\sqrt{\hbar m\omega}/\tau \tag{4.5}$$

を得る．

かくして，適当な方法で振動子の状態を用意しないのであれば，観測され

る振動数成分の振動数が共鳴振動数に近くなっても，精度を望むように良くすることはできない．しかし，公式 (4.3) は，状態を適当に準備することによって限界 (4.5) を克服するには，いかなる試みをなしうるのか，を示唆している．そのためには，観測の前後で振動子の座標を十分に詳しく測りさえすればよい．座標の不確定度 Δx, $\Delta x'$ を同時に小さくし，振動数 Ω_n を共鳴振動数* ω に近づければ，最適観測の誤差(4.3)は，どれだけでも小さくできる．

ところで，これまでの線に沿って先に進むことができるとしても，多くの実を期待できそうにないという但し書きが，ここで必要である：

1） これまでのすべての考察において，振動子は理想的であるとみなしてきた．もし，振動子の**散逸性**を考慮するのであれば，それと関係する熱的雑音も考慮に入れなければならない．≪観測上の雑音≫ (4.3) の限界を小さくしてゆくと，ある瞬間に熱的雑音のレベルに達する．これを小さくするために，温度を下げ振動子の ***Q* 値**を高めなければならない．

2） 共鳴に近づくにつれて最適条件下での測定誤差 $\Delta a_n^{\rm opt}$ は限りなく増加する(この逆説的事態は，勿論，状態の収縮のタイプおよび，不確定性原理という量子論的効果と関連している)．その上振動の振幅も大きくなる(共鳴の近くでは，小さな力でさえも大きな振動をひき起こす)．ところで，その際，実際の振動は調和的ではなくなりはじめる，つまり，その非調和性が現れ始め，それ故，理想的な調和振動子という仮定の下で導かれた諸公式は適用できなくなる．即ち，精度を高めるもうひとつの条件はすべての大振幅の振動に際してその調和性を保つことである．

3） ここまでのすべての結論は，展開 (1.1) で定義される成分 x_n が観測される量であるとの仮定の下に導かれた．このようなスペクトル成分を正しく取り出してスペクトル分析を実行する装置をつくるのは簡単ではない．共

* このためには，式 $\Omega_n = n\pi/\tau$ から分かるように，観測の時間間隔 τ を共鳴振動数にあわせて，半周期の整数倍に等しくしなければならない．これは〔50〕において仮定された，振動子の**ストロボスコープ観測**を思い起こさせる．そこでは，振動子の座標は，半周期の整数倍の時間間隔で測定されることになっている．

鳴から離れたところには関心が無かったのであるから，装置としては，オーダーが π/τ の幅をもつ振動数帯（連続スペクトル）を観測できれば十分であった．しかし，公式 (4.3) が意味するところをすべて引き出すつもりならば，展開 (1.1) が要求しているスペクトル分析を，共鳴に近づくほどますます正確に行なわなければならないが，これは技術的には非常に込み入った課題である(これらとの関連で，次節を見よ)．

以上をすべて考慮に入れると，共鳴を観測するときの正確さに対する現実的な評価は，やはり公式 (4.5) であるとの結論に達する．座標観測を実行して不確定度 $\Delta x, \Delta x'$ を小さくすれば，この限界をある程度小さくすることは可能だが，大幅に小さくすることはできそうにない．

§5*．得られた結果の連続スペクトルによる定式化

前節までは，スペクトル観測の語のもとに，**離散的振動数の成分** x_n，$n=1, 2, \cdots$を考えてきたが，これらは全体で，区間[$0, \tau$]における連続関数 $x(t)$ を定義する．この関数はその成分を用いて，公式，

$$x(t)=\sum_{n=1}^{\infty} x_n \sin \Omega_n t, \quad \Omega_n = n\pi/\tau \tag{5.1}$$

によって復元される．

実際上もっと頻繁に用いられるのは，連続スペクトル，つまり関数のフーリエ積分への展開である：

$$x(t)=\int_0^{\infty} d\Omega\,(A(\Omega)\cos \Omega t + B(\Omega)\sin \Omega t), \tag{5.2}$$

ここに，

$$A(\Omega)=\frac{1}{\pi}\int_{\infty-}^{\infty} dt\, x(t)\cos \Omega \mathrm{t},$$

$$B(\Omega)=\frac{1}{\pi}\int_{-\infty}^{\infty} dt\, x(t)\sin \Omega t,$$

であって，信号のスペクトル分析と言えば，それをこのような形に展開して分析することである．それ故，連続スペクトルの語を用いると，先に得られ

た結果は，どのような様子になるのかを言っておかないと，誤解を生むことになる．ふたつの展開(5.1)と(5.2)を互いに結びつけるためには，等式(5.1)の両辺をフーリエ積分(5.2)に展開すればよい．その際，この等式の両辺に現れる関数は，区間$[0, \tau]$においてのみ0と異なり，この区間外では0に等しいとみなされなければならない．単純な計算の結果

$$A(\Omega)=\sum_{n=1}^{\infty} x_n A_n(\Omega), \quad B(\Omega)=\sum_{n=1}^{\infty} x_n B_n(\Omega) \tag{5.3}$$

が得られる．ここに，

$$\begin{aligned} A_n(\Omega) &= \frac{\Omega_n[\cos(\Omega-\Omega_n)\tau-1]}{\pi(\Omega^2-\Omega_n{}^2)}, \\ B_n(\Omega) &= \frac{\Omega_n \sin(\Omega-\Omega_n)\tau}{\pi(\Omega^2-\Omega_n{}^2)} \end{aligned} \tag{5.4}$$

である．

区間$[0, \tau]$でのみ0と異なる関数は特殊な形のスペクトル分解$A(\Omega)$，$B(\Omega)$を持つことが分かる．これらの分解は任意の係数x_nを伴うブロック$(A_n(\Omega), B_n(\Omega))$からなっており，これらの係数だけがもとの関数$x(t)$に依存している．

これまで常に係数x_nの観測について述べてきた．もし，連続スペクトルの用語を用いるならば，x_nの観測はかなり複雑になる．装置は，スペクトル分解$(A(\Omega), B(\Omega))$においてブロック$(A_n(\Omega), B_n(\Omega))$が占める割合の大きさにのみ反応しなければならない．この割合，即ちx_nが観測結果となる．

通常のスペクトル分析器，即ち，(5.4)の形のブロックではなく，例えば幅$\Delta\Omega$のせまい振動数帯で平均化された係数$A(\Omega)$，$B(\Omega)$を見積る装置の効力については，どんなことが言えるだろうか．(5.4)の形のブロックはどれもオーダーがτ^{-1}の幅をもっていることを考えれば結論を下せそうである．その意味は，Ω_nからオーダーでτ^{-1}だけ離れている振動数については，関数(5.4)は(その最大値と比較すると)本質的に減少する，ということである．この理由で，非常にせまい振動数帯$\Delta\Omega \ll \tau^{-1}$に含まれる成分を測定する装置は，時間$[0, \tau]$の間に振動子に作用する力に関して実際上何も情報を与えない．もしも，装置が，Ω_nの近くでオーダーτ^{-1}の振動数帯にあるスペ

クトル成分を測るものならば，それは係数 x_n を測る装置とみなしてよい．前の諸節で得られたすべての結論はこのような装置に関連させることができる．このことは，しかし，共鳴に近い振動数 Ω_n については言えない．このときには，もっと正確に述べなければならない．

装置は共鳴振動数 ω の近くの，オーダー τ^{-1} をもつ振動数帯におけるスペクトル成分の平均を測るものと仮定しよう．明らかに，これは共鳴振動数からオーダーで τ^{-1} だけ離れた振動数 Ω_n に対する係数 x_n の測定と同値である．その際，作用力(の共鳴成分)の推定精度は，

$$\delta F_{\mathrm{res}} \lesssim 2\sqrt{2}\sqrt{\hbar m\omega}/\tau \tag{5.5}$$

に達する．ここに挙げた精度の限界は，スペクトル観測を行なう前には振動子はコヒーレントな状態にあると仮定して，前節で導いたものである．この限界をさらに小さくするためには，スペクトル観測を行なうとともに，$t=0, \tau$ の瞬間に振動子の座標を十分に正確に測ればよいことも示した．しかし可能性を現実のものとするためには(共鳴に十分に近い振動数 Ω_n に対して)係数 x_n を実際に測らなければならない．この意味を連続スペクトルの用語で表すと，装置は，連続スペクトル中で (5.4) の形のブロックが占める割合を測らなければならないということである．特に，振幅 $A_n(\Omega)$, $B_n(\Omega)$ が小さい（けれども 0 ではない）振動数部分をもとり入れるためには，観測は τ^{-1} よりもはるかに広い振動数帯で行なう必要がある．このような観測は(原理的には可能だとしても）実行はむつかしそうである．それ故，共鳴の近くでの観測で達成されうる精度の限度は実際上，式 (5.5) で与えられることになる．

§6. ふたつの振動子の結合系におけるスペクトル観測

最も単純な系――調和振動子――におけるスペクトル観測を詳細に分析したから，今度はより複雑な系を簡単に見てみよう．例としてふたつの振動子の結合系をとろう．このような系は実際上重要な被観測系のモデルたりうることを注意しておこう．例えば，ウェーバー型の重力アンテナでは感応体は振動子とみなすことのできる大きな弾性体である(より正確には，測定され

るこの物体のある振動のモードを振動子とみなしうるのである)．もし，この物体の振動を検出する素子が一連の電気回路に含まれているならば，感応体と検出素子は一緒になって(相互作用をする)ふたつの振動子の結合系となる．

ふたつの振動子のパラメーターを(m_1, ω_1)，(m_2, ω_2)としよう．これらの振動子のうちはじめの方を主振動子，あとの方を副振動子と名づけよう．外力は第1の(主)振動子に作用し，観測されるのは第2の(副)振動子であると仮定する．そうすると，系のラグランジアンの形は

$$L=\frac{1}{2}m_1\dot{x}_1{}^2-\frac{1}{2}m_1\omega_1{}^2x_1{}^2+x_1f-gx_1x_2+\frac{1}{2}m_2\dot{x}_2{}^2 -\frac{1}{2}m_2\omega_2{}^2x_2{}^2, \tag{6.1}$$

(x_1 と x_2 は主および副振動子の座標であり，g はそれらの間の結合定数である)となり，観測されるのは，展開，

$$x_i(t)=\sum_{n=1}^{\infty}x_{in}\sin\Omega_n t,\quad f(t)=\sum_{n=1}^{\infty}f_n\sin\Omega_n t, \qquad (i=1,\ 2)$$

$(\Omega_n=n\pi/\tau)$で定義される座標 x_2 の振動数成分である．

もし系が古典的ならば，それは方程式

$$m_1\ddot{x}_1+m_1\omega_1{}^2x_1+gx_2=f,$$

$$m_1\ddot{x}_2+m_2\omega_2{}^2x_2+gx_1=0,$$

に従うであろう．量子系は径路積分，

$$A(x_1',\ x_2';\ x_1,\ x_2)=\int_{x_1}^{x_1'}d\{x_1\}\int_{x_2}^{x_2'}d\{x_2\}\ e^{\frac{i}{\hbar}S\{x_1,\ x_2\}}$$

で記述される．ここに $S=\int_0^{\tau}dt\,L$ である．1個の振動子の場合と同様に境界条件は別個の乗数の形に容易に分離でき，それ故主な困難は境界値が0という条件下で径路積分を実行することだけである．考察をこみ入ったものにしないために当面境界条件は0に等しい：$x=z$，$z_i(0)=z_i(\tau)=0$，と仮定しよう．作用 $S\{z\}$ を振動数成分 z_{1n} と z_{2n} で表わし，径路 $\{z\}$ に沿う積分をこれらの振動数成分についての積分に帰着させるのは容易である．結果として，

$$A=J\prod_{n=1}^{\infty}\int dz_{1n}\int dz_{2n}\,e^{\frac{i}{\hbar}S_n(z_{1n},\,z_{2n})}$$

$$S_n(z_{1n},\ z_{2n})=\frac{\tau}{2}\left[\frac{1}{2}m_1(\Omega_n{}^2-\omega_1{}^2)z_{1n}^2+f_{1n}z_{1n}\right.$$
$$\left.-gz_{1n}z_{2n}+\frac{1}{2}m_2(\Omega_n{}^2-\omega_2{}^2)z_{2n}^2\right]$$

が得られる．

もしもこの積分が各変数について無限大の範囲で行なわれるならば，それはいかなる観測も行なわれない場合の遷移の振幅を与える．積分の範囲を狭めることにより，振動数成分 z_{1n}，z_{2n} についてどのような観測をも表わすことができる．その際明らかなことは，振幅は因数分解されて，対をなす振動数成分 z_{1n}，z_{2n} の観測を表わす振幅 A_n の積となることである．これは，異なる振動数に対応する振動数成分の観測は互いに独立であることを意味している．

振動数 Ω_n に関する副振動子の振動数成分 z_{2n} の観測を見てみよう．それは精度 Δa_{2n} で観測され，結果は a_{2n} に等しいとしよう．このことは，z_{1n} は無限大の範囲で，z_{2n} は区間 $[a_{2n}-\Delta a_{2n},\ a_{2n}+\Delta a_{2n}]$ で積分されるべきことを意味するから，重み，

$$\rho_n(z_{2n})=\exp\left[-\frac{(z_{2n}-a_{2n})^2}{\Delta a_n{}^2}\right],$$

をつけて z_{2n} を無限大の範囲で積分しよう．このとき振幅 A_n はガウス積分となり，計算の結果，この振幅の絶対値について，

$$P_{a_{2n}}=|A_n|^2=J_n{}^2\exp\left[-\frac{2(a_{2n}-a_{2n}^{\rm cl})^2}{\Delta a_{2n}^2+(\Delta a_{2n}^{\rm opt})^4/\Delta a_{2n}^2}\right] \tag{6.2}$$

を得る．ここに，

$$a_{2n}^{\rm cl}=-\frac{gf_n}{m_1m_2(\Omega_n{}^2-\omega_1{}^2)(\Omega_n{}^2-\omega_2{}^2)-g^2}\ ,$$

$$(\Delta a_{2n}^{\rm opt})^2=\frac{4\hbar m_1|\Omega_n{}^2-\omega_1{}^2|}{\tau|m_1m_2(\Omega_n{}^2-\omega_1{}^2)(\Omega_n{}^2-\omega_2{}^2)-g^2|}$$

である．

容易に推察できるように，もし，そもそもの初めから0の境界条件に限定しないで，任意の境界条件 $x_i(0)=x_i$, $x_i(\tau)=x_i'$ に対して計算を行なっていたのであれば，最も確からしい観測結果の値が変わる以外は全く同じ結果が得られたはずである：

$$a_{2n}^{\mathrm{cl}}=-\frac{gf_n}{m_1m_2(\Omega_n{}^2-\omega_1{}^2)(\Omega_n{}^2-\omega_2{}^2)-g^2}+\eta_{2n}.$$

ここで η_{2n} は条件，

$$m_1\ddot{\eta}_1+m_1\omega_1{}^2\eta_1+g\eta_2=0,$$

$$m_2\ddot{\eta}_2+m_2\omega_2{}^2\eta_2+g\eta_1=0,\quad \eta_i(o)=x_i,\ \eta_i(\tau)=x_i,$$

を満たす関数 $\eta_2(t)$ の第 n 振動数成分である．

得られた結果をふたつの振動子の結合系がもつ**固有振動数** ν_1, ν_2：

$$\nu_{1,2}^2=\frac{1}{2}(\omega_1{}^2+\omega_2{}^2)\pm\sqrt{\frac{1}{4}(\omega_1{}^2-\omega_2{}^2)^2+\frac{g^2}{m_1m_2}} \qquad (6.3)$$

を用いて表わすと便利である．これらを用いると，

$$a_{2n}^{\mathrm{cl}}=\eta_{2n}-\frac{gf_n}{m_1m_2(\Omega_n{}^2-\nu_1{}^2)(\Omega_n{}^2-\nu_2{}^2)}, \qquad (6.4)$$

$$(\Delta a_{2n}^{\mathrm{opt}})^2=\frac{4\hbar|\Omega_n{}^2-\omega_1{}^2|}{\tau m_2|\Omega_n{}^2-\nu_1{}^2||\Omega_n{}^2-\nu_2{}^2|} \qquad (6.5)$$

となる．分布 (6.2) から分かるように，最も確からしい観測結果は $a_{2n}=a_{2n}^{\mathrm{cl}}$ である．即ち，a_n の観測結果をもとにして振動子に作用する力を推定するとき，その最もよい値は，

$$f_n{}^{(0)}=-\frac{m_1m_2(\Omega_n{}^2-\nu_1{}^2)(\Omega_n{}^2-\nu_2{}^2)}{g}(a_{2n}-\eta_{2n}) \qquad (6.6)$$

である．

この推定値の誤差は観測結果のばらつきで定義され，ばらつきは分布(6.2)からこれまた明らかであり，

$$(f_n-f_n{}^{(0)})^2\lesssim\frac{m_1{}^2m_2{}^2}{2g^2}(\Omega_n{}^2-\nu_1{}^2)^2(\Omega_n{}^2-\nu_2{}^2)^2\left[\Delta a_{2n}{}^2+\frac{(\Delta a_{2n}^{\mathrm{opt}})^4}{\Delta a_{2n}{}^2}\right], \qquad (6.7)$$

がそれである．もし $\Delta a_{2n}\gg\Delta a_{2n}^{\mathrm{opt}}$ であれば，観測の古典的条件が実現され

ていて，推定誤差は観測誤差の減少に伴って小さくなる．また $\Delta a_{2n} \ll a_{2n}^{\mathrm{opt}}$ であれば，条件は量子論的となり，推定誤差は観測誤差の減少とともに(状態の収縮の結果）大きくなる。観測の最適条件は $\Delta a_{2n} \simeq \Delta a_{2n}^{\mathrm{opt}}$ と選ぶことに対応している．このときには，

$$|f_n - f_n^{(0)}|^2 \lesssim (\delta f_n^{\mathrm{opt}})^2 = \frac{4\hbar m_1{}^2 m_2}{\tau g^2}|\Omega_n{}^2 - \omega_1{}^2| \cdot |\Omega_n{}^2 - \nu_1{}^2| \cdot |\Omega_n - \nu_2{}^2| \tag{6.8}$$

となる．

形式的には，式(6.8)から，主振動子の振動数 ω_1 または共鳴振動数 $\nu_{1,2}$ のどちらかに近づくにつれて最適観測の誤差は任意に小さくなると言える．しかしその際には，§4で共鳴観測に関して述べた条件に注意しなければならない．§4（と§5）で実際に得られた結論によれば，達成可能な最良の精度は，あたかも共鳴振動数には τ^{-1} の近さ以上には近づくことができないかのようにして定まる．ふたつの振動子の結合系の場合にも事情は全く同じである．しかしながら1個の振動子と2個の振動子の結合系との間には本質的な違いもある．共鳴振動数 $\nu_{1,2}$ に近づくにつれて観測の最適誤差 $\Delta a_{2n}^{\mathrm{opt}}$ は増大し，それ故振動子の非調和性の問題が生じるのに対して，振動数 ω_1 に近づくときには $\Delta a_{2n}^{\mathrm{opt}}$ の大きさは減少する(これは(6.5)から出る)．このときには非調和性の効果は生じない．しかし，その他の問題は1個の振動子の場合と同じである：1)観測前後における振動子の座標の不確定度を減少させる必要性；2）x_{2n} をとり出して観測するために複雑なスペクトル分析を実行する必要性；3）振動子の Q 値を高める必要性，熱雑音を減らすために温度を下げる必要性．

もし成分 x_{2n} を正確に測ろうとはしないで(この意味は§5で説明してある)単にオーダー τ^{-1} をもつ振動数帯における振動の強度のみを測るのであれば，これは，特性振動数に τ^{-1} のオーダーの距離までしか近づけないことと同値である．このとき振動数 ω_1 の近くでは，推定の精度として，

$$\delta f_{\omega_1}^{\mathrm{opt}} \simeq 2\sqrt{2}\sqrt{\hbar m_1 \omega_1}/\tau \tag{6.9}$$

を得る．同様に，$|\Omega_n - \nu_1| \simeq \tau^{-1}$ または $|\Omega_n - \nu_2| \simeq \tau^{-1}$ と置くことにより，

$$\delta f_{\nu_1}^{\text{opt}} \simeq 2\sqrt{2}\frac{\sqrt{\hbar m_1\nu_1}}{\tau}\sqrt{\frac{\nu_1{}^2-\nu_2{}^2}{\omega_1{}^2-\nu_1{}^2}},$$

$$\delta f_{\nu_2}^{\text{opt}} \simeq 2\sqrt{2}\frac{\sqrt{\hbar m_1\nu_2}}{\tau}\sqrt{\frac{\nu_2{}^2-\nu_1{}^2}{\omega_1{}^2-\nu_1{}^2}}$$

が得られる.

振動数 ω_1, ν_1, ν_2 との差が τ^{-1} よりも小さな振動数を採ることによって，これらの限界を克服する試みをすることができる．しかしながらこの場合には第一に，成分 x_{2n} を正確にとり出すように（これについては§5を見よ）信号をスペクトル分析しなければならないし，第二には，高い精度で座標を測定して観測前後における振動子の座標の不確定度を小さくする必要がある．不確定度 $\Delta x_i, \Delta x_i'$ への δf_n^{opt} の依存性を見出すには，推定値(6.6)に現れる量 η_{2n} がどのように x_i と x_i' に依存しているかを明らかにしなければならない.

このためには行列形式を用いると便利である．成分 $\eta_1(t)$ と $\eta_2(t)$ をもつ2次元の縦ベクトル $\eta(t)$ を導入しよう．そうすると，このベクトルに対する方程式を,

$$\ddot{\eta}+\omega^2\eta=o,\quad \eta(o)=x,\quad \eta(\tau)=x'$$

の形に書くことができる．ここに，振動数と結合定数とを表わす行列と境界条件を表わすベクトル,

$$\omega^2=\begin{pmatrix}\omega_1{}^2 & g/m_1\\ g/m_2, & \omega_2{}^2\end{pmatrix},\quad x=\begin{pmatrix}x_1\\ x_2\end{pmatrix},\quad x'=\begin{pmatrix}x_1'\\ x_2'\end{pmatrix}$$

とが導入してある．$R(t)$ を行列として，$\eta(t)=R(t)x$ と置くと，この行列に対する方程式と境界条件

$$\ddot{R}+\omega^2 R=0,\quad R(0)=1,\quad R(\tau)x=x' \tag{6.10}$$

とが得られる.

方程式(6.10)を解くために行列 R を**パウリ行列**

$$1=\begin{pmatrix}1 & 0\\ 0 & 1\end{pmatrix},\ \sigma_1=\begin{pmatrix}0 & 1\\ 1 & 0\end{pmatrix},\ \sigma_2=\begin{pmatrix}0, & -i\\ i, & 0\end{pmatrix},\ \sigma_3=\begin{pmatrix}1 & 0\\ 0 & -1\end{pmatrix} \tag{6.11}$$

で展開すると都合がよい．これらの行列の1次結合に対する積法則は,

$$(\boldsymbol{a\sigma})(\boldsymbol{b\sigma})=(\boldsymbol{ab})\cdot\mathbf{1}+i(\boldsymbol{a}\times\boldsymbol{b})\boldsymbol{\sigma}$$

の形をもつ．行列の形に表わした振動数は，パウリ行列を用いると $\omega^2=l_0\mathbf{1}+l\boldsymbol{\sigma}$ と書ける．ここに,

$$l_0=\frac{1}{2}(\omega_1{}^2+\omega_2{}^2),\qquad l_3=\frac{1}{2}(\omega_1{}^2-\omega_2{}^2);$$

$$l_1=\frac{1}{2}g\left(\frac{1}{m_1}+\frac{1}{m_2}\right),\quad l_2=\frac{i}{2}g\left(\frac{1}{m_1}-\frac{1}{m_2}\right)$$

である．

行列 R をパウリ行列で展開し，パウリ行列に対する積法則を用いると，方程式(6.10)の一般解は

$$R(t)=A_1\sin(\nu_1 t+\varphi_1)(1+\boldsymbol{n\sigma})+A_2\sin(\nu_2 t+\varphi_2)(1-\boldsymbol{n\sigma})$$

の形を持つことが分かる．ここに，$\boldsymbol{n}=\boldsymbol{l}/|\boldsymbol{l}|$ であり，$\nu_{1,2}=\sqrt{l_0\pm|\boldsymbol{l}|}$ は**固有振動数**である．任意定数 $A_{1,2}$, $\varphi_{1,2}$ は原理的には境界条件(6.10)で定義されており，その具体的な値は我々には不必要である．問題は関数 $\eta(t)=R(t)x$ そのものでなく，そのフーリエ級数における係数である：

$$\eta(t)=\sum_{k=1}^{n}\eta_{(k)}\sin\Omega_k t.$$

関数 $R(t)$ に対して得られた表式と境界条件(6.10)を利用すると，フーリエ係数は，

$$\eta_{(k)}=(\alpha_k+\beta_k\,\boldsymbol{n\sigma})\,[(-1)^k x'-x] \tag{6.12}$$

$$\alpha_k=\frac{\Omega_k}{\nu_1-\Omega_k}+\frac{\Omega_k}{\nu_2-\Omega_k},\quad \beta_k=\frac{\Omega_k}{\nu_1-\Omega_k}-\frac{\Omega_k}{\nu_2-\Omega_k},$$

に等しいことが分かる．これから我々に関心のある η_{2k}（ベクトル η_k の第2成分）が容易に得られる：

$$\eta_{2k}=\beta_k(n_1-in_2)\,[(-1)^k x_1'-x]+(\alpha_k-n_3\beta_k)\,[(-1)^k x_2'-x_2]$$

これが，公式(6.4)と(6.6)に代入すべき式である．

今や，観測前後の振動子の座標が精度 $\Delta x_i, \Delta x_i'$ で知られているとき，観測結果のばらつきがどのように増大するかを明らかにできる．振動子の位置の不確定性は η_{2k} の不確定性として現れ，それは，

$$\begin{aligned}\Delta\eta_{2k}&=|\beta_k|\,|n_1+in_2|\,(\Delta x_1+\Delta x_1')+|\alpha_k-n_3\beta_k|\,(\Delta x_2+\Delta x_2')\\&=\frac{\Omega_k}{|\Omega_k-\nu_1|\,|\Omega_k-\nu_2|}\left[\frac{2|g|}{m_2(\nu_1+\nu_2)}(\Delta x_1+\Delta x_1')\right.\\&\qquad\left.+\left|\frac{\omega_1{}^2-\omega_2{}^2}{\nu_1+\nu_2}+(\nu_1+\nu_2-2\Omega_k)\right|(\Delta x_2+\Delta x_2')\right]\end{aligned}$$

に等しい．これは，式(6.4)の第1項が不正確にしか知られていないことから生じる観測結果 a_n のばらつきへの補足的寄与である．これが今度は作用力の推定誤差の増大につながる．式(6.8)のかわりに，最適条件下で，

$$\delta f_k^{\mathrm{opt}}\simeq\frac{2m_1}{|g|}\sqrt{\frac{\hbar m_2}{\tau}\,|\Omega_k{}^2-\omega_1{}^2|\,|\Omega_k{}^2-\nu_1{}^2|\cdot|\Omega_k{}^2-\nu_2{}^2|}+\frac{m_1m_2|\Omega_k{}^2-\nu_1{}^2|\,|\Omega_k{}^2-\nu_2{}^2|}{|g|}\Delta\eta_{2k} \tag{6.13}$$

が得られる．この公式によればどのような振動数についても作用力の推定誤差を決定できる．特に，特性振動数 ω_1, ν_1, ν_2 のどれかひとつに近い振動数の場合には第1項は0となるが，この場合にも(6.13)は勿論有効である．

第I部への注解

観測の量子論に関する文献は数も多く，扱う範囲も広い．一般的研究の中から，ここでは最近出版されたヘルストロム [76] とホレヴォ [79] の本だけに注目しよう．特に面白いのはホレヴォの本で，そこでは特殊な場合として観測の古典および量子論を含めて統計的模型の概念が研究されている．しかしこの本では，本書の第I部で本質的に我々の関心の的であった問題，即ち連続的観測の理論と観測に際しての状態の収縮とには全く触れていない．本書で扱った問題に直接関係する研究について詳述しよう．

巨視的観測で現われる量子効果をはじめて本気になって取り上げたのは多分，ヴェ・ベ・ブラギンスキーである．ブラギンスキーと彼の共同研究者達の論文[44 - 47]で述べられていることだが，系の Q 値が高ければ，量子効果は，$\hbar\omega$ が kT を越えるはるか以前に現れ始め，このためそれは実際上の観測，とりわけ重力アンテナの機能にとって本質的となる．その後もこの問題は様々な研究者により一度ならず考察されてきた[48 - 59]．重力アンテナの感度を最大にする問題は類似の研究の中でも基礎的である．著者は，ヴェ・ベ・ブラギンスキーおよびヴェ・エヌ・ルデェンコとの議論を通して1970年にはじめて観測の量子論に注意を向けた．この問題を解くために有限範囲内での径路積分を応用しようとの考えが浮んだのはこのときのことであった．しかし，それが実現されたのは，後になってからのことである[81 - 83]．

ブラギンスキーの研究の基礎には**量子の破壊を伴わない観測**，即ち被観測系の状態を一般的には変化させない観測という思想がある．量子の破壊を伴わない観測に近い観測様式が提起された[49]．ソーン等による論文[54]では座標と運動量からなる調和振動子 $X_1=x\cos\omega t-(p/m\omega)\sin\omega t$ を瞬時的に次々と観測するとすれば，これが量子の破壊を伴わない連続的観測の例になることが示された．ブラギンスキー他 [50] は，半周期ごとに次々と振動子の位置を瞬時的に測れば，振動子に作用する力がどんなに小さくても原理的にはそれを測ることができることを示した．グーセフとルデェンコ [57] はヘルストロムーストラノウィッチの最適濾過法 [65 - 67, 76] を応用して重力アンテナの感度に対する量子的限界を計算した．

連続的観測についての問題に《有限範囲内での》径路積分を応用することは著者によって提唱された[81]．そこでは，この方法が調和振動子の観測(座標追跡)を例として示されている．調和振動子のスペクトル観測への応用は[82]にある．ふたつの振動子の結合系についてのスペクトル観測に関する結果は[83]に要約してある．本書では同じ問題がはるかに完全に考察されている．特に観測前後における系の座標の不確定性が考慮されており，この不確定性が共鳴観測の精度に本質的制限を課すことが示されている．

本書では量子の破壊を伴わない観測という概念には触れないとの方針の下で観測の

理論が研究されている．しかしながら，この概念を既に得られている結果と結びつけることができる．例えば観測条件は，観測が行われる精度に依存して古典的でも量子論的でもありうる．量子論的条件は観測精度が特定の量：《量子的しきい値》を越えるときに生じる．このとき被観測系の状態が収縮するという現象が起こる，即ち観測は不可避的に被観測系の状態に影響を与える．このような状況下での観測が《量子の破壊を伴う》ことは明らかである．反対に，観測装置が被観測系に影響しない古典的条件下で行われる場合には，それは《量子の破壊を伴わない》観測である．古典的条件と量子的条件の境界にある最適条件下での観測も近似的には《量子の破壊を伴う》．

この観点からは，量子の破壊を伴わない観測の概念は観測の古典的条件と同一の概念となる．いかなる観測も，もし量子的しきい値を越えない精度で行われるならば，それは古典的である，つまり量子の破壊を伴わない，ということになる．しかし，これは勿論《量子の破壊を伴わない観測》という語の拡大解釈である．ブラギンスキーが用いたもともとの意味は，量子的しきい値が存在しない，従ってどんなに高い精度で観測しようとも純古典的に留まって，被観測系の状態に影響しない観測，ということである．

第II部　ゲージ理論と重力理論における径路群

第I部では《有限範囲内での》径路積分に基づく連続的観測の量子論を考察した．次にこの第II部では全く別の問題を論じよう．我々は径路群を定義し，それをゲージ理論に応用する．この部分は第I部とは独立に読むことができる．

自由場(または自由粒子)の量子論ではポアンカレ群とその表現，特にその部分群である並進群が重要な役割を果たす．この群の役割は時空の一様性と結びついている．ところが強い場の中を運動する粒子の理論はもはやこの群を基礎とするわけにはゆかない，というのは場が時空を一様でなくしてしまうからである：この時空内を運動する粒子にとって強い場が存在する領域は，場が弱い領域とは似ていない．しかし，もし別の群，即ち並進群の一般化であるいわゆる径路群を導入すれば，外場の中の粒子をこの群の用語を用いて記述できることが分かる．特にゲージ理論と重力の理論で中心的役割をする共変微分はこの群の生成作用素として解釈できる．このことは通常の微分が並進群の生成作用素であることと全く同じである．

径路群とその表現の観点からゲージ理論と重力を解釈すること，またこの解釈から生じる新しい可能性，これらが本書第II部の研究対象である．径路群はゲージ場と重力場の間の共通点も原理的違いも，ともに明らかにすることがわかるであろう．径路群がゲージ理論と重力との統一的扱いを可能にすることから，径路群がかなりの程度の普遍性を有することがわかる．この数学的道具に独立な物理的意味を与えてみようという考えが出てきても当然である．まず，径路群とは自由粒子のみならず外場の中を運動する粒子にも応用可能な，並進群の一般化である．物理現象を理解するための原理的に新たな段階がこの一般化と結びついていることを示すように著者は努めるつもりである．この段階の特徴は，理論の局所的側面と(時空に関する)大域的側面とを不可分なひとつと見ることにある．

第5章　ゲージ場とその幾何学的解釈

次章から始めて，この第II部全体にわたって径路群に基礎を置くゲージ理論を発展させよう．この章では予備的に，極めて概略的に伝統的な扱い方を述べることにしよう．より正しくは，これはふたつの扱い方からなっている．そのうちのひとつはゲージ不変性の要求に基づいており，残り（の幾何学的扱い方）はファイバー空間における接続の理論を基礎としている．

厳密に言えば，この章はそれに続く章を読むためには全く不必要である．(第1節だけ読めばよい)．しかし群論的扱い方で得られる結果を，しばしば幾何学の用語で定式化される周知の結果と関係づけるのには役に立つ．それだけでなく，径路群を用いて得られる結果を幾何学的に解釈すると，それらは生き生きしたものとなる．必要に応じて次の3つのアイディアすべてを利用する方法が最も融通性に富み，かつ効果的である：　1)ゲージ不変性；2)ゲージ場の幾何学的解釈；3)径路群の表現としてのゲージ場．

§1．ゲージ不変性とゲージ場

ここでゲージ理論の歴史を述べるつもりはない．それに至るまでの基本的アイディアを復習するに留めよう．即ち，手短かに理論の論理を調べてみよう．ゲージ変換に関する不変性の原理を基礎にした場合の，この論理の最も単純な一例から始めよう．

ゲージ理論の手本は電磁場と荷電粒子の理論である．よく知られているように，この理論は**グラージェント変換**または**ゲージ変換**：

$$\psi(x)\rightarrow e^{ie\chi(x)}\psi(x),$$

$$A_\mu(x) \to A_\mu(x) + \chi,_\mu(x) \tag{1.1}$$

に関して不変である（指数関数の指数中の文字 e は粒子の電荷を，コンマつきの文字は時空の対応する座標についての微分を表し，$\chi,_\mu = \partial_\mu \chi = \partial\chi/\partial x^\mu$ である）．このように，荷電粒子の場（荷電粒子の波動関数）のゲージ変換は時空の点に依存する位相を用いた単なる位相の変換であるが，電磁場にゲージ変換を行うと，もとの場にグラージェント（勾配）または縦波部分が付け加わる．電磁場と荷電粒子場からなる系のラグランジアンはゲージ変換に関して不変となるように構成される．電磁場（これ自身，(1.1) に関して不変である）の自由ラグランジアンは

$L_F = -\dfrac{1}{4} F_{\mu\nu}F^{\mu\nu}$，の形をもっており，ここに $F_{\mu\nu} = A_{\nu,\mu} - A_{\mu,\nu}$ である．

ゲージ理論，即ちヤン-ミルズ理論が現れたとき（1954年．[86]）には，すでに粒子の内部対称性が知られていた．≪荷電空間≫の回転に関する対称性が十分に確立されていた．実際上このことは，すべての（重いまたは強く相互作用する）粒子は群 $G=SO(3)=SU(2)$ のさまざまな既約表現に従って変換される多重項のどれかに属し，理論はこの群による変換に関して不変であることを意味する．記号 ψ は群 G の表現 $g \mapsto U_g$ に従って変換される多重項としよう．

議論を進めるためには，ひとつの同じ群 G の異なる表現 U が存在することはどうでもよい．簡単のために唯ひとつの表現（複数の多重項が必要ならば，ひとつの可約表現と考える）だけが考察されるものと仮定しよう．このとき，この表現を群そのものと同一視することができて，群 G が存在し，その元は行列 $U \in G$ である，と言うことができる．各行列（群の元）は問題の多重項の変換，

$$\psi \mapsto U\psi, \qquad \partial_\mu \psi \mapsto U\partial_\mu \psi, \qquad U = \text{const},$$

を定義する．理論の不変性とはラグランジアン $L(\psi, \partial_\mu \psi)$ がこの変換の下で不変であることを言う．

行列 U が時空の点に依存することを許して，即ち異なる点では G の異なる元を選ぶことにして対称性の群を拡張できないだろうか，という問題が当然生じる．これは点に依存する位相を用いた位相変換の類比といってよかろ

う．しかし調べてみれば直ちに分かるように，もともとの理論はこのような変換に関して不変ではない，というのは導関数 $\partial_\mu \psi$ は≪規則に従わないで≫非共変的に変換されるからである：

$$\psi \mapsto U\psi, \qquad \partial_\mu \psi \mapsto U\partial_\mu \psi + U_{,\mu}\psi, \qquad U=U(x).$$

それにもかかわらず，ヤンとミルズは彼等の古典的論文[86]においてラグランジアンがこの種の変換で不変に留まることを要求し，それは新しい場，より正しくは多重項をなすベクトル場を付け加えることにより達成されることを示した．

周知のごとく，電気力学では，導関数 $\partial_\mu \psi$ が**共変微分**と呼ばれる組合せ，$\nabla_\mu \psi = (\partial_\mu - ieA_\mu)\psi$ としてのみラグランジアンの中に入ってくるために，理論は変換 (1.1) に関して不変である．ヤンとミルズは内部対称性をもつ理論にもまた補助的場 A_μ を導入し，これを用いて共変微分をつくるよう提案した．今や我々は対称性の群 G として非アーベル群を扱うことになり，これと関連して次のような複雑さが生じる．新しい場は各点において，電気力学の場合と異なり，数であってはならず，行列でなくてはならない．より正確には，$A_\mu(x)$ は対称性の群 G の**リー代数**の元でなければならない．このことを $A_\mu(x) \in \mathrm{Alg}G$ と書こう．このような行列場を用いて**共変微分**を組合せ，

$$\nabla_\mu = \partial_\mu - iA_\mu(x) \tag{1.2}$$

で定義しよう．

次に，もとのラグランジアンにおいて通常の微分を共変微分で置き換えて，つまり $\partial_\mu \psi \to \nabla_\mu \psi$ としてラグランジアンに新しい場を持ち込もう．こうしてもとのラグランジアンと同じ解析的な形をもつが，その変数が場 ψ とその共変微分である新しいラグランジアン $L(\psi, \nabla_\mu \psi)$ が得られる．このようにして作った新しいラグランジアンは，もとのラグランジアンが x に依存しない行列 U による変換に関して不変であったから，変換

$$\psi \mapsto U\psi, \qquad \nabla_\mu \psi \mapsto U\nabla_\mu \psi, \qquad U=U(x), \tag{1.3}$$

に関して不変である．即ち，提起された問題は，共変微分が実際に公式(1.3)に従って**共変的に変換される**ことさえ分かれば解かれたことになる．もし新

しい場の変換性を，

$$A_\mu \mapsto UA_\mu U^{-1} - iU_{,\mu}U^{-1} \tag{1.4}$$

で定義すれば，実際にそのようになることは容易に分かる．

このようにして**大域的変換** $U=\mathrm{const.}$ に関して不変なラグランジアンを**局所化された変換** $U=U(x)$ に関して不変にすることができる．このために必要なことはゲージ場と呼ばれる新しい場 A_μ の存在を仮定し，さらに通常の導関数 $\partial_\mu \psi$ を式 (1.2) で定義される共変的な $\nabla_\mu \psi$ で置き換えることにより，それをラグランジアンの中に持ち込むことである．新しい場はゲージ場またはヤン－ミルズの場*と呼ばれる．式 (1.3)，(1.4) の形をもつ変換は**ゲージ変換**と呼ばれる．普通，(有限個のパラメーターを持つ)群 G を**ゲージ群**と呼び，(無限個のパラメーターを持つ，即ち関数に依存する)(1.3)，(1.4)の形をもつ変換群を**ゲージ変換群**と呼ぶことに注意を向けるべきである．

ゲージ不変なラグランジアンをつくるという課題は達成されたが，このラグランジアンはその一部として場 A_μ の自由ラグランジアンを含んでいないから完全に満足なものとは言えない．それを得るために**ベクトル・ポテンシャル** A_μ から場の強さ，

$$F_{\mu\nu} = A_{\nu,\mu} - A_{\mu,\nu} - i[A_\mu, A_\nu] \tag{1.5}$$

をつくろう．ゲージ変換(1.4)に際して強さが法則

$$F_{\mu\nu} \mapsto UF_{\mu\nu}U^{-1} \tag{1.6}$$

に従って変換されることを見るのはむつかしくない．法則 (1.3) がベクトルに対して共変的であるように，この法則は行列に対する**共変的な変換法則**である．式(1.6)から2次の組合せ，

$$L_F = -\frac{1}{4}\mathrm{Tr}(F_{\mu\nu}F^{\mu\nu}) \tag{1.7}$$

はゲージ変換(1.6)に関して不変であることが分かる(証明には，トレースをとる記号下では，因数である行列を巡回的に入れ換えてもよいことを利用し

* 《ヤン－ミルズ場》という語は $G=SU(2)$，つまり荷電スピン群の場合に限って使うことが多いが，一般の場合にも用いることがある．《ゲージ場》という語は対称性の群が任意である場合に用いる．

なければばならない)．式(1.7)はローレンツ・スカラーでもあるから，これを**ゲージ場の自由ラグランジアン**として用いることができる．不変性の要求からは自由ラグランジアンとして量(1.7)の任意の関数をとってもよいのだが，このように(1.7)そのものをとるのが普通である．

量 $A_\mu(x)$ が行列であるという事実は本質的ではない．この行列の各行列要素を見てみると，その各々が今度は通常の(数)ベクトル場である場の完全系が得られる．ラグランジアン(1.7)は実際のところ，これらの場に対する自由ラグランジアンの和である．行列要素を取るのとは別の扱い方も可能である．**リー代数** Alg G の任意の**基底**を見てみよう．この基底によって生成される行列を T_a と記す．ここに添字 a は生成元を数えあげるためのもの，あるいは同じことだが，群 G のパラメーターを数えあげるためのものである．$A_\mu(x) \in \mathrm{Alg}\, G$ だから，この行列を基底で展開できる：

$$A_\mu(x) = A_\mu{}^a(x) T_a, \tag{1.8}$$

(繰り返し現れる添字については和をとるものとする)．ここでは $A_\mu{}^a(x)$ は普通のベクトル場である(このことはベクトル性をわすローレンツ添字 μ がつけられていることから分かる)．添字 a はこれらの場を数えあげるためのものである．群 G のパラメーターの個数と同じだけのベクトル場が得られる．実際には行列要素で区別するよりは基底 T_a について展開する方がよい，というのは前の場合には一般的にいってすべてが独立とは言えない場が現れるからである．

この基底 T_a は変換 U の行列構造を決めるのにも用いることができる．これは群 G の行列であるから，リー代数の元の指数関数として表現することができ，それ故次の形に書くことができる．

$$U(x) = e^{\overset{a}{\chi}(x) T_a}. \tag{1.9}$$

場の強さ(1.5)はリー代数における**交換関係**，

$$[T_a,\ T_b] = f_a{}^c{}_b T_c \tag{1.10}$$

を用いて基底について展開できる．ここに $f_a{}^c{}_b$ は群 G の**構造定数**である．

生成元をも含めてリー代数の任意の元はいわゆる**ヤコビの恒等式**を満たす．

$$[T_a, [T_b, T_c]] + [T_b, [T_c, T_a]] + [T_c, [T_a, T_b]] = 0$$

従って構造定数は関係，

$$f_a{}^e{}_d f_b{}^d{}_c + f_b{}^e{}_d f_c{}^d{}_a + f_c{}^e{}_d f_a{}^d{}_b = 0$$

を満たす．要素が構造定数に等しい行列，$[F_a]^b{}_c = f_a{}^b{}_c$ を導入すると上の関係は交換関係

$$[F_a, F_b] = f_a{}^c{}_b F_c \tag{1.11}$$

として表わされる．この式から，行列 F_a はそれ自身リー代数の生成元のある表現 $T_a \to F_a$ になっていることが分かる．基底の同型はリー代数の同型を生成する．かくしてリー群 G の随伴表現に対応する，いわゆるリー代数の**随伴表現**が得られる．

関係(1.10)を利用すると公式(1.5)を，

$$F^a_{\mu\nu} = A^a_{\mu,\nu} - A^a_{\mu,\nu} - i f_b{}^a{}_c A^b_\mu A^c_\nu \tag{1.12}$$

の形に書くことができる．ここに $F_{\mu\nu} = F^a_{\mu\nu} T_a$ である．ゲージ場の自由ラグランジアンは

$$L_F = -\frac{1}{4} g_{ab} F^a_{\mu\nu} F^{b\mu\nu}, \quad g_{ab} = \mathrm{Tr}(T_a T_b), \tag{1.13}$$

の形となる．変換(1.3)，(1.4)，(1.6)はこの新しい記法を用いると無限小パラメーター $-\delta\chi^a$ に対して次のようにうまく書きあらわされる．即ち $\delta\chi^a$ の1次のオーダーで，

$$\begin{aligned} \delta\psi &= \delta\chi^b T_b \psi, \\ \delta F^a_{\mu\nu} &= \delta\chi^b f_b{}^a{}_c F^c_{\mu\nu}, \\ \delta A^a_\mu &= \delta A^b f_b{}^a{}_c A^c_\mu - i\delta\chi^a_{,\mu}. \end{aligned} \tag{1.14}$$

このようにして，対称性の群を局所化した変換に関して不変な理論がつくられる．これが(古典的，非量子論的)ゲージ理論である．電気力学は G として1個のパラメーターをもつ変換 $U = \exp(ie\chi)$ の群を採った特別な場合として得れらる．理論は極めて美しく自然なものに思われる．このことはそもそもの初めから明らかであった．それ故に，解釈上の困難にもかかわらず研究が進められたのである(1956年には内山[87]の重要な論文が現れ，1960年には桜井[88]の発展的論文が今日まで止むことのない研究の流れの端緒を開いた)．困難は，当時としては疑いもなく質量を有するはずの場(例えば弱い相互作用を媒介する仮説上のベクトル中間子)だけがゲージ場としての権利を主張できた点にあった．同時に，当時の古典的ゲージ理論は，ゲージ場の質量は必然的に0でなければならないことを予言していた（ゲージ場の自由ラグランジアンは $M^2 A_\mu A^\mu$ の形の項を含むことが許されない，というのはこの項はゲージ不変性を壊すはずだからである)．結局のところ困難はゲージ場

の量子論の枠内で克服されたのであるが，それには新しくかつ成果に富むアイディア(対称性の自発的破れとヒッグス効果)を必要としたのであった．この困難を克服したことによって場の量子論における重要な進展，例えば繰り込み可能な弱い相互作用の理論の構築(レヴュー [92 - 94] を見よ．そのロシア語訳は [95] に収められている)を見ることになったのである．

以下の諸節では現代的な微分幾何学(ファイバー多様体の理論)の観点からゲージ場の解釈をしてみよう．

§2．主ファイバー多様体

前節で簡単に述べたようにゲージ理論は，最初，純代数的な形で現れた．しかしあとになって，それは幾何学の理論(例えば[91])として極めて優美な形に定式化できることがわかった．この理論形式にできるだけ簡単に触れよう．数学レベルでの厳密性にとって必要な細かなことがらは大部分を省略しよう(本書は一貫して一般にそのような扱い方をする)．座標近傍からなる被覆を用いて多様体の構造を記述することなどはその例である．

ファイバー多様体の概念は現代の微分幾何学にとって基礎的道具である．特に時空上の様々な幾何学的構造の研究のためには時空を底空間とする多種多様なファイバー空間が構成される．最も一般的には，**ファイバー束**または**ファイバー空間** $\mathscr{P}(\mathscr{X}, \pi)$とはふたつの集合とそれらのうちの一方から他方への写像の組のことである．集合 $\mathscr{X}$ を**ファイバー束の底空間**といい，また集合 $\mathscr{P}$ を，特に，底空間 $\mathscr{X}$ 上のファイバー束という．写像 $\pi: \mathscr{P} \to \mathscr{X}$ は**ファイバー束**のその底空間上への(**正準**)**射影**と呼ばれる．底空間の各点 $x \in \mathscr{X}$ には写像 π によって x に写される点全体の集合 $\mathscr{P}_x = \pi^{-1}(x)$が対応している．この集合を x 上の**ファイバー**という．以上の構造は図 7 の形で表すとよくわかる．

勿論このような最も簡単な構造のファイバー束はあまりにも内容が乏しく，これで十分だということは滅多にない．通常はファイバー束上に幾分かの補助的構造が導入される．それらのうちで主要なものは多様体としての構造である．集合 $\mathscr{X}$ は，もしその元が座標を用いて $x = (x^1, \cdots x^n)$で与えられるな

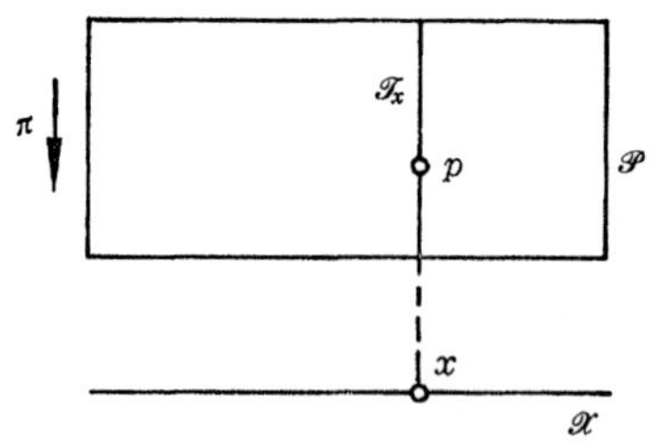

図7.

らば，**多様体**と呼ばれる．これは集合 $\mathscr{X}$ の領域と n 次元ユークリッド空間 $\boldsymbol{R}^n$ の領域との間に互いに1対1の対応があることを意味する．この場合 $\mathscr{X}$ は n 次元多様体と呼ばれる．集合が全体としてユークリッド空間の領域に互いに1対1の仕方で写される必要は全く無い．これは多くの場合に不可能である．一般の場合には，座標は $\mathscr{X}$ における個々の領域——座標近傍の上に導入される．座標近傍は，それら自身ある集合をなして集合 $\mathscr{X}$ 全体を被覆する．それ故多様体上の各点は少なくともひとつの座標近傍に含まれる．また同じ点に対してふたつ，またはそれ以上の座標を与えることができる．座標近傍の交わりの上では異なる座標の間に変換規則 $x'^{\mu}=f^{\mu}(x^1,\cdots,x^n)$ が与えられている．異なる座標間の変換を表す関数はすべて一定の滑めらかさをもつ，という要求をさらにつけ加えるのが普通である．例えばそれらはすべて無限回微分可能である，というように．このとき，**多様体**は**微分可能**であるという．この場合には多様体上に導入される他の構造もそれ以上の滑めらかさをもつ関数で記述されなければならない，即ちこれらの構造も微分可能でなければならない．

微分可能多様体において非常に重要な対象はベクトル場である．ある座標系が与えられたとき，この座標系における**ベクトル場**を，ひと組の n 個の関数(ベクトルの成分) $A^1(x),\cdots,A^n(x)$ として与えることができる．ベクトル場に微分作用素，

$$A=A^1(x)\frac{\partial}{\partial x^1}+\cdots+A^n\frac{\partial}{\partial x^n}=A^1\partial_1+\cdots+A^n\partial_n=A^{\mu}\partial_{\mu}$$

を対応させると好都合である．このとき作用素 A は $\mathscr{X}$ 上の関数を元とする空間において作用する，と仮定する．

ベクトル場を空間の《方向場》と関連させるのが普通である．この描像に近づくために，任意の係数を伴う A の指数関数である作用素をつくろう：

$$R_{\tau}{}^*=e^{\tau A}$$

指数関数は級数展開によって定義できる．このようにして得られた作用素がパラメーターτに関して群をなすこと，あるいは乗法性（これは１パラメーター群を定義する）をもつこと：

$$R_{\tau}{}^{*}R_{\tau'}{}^{*}=R^{*}{}_{\tau+\tau'}.$$

を見るのはむつかしくない．その上，指数関数を展開したとき初めのふたつの項だけをとれば十分であるような小さなτに対しては

$$R_{\tau}{}^{*}\psi(x^{1},\cdots,x^{n})=\psi(x^{1}+\tau A^{1},\cdots x^{n}+\tau A^{n})$$

となる．即ち無限小のτの場合には作用素$R_{\tau}{}^{*}$は，関数の引数をAの向きにτに比例した大きさだけ変化させたときの関数の変化を表す．$R_{\tau}{}^{*}$は乗法性をもつから，有限なτの場合にもそれの作用は関数の引数をずらせることに帰着する．換言すれば，多様体$\mathscr{X}$の変換R_{τ}で，

$$R_{\tau}{}^{*}\psi(x)=\psi(R_{\tau}x)$$

となるものを見出すことができる．このようにしてベクトル場には１パラメーター変換群が結びついている．この変換に際しては多様体$\mathscr{X}$の点はいつもベクトル場Aに沿って動く．従ってベクトル場は実際に方向場を与える．

ベクトル場Aは微分作用素の形で用いられるが，それを各点$x\in\mathscr{X}$でベクトル$A(x)$を与えるものとして見ることも必要である．このとき，その点におけるベクトルを成分$A^{\mu}(x)$（これは今や関数ではなく数である，というのは点xは固定されているから.）で与えることができる．しかしある点におけるベクトルをその点での所与の方向への関数の微分と解することもできる．勿論，出発点としてとったベクトル場の概念とは独立に一点におけるベクトルを定義することもできるが，それは我々にとって必要ではない．点xにおけるベクトル全体は点xにおける多様体の接空間と呼ばれるn次元線型空間をつくる．これをT_{x}と書こう．

ベクトル場を微分作用素として定義すると，他のことはともかく，ある座標系から他の座標系に移るときのベクトルの成分の変換規則が自動的に得られて便利である．もし座標x^{μ}から座標x'^{μ}に移るものとすると，ベクトルの

成分 A^μ は或る一定の規則で A'^μ に移る．この規則とは，ベクトルの成分と座標を変換しても微分作用素と解されるベクトル場は変化しない，$A^\mu\partial_\mu = A'^\mu\partial'_\mu$ というものである．これからベクトルの成分に対する変換則*：$A'^\mu = (\partial x'^\mu/\partial x^\nu)A^\nu$ が容易に得られる．言うまでもなくベクトル場を与える関数 $A^\mu(x)$ は微分可能でなければならない．このとき**ベクトル場は微分可能**であるという．しかしこのようなことは，いちいち断らないことにしよう．

ファイバー束 $\mathscr{P}(\mathscr{X}, \pi)$ は，もしふたつの集合 $\mathscr{P}$ と $\mathscr{X}$ が(微分可能な)多様体で，射影 π が微分可能な写像 (即ち座標のなめらかな関数として与えられる)ならば，**ファイバー多様体**と称される．底空間 $\mathscr{X}$ は n 次元多様体としよう．また，ファイバー束 $\mathscr{P}$ 自身は $(n+m)$ 次元であるとする．これらの多様体における座標を部分的に同じになるように，つまり，もし $x=(x^1, \cdots, x^n)$ ならば，対応するファイバー $p \in \mathscr{P}_x$ は座標 $(x^1, \cdots, x^n, y^1, \cdots, y^n)$ を持つように選んでおくと便利である．このとき，射影は自明なものとなる．ベクトル場に対しても自然な仕方で射影が定義できることは直ちに分かる．もし $\bar{A} = A^\mu\partial/\partial x^\mu + B^i\partial/\partial y^i$ が $\mathscr{P}$ におけるベクトル場であれば，$A = A^\mu\partial/\partial x^\mu$ は $\bar{A}$ から射影 π によって得られる，$\mathscr{X}$ におけるベクトル場である．

次に，ファイバー束上に群構造を導入すると好都合である．各ファイバー $\mathscr{P}_x$ が多様体として群 G と全く同じで，しかも各ファイバーをそれ自身の中へ写すこの群 G の作用が自然な仕方で与えられているとき，このようなファイバー多様体を**主ファイバー多様体** $\mathscr{P}(\mathscr{X}, G, \pi)$ と呼ぶ．群 G を**構造群**という．はじめに，底空間と群の直積である自明なファイバー束 $\mathscr{P} = \mathscr{X} \times G$ を見てみよう．この場合にはファイバー束上の各点は対 $p=(x, g)$，$x \in \mathscr{X}$，$g \in G$ で表され，射影は自然な仕方の $\pi(x, g) = x$ となる．直積 $\mathscr{X} \times G$ 上での群 G の作用は左移動または右移動として自然に定義される．右移動ととれば，

---

* ある座標系(SC)から他の座標系への変換規則は十分に小さな領域において(局所的に)のみならず，多様体全体にわたって(大域的に)ベクトル場を与えることを可能にする．多様体は SC の族によって被覆され，各座標系では(その成分によって)ベクトル場が与えられる．しかし，同時にふたつまたはそれ以上の SC が定義されている領域においては一致性の条件が課せられる：ふたつの SC に対応するベクトル場の一方は，ベクトルの変換規則に従ってベクトルの成分を変換することによって，他方から得られる．

$R_g:(x,\ g')\mapsto(x,\ g'g)$である．これを簡単のために$R_g:p\mapsto pg$のように書いてよい．このような変換でファイバー上の各点は同じファイバー上の他の点に移ることは明らかである．このようなファイバー束は**自明な**ファイバー多様体と呼ばれる．

一般的場合には，主ファイバー多様体は，多様体がユークリッド空間と異なるのと同じように，先に見た自明な場合とは異なっている．即ち一般の場合にはファイバー束全体としての$\mathscr{P}$は直積$\mathscr{X}\times G$の形に表現されないが，$\mathscr{P}$における十分に小さな領域は直積として表現される(自明化)．もっと正確に述べよう．底空間$\mathscr{X}$の任意の点をxとする．このとき，点xの(十分に小さな)近傍$\mathscr{U}\subset\mathscr{X}$を，$\mathscr{U}$上のファイバー束が**自明化**できるように適当にとり出すことが必ずできる．近傍$\mathscr{U}$上のファイバー束とは$\pi^{-1}(\mathscr{U})$のことである．この部分ファイバー束の自明化とは，それを直積に写す写像，$\kappa:\pi^{-1}(\mathscr{U})\to\mathscr{U}\times G$をいう．この写像は互いに1対1で(そして勿論微分可能で)なければならない．この写像は各点$p\in\pi^{-1}(\mathscr{U})$に対$(x,\ g)$を対応させる．ここに$x=\pi(p)$である．もうひとつの要請がある．即ち，群$G$の作用は全ファイバー束$\mathscr{P}$上で定義されているが，自明化された領域では単なる右移動である，とする．かくして，もし$\kappa(p)=(x,\ g')$ならば，$\kappa(pg)=(x,\ g'g)$である．

ファイバー束の自明化を利用すると，その上に座標を都合よく導入できる．明らかに，底空間上に座標x^μを，群G上に座標y^kを選べば十分である．ファイバー束が自明化される領域$\pi^{-1}(\mathscr{U})$においては，数x^μとy^kの集まりが座標の働きをする．特に，もしGが一定の次数をもつ(非退化な)行列全体のなす群ならば，群の元である行列の行列要素$g_{\alpha\beta}$が座標となる．この場合，領域$\pi^{-1}(\mathscr{U})$において$\kappa(p)=(x,\ g)$となる点pの座標は$\{x^\mu,\ g_{\alpha\beta}\}$であるとしてよい．群$G$がある代数的関係を満たす行列の群(例えば行列式の値が1であるn次の直交行列のなす群$SO(n)$)である場合が極めて多い．この場合には行列要素は独立ではないから，それらを座標として用いることはできない．しかし構造群Gをもつファイバー束$\mathscr{P}$から，Gと同じ次数をもつすべての行列からなる群を構造群として持つ，もっと大きなファイバー束に移ることができる．こうすれば新しいファイバー束では数 x^{μ}, $g_{\alpha\beta}$ が座標となり，問題の部分ファイバー束 $\mathscr{P}$ に移るには座標 $g_{\alpha\beta}$ に必要な条件を課せばよい．この方法は実践的には便利である．特に，我々は後程座標 x^{μ}, $g_{\alpha\beta}$ を用いて(従って拡大されたファイバー束において)接続(水平的場)の陽な形を定義することにしよう．

自明化写像 $\kappa: p\mapsto(x, g)$ は，かくして，領域 $\pi^{-1}(\mathscr{U})\subset\mathscr{P}$ における座標の存在を保障する．その上，このような領域の集まりはファイバー束全体を被覆する．ふたつの座標近傍が交わる場合には，ある自明化から他の自明化(即ちある座標系から他の座標系)への変換はいわゆる変換関数を用いて実行される．$\mathscr{U}_i$ を $\mathscr{X}$ の領域とし，その上ではファイバー束は自明化され，自明化写像は $\kappa_i(p)=(x, \varphi_i(p))$ の形であるとしよう．自明化しておくと構造群の作用は右移動となるから群の任意の元 g に対して $\varphi_i(pg)=\varphi_i(p)g$ でなければならない．もしこれらふたつの領域 $\mathscr{U}_i$, $\mathscr{U}_j$ が交わるならば，交わりの上ではファイバー束はふた通りの異なる仕方で自明化される．これらの自明化は写像 κ_i, κ_j または(同じことだが) $\pi^{-1}(\mathscr{U}_i\cap\mathscr{U}_j)$ から G の中への写像 φ_i, φ_j によって表わされる．同じひとつの点 $p\in\pi^{-1}(\mathscr{U}_i\cap\mathscr{U}_j)$ に，一方では対 $(x,\varphi_i(p))$ が，他方では対 $(x,\varphi_j,(p))$ が座標として与えられる．$\chi_{ij}(p)=\varphi_i(p)[\varphi_j(p)]^{-1}$ と書こう．関数 χ_{ij} がファイバー上で一定であること，即ち $\chi_{ij}(pg)=\chi_{ij}(p)$ となることを見るのはむつかしくない．それ故，この関数はファイバー上の点には依らず，ファイバー全体に，または(同じことだが)このファイバーが射影される底空間上の点によって決まることになる．従って $\chi_{ij}(p)=\chi_{ij}(x)$ と書こう．ここに $x=\pi(p)$ である．得られた関数 $\chi_{ij}:\mathscr{U}_i\cap\mathscr{U}_j\to G$ は**変換関数**と呼ばれる．これらの関数はふたつの異なる自明化(ふたつの異なる座標系)の貼り合せを記述する．もし j 番目の自明化で点 $p\in\mathscr{P}$ が対 $\kappa_j(p)=(x, g)$ で表わされるならば，i 番目の自明化では同じ点が対 $\kappa_i(p)=(x, \chi_{ij}(x)g)$ で表わされる．

多様体としてのファイバー束は，自明化と変換関数によって与えられることがよくある．もしファイバー束が自明ならば，それは単に $\mathscr{X}\times G$ で与えられる．ところがもしそれが自明でなければ，自明な部分ファイバー束 $\mathscr{U}_i\times G$ の族と，これらの部分ファイバー束の貼り合せの規則(点を同一視するための規則)である変換関数 χ_{ij} の族によって定義される．変換関数が一致性の条件 $\chi_{ij}(x)\chi_{jk}(x)=\chi_{ik}(x)$ (j についての和はとらない)を必ず満たさなければならないことは容易に分かる．

主ファイバー多様体の定義は以上の如くである．その本質は，ファイバー束上で群 G の作用が与えられており，ファイバー束の構造がこの作用と調和しているところにある．実際，もし群の作用が与えられていれば，射影 π をこの作用から導き出すことができる．点 p と p' が同じファイバー上にあるのは，ある群の元 $g\in G$ に対して $p'=pg$ となる場合であり，またこの場合に限られる．それ故群は $\mathscr{P}$ 上に同値関係を与え，この関係に基づく類別 $\mathscr{P}/G$ はファイバーの集合，即ち実質上は底空間 $\mathscr{X}$ を与える．

ファイバー束(またはその領域)を自明化することは，**ファイバー束の**滑らかな**断面**を選ぶことに帰せられる．断面を選ぶとは，底空間の各点 $x\in\mathscr{X}$ に，それの上のファイバーに属するある点 $\sigma(x)\in\mathscr{P}$ を対置することである(図8)．かくして断面 σ とは，$\pi(\sigma(x))=x$ という性質をもつ写像 $\sigma:\mathscr{X}\to\mathscr{P}$ である．もしファイバー上に一点を選べば，それに群を作用させることにより残りの点はすべて得られる．即ち，群の元 g を適当に選ぶことによって任意の点 $p\in\mathscr{P}_x$ を $\sigma(x)g$ の形に表すことができる．これにより断面を知れば自明化できることになる．それには各点 $p=\sigma(x)g$ に対 (x, g) を対置すればよい．もしファイバー束全体にわたって滑らかな断面が存在するならば，このファイバー束は自明である．自明でない場合には滑らかな断面は十分に小さな領域 $\mathscr{U}\subset\mathscr{X}$ 上にのみ存在する．

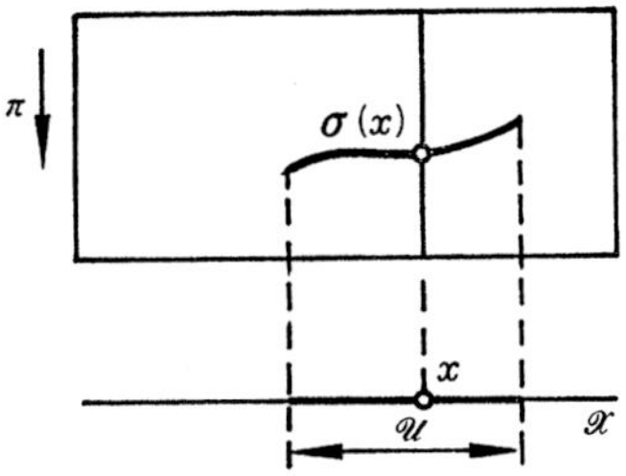

図8．

§3．主ファイバー多様体上の接続—ゲージ場

ファイバー束上で，特にファイバー多様体上で，ファイバーに沿うずれに対応する方向を自然な仕方で区別することができる．これらの方向を垂直方向という．ファイバー束に接するベクトルは各ファイバーに接するベクトルとも見ることができ，これを**垂直ベクトル**という．垂直ベクトルが，

$$V=B^k\frac{\partial}{\partial y^k}$$

の形をもつことは明らかである．即ち $\partial/\partial x^\mu$ を含む項はこれらのベクトルには存在しない．このようなベクトル場の指数関数(微分作用素の指数関数)をつくると，各ファイバーをそれ自身の中に写すファイバー束における変換，

$$e^{V}=e^{B^k\frac{\partial}{\partial y^k}}$$

が得られる．

特に主ファイバー多様体における構造群の作用もこのような形に表わされる．構造群の作用を生成する垂直ベクトル場をファイバー束における**基本ベクトル場**という．それらは群のリー代数に同型な線型空間をつくる．この空間の基底を V_a と記すことにすると，

$$V_a=B_\alpha^k\frac{\partial}{\partial y^k}$$

である．このとき任意の基本場は $V=\chi^a V_a$（ここに χ^a は数である）の形に表わされ，構造群による任意の変換を

$$R_g{}^*=e^{\chi^a V_a} \tag{3.1}$$

の形に表わすことができる（星印は関数に作用する作用素を空間の変換と区別するためのものである）．

ファイバー束における水平ベクトルの概念も同じように一意的に定義できるだろうか．実はこのような概念を一意的に導入することはできないのである．実際，自然に生じる制限は，水平方向が構造群の作用と調和しなければならないという要求だけである．これは，もし H がある**水平ベクトル場**ならば，構造群の任意の元による変換 R_g のあとで得られる新しい場もまた水平的であることを意味している．微分作用素の用語で言えば，ベクトル場 $R_g{}^*\,H\,R_{g^{-1}}^*$ は再び水平的でなければならない．表現(3.1)を利用すれば，この要求は，$[V_a, H]$が任意の a に対して水平場でなければならないことを意味している．特に，水平場の構成にあたっては，構造群に関して不変な場 H_μ，

$$[V_a,\ H_\mu]=0, \qquad R_{g^{-1}}^*\,H_\mu\,R_g^*=H_\mu \tag{3.2}$$

をつくることから始めることができる．このとき任意の水平場は任意の滑らかな関数 $\lambda^\mu=\lambda^\mu(p)=\lambda^\mu(x^1,\cdots,x^n,\ y^1,\cdots,y^n)$ を係数とする一次結合 $H=\lambda^\mu H_\mu$ となる．

このように，水平方向は構造群に関して不変でなければならない．しかし，

このことによってそれが一意的に定義されるわけではない．もし何らかの方法で構造群と両立する水平方向が与えられているならば，主ファイバー多様体において**接続**が与えられていると言う．上に述べたことから，基底となる水平ベクトル場 H_μ の完全系を固定して接続を与えることができる，と言ってよい．我々にとっては，これが最も便利な方法である．

簡単のため当面構造群 G は一定の次数をもつ(非退化な)行列すべてからなると仮定しよう．このとき，これらの行列の行列要素 $g_{\alpha\beta}$ は群上の座標たりうる．ところで，主ファイバー束において各ファイバー $\mathscr{P}_x$ は群 G と1対1に対応しているから，行列要素 $g_{\alpha\beta}$ を，これまで y^k と書いていたファイバー上の座標として用いてよい．ここで必要なことは，これらの座標を用いて(垂直)基本ベクトル場を表現することである．

前節で述べたように構造群は各ファイバーに右移動として作用する．座標 $g_{\alpha\beta}$ を用いると右移動はどのように表わされるだろうか．容易に確かめることができるように，

$$R_g^* = e^{\chi^a D_a{}^{(R)}} \tag{3.3}$$

の形の作用素は右移動の作用素である．ただし，$D_a = \{D_{a\alpha\beta}\}$ は群の生成元(リー代数の基底)であり，

$$D_a{}^{(R)} = D_{a\alpha\beta} g_{\gamma\alpha} \frac{\partial}{\partial g_{\gamma\beta}} \tag{3.4}$$

である．実際，微分作用素の交換関係を計算してみれば，作用素 $D_a{}^{(R)}$ が作用素 D_a と同じ交換関係を有すること，つまり(代数 Alg$G$ の表現である)**リー代数の基底**となっていることを直接に確かめることができる．そこで

$$g = e^{\chi^a D_a}$$

と置くと作用素 R_g^* は群 G の表現となる．次には単位元に無限に近い群の元 g をとったとき作用素 R_g^* は右移動として作用することを確かめれば十分である．この場合，$\delta\chi^a$ について1次のオーダーまでの正確さで，

$$(1+\delta\chi^a D_a{}^{(R)})\psi(x^\mu, g_{\gamma\beta}) = \psi(x^\mu, g_{\gamma\beta} + g_{\gamma\alpha}\delta\chi^a D_{a\alpha\beta})$$

である．これより，任意の χ^a に対して

$$(e^{\chi^a D_a{}^{(R)}}\psi)(x,\ g)=\psi(x,\ ge^{\chi^a D_a}) \tag{3.5}$$

が得られる．

このようにして，群 G の行列の要素を《垂直な》座標に選べば公式(3.4)で定義される垂直場 $D_a{}^R$ は基本的であること，即ちその指数関数をつくると，それは構造群に由来する変換を生成することが示されたわけである．次に，基本場 $D_a{}^{(R)}$ と可換なベクトル場 H_μ の系を構成しなければならない．(多様体 $\mathscr{P}$ における) $H_\mu=\partial/\partial x^\mu$ (即ち，極めて特殊な形の微分作用素)の形をもつ任意の場は基本場と明らかに可換である．ところが，可換性を壊さないように，垂直座標 $g_{\alpha\beta}$ についての微分を含む項をそれらに付け加えることができる．そのような項を見出すために，群上の右移動 $g'\mapsto g'g$ は左移動 $g'\mapsto g^{-1}g'$ と交換するという事実を利用することができる．従って，もし左移動を生成するベクトル場を構成したとすれば，それらは右移動を生成する基本場と交換するはずである．求める場は(3.4)と同じようにつくることができて，それは

$$D_a{}^{(L)}=-D_{a\alpha\beta}g_{\beta\gamma}(\partial/\partial g_{\alpha\gamma}) \tag{3.6}$$

の形をもつ．ここに得られた場は 1) リー代数 D_a の基底の表現をなし；2) 群上で，従ってファイバー上で左移動を生成し；3) 基本場 $D_a{}^{(R)}$ と交換する．これらのことを直接確かめることはむつかしくない．

基本場と可換な場の系は今や非常に簡単につくることができる．それは

$$H_\mu=\frac{\partial}{\partial x^\mu}-i\,A_\mu{}^a(x)D_a{}^{(L)} \tag{3.7}$$

である．この式中の係数 $A_\mu{}^a$ は座標 x^μ の任意の関数でよいが垂直座標 $g_{\alpha\beta}$ に依存してはならない，というのは，さもなければ可換性の条件，

$$[D_a{}^{(R)},\ H_\mu]=0 \tag{3.8}$$

が壊れてしまうからである．ベクトル場 H_μ (それらすべての1次結合をとる)はファイバー束 $\mathscr{P}$ 内で，構造群の作用で不変な方向場を定義する．従ってこのような場を**水平場**として採り，それによってファイバー束における接続を与えることができる．この水平場 H_μ を基底場と呼ぼう．

かくして，構造群 G をもつファイバー束における接続は関数系 $A_\mu{}^a(x)$（a のとる値の個数は群のパラメーターの個数に等しい)，または関数

$$A_\mu(x)=A_\mu{}^a(x)D_a{}^{(L)} \tag{3.9}$$

によって与えられることがわかった．ここで $A_\mu(x)$ は数値ではなく微分作用素である．もっと正確に言えば，A_μ は構造群の作用で不変な $\mathscr{P}$ 上の垂直ベクトル場である．このようにして関数系 $A_\mu{}^a(x)$ は幾何学的に解釈することのできるゲージ場を定義する((1.8)を見よ).

ここまでは群 G が一定次数をもつ非退化行列すべてからなる群である場合を見てきたから，行列要素 $g_{\alpha\beta}$ を群上の座標として，即ちファイバー束上の垂直座標として用いることができた．一般の場合にはそうはいかない．群が実際上常に一定次数の行列群として実現されるというのは正しいが，行列は任意ではありえず，ある一定の条件(例えば，$SO(3)$ は次数3の行列だが，直交性および行列式の値が1に等しい，という補助条件がつく)に従わなければならない．このような場合には，行列要素を群における座標，あるいは我々にとって関心のあるファイバー束における座標として用いることはできない．しかし，ファイバー束における接続は，これまで通り公式(3.7)に従って構成してよい．ただし，$D_a{}^{(L)}$ はファイバー束上の，構造群に関して不変な垂直ベクトル場である．もし，自明なファイバー束を利用しているのであれば，その上の垂直場は群上の場でもある，即ち $D_a{}^{(L)}$ は右移動に関して不変な群上のベクトル場とみなすことができる．そして，これまでどおり交換関係

$$[D_a{}^{(L)}, D_b{}^{(L)}]=f_a{}^c{}_b D_c{}^{(L)}$$

が満たされるように要求することもできる，即ち $D_a{}^{(L)}$ が群のリー代数の表現をなす右不変な群上のベクトル場の系となるように要求することもできる.

ところが実際には右不変なベクトル場の具体的表式(3.6)(そしてまた基本場に対する式(3.4))を最も一般的な場合にも利用することができる．そのためには，我々にとって問題の群を補助条件を課せられた行列群として表し，この補助条件無しのより広い行列群を調べれば十分である．このより広い群

においては行列要素 $g_{\alpha\beta}$ を座標として用いることができ，公式 (3.6) によって拡大された群上で右不変なベクトル場を構成することができる．注意すべきことは，これらのベクトル場は拡大された群に接するだけでは不十分で，我々にとって関心のある群にも接しなければならないことである．このためには定義 (3.6) に現れる行列 D_a として我々が問題にしている部分群 G の生成元(G のリー代数の基底)を選べば十分である．

同じことが構造群 G をもつファイバー束についても言える．もし行列要素 $g_{\alpha\beta}$, $g \in G$ を(それらが独立でなく補助条件があるために) ファイバー束 $\mathscr{P}$ における垂直座標として用いることができなければ，構造群を拡大して，より広いファイバー束に移って考える．これは補助条件を除くだけで実行できる．新しいファイバー束上では行列要素を座標として用いることができて，公式 (3.6)によって右不変なベクトル場を構成できる．この定義における D_a は任意の行列ではなく，我々に関心のある群 G の生成元でなければならないことに注意すると，場 (3.6) は拡大されたファイバー束上のみならず，ファイバー束 $\mathscr{P}$ 上の場でもあるとみなすことができる(この場は，ファイバー束 $\mathscr{P}$ の外に出ることはない)．

結局，これまでに分かったことは，いかにして主ファイバー多様体に接続を与えるか，ということである．これは，例えば関数 $A_\mu{}^a(x)$ を与え，公式 (3.7)を介して水平基本場 H_μ の系を定めることによって行われる．こうすると各点 $p \in \mathscr{P}$ において n 個の独立な水平場の系が定義される．これらのベクトルの線型結合の集合は，点 p における多様体 $\mathscr{P}$ の接空間の**水平部分空間**を張る．全く同様に，基本場 $D_a{}^{(R)}$ の系は各点において垂直ベクトルの系を定義し，これらは接空間の部分空間である**垂直部分空間**を張る．水平および垂直部分空間は互いの補空間 (即ち零ベクトル以外には共通のベクトルを持たない)であり，それらの和は接空間全体と一致する，即ち，点 p で多様体 $\mathscr{P}$ に接する仕意のベクトルは一意的な仕方でその点における水平および垂直ベクトルの和に表わすことができる．

各点で水平部分空間を自由に扱えるから，ベクトル，ベクトル場，曲線を底空間からファイバー束上に持ち上げることができる．この操作はある意味で射影の逆である．もし点 p でファイバー束 $\mathscr{P}$ に接するベクトル $\tilde{A}_p$ が与えられていれば，射影 π を用いて点 $x=\pi(p)$ で $\mathscr{X}$ に接する一意的なベクトル A_x をそれに対置できる．逆操作は一意的ではない：底空間上の同じベクトルに射影される多くのベクトルが存在する．しかしながら，ファイバー束上のベクトル $\tilde{A}_p$ が水平的であれば，それは，その射影 A_x によって一意的に定義され，**ベクトル A_x の持ち上げ**と呼ばれる．

ベクトル場の持ち上げはベクトルの持ち上げをもとにして定義することができる．実際，$\mathscr{X}$ のベクトル場 A とは各点 $x\in\mathscr{X}$ で $\mathscr{X}$ に接するベクトルを与えることである．これらのベクトルを全部ファイバー束上に持ち上げることによってファイバー束 $\mathscr{P}$ におけるベクトル場 $\tilde{A}$ が得られる．これを**ベクトル場 A の持ち上げ**という．この操作は基底 H_μ を利用すると陽な仕方で定義できる．もし底空間のベクトル場が $A=A^\mu(x)\partial/\partial x^\mu$ の形をもつならば，そのファイバー束への持ち上げはベクトル場 $\tilde{A}=A^\mu(x)H_\mu$ である，と定義するのである．この同じ式を任意の点におけるベクトルの持ち上げにも利用できるのは明らかである．

最後に，水平ベクトルと関連した最も重要な概念は曲線の持ち上げと平行移動である．もしファイバー束上に曲線 $\tau\mapsto p(\tau)$ が与えられると，この曲線上の各点を底空間上に射影することによって曲線の射影 $x(\tau)=\pi(p(\tau))$ が得られる．逆操作は勿論一意的でない：底空間の同じ曲線に射影される曲線は多数ある．しかしながらファイバー束上の曲線が水平的である（即ちこの曲線の接ベクトルがファイバー束の水平ベクトルである）ことを要求すれば，ファイバー束上の曲線は，その始点と底空間上の曲線によって一意的に定義される．このようにして，もし点 $p\in\mathscr{P}$，その射影 $x=\pi(p)$，および x に始まる曲線 $x(\tau)$，$0\leqq\tau\leqq 1$（従って $x(0)=x$）が与えられれば，一意的な仕方で点 p に始まり，底空間上の与えられた曲線に射影されるファイバー束上の曲線 $p(\tau)$，$0\leqq\tau\leqq 1$（それ故 $p(0)=p$，$\pi(p(\tau))=x(\tau)$）が定義される．ファイバー束上のこの曲線は，**曲線 $x(\tau)$ の持ち上げ**と呼ばれる．このときファイバー束上の曲線の終点 $p'=p(1)$ は，点 p を曲線 $x(\tau)$ に沿って平行移動した結果である，という（図9）．

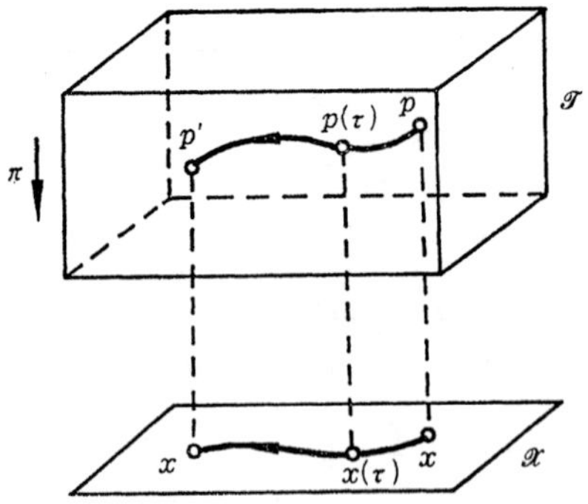

図 9.

曲線の持ち上げは，ファイバー束上の曲線が各点で水平になるようにとの条件で定義される．これは，そのような曲線の接ベクトルが (3.7) の形をもつ H_μ で分解されなければならないことを意味する．もし曲線が座標を用いて $p(\tau)=(x^\mu(\tau),\ g_{\alpha\beta}(\tau))$ で与えられるのであれば，関数 $x^\mu(\tau)$ は底空間上の曲線を表わし，関数 $g_{\alpha\beta}(\tau)$ は条件，

$$\dot{g}_{\alpha\beta}(\tau)-i\dot{x}^\mu(\tau)A_\mu{}^a(x(\tau))D_{a\alpha\gamma}g_{\gamma\beta}(\tau)=0,$$

または行列の形

$$\dot{g}(\tau)-i\dot{x}^\mu(\tau)A_\mu{}^a(x(\tau))D_a g(\tau)=0 \tag{3.10}$$

を満たす．ここで前に行なった注意をくり返す必要がある：もし行列要素がそれらに課せられた補助条件のために座標となり得ないのであれば，より広いファイバー束に移ることによってその条件を捨て去り，そこで方程式(3.10)を解かなければならない．このとき，もし曲線の始点が $\mathscr{P}$ 内にあれば，曲線全体は $\mathscr{P}$ 内に自動的に留まる．従って問題のファイバー束を拡大して考えるのは単なる方便に過ぎない．これは，我々が直接に対象としているファイバー束に座標を導入するよりも，拡大されたファイバー束に座標を導入する方が簡単である場合に用いられる手である．

方程式(3.10)の解はいわゆる**順序指数関数**の形に書ける：

$$g(\tau)=P\exp\left(i\int_0^\tau d\tau'\dot{x}^\mu(\tau')A_\mu{}^a(x(\tau'))D_a\right)g(0). \tag{3.11}$$

ここで用いた記号の意味は，

$$P \exp \int_0^{\tau} d\tau' B(\tau') = \lim_{N\to\infty} e^{\Delta\tau B(\tau_N)} e^{\Delta\tau B(\tau_{N-1})} \cdots e^{\Delta\tau B(\tau_1)} \tag{3.12}$$

であり，$B(\tau)$ は任意の(十分に滑らかな)作用素関数であり，$\Delta\tau=\tau/N$，$\tau_n=n\Delta\tau$ である．順序指数関数は以下の諸節において重要な役割を果たす．物理学の文献で順序指数関数の方法を導入したのはファインマンであった．量子電気力学では時間について順序づけられた指数関数が生じ，それ故 **T-指数関数**が用いられるが，ゲージ理論では径路に沿う順序が必要であり，それ故 **P-指数関数**を用いることになる．

かくしてゲージ場 $A_\mu{}^a(x)$ をいかにして幾何学的に解釈するかが示された．それは主ファイバー多様体の接続を定義する．外部ゲージ場内の荷電粒子を記述するには通常いわゆる同伴ファイバー多様体を導入する．これの構成については付録Bで述べるつもりである．しかしながら，我々の見解では荷電粒子は主ファイバー多様体の上の関数とみなした方が簡単である(また物理学者には，その方が分かりやすい)．この方法による方が，必要な物理的概念-荷電粒子-に到る道程がもっと短くなる．それを§4で定式化しよう．

§4．主ファイバー束上の関数としての荷電粒子の状態

前節ではゲージ場を主ファイバー多様体における接続として書き表わすことができることを明らかにした．荷電(即ち≪**ゲージ荷**≫をもつ)粒子の外的ゲージ場内における状態はいわゆる同伴ファイバー多様体の断面と考えることができる．しかし同伴ファイバー束の接続は主ファイバー束における接続によって完全に定まることが分かっている．この事実，そしてまた同伴ファイバー束の全理論形式が示すところによれば，同伴ファイバー束が理論において果たす役割は第2次的な補足的なものに過ぎない．実際には荷電粒子の状態は主ファイバー多様体上の関数として表わすことができる．論文 [170] ではこの方法を外場としての重力場(これは曲がった時空上のゲージ場と見ることができる)における，スピンをもつ粒子の記述に応用した．ここではその方法を任意のゲージ場について説明しよう．

$\mathscr{P}(\mathscr{X}, G, \pi)$ は $\mathscr{X}$ 上の主ファイバー多様体，$U(G)$ は線型空間 $\mathscr{L}$ における群 G の表現とする(我々の応用では $\mathscr{L}$ は有限次元空間とする)．空間 $\mathscr{L}$ に値をもつ，ファイバー束上の関数，即ち写像 $\psi: \mathscr{P} \to \mathscr{L}$ を見てみよう．このような写像を一般的にではなく，任意の点 $p \in \mathscr{P}$ と群の任意の元 $g \in G$ に対して補助条件,

$$\psi(pg) = U(g^{-1})\psi(p) \tag{4.1}$$

を満たすものに限って見ることにしよう．この等式の左辺は意味をもつ，というのは群 G はファイバー束 $\mathscr{P}$ 上で構造群として右から作用し，$R_g: p \mapsto pg$ だからである．右辺は，$\psi(p)$ が $\mathscr{L}$ のベクトルであり作用素 $U(g^{-1})$ はまさにこの空間において作用するのだから，やはり意味をもつ．条件 (4.1) を**構造条件**という．構造条件を満たすすべての関数 $\psi: \mathscr{P} \to \mathscr{L}$ は空間 $\mathscr{H}$ をつくる．この空間(もっと正確には運動方程式によって定義されるその部分空間)は，外場としてのゲージ場におけるゲージ的荷電粒子の状態空間と解される．このときゲージ場はファイバー束 $\mathscr{P}$ における接続として，即ち結局のところ水平ベクトル場 H_μ の系，あるいは同じことだが場 $A_\mu{}^a(x)$ ((3.7)を見よ)の系によって定義される．粒子の≪ゲージ荷≫は表現 $U(G)$ によって定義される．

注 意

≪**ゲージ荷**≫という呼び方は条件付きであって，電気力学との類似性を強調するのが便利な場合に特に用いられる．この語が使われるときにはいつも表現 $U(G)$ の同義語と解してよい．電気力学では表現を与えることは，ひとつの数 e を与えることと同じである．

記号 $\langle\ ,\ \rangle$ は表現 $U(G)$ について不変な，空間 $\mathscr{L}$ における非退化なエルミート内積とする，即ち，

$$\langle U(g)f,\ U(g)f' \rangle = \langle f,\ f' \rangle, \qquad \forall g \in G,\ f,\ f' \in \mathscr{L},$$

である．もし群 G がコンパクトならば，有限次元空間 $\mathscr{L}$ における積 $\langle\ ,\ \rangle$ は正定値であり，表現 $U(G)$ はユニタリーである．このときには内積 $\langle\ ,\ \rangle$ をスカラー積と呼んでよい．非コンパクト群 G の場合には積 $\langle\ ,\ \rangle$ は正定

値ではなく，表現 U——これに関して積が不変になる——は擬ユニタリーと呼ぶべきである．しかし我々は，簡単のために，$\langle\ ,\ \rangle$の形を空間 $\mathscr{L}$ におけるスカラー積，表現 $U(G)$をユニタリーと称することも今後はしばしばである．

空間 $\mathscr{L}$ 内に不変な**スカラー積**をつくることができるから，空間 $\mathscr{H}$ にもスカラー積を定義することができる．もし群 G がコンパクトならば，このスカラー積を，構造群に関して不変なある測度 dp を用いてファイバー束上の積分の形に表すことができる：

$$(\psi, \psi') = \int_{\mathscr{P}} dp \langle \psi(p), \psi'(p) \rangle.$$

(群 G がコンパクトか否かとは独立に)一般の場合にはスカラー積を任意の断面 $\sigma : \mathscr{X} \to \mathscr{P}$ を用いて定義することができる(断面とはファイバー束の各ファイバー上の一点 $\sigma(x) \in \mathscr{P}_x$ を選ぶことであった．今の場合には我々は断面が滑らかであることを要求しない．それ故ファイバー束が自明でない場合にも断面は $\mathscr{X}$ 上全体で実現される)．この断面を介してスカラー積は底空間上での積分の形に表わすことができる：

$$(\psi, \psi') = \int_{\mathscr{X}} dx \langle \psi(\sigma(x)),\ \psi'(\sigma(x)) \rangle \tag{4.2}$$

この積分で**測度** dx は任意でよい．$\mathscr{X}$ が時空である物理学への応用では，この測度は物理的考察により選ばれる．通常時空上には**リーマン計量** $g_{\mu\nu}(x)$ が与えられる．この場合には $dx = \sqrt{-\det|g_{\mu\nu}|}\,d^4x$ である．特にミンコフスキー空間では，単に $dx = d^4x$ となる．断面 σ の選択に関して言えば，積分(4.2)はそれに依存しない．実際，他の断面に移ることは各 $\sigma(x)$ をファイバに沿ってずらせることを意味する．このずらし方は $\sigma'(x) = \sigma(x) g_x$ の形に書くことができる．群の元 $g_x \in G$ は点 x によって決まる．ところでこのとき，構造条件(4.1)と積$\langle\ ,\ \rangle$の不変性から，(4.2)の被積分関数はファイバー束の他の断面に移っても変化しないことがわかる．

注 意

積分(4.2)が存在するためには空間 $\mathscr{H}$ には構造条件を満たす全ての関数で

はなく，2乗積分可能，つまり

$$(\psi,\ \psi)=\int_{\mathscr{X}} dx < \psi^{\dagger}(\sigma(x)),\ \psi(\sigma(x)) > < \infty$$

となるものだけを含ませるべきである．こうするとスカラー積 (4.2) は $\mathscr{H}$ 上に**ヒルベルト構造**を定義し，ノルムの概念を補えば $\mathscr{H}$ は**ヒルベルト空間**になる．しかしこのような数学的に細部にわたることは関数解析の領域に属することであり，我々は一貫してそれらに触れないことにする．とはいえ，これらのことは今では大多数の理論物理学者にはなじみのこととなってはいる(これに関しては例えば [6, 21, 23] を見よ)．今論じている理論の代数的側面をもっと詳しく考察してみよう．

このように，今問題にしている荷電粒子の理論形式は時空 $\mathscr{X}$ 上の関数によってではなく，ファイバー束 $\mathscr{P}$ 上の関数によって記述される．このとき，様々な≪電荷≫をもつ粒子，即ち様々な表現 $U(G)$ に対応する粒子は同一の共通の空間 $\mathscr{P}$ における関数によって記述され，違いは構造条件 (4.1) の形だけである．これに対応して，この理論形式において共変微分の役をする作用素もまた普遍的である．任意の電荷をもつ粒子に対してこの作用素は H_μ ——主ファイバー束における水平場(3.7)——と一致する．

ところで主ファイバー束が自明化される領域 $\mathscr{U} \subset \mathscr{X}$ においては $\mathscr{P}$ 上の関数から，もっとなじみの深い $\mathscr{X}$ 上の関数に移ることができる．実際，この場合には点 $p \in \pi^{-1}(\mathscr{U}) \subset \mathscr{P}$ は対を用いて $p=(x,\ g)$ と書ける．ここに $x=\pi(p) \in \mathscr{U}$，$g \in G$ である (§2 を見よ)．それ故荷電粒子を表わす関数 $\psi(p)$ は積 $\mathscr{U} \times G$ 上の関数 $\psi(x, g)$ となる．このとき構造条件 (4.1) によって2番目の変数に対する依存性は前もって分かっており，それは

$$\psi(x,\ g'g)=U(g^{-1})\psi(x,\ g')$$

である．この公式を用いて第2変数を構造条件から追い出して，変数1個の関数に移ることができる．これらの関数を同じ文字で表わし，$\psi(x)=\psi(x, 1)$ と置くと，

$$\psi(x,\ g)=U(g^{-1})\psi(x) \tag{4.3}$$

となる．

関数 $\psi(x,g)$ に，点 $g=1$ において，公式 (3.7) により定義される水平ベクトル場を作用させよう．この公式における第1項，$\partial/\partial x^\mu$ は底空間の座標についての微分である．これは何の変更もうけない．公式 (3.7) の第2項——$iA_\mu{}^a D_a{}^{(L)}$——これはファイバー束 $\mathscr{P}$ における垂直ベクトル場である．関数 $\psi(x,\ g)$ を垂直方向にずらせることは変数 g を変えることである．このとき，$\psi(x)=\psi(x,\ 1)$ は $g\neq 1$ として $\psi(x,\ g)$となるが，これは(4.3)を用いると再び $\psi(x)$ で表わすことができる．それ故，垂直方向への並進作用により関数 $\psi(x)$ は表現 $U(G)$ によって変換される．従って，関数 $\psi(x)$ に作用させるときには1次結合 $A_\mu{}^a D_a{}^{(L)}$ の中の作用素 $D_a{}^{(L)}$ を表現 U の生成元 T_a で置き換えることができる．その結果，

$$H_\mu \psi(x,\ g)|_{g=1}=\nabla_\mu \psi(x),\ \ \forall\psi\in\mathscr{H}, \tag{4.4}$$

を得る．ここに

$$\nabla_\mu=\frac{\partial}{\partial x^\mu}-iA_\mu{}^a T_a \tag{4.5}$$

であり，生成元 T_a は公式

$$U(e^{\chi^a D_a})=e^{\chi^a T_a} \tag{4.6}$$

で定義される．

もし関数 $\psi\in\mathscr{H}$ に無限小の水平並進の作用素 $R^*(\delta x)=1+\delta x^\mu H_\mu$ を作用させれば，等式 (4.4) を形式的に導くことができる．この作用素の作用の結果，変数をずらせた関数が得られる．ファイバー束における座標 $p=(x^\mu,\ g_{\alpha\beta})$ を用いれば，

$$R^*(\delta x)\psi(x,\ g)=\psi(x+\delta x,\ g+i\delta x^\mu A_\mu{}^a D_a g)$$

が得られる．ここで $g=1$ と置き，(4.3)と(4.6)を利用すると，

$$R^*(\delta x)\phi(x,\ g)|_{g=1}=(1-i\,\delta x^\mu A_\mu{}^a T_a)\psi(x+\delta x)$$

となり，これから(4.4)が出る．

このようにして，水平ベクトル場 H_μ の，ファイバー束上の関数 $\psi(x,\ g)$ への作用は関数 $\psi(x)$の**共変微分** ∇_μ を惹起する．この関数は粒子の状態を記

述する波動関数として物理学の文献で最も頻繁に用いられているものである．しかし多くの場合に，ファイバー束上で与えられた関数 $\psi(p)$ を用い，共変微分 ∇_μ のかわりに基本ベクトル場，即ち微分作用素 H_μ をそれに作用させる方が便利である．

もうひとつの，これに同値な形式は，粒子の状態を同伴ファイバー束の断面として記述するものである．これは付録Bで説明するつもりである．

これまでの結果をまとめておこう．ゲージ理論に現れる共変微分の形はそっくりそのままファイバー束の幾何学の文脈中で得られる．共変微分に到る道程は実際長いものであった．これを本質的に短縮することはできない．しかし結果としては十分に有用な成果，つまりゲージ場をファイバー多様体における接続と解釈できること，を得た．この分析をさらに進めたならば，ゲージ場の強さ (1.5) は**所与の接続に対する曲率の形式**に他ならないことが明らかになったはずである．一般にゲージ理論に対しては，接続を研究するために数学者が鍛えあげた強力な武器を使うことができる．それは**大域的幾何学**を研究するのに有効なものである．十分に小さな近傍で記述可能な現象(局所的現象)を研究している間はファイバー束全体が自明であるとしてよい．それに対して大きな領域にわたる現象を研究する場合には，この領域におけるファイバー束を自明とみなすことはもはやできなくなり，精緻な数学的道具無しですますことはむつかしくなる．この点でこれまで行なってきたファイバー空間の幾何学の説明は全然厳密ではないことを注意しておくのは無意味でないだろう．細かなことではあるが本質的なこと——大部分は異なる座標近傍の貼り合せに関係している——については述べなかった．だからこの道具を大域的研究にも応用しようと思う読者はそのための数学的文献（例えば[26-28]）によって，もっと注意深く数学的手法を学ばなければならない．しかし本書で行なった説明，それは物理学的レベルのものだが，これもまた方法に慣れるための第1歩として有用であろう．このような概論をとびこえて数学的文献に近づくのは多くの場合困難である．

ところで以下の章からゲージ理論の新しい形式を径路群に基づいて発展させる．これもまた大域的問題の解釈に有効である．その上，我々の見解では，これらの問題を深いところから見るのにこの新しい形式はうってつけであり，特に素粒子と場の理論の局所的および大域的側面の相互関係を研究するのに有効である．同時にまた群論的方法は，ここに説明してきた幾何学的方法よりも本質的に単純である．全くやさしい，というわけにはゆかないが，しかしこの方法が優れていることは疑う余地が全くない：それは，群論が広く用いられてきた伝統的な量子論の形式とより密接に結びついており，時空の対称性に新たな光をなげかけるものである．

第6章　径路群とゲージ場における粒子の局所(運動学)的性質

前章で我々はゲージ不変性，ゲージ場そしてゲージ場の幾何学的解釈を知った．今度は同じ理論に全く新しい観点から迫ってみよう．ここで提起される方法は幾何学を代数に帰着させるものと言ってよい．基礎となるのは，何もない時空における粒子に対してだけでなく強い場の中にある粒子に対しても使えるように並進群を一般化しようとの試みである．これは可能であることが示される．このためには径路群を以て並進群に代えなければならない．即ち，いかなるベクトルで表される並進を行なうかだけでなく，どのような径路に沿って移動が行なわれるかによっても群の元を特徴づけなければならない．(例えばミンコフスキー空間において)径路を，それらが群をなすように定義できるだけでも興味あることである．しかしもっと興味あることは，この群のある表現を調べることによってゲージ理論で利用されるのと同じで，しかも通常はある幾何学の特性と解されている数学的対象が得られることである．このようにして幾何学が径路群の表現として得られる．

我々にとっては幾何学が主要な目的ではないから，今後代数的構造とそれに対応する幾何学的構造との関連が生じても，それをその度に強調することはしない．全体にわたって目的とするところは素粒子の運動を記述することなのである．本章ではふたつの要請から出発しよう：1）粒子は径路群の表現によって記述されるべきである．2）粒子は時空解釈を許すものでなければならない．第2の要請は，ミンコフスキー空間のどこに粒子があるのか，という問が意味をもつ，ということである．第1の要請は，任意の分布状態にある強い場が存在するにもかかわらず，粒子にとって時空はある意味で一様であることを意味している．この要請は疑わしいし，実際また（何か等価原理に似たものだけによって）それに先験的に根拠を与えるのはむつかしい．しかし，それにもかかわらず，本章の最後で分かるように，この要請は成功をもたらすのである．即ち，このふたつの要請を組合せると，ゲージ場の作用を受けて運動する粒子の理論と同一視できる理論へと実際上一意的に導かれる．このとき，場自身とその中を運動する粒子は径路群の適当な表現によって記述されるのである．

§1. 径路の亜群の定義

序論（第1章，§2）においてゲージ理論の内に径路群がどのように現れるかを簡単に述べておいた．今度は径路群とゲージ場に関係するその表現とを系統的に調べることにしよう．第II部で必要になるのはミンコフスキー空間における径路群であるが，ここでは，任意のアフィン空間に対して径路群を定義しよう．

定義の手順としてまず連続曲線の集合を考える．この集合の元に次々と同一視を行なって，この集合を類別してゆく．そうすると最後にはループと呼ばれる曲線の同値類に達するが，これが群をなすのである．これらの同一視はあれこれの順序で行なうことができるが，それは便宜上の問題であって，どの順序で行なっても得られる定義は同値である．ここでは径路群を定義する一番簡単な手続きを採ろう．

微分可能多様体 $\mathscr{M}$ 上の区分的に微分可能な曲線の集合 P'' を見てみよう．これらの曲線を区間 $[0,\ 1]$ でパラメーター表示する．従って曲線を $\{\xi\}=\{\xi(\tau)\in\mathscr{M}\,|\,0\leqq\tau\leqq1\}$ と書くことができる．ふたつの曲線の積を，まず第1の曲線に沿って動き，次に第2の曲線に沿って動くときに得られる曲線として定義することができる（図10）．もっと具体的には，

$$\xi''(\tau)=\begin{cases}\xi(2\tau), & 0\leqq\tau\leqq\dfrac{1}{2}\text{ のとき,}\\ \xi'(2\tau-1), & \dfrac{1}{2}\leqq\tau\leqq1\text{ のとき,}\end{cases}\tag{1.1}$$

であれば $\{\xi''\}=\{\xi'\}\{\xi\}$ とするのである．ところで新しく得られた曲線

が連続となる（即ち P'' に属する）のは $\xi(1)=\xi'(0)$ の場合，換言すれば第1の曲線の終点が第2の曲線の始点と一致するときだけである．このようにすべての曲線に対して積が定義されるわけではなく，上述の意味で互いに一致する曲線に対してだけ定義できるのである．逆の演算は同じ曲線に沿って逆向きに進むことであるとすれば自然に定義される．即ち，$\{\xi\}^{-1}=\{\xi'\}$ として曲線 $\xi'(\tau)=\xi(1-\tau)$ を採ることができる．

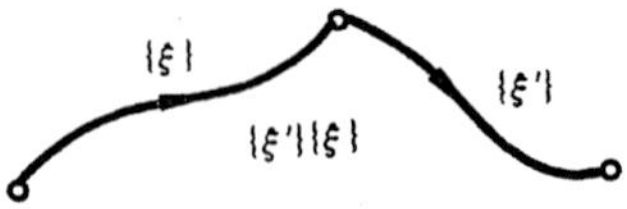

図10.

このようにして導入された積および逆演算の定義は名前が群演算に似ているに過ぎない．群公理は P'' において満たされていない．その上演算の定義は任意性を含んでいる（例えば積に対して区間[0, 1]を等分せず，等しくない2部分に分けて，(1.1) とは異なる規則をつくってもよい）．パラメーター表示を止めればこの欠点を克服して幾分かは群構造に近づく（実際，定義における任意性は，同じひとつの曲線を様々なパラメーター表示によって表現しうることと結びついている）．

もしふたつの曲線がパラメーター表示の変更によって互いに他の曲線から得られるならば，即ち $\xi'(\tau)=\xi(f(\tau))$ となる区分的に連続かつ単調で微分可能な写像 $f:[0,\ 1]\to[0,\ 1]$, $f(0)=0$, $f(1)=1$ が存在するならば，これらふたつの曲線は同値であるとし，$\{\xi\}\sim\{\xi'\}$ と書くことにしよう．

連続曲線の集合 P'' をこの同値関係に基づいて類別しよう，即ちその元が同値な曲線の類である集合 $P'=P''/\sim$ に移ろう．集合 P' における乗法は P'' における乗法によって定義される．換言すればふたつの同値類を掛け合わせるためには，それらの成分である曲線を掛け合わさなければならない（曲線の積が再び類をなすことは証明できる）．この乗法が結合律を満たすことも示すことができる，即ち群構造に近づいたわけである．しかし乗法は P' のすべての元に対して定義されているわけではないし，曲線の向きを変える操作から導かれる逆元 $\xi'(\tau)=\xi(1-\tau)$ は群公理を満たさない．

曲線の同値類，即ち P' の元を (ξ) で表わそう．このとき積 $(\xi'')=(\xi')(\xi)$ は類 (ξ)，(ξ') に属するすべての曲線を公式 (1.1) に従って掛け合わせることによって定義される．逆元 $(\xi')=(\xi)^{-1}$ は類 (ξ) に属するすべての元の逆を公式 $\xi'(\tau)=\xi(1-\tau)$ に従ってつくることにより定義される．しかしながら $(\xi)^{-1}(\xi)$ が単位元の特性を備えていないところに困難がある．実際，積 $(\xi)^{-1}(\xi)(\xi')$ は (ξ') に等しくない．しかしこのことは，この困難を除くにはどのような同一視を行なうべきかを暗示している．

次のように置くことによって集合 P' 上に同値関係を導入しよう．

$$
\begin{aligned}
&(\xi)^{-1}(\xi)\sim(\xi'),\ \ \xi'(\tau)\equiv\xi(0);\\
&(\xi_1)(\xi)^{-1}(\xi)\sim(\xi)^{-1}(\xi)(\xi_1)\sim(\xi_1);\\
&(\xi_1)(\xi)^{-1}(\xi)(\xi_2)\sim(\xi_1)(\xi_2).
\end{aligned}
\tag{1.2}
$$

換言すれば，任意の曲線に $(\xi)^{-1}(\xi)$ の形の《盲腸》を付け加えたり，取り去ったりすると，曲線は同値なものに変わるとみなすことにするのである（より正確には，これは曲線の同値類について言えることである）．《盲腸》$(\xi)^{-1}(\xi)$ というのはどれも，まずある向きに進み，そのあと同じ曲線上を逆向きに進むある曲線 (ξ') のことである（図11）．ところでこれだけではまだ十分ではない．ある曲線に《盲腸》を付け足したり，あるいは取り去ったりする操作を何度か行なってそれを他の曲線に変えたときにも，その結果得られる曲線は元の曲線と同値であるとみなすべきである*.

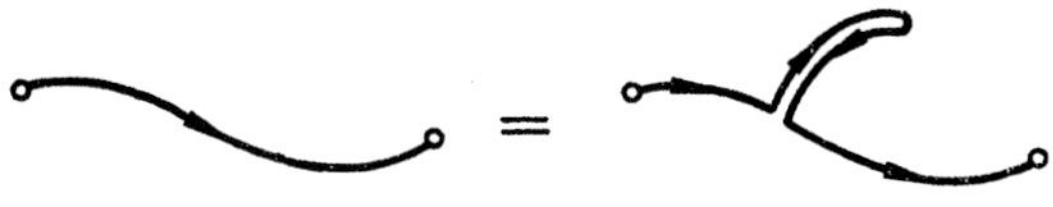

図11.

類別 $\hat{P}=P'/\sim$ を行なうと，この集合では逆演算が群公理を満たすようになる．この集合は亜群の構造をもつ．このことを説明しよう．集合 $\hat{P}$ の各元は，パラメーター表示の仕方と《盲腸》の付け足しという 2 点でのみ異な

* 換言すれば，同値関係 $\sim$ は，(1.2) を正しいものとする，(順序関係の意味で一例えば，[37]を見よ)極小な，反射的，対称的そして推移的な関係である．

る曲線の類と見てよい．同一の類に属する曲線は共通の始点 $\xi(0)=x$ と共通の終点 $\xi(1)=x'$ をもつ．それ故このような類を $[\xi]_x^{x'}$ と書くことができる(添字 x, x' は必要でないが，用いると都合がよい)．ふたつの類の積は各類の元である曲線の積を元とする集合として定義される．それ故，積，

$$[\xi'']_{x_1}^{x_2'}=[\xi']_{x_1'}^{x_2'}[\xi]_{x_1}^{x_2}$$

は $x_1'=x_2$ の場合に限って意味をもち，このとき公式 (1.1) に従って定義され，結合律を満たす．逆元は類 $([\xi]_x^{x'})^{-1}=[\xi]_{x'}^{x}$，すなわち曲線 $\xi'(\tau)=\xi(1-\tau)$ を代表元とする類として定義される．類，1_x^x は定値曲線 $\xi(\tau)=x=$ const. を代表元とし，次の関係を満たしているという意味で単位元として作用する．

$$1_{x'}^{x'}[\xi]_x^{x'}=[\xi]_x^{x'}1_x^x=[\xi]_x^{x'}$$

$$([\xi]_x^{x'})^{-1}[\xi]_x^{x'}=1_x^x,\quad [\xi]_x^{x'}([\xi]_x^{x'})^{-1}=1_{x'}^{x'}$$

このような性質をもつ代数系は亜群と呼ばれる[43]．従って我々が得た曲線の類の集合 $\hat{P}$ は亜群である．

こうして定義された**径路の亜群** $\hat{P}$ は今後いくつかの公式を簡単にする補助手段として必要になるだけである．この亜群の元，$[\xi]_x^{x'}$ は固定された端点をもつ径路である．のちほど端点を固定しない≪自由≫な径路をも定義しよう．この自由な径路は群をなすという長所をもっている．ところで亜群 $\hat{P}$ について詳述したのは，それを定義するのに空間 $\mathscr{M}$ に全く何の制限も課する必要がなかったからである．しばらくは任意の微分可能多様体 $\mathscr{M}$ における径路を見ることにする．径路群を定義するには $\mathscr{M}$ がアフィン空間であると仮定しなくてはならない．

所与の端点をもつ径路 $[\xi]_x^{x'}$ を元とする部分集合 $P_x^{x'}\subset\hat{P}$ を見てみよう．この $P_x^{x'}$ に属する任意の径路に $P_{x'}^{x''}$ の任意の径路を掛ける(左からの積)演算は定義されていて，$P_x^{x''}$ に属する径路を与えることは容易に分かる．特に P_x^x に属する径路は互いに掛けあわせることができて，結果は再び $P_x^{x''}$ に属する．このような径路はループ(閉じた径路)であって，点 x に始まりそこに終る．

ループの集合 P_x^x は群であり，その単位元の役割をするのは 1_x^x である．

径路群を定義するためにはもう一歩先へ進まなければならない．しかしそのためには空間 $\mathscr{M}$ がアフィン空間であると仮定しなければならない．これは次節で行なう．群をなす径路は，自由ベクトルがある定点から始まるベクトルとは異なるように，亜群をなす径路とは異なっている．ところで，自由な径路からなる群を定義した後でも，亜群をなす**固定した端点をもつ径路**を利用しなければならないことがよくある．それ故記号を少々簡単にしておこう．既に導入した記号 $[\xi]_x^{x'} \in \hat{P}$ の外に同じ対象を記号 $p_x^{x'}$ で表そう．文字 p は我々が問題にしている量の意味を想起させる，というのは，それは英単語 *path* (径路)に由来するからである．もし径路の両端を陽に指示する必要がなければ，$p_x^{x'}$ または $[\xi]_x^{x'}$ のかわりに記号 p_x, $[\xi]_x$, $p^{x'}$ または $[\xi]^{x'}$ を用いることにしよう．もし径路の両端が一致するならば，即ち，もし径路が**固定された始点をもつループ**ならば記号 l_x(英単語の *loop* に由来する)を用い，所与の始点をもつ全ループの集合を L_x で表わす．このようにして l_x と L_x はそれぞれ p_x^x および P_x^x と同じものを表わす．最後に，もし径路の始点と終点を明示する必要がなければ，径路に対しては記号 $\hat{p} \in \hat{P}$ を，ループに対しては $\hat{l} \in \hat{L}$ を用いる．ここで $\hat{L}$ はループの群 L_x のうちのひとつで，点 x を明示しないだけである．

§2. アフィン空間における径路群の定義

前節では，両端を固定された径路を元とする亜群を任意の多様体 $\mathscr{M}$ において定義した．始点 $x \in \mathscr{M}$ と終点 $x' \in \mathscr{M}$ をもつ径路 $p_x^{x'} = [\xi]_x^{x'}$ とは，定義によって，$\mathscr{M}$ における連続曲線の同値類のことである．ひとつの類には，パラメーター表示の仕方か，または≪盲腸≫の有無だけで異なる曲線がひとまとめにされている．≪盲腸≫とは任意の曲線に沿って往復することであった．盲腸の有無だけで異なる曲線が同じひとつの類に属する，即ちそれらが同一視されているという事実は，次のように言えばわかりやすくなる：曲線上を往復することは，曲線を≪抹消する≫，曲線を無に等しくする，と．このようにして定義された同値類の集合を $\hat{P}$ としたのであった．

ふたつの径路があって，2番目の径路の始点が1番目の径路の終点になっている場合には，それらの積 $[\xi']_{x'}^{x''}[\xi]_{x}^{x'}=[\xi'']_{x}^{x''}$ が定義できた．積は，はじめの類に属する曲線に沿って進み，そのあとふたつ目の類に属する曲線に沿って進むときに得られるひとつの曲線が属する同値類であった．各径路に対して，その逆の径路 $([\xi]_{x}^{x'})^{-1}=[\xi']_{x'}^{x}$ は，同じ曲線ではあるが，向きが逆になっているものの同値類として定義された．これらの演算に関して，端点を固定した径路の集合 $\hat{P}$ は亜群である．即ち，元の任意の対に対して積が定義されているわけではないという点だけで $\hat{P}$ は群と異なる．しかし積が定義されているときには，それは通常の群公理に従う．単位元の役割をするのは定値曲線 $\xi(\tau)\equiv x$ に同値な曲線の類，1_x である．

さて，もう一歩進んで亜群から群に移ろう．このためには固定した両端をもつ径路から≪**自由な**≫**径路**に移らなければならない．実際，互いの端点が一致しない径路の積をつくることはできない．もし径路を全体としてずらせることができるようになれば，径路を，それらの端点が一致するようにずらせることが常に可能となる．しかし自由な径路を任意の多様体において定義することは不可能である．そのためには $\mathscr{M}$ において平行移動と同じタイプの演算が定義できなければならない．我々は $\mathscr{M}$ がアフィン空間であると仮定することになろう．本書第II部では相対論的系を問題とすることになるが，その場合には $\mathscr{M}$ としてミンコフスキー空間を採ることになる．

手短かに，アフィン空間と線型空間の違いを述べておこう．**アフィン空間**の点 $x\in\mathscr{M}$ は同等である(それに反して線型空間では0ベクトルが特別な働きをする)．点の対 $x, x'\in\mathscr{M}$ は或る線型空間 $\mathscr{M}_0$ のベクトルを決める($x'-x=a\in\mathscr{M}_0$ と書く)．他方，点 $x\in\mathscr{M}$ とベクトル $a\in\mathscr{M}_0$ は他の点 $x'\in\mathscr{M}$ を決める($x'=x+a$ と書く)．その上，点とベクトルの間には通常のユークリッド幾何学でよく知られている諸関係が存在する．特にベクトルの合成に対する三角形の法則：$(x'-x)+(x''-x')=x''-x$ が成り立つ．

もしある点 $O\in\mathscr{M}$ を基準の点に選べば，$x\in\mathscr{M}$ はベクトル $x-O$ を定め，逆に各ベクトル $a\in\mathscr{M}_0$ は点 $x=O+a$ を定める．それ故ベクトル空間の構造に応じてアフィン空間に構造を与えることは容易であり，時として両者を単純に同一視することがある．例えばミンコフスキー空間はよくベクトル空間とみなされる．しかし厳密に言えばミンコフスキー空間というのは，点を元とする空間 $\mathscr{M}$ とベクトル空間 $\mathscr{M}_0$ との組である．スカラー積，あるいは**ローレンツ結合** $(a, b)=\eta_{\mu\nu}a^{\mu}b^{\nu}=a^0b^0-\boldsymbol{ab}$ はベクトル（または点の対）に対してのみ定義される．時としてするように，2点に対して (x, x') と書けば，特別な点が基準点として固定されていることを考慮して，$(x, x')=(x-O, x'-O)$ が定義である．

$\hat{P}$ はアフィン空間 $\mathscr{M}$ における，両端を固定された径路の亜群であるとしよう．亜群 $\hat{P}$ のふたつの元の代表元である，ふたつの曲線が，適当なベクトル $a\in\mathscr{M}_0$ を用いて $\xi'(\tau)=\xi(\tau)+a$ と表わされるとき $[\xi]_{x_1}^{x_2}\sim[\xi']_{x_1'}^{x_2'}$ であるとして $\hat{P}$ の中に同値関係を導入しよう．換言すれば，一方の類に属する曲線は他方の類に属する曲線に，ベクトル a で表わされる変位を与えて得られるのである．即ち，特に $x_1'=x_1+a$，$x_2'=x_2+a$ である．

導入された同値関係によって $\hat{P}$ を類別しよう．そうすると $P=\hat{P}/\sim$ が得られ，これが**径路群**である．各元 $[\xi]\in P$ は，パラメーター表示の仕方，曲線に沿う往復である≪盲腸≫の有無，そしてアフィン空間における一般の変位による位置のずれ，の3点だけで異なる曲線は同一視することにして得られる類と見ることができる．ふたつの類の積はそれらに属する曲線の積で定義される．その上，任意のふたつの類には常に掛け合わせることのできる（即ち，それらの端点が一致する）曲線が存在する．逆元としての類は逆の曲線からなる類として定義される．単位元としての類1は定値曲線からなる類（この類は定値曲線以外に往復する曲線またはそれらの積をも含んでいる）である．このようにして定義されたすべての演算に対して群公理はすべて満たされており，よって P は群である．

群 P の元を p または $[\xi]$ と書こう．このような元を**径路**と呼ぶことにする．ある類 $[\xi]$ に属するすべての曲線に対して差 $x'-x=\xi(1)-\xi(0)$ が同じひとつの値をもつことを見るのはむつかしくない．この（$\mathscr{M}_0$

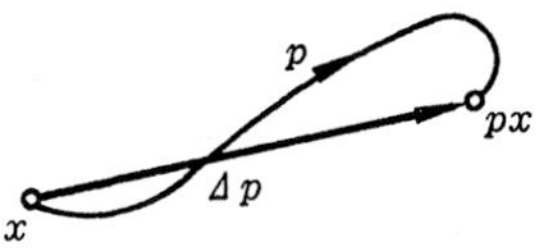

図12

の）ベクトルを，所与の径路 $[\xi]=p$ に対応する**変位ベクトル**と呼び，$\Delta[\xi]$ または Δp と書こう．（図12）

容易に分かるように，変位ベクトルは径路の掛け算に際して和として合成される：

$$\Delta(p'p)=\Delta p'+\Delta p \tag{2.1}$$

従って写像 $p\mapsto\Delta p$ は径路群 P の，線型空間 $\mathscr{M}_0$ の中への準同型であり，このとき $\mathscr{M}_0$ はベクトルの加法群とみなされる．準同型の核は**ループ**あるいは**閉じた径路**，即ち変位ベクトルが 0，$\Delta l=0$ である径路 $l\in P$ からなる**部分群** $L\subset P$ である．この部分群は P において不変である．これを法とする因子群 P/L は（和について）$\mathscr{M}_0$ に同型，換言すればアフィン空間 $\mathscr{M}$ における変位の群に同型である．例えば P がミンコフスキー空間における径路群であれば，ミンコフスキー空間の変位の群，すなわち並進群を T として，$P/L=T$ である．

もう一度，定まった端点をもつ径路の亜群 $\hat{P}$ と，自由な径路の群 P との関係にもどろう．各 $p_x^{x'}\in\hat{P}$ にその同値類 $p\in P$ を対応させる自然な射影 π：$\hat{P}\to\hat{P}/\sim=P$ を見てみよう．この写像は群演算を保存する，即ち亜群の準同型：

$$p'^{x''}_{x'}p^{x'}_x=(p'p)^{x''}_x,\quad (p^{x'}_x)^{-1}=(p^{-1})^x_{x'} \tag{2.2}$$

である．

§3. アフィン空間における径路群の作用

径路群は**並進**（変位の）**群**の一般化であると解釈することができ，その応用はこの解釈と自然な仕方でつながっている．そこで径路群 P が空間 $\mathscr{M}$ 上にどのように作用するかを見てみよう．この第II部における応用のためには，$\mathscr{M}$ はミンコフスキー空間であるとしなければならないが，すべての定義は任意のアフィン空間に対して有効なものであることをはっきりと示すことができる．

点 $x\in\mathscr{M}$ としよう．点 x に対する径路 $[\xi]\in P$ の作用は，類 $[\xi]$ に属し，

点 x に始まる曲線に沿ってこの点を移動することである，と定義するのが自然である．条件 $\xi(0)=x$ に従う任意の曲線 $\{\xi\}\in[\xi]$ をとろう．そうすると定義によって $[\xi]x=\xi(1)$ である．条件 $\xi(0)=x$ を課さないで，任意の代表元 $\{\xi\}\in[\xi]$ を利用すると，点への径路の作用は，

$$[\xi]x=x+\xi(1)-\xi(0)=x+\Delta[\xi],$$

と書くことができる．従って径路 $p=[\xi]$ の作用を受けると空間 $\mathscr{M}$ のすべての点はベクトル Δp に等しい変位を与えられることになる．このことから，このベクトルを≪変位ベクトル≫と呼ぶことが自然であることが分かる．(図12を見よ)

各ベクトル $a\in\mathscr{M}_0$ にはアフィン空間 $\mathscr{M}$ の変換，つまりベクトル a で表される並進―が対応していることを知っている．この変換を a_T と書こう*．このような変換全体は群 T―空間 $\mathscr{M}$ の**並進群**―をつくる．これはベクトルの加法群 $\mathscr{M}_0$ に同型であり，異なるのは並進群における積が乗法の形で書かれ，$a_Ta_T'=(a+a')_T$ となることだけである．それ故，写像 $p\mapsto\Delta p$ を拡大して径路群から並進群の中への写像，$p\mapsto p_T$ とすることができる．ここに定義によって $p_T=(p_{\mathscr{M}})_T$ であり，関係

$$(p'p)_T=p_T'p_T$$

が成り立つ．明らかに，写像 $p\mapsto p_T$ は径路群から，空間 $\mathscr{M}$ の並進群の中への準同型である．この準同型において単位元の原像(即ち準同型の核)はループからなる部分群 $L\subset P$ である．

群 P が空間 $\mathscr{M}$ にどのように作用するか，に戻ろう．径路 p が $\mathscr{M}$ に推移的に作用すること，即ち任意の2点 $x,\ x'\in\mathscr{M}$ に対して点 x を x' に移す径路 $p\in P$ が存在することは明らかである(変位ベクトルが $\Delta p=x'-x$ となる径路はすべてこの性質をもつ)．このことは，空間 $\mathscr{M}$ がある部分群を法とする P の**因子空間**として表わされることを意味する．実際，ある群 P があって，それが空間 $\mathscr{M}$ に推移的に作用するならば(このような場合に $\mathscr{M}$ は

---

* 添字 T は，a_T が集合 T (並進群)の元であり，a (空間 $\mathscr{M}_0$ のベクトル)とは別のものであることを示す。

等質空間であるという），$\mathscr{M}=P/L$ となる部分群 $L\subset P$ が存在する（例えば[37]を見よ）．もっと具体的に言えば，部分群 L は任意の点 $x_0\in\mathscr{M}$ の**等方群**(即ち，P の元のうちでこの点を動かさない元の集合)として定義される．$\mathscr{M}=P/L$ と置くと各右剰余類 $pL\in P/L$ に $\mathscr{M}$ の点 $x=px_0$ を対置させることになる．このとき群 P の P/L への作用を $p:p'L\to pp'L$ と定めると，これに応じて P の作用下での空間 $\mathscr{M}$ の変換が惹き起こされる．因子空間 P/L は($\mathscr{M}$ に同型な)等質空間 $\mathscr{M}$ の模型であることがわかる．

以上の一般論を我々の場合にあてはめてみよう．点 x_0 として $\mathscr{M}$ の任意な点をとることができる．この点の**等方群**はループからなる部分群 $L\subset P$ である．空間 $\mathscr{M}$ は因子空間 P/L と，即ち右剰余類 $pL=\{pl|l\in L\}$ を元とする集合と同一視される．このとき類 pL は点 $x=px_0=x_0+\Delta p$ と同一視される．剰余類 pL の元はひとつの変位ベクトル Δp を共有する径路である．このベクトルも所与の剰余類と同一視される空間 $\mathscr{M}$ の点を定義する(図13)．

注意

上に見たように**ループの部分群** $L\subset P$ は，空間 $\mathscr{M}$ への群の作用を考えるとき自然に生じるものである．まさにこの理由で(後程見るように)ループの部分群はゲージ理論において，即ち，ミンコフスキー空間における粒子と場の理論において鍵となる働きをするのである．後で見るように重力をも径路群という語(しかもミンコフスキー空間での径路群という語!)を用いて定式化できるのである．しかしその場合に鍵となる役割を果たすのはもはやループの部分群ではなく，**ホロノミー群**と関係した他の部分群である．

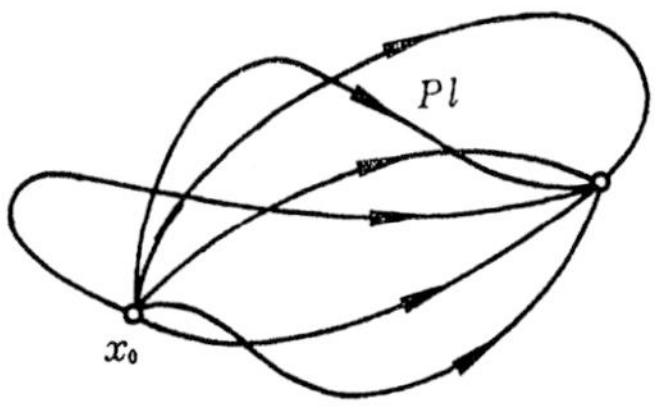

図13

このようにして，ひとつの因子集合をふた通りに解釈できることがわかった．第1には，この集合への群 p の作用を，規則 $p:p'L\to pp'L$ で与えることができ，その元をアフィン空間 $\mathscr{M}$ の点に対置することができる．このとき P/L は，等質空間とみなされる空間 $\mathscr{M}$ のモデルとなる．第2には，部分

群 L は不変で，それ故左右の剰余類が一致する，即ち $pL=Lp$ となる．これを利用して $(pL)(p'L)=(pp'L)$ と置けば，剰余類の集合 P/L 上に群構造を導入することができる．このとき因子群 P/L は並進群 T (またはベクトルの加法群 $\mathscr{M}_0$ と言っても同じことだが)のモデルとなる．

本章で必要な基礎的対象は≪自由な≫径路$[\xi]=p$の群Pである．しかし技術的には，ときとして，定まった端点をもつ径路$[\xi]_x^{x'}=p_x^{x'}$を利用すると都合のよいことがある．そのようにする場合にはいつでも，類 p に属し，その上点 x に始まり点 x' に終る曲線の集合を記号 $p_x^{x'}$ で表わすことにしよう．この意味で曲線の類 p は互いに共通部分の無い部分類 $p_x^{x'}$ に分かれると言ってよい．ただし $x\in\mathscr{M}$ は任意で $x'=x+\Delta p$ である．

§4. 対称性の群の誘導表現による対称な系の記述

我々は任意のアフィン空間 $\mathscr{M}$ における径路群とは何かを明らかにした．特に，もし $\mathscr{M}$ としてミンコフスキー空間を採れば，径路群 P はミンコフスキー空間の並進群 T の一般化となる．我々は並進群が相対論的自由粒子の理論で重要な働きをすることを知っている．このことは，強い場の中を運動する粒子の理論において径路群が一定の役割を果たすに違いないとの期待に幾分かの根拠を与える．このアイディアの論拠もいくつか述べることはできるが，それを信じさせる，これはという原理は先験的には存在せず，結果として得られるもののみがこの主張を正当化できる．結果的には，径路群は外場ーゲージ場と重力場ーの中を運動する粒子の性質の表現と実際に関係があることが分かるであろう．また，径路群とその表現がゲージ的に帯電した粒子の理論において果たす役割は，自由粒子の理論における並進群のそれとはかなり違うことも明らかになるであろう．

さしあたっては，径路群は強い場の中を運動する粒子の理論において重要な役割を演じるものと(全く恣意的ではあるが)仮定し，それと関係をもつこの群の表現を見出すよう試みる他はない．幸い，この模索の手助けとなる理論形式ー群の**誘導表現**と素粒子論へのその応用[36, 37]がある．これを，後程必要となることだけに限って，説明しよう．まず，誘導表現の定義を行なう．

その際，主要な内容一この定義の根底にある代数的構造一を際立たせるために，多くの細かなことがらは省略する．誘導表現の物理的意味から始めよう．

群P(ここでは再び径路群とは限らない)はある空間$\mathscr{M}$上に作用するものとする．このひと組(群とその上に群が作用する空間)は対称性を有する古典的系を記述する基礎である．群Pは系の対称性を記述し，空間$\mathscr{M}$は系の状態を特徴づける何かある(もし$\mathscr{M}$が多次元であれば，いろいろな)**観測可能量**を記述する．点$x\in\mathscr{M}$，これは観測可能量のとりうる値である．群の元$p\in P$による変換によって値$x\in\mathscr{M}$は変化する．新しい値はpxに等しい．

今度はその対称性の群Pをもつ量子系を考えよう．量子系の状態はある線型空間$\mathscr{H}$を張る．ある状態$\psi\in\mathscr{H}$が在るとする．対称性の変換$p\in P$を受けた後ではこの状態は変化する．新しい状態は$U(p)\psi$である．ここに$U(p)$は空間$\mathscr{H}$における線型作用素である．写像$p\mapsto U(p)$は乗法の規則を保存しなくてはならない，即ち$U(p'p)=U(p')U(p)$を満たさなければならない．従って，$U(p)$は**群の線型表現**に他ならない．このように，対称な系を量子力学的に記述する場合には，群と，その表現が作用する線型空間のひと組が基礎となる．

系の状態を記述するに際して，ある場合にはふたつの形式——古典論と量子論とを同時に利用する。これは，$\mathscr{H}$の元である状態のなかに次のような状態ψ_xが存在するときである：状態ψ_xにおいては空間$\mathscr{M}$で記述される観測可能量が特定の値$x\in\mathscr{M}$をもつ．このような状態は部分空間* $\mathscr{H}_x\subset\mathscr{H}$を張るとしよう．このとき対称性の群による変換$p\in P$を行なうと，状態$\psi_x$は$U(p)\psi_x$に移る．しかし同時に，変換$p$のあとでは観測可能量の値$x\in\mathscr{M}$は$px$に変わるはずである．即ち$U(p)\psi_x\in\mathscr{H}_{px}$でなければならない．これは任意の$\psi_x\in\mathscr{H}_x$について成り立つべきであるから，$U(p)\mathscr{H}_x\subset\mathscr{H}_{px}$を保証しなければならない．

このように，対称な量子系が同時に古典的観測可能量(例えば位置)を用いて解釈できる場合には，その量子論的記述と古典論的記述の間には極めて明

---

* 実際には，ベクトルψ_xはデルタ関数タイプの一般化された，規格化されていないベクトルであるかもしれないが，今の我々にはこのことは問題にしなくてよい．

確な一致がなければならない．この条件は，状態空間 $\mathscr{H}$ は部分空間 $\mathscr{H}_x$, $x\in\mathscr{M}$ の和で表わされ，しかも $\mathscr{H}$ において作用する表現 $U(P)$ は条件 $U(p)\mathscr{H}_x\subset\mathscr{H}_{px}$ を満たさなければならない，という形に述べることができる．数学的観点からは，このような性質をもつ**表現**は**非原始的**であるという．従って対称系の記述における量子論的および古典論的側面の一致条件を，状態空間で作用する対称群の表現は非原始的でなければならない，と言い表わすことができる．

さらに，(**マッキー**により証明された)**定理**が効力を発揮する．それは，任意の非原始的表現は誘導表現に同値であることを主張している．唯一の条件は，群 P が空間 $\mathscr{M}$ に**推移的**に作用する（任意の 2 点は群の変換でどちらからでも他方に移され得る）ことである．しかしこの条件はそれ程強い制限をもたらすものではない．実際，もし P が $\mathscr{M}$ に**非推移的**に作用するならば，(推移的にではなく，つまり群のいかなる変換によっても結ばれない 2 点が存在すれば)，そのときには空間 $\mathscr{M}$ は**推移的領域** (群の**軌道**) に分かれ，それらの各々には定理を完全に適用できる．

従って，**古典的観測可能量による解釈をも同時に許す対称な量子系は非原始的表現によって記述されるべきである。一方，各非原始的表規は誘導表現に同値である。**このことからも量子的対称系の記述に際して誘導表現が果たす役割がわかる．誘導表現とは何なのか．そして対称な量子系を記述するためにそれをどのように利用するのか．

群 P は部分群 L をもち，L 部分群の表現が空間 $\mathscr{L}$ において与えられているとしよう．この表現を $\alpha(L)$ と書く．かくして各 $l\in L$ には線型空間 $\mathscr{L}$ における作用素 $\alpha(l)$ が対応している．もし部分群の表現 $\alpha(L)$ が与えられると，記号的には $U(P)=\alpha(L)\uparrow P$ と書かれ，誘導表現と呼ばれる全群 P の表現をつくることができる．$U(p)$ の作用が定義される空間 $\mathscr{H}$ は，任意の $p\in P$, $l\in L$ について補助条件，

$$\Psi(pl)=\alpha(l^{-1})\Psi(p) \tag{4.1}$$

を満たす関数 $\Psi:P\rightarrow\mathscr{L}$ を点とする空間である．この条件を**構造条件**と呼

ぼう．このような関数の空間における作用素 $U(p)$ の作用は左移動に帰着させられる：

$$(U(q)\Psi(p')=\Psi(p^{-1}p') \tag{4.2}$$

関数解析の領域に属する細かな点にふれないことにすれば，誘導表現の定義は以上で尽くされている．誘導表現は対称な系の記述とどのように結びついているのだろうか．

群 P は空間 $\mathscr{M}$ において推移的に作用するとしよう，即ち，$\mathscr{M}$ は**等質空間**であるとする．このとき適当な方法で部分群 L を選び出せば(これについては§3を見よ)，空間 $\mathscr{M}$ は**因子空間** $\mathscr{M}=P/L$ と同一視できる．まさにこの部分群から誘導することによって非原始的表現が得られるのである．

誘導表現の意味を一層明らかにするためには，上に与えた定義を少し言い換えて，変数が群の元である関数 $\Psi(p)$ のかわりに，$\mathscr{M}$ 上の関数 $\psi(x)$ によって空間 $\mathscr{H}$ を表わす必要がある．この目的のために作用素値関数 $\alpha(l)$ を全群 P 上に拡大して，関係

$$\alpha(pl)=\alpha(p)\alpha(l) \tag{4.3}$$

$(p\in P,\ l\in L$ は任意)を満たすようにしよう．$\psi(p)=\alpha(p)\Psi(p)$ と書くことにすると，条件(4.1)と(4.3)によって関数 ψ は任意の $p\in P$, $l\in L$ に対して条件 $\psi(pl)=\psi(p)$ を満たしている．換言すれば関数 ψ は各剰余類 pL 上で一定である．この理由で，この関数 ψ を群 P 上の関数としてではなく剰余類の集合上の，即ち因子空間 P/L 上の関数とみなすことができる．最後に，この空間を構成する剰余類は空間 $\mathscr{M}$ の点と同一視できるから，$\psi(pL)$ のかわりに $\psi(x)$ と書くことができる．かくして群上の関数 $\Psi(p)$ のかわりに等質空間上の関数 $\psi(x)$ が得られた．これまで通り，この関数の値というのは空間 $\mathscr{L}$ に属するベクトルである．

関数 $\psi(x)$ は表現 $U(p)$ の作用の下で一体どのように変換されるだろうか．この問に答えるためには，ψ から対応する関数 Ψ に移り，その後でこれを公式(4.2)に従って変換し，再び ψ 型の関数に戻らなければならない．これを行なうと，

$$(U(p)\psi)(x)=\alpha(p')[\alpha(p^{-1}p')]^{-1}\psi(p^{-1}x) \tag{4.4}$$

が得られる．ここに p' は剰余類 $p'L$ が点 x に対応する，という条件で定まる群 P の元である．$\psi_x(x')=f\delta(x',x)$（ここに $f\in L$ であり，$\delta(x',x)$ は**デルタ関数**または**クロネッカー記号**である）の形をもつ関数に対応するベクトルは，観測可能量のある値 $x\in\mathscr{M}$ をもつ状態 ψ_x に対応している．

もし関数 $\alpha(p)$ をそれが群 P の表現をなすように，即ち (4.3) を含む，もっと強い条件

$$\alpha(p'p)=\alpha(p')\alpha(p)$$

を満たすように選ぶことができれば，(4.4) のタイプの変換は簡単になる．このとき，(4.4)のかわりにもっと簡単な公式

$$(U(p)\psi)(x)=\alpha(p)\psi(p^{-1}x)$$

が得られる．表現 $\alpha(L)\uparrow P$ のこのような書き表わし方は**共変的**であるという．ところで所与の $\alpha(l)$, $l\in L$ について条件(4.3)を満たす関数 $p\mapsto\alpha(p)$ を具体的に選び出すときには，便利なように選べばよいのである．ある場合には関数 $\alpha(p)$ をそれが群 P の表現となるように選ぶことは不可能である．その場合には表現 $\alpha(L)\uparrow P$ を共変的に書き表わすことはできない．

関数 $\alpha(p)$ を陽に導入しなくても関数 $\psi(x)$ に移ることができる．各剰余類 $x=pL$ からひとつずつ**代表元** x_P を選んで固定し，$\psi(x)=\Psi(x_P)$ と置こう．そうするとこの関数の変換則は，

$$(U(p)\psi)(x)=\alpha(x_P{}^{-1}p(p^{-1}x)_P)\psi(p^{-1}x)$$

となる．この場合，代表元 x_P を一度選んだら，その後はずっとそれを固定しておくのだということを強調しておこう：もし，この選び方を変えれば，関数 $\psi(x)$ の定義もまた変わるのである．関数 $\psi(x)$ を定義するこの方法は本質上先に行なったものと同じであることは容易に分かる．それは $\alpha(x_Pl)=\alpha(l)$ と選ぶことに対応している．

総括すれば**対称性をもつ量子系の記述の形式**を次のように定式化できる．系は対称性の群 P を持ち，同時にその状態は観測可能量 $x\in\mathscr{M}$ を用いて解釈できるものとしよう．ここに $\mathscr{M}$ は群 P の作用に関する等質空間である．こ

のとき，この空間を因子空間$\mathscr{M}=P/L$として表わし，群Lの任意の表現をとってそれを群P上に誘導する．表現$U(P)=\alpha(L)\uparrow P$が作用する空間$\mathscr{H}$が我々の系の状態空間である．空間$\mathscr{H}$を$\mathscr{M}$上の関数が張る空間と考えると，観測可能量$x\in\mathscr{M}$を用いた状態の解釈が得られる．

もし等質空間$\mathscr{M}$が与えられたならば，部分群L(この空間の一点の等方群)は同型を除き一意的に定まる．従ってこの理論形式に含まれる任意性は表現$\alpha(L)$の選択によるものである．この表現とそれが作用する空間$\mathscr{L}$は系の(観測可能量$x\in\mathscr{M}$に対して内部的な)**内部自由度**を記述する．この形式を用いると，系が持つ対称性に基づいて理論を構築できる．このようにして相対論的な，あるいは非相対論的な自由粒子の理論がつくられる．ゲージ場または重力場の中を運動する粒子の理論もこの方法でつくることができる．

以上に定式化した方法は，もし系の状態の中に(たとえ一般化された意味においてではあっても)観測可能量が一定の値$x\in\mathscr{M}$をもつ状態が存在すれば，無条件的に用いることができる．もしそうでなければ，誘導表現$U(P)=\alpha(L)\uparrow P$をつくった後でそのある部分表現$U_1(P)$を取り出さなければならない．これが作用する空間$\mathscr{H}_1\subset\mathscr{H}$も系の状態*を表わす．この場合には部分表現$U_1(P)$の選択に含まれている新たな任意性が現れるが，これはあれこれの物理的考察により取り除かれる(例えば相対論的粒子の理論では，粒子が素粒子であることに対応して既約表現をとり出す)．観測可能量$x\in\mathscr{M}$による状態の解釈は，この場合には表現U_1とUの織り込み作用素，つまり表現と交換して$JU_1(p)=U(p)J$となる作用素$J:\mathscr{H}_1\to\mathscr{H}$の助けを借りて実行される．

空間$\mathscr{H}$に属する状態は今の場合にも直接的な物理的意味を持つことができるが，現実に観測可能な状態としてではなくて，現実の過程に対する**量子論的可能事象**として理論に現れる，**仮想状態**としてである(第2章§1を，また[36, 37]を見よ)．例えば相対論的粒子の理論において時空の一点に局所化された状態は，粒子間の相互作用をファインマン図により記述する際に，

* 誘導表現による対称な系の記述は，ペレローモフにより導入された，一般化されたコヒーレント状態の理論形式と密接につながっている([38 - 40]を見よ)．

仮想状態として生じる([36. 37]).

次節ではこの理論形式の応用例として相対論的自由粒子の理論を見てみる.そのあとで,ゲージ場の中を運動する粒子にも応用してみよう.

§5. ポアンカレ群と自由粒子の局所的性質

前節では対称な量子系を,対称性の群の誘導表現を用いて記述する処方を定式化した.あとでこの処方をゲージ場の中を運動する粒子の記述に応用する.ところでまず,よく知られた例—**相対論的自由粒子**—にこの処方を用いてみよう([3]で詳細に検討してある).

相対論的粒子は**ポアンカレ群**で表わされる対称性を持ち,ミンコフスキー時空 $\mathscr{M}$ の中を運動する.この命題の後半部分が意味するところは,粒子の状態は観測量 $x \in \mathscr{M}$ を用いた解釈を許すべきである,ということである.従って前節で定式化した理論形式を適用する根拠は十分にある.

ポアンカレ群はミンコフスキー空間上で推移的に作用する.従ってこの空間をポアンカレ群の因子空間として模型化することができる.それを行なうには空間 $\mathscr{M}$ の任意の点をとり,その点の等方群を見出さなければならない.そのような点として座標原点 O を採るのが(必要ではないが)便利である.この点の等方群は(斉次)**ローレンツ群**である.文字 Π でポアンカレ群を,文字 Λ でローレンツ群を表わそう.そうすると $\mathscr{M}=\Pi/\Lambda$ である.具体的には,点 $x \in \mathscr{M}$ に同値類 $x_T \Lambda \in \Pi/\Lambda$ が対応している.ここに x_T は並進群 T の元で,ベクトル x で表わされるものである.

我々に関心のある観測可能量の値の集合 $\mathscr{M}$ を Π/Λ の形に表わすことができるように部分集合 $\Lambda \subset \Pi$ を見出すことができたから,次には部分群 Λ の仕意の表現を選んで,それを群 Π 上に誘導すればよい.選び出した表現を $\sigma(\Lambda)$ と書こう.相対論的粒子の理論ではこれはローレンツ群の有限次元表現である.粒子の状態は,表現 $U_\sigma(\Pi)=\sigma(\Lambda)\uparrow\Pi$ が作用する空間のベクトル $\psi \in \mathscr{H}_\sigma$ によって表わされる.

ここでも空間 $\mathscr{H}_\sigma$ は関数 $\Psi: \Pi \to \mathscr{L}_\sigma$ により実現される.ここに $\mathscr{L}_\sigma$ は表現 $\sigma(\Lambda)$ が作用する線型空間である.$\mathscr{H}_\sigma$ の元である関数は,任意の $\pi \in \Pi$,

$\lambda \in \Lambda$ について補助的な構造条件，

$$\Psi(\pi\lambda) = \sigma(\lambda^{-1})\Psi(\pi)$$

を満たす．作用素 $U_\sigma(\pi)$ はこの関数に左移動として作用する：

$$(U_\sigma(\pi)\Psi)(\pi') = \Psi(\pi^{-1}\pi').$$

同じ表現を共変的に書き換えるためには関数 $\sigma(\lambda)$ を群 Λ から全群 Π 上に拡大し，しかも関係

$$\sigma(\pi\lambda) = \sigma(\pi)\sigma(\lambda) \tag{5.1}$$

$(\pi \in \Pi,\ \lambda \in \Lambda)$ を満たすようにしなければならない．関数 $\pi \mapsto \sigma(\pi)$ は群 Π の表現になっていることが望ましい（そうでなければならないというわけではない）．今の場合にはこれが可能であることが分かる．ポアンカレ群の任意の元を（ベクトル a で表わされる）並進 $a_T \in T$ とローレンツ群による変換 $\lambda \in \Lambda$ の積の形に書こう．$\sigma(a_T\lambda) = \sigma(\lambda)$ と置こう．明らかにこのような関数は課された条件(5.1)を満たしている．その上それは群 Π の表現であることも分かる．このことはポアンカレ群の元の乗法規則，

$$(a_T\lambda)(a_T'\lambda') = (a+\lambda a')_T\lambda\lambda' \tag{5.2}$$

を用いれば容易に証明できる．一方，(5.2) の規則そのものは，ローレンツ群の元と並進群の元の間の≪交換関係≫，

$$\lambda a_T\lambda^{-1} = (\lambda a)_T \tag{5.3}$$

と並進群における乗法規則 $a_Ta_T' = (a+a')_T$ とから得られる．

得られた関数 $\sigma(\pi)$ を利用して，関数 $\Psi(\pi)$ から関数 $\psi(\pi) = \sigma(\pi)\Psi(\pi)$ に移ろう．この関数は剰余類 $x_T\Lambda$ 上では一定であり，それ故ミンコフスキー空間上の関数 $\psi(x)$ となる．このためには Π/Λ の元である剰余類と $\mathscr{M}$ の点の間の対応 $x_T\Lambda \mapsto x_TO = x$ を用いれば十分である．表現 $U_\sigma(\Pi)$ の作用下でこの関数は

$$(U_\sigma(a_T)\psi)(x) = \psi(x-a)$$
$$(U_\sigma(\lambda)\psi)(x) = \sigma(\lambda)\psi(\lambda^{-1}x) \tag{5.4}$$

のように変換される．これは，ポアンカレ群の元の作用下における相対論的粒子の波動関数のよく知られた共変的法則である．なお，$\sigma(\lambda)$ は（$\mathscr{L}_\sigma$ のベ

クトル成分を数えあげる)スピン添字に作用する行列である.

得られた状態空間$\mathscr{H}_\sigma$は観測可能量$x\in\mathscr{M}$によって解釈される.もっと正確には,各$x\in\mathscr{M}$に対して,この観測可能量の値がxに等しい状態$\psi_x\in\mathscr{H}_\sigma$が存在する.このような状態の波動関数は,$f\in\mathscr{L}_\sigma$として$\psi_x(x')=f\delta(x-x')$の形をもつ.これより,問題の状態がある一定の値$x\in\mathscr{M}$をもつときでさえこれらの状態が完全には定まっていないことが分かる.状態を決めてしまうためにはベクトル$f\in\mathscr{L}_\sigma$を与えなければならない.従って空間$\mathscr{L}_\sigma$は粒子の内部(今の場合にはスピンの)自由度を記述する.

空間$\mathscr{H}_\sigma$の元である状態を記述する関数$\psi:\mathscr{M}\to\mathscr{L}_\sigma$は全く任意である.特に,それらは任意のどれほど小さな時空領域に集中していてもよい.換言すれば,状態$\psi\in\mathscr{H}_\sigma$の中には,勝手にとった時空の小領域に局所化された粒子に対応する状態が存在する.さらには,$\psi_x(x')=f\delta(x'-x)$の形の関数は,粒子が時空のただ一点に局所化された状態を表わしている.しかしながらこの式は,このような**局所化された状態**にあっては,粒子が全時間にわたって存在することは決してないことを意味している.ミンコフスキー空間の有界な領域に局所化された状態は,ある瞬間に現れ,それに続くある時間の間,空間のある領域に存在して,その後ある瞬間に消え去る粒子を表わしている.これが,任意の時刻に存在する安定な粒子についての通常の表象に対応しないことは勿論である.従って空間$\mathscr{H}_\sigma$のどの状態も現実的な観測可能な状態であるわけではない.

相対論的自由粒子の実在的状態を記述するためには,空間$\mathscr{H}_\sigma$の中から群Πに関して不変な,ある部分空間をとり出さなければならない.そこでは誘導表現U_σの部分表現である或る表現が作用することになろう(前節の終りの注意を見よ).素粒子を記述するには,このような部分表現が既約であると要求するのが自然である.

ポアンカレ群の既約表現はふたつの数—質量m(これは正の数である)とスピン$j=0, 1/2, 1, 3/2, \cdots$で決められる.従って素粒子は既約表現$U_{mj}(\Pi)$で記述され,粒子の実在的状態はこれらの表現が作用する空間$\mathscr{H}_{mj}$のベクトルで表わされる.これらの状態の**時空記述**は,粒子の実在状態の**座標表現**

を見出すための作用素，$J_{mj}:\mathscr{H}_{mj}\to\mathscr{H}_{\sigma}$ によって実現される．この作用素は対応する表現と交換しなければならない．あるいは，いわばそれらを織り込まなければならない：

$$J_{mj}U_{mj}(p)=U_{\sigma}(p)J_{mj}. \tag{5.5}$$

この要求から作用素 J_{mj} は一意的に，あるいは物理的解釈を許す二，三の任意性を除いて，決まってしまう．この作用素の作用，$\psi_{mj}=J_{mj}\varphi, \varphi\in\mathscr{H}_{mj}$ の結果得られるベクトル $\psi_{mj}\in\mathscr{H}_{\sigma}$ は，

$$\psi_{mj}(x)=\int\frac{d^3k}{k^0}\,e^{-i(k,x)}S_j(k)\varphi(k) \tag{5.6}$$

という形の関数となることが証明できる．

ここで積分は質量面 $(k, k)=m^2$, $k^0>0$, の上で行なわれ，関数 $\varphi(k)$ は粒子の実在的状態の運動量表示（即ち，対応する回転群の表現空間に値をもつ質量面上の任意の関数）であり，S_j は $\mathscr{L}_j$ を $\mathscr{L}_{\sigma}$ に移す作用素である．後者に対しては条件(5.5)によって極めて明確な表現を得ることができる．

実在的状態の性質，また J_{mj} によるそれらの時空解釈は[36, 37]で詳細に検討してある．

注　意

表現 U_{σ} は普遍的であって，任意の質量（複数）と複数個のスピンをもつ粒子（複数）の時空記述に用いられる．この表現空間 $\mathscr{H}_{\sigma}$ において時空記述は局所化された状態 ψ_x, $x\in\mathscr{M}$ の系か，または射影作用素 $P(\mathscr{B})$ の系で実現される．ここに $P(\mathscr{B})$ は領域 $\mathscr{B}\subset\mathscr{M}$ で定まり，空間 $\mathscr{H}_{\sigma}$ を，これらの領域内の $x\in\mathscr{B}$ に局所化された状態が張る部分空間に射影する作用素である．射影作用素のこのような系は**スペクトル測度**あるいは**射影作用素値測度**と呼ばれる．この系は表現 U_{σ} の作用下で，

$$U_{\sigma}(\pi)P(\mathscr{B})U_{\sigma}(\pi^{-1})=P(\pi\mathscr{B})$$

のように変換され，この変換性の故に**非原始性の系**と呼ばれる．もしも粒子を既約表現 U_{mj} の助けを借りて，つまり空間 $\mathscr{H}_{mj}$ を用いて記述するならば，粒子の時空的性質を記述するのに正値作用素 $Q(\mathscr{B})$ の系を，即ち作用素値測度（ではあるが射影作用素値測度ではない）を導入することができる．それは $Q(\mathscr{B})=K_{mj}P(\mathscr{B})J_{mj}$ の形をもっており，ここに $K_{mj}:\mathscr{H}_{\sigma}\to\mathscr{H}_{mj}$ は表現 U_{σ} と U_{mj} を織り込む作用素である．

このようにして，誘導表現 $U_{\sigma}(\pi)=\sigma(L)\uparrow\Pi$ は状態 $\psi\in\mathscr{H}_{\sigma}$ の，特に実在的状態 $\psi_{mj}\in\mathscr{H}_{mj}$ の時空記述を可能にする．このとき部分空間 $\mathscr{H}_{mj}$ に属さな

い局所化された状態 $\psi\in\mathscr{H}_\sigma$ は補助的役割をするに過ぎない．換言すれば，自由粒子の理論を実在状態の部分空間 $\mathscr{H}_{mj}$ の枠内で構築できるのであって，より広い空間 $\mathscr{H}_\sigma$ を導入する必要はないのである(とはいえ，我々の見解では，それを導入すれば描像を簡単化できる)．しかし，**粒子の相互作用を記述する際には**，それを介して相互作用が行なわれる**量子論的可能事象として局所化された状態 $\psi\in\mathscr{H}_\sigma$ が生じる**ことを示すことができる．このことは[36, 37]で詳しく考察してあるから，ここでは一般的枠内においてのみ，そのような方法の特徴を述べるに留めよう．

相対論的粒子の**相互作用**の記述は，それが局所的である，つまり時空の一点で行われると仮定するならば，可能である．換言すれば，相互作用が生じるためには相互作用をする粒子はミンコフスキー空間の同一の点 $x\in\mathscr{M}$ に局所化された状態に移らなければならない．この点における相互作用とは，ある転換，即ちある粒子の他の粒子への転化である．現実の過程は次の 1) から 3) までの素過程から成る連鎖(より正しくは，網) である：1) 実在的状態の局所化された状態への転化；2) ある粒子の局所化された状態の，同一点における他の粒子の局所化された状態への転換；3) 局所化された状態の実在的状態への転化．このような連鎖の計算には**ファインマン図**を用いると便利である．実際の過程の確率振幅は，振幅の和および乗法の規則を用いて計算される (第2章，§1を見よ)．素過程の振幅は群論的考察によって見出される．その場合，相互作用ラグランジアンの選択に対応する任意性が残る．

文献 [36, 37] で示してあるが，上に述べた理論では粒子の相互作用を，**量子化された場**のような概念を導入しないで，粒子の状態という語のみを用いて説明することができる．これに対して支払うべき代価は，粒子の実在的状態 $\psi_{mj}\in\mathscr{H}_{mj}$ の他に，**仮想的な局所化された状態** $\psi\in\mathscr{H}$ をも考慮に入れなければならないことである．この研究方法は(相互作用を摂動で扱う)通常の場の量子論と同値であり，それを新しい観点から分析することを可能にする．新理論が追求されつつある現在，この方法は有益であろう．

ポアンカレ群の誘導表現は局所化された状態をどのように記述するか，またその物理的意味はいかなるものか，を明らかにしたから，今度は径路群に基づいて対応する理論を構築しよう．この場合にも，まず初めに局所化された状態のみを構成するが，これは一般的にいって実在的ではない．このような構成の主要な意義は，素粒子の内部構造を特徴づけるものとしてゲージ場を解釈できるとの結論をもたらす点にある．換言すれば，自由粒子の内部構造はその記述のために新しい(ゲージ)場の導入を要求するほど豊富である．内部自由度のこの豊かさこそ，何故局所化された状態が特に研究に値するかを明らかにするものである．内部自由度のもつ諸性質はありふれたものではないことが示される．本書の第6章－第8章はその研究に当てられている．

§6. ループ群のアーベル表現と電磁場

前節では相対論的粒子の局所的性質をポアンカレ群の誘導表現を用いて記述できることを知った．もっと一般的場合にも応用できる形は§4で定式化してある．この理論形式の径路群への応用が当面の我々の課題である．一般的な場合には，この応用によって(一般的に言えば非アーベル的な)ゲージ場と，この場の作用下で運動する粒子の概念に到達することが分かるであろう．しかしながら，この一般的な場合を論じる前に，アーベル的ゲージ場，即ち**電磁場**とその中を運動する粒子という，より簡単な例を見ることにしよう．このときには，数学上の技術的煩わしさを避けることができ，このアプローチの一般的アイディアを容易に理解することができる．目的とするところは共変微分を，径路群の表現の生成元と解することである．

そこで，素粒子はミンコフスキー空間$\mathscr{M}$の中を運動し(即ちその状態は観測可能量である位置$x\in\mathscr{M}$を用いた記述を許し)，径路群Pはそれに対する対称性の群であると仮定しよう．§4の一般論に従うと，このような粒子を記述するには空間$\mathscr{M}$を因子空間$\mathscr{M}=P/L$としてモデル化し，そのあとで部分群Lのある表現αから誘導される径路群の表現$U(P)=\alpha(L)\uparrow P$をつくらなければならない．すでに§3で見たように，ここに現れる部分群Lは閉じた径路あるいはループからなる部分群である．課題はループ群の表現$\alpha(L)$の構成に帰着する．まず，電磁場に対応する最も単純でかつ自明ではないこの群の表現を見てみよう．一般の場合はのちほど調べることにする．

ミンコフスキー空間上の4個の数値関数$A_\mu(x)$，$\mu=0, 1, 2, 3$が，あるいは同じことであるが，ベクトル場が与えられているとしよう．のちほど，この場は電磁場の**ベクトル・ポテンシャル**と解されることになる．今はこの場が与えられているものとし，それを用いてループ群の表現を公式，

$$\alpha(l)=\alpha[\xi_0]=\exp\{ie\int_0^1 d\tau\,\dot{\xi}_0{}^{\mu}(\tau)A_{\mu}(\xi_0(\tau)-\xi_0(0))\},\qquad(6.1)$$

で定義しよう．ここで$\{\xi_0\}$は同値類 $l=[\xi_0]\in L$ に属する任意の曲線であり，eは数(のちほど電荷と同一視する)である．指数関数の指数には座標の原点Oに始まる閉じた径路 l_0 に沿う微分形式 $A_\mu dx^\mu$ の積分が含まれている．これがループ群の表現であると主張するためには，1)この等式の右辺は類 l の代表元の選び方には依らないこと；2)表現としての性質，$\alpha(l'l)=\alpha(l')\alpha(l)$ が満たされていること，を確かめなければならない．証明は少し先に延ばして，その前に連続曲線の集合 P'' 上での関数を定義し，その後で一連の同一視を行なって径路群に進もう．その過程で，ループ群の表現の外に，両端を固定した径路の亜群 $\hat{P}$ の表現も得られるが，それはあとで役に立つ．

与えられたベクトル場 $A_\mu(x)$ を用いて，連続で区分的に微分可能な $\mathscr{U}$ 上の各曲線 $\{\xi\}$ に数，

$$\alpha\{\xi\}=\exp\{ie\int_{\{\xi\}}A_\mu(x)dx^\mu\}=\exp\{ie\int_0^1 d\tau\,\dot{\xi}^\mu(\tau)A_\mu(\xi(\tau))\}\qquad(6.2)$$

を対置させよう．このようにして，連続で区分的に微分可能な曲線の集合 P'' 上の関数が得られる．この関数を亜群 $\hat{P}$ 上の関数とすることができることを証明しなければならない．

まず第1に，ふたつの曲線の積が定義されている場合には，関係，

$$\alpha(\{\xi'\}\{\xi\})=\alpha\{\xi'\}\alpha\{\xi\},\qquad \alpha(\{\xi\}^{-1})=(\alpha\{\xi\})^{-1}\qquad(6.3)$$

が満たされることに注目しよう．曲線の積の定義 (1.1) と，逆の曲線の定義とを用いてこれを確かめるのは容易である．さらに§1で導入した同値関係を次々と見てゆくが，その度ごとに，引数を同値なものに代えても関数の値は変わらないことが確かめられる．

はじめに直接確かめられることは，もし $\{\xi\}\sim\{\xi'\}$ ならば，即ちこれらの曲線の違いはパラメーター表示の仕方の違いだけであって，$\xi'(\tau)=\xi(f(\tau))$, $f(0)=0$, $f(1)=1$ ならば，$\alpha\{\xi\}=\alpha\{\xi'\}$ となることである．これは定義(6.2)と変数変換，$\tau\mapsto f(\tau)$ を行なえば証明できる．従って関数 α は $P'=P''/\sim$ 上

の関数と見ることができる．その上(6.3)から分かるように，

$$\alpha(((\xi')(\xi)) = \alpha(\xi')\alpha(\xi),\quad \alpha((\xi)^{-1}) = (\alpha(\xi))^{-1}$$

である．これらの関係から $\alpha((\xi)^{-1}(\xi))=1$ が得られるし，さらには(1.2)の意味で $(\xi')\sim(\xi)$ であればいつでも $\alpha(\xi')=\alpha(\xi)$ である．従って関数 α は同値類の関数，即ち亜群 $\hat{P}=P'/\sim$ 上の関数とみなしてよい．このとき，それは亜群の表現を定義する，即ち，任意の $\hat{p}$, $\hat{p}'\in\hat{P}$ に対して関係，

$$\alpha(\hat{p}'\hat{p}) = \alpha(\hat{p}')\alpha(\hat{p})$$

が成り立つ．

関数 α そのものを

$$\alpha(p_x^{x'}) = \alpha(p)_x^{x'} = \exp\{ie\int_{p_x^{x'}} A_\mu(x)\,dx^\mu\} \tag{6.4}$$

と書くこともできる．指数関数の指数には類 $p_x^{x'}$ に属する任意の曲線に沿う(微分)形式 $A_\mu(x)dx^\mu$ の積分が入っている．

結論は，公式(6.2)によって定義される連続曲線の集合上の関数を，一定の端点をもつ**径路の亜群の表現**とみなしてよい，という点にある．最終的に必要なのは径路群の表現であるが，たった今定義した亜群の表現は多くの式を簡単化するために利用すると便利である．関数 $\alpha(\hat{P})$ の助けを借りて，はじめにループ群の表現を定義しよう．

すでに§1の終りで述べたように，始点と終点が固定されていて，しかもそれらが同じである径路の部分集合 $L_x=P_x^x\subset\hat{P}$ は群である．これは固定された始点をもつループの群である．関数 α をこの部分集合上に制限すると群 L_x の表現が得られることは明らかである．この群がループ群 L と同型であることは容易に分かる．実際，元 $l\in L$ を曲線の類と見れば，その中には点 x に始まる(そしていうまでもなくその点に終る)曲線からなる部分同値類を見出すことができる．この部分類はある類 $l_x\in L_x$ と一致する．逆に，所与の元 $l_x\in L_x$ に応じて，l_x を部分類として含む曲線の類 $l\in L$ を一意的に定めることができる．このようにして群 L と L_x の間には互いに1対1である対応 $l\mapsto l_x$ が存在する．この対応が同型であることを見るのはむつかしくない．

この同型により群 L_x の表現に応じて**群 L の表現**をつくることができる．

亜群の表現 $\alpha(\hat{P})$ はループ群 L_x, $x\in\mathscr{M}$ の各々の表現を定義する．その際，これらの表現は一般的にいって同値ではない．これらの各々に応じて群 L の表現をつくることができる．そのためには $\alpha_x(l)=\alpha(l_x)$ と置けば十分である．これらの表現のうちのどれを利用してもよく，その際，最終的な物理的結論は点 $x\in\mathscr{M}$ の選択には依らない．この任意性はミンコフスキー空間において座標原点を選ぶ際の任意性に対応している．簡単のため，今は $x=0$ としよう．このときには，結果的に(6.1)と一致する定義，

$$\alpha(l)=\alpha(l_0)=\exp\{ie\int_{l_0} A_\mu(x)\,dx^\mu\} \tag{6.5}$$

が得られる．

得られた**ループ群の表現は電磁場をうまく記述する。**詳しくは立入らないが，このことを説明しておこう．よく知られているように，微分形式を閉じた径路に沿って積分した結果は，この径路を境界とする面上で形式 $\frac{1}{2}F_{\mu\nu}(x)\,d\sigma^{\mu\nu}$ を積分した結果に等しい．ここに $d\sigma^{\mu\nu}$ は曲面要素であり，

$$F_{\mu\nu}(x)=\frac{\partial A_\nu}{\partial x^\mu}-\frac{\partial A_\mu}{\partial x^\nu}$$

はベクトル・ポテンシャル $A_\mu(x)$ をもつ場の強さである．従って，

$$\alpha(l)=\exp\left\{\frac{1}{2}\,ie\int_\Sigma F_{\mu\nu}(x)\,d\sigma^{\mu\nu}\right\}$$

と書くことができる．ここに面 Σ の境界は $\partial\Sigma=l_0$ に等しい．

これによれば，表現 α の定義はベクトル・ポテンシャル A_μ を用いて与えられているが，実際にはそれは電磁場に対応する場の強さ $F_{\mu\nu}$ だけに依存する．ところが，実際に主張できることはこの程度のことではない：表現(6.5)は場の強さ $F_{\mu\nu}$ と異なり，電磁場を常に正しく記述する．実際，場の強さがある領域内のいたる所で零に等しいのに，その領域内にあるループに対応する指数関数(6.5)は零に等しくないという局面(例えば，**アハロノフ－ボーム効果**)が生じる．そして実際に，そのような場合には電磁場の存在を証明する物理的効果が観測されるのである．

このようにして，電磁場を正しく記述するループ群の表現 $\alpha(L)$ をつくる

ことができたことになる．次節では径路群の誘導表現 $U(P)=\alpha(L)\uparrow P$ は電磁場の中の荷電粒子を記述することを示し，共変微分は表現 $U(P)$ の生成元と解釈できることを示そう．これらを行なった後では，この構成法を表現 $\alpha(L)$ が非可換な作用素である場合へと一般化するのに大きな困難は無い．そうすれば，非アーベル的ゲージ場とその摂動の下で運動する粒子の記述に達するわけである．

§7. 誘導表現と電磁場内の荷電粒子

前節ではループ群の最も簡単で自明ではない表現：

$$\alpha(l)=\exp\{ie\int_{l_0} A_\mu(x)\,dx^\mu\}$$

を見出した．次にはこの表現を群全体の上に誘導しなければならない．このような構成法がどのようなものであったかを復習しておこう．

課題を次のように設定する：対称性の群 P をもち，時空記述を許す粒子を記述すること．はじめの要請は，粒子の状態空間において群 P の表現が作用すべきことを意味する．第2の要請はこの表現が非原始的でなければならないこと，その上非原始性の基底はミンコフスキー空間 $\mathscr{M}$ と一致すべきであることを意味する．さらに空間 $\mathscr{M}$ は等質空間として因子空間 P/L に同型であることを注意しておこう．L はループからなる部分群である．これを考慮すると，非原始的表現は誘導表現 $U(P)=\alpha(L)\uparrow P$ に同値でなければならない．次に表現 $\alpha(L)$ を選びそれを P に誘導しなければならない．ここでは前節で見出したアーベル的ゲージ場，または同じことだが，電磁場を記述する表現 $\alpha(L)$ から誘導表現をつくろう．

同一視 $\mathscr{M}=P/L$ がどのように行なわれるのか，もう一度思い起こそう．空間 $\mathscr{M}$ のある特別な一点を選びそれを，剰余類 $1\cdot L$ とみなされる部分群 L と同一視する．この類は空間 P/L において≪基準点≫の役割を演ずる．そうしなければならないというわけではないが，この点をミンコフスキー空間の座標原点 O と同一視するのが自然である．この選択は前節の終りで表現 $\alpha(L)$ を定義する際に用いたものである．このような選択は便宜上そうするにすぎないことを強調しておこう．他の選択を行なっても同値な描像へと導かれるはずである．そこで点 $O\in\mathscr{M}$ は類 $L\in P/L$ に対応すると仮定しよう．これによって同一視の仕方は完全に定義される．即ち，任意の点 $x\in\mathscr{M}$ には同値類 $x_PL\in P/L$ が対応する．ここに x_P は $x_PO=x$ という性質をもつ群 P の元である．この同値類に属するすべての元は（そしてそれらだけが）点 O を点 x に移す性質を持っている．同一視 $\mathscr{M}=P/L$ は誘導表現 $\alpha(L)\uparrow P$ を解釈するとき必要になる．

§4 で定式化した一般的定義に従うと，表現 $U(P)=\alpha(L)\uparrow P$ は空間 $\mathscr{H}$ において作用し，この空間のベクトルは関数 $\Psi(p)$ で，これは構造条件

$$\Psi(pl)=\alpha(l^{-1})\Psi(p)$$

を満たす．今の場合には関数 $\Psi(p)$ の値は単なる複素数である，というのは表現 $\alpha(L)$ が 1 次元だからである．空間 $\mathscr{H}$ において作用素 $U(p)$ の作用は左移動：

$$(U(p)\Psi(p')=\Psi(p^{-1}p')$$

として定義される．

表現 U と空間 $\mathscr{H}$ の物理的解釈のためには，この空間のもうひとつの表現，即ち $\mathscr{M}$ 上の関数による表現に移るのが便利である．そのためには部分群 L 上で与えられた関数 $l\to\alpha(l)$ を群 P の全体に拡大する必要があり，しかも拡大 $p\mapsto\alpha(p)$ は任意の $p\in P$, $l\in L$ に対して条件，

$$\alpha(pl)=\alpha(p)\alpha(l) \tag{7.1}$$

を満たさなければならない．ところで前節で実行した表現 $\alpha(L)$ の構成は，この拡大をいかに行なうべきかを示唆している．

実際，我々の構成法によれば，その定義が固定端をもつ径路の亜群 $\hat{P}$ 上で与えられ，この亜群の表現となる関数，

$$\alpha(p)_x^{x'}=\alpha(p_x^{x'})=\exp\{ie\int_{p_x^{x'}}A_\mu(x)dx^\mu\} \tag{7.2}$$

が存在する．ループの部分群は，この関数をもとにして，$\alpha(l)=\alpha(l_o)=\alpha(l)_o^o$ としてつくられたのであった．もし，

$$\alpha(p)=\alpha(p)_o^x=\exp\{ie\int_{p_o^x}A_\mu(x)dx^\mu\}$$

と置けば，求める性質をもつ関数 $\alpha(p)$ が得られる．ここで径路の始点は座標原点 O に固定されていて，終点は明らかに $x=pO$ である．このようにして定義された関数 $\alpha(p)$ が実際に関係 (7.1) を満たしていることを見るのはむつかしくない．このことは，$\alpha(p)_{x}^{x'}$ が亜群の表現をなすことと関係 $p_x^x l_o^o=(pl)_o^x$ とから出る．この関係は，亜群 $\hat{P}$ と群 P の間の準同型 (2.2) の特別な場合である．もっとも，我々にとって関心のある性質 (7.1) は直接に証明することも容易である．

このように定義された**関数 $\boldsymbol{\alpha(p)}$ は群 $\boldsymbol{P}$ の表現ではない**。実際，この関数の定義には常に点 $O\in\mathscr{M}$ から始まる積分が含まれている．このことは関数 (7.1) を得る妨げにはならない，というのは点 O に始まる $l\in L$ に沿って積分をすると再び点 O に戻り，そのあとで点 O から径路 p に沿って積分すれば，それは径路 pl に沿う積分と同じになるからである．しかし，2番目の因子がループでない場合には，もはやそうはいかない．

ところで，§4の終りで注意しておいたように，関数 $\alpha(p)$ が群 P の表現である必要は全くない．もっと弱い条件 (7.1) が満たされていれば十分である．関数 $\alpha(p)$ の助けを借りて群上の関数 $\Psi(p)$ から空間上の関数 $\psi(x)$ へ移るにはそれだけで十分なのである．$\psi(p)=\alpha(p)\Psi(p)$ と定義しよう，そして，得られた関数は同値類 pL 上で一定であり，従ってこれらの類を変数とする関数とみなすことができること，あるいはまた，これらの類と同一視される空間 $\mathscr{M}$ の点の関数とみなすことができることに注意しよう．具体的に考えるためには，

$$\psi(x)=\alpha(x_p)\Psi(x_p)$$

と書いてよい．ここに x_p は類 x の代表，即ち原点 O に始まり x に終る径路である．径路 x_P のかわりに，ここでは同じ点に向かう他の径路 $p=x_pl$ を任意に用いてよい．

写像 $\Psi\mapsto\psi$ は1対1である．逆写像は式，

$$\Psi(p)=[\alpha(p)]^{-1}\psi(pO)$$

で定義される．それ故関数 $\Psi : P \to \boldsymbol{C}$ のかわりに関数 $\psi : \mathscr{M} \to \boldsymbol{C}$ を空間 $\mathscr{H}$ のベクトルとみなすことができる．表現 $U(P)$ の作用下におけるこれらの関数の変換法則を見い出すためには，関数 Ψ の変換則（左移動）を採り，一連の変換*：$\psi \mapsto \Psi \mapsto U(p)\Psi \mapsto U(p)\psi$ を行なえば十分である．これによって次の変換則が得られる：

$$(U(p)\psi)(x) = \alpha(x_p)[\alpha(p^{-1}x_p)]^{-1}\psi(p^{-1}x).$$

関数 $\alpha(p)$ が定義によって亜群の表現になっていることと，この表現の性質とを利用すると上の式を簡単化できる．実際，

$$\alpha(p^{-1}x_p) = \alpha(p^{-1}x_p)_o = \alpha((p^{-1})_x(x_p)^x_o) = \alpha(p^{-1})_x\,\alpha(x_p)^p_o = \alpha(p^{-1})_x\,\alpha(x_p)$$

である．この式を先の式に代入すると因数 $\alpha(x_p)$ を消去できることが分かる．残る因数も，もう一度亜群の表現としての性質を利用すると簡単化できる．こうして

$$(U(p)\psi)(x) = \alpha(p)^x_{p^{-1}x}\,\psi(p^{-1}x) \tag{7.3}$$

が得られる．

公式(7.3)は，群の元 $p \in P$ の作用下で関数 $\psi(x)$ がふたつのタイプの変換を受けることを示している．第1にその引数が移動させられて $x' = p^{-1}x$ に変わる．第2に関数の形が作用素 $\alpha(p)^x_{x'}$（今の場合には，公式(7.2)により得られる単なる数）の作用を受ける．これらの内容をひと目で分かるようにするために，これらふたつの変化を統一的に書き表してみよう．そのために径路 δp は非常に小さいと仮定する．これはまずベクトル $\Delta(\delta p) = \delta a$（この径路に対応する移動ベクトル）が小さいこと，第2には径路そのものが線分とそれほど違わない，即ち移動ベクトルそのものに近いことを意味する．この場合に公式(7.3)の右辺を見出すには δa の1次の項までとれば十分で，

$$(U(\delta p)\psi)(x) \approx (1 - \delta a^\mu \nabla_\mu)\psi(x) \tag{7.4}$$

が得られる．ここに

---

* 最後の変換では関数 ψ に作用する作用素に対して何か他の記号（例えば $\tilde{U}(p)$）を用いるべきであろうが，簡単化のために同じ記号を用いよう．換言すれば，（本来ならば）同値な表現について語るべきところであるが，そのかわりに，正に同一の表現について語っているのである．このような簡単化は物理学の文献では分かりきったこととされ，混乱は生じない．というのは，どのような対象にその作用素が作用するかは明らかだからである．

$$\nabla_\mu = \frac{\partial}{\partial x^\mu} - ieA_\mu(x)$$

である．

かくして，**共変微分**は表現 $U(P)$ の生成元である．我々が見たのは非常に短くほとんど直線である径路の場合であった．ところで任意の径路 p は，短くてほとんど直線とみなしてよい径路を多数掛け合せたものと見てよい．この方法によって任意の径路に沿う移動を共変微分を介して表わすことができる．その際，そもそものはじめから，長い径路の部分をなす短い径路の順序積に留意しなければならない．対応する順序は計算の最後まで保存され，その結果として順序指数関数または P-指数関数：

$$U(p) = P\exp\{-\int_p \nabla_\mu\, dx^\mu\} \tag{7.5}$$

が生じる．P-指数関数の定義は第5章，§3で与えられている．後程，非アーベル表現と関連する P-指数関数について詳しく述べるつもりである．

こうして，通常の微分が自由粒子の状態空間において作用する並進群の生成元であるのと同じように，**共変微分は表現 $U(P)$ の生成作用素である**ことがわかった．電荷 e をもって電磁場の中を運動する粒子は，通常の微分を共変微分で置き換えた方程式によって記述されることを我々は知っている．従って空間 $\mathscr{H}$ を**荷電粒子の局所化された状態**の空間であると解釈する根拠はあるわけである．勿論，確信をもってこのことを主張するためには，**実在的状態**の部分空間をとり出す必要がある．これは第9章で行なう．

もう一度公式 (7.3) に戻ろう．これを見るとポアンカレ群の作用下における通常の波動関数の共変的変換法則 (5.4) を思い出す．両者が似ているのは偶然ではない．実際，表現 U のつくり方そのものが示唆しているように関数 $l \mapsto \alpha(l)$ は（そしてまたそれの群全体への拡大 $p \mapsto \alpha(p)$ も，亜群の表現 $p_x^{x'} \mapsto \alpha(p)_x^{x'}$ も）粒子の**内部自由度**を，即ち，粒子の時空における位置 $x \in \mathscr{M}$ が固定されている場合でさえ粒子が持ちうる自由度を記述している．かくして我々は驚くべき結論に達する：表現 $\alpha(L)$ によって記述される**電磁場は自由粒子の内部自由度を特徴づけるものに他ならない**。自由粒子の場合に内部

(スピン)自由度がローレンツ群の表現$\sigma(\Lambda)$によって記述されるのと同じように，今の場合には内部自由度がループ群の表現$\alpha(L)$によって記述されている．このようにして生じる解釈は意外なものであり，意味深長である．我々は粒子の運動を規定する強い場(特に電磁場)をなにか独立な対象として扱い慣れてきた．粒子の性質はこの対象とは全く独立に定義されてきた．我々が今行なっている扱い方では，場は粒子自身を特徴づけるものとなっている．我々の見解ではもっと重要なことがある．内部自由度とその特徴―これは，粒子が時空の一点に(その点に局所化された仮想状態で)存在する場合にさえ意味をもつ，という意味において粒子の局所的性質である．今見ている場合には，内部自由度を完全に記述するには電磁場を，一般的にいって，全時空において与えることが必要である．即ち何か大域的対象を与えることが必要である．**粒子を記述する際の局所的および大域的側面のこのからみ合い，まざり合い**こそ多分この研究方法の最も興味あるところである．これについてはのちほどもっと詳しく述べるつもりである．しばらくは，ゲージ場の概念へと我々を導いてくれるもっと一般的な表現の形$\alpha(L)$を見ることにしよう．この一般的な場合において，電磁場の場合にはふれなかった問題，特にゲージ不変性の問題を見てみよう．

§8. 非アーベル的ゲージ場と粒子の≪ゲージ荷≫

前の二つの節で1)電磁場を記述するループ群の表現$\alpha(L)$と2)電磁場内における荷電粒子を記述する群全体の表現$U(P)=\alpha(L)\uparrow P$を見た．その最終的結果として得られたのは，径路群の表現Uの生成元としての共変微分であった．今度は自然な成り行きとして，ループ群の別の表現は存在するか，もし存在するならば，それを意味あるものとして解釈できるのかどうか，を調べてみよう．表現は実際に存在し，さらにその解釈も既成のものであることが示される．それは順序指数関数を用いた表現と適当なゲージ場である．

径路変数とも，**積分不可能な位相因子**とも呼ばれる**順序指数関数**は今ではゲージ理論で広く用いられている(例えば[151 - 164])．本書で提起している方法の新味は，順序指数関数はループ群の表現をなしており，この表現の径路群全体の上への誘導はゲージ荷をもつ粒子の記述となる，という主張にある．これらのことがらは，径路を適当に定義すればそれらが群をなすという事実とともに，これまで注目されなかったのである．我々の方法は，群論的技術を応用することによる技術的な利点を持つだけでなく，ゲージ場内を運動する粒子の性質をより深く分析せしめるものである．ループ群の非アーベル表現の記述に進もう．

量 $A_\mu(x)$ が非可換であるとの一般的条件下で前のふたつの節で行なったことを繰り返す，これが実際上の仕事である．我々は，至る所で首尾一貫して指数関数を順序指数関数，即ち P- 指数関数で置き換えなければならない．これが計算と証明に際して極度の正確さを要求することは言うまでもない．はじめの段階ではいかなる原理的違いも現れない．非アーベル的ゲージ場がもつ原理的差異はもっと後になって現れる．

さて，各 $x\in\mathscr{M}$ に対して，**ベクトル・ポテンシャル**の成分 $A_\mu(x)$はある，一般には非可換な代数に属するものとしよう．第5章で述べたことから明らかなように，ゲージ場を記述するためには，これらの量は $A_\mu(x)=A_\mu^a(x)T_a$ という形をもたなければならない．ここに $A_\mu^a(x)$ は，もはや数であり，T_a はゲージ群のある表現の生成元である．今のところ，このことは全く非本質的であって，重要なことは量 $A_\mu(x)$が互いに交換しないことだけである．ところで，以下ではゲージ荷をもつ粒子を問題とするのであるから，今のうちに注意をしておくが，（純粋に条件つきの呼称である）≪ゲージ荷≫の名の下に理解されるのはゲージ群の表現または生成元 T_a の集合のことであって，これらは電磁場*の理論に現れる唯一の電荷 e のかわりを務めるものである．

P- 指数関数と呼ばれるのは，積分変数を増加する順に並べた，1次元の積分の指数関数であることを思い出そう．即ち，

$$P\exp\left\{\int_0^1 d\tau\, B(\tau)\right\}=\lim_{N\to\infty} e^{\Delta\tau B(\tau_N)}e^{\Delta\tau B(\tau_{N-1})}\cdots e^{\Delta\tau B(\tau_1)}$$

* 電磁場の場合にはパラメーター e の様々な数値によって特徴づけられるいくつかの表現を一度に考察できるはずである．これは同じ電磁場内における様々な値の電荷をもつ粒子の記述を意味することになろう．非アーベル的理論においてこのことに対応するのは，ひとつのゲージ群の様々な表現を考察することである．

のことである．ここに $\Delta\tau=1/N$, $\tau_k=k/N$ である．この定義に基づいて曲線に沿う積分の P- 指数関数を定義するのは容易である：

$$\alpha\{\xi\}=P\ \exp\left\{i\int_{\{\xi\}} A_\mu(x)\,dx^\mu\right\}=P\ \exp\left\{i\int_0^1 d\tau\,\dot{\xi}^\mu(\tau)\,A_\mu(\xi(\tau))\right\}. \tag{8.1}$$

この定義を少し別の形に書き換えることができる：

$$\alpha\{\xi\}=P\ \exp\left\{i\int_{\{\xi\}} A_\mu(x)\,dx^\mu\right\}$$

$$=\lim_{N\to\infty} e^{iA_\mu(\xi_N)\Delta\xi^\mu_N}\,e^{iA_\mu(\xi_{N-1})\Delta\xi^\mu_{N-1}}\cdots e^{iA_\mu(\xi_1)\xi^\mu_1}. \tag{8.2}$$

ここに　$\xi_k=\xi(k/N)$, $\Delta_k\xi=\xi_k-\xi_{k-1}$ である．

まさにこれによって連続かつ区分的に微分可能な曲線の 集合 P' 上の関数 $\{\xi\}\to\alpha\{\xi\}$ が導入される．我々の目的のためには，関数 $\alpha\{\xi\}$ は曲線のパラメーター表示の仕方に依存してはならない．即ち，$\{\xi'\}\sim\{\xi\}$ のとき，換言すれば $\xi'(\tau)=\xi(f(\tau))$ のときには，$\alpha\{\xi\}=\alpha\{\xi'\}$ でなければならない．少なくとも区分的に滑らかな関数 $A_\mu(x)$ に対しては実際にそのようになっている．更に関係，

$$\alpha(\{\xi'\}\{\xi\})=\alpha\{\xi'\}\alpha\{\xi\},\quad \alpha(\{\xi\}^{-1})=(\alpha\{\xi\})^{-1}$$

の正しさを確かめよう．はじめの式の正しさは（順序指数関数はパラメーター表示の仕方に依らないことを考慮すれば）全く明らかである．第 2 の関係について言えば，逆曲線とは逆向きに進む曲線のことで，非可換な因子の積は逆をとるときには掛け算の順序が逆になる，ということに基づいて証明できる．

同値な曲線に対しては関数 α は同一の値を持つことから，この関数 α を因子空間 $P'=P''/\sim$ 上の関数とみなすことができる．その際，任意の (ξ), $(\xi')\in P'$ に対して関係

$$\alpha((\xi')(\xi))=\alpha(\xi')\alpha(\xi),\quad \alpha((\xi)^{-1}=(\alpha(\xi))^{-1}$$

が成り立つ．これより，次には $\alpha((\xi)^{-1}(\xi))=1$ が得られ，従って，もしふたつの曲線の違いが $(\xi)^{-1}(\xi)$ の形の ≪盲腸≫ だけならば，関数 α はこれら

の曲線上で同じ値をとる．換言すれば，もし集合 P' 上に§1で述べたような同値関係～を導入すれば，関数 α を因子空間 $\hat{P}=P'/\sim$ 上の関数と見ることができる．この因子空間は端点を固定した径路からなる亜群に他ならない．関数

$$\alpha(p_x^{x'})=P\exp\left\{i\int_{p_x^{x'}}A_\mu(x)\,dx^\mu\right\} \tag{8.3}$$

はこの亜群の表現を定義する．即ち，亜群に対しては関係

$$\alpha(p'^{x''}_{x'}\,p_x^{x'})=\alpha(p'^{x''}_{x'})\,\alpha(p_x^{x'})$$

が満たされている．

さらに§6で行なったことをそのまま繰り返すことができて，ループ群 L の表現を公式

$$\alpha(l)=\alpha(l_0)=P\exp\left\{i\int_{l_0}A_\mu(x)dx^\mu\right\} \tag{8.4}$$

で導入することができる．これが実際に表現となっていることの証明は可換な場合（§6）と同じように行なうことができる．というのは，そこでの証明は群 L と亜群 $\hat{P}$ の部分亜群 L_0 との間の同型に基づいているからである．

このようにして得られる**ループ群**の非可換な**表現**は（$A_\mu(x)$ はゲージ群のリー代数の元で，一方 $\alpha(l)$ はそのゲージ群の元であるという）最も単純な場合には**非アーベル的ゲージ場**を記述する．アーベル的場の場合と同じように，作用素 $\alpha(l)$ はベクトル・ポテンシャル $A_\mu(x)$ を使わず，その場の強さ $F_{\mu\nu}(x)$ を用いて表わすことができる．しかしこのとき，非可換性によって本質的な技術的困難に出会うことになる．それ故この問題についてはのちほど（§10）調べることにしよう．**場の強さを用いる記述は単連結な領域においてのみ有効であるのに対して**，表現 $l\mapsto\alpha(l)$ は**すべての場合にゲージ場を記述する**のに十分である．（この点については[153]をも見よ）．

次には一般論に従って誘導表現 $U(P)=\alpha(L)\uparrow P$ をつくらなければならない．表現 $\alpha(L)$ はゲージ場を記述するが，それは，我々のアプローチでは，自由粒子の内部自由度を特徴づけるものと解釈される．表現 $U(P)$ はこの粒

子それ自体を，もっと正確にはその局所的性質(運動学)を記述する．

誘導表現の記述は，可換なゲージ場の場合と実際上同じである．唯一の相違は，空間 $\mathscr{H}$ のベクトルである関数の値がもはや数ではなくてベクトルであるという点にある．このことを具体的に表わすために，$A_\mu(x)$，即ちまた $\alpha(l)$ は空間 $\mathscr{L}$ における線型作用素であると仮定しよう．通常，$\mathscr{L}$ は生成元 T_a をもつゲージ群 G の表現 $U(G)$ が作用する有限次元空間である，と仮定する．このとき，$A_\mu(x)=A_\mu^a(x)T_a\in \mathrm{Alg}U(G)$，$\alpha(l)\in U(G)$ である．作用素 $A_\mu(x)$ と $\alpha(l)$ は空間 $\mathscr{L}$ において作用する．この場合，空間 $\mathscr{H}$ のベクトルである関数は空間 $\mathscr{L}$ に値をもたなければならない．

例の如く，空間 $\mathscr{H}$ を，任意の $p\in P$, $l\in L$ に対して構造条件，

$$\Psi(pl)=\alpha(l^{-1})\Psi(p)$$

を満足する関数 $\Psi: P\to\mathscr{L}$ の空間として実現することができる．表現の作用素 $U(p)$ は，この空間において左移動：

$$(U(p)\Psi)(p')=\Psi(p^{-1}p')$$

で定義される．このように空間 $\mathscr{H}$ を実現しても他の任意の実現に比して劣る点は全く無い．それどころか，ある種の関係においてはこの実現の方が優れており，次節では再度これに立ちもどる．しかし，$\mathscr{H}$ に属する状態の時空解釈を最も分かりやすくするには，他の実現―ミンコフスキー空間 $\mathscr{M}$ 上の関数による実現に移ると便利である．

そのためには，部分群 L に制限すれば関数(8.4)と一致し，任意の $p\in P$, $l\in L$ に対して条件，

$$\alpha(pl)=\alpha(p)\alpha(l) \tag{8.5}$$

を満たす関数 $p\mapsto\alpha(p)$ が必要である．可換な場合と同じように，この関数を亜群の表現(8.3)を用いて定義しよう：

$$\alpha(p)=\alpha(p_0)=P\exp\left\{i\int_{p_0} A_\mu(x)\,dx^\mu\right\}.$$

この関数を利用してミンコフスキー空間上の関数

$$\psi(x)=\alpha(x_P)\Psi(x_P),\quad \Psi(p)=[\alpha(p)]^{-1}\psi(pO)$$

に移ると，表現の作用下でのこの関数の変換則

$$(U(p)\psi)(x)=\alpha(p)^{x}_{p^{-1}x}\psi(p^{-1}x) \tag{8.6}$$

が得られる．

この公式から，径路に沿って移動させるという作用の下で，関数 $\psi(x)$ は二重に変換を受けることが分かる：第1にはその引数が移動させられ，第2には作用素 $\alpha(p)^{x}_{x'}$ の作用を受ける．これらふたつの作用を統一して書き表わすことができる．これは§6でアーベル的ゲージ場の場合に行なったのと同じようにすればよい．結果は P-指数関数の形に表わした作用素 $U(p)$ の表現である．

$$U(p)=P\ \exp\left\{-\int_{p} dx^{\mu}\nabla_{\mu}\right\}, \tag{8.7}$$

ここに**共変微分**に対する記号，

$$(\nabla_{\mu}\psi)(x)=\left(\frac{\partial}{\partial x^{\mu}}-iA_{\mu}(x)\right)\psi(x) \tag{8.8}$$

が導入してある．

公式(8.7)で積分は類 p に属する任意の径路に沿って行なえばよいが，このことは大切である．その上曲線の端点もまた任意である．実際，指数関数(8.7)は，

$$U(p)=\lim_{N\to\infty} e^{-\Delta\xi^{\mu}_{N}\nabla_{\mu}}\cdots e^{-\Delta_{\mu}\xi^{\mu}_{1}\nabla_{\mu}}$$

に帰する．ここに $\Delta\xi_{k}=\xi(\tau_{k})-\xi(\tau_{k-1})$ は（極限において）無限小の，径路の微小部分に沿うずれのベクトルで，$\tau_{k}=k/N$ である．それに沿って積分が行なわれる曲線の意義は，一連の無限小ベクトル $\Delta\xi_{k}$ を定義することだけにあり，この一連の無限小ベクトルは同一の類 p 内で曲線 $\{\xi\}$ に一般的並進を行なっても変わらないことは明らかである．

このようにして我々は，径路群の表現 $U(P)$ の生成元が共変微分であることを確認できる．自由粒子に対しては並進群の表現の生成元は通常の微分である．それ故表現 U が作用する空間 $\mathscr{H}$ はゲージ場の中を運動する≪ゲージ荷≫を持つ粒子の局所的状態の空間であると解釈できる（ゲージ場自身は表

現 $\alpha(L)$ によって記述される）．自由粒子の場合と同じように，$\mathscr{H}$ の元である（時空で）**局所化された状態**はすべてが実在的な，または観測可能な状態であるわけではない．それらは仮想状態として，例えば干渉的な量子論的可能事象（第2章§1）として現れることもある．粒子の完全な理論を構成するためには，さらに**実在状態**からなる部分空間を構成しなければならない．これは第9章で行なわれる．当面，それ自身決して自明ではない空間 $\mathscr{H}$ を構成する局所化された状態を調べよう．さしあたっての課題として，関数 $\Psi(p)$ に基づく理論形式と，関数 $\phi(x)$ に基づくもっとありふれた理論形式の間の差異を分析することにしよう．

ゲージ理論を群論的に解釈することができるようになったのと同時に，それを新しい観点から見ることもできるようにもなった．まず，我々の研究方法においてはゲージ変換は一般に現れない．このことは次節で詳しく考察するが，現時点で既に明らかなことは，ゲージ変換群を従来ほど基本的なものと見なさなくてもよい，ということである．

もっと重要なことは，ゲージ群 G を何かある内部対称性として仮定しなくてもよいことである．そのかわりに対称性の群として径路群を仮定しなければならない．この方が物理的には魅力的である，というのは径路群は時空の関係を特徴づけるものであって，それ故，より基礎的であると期待できるからである．一旦径路群を仮定してしまえば直ちにそして自動的に，粒子の内部自由度はループの部分群の様々な表現 $\alpha(L)$ によって記述されるはずである．その際，これらの表現の選択にはユニタリー性以外には何らの制限もない．即ち，少くとも有限次元かつユニタリーな表現はすべて自然界において発現する可能性がある．ところでここで，量 $\alpha(l)$，$l \in L$ はゲージ群 G の元と同一視できることを想起すれば，自然界では G として任意のユニタリー行列 $U(n)$ の群に遭遇する可能性があると結論せざるを得ない．更に言えば，自然界ではすべての $U(n)$ が発現する，即ち自然界にはだんだんと次元の大きくなるユニタリー対称性の階層が存在する，と考えるのが自然であろう．

§9．径路群の観点から見たゲージ変換

本節では空間$\mathscr{H}$のベクトルを表わすふたつの方法について少々述べよう．第1の方法—これは関数$\psi: \mathscr{M}\to\mathscr{L}$によるものである．この方法は場の量子論において通常用いられている理論形式に近い．この場合には粒子の状態はミンコフスキー空間上の関数によって記述され，またこの関数に依ってミンコフスキー空間のどの領域に粒子が存在するか（もっと正確には，この空間の各点に粒子が存在する確率振幅はいくらか）を追跡することができる．空間$\mathscr{H}$のベクトルを表す第2の方法—それは関数$\Psi: P\to\mathscr{L}$によるものである．この場合には状態は点の関数ではなく，問題の点に終る径路（点$x=pO$ではなく径路p）の関数によって記述される．関数Ψには補助的な構造条件が課せられており，それ故これらの関数は関数ψと本質的には同じだけの情報を含んでいる（同じだけの自由度を記述する）．一見，この理論形式はあらゆる点から見て劣っているようである．しかしながらこの理論形式は，ゲージ変換に関する不変性という長所を持っていることが明らかにされよう．

粒子の波動関数または物理的な場が点に依存するのではなく，その点に終る径路に依存する理論形式は，マンデルスタム[146, 147, 149, 150]によってはじめて提起された．§1と§2では，群をなすように径路を定義できることを示した．それ故径路に依存する理論形式をつくり上げるために標準的な群論の技術を応用することができる．我々は誘導表現の理論を利用して，径路群の誘導表現Uと関連した，径路に依存する関数を得た．こうして得られた，径路に依存する理論形式（$\Psi(p)$）は，もしゲージ場を固定しさえすれば，ベクトル・ポテンシャルA_μの選択には依らないことを確かめるのは今や容易であろう．これに反して通常の局所的理論形式（$\psi(x)$）はポテンシャルの選択に依存する，即ちゲージ変換に関して不変ではない．

どのような方法で表現$U(P)$を得たのかを思い出そう．ベクトル・ポテンンシャル$A_\mu(x)$がまず与えられた．そのあとで，それに応じて固定された（平行移動を許さない）径路の亜群の表現$\alpha(p_{x'}^{x})$を構成し，次いでループ群の表現の$\alpha(L)$がつくられた．このようにした後，表現Uが誘導$\alpha(L)\uparrow P=$

$U(P)$によって得られ，この表現が作用する空間$\mathscr{H}$を実現するのが関数$\Psi(p)$である．結局のところ，容易に分かるように，表現$\alpha(L)$を与えることによって表現U，空間$\mathscr{H}$と関数$\Psi(p)$によるその実現が完全に定義されてしまう．ところでポテンシャル$A_\mu(x)$とそれに関係する亜群の表現$\alpha(p_x^{x'})$は補助的な量であって，この理論形式に直接には現れない．このことから，ポテンシャルA_μを，表現$\alpha(L)$が不変に留まるように，何か新しいポテンシャルA_μ'に代えても理論形式$(U, \mathscr{H}, \Psi(p))$は変化しないことになる．$\alpha'(L)=\alpha(L)$となる取り替え$A_\mu \to A_\mu'$は**ゲージ変換**と呼ばれる．それ故，径路に依存する理論形式$(U, \mathscr{H}, \Psi(p)$はゲージ不変であると言ってよい．

注意　1）ふたつの表現が等しい，$\alpha'(L)=\alpha(L)$とはいかなることかを正確にしておくべきである．これが，すべての$l \in L$に対して$\alpha'(l)=\alpha(l)$であること，即ち表現が一致することを意味するのであれば，径路依存の理論形式においては全く何も変わらない．この中には各関数$\Psi(p)$が変化しないことも含まれている．もし，この等式が表現の同値性(普通，ふたつの表現が等しいとはこのことである)のみを意味するのであれば，即ち$\alpha'(l)=C\alpha(l)C^{-1}$を意味するのであれば，得られる誘導表現$U$と$U'$もまた同値であり，一方関数$\Psi(p)$は$\Psi'(p)=C\Psi(p)$に変わる．ところが，この変化は非本質的である，というのは作用素Cはpに依らないからである．このような場合にも，理論形式はゲージ不変であると称することにする．

2）普通，ゲージ変換というのはゲージ場の強さが共変的に変化する，即ち$F_{\mu\nu}'(x)=V(x)F_{\mu\nu}(x)V^{-1}(x)$となるようなベクトル・ポテンシャルの変更のことである．しかし，より正確に定義すれば先に述べたようになるのである．単連結な領域ではこれらの定義は一致する．

ゲージ変換を詳しく見てみよう．基本的課題はゲージ変換を行なったときの波動関数$\psi(x)$の変換法則を導くことである．ポテンシャル$A_\mu(x)$は$A_\mu'(x)$になるものとしよう．新しいポテンシャルを順序指数関数(8.3)に代入すれば，$\alpha(p)_x^{x'}$のかわりに新しい関数$\alpha'(p)_x^{x'}$を得るが，これも前のもの

と同じように亜群 $\hat{P}$ の表現となる．$\alpha'(p)=\alpha'(p)_O$ と仮定しよう．特に $l\in L$ に対しては $\alpha'(l)=\alpha'(l)_O$ である．ゲージ変換の定義によって，

$$\alpha'(l)=C\alpha(l)C^{-1} \tag{9.1}$$

である．ここに C は $\mathscr{L}$ におけるある非退化な作用素である．しかし関数 $\alpha(p)$ がこれとよく似た条件で結ばれているわけではない．

誘導表現 U と $U'=\alpha'(L)\uparrow P$ に戻ろう．前者は構造条件 $\Psi(pl)=\alpha(l^{-1})\Psi(p)$ を満たす関数 $\Psi(p)$ の空間において作用する．容易に示すことができるように，関数 $\Psi'(p)=C\Psi(p)$ は条件 $\Psi'(pl)=\alpha'(l^{-1})\Psi'(p)$ を満たし，従って第2の表現 U' が作用する空間に属する．かくして空間 $\mathscr{H}$ と $\mathscr{H}'$ は変換 $\Psi\to\Psi'$ によって結ばれている．ここに，

$$\Psi'(p)=C\Psi(p) \tag{9.2}$$

であり，また表現 U と U' とは同値である．

次に点に依存する関数に移ろう．もとのポテンシャルに対してこの関数は $\psi(x)=\alpha(x_p)\Psi(x_p)$ で定義されている．新しいポテンシャルに対しては，関数 $\psi'(x)=\alpha'(x_p)\Psi'(x_p)$ である．変換法則(9.2)を用いると ψ' は ψ を用いて次のように表わされる：

$$\psi'(x)=V(x)\psi(x), \tag{9.3}$$

ここに，

$$V(x)=\alpha'(x_p)C[\alpha(x_p)]^{-1} \tag{9.4}$$

である．構成法により x_p は点 O から点 x に向かう任意の径路である．容易に確かめられるように，条件 (9.1) によって，作用素 $V(x)$ の定義も実際に径路の選択には依らない：置換 $x_p\to x_pl$ は表式(9.4)を変えない．

このようにゲージ変換に際してポテンシャル A_μ は(補足条件 (9.1) を伴なって) A_μ' に変わり，波動関数 ψ は公式 (9.3) で表される関数 ψ' に変わる．これらふたつの変換の間の関係をもっと分かりやすく表そう．そのために等式 (9.4) を x^μ で微分してみる．直接に微分を行なうと困難が惹き起こされるので，δa を微小とみなし，1次の項までとることにして $V(x+\delta a)$ を見出すことから始めるとよい．δa^μ の係数が微分係数である．公式 (9.4) には，

我々に関心のある点に向かうどのような径路を代入してもよい，ということを利用して $V(x+\delta a)$ を計算する．点 $x+\delta a$ には径路 $\delta a_p x_p$ が通じている．ここで δa_p として線分の形を選ぶことができる．このとき δa に関して1次までの正確さで，

$$\alpha(\delta a_p x_p)=e^{iA_\mu(x)\delta a^\mu}\alpha(x_p),$$

$$\alpha'(\delta a_p x_p)=e^{iA_\mu'(x)\delta a^\mu}\alpha'(x_p)$$

が成り立つ．これらの表式と $x+\delta a$ に対する公式(9.4)を用いると，δa に関して1次までの正確さで，

$$V(x+\delta a)=e^{iA_\mu'(x)\delta a^\mu}V(x)e^{-iA_\mu(x)\delta a^\mu}$$

となることが容易に分かる．両辺を δa の巾に展開し，δa^μ の係数を比較すると，

$$V_{,\mu}=iA'_\mu V-iVA_\mu$$

が得られる．この等式を

$$A'_\mu=VA_\mu V^{-1}-iV_{,\mu}V^{-1} \tag{9.5}$$

の形に書くと使いやすい（コンマつきの添字は x^μ についての微分を表わす）．

ここまでは条件 (9.1) を満たすポテンシャルの変換 $A_\mu \to A_\mu'$（即ちゲージ変換）が与えられたものと仮定し，ゲージ荷をもつ粒子の波動関数の変換を定義する関数 $V(x)$ を未知のものしてそれを求めた．しかし全く逆に考える方が簡単である：空間 $\mathscr{L}$ に作用素値をもつ関数 $V(x)$ を任意に与え，これに対して，公式(9.5)によって新しいポテンシャル A_μ' を見出す．容易に，かつ直接に示すことができるように，このようにして見出されたポテンシャル A_μ' は，公式(9.1)によってもとの表現 $\alpha(L)$ と結ばれる表現 $\alpha'(L)$ を定義する．証明のためには(9.5)を

$$e^{iA_\mu'(\xi)\Delta\xi^\mu}=V(\xi+\Delta\xi)e^{iA_\mu(\xi)\xi^\mu}V^{-1}(\xi)$$

の形に書き直し，（$\Delta\xi$ について1次まで正しい）この表式を利用して $\alpha'(p)_x^{x'}$ を（公式 (8.3), (8.2) に従って）順序指数関数として書き表わさなければなら

ない．そうすると

$$\alpha'(p)_x^{x'}=V(x')\alpha(p)_x^{x'}V^{-1}(x) \qquad (9.6)$$

（これは，正確な表式である）が得られる．点$x=0$，$p=l\in L$を代入すると，容易に確かめられるが，表現$\alpha'(l)=\alpha'(l)_0$は条件（9.1）を満たし，その上$C=V(0)$である．ゲージ変換を定義する作用素値関数$V(x)$を**位相関数**と呼ぶことにする．

まとめをしておこう．我々はベクトル・ポテンシャルの変換$A_\mu\to A_\mu'$を調べた．その際，表現$\alpha(L)$は同値な表現$\alpha'(l)=C\alpha(l)C^{-1}$に変換される（即ち，物理的対象としてのゲージ場は変化しない）．この変換はゲージ変換と呼ばれる．証明されたところによれば，ゲージ変換に際して誘導表現$U(P)$は同値なものに変わる．径路に依存する波動関数は，その際，自明な変換：$\Psi'(p)=C\Psi(p)$を受けるが，局所的波動関数は自明でない変換，$\psi'(x)=V(x)\psi(x)$を受ける．$\mathscr{L}$における作用素としての値をもつ位相関数；$V(x)$は公式(9.4)，(9.5)によってポテンシャルA_μおよびA_μ'と関係している．公式(9.5)を使うと，前もって与えられた位相関数$V(x)$とポテンシャルA_μに応じて新しいポテンシャルA_μ'を見出すことができる．即ち，可能なすべての位相関数$V(x)$をとり出すことによって，可能なすべてのゲージ変換をとり出すことができる．

得られた結果を次のように解釈することもできる．径路群の観点から言えば，ゲージ変換というものは余計なものである．なぜならば径路に依存する関数$\Psi(p)$に基づく≪正しい≫理論形式においてはいかなるゲージの任意性も存在しないからである．**ゲージの任意性**は，局所的波動関数$\psi(x)$を伴う**≪正しくない≫，不適当な局所的理論形式を用いるときに現れる**。径路群の観点から見た不適当さ，非共変性は，群Pの表現ともなるように関数$l\mapsto\alpha(l)$を群全体の上に拡大できない点に現れる．もしもこれが可能であったならば，誘導表現Uを，局所的関数$\psi(x)$を用いて書くことも可能であったであろう（これについては§4を見よ）．

他方，ここまでに発展させてきた観点から見ると，ゲージ変換群とゲージ不変性が歴史の中で果してきた重要な役割が理解しうるものとなる．場の量子論では局所的理論形式，即ちミンコフスキー空間上の関数 $\psi(x)$ だけが利用されてきた．そしてこの理論が初めて自分の手におえない対象に出くわしたときに，ゲージ変換群はこの理論の不適切さを明るみに出し，従ってそれと結びついた困難を取り除くことのできる道具であることが分かったのである．

それにもかかわらず，これは私見であるが，以上述べたところから次のように結論すべきである：ゲージ理論（そしてまた後に見るように重力理論）においては，径路の理論形式をこそ用いるべきである，と．多分（第8章で確認するつもりであるが），局所理論のこの不適切さをゲージ変換あるいはその他の作為的方法で埋め合わせることができるのは，ある極めて単純な状況下に限られる．径路の理論形式によって表わされる非局所性が物理的に本質的であって，しかも埋め合わせの効かないものである場合が，そのような物理的系が，存在するのである．

§10. ストークスの定理とゲージ場の強さ

アーベル的ゲージ場の理論（即ち電気力学）においてはループ群の表現 $\alpha(L)$ はベクトル・ポテンシャル $A_\mu(x)$ を介してのみならず，場の強さ，

$$F_{\mu\nu}(x)=A_{\nu,\mu}(x)-A_{\mu,\nu}(x)$$

を介しても表現できる．この可能性は，閉曲線に沿う積分は，この曲線を境界とする曲面上でのある積分に等しい：

$$\int_{\partial\Sigma} A_\mu dx^\mu=\frac{1}{2}\int_\Sigma F_{\mu\nu}d\sigma^{\mu\nu} \tag{10.1}$$

という事実に基づいている．ここに $d\sigma^{\mu\nu}$ は2次元の曲面要素，$\partial\Sigma$ は面 Σ の境界を表わしている．この公式は**ストークスの公式**と呼ばれている．これを用いると，

$$\alpha(l)=\exp ie\int_{l_0} A_\mu dx^\mu=\exp\frac{1}{2}ie\int_\Sigma F_{\mu\nu}d\sigma^{\mu\nu}$$

とも書けて，表現 $\alpha(L)$ は場の強さ $F_{\mu\nu}$ を介して表わされる．この式の長所

は場の強さのゲージ不変性によって関数 $\alpha(l)$ のゲージ不変性がはっきりと表わされている点にある．

場の強さの概念を非アベール的ゲージ理論にも導入し，非アベール作用素 $\alpha(l)$ を場の強さによって表わすことができれば好都合であることは言うまでもない．本節ではそれを行なう．

はじめに，アーベル的理論の場合にストークスの公式がどのように導かれるのかを見てみよう．そのために面 Σ を，その各々が小さな面積をもつ多数の微小部分 $\delta\Sigma_j$ に分割し，(図14)，面の境界 $\partial\Sigma$ に沿う積分を，これらの微小部分の境界，$\partial(\delta\Sigma_j)$ に沿う積分の和として表わそう：$\int_{\partial\Sigma} A_\mu dx^\mu = \sum_j \int_{\partial(\delta\Sigma_j)} A_\mu dx^\mu$.

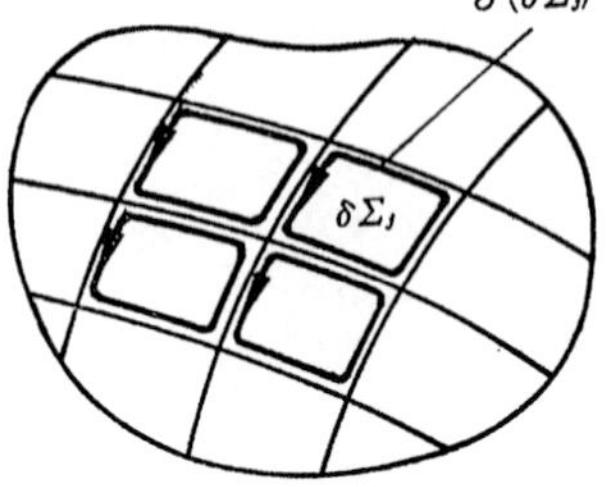

図14.

次に，分割により得られた微小部分の個数が無限に大きくなり，各部分の面積は0に収束するとしよう．ストークスの公式(10.1)を証明するためには微小面の境界に沿う積分が $\frac{1}{2} F_{\mu\nu}(x)\delta\sigma^{\mu\nu}$ の形に表わされることを示さなければならない．面 $\delta\Sigma$ が辺 $\delta_1 x$, $\delta_2 x$ をもつ平行四辺形である場合だけを考えよう．この場合には，

$$\delta\sigma^{\mu\nu} = \delta_1 x^\mu \delta_2 x^\nu - \delta_1 x^\nu \delta_2 x^\mu$$

である．

必要なことは平行四辺形の境界に沿う積分を見出すことであり，その際計算は平行四辺形の大きさについて2次の項まで正確に行わなければならない．はじめに線分に沿う積分を計算しよう．この線分は点 a に始まり点 a' に終るものとして，2点間の差を $a'-a=\delta a$ とする．積分を実行するために任意の(滑らかな)パラメーター表示をこの線分に導入し，例えば，$x(\tau)=$

$\tau\delta a+a$ として積分を次の形に書く

$$\int_a^{a'} A_\mu(x)\,dx^\mu=\int_0^1 d\tau\,\dot{x}^\mu(\tau)A_\mu(x(\tau)).$$

この積分に対して2次の正確さで表式を得るために，$A_\mu(x(\tau))$をτについてテイラー展開して1次の項までとる．積分の値として容易に，$\delta a^\mu(A_\mu(a)+\frac{1}{2}\delta a^\nu A_{\mu,\nu}(a))$ が得られ，2次までの正確さで

$$\int_a^{a'} A_\mu(x)\,dx^\mu=\delta a^\mu A_\mu(\frac{1}{2}(a+a'))+O(\delta a^3)$$

が成り立つ．ここで右辺には区間の中央 $x=\frac{1}{2}(a+a')$における関数 $A_\mu(x)$の値が入っている．この表式を用いると(2次まで正確さで)辺 $\delta_1 x$, $\delta_2 x$をもつ平行四辺形の境界に沿う積分の値を容易に見出すことができる．もし積分を頂点 x から始めて，はじめに辺 $\delta_1 x$ に沿って行なうとすれば，

$$\int_{\partial\Sigma} A_\mu\,dx^\mu=\frac{1}{2}F_{\mu\nu}(x)\delta\sigma^{\mu\nu}$$

となるが，これはアーベル場に対するストークスの定理の証明になっている．

アーベル的な場に対するストークスの定理の根拠は，面Σ上の積分は，それを分割して得られる微小面$\delta\Sigma_j$の境界に沿う積分の和として表わすことができるという事実であった．

量 A_μ が可換でない場合にも，勿論，同じことが言える．しかし，これまでに見てきたようにゲージ理論に応用されるのは積分 $\int A_\mu dx^\mu$ 自身ではなく，その積分の順序指数関数

$$\alpha(p_x^{x'})=P\exp\left\{i\int_{p_x^{x'}} A_\mu dx^\mu\right\}$$

である．特に点 O に始まる閉じた曲線には指数関数

$$\alpha(l)=\alpha(l_0)=P\exp\left\{i\int_{l_0} A_\mu dx^\mu\right\}$$

が対応していて，これはループ群Lの表現をなしている．それ故，非アーベル的ゲージ理論においても使うことのできるストークスの定理の類形は順序指数関数そのものを用いて定式化しなければならず，指数関数の引数であ

る積分だけによってそれを表わすことはできない．

従って曲線に沿う積分の和をとる操作のかわりに，これらの積分の指数関数を掛け合わせる操作に目を向けなければならない．ところで順序指数関数は，まさに本来の乗法性一表現としての性質をもっている．即ち，指数関数 $\alpha(p_x^{x'})$ は径路の亜群の表現になっており，指数関数 $\alpha(l)$ は閉じた径路(ループ)の群の表現になっている．その際，関係，

$$\alpha(p_{x'}^{-1x})\alpha(p_x^{x'})=1 \tag{10.2}$$

が成り立ち，これは曲線に沿う積分の重要な性質によく似ている：任意の曲線に沿う積分と，その同じ曲線に沿う逆向きの積分との和は0に等しい．面の境界に沿う積分を，その面の構成部分の境界に沿う積分の和に書くことができたのはこの性質によるのであった．このとき隣接する部分の境界上では2重に積分が行なわれたが，向きは互いに逆になっていたのである．それ故互いに相殺し，部分 $\delta\Sigma_j$ の外側の境界上の積分だけが残ったのである．これと似た意味で順序指数関数(10.2)の性質を利用できることは容易にわかる．その性質とは，ある曲線に沿って(順序指数関数の意味で)行なう積分と，それに引き続いて同じ曲線上を逆にたどる積分とは相殺することを意味する．ある曲線上を往復して積分すると，復路の積分は往路の積分を打ち消してしまう．

非アーベル的ゲージ理論において，ストークスの定理の類形を定式化するにはどのようにしたらよいかは，以上に述べたところから明らかである．あるループ $l\in L$ が与えられているとしよう．それに対して，曲線に沿う積分に相当する作用素 $\alpha(l)$ が対置されている．これを面積分に変換するためにループ l を多数のループの積の形に表わす：

$$l=P\prod_j \delta l_j$$

積の前にある記号 P は因子の順序が無視できないことを表わす．定義された順序においてのみ等式の右辺は左辺に等しい．我々の目的にとっては各ループ δl_j が囲む面 $\delta\Sigma_j$ は極めて小さくなければならない．面は面積が小さいだけでなく，直径も小さくなければならない．それ故，ループは細長くては

ならない．そうではなくて，ループは投縄，即ち

$$\delta l_j = p_j^{-1} \delta \lambda_j p_j$$

の形をもたなければならない．ここに $\delta\lambda_j \in L$ は極めて小さな直径をもつループである．典型的な投縄を図15に示してある．このようにすると，分解

$$l = P \prod_j (p_j^{-1} \delta \lambda_j p_j) \tag{10.3}$$

が得られる．

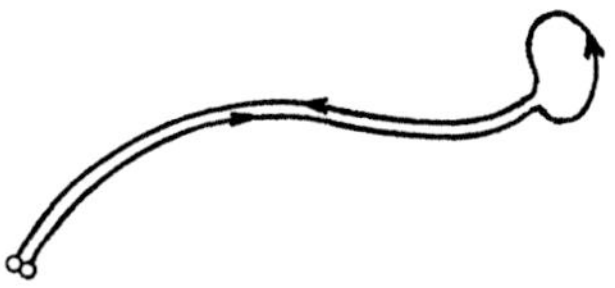

図15.

どのループも，小さな直径のループ $\delta\lambda_j$ をもつ多数の投縄の積に分解することができる．これは様々な方法で行なうことができる．そのうちのひとつが図16に示してある．投縄を一周する度に出発点(これを O とする)に帰ってくる．この点から順次投縄を描いてゆくと，前に描いた投縄の一部が打ち消される．このような打消しによって，結局は積全体として外まわりのループが得られ，これが領域 Σ をとり囲んでいる．

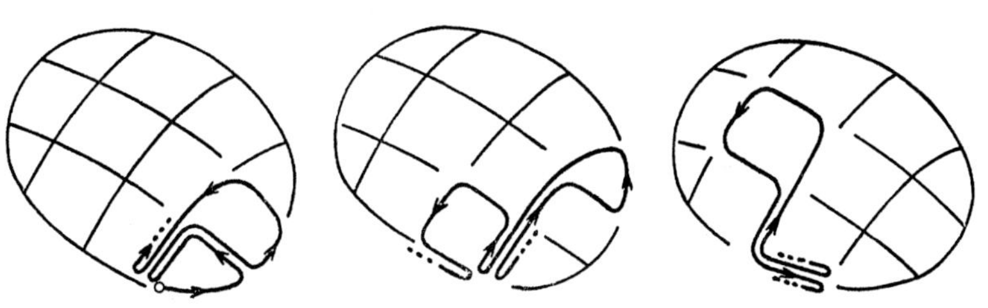

図16.

積(10.3)に群の乗法性を適用すると，

$$\alpha(l) = P \prod_j \alpha(p_j^{-1} \delta \lambda_j p_j)$$

が得られる．更に亜群の表現としての性質を利用すると，

$$\alpha(l)=P\prod_j [\alpha(p_j)]^{-1}\alpha(\delta\hat{\lambda}_j)\alpha(p_j) \tag{10.4}$$

を得る．ここに p_j は(点 O から)点 x_j に向かう径路であり，$\delta\lambda_j$ は点 x_j におけるループ，即ち $\delta\hat{\lambda}_j=(\delta\lambda_j)_{xj}$ である．記号 P は積 (10.3) における順序に対応する，一定の順序で積をとるべきことを表わす．

次の課題として非常に小さなループに沿って計算した順序指数関数の $\alpha(\delta\hat{\lambda}_j)$ を見てみよう．このとき積分は点 x_j から始めなければならない．このような指数関数は領域 $\delta\Sigma_j$ の面積を用いて表わされるものと考えてよい．もし表式

$$\alpha(\delta\lambda)_x=e^{\frac{1}{2}iF_{\mu\nu}(x)\delta\sigma^{\mu\nu}}+O(\mathrm{diam}\ \delta\lambda)^3 \tag{10.5}$$

が得られるならば，関数 $F_{\mu\nu}(x)$ はゲージ場の強さに相当し，公式 (10.4) は $\delta\Sigma_j$ を小さくする極限においてストークスの定理となる．ここに $\delta\sigma^{\mu\nu}$ は $\delta\lambda_x$ の内部の面積を表わす面要素である．平行四辺形の形をもつ面の場合について(10.5)を証明しよう．

はじめに，短い線分 $(a.\ a')$ に沿う積分の順序指数関数を見てみよう．計算を $\Delta a=a'-a$ について2次までの正確さで行なう．そのためには**順序指数関数の級数展開**[9] を利用するのが便利である．これは次のように行なう．指数関数を，あたかもそれが1次元積分の通常の指数関数であるかのように級数展開しなければならない．このとき n 次の項は n 重積分となる．このような各積分を積分変数の大きさに従って順序づけなければならない．即ち，パラメーターに依存する作用素をパラメーターの値が増加する順に並べなければならない．これが順序指数関数を展開した結果である．換言すれば計算の途中の段階では順序指数関数を，そこに現れる量の掛け算の順序には注意を向けることなく，可換な量の順序指数関数のごとく取り扱ってよい．最後の段階に至ってはじめて，これらの量をそれらが依存するパラメーターの大きさに従って並べればよい．指数関数の展開に対して

$$P\exp\int_0^1 d\tau B(\tau)=1+\int_0^1 d\tau B(\tau)+\frac{1}{2}\int_0^1 d\tau\int_0^1 d\tau'\ P\,B(\tau)B(\tau')+\cdots$$

を得る．ここに，

$$PB(\tau)B(\tau')=\theta(\tau-\tau')B(\tau)B(\tau')+\theta(\tau'-\tau)B(\tau')B(\tau)$$

である．短い線分に沿う積分$\int_a^{a'} A_\mu dx^\mu$にこの公式を適用し，また残りの項は可換であるとして計算すると，

$$P\exp\left\{i\int_a^{a'} A_\mu(x)\,dx^\mu\right\}=e^{i\Delta a^\mu A_\mu\left(\frac{a+a'}{2}\right)}+O(\Delta a^3) \tag{10.6}$$

が得られる．

今や順序指数関数 $\alpha(\delta\lambda_x)$ を見出すのに困難はない．ここでループ $\delta\lambda_x$ は頂点 x と辺 $\delta_1 x$, $\delta_2 x$ をもつ平行四辺形の境界である．平行四辺形の各辺に(10.6)の形の表式を与え，それらをしかるべき順序で掛け合わせ，結果を2次の項まで正確な形に変えれば，実際に表式(10.5)が得られる．その際 $\delta\sigma^{\mu\nu}=\delta_1 x^\mu \delta x^\nu-\delta_1 x^\nu \delta_2 x^\mu$ であり，また関数 $F_{\mu\nu}(x)$ はポテンシャルを介して式，

$$F_{\mu\nu}(x)=A_{\nu,\mu}(x)-A_{\mu,\nu}(x)-i[A_\mu(x),\ A_\nu(x)] \tag{10.7}$$

により定義される(角括弧はふたつの作用素の交換子積を表わす)．

公式(10.7)で定義される関数 $F_{\mu\nu}(x)$ は非アーベル的ゲージ理論において**場の強さ**の役割を演じる．しかしながら公式(10.4)と(10.5)を比較すると，非アーベル的場に対するストークスの定理に現れるのはこの関数そのものではなくて，径路に依存する関数：

$$\mathscr{F}_{\mu\nu}(p)=[\alpha(p)]^{-1}F_{\mu\nu}(pO)\alpha(p) \tag{10.8}$$

であることが分かる．径路に依存するこの関数を用いると，非アーベル的場に対する**ストークスの定理**は

$$\alpha(l)=\lim_{N\to\infty}P\prod_j e^{i\frac{1}{2}\mathscr{F}_{\mu\nu}(p_j)\delta\sigma_j^{\mu\nu}} \tag{10.9}$$

の形に書き直すことができる．ここで $\delta\sigma_j^{\mu\nu}$ は点 $x_j=p_jO$ に始まるループ $\delta\hat{\lambda}_j$ の内部にある面積要素である．ここに現れたループ $\delta\hat{\lambda}_j$ の直径は $N\to\infty$ の極限で0に収束し，p_j と $\delta\lambda_j$ の選択は投縄の積へのループの分解

$$l=\lim_{N\to\infty}P\prod_j(p_j^{-1}\delta\lambda_j p_j) \tag{10.10}$$

に対応している．

公式(10.9)の右辺は，**2重積分の順序指数関数**と呼ぶことができる．このとき**ストークスの定理**との類比を強調して

$$P\exp\left\{i\int_{\partial\Sigma}A_\mu(x)dx^\mu\right\}=P\exp\left\{i\frac{1}{2}\int_{\Sigma}\mathscr{F}_{\mu\nu}(p)d\sigma_{\mu\nu}\right\} \qquad (10.11)$$

と書いてよい．左辺は，閉じた径路 $l_0=\partial\Sigma$ に沿う積分に対応する通常の順序指数関数であり，右辺は定義によって極限(10.9)に等しい．その際，この表式を面 Σ 上での積分と解釈したければ，積への分解(10.10)を上手に選んで，そこに現れるすべての投縄がことごとく Σ に含まれるようにしなければならない(それだけでなく，面 Σ を，境界 $\delta\hat{\lambda}_j$ をもつ無限小面 $\delta\Sigma_j$ に分割しなければならない)．径路 p_j は従って，全く面 Σ 上にあって，滑らかな径路の族をなす(図17)．

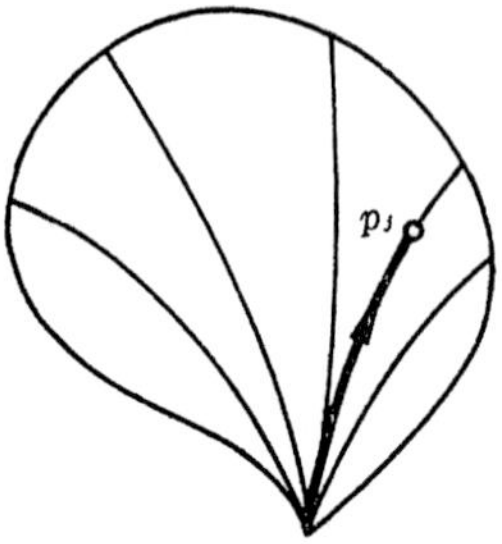

図17.

2次元の積分が正しく定義されているという根拠は，それが所与の面 Σ 内にあるループを分解(10.10)する際に，どのような分解を行なったのかという任意性に依らない点にある．実際には，異なる面上で積への分解を行なっても境界さえ同じ，即ち $\partial\Sigma_1=\partial\Sigma_2=l$ であれば，同一の値が得られる．これは驚くにはあたらない，というのは全構成は，特に言うならば，表式 $\alpha(l)$ の分析に根拠をもっており，これはループ $l\in L$ だけに依存するからである．同じことを別の形で言えば，非アーベル的量に関する2重積分の所与の定義が正しい(即ち，積への分解(10.10)に依らない)のは2次形式 $\mathscr{F}_{\mu\nu}(p)$ がある関数 $A_\mu(x)$ を介して公式(10.8)，(10.7)で表わされる場合であり，またこの場合に限られるのである．任意の関数 $H_{\mu\nu}(x)$ または $\mathscr{H}_{\mu\nu}(p)$ に対しては，このような定義は正しくない，即ちループの積への分解(面の分割)の仕方に依存する．

公式(10.7)で定義される関数 $F_{\mu\nu}(x)$ は，普通，ゲージ場の強さと呼ばれる．それはミンコフスキー空間の点に依存する．直接に確かめることもむつかしくないが，ゲージ変換に際してそれは次のような仕方で変換される：

$$F'_{\mu\nu}(x)=V(x)F_{\mu\nu}(x)V^{-1}(x) \tag{10.12}$$

ゲージ変換で場の強さが**共変的に変換される**，と言うときには，このような変換法則を考えているのである．しかし径路に依存する理論形式においては，**場の強さ**のもうひとつの形として，**径路の関数** $\mathscr{F}_{\mu\nu}(p)$ を扱う方がより自然である．これが構造条件，

$$\mathscr{F}_{\mu\nu}(pl)=\alpha(l^{-1})\mathscr{F}_{\mu\nu}(p)\alpha(l) \tag{10.13}$$

を満たすことを確かめるのはむつかしくない．ゲージ変換を記述する作用素が $V(x)=\alpha'(p)C[\alpha(p)]^{-1}$ に等しいことを考慮すると，容易に確かめられるように，**径路に依存する場の強さは，ゲージ変換**に際して

$$\mathscr{F}'_{\mu\nu}(p)=C\mathscr{F}_{\mu\nu}(p)C^{-1} \tag{10.14}$$

のように変換される．

注　意

径路に依存する関数 $\mathscr{F}_{\mu\nu}(p)$ は構造条件 (10.13) を満たすから，それを誘導表現 $U_F(P)=\alpha_F(L)\uparrow P$ の表現空間のベクトルト解釈することができる．そのためには $\alpha_F=\alpha\otimes\tilde{\alpha}$，$\tilde{\alpha}(l)=[\alpha(l^{-1})]^T$ と置けば十分である．作用素 $U_F(p)$ の作用下で関数 $\mathscr{F}_{\mu\nu}(p)$ が受ける変換は例のごとく左移動である．局所関数 $F_{\mu\nu}(x)$ に移って考えると，容易に証明できるように，その変換を生成するのは共変微分であって，今の場合には

$$\nabla_\lambda F_{\mu\nu}=\partial_\lambda F_{\mu\nu}-i[A_\lambda, F_{\mu\nu}]$$

の形である．表現 $U_F(P)$ に関して不変なスカラー積は

$$(F_{\mu\nu}, F'_{\sigma\rho})=\int a^4x\ \mathrm{Tr}(F_{\mu\nu}{}^\dagger(x)F'_{\sigma\rho}(x))$$

の形であることを示すことができ，従ってゲージ場の作用はそのスカラー平方：$S(F)=-\dfrac{1}{4}(F_{\mu\nu}{}^\dagger F^{\mu\nu})$ で表わされる．これは，考察下の群論的理論形式が自然なものであることを重ねて保証するものとなっている．

第7章　非ユークリッド位相をもつ空間における ゲージ場

前節ではゲージ場の中を運動する粒子の時空的性質を，径路群とその表現を用いて書き表わすことができることを知った．場の中を運動する粒子を記述するという課題がこれによって達成されたわけでは全くない．そのような粒子の波動関数がいかなる運動方程式に従うのか，にも全く触れなかった．しばらくはこれらの関数は全く任意である．これらの粒子のスピン変数の書き表わし方についても未だ触れていない．これらの諸問題の考察は第9章まで手をつけないでおく．当面，空間 $\mathscr{H}$ で記述される諸性質（運動学的性質）についての考察を続けよう．

この空間に属する状態を局所的と呼んだことを思い出そう．そのようにしたのは，これらの状態のうちには時空の任意な，非常に小さくさえある領域に局所化された状態が含まれているからである．従って空間 $\mathscr{H}$ を用いると，質量のようなその大域的性質から離れて，粒子の局所的性質を調べることができる．ゲージ場における局所的性質だけの研究ではあっても，それは面白くもあり，自明な課題ではないことを以下で示そう．言うまでもなくこのことは，ある観点からは，ゲージ場そのものを，粒子の局所的性質（内部自由度）を特徴づけるものとして解釈できることと関連している．

これまではミンコフスキー空間における粒子のみを見てきたが，本章では時空がそれとは別の位相を持つ，もっとこみ入った状況へ移ろう：即ち1）はじめにアハロノフ－ボーム効果，即ち細長いソレノイドのつくる場の中の粒子の振舞いを見てみる．この課題は，ミンコフスキー空間のある平面（ソレノイドの巻線の世界面）をとり去ることにより得られる時空における粒子の記述として定式化できる．2)そのあとで，ある一定ベクトルで表わされる位置の違いをもつ点を同一視することによってミンコフスキー空間から得られる時空（これはミンコフスキー空間を円筒状にまるめることによって得られる）における粒子の性質を見てみる．3) 最後に磁極がつくる場における粒子を見る．このときはミンコフスキー空間から直線（磁極の世界線）が除かれているとみなすことができる．これらすべての場合において位相が自明でないことから，我々は《位相的な》場（または径路群）の現象へと導かれる．この現象は場の強さが 0 の場合でさえ効果を顕しうるものである．

これらの例を見ることによって，興味ある一般化へと我々を導く経験を蓄積することができる．最後の諸節ではストークスの定理とド・ラムの定理に基づく微分形式の理論を見たあと，この理論を非アーベル的形式（接続の形式）へと一般化する．微分形式の主要な性質は非アーベル的形式の理論においてその類形を有することが分かる．その上，微分形式そのもののかわりに，それに対応する径路の亜群の表現を考察すれば，類比の定式化は特に簡単明瞭になることも示される．

§1．アハロノフ－ボーム効果

前章でミンコフスキー空間 $\mathscr{M}$ における粒子は径路群の誘導表現 $U(P)=\alpha(L)\uparrow P$ によって記述されることを示した．ここに $\alpha(L)$ はループの部分群のある表現である．我々は順序指数関数による表現 $\alpha(L)$ を詳細に考察した．これは確かに，大きな一般性をもつ表現ではある．この表現はゲージ場を記述し，これに対応する誘導表現はゲージ場の中の粒子を記述する．しかしながら，ループ群 L は順序指数関数へと変換しなくても，純幾何学的記述が可能な表現をもっている．そのような表現は本質的には，いわゆる基本群の表現に帰着し，それは何らかの特異点をもつミンコフスキー空間の位相を特徴づけるものである．

さて，このような退化表現のうちのひとつを見てみよう．それはミンコフスキー空間においてひとつの平面を捨て去ることによって得られる空間 $\mathscr{M}'$ の位相と結びついている．この場合，ループ群の表現は空間 $\mathscr{M}'$ の基本群の表現に帰せられる．この群の元は連続的変形によって一方から他方へと変化させうる(固定した始点をもつ)ループである．この群の剰余類は取り去られた平面のまわりをまわる回数で特徴づけられる．この表現は細く無限に長いソレノイドの磁場を記述する．誘導表現はソレノイドの場における粒子を，特に，このような粒子において観測される干渉効果である，いわゆる**アハロノフ－ボーム効果**を記述する．

ミンコフスキー空間の平面 (x^1, x^2) の上への射影 π を見てみよう．即ち，$\pi(x^0, x^1, x^2, x^3)=(x^1, x^2)$ である．各ループ $l\in L$ に，いつものように点 O に始まるループ l_0 を対比させ，これをこの平面上に射影しよう．$\pi(l)=\pi(l_0)$ と書こう．それ故，$\pi(l)$ は平面 (x^1, x^2) 上のループで，この平面の原点を始点とするものである(図18)．点 $u=(u^1, u^2)$ は原点 O とは別の*，平面 (x^1, x^2) 上のある固定点とする．各ループ $l\in L$ を，それが点 u のまわりをまわる回数によって特徴づけることにし，この整数を $n(l)$ と書く．このとき，いつものように，(x^3 軸の正方向から見て)回る向きが反時計まわりなのか，あるいは時計まわりなのかによって $n(l)$ を正または負の数とみなすことにしよう．

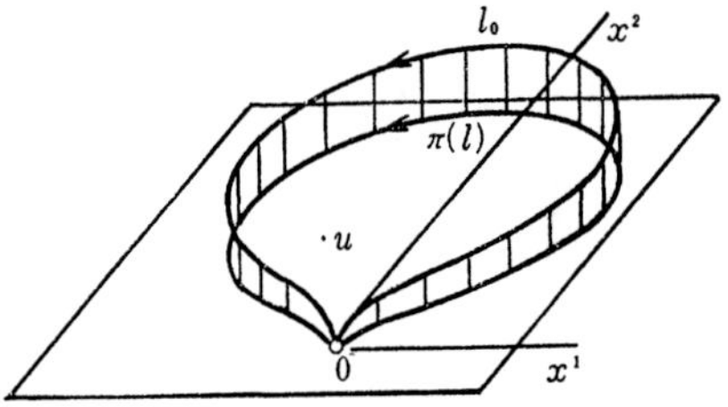

図 18.

このようにして各ループ $l\in L$ には整数 $n(l)$ が対比される．ここで

$$\alpha(l)=e^{i\Omega n(l)} \tag{1.1}$$

と置こう．ここに Ω はある実数である．全く明らかなように，$l\mapsto\alpha(l)$ はループ群 L の表現である．これは径路群上に誘導すると，表現 $U(P)=\alpha(L)\uparrow P$ が得られる．ここで次のような問題を考えてみるのは全く自然であろう

* その上，この点はOに十分近いとしてよい。

：この表現は何かある型の粒子を記述しないであろうか，また表現 $\alpha(L)$ は何かある力の場を表わしていないだろうか．答は肯定的であることが示される．表現 $\alpha(L)$ は点 u を通り x^3 軸と平行に置かれた，電流の流れている細くて無限に長い理想的なソレノイドがつくる場を表わし，表現 $U(P)$ はこのソレノイドがつくる場の中の粒子を記述する．

周知のように，電流を伴う理想的ソレノイドは磁場をつくり，それは，その内部では一様で軸と平行であり，外部では0である．従って，無限に細いソレノイドは無限に細い磁力線管をつくり，その外部では場の強さはいたるところで0に等しい．この管に沿って流れる磁束は有限である（即ちソレノイド内部では場の強さは無限に大きいのだが，それとソレノイドの断面積との積は有限である）とみなそう．このような状況下での磁場はまさに，たった今述べたばかりの表現 $\alpha(L)$ へと我々を導くのである．

証明のためには第6章，§10で定式化し，証明した**ストークスの定理**を利用する．この定理によれば，任意の閉じた径路に沿う積分 $\int A_\mu dx^\mu$ は，この径路を境界とする面上の積分 $\frac{1}{2}\int F_{\mu\nu}d\sigma^{\mu\nu}$ に等しい．もし径路が完全に超平面 $x^0=$定数，の中にあれば（即ちある時刻で考えれば），面上の積分は所与の径路を通り抜ける磁束に等しい．場が先に述べたものである場合には，この積分は，もしソレノイドが径路の外部を通っているならば0であり，またもしソレノイドが径路の内部にあるならば，ソレノイドに沿って流れている磁束に等しい．対称性を考慮すると，径路を，その x^1x^2 への射影が変化しないように時空内で変形しても積分の値は変わらない．最後に，径路がソレノイドを2重，3重，…にとりまいていれば，積分の値は2倍，3倍，…となる．径路を逆向きにたどれば，結果は符号を変える．これらすべてをあわせると，まさに公式 (1,1) に一致する表現 $\alpha(L)$ の記述となっている．パラメーター Ω はソレノイドに沿う磁束 Φ と公式* $\Omega=e\Phi$ によって結ばれている．

次にソレノイドの場の中を動く，荷電粒子を見てみよう．このような粒子

---

*　本書の第II部では一貫して $\hbar=c=1$ の単位系を用いていることを思い出そう．通常の単位系では $\Omega=(e/\hbar c)\phi$ である．電気力学における位相因子を通常の単位を用いて書くと $\exp\{i(e/\hbar c)\int A_\mu dx^\mu\}$ の形である．

の局所的性質は径路群の表現 $U(P)$ によって記述される．いつものように，この表現が作用する空間 $\mathscr{H}$ を，構造条件 $\Psi(pl)=\alpha(l^{-1})\Psi(p)$ を満たす関数によって実現できる．この関数に表現 U は左移動：$(U(p)\Psi)(p')=\Psi(p^{-1}p)$，として作用する．局所的波動関数 $\psi(x)$ に移るには，部分群 L 上では既に定義されている関数 $\alpha(l)$ と一致し，その上任意の $p\in P$, $l\in L$ に対して条件 $\alpha(pl)=\alpha(p)\alpha(l)$ を満たす群上の関数 $\alpha(p)$ を求めれば十分である．このような関数を構成するために，表現 $\alpha(L)$ をも生成するであろうポテンシャル $A_\mu(x)$ を導入することができる．

実行は容易である．必要な性質をもつポテンシャルは，例えば，

$$A_1=-\frac{\Phi}{2\pi}\ \frac{x^2-u^2}{(x^1-u^1)^2+(x^2-u^2)^2}$$

$$A_2=-\frac{\Phi}{2\pi}\ \frac{x^1-u^1}{(x^1-u^1)^2+(x^2-u^2)^2}$$

の形を持つ（残りのふたつの成分は 0 に等しい）．点，$x^1=u^1, x^2=u^2$ ではポテンシャルも場の強さも定義できないが，それ以外の点では，場の強さ $F_{\mu\nu}=A_{\nu,\mu}-A_{\mu,\nu}$ は 0 に等しいことを，直接かつ容易に確かめることができる．ポテンシャルを用いて径路の亜群の表現，

$$\alpha(p)_x^{x'}=\exp\left\{ie\int_{p_x^{x'}} A_\mu(x)\,dx^\mu\right\}$$

をつくれば，$\alpha(p)=\alpha(p_0)$ という必要な性質をもつ関数が得られる．特に，ループ群の表現を正にこの指数関数によって定義できる：$\alpha(l)=\alpha(l_0)$．そうすると局所波動関数を通常の方法：$\psi(x)=\alpha(x_p)\Psi(x_p)$ によって定義することができる．ここに x_p は点 O から点 x に向かう任意の径路である．これらの関数の空間において表現 $U(P)$ は，例の如く共変微分を介して作用する：

$$(U(p)\psi)(x)=\alpha(p)_{p^{-1}x}^{x}\psi(p^{-1}x) \tag{1.2}$$

しかしながら，ベクトル・ポテンシャルを陽に定義しなくても局所関数を導入することができる．例えば各点 $x\in\mathscr{M}$ に対して，原点 O からその点 x に向かう径路 x_P を選んで固定し，単に $\psi(x)=\Psi(x_p)$ と置けばよい．例えば径

路の代表として直線 $x_P=\{\tau x\in\mathscr{M}\,|\,0\leqq\tau\leqq1\}$ を選ぶことができる．

表現の作用下での波動関数の変換は今度は別の形に書かれる．変換法則を見出すためには，関数 $\Psi(x_p)$ の引数に左移動を施して，その結果を，ループに新しい類の代表を乗じた積の形に書き直すだけでよい．

$$p^{-1}x_P=(p^{-1}x)_P\cdot(p^{-1}x)_p^{-1}p^{-1}x_P$$

この引数をもつ関数 Ψ に構造条件を適用して，

$$(U(p)\psi)(x)=\alpha(x^{-1}{}_P\,p\,(p^{-1}x)_P)\psi(p^{-1}x) \tag{1.3}$$

を得る．かくして関数 $\psi(x)$ の引数が移動される他は，関数に位相因子 $e^{in\Omega}$ が乗じられるだけである．ここで整数 n は，点 O に始まる《三角形》$x_p^{-1}p(p^{-1}x)_p$ が点 u のまわりを回る回数を表わす(図19)．もしこの点が《三角形》の外にあれば，位相因子は1に等しい．位相 $n\Omega$ そのものは公式(1.2)では径路に沿う積分の形で現れる．これによれば，《周回数》$n(l)$ を積分の形に表わすことができることになるが，このこともときとして必要になる．

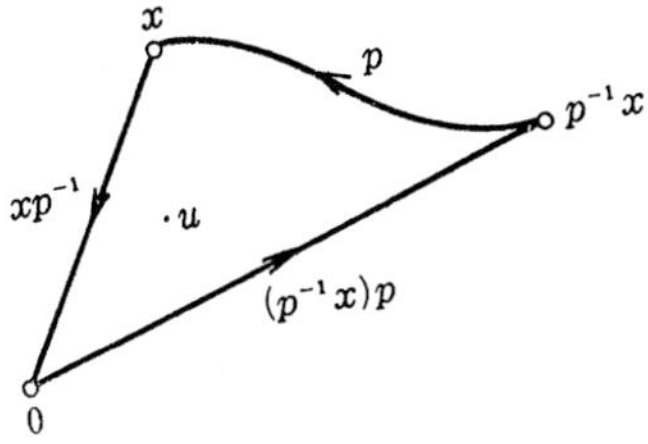

図19.

変換法則(1.3)は**アハロノフ-ボーム効果**の説明になっている．点 x' で，同一の状態* ψ にある何個かの電子が放出されると仮定しよう．そのあとで電子はふたつの組に分かれる．電子レンズを用いて，第1の組に属する電子はある径路 p_1 に沿って，第2の組の電子は他の径路 p_2 に沿って動いてゆく

* このような表現は，少々の条件つきで理解すべきであることは言うまでもない．測定可能な位相をもつ状態について語ることができるためには，電子のはじめの状態は点においてではなく十分に大きなある領域で用意される．しかしながら，このことは問題の本質を理解するためにはどうでもよい．

ようにする．最後にふた組の電子は同一の点 x で出会い，そこで干渉する．これを利用すると第1組の電子の点 x における状態の位相を，第2組の電子の状態の位相と比較することができる．第1組の電子の状態*は $(U(p_1)\psi)(x)$ であり，第2組のそれは $(U(p_2)\psi)(x)$ である．公式 (1.3) を用いるとふたつの状態の位相差を表わす位相乗数は，

$$\alpha(x_p^{-1}p_1x_p')[\alpha(x_p^{-1}p_2x_p')]^{-1}=\alpha(x_p^{-1}p_1p_2x_P)$$

に等しい．

このように，観測される位相差は $\alpha(l)$ に等しい．ここに $l=x_p^{-1}p_1p_2^{-1}x_p$ は投縄形のループである (図20)．もし，径路 p_1 と p_2 がソレノイドに関して同じ側にあれば，点 u はループ l の外側にあって，$\alpha(l)=1$ である．この場合には測定装置はいかなる位相差も見出さない．もし，これらの径路がソレノイドについて反対側にあれば，点 u はループ l の内側にあり，それ故 $\alpha(l)=e^{i\Omega}$ である．この場合には**位相差は $\Omega=e\Phi$ に等しい**．即ち，**ソレノイドに沿って流れる磁束に正比例する**．興味があるのは，n を整数として $\Phi=2\pi n/e$ の場合であって，位相乗数は 1，$\alpha(l)=1$ となり，このときにはいかなる干渉効果も無いことになる．一般に，もし $\Phi'-\Phi=2\pi n/e$ ならば，異なるふたつの磁束 Φ と Φ' で与えられる場を干渉効果によって区別することはできない (実際には，このような場は，ソレノイドの外部で行ないうるいかなる実験によっても区別できない)．ここに述べた干渉効果を**アハロノフ－ボーム効果**という [107, 108, 153]．

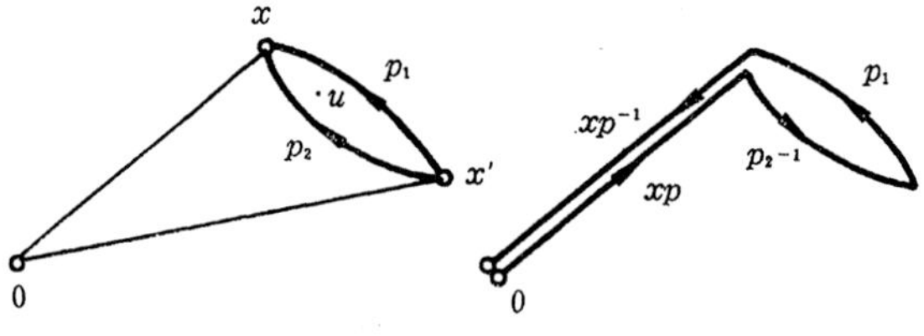

図 20.

* 実際には力学 (運動方程式) を考慮に入れた状態変化を考えなければならない．しかしながら，ふたつの径路を経ての電子の運動が，ソレノイドがつくる場の作用と関係しない点では全く同じであるとするならば，力学を考慮に入れたとき生じる諸効果は位相差を考えるときには相殺する．

注　意

アハロノフ - ボーム場をループ群の表現として表わしたが，これは容易に一般化される．3次元空間内の無限に長いか，または閉じた線の系を見てみよう．それらを，$\gamma_1, \gamma_2, \cdots$ とし，それらに数 $\Phi_1, \Phi_2, \cdots$ を対応させよう．線 γ_j は無限に細いソレノイドの軸を表わしており，それを貫いている磁束が Φ_j であると仮定しよう．次に各ループ l に数 $\alpha(l)=\exp\{ie\sum_j n_j\Phi_j\}$ を対応させる．ここに n_j は線 γ_j のまわりをループ l_0 が何回まわるかを表わす．このとき表現 $\alpha(L)$ はソレノイドからなる所与の系がつくる場を記述する．明らかにこの場を表わすポテンシャル $A_\mu(x)$ を具体的に書き表わすことは非常にこみ入った課題である．この場合には幾何学的に与えられる表現 $\alpha(L)$ を利用する方が簡単である．

我々はひとつの現象，というよりはあるタイプの電磁場を知った．これに対しては，たとえ可能であるにせよ，(特異な)ポテンシャル $A_\mu(x)$ を用いる記述は，ループ群の表現の $\alpha(L)$ を用いる記述にくらべて，見通しはずっと悪い．このことは，今の場合には場が測度0の多様体(今の場合には平面 $x^1=u^1$, $x^2=u^2$) において完全に平均化されていることと本質的に結びついている．このために，問題となる多様体を考察の対象から除き，時空の残りの部分内にあるループを，この除いた多様体に相対的な位相性 (除いた多様体のまわりを，ループは何度回るか) によって特徴づけることにより場の性質をうまく記述できたのである．ミンコフスキー空間において，ソレノイドという糸で覆われた平面を除くと，この空間は非単連結になる．非単連結な空間中ではループは類別(いわゆるホモトピー類)され，異なる類のループは一方から他方へ連続的変形で移ることはできない．アハロノフ - ボームの場を記述する表現 $\alpha(L)$ はこのようなタイプを扱っており，このとき $\alpha(l)$ はループ l_0 の具体的な形によってではなく，このループがいかなるホモトピー類 (今の場合には捨て去った点のまわりを何度回るか) に属しているかだけによって定義される．ループの同値類はいわゆる基本群をなす．今問題としている場合には，**ループ群の表現は基本群の表現に帰せられる．**

次節ではもうひとつの非単連結な空間と，そこにおけるループの表現をとりあげる．その場合には，ミンコフスキー空間から非単連結な空間をつくるのに，部分多様体を捨てるのではなく，ある点を同一視することによってそれを行なう．

§2．円筒位相をもつミンコフスキー空間における場

径路群は普遍的で，曲がった空間を記述するのにも適していることは既に述べた．ここでは時空が，十分に小さな領域ではミンコフスキー空間と何ら変わらないが，全体としてはそれとは異なる位相を持つ場合の，最も簡単な例を見てみよう．この空間 $\mathscr{M}_c$ はミンコフスキー空間 $\mathscr{M}$ から，それにある同一視を導入することによって得られる．即ち，2点 ξ, $\xi'\in\mathscr{M}$ が同値である，$\xi\sim\xi'$ とは，$\xi'=\xi+nc$ のことを言う，としよう．ここに c は一定のベクトルであり，$n\in\boldsymbol{Z}$, 即ち n は整数である．このようにすると**ミンコフスキー空間に**周期 c の**周期性が導入され**，ミンコフスキー空間は，言わば円筒状にまるめられる．因子空間 $\mathscr{M}/\sim=\mathscr{M}_c$ をも時空と考えることにしよう．

空間 $\mathscr{M}$ そのものは，この場合には，補助的役割を演ずる．これは任意の点における $\mathscr{M}_c$ の接空間とみなすことができる．補助的空間 $\mathscr{M}$ の点を文字 ξ, ξ', ……で，物理的空間 $\mathscr{M}_c$ の点を文字 x, x', ……で表わそう．従って $x=\xi+c\boldsymbol{Z}$ は $\mathscr{M}$ の点のひとつの完全な同値類である．この類はその代表 ξ を採れば容易に復元される．

径路群 P の $\mathscr{M}_c$ への作用は，この群の $\mathscr{M}$ への作用が分かっているから，自然に定義される．即ち，

$$px=p(\xi+c\boldsymbol{Z})=p\xi+c\boldsymbol{Z}=x+\Delta p$$

であり，ここに $\Delta[\xi]=\xi(1)-\xi(0)$ は変位ベクトルである．空間 $\mathscr{M}_c$ の点の等方群がもはやループ群 L と一致しないことは明らかである．ループ以外に，c の何倍かの変位ベクトルを持つ径路も等方群に属する．換言すれば，点 O (他の点についても)の等方群は，群

$$L_c=\{p\in P\,|\,\Delta p\in c\boldsymbol{Z}\}$$

である．変位ベクトル $\Delta\sigma=c$ をもつある径路 $\sigma\in P$ を選んで固定しよう．こうすると等方群の任意の元は $l_c=\sigma^n l$ と書くことができる．ここに，$n\in\boldsymbol{Z}$, $l\in L$ である．

次に一般論(第6章，§4.5)に従えば，空間 $\mathscr{M}_c$ における粒子の理論を構成するためには，群 L_c の表現を見出してそれを群 P 上に誘導しなければならない．このようにして得られる表現は粒子の状態の時空記述を可能にする．従って，さしあたっての課題は群 L_c の表現を得ることにある．このためには群 $L\subset L_c$ が不変であること：$\sigma L\sigma^{-1}=L$ という事実が役に立つ．

$\alpha_c(l_c)=\alpha_c(\sigma^n l)$ はある空間 $\mathscr{L}$ における群 L_c の表現であるとしよう．$\alpha_c(\sigma)=C$ とする．このとき表現 α_c を，σ^n の形をもつ元の部分群に制限すると極めて簡単な形：$\alpha_c(\sigma^n)=C^n$ となる．他の部分群 $L\subset L_c$ に制限すれば，ループ群の表現 $l\mapsto\alpha_c(l)$ となる．前章ではこの群のある表現を調べて，順序指数関数による表現

$$\alpha(l)=P\exp\left\{i\int_{l_0} A_\mu(\xi)\,d\xi^\mu\right\} \tag{2.1}$$

がミンコフスキー空間におけるゲージ場(もし $A_\mu(\xi)$ が，単なる数ならば電磁場)を記述することを知った．時空 $\mathscr{M}_c$ 上のゲージ場は $\alpha_c(l)=\alpha(l)$ が(2.1)の型の順序指数関数となるような表現 $\alpha_c(L_c)$ によって記述されると仮定するのが自然である．

$\alpha_c(\sigma)=C$ であることと，ループ群の表現 $\alpha_c(L)=\alpha(L)$ が既知であれば，表現 $\alpha_c(L_c)$：

$$\alpha_c(l_c)=\alpha_c(\sigma^n l)=C^n\alpha(l) \tag{2.2}$$

が得られる．従って時空 $\mathscr{M}_c$ 上でゲージ場を与えるためには，作用素 C とミンコフスキー空間上のゲージ場 $\alpha(L)$ を与えれば十分である．しかしながら，後者は任意ではあり得ない．実際，任意のループ $l\in L$ に対して $\sigma l\sigma^{-1}$ は再びループとなるから，関係

$$\alpha(\sigma^{-1}l\,\sigma)=C^{-1}\alpha(l)C \tag{2.3}$$

が満たされねばならない．これがゲージ場 $\alpha(L)$ に課せられる条件である．

もしこの条件が満たされるならば，公式(2.2)は群 L_c の表現を定義する．条件(2.3)はポテンシャル $A_\mu^{(c)}(\xi)=A_\mu(\xi+c)$ がポテンシャル $A_\mu(\xi)$ から得られることを意味している．このゲージ変換を定義する位相関数を $V(\xi)$ とすれば，(2.3)から $V(0)=\alpha(\sigma)C^{-1}$ および

$$A_\mu(\xi+c)=V(\xi)A_\mu(\xi)V^{-1}(\xi)-iV_{,\mu}(\xi)V^{-1}(\xi) \tag{2.4}$$

が出る．

物理的条件(2.3)と(2.4)は，周期 c だけの移動をミンコフスキー空間で行なってもゲージ場 $\alpha(L)$ は変化しないことを意味している．このことは，$\alpha(L)$ が $\mathscr{M}_c$ 上のゲージ場を記述するためにだけ有用なものであるから当然である．ポテンシャル $A_\mu(\xi)$ はその際必ずしも周期関数とは限らない．一般的には，それはもっと弱い条件(2.4)を満たすに過ぎない．即ち，それはゲージまでの正確さで周期的である．

今度は時空 $\mathscr{M}_c$ におけるゲージ場の中を運動する粒子を見てみよう．これらの粒子の局所的性質は，明らかに誘導表現 $U(P)=\alpha_c(L_c)\uparrow P$ によって記述される．表現 U が作用する空間 $\mathscr{H}$ を標準的に実現するのは関数 $\Psi : P\to\mathscr{L}$ であって，これは構造条件

$$\Psi(p\,l\,\sigma^n)=\alpha_c(\sigma^{-n}l^{-1})\Psi(p)=C^{-n}\alpha(l^{-1})\Psi(p)$$

を満たすものである．表現 U はこのような関数に左移動として作用する：

$$(U(p)\Psi)(p')=\Psi(p^{-1}p').$$

ここで局所的波動関数に移ろう．そのために関数，

$$\alpha(p)=\alpha(p)_o=P\exp\{i\int_{p_0} A_\mu(\xi)d\xi^\mu\}$$

を利用して $\psi(p)=\alpha(p)\Psi(p)$ と置く．容易に分かるように，このようにして導入された関数は任意の $l\in L$ に対して $\psi(pl)=\psi(p)$ を満たす．即ち，関数 ψ は剰余類 pL 上で一定の値をもち，それ故これらの類の関数，あるいは同じことだが，ミンコフスキー空間の点の関数であるとしてよい．$\psi(\xi)=\alpha(\xi_p)\Psi(\xi_P)$ と書こう．ここに ξ_P は O から点 $\xi\in\mathscr{M}$ に向かう任意の径路である．このようにして $\mathscr{M}_c$ における粒子の状態は空間 $\mathscr{M}$ 上で与えられた波

動関数によって記述される．構造条件により，それに対して

$$\psi(\xi+c)=V(\xi)\psi(\xi) \tag{2.5}$$

となる．ここで，

$$V(\xi)=\alpha(\xi_P\,\sigma)C^{-1}[\alpha(\xi_p)]^{-1}$$

は公式(2.4)に現れた位相関数である．表現 $U(P)$ の作用で関数 $\psi(\xi)$ は次のように変換される：

$$(U(p)\psi)(\xi)=\alpha(p)^{\xi}_{\xi-\Delta p}\psi(\xi-\Delta p)$$

即ち，表現の生成元は共変微分である．

ポテンシャルが 0，$A_\mu\equiv 0$ で特徴づけられる表現を特に見てみよう．この場合には，

$$\psi(\xi+c)=C^{-1}\psi(\xi),\quad (U(p)\psi)(\xi)=\psi(\xi-\Delta p) \tag{2.6}$$

となる．このように，この場合には関数の変換はその引数の移動だけであり，関数それ自身は**準周期性**の条件 (2.6) を満たす．それほど昔のことではないが，波動関数が $\mathscr{M}_c$ 自身の上ではなく，それを被覆する空間 $\mathscr{M}$ 上で与えられ，この空間上で波動関数が準周期性を持つ粒子が論文[109—112]で考察された(これらの論文で考察されたのは C が数である場合であった)．そのような**粒子**は**捩れている**と称された．以上述べたところから，**捩れた粒子というのは特殊なゲージ場*中のありふれた粒子であるということなる．**このような場は，ポテンシャルは 0 であるが，C は 1 とは異なる作用素になるという特徴をもっている．これはアハロノフ－ボーム効果(前節を見よ)を表わす電磁場と共通点が多い．多分，(2.6) で表わされる状況は，特殊なゲージ場と，ゲージ荷をもつ普通の粒子と解した方が利点が多く，後ではこの観点に帰ることになろう．ここでは，ある計算を行なうために《捩れた粒子》という語に基く解釈を利用することにしよう．

その状態が，$C^{-1}=e^{i\Omega}$ である場合の準周期的波動関数によって記述される

---

*　この場合，《捩れた粒子》という語を論文[109]とは別の意味で用いているのは確かである．以下の注意を見よ．

《捩れた粒子》を見てみよう．ここにΩは数パラメーターである．このような粒子の**エネルギー・運動量テンソル**の真空期待値を見出そう．計算は$\Omega=0$，πに対して[111]と同じように行なう．

質量をもたない荷電スカラー場のエネルギー・運動量テンソルは

$$T_{\mu\nu}(\xi)=\frac{\partial\overline{\varphi}}{\partial\xi^{\mu}}\frac{\partial\varphi}{\partial\xi^{\nu}}+\frac{\partial\overline{\varphi}}{\partial\xi^{\nu}}\frac{\partial\varphi}{\partial\xi^{\mu}}-\eta_{\mu\nu}\eta^{\kappa\lambda}\frac{\partial\overline{\varphi}}{\partial\xi^{\kappa}}\frac{\partial\varphi}{\partial\xi^{\lambda}}$$

に等しい．これは

$$T_{\mu\nu}(\xi)=\lim_{\xi'\to\xi}L_{\mu\nu}\overline{\varphi}(\xi)\varphi(\xi') \tag{2.7}$$

の形に書ける．ここに微分作用素

$$L_{\mu\nu}=(\delta^{\kappa}_{\mu}\delta^{\lambda}_{\nu}+\delta^{\kappa}_{\nu}\delta^{\lambda}_{\mu}-\eta_{\mu\nu}\eta^{\kappa\lambda})\frac{\partial}{\partial\xi^{\kappa}}\frac{\partial}{\partial\xi'^{\lambda}}$$

を導入してある．もし点ξとξ'の隔りが常に空間的であるならば，公式(2.7)における場の作用素の積はT-積に，即ち時間的に順序づけられた積に変えることができる．これを行なった後で場φの真空に関して公式(2.7)を平均化し，**因果グリーン関数（伝播因子）**，

$$D_{\mathrm{caus}}(\xi-\xi')=-i\langle 0|T\overline{\varphi}(\xi)\varphi(\xi')|0\rangle$$

を用いると，エネルギー・運動量の真空期待値，

$$\langle 0|T_{\mu\nu}(\xi)|0\rangle=-i\lim_{\xi'\to\xi}L_{\mu\nu}D_{\mathrm{caus}}(\xi-\xi')$$

が得られる．因果グリーン関数に対する表式を代入しなければならないが，これは質量のないスカラー粒子に対しては非常に簡単な形を持っている：

$$D_{\mathrm{caus}}(a)=-\frac{i}{8\pi^2}\frac{1}{(a,\ a)-i0}.$$

このようにして，

$$\langle T_{\mu\nu}(\xi)\rangle_0=-\frac{1}{8\pi^2}L_{\mu\nu}\frac{1}{(\xi-\xi',\ \xi-\xi')}$$

が得られる．（特異点を迂回する規則は我々にとってどうでもよい）．

得られた表式はミンコフスキー空間$\mathscr{M}$における場に対して正しいものである．空間$\mathscr{M}_c$における表式を得るためには，次のことに注意しさえすればよい：粒子が点$x'\in\mathscr{M}_c$から点$x\in\mathscr{M}_c$へ伝わるということは，すべての点$\xi'+nc$，$n\in\boldsymbol{Z}$，から点$\xi\in\mathscr{M}$へ伝わることであるとみなすことができる．このような各点からの伝播は，伝播因子$D_{\mathrm{caus}}(\xi-\xi'-nc)$によって表わされる．このようにして得られる伝播の確率振幅をすべて足し合わさなければならないが，その際，場の作用素$\varphi(\xi)$に課せられた準周期性の条件から生じる重み乗数$e^{in\Omega}$を乗じて加え合わせなければならない．結果として，空間$\mathscr{M}_c$における因果的伝播因子に対する表式，

$$D^c_{\mathrm{caus}}(\xi-\xi')=-\frac{i}{8\pi^2}\sum_{n=-\infty}^{\infty}\frac{e^{in\Omega}}{(\xi-\xi'-nc,\ \xi-\xi'-nc)}$$

が得られる．この関数を作用素 $L_{\mu\nu}$ で微分すると，エネルギー・運動量テンソルの，空間 $\mathscr{M}_c$ における真空期待値：

$$<T^c_{\mu\nu}(\xi)>_0=-i\,L_{\mu\nu}\,D^c_{\mathrm{caus}}(\xi-\xi')$$

が得られる．

上に得られたふたつの表式 $<T_{\mu\nu}(\xi)>_0$ と $<T^c_{\mu\nu}(\xi)>_0$ は場の量子論に特有の無限大を含んでいることをここで思い出すべきである．意味のある表式は何らかの正則化，即ち無限大を捨て去る手続きのあとではじめて得られる．今の場合には，これは簡単に実行できる．要点は，無限大が極めて近い距離にある場の振舞いから生じ，一方このような距離では空間 $\mathscr{M}_c$ は $\mathscr{M}$ と異ならないという点にある．それ故，エネルギー・運動量テンソルの無限大は空間 $\mathscr{M}$ と $\mathscr{M}_c$ で一致すると考えてよい．即ち $\mathscr{M}_c$ におけるエネルギー・運動量テンソルに対する表式を正則化するには，$\mathscr{M}$ におけるエネルギー・運動量テンソルに対する表式をそれから引けばよい．これにより

$$<T^{c,\mathrm{reg}}_{\mu\nu}(\xi)>_0=-\frac{1}{8\pi^2}L_{\mu\nu}\sum_{\substack{n=-\infty\\ n\neq 0}}^{\infty}\frac{e^{in\Omega}}{(\xi-\xi'-nc,\ \xi-\xi'-nc)}$$

を得る．この表式は空間的ベクトル c に対してのみ正しい，というのは２点が空間的に隔っている場合にのみ適用できる手続きを用いたからである．

さらに，簡単な計算を行なうと表式

$$<T^{c,\mathrm{reg}}_{\mu\nu}(\xi)>_0=-\frac{1}{\pi^2(c,\ c)^2}\left[4\frac{c_\mu c_\nu}{(c,\ c)}-\eta_{\mu\nu}\right]\sum_{n=1}^{\infty}\frac{\cos n\pi}{n^4}$$

に達する．ここに現れた級数は和をとることができて，最終的には（$0\leqq\Omega\leqq 2\pi$ のとき），

$$<T^{c,\mathrm{reg}}_{\mu\nu}(\xi)>_0=\frac{1}{\pi^2(c,c)^2}\left[4\frac{c_\mu c_\nu}{(c,\ c)}-\eta_{\mu\nu}\right]\times\left(\frac{\pi^4}{90}-\frac{\pi^2\Omega^2}{12}+\frac{\pi\Omega^3}{12}-\frac{\Omega^4}{48}\right) \tag{2.8}$$

となる．$\Omega=0,\pi$ のときには，これは[111]の結果と一致する（正確には，そこで得られている結果の２倍になっているが，それは中性粒子ではなく荷電粒子を対象としたからである）．

空間 $\mathscr{M}_c$ におけるゲージ場がベクトル・ポテンシャル $A_\mu(\xi)$ によって表わされ，粒子は波動関数 $\psi(\xi)$ によって記述されるという一般の場合に戻ろう．一般にはポテンシャルは《ゲージ (2.4) の範囲で周期的》であり，波動関数は《準周期的》(2.5) である．ところで今度は，ゲージを変えることによっ

て，ポテンシャルも波動関数もともに周期的となるようにすることが常に可能であることを示そう．実際，位相関数 $V_1(\xi)$ を用いて新しいポテシシャルに移り，このポテンシャルが周期的：

$$A'_\mu(\xi+c)=A'_\mu(\xi)$$

となるように位相関数を選ぼう．式(2.4)を考慮に入れれば容易に分かるようにこれは可能であって，そのためには関数 $V_1(\xi)$ を $V_1^{-1}(\xi)V_1(\xi+c)V(\xi)$ が ξ に依存しないように，かつすべての $A_\mu(\xi)$ と可換となるように選べばよい．このような関数は常に見出すことができ，しかも非常に大きな任意性をもっている．

新しいポテンシャルを用いて関数 $\alpha'(p)$ を構成することができる．条件(2.3)から

$$\alpha(\sigma)C^{-1}=e^{i\Omega}$$

が全ての $\alpha'(l)$ と可換な作用素であることが出る．式(2.5)に類似の条件を $\alpha'(p)$ と $\psi'(\xi)$ に対して書けば，

$$\psi'(\xi+c)=e^{i\Omega}\psi'(\xi)$$

が得られる．今や周期性をもつポテンシャル A'_μ と準周期的な波動関数 $\psi'(\xi)$ を得たわけである．しかし後者が周期的ではないことを表わす作用素 $e^{i\Omega}$ はすべての $A_\mu(\xi)$ と交換する．即ちこれは，空間 $\mathscr{L}$ において作用するゲージ群の表現の中心に属する．

ここでもう一度位相関数 $V_2(\xi)=\exp\{-i\Omega(\xi,c)/(c,c)\}$ によるゲージ変換を行なう．この変換の後ではポテンシャルも粒子の波動関数も周期的になる，

$$A''_\mu(\xi+c)=A''_\mu(\xi),\quad \psi''(\xi+c)=\psi''(\xi).$$

これは容易に確かめることができる．

かくして，ベクトル・ポテンシャル $A_\mu(\xi)$ が周期的となるように，従ってそれを(被覆空間 $\mathscr{M}$ 上でなく) $\mathscr{M}_c$ 上の場とみなすことができるように，空間 $\mathscr{M}_c$ において適当なゲージを選ぶことは常に可能である．このとき，ゲージ荷をもつ粒子を記述する波動関数も同時に周期的にできる．この関数の空間において，表現 U の作用は共変微分によって生成される．従ってミンコフ

スキー空間に固有な通常の描像と同じものが得られるのであり，違いはすべての関数が周期的であることだけである．ところで，今の場合には強さが 0，$F_{\mu\nu}'' \equiv 0$ である場が 0 とは異なるポテンシャルで記述されていることは重要である．もし 0 のポテンシャルに移ろうとすれば，$\psi''(\xi)$ が準周期的となるのは避けられない．

注 意

上でふたつの関数 $A_\mu(\xi)$, $\psi(\xi)$ を周期的にすることができた事実は，$\mathscr{M}_c$ 上の複素ファイバー束が自明であることと結びついている．アイシエム[109]の用語では，これはねじれが存在しないことを意味している．$\mathscr{M}_c$ において捩れが許されるのは実数の場だけであって複素場には許されない．しかし公式(2.8)の示すところでは，我々が考察した複素的(荷電)場は物理的観点からは捩れた中性の場に完全に類似である([112]をも見よ).

我々は，局所的にはミンコフスキー空間と異ならないが，全体としては，**非ユークリッド位相**をもつという点でそれとは異なる空間における場と粒子を見てきた．用いた方法を他の位相をもつ局所的に平らな空間に容易に拡張できることは明らかである．このような空間 $\mathscr{M}'$ はどれも，$\mathscr{M}$ からある同値関係に基く類別，即ちある点を同一視することによって得られる．径路群を応用するためには，この同一視を径路を用いて記述すれば，即ち時空の等方群 L' を見出せば十分である．この等方群は必ずループ群 L を含んでおり，その上他の元をも含んでいる．空間 $\mathscr{M}'$ における場の研究は群 L' の研究に帰するが，この研究それ自身は因子群 L'/L の研究に帰着する．すべての分析は誘導表現の理論という方法で行なうことができる[37]．

§3* 周期的電磁場におけるブロッホの波動関数

前節では円筒状にまるめられたミンコフスキー空間，即ち《周期的》幾何学を伴う空間における場と粒子を見た．今度は，本質的には同じ数学的道具が，幾何学は通常のものであるが，場が周期性を持つ場合の粒子を記述することを示そう．この方法によって，準運動量によって特徴づけられるブロッホの波動関数の，群論的見地からの記述が得られる．

前節では，ミンコフスキー空間 $\mathscr{M}$ に点の同一視 $\xi\sim\xi+nc$ を行なって得られる空間 $\mathscr{M}_c$ を考察した．ここに $n\in Z$ は整数であり，c はミンコフスキー空間における一定のベクトルで周期を表わすものである．空間 $\mathscr{M}_c$ の点の等方群は群 L_c であって，これは $l_c=\sigma^n l$ の形の元からなる．ここに $l\in L$, $n\in Z$ であり，σ は周期に相当する変位をもつ径路，すなわち，その変位ベクトルが $\Delta\sigma=c$ となる径路である．空間 $\mathscr{M}_c$ におけるゲージ場は，

$$\alpha_c(\sigma^n l)=C^n\,\alpha(l)$$

を満たす表現 $\alpha_c(L_c)$ によって記述されることが分かっている．ここに $\alpha(L)$ はミンコフスキー空間におけるゲージ場(即ち $\alpha(l)$ は順序指数周数)である．この場は条件

$$\alpha(\sigma^{-1}\,l\,\sigma)=C^{-1}\,\alpha(l)\,C$$

によって作用素 C と結ばれており，この式はミンコフスキー空間上のゲージ場 $\alpha(L)$ が周期的であることを表すものである(それに反し，そのベクトル・ポテンシャルはゲージ変換までの正確さで周期的であるに過ぎない)．場 $\alpha_c(L_c)$ の中を運動する粒子は表現 $\alpha_c(L_c)\uparrow P$ によって記述される．

ここでは，作用素 C(とそれが作用する空間)を適当に選ぶと表現 $U(P)$ は，通常のミンコフスキー空間内の周期的場の中で運動する粒子を記述することを示そう．簡単のため最も単純なアーベル的ゲージ場，即ち電磁場の場合だけを見てみることにしよう．

$\alpha(l)$ はミンコフスキー空間において周期 c をもつ周期的電磁場であるとしよう．周期性の条件は，

$$\alpha(\sigma^{-1}\,l\,\sigma)=\alpha(l) \tag{3.1}$$

の形に書ける．ここに σ は周期に相当する変位をもたらす径路，$\Delta\sigma=c$ とする．場がアーベル的(電磁場)であるという事実は，$\alpha(l)$ が数であって作用素ではないことを意味する．この場における粒子は，いつものように，誘導表現 $U(p)=\alpha(L)\uparrow P$ により記述される．

この表現を分析するためには，以前に定義した補助的な働きをする群 L_c

が必要である．今の場合には，これは，もはや点の等方部分群としての意味をもたないことは勿論である．**誘導の推移性**または**段階的誘導**についての定理を利用しよう．この定理によれば，まず第1に何かある部分群に誘導を行ない，次いで得られた表現を全群に誘導しても誘導の結果に変わりは無い(例えば[37]を見よ)．我々にとって，これは，

$$U(P)=\alpha(L)\uparrow P=(\alpha(L)\uparrow L_c)\uparrow P$$

を意味する．$\alpha_c(L_c)=\alpha(L)\uparrow L_c$ と書くことにすれば，$U(P)=\alpha_c(L_c)\uparrow P$ である．

次の段階は表現 $\alpha_c(L_c)$ を分析し，その中の既約表現 $\alpha_c^\theta(L_c)$ をとり出すことである．このとき $U_\theta(P)=\alpha_c^\theta(L_c)\uparrow P$ は $U(P)$ の既約な部分表現である．これは，周期性をもついわゆる**ブロッホ関数**のつくる空間において作用することが示される．以上述べたところから明らかなように，表現 $U(P)$ の表現空間に属する任意の関数，即ち粒子の任意の波動関数は，ブロッホ関数を用いて展開することができる．

正準表現 $\alpha_c(L_c)=\alpha(L)\uparrow L_c$ は，構造条件 $\Phi(l_c l)=\alpha(l^{-1})\Phi(l_c)$ を満たす関数 $\Phi: L_c\to \boldsymbol{C}$ の空間 $\mathscr{F}$ において左移動として作用する．この表現が可約であることを示し，既約表現に分解するのはむつかしくない．既約な部分表現 $\alpha_c^\theta(L_c)$ は

$$\Phi_\theta(\sigma^n l)=e^{-in\theta}\alpha(l^{-1})\Psi_\theta \tag{3.2}$$

の形をもつ関数の空間において作用するが，これらの関数はひとつの数 Ψ_θ により完全に定義される．このような関数に左移動をほどこすと，容易にかつ直接的に確かめることができるように，それらは公式

$$\begin{aligned}\alpha_c^\theta(l)\Phi_\theta&=\alpha(l)\Phi_\theta\\ \alpha_c^\theta(\sigma)\Phi_\theta&=e^{i\theta}\Phi_\theta\end{aligned} \tag{3.3}$$

に従って変換される．任意の関数 $\Phi\in\mathscr{F}$ は，関数 $\Phi_\theta\in\mathscr{F}_\theta$ を θ について積分したものとして表現される．即ち表現 α_c は表現 α_c^θ, $\theta\in R$ の直積分に分解される．

表現 $U(P)=\alpha_c(L_c)\uparrow P$ に移ろう．これは，構造条件 $\varphi(pl)_c=\alpha_c(l_c^{-1})\varphi(p)$

を満たす関数 $\varphi : P \to \mathscr{F}$ の空間において左移動として作用する．空間 $\mathscr{F}$ に対して正準実現を用いると分かるように，ベクトル φ は構造条件

$$\varphi(p,\ l_c l) = \alpha(l^{-1})\varphi(p,\ l_c)$$

$$\varphi(pl_c,\ l_c') = \varphi(p,\ l_c l_c')$$

を課せられた2変数の(数値)関数と解することができる．表現 $U(P)$ はこのような関数に左移動として作用する．

今度は表現 $U_\theta(P) = \alpha_c^\theta(L_c)\uparrow P$ を見てみよう．これは，関数 $\varphi_\theta : P \to \mathscr{F}_\theta$ の空間で作用する．即ち，第2変数に関しては，関数 φ_θ は特殊な形(3.2)を持たなければならない：

$$\varphi_\theta(p,\ \sigma^n l) = e^{-in\theta}\,\alpha(l^{-1})\Psi_\theta(p) \qquad (3.4)$$

このとき関数 $\varphi_\theta(p, l_c)$ に課せられた第1の条件は自動的に満たされ，第2の条件は関数 $\Psi_\theta(p)$ に対する条件：

$$\Psi_\theta(p\,\sigma^n l) = e^{-in\theta}\,\alpha(l^{-1})\Psi_\theta(p) \qquad (3.5)$$

を与える．

以上で表現 $U(P)$ も，その既約成分 $U_\theta(P)$ も得られたことになる．しかし，この表現を物理的に解釈するためには，ループの部分群から誘導された表現 $U(P) = \alpha(L)\uparrow P$ としてそれを実現する必要がある．この表現の正準実現は，構造条件 $\Psi(pl) = \alpha(l^{-1})\Psi(p)$ を伴う関数 $\Psi : P \to \boldsymbol{C}$ の空間 $\mathscr{H}$ において左移動として作用する．他方，局所的関数による実現は公式 $\psi(x) = \alpha(x_p)\Psi(x_P)$ により得られる．ここに x_p は点 O から点 $x \in \mathscr{M}$ にいたる任意の径路である．関数 Ψ または ψ は粒子の波動関数であり，その上局所的関数 $\psi(x)$ は粒子の状態の時空記述をもたらす．局所的関数 $\psi(x)$ の空間における表現 $U(p)$ の作用は，共変微分を用いて公式，

$$U(p) = P\ \exp\{-\int_p d\xi^\mu \nabla_\mu\}$$

により定義される．

表現 $U(P)$ はふた通りの方法で得られたわけであるが，それらの異なる実現方法の間に関係をつけなければならない．関数 $\Psi(p)$ と2変数関数 $\varphi(p,$

l_c)に課せられた条件を分析し，表現 $U(P)$ は引数 p による左移動としてどちらにも作用することを考慮すると，これらの関数の間の関係：$\varphi(p, l_c)=\Psi(pl_c)$ が分かる．この関係式そのものによって表現 $\alpha_c(L_c)\uparrow P$ と $\alpha(L)\uparrow P$ が同一視される．これらのうちはじめの表現については既に既約分解が行なわれているから，第2の表現の既約分解が自動的に得られ，それが物理的解釈を有するのである．

既約成分を見出すには，(3.4)の形をもつ関数 $\varphi_\theta(p, l_c)$ をとり，それに対応する1変数の関数を見出せばよい．容易に分かるように，これは既に公式(3.4)に現れた関数 $\Psi_\theta(p)$ に他ならない．最終的に結論すれば，表現 $U_\theta(P)$ は条件(3.5)を満たす関数 $\Psi_\theta(p)$ の空間において左移動として作用する．対応する局所的関数 $\psi_\theta(x)$ に移れば，それに対しては条件(3.5)の代わりに，次の**準周期性**の条件：

$$\psi_\theta(x+c)=e^{-i\theta}\,V(x)\psi_\theta(x) \tag{3.6}$$

が満たされていることを確かめることができる．ここに記号*，

$$V(x)=\alpha(x_p\,\sigma)[\alpha(x_p)]^{-1}$$

が導入してある．ポテンシャルのゲージを適当に選ぶと，条件(3.6)を簡単化できる．前節で証明したように，ポテンシャル $A_\mu(x)$ が周期的となるようにゲージを選ぶことは常に可能である．もし，その上に $\alpha(\sigma)=1$ ならば $V(x)\equiv 1$ となり，

$$\psi_\theta(x+c)=e^{-i\theta}\,\psi_\theta(x) \tag{3.6'}$$

となる．

このようにして部分表現 $U_\theta(P)\subset U(P)$ が作用する波動関数の部分空間 $\mathscr{H}_\theta\subset\mathscr{H}$ を記述することができる．この部分空間に属する関数は準周期性の条件(3.6)または(ゲージを特別に選んだ場合には)(3.6′)を満たす．条件(3.6′)を満たす関数は**ブロッホ関数**と呼ばれる．このような性質をもつ波動関数は周期的な場における粒子の運動(例えば結晶中の電子の運動)を記述するのに用いられる．

---

* 場の周期性の条件(3.1)は，ベクトル・ポテンシャルがゲージ変換までの正確さで周期的であることを意味する．$V(x)$ はこのゲージ変換の位相関数である．

注 意

通常は，ブロッホ関数を特徴づけるのに，パラメーター θ のかわりに $(k, c)=\theta$ で定義される準運動量ベクトル k が用いられる．このとき条件 (3.6′) は

$$\psi_\theta(x+c)=e^{-i(k,c)}\,\psi_\theta(x)$$

の形となる．一般に場が0である場合には，一定の運動量 k をもつ粒子の状態を記述する波動関数の性質はこのような公式によって表される．その際には，ずれを表わすベクトル c は任意である．周期的な場の中の粒子に対しては，この公式は周期に相当するずれベクトル，またはその何倍かのずれベクトルに対してだけ有効である．

本章では，大域的性質を切り離して粒子の局所的性質だけを見ることにしよう．特に，粒子が従うべき力学的原理(波動関数に対する運動方程式)をそれとして調べることはしない．これについては第9章で述べるつもりである．それにもかかわらず，ここで力学的原理と関係する若干の説明を行なわなければならない．通常，ブロッホ関数は，力学の原理がハミルトニアンによって記述される非相対論的課題に現れるものである．その場合には，ブロッホ関数は，ハミルトニアンと周期に相当するずれ作用素との同時固有関数として定義される．その際，ふたつの作用素の同時固有関数が存在しうるという事実そのものが本質的である．我々は力学的原理をそれとして述べることなくブロッホ関数を得た．それ故，そのブロッホ関数が力学的原理と調和するのかという問題が生じる．換言すれば，運動方程式を満たすと同時に (3.6) または(3.6′)の性質をもつ関数は存在するのであろうか．

この問に対して次のように答えることができる．もし，ベクトル・ポテンシャル $A_\mu(x)$ が共変微分を通してのみ運動方程式中に現れるならば，そのような関数は存在する．というのは，この場合には (第9章で証明を行なうつもりである) 力学的ポテンシャルを径路積分の概念によって定式化することができ，このポテンシャルの中へ，場は作用素 $U(p)$ (既に述べたように，こ

れらの作用素は共変微分の順序指数関数の形で表わされる）を介してのみ入ってくる．従って条件(3.6)は，作用素 $U(p)$ がこの条件を壊さないとき，またそのときに限って，力学的原理と両立する．ところで，条件 (3.6) を導く手続きはこのことを保証している．実際，条件 (3.6) は，部分表現 $U(P)$ が作用する部分空間 $\mathscr{H}_\theta \subset \mathscr{H}$ の元である関数を特徴づける条件として導かれたのであった．これはまさに，部分空間 $\mathscr{H}_\theta$ が作用素 $U(p)$ に関して不変であることを意味する．

注　意

これまで常にミンコフスキー空間について語ってきたし，力学の原理という場合には相対論的原理(例えば相対論的運動方程式)を念頭に置いてきた．ところで，非相対論的理論をつくることも可能である．これに対しては $\mathscr{M}$ として3次元のユークリッド空間をとり，そこにおける径路群を調べなければならない．このときループの部分群の表現は3次元のベクトル・ポテンシャル $\boldsymbol{A}(x)$ で与えられ，それ故，それは磁場の記述となる．このことは本章で考察したすべての例，例えば，アハロノフ-ボーム効果についても，また第6章の一般的結論についても言えることである．

§4* 2重周期をもつ場における一般化されたブロッホ関数

今度は時空で2重周期をもつ電磁場を見てみよう．目的は，このような場における粒子の状態を記述する波動関数の性質を調べることである．もっと具体的に言えば，周期の分だけの並進に関するこれらの関数の性質を調べることである．この課題に着手する前に，幾何学がこのような周期性をもつ時空における粒子を記述する場合の補助的課題を見てみよう．

$\mathscr{M}_c = \mathscr{M}/\sim$ はミンコフスキー空間から，点の同一視 $x \sim x + n_1c_1 + n_2c_2$ によって得られるものとしよう．ここに c_1, c_2 はふたつの定ベクトルであり，$n_1, n_2 \in \boldsymbol{Z}$ である．この場合，点 $O_c \in \mathscr{M}_c$ の等方部分群 L_c は，

$$l_c = \sigma_2{}^{n_2}\,\sigma_1{}^{n_1} l$$

の形の元からできている．ここに $l\in L$；n_1, $n_2\in Z$ であり，σ_1 と σ_2 は周期分だけの並進をもたらす径路であり，従って $\Delta\sigma_1=c_1$, $\Delta\sigma_2=c_2$ である．

一重周期の場合との本質的差違は，周期分だけのずれをひきつづいて行なうとループになることがある，ということである．かくして要素的細胞の辺に沿ってずれを行なうと，ループ（図21），

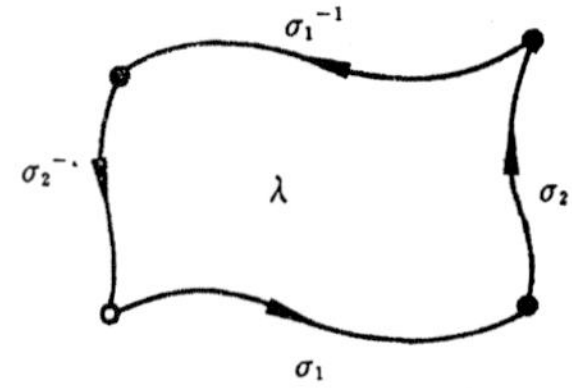

図 21.

$$\lambda=\sigma_2^{-1}\,\sigma_1^{-1}\,\sigma_2\,\sigma_1$$

が得られる．周期を変位にもつずれ σ_1, σ_2(およびそれらの逆)を，いろいろに組合せると異なるループからなる集合が得られる．このようなループはどれも，$p^{-1}\lambda^n p$ の形をもつ投縄の積として表わすことができる．ここに p もまた周期分だけのずれの積の形に書くことができる．それ故，この種のループは常に λ を用いて表わすことができる．ループ λ は周期の交換則：

$$\sigma_2\,\sigma_1=\sigma_1\,\sigma_2\,\lambda \tag{4.1}$$

を表わす．即ち，この交換則を用いると，等方部分群の任意の元は，標準的な $l_c=\sigma_2{}^{n_2}\,\sigma_1{}^{n_1}\,l$ の形に表わされることが証明できる．

空間 $\mathscr{M}_c$ のゲージ場を記述するには等方部分群 $\alpha_c(L_c)$ を与えればよい．この表現をループの部分群に制限して得られる $\alpha_c(l)=\alpha(l)$ は通常の仕方で順序指数関数により表わされる．さらに $\alpha_c(\sigma_1)=C_1$, $\alpha_c(\sigma_2)=C_2$ と書くことにしよう．このとき等方部分群の任意の元の表現は

$$\alpha_c(l_c)=\alpha_c(\sigma_2{}^{n_2}\sigma_1{}^{n_1}l)=C_2{}^{n_2}C^{n_1}\alpha(l) \tag{4.2}$$

である．従って空間 $\mathscr{M}_c$ におけるゲージ場は作用素 C_1, C_2 と空間 $\mathscr{M}$ におけるゲージ場の $\alpha(L)$ とによって与えられることになる．しかし $\sigma(L)$ は任意ではありえず，一定の仕方で作用素 C_1, C_2 と調和しなければならない．表現の性質から直ちに得られるように，次の関係が満たされなければならない．

$$\begin{aligned}\alpha(\sigma_1^{-1}\,l\,\sigma_1)&=C_1^{-1}\,\alpha(l)\,C_1\\ \alpha(\sigma_2^{-1}\,l\,\sigma_2)&=C_2^{-1}\,\alpha(l)\,C_2\\ \alpha(\lambda)&=C_2^{-1}\,C_1^{-1}\,C_2\,C_1.\end{aligned} \tag{4.3}$$

交換関係 (4.1) を用いて証明できるように，これらの条件は必要かつ十分である．即ちこれらの条件が満たされていれば表式(4.2)は群 L_c の表現となる．

公式(4.2)と(4.3)は群 L_c の表現を，即ち空間 $\mathscr{M}_c$ におけるゲージ場を与える．更に，この場の中における粒子を記述するには，誘導表現 $U(P)=\alpha_c(L_c)\uparrow P$ をつくればよい．これは標準的仕方で実行できるから，主たる問題は表現 $\alpha_c(L_c)$ を得ることにある．この表現についてもう少し触れておこう．

公式 (4.3) のはじめのふたつの式は，表現 $\alpha(L)$ によって記述されるミンコフスキー空間のゲージ場が2重の周期，c_1，c_2 をもつことを示している．このとき，ポテンシャル $A_\mu(\xi)$ は周期的でないこともありうる．ある場合にはこのポテンシャルは，いかなるゲージ変換によっても周期的にできない．さらに公式(4.3)の第3式の示すところによれば，もし $\alpha(\lambda)\neq 1$ であれば作用素 C_1 と C_2 は可換ではありえない．この場合，表現 $\alpha_c(L_c)$ は1次元ではありえない．

すべての $l\in L$ に対して $\alpha_c(l)=\alpha(l)\cdot 1$ である場合を見てみよう．ここに $\alpha(l)$ はループの1次元表現，即ちアーベル的ゲージ(電磁)場である．この場合には条件(4.3)は，

$$\alpha(\sigma_1^{-1}l\,\sigma_1)=\alpha(\sigma_2^{-1}l\,\sigma_2)=\alpha(l) \tag{4.4}$$

$$C_2^{-1}C_1^{-1}C_2C_1=e^{i\Omega} \tag{4.4'}$$

のように書き直すことができる．ここに $\alpha(\lambda)=e^{i\Omega}$ である．のちほど問題とするのはまさにこの場合である．条件 (4.4) は，ミンコフスキー空間の電磁場 $\alpha(L)$ が2重周期的であって，周期 c_1, c_2 を持つことを表わしている．条件(4.4′)は作用素 C_1，C_2 を選ぶ際に制限となるものである．具体的に C_1，C_2 を選ぶことによって，改変された時空 $\mathscr{M}_c$ とは無関係に，ミンコフスキー空間の2重周期を持つ電磁場を記述できることを示そう．

ミンコフスキー空間における2重周期的電磁場は，条件 (4.4) を満たすループ群の1次元表現 $\alpha(L)$ によって記述される．この場の中での粒子の局所的性質(運動学)は誘導表現 $U(P)=\alpha(L)\uparrow P$ によって記述され，この誘導表現は通常の仕方で得られる．しかし，もし，周期分だけのずれを行なったと

きの粒子の性質を特に調べようというのであれば，部分群 $L_c \subset P$ の作用を別個に見なければならない（この場合，L_c は点の等方群としての意味を持たないことは勿論である）．このためには誘導の推移性を利用して2段階に分けて誘導を行なうのが便利である：$U(P)=\alpha_c(L_c)\uparrow P$，$\alpha_c(L_c)=\alpha(L)\uparrow L_c$

これから先の考察の一般論は前節で用いたものと全く同じである．我々は表現 $\alpha_c(L_c)$ をつくらなければならない．その後で，それを既約成分に分解しなければならないが，その既約成分を記号 $\alpha_c{}^\theta(L_c)$ と書こう．このとき表現 $U_\theta(P)=\alpha_c^\theta(L_c)\uparrow P$ は表現 $U(P)$ の既約分解になっている．表現 $U_\theta(P)$ の作用する空間の点である関数は**一般化されたブロッホ関数**であり，それを用いて任意の波動関数を展開することができる．目的は，一般化されたブロッホ関数の周期性を導くことである．詳細には立ち入らないことにし，また証明を行わないことにして，以上のプログラムの実行から得られる結果だけを述べよう．

場 $\alpha(L)$ の中における粒子を記述する表現 $U(P)=\alpha(L)\uparrow P$ は，構造条件 $\Psi(pl)=\alpha(l)^{-1}\Psi(p)$ を満たす関数 $\Psi: P\to \boldsymbol{C}$ の空間 $\mathscr{H}$ の中で正準的に実現される．共変微分の順序指数関数の形を持つ表現 $U(P)$ が作用する局所的関数 $\psi(x)=\alpha(x_p)\,\Psi(x_p)$ に移ることも可能である．既約表現 $\alpha_c(L_c)$ への分解の結果得られる，一般化されたブロッホ関数について述べておこう．

この関数 $\psi_{\theta_1\theta_2}(x)$ はどれもふたつの数 θ_1,θ_2 によって定義され，補助的関数 χ_n の和として表される，

$$\psi_{\theta_1\theta_2}(x)=\sum_{n=-\infty}^{\infty}\chi_n(x).$$

これらの関数 χ_n は関係，

$$\chi_n(x+c_1)=e^{-i\theta_1}\,V_1(x)\chi_{n-1}(x);$$
$$\chi_n(x+c_2)=e^{-i(\theta_2-n\Omega)}\,V_2(x)\chi_n(x)$$

を満たす．ここで

$$V_i(x)=\alpha(x_p\,\sigma_i)\,[\alpha(x_p)]^{-1}$$

である．それ以外の点では関数 χ_n は任意である．式中にはこの関数の，パラメーター θ_1,θ_2 への依存性は明示されていない．一般化されたブロッホ関数の定義からそれらが有する準周期性を導くのは容易である：

$$\psi_{\theta_1\theta_2}(x+c_1)=e^{-i\theta_1}\,V_1(x)\psi_{\theta_1\theta_2}(x);$$
$$\psi_{\theta_1\theta_2}(x+c_2)=e^{-i\theta_2}\,V_2(x)\psi_{\theta_1-\Omega,\,\theta_2}(x) \qquad (4.5)$$

このような波動関数の系に $U(p)$ の形の作用素が作用しても (4.5) の性質が不変に留まることは本質的である．その意味は，何かある力学的原理，例えば運動方程式に従う波動関数がこのような準周期性を持ちうることにある．そのためには外場 $A_\mu(x)$ は共変微分を介して力学的原理に入ってくることだけが必要である(前節最後の考察と比較せよ)．

以上の分析では，周期 σ_1, σ_2 の現れ方は同等ではない．これは，それらが非可換であるためでもあり，また $l_c \in L_c$ の標準形として $l_c=\sigma_2{}^{n_2}\sigma_1{}^{n_1}l$ を選んだからでもある．もし標準形 $l_c=\sigma_1{}^{n_1}\sigma_2{}^{n_2}l$ から始めると周期 σ_1, σ_2 は役割をかえる．このとき，いたるところで λ は λ^{-1} に変わる．即ち，パラメーター Ω は$(-\Omega)$に変わる．このようにすると，一般化されたブロッホ関数のもうひとつの組 $\varphi_{\theta_1\theta_2}(x)$ が得られ，それらは準周期性：

$$\varphi_{\theta_1\theta_2}(x+c_1)=e^{-i\theta_1}\,V_1(x)\varphi_{\theta_1\theta_2+\Omega}(x);$$
$$\psi_{\theta_1\theta_2}(x+c_2)=e^{-i\theta_2}\,V_2(x)\varphi_{\theta_1,\theta_2}(x)$$

をもつ．

もしベクトル(場の周期) c_1, c_2 が純空間的(これらのベクトルの時間成分が0)であれば，径路 σ_1, σ_2 を，それらが一定時刻の平面内にあるように選ぶことができる．このとき公式 $\alpha(\lambda)=e^{i\Omega}$ で定義される数 Ω はループ λ_0 上に張られた面を貫く磁束に比例する．もっと正確に言えば $\Omega=e\Phi$ である．ここで Ω は磁束を表わしている(通常の単位系を用いれば $\Omega=(e/\hbar c)\Phi$ である)．それ故，一般化されたブロッホ関数の本質的な性質は周期的な場 $\alpha(L)$ の磁気成分と関係している．もし磁場が存在しないか或いは $\Omega/2\pi$ が整数となるように特別な方法で選ばれた大きさを有するならば，周期的場の中の粒子は通常のブロッホ関数で記述される．

パラメーター $\Omega/2\pi$ が整数とわずかしか違わないときには，磁場は弱くはないが，通常のブロッホ関数を用いることができる．このような条件は，もし超電導体における磁場の周期的構造が与えられていれば常に満たされている．エネルギー準位の構造をも含めて，この場合の完全な考察は論文[113]で行なわれている．

注　意

周期的場とブロッホ関数に実際に出会うのは非相対論的問題においてである．非相対論的理論は，相対論的理論の極限として得られる．しかし直接にそれを得ることも可能である．そのためには，ミンコフスキー空間ではなく3次元のユークリッド空間において径路群を考えればよい(前節末尾の注を見よ)．

§5. 磁荷がつくる場

磁荷によってつくられる磁場がループの表現によってどのように記述されるかを明らかにしよう．目的は，この表現の特性，即ち，磁荷の量子化へとつながるその性質を明らかにすることである．

磁荷または**磁気単極**の存在についての仮説は1931年にディラックによって提唱された[129]．この仮説に従うと，磁荷はそのまわりに点電荷によるクーロン場に類似の場をつくり，それは$\boldsymbol{E}$を$\boldsymbol{H}$に，eをgに（これらはそれぞれ電荷と磁荷である）置き換えるだけで得られる．ディラックの理論によれば，磁荷gがつくる場の中を運動する電荷eの記述は，nを整数として関係式，*

$$eg=\frac{1}{2}n \tag{5.1}$$

が満たされる場合に限って無矛盾である．この条件は**ディラックの量子化条件**と呼ばれる．

これまでにも一度ならず磁気単極を発見するための実験が行なわれたが，それらはすべて不成功に終わっている．しかし磁気単極，または，少くともそれに似たものが存在するとの確信は失われていない．磁気単極の存在を禁止するいかなる原理も存在しないし，同時に単極の理論は一連の魅力的性質を備えているからである（その魅力のひとつは，電荷の量子化であり，これは自然界において我々が経験する電荷はすべて素電荷の整数倍だけであることを表わすものである）．

単極によってつくられる場はクーロンの法則に従う電場とよく似ている．即ち，場の強さを表わすベクトルは，常に単極の位置から始まる動径ベクトルに沿う向きを持ち，この点からの距離の2重に反比例して$\boldsymbol{H}=g\boldsymbol{x}/|\boldsymbol{x}|^3$である．このことから，その中心に単極をもつ球面上においては磁束は$4\pi g$に等しく，従って球面の半径には依らないことが導かれる．**オストログラツキー—ガウスの定理**によれば，この量は単極を囲む任意の閉曲面を貫く磁束に等しい．場は球対称であるから，球面の任意の部分を貫く磁束は，Sをその部分の面積，rを球面の半径として，$g(S/4\pi r^2)$に等しい．場の向きは動径方向であるから，任意の面を貫く磁束は，単極の位置からこの面を見こむ立体角**の大きさをΩで表すと，$g\Omega$に等しい．

---

*　通常の単位系では，この条件は $eg=\frac{1}{2}n\hbar c$ の形である．

**　全立体角は，その外向き法線が単極の方に向いている面分には負の符号を与えてとった代数和として計算する．

まず，磁極がつくる場に関するいくつかの事実のみを用いて表現 $\alpha(L)$ をつくろう．時間的に一定な任意の磁場の場合から始めよう．

ストークスの定理(第6章§10を見よ)によって，

$$\int_{\partial\Sigma} A_\mu dx^\mu = \frac{1}{2}\int_{\Sigma} F_{\mu\nu} d\sigma^{\mu\nu}$$

が成り立つ．場の強さを表わすテンソル $F_{\mu\nu}$ の定義から，その空間成分は磁場の強さを用いて，$F_{ij}=\varepsilon_{ijk}H_k\,(i,\ j,\ k=1,\ 2,\ 3)$ と表わされる．それ故，もし面 Σ がある超平面 $x^0=$ 一定(同一時刻)内に完全に含まれているならば，$(1/2)\int_\Sigma F_{\mu\nu}d\sigma^{\mu\nu}=\Phi(\Sigma)$ は面 Σ を貫く磁束に他ならない．時間的に一定な磁場の場合には場の強さを表わすテンソルの残りの成分は0に等しく $F_{0i}=E_i=0$ である．それ故面 Σ を時間方向に変形してもこの積分の値は変わらない．換言すれば，積分は面 $\pi(\Sigma)$ を貫く磁束に等しい．ここに π は，ミンコフスキー空間を超平面 $x^0=0$ に写す射影作用素，即ち $\pi(x^0,\ \boldsymbol{x})=(0,\ \boldsymbol{x})$ である．この射影により得られる平面 $\pi(\Sigma)$ を貫く磁束を前と同じ記号 $\Phi(\Sigma)$ で表わす．このようにすると静磁場の場合には

$$\int_{\partial\Sigma} A_\mu dx^\mu = \Phi(\Sigma)$$

となる．

このような場を記述するループ群の表現を，これまでと同じようにしてつくると，この表現に対する表式，

$$\alpha(l)=e^{ie\Phi(\Sigma)},\quad \partial\Sigma=l_o \tag{5.2}$$

が得られる．

磁荷 g の周りにつくられる磁場の考察に移ろう．周知の如く，この場をベクトル・ポテンシャル $A_\mu(x)$ によって記述するのは困難である．ディラックは，彼の論文の中で，空間内のある点では正則性を失うポテンシャルを用いた．即ち，彼の用いたポテンシャルは磁荷の位置から無限小だけ延び出たある曲線上で特異である．この曲線は通常，糸と呼ばれる．磁気単極を《とりつけられた》糸は，描像の対称性，ゲージ不変性，相対論的不変性を壊す．ディラックは次のように仮定することによってこの困難を技術的に処理した

：単磁極がつくる場の中を運動する粒子の波動関数は糸の在る場所で0になる．このとき理論は内部矛盾を含まず，糸は観測可能量ではなくなる．ウーとヤンの興味ある論文[153]ではこの問題に対する別の解が提唱された．この解によると単磁極はふたつのポテンシャル A_μ, A_μ' によって記述される．これらふたつのポテンシャルのどちらも，あるいくつかの領域で正則であり，これらの領域をすべて併せると全時空が被覆され，これらの領域の交わりではゲージ変換によって一方のポテンシャルから他方のポテンシャルへと移ることができる．この理論では，物理的対象としての糸など存在しないことが特に明確になっている．我々は理論の基礎に公式(5.2)を置くことによって困難を回避できる．先に述べた内容に対応して単磁極に対して

$$\alpha(l)=e^{ieg\Omega(l)} \tag{5.3}$$

が得られる．ここに $\Omega(l)$ は単磁極の位置からループ $\pi(l_0)$ を見こむ立体角である．

公式(5.3)は磁荷による場を純幾何学的に表わしている．我々はこれを磁荷によりつくられる場の定義として受け入れることにより，直接この公式から考察を始めることができる．ここまでの考察はすべてこの定義を納得できるものにし，意味を説明するためであったにすぎない．そこで，この定義からいかにして**電磁荷の量子化**条件が得られるかを見てみよう．

任意のループ $l\in L$ に対して $\Omega(l)$ はこのループを見こむ立体角としよう．そうすると $\alpha(l)$ は公式(5.3)で表わされる．ここで逆のループ l^{-1} をとってみよう．これに対しては $\alpha(l^{-1})=[\alpha(l)]^{-1}$ としなければならない．このとき公式(5.3)から何が得られるだろうか．先に与えた定義をもっと正確に言えば，$\Omega(l)$ はループ $\pi(l_0)$ の内部を見こむ立体角である．ループの内部とは通例の如く，ループを正の向きに回るとき(外向きの法線の側から見て)左側にある部分として定義される．もしループ l の内側を見こむ立体角が $\Omega(l)$ ならば，このループの外側を見こむ立体角は $4\pi-\Omega(l)$ である．もしループの正の向きを逆にすれば，領域の内側と外側が入れ替る．従って逆向きのループ l^{-1} に対しては $\Omega(l^{-1})=4\pi-\Omega(l)$ である．この表式を公式(5.3)に代

入し，$\alpha(l)\alpha(l^{-1})=1$ であることを用いると

$$e^{ieg\cdot 4\pi}=1 \tag{5.4}$$

が得られるが，これは電磁荷を量子化する条件(5.1)に同値である．

この結果は公式 (5.2) の観点からも容易に理解できる．この公式において面 Σ はループ l_0 の内側(即ちそれの左側)にある．ループ $(l^{-1})_0$ に対しては，内側というのは他の面 Σ' (図22)である．このとき，ふたつの面を併せるとその内部に単極を含む閉曲面が得られる．ところでこれは $\Phi(\Sigma+\Sigma')=\Phi(\Sigma)+\Phi(\Sigma')=4\pi g$ を意味している．このことから，(5.2)と表現の性質を考慮することによって量子化の条件(5.4)が出る．

当然のことながら，ループ内部の曲面について考えることは立体角について考えることと全く同値である．しかし面について考えることにより重要な一面を見い出すことができる．面 Σ は一意的には定義されず，$\Phi(\Sigma)$ の値が同じになる多くの面のうちどれをとってもよい．同様に Σ' も一意的には定義されない．ところで面 Σ のどれをとっても，それは面 Σ' のどれとも本質的に異なっている．違いは，磁気単極の異なる側にあるという点にある．このようにして，Σ としては，単極が存在する点を通らないように一方から他方へと連続的変形をすることができる面のうちのどれを採ってもよい．もし単極が存在する点を空間から除いて(切り取って)おけば，《単極が存在する点を通らないように》という条件は省略してよい．この場合には，所与の境界をもち，連続的変形で互いに移り変わることのできる曲面のうちのひとつを勝手に選ぶことができる．

単極のまわりを，点 O を通る閉曲面で囲もう．簡単のためこれは球面であるとしてよい．球面上にあって点 O を通る一連のループを見てみよう(図23)．はじめのループの直径は 0 である，即ち実際上は定点である曲線，ループ群の単位元 $1\in L$ と一致する．その後にひき続く各ループはそれらに先行するループの外部に完全に含まれている．従ってループの直径は増加し，ループ内にある球面部分も増加する．いつか球面の大円であるループが現れる．さらに我々が見ている一連のループのなかには球面の他の側の上にあるものも

含まれる．それらの直径は今度は減少するが，ループ内の球面部分は前と同様に増加する．最後のループ $1'$ の直径は 0 であってループ群の単位元と一致する．しかしこのループの内側に含まれる球面は球面全体である．公式(5.2)または(5.3)を適用して $\alpha(1)=1$，$\alpha(1')=e^{ieg\cdot 4\pi}$ と置かなければならない．これらの2数は同一の元，群の単位元に対応しているのであるから，これらは1に等しくなければならない．こうして，再度量子化の条件が得られたわけであるが，式から式への移行が連続だから特に分かりやすいものになっている．

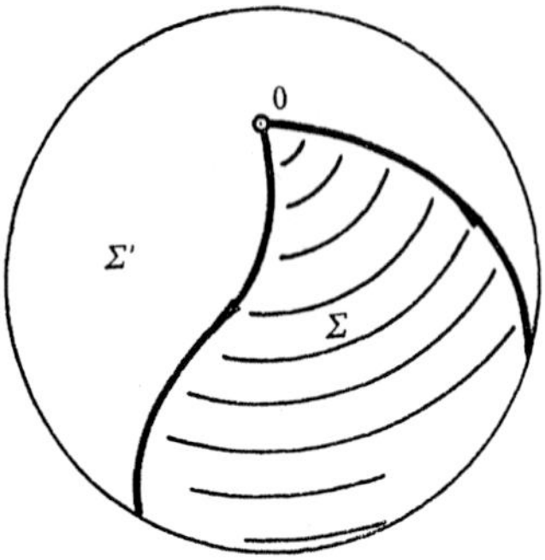

図 22.

図 23.

それと同時に，今述べたばかりの観点をとると，より一般的定義の基礎とすることができる要素を磁荷の記述からとり出すことができる．今の場合には同一のループに始まり，それに終わる一連の径路を見た．換言すると**群 L における閉曲線**を扱ったのである．この曲線を $\{l(\tau)\,|\,0\leqq\tau\leqq 1\}$ と書こう．その始点と終点は群の単位元である．即ち $l(0)=l(1)=1\epsilon L$ である．この曲線上の各点に数 $\alpha(l(\tau))$ を対置した．$\alpha(l(1))=\alpha(l(0))=1$ は言うまでもない．これは表現の連続性の結果に過ぎない．本質的なことは，曲線 $\{l(\tau)\}$ を一点に縮めてしまうことができないことである．実際，球面の半径をだんだんと小さくすることはできるであろうが，それを 0 にすることはできない，というのは，球面内部にある単極(または空間から除去した一点)がそれを許

さないからである.

それでも，もし，ここまでの理論の基礎であった閉曲面内部の体積を小さくしてゆくと，この面はあらゆる方向から単極を押し包むことになろう．このとき曲線 $\{l(\tau)\}$ の全要素を互いに（そして単位元に）任意に近くすることができる．曲線 $l(\tau)$ は互いに極めて近い投縄からなる閉曲線となる．それにもかかわらず，これらの一連のループに沿って動くにつれて，$\alpha(l(\tau))$ は大きなループに対するのと同じ値 $\exp\{ieg\Omega(l(\tau))\}$ をとって動く．要点は，これらの値が群 $U(1)$ における閉曲線上にあって，この曲線を一点に縮小することができないということである.

今見たばかりの表現 $\alpha(L)$ の性質を次のように一般化することができる．空間 $\mathscr{L}$ において作用する作用素の群を G，この群 G の元によるループ群の表現を $\alpha(L)$ とする．即ち，任意の $l\in L$ に対して $\mathscr{L}$ における作用素 $\alpha(l)\in G$ が存在するとする．群の単位元に始まり，それに終わる群 L 内の閉曲線 $\{l(\tau)\in L|0\leqq\tau\leqq1\}, l(0)=l(1)=1$，を見てみよう．このとき $\tau\mapsto\alpha(l(\tau))$ は群 G における閉曲線である．《ループからなるループ》$\tau\mapsto l(\tau)$ は $\mathscr{M}$ における閉曲面 Σ をおおう．我々の課題はゲージ場のあり方（あるいは，同じことだが，表現 $\alpha(L)$ のタイプ）を特徴づけることである．これは Σ の内部にある《ゲージ単極》によって定まると言ってよかろう.

磁気単極がつくる場について我々が既に知っていることをもとにすれば次のような定義が可能である．もし群 G 内の閉曲線 $\tau\mapsto\alpha(l(\tau))$ が連続的変形によって一点に縮小できない（あるいは，この曲線がいわゆる 0 にホモトープでない）ならば，磁気単極とゲージ的に同類の場の源が曲面 Σ の内部にある，と言うことにしよう．そのためには群 G 内にこのような閉曲線が存在すること，即ちこの群が単連結ではないことが必要である.

もし群 G が単連結であれば，この群の元としての値をもつ表現 $\alpha(L)$ はゲージ単極を記述することができない．即ち，群 G で記述されるゲージ荷をもつ粒子は，いかなるゲージ単極をも感じることはできない．これに反して，もし群 G が n 個の同値でない（互いにホモトープでない）閉じた径路をもつならば，ゲージ荷 G をもつ粒子は n 種の異なるタイプのゲージ単極の作用を感じることができる．かくして群 $U(1)$ で記述される通常の電荷はただひとつのタイプのゲージ単極——普通の磁気単極に反応する．ここに定義したものに近いゲージ単極の定義がウーとヤンの論文 [153] で仮定されていることを注意しておこう.

これまでに述べた内容はすべて，任意の諸点に分布する任意個数の磁気単極の場合に容易に一般化される．特に，その場合にも電磁荷の量子化条件を導くのに何ら困難はない．静的磁場が表現 $\alpha(L)$ で記述されるとしよう．この場の源に関してはどのような仮定もしない．源のなかには通常のもの（電流）もそうでないもの（磁荷）もあってよい．どんな場合にも $\alpha(l)$ は公式(5.2) で定義され，その際 Σ としては径路 l_0 上に張られた任意の面をとってよい（l_0 上に張られた面でないと表現は正しく定義されない）．

前と同様に，$\partial\Sigma=l_0$ を満たすようにしたまま曲面 Σ を連続的に変形しよう．その変形が $\mathrm{div}\boldsymbol{H}=0$ となる領域で行なわれる限りは，面 Σ を貫く磁束 $\Phi(\Sigma)$ は不変に留まる．この条件は磁荷が存在する点でのみ壊れるから，$\Phi(\Sigma)$ が変化するのは変形に際して曲面 Σ が磁荷の存在する点を通過する場合に限られる．曲面 Σ がこのような点を横切ると磁束は変化し，その増分は問題の磁荷を源とする全磁束に等しい．

$$\Phi(\Sigma)-\Phi(\Sigma')=4\pi g.$$

公式 (5.2) は前と同じように適用可能であり，しかも同一の数値を定義しているはずであるから磁荷 g の大きさは量子化条件(5.4)または(5.1)を満たしていなければならない．しかし，ここでこの結果を導くのに，1個だけの磁荷しかないとか，場が球対称であるとか仮定はしていない．曲面 Σ がそれまで通り同一の径路に基づく限りは，さらに変形を続行できる．曲面がもうひとつの，大きさ g' の磁荷と交わった瞬間に，それに対して一般に整数 n' だけが異なる同様の条件 $2eg'=n'$ が得られる．

この過程を続けてゆくと，空間中に磁荷 g_1，g_2，… をもつ単極が何個あろうとも，すべてが関係 $2eg_j=n_j$ を満たすことが分かる．ここで e は磁場の中を運動し，その性質が表現 $U=\alpha(L)\uparrow P$ で記述される粒子の電荷である．同じ場の中に他の電荷 e' をもつ粒子が存在しうることは言うまでもない．それに対しては関係 $2e'g_j=n'_j$ が満たされていなければならない．まとめておくと，自然界には離散的な電荷，磁荷，

$$e_j=n_je_0,\quad g_j=n_jg_0 \tag{5.5}$$

のみが存在しうる．そして素電磁荷は条件 $e_0g_0=1/2$ を満たす．執拗な探求にもかかわらず磁荷はこれまでのところ発見されていない．しかし実験的に

観測されている電荷の離散性はその存在の間接的証拠である.

§6. 微分形式とストークスの定理

前節の例によって，径路が辿る空間内に障碍があるとき，径路群の表現がどのような性質をもつかについてある程度のことが分かった．アハロノフ-ボーム効果の場合には障碍はソレノイドである．それによって占められる空間は実際上時空から切り取られている，というのは場はソレノイドの外部でのみ考察されるからである．もしソレノイドを無限に細いものとみなせば，この領域は時空における2次元平面(ソレノイドの糸による世界面)である．この障碍のためにソレノイドのまわりを回るループは一点に縮小できない．磁気単極の場合に障碍となるのは単極の世界線(時空における直線)である．内部に単極をもつ閉曲面を一点に縮小することはできない．径路の言葉で表現すれば，この閉曲面はループからなるループ(群 L における閉曲線)である．最後に円筒位相をもつ空間 $\mathscr{M}_c$ においてはこの位相そのものが閉曲線 σ を一点に縮小できないようにしている．

これらのすべての例から分かるように**障碍が存在するためにループ群の新しい型の表現** $\alpha(L)$ **が可能となる**．もし表現が可換ならば，即ち表現が電磁場を記述するものであるならば，表現の独特な性質は，微分形式とその性質を表わすいくつかの定理によって言い表わされる．第6章§10で既に見たように，アーベル的微分形式に対するストークスの定理はループ群の表現の用語を用いて解釈することのできる直接的意味をもっている．両者の類似性をもっと系統的に詳細に調べてみよう．

ここで微分形式の理論を系統的に説明するわけにはゆかない．極めて簡単に，表面的にこの理論の内容の一部を述べてみよう．問題をもっと深く理解しようと思う人には専門的な文献[26—30]が有用である．通常の(アーベル的)微分形式でストークスの定理とド・ラムの定理を定式化しておけば非アーベル的微分形式と径路の亜群とをどのように結びつけたらよいのかが分かる．

n 次元の微分可能多様体 $\mathscr{X}$ を見てみよう．この多様体の或る領域で座標

系 $x^1, \cdots, x^n$ が与えられているならば，この領域において r 階の外微分形式は次のように定義される：

$$\omega=\omega_{\mu_1\cdots\mu_r}(x^1, \dots, x^n)dx^{\mu_1}\wedge\cdots\wedge dx^{\mu_r} \tag{6.1}$$

ここで $\wedge$ は微分形式の外積を表わしている．この場合には階数1の形式（1-形式）dx^μ が掛け合わされている．1-形式の外積は反対称性をもっており，微分の積 $dx^{\mu_1}\wedge\cdots\wedge dx^{\mu_r}$ は全ての添字について反対称である．関数 $\omega_{\mu_1-\mu_r}$ は反対称とは限らないが，その対称な部分は寄与しないから，対称な部分は除かれていると考えてもよい．

今のところ微分の外積は単なる記号と解してよいし，微分形式 (6.1) は反対称テンソル $\omega_{\mu_1}\cdots_{\mu_r}$（またはこのテンソルの反対称部分）を記号的に表わすための単なる手段と解してよい．全く同じように第5章では量 A_μ の記号的表し方としてベクトル場 $A=A_\mu\dfrac{\partial}{\partial x^\mu}$ を導入した．この記法の便利さは，他の座標系への移行の規則がその中に含まれていることである．全く同じように表式(6.1)は，他の座標系に移る際に量 $\omega_{\mu_1\cdots\mu_r}$ がどのように変換されるかを示している．また量 A を微分作用素として解釈できるが，これによって A は独立な意味をもつことになる．全く同じように微分形式 (6.1) にも独立な意味を与えることができる，即ちそれは積分可能な測度と解することができる．

添字についての反対称性のために，微分形式 ω は多様体の次元 n より大きな階数をもつことはできない．この反対称のために，最大の階数をもつ微分形式はただ一つの関数によって定義される：

$$\begin{aligned}\omega&=\omega_{\mu_1\cdots\mu_n}dx^{\mu_1}\wedge\cdots\wedge dx^{\mu_n}\\&=n!\,\omega_{12\cdots n}dx^1\wedge dx^2\wedge\cdots\wedge dx^n\end{aligned} \tag{6.2}$$

この表式は微分形式の積分の基礎ともなりうるものである．即ち最大の階数をもつ微分形式の積分は

$$\int_{\mathscr{X}}\omega=n!\int\cdots\int\omega_{12\cdots n}(x^1, x^2, \cdots x^n)dx^1dn^2\cdots dx^n \tag{6.3}$$

によって定義される．ここで右辺は通常の n-重積分である．

注　意

1)　もし多様体がひとつの座標系で被覆されていないのであれば，$\mathscr{X}$ をいくつかの領域に分け，各領域上で (6.3) の意味の積分を行ない，それらの和として $\mathscr{X}$ 全体にわたる積分を定義する．

2)　ある座標系から他の座標系に移るときの量 $\omega_{\mu_1\cdots\mu_n}$ の変換法則がどのようなものであるかによって，表式 (6.3) はその移行に際して不変でもありうるし，符号を変えることもある．このような非一意性を避けるために，移行が正の変換行列，

$$\frac{\partial(x'^1,\dots,x'^n)}{\partial(x^1,\dots,x^n)}=\begin{vmatrix}\dfrac{\partial x'^1}{\partial x^1}, & \dfrac{\partial x'^1}{\partial x^2}, & \cdots \\ \dfrac{\partial x'^2}{\partial x^2}, & \dfrac{\partial x'^2}{\partial x^2}, & \cdots \\ \cdots\cdots & \cdots\cdots & \cdots\end{vmatrix}>0$$

によって特徴づけられる座標系のみが用いられる．ある座標系から他の座標系への移行が，このような座標系相互の間でのみ行なわれるならば，表式(6.3)は全く変わらない．連結多様体の上には全部で2種類の座標系しか存在せず，それらのうちの一方を選ぶことは，多様体上で**向き**を選ぶことであると言われる．従って向きを選んでしまうと，公式 (6.3) は微分形式の積分を一意的に定義する．ある種の多様体は一種類の座標系で被覆できない．このような多様体は**向きづけ不可能**であるという．従って定義 (6.3) は向きづけ可能な多様体に対してのみ正しい．

我々は最大の階数をもつ微分形式に対してのみ多様体全体の上での積分法を定義しただけである．しかし，より小さな次元の部分多様体上での積分を定義するのは今や簡単である．ω は階数 $r<n$ の微分形式とし，それを r 次元の部分多様体 $\mathscr{Y}\subset\mathscr{X}$ 上で積分するとしよう．そのためには部分多様体 $\mathscr{Y}$ 上にパラメーター表示を導入しさえすればよい．パラメーターを $y^1,\cdots y^r$ と記そう．部分多様体の方程式は $x^\mu=f^\mu(y^1,\cdots y^r)$ の形に書ける．これを微分すると $dx^\mu=f^\mu{}_{,\nu}(y)dy^\nu$ が得られる．これらの式を(6.1)に代入すれば部分多様体 $\mathscr{Y}$ 上で最大階数をもつ微分形式の積分が得られ，それは先に述べた方法で

計算できる．

外微分形式に対して，記号 d で表わされ，r 階の形式を $(r+1)$階の形式に変える**外微分**という演算が定義される．もし形式 ω が公式(6.1)で定義されているならば，形式 $d\omega$ は

$$d\omega=\left[\frac{\partial}{\partial x^{\mu}}\omega_{\mu_1\cdots\mu_r}\right]dx^{\mu}\wedge dx^{\mu_1}\wedge\cdots\wedge dx^{\mu_r} \tag{6.4}$$

に等しい．このようにして外微分によって，係数であった関数は微分され，ひとつの微分が付け加えられ，もとからあった添字は縮約される．定義によって，もとからあった微分は前の方《右側》に置かれている．一般化のためには，多様体上の関数を0階の微分形式と見なすと好都合である．もし $f(x)$ がそのような関数であれば，その外微分は階数1の微分形式（または1-形式） $\mathrm{d}f=\dfrac{\partial f}{\partial x^{\mu}}dx^{\mu}$ として定義される．

微分形式に作用する作用素 d は多様体上で作用する作用素 ∂ に対応している．もし $\mathscr{X}$ が境界をもつ多様体ならば，$\partial\mathscr{X}$ はその境界である．作用素 ∂ は，従って，多様体の次元を1だけ減らす．ふたつの作用素 d と ∂ は，**ストークスの定理**または**公式**：

$$\int_{\mathscr{X}}d\omega=\int_{\partial\mathscr{X}}\omega \tag{6.5}$$

を介して互いに関係しあう．もし $\mathscr{X}$ が n 次元多様体であれば，この公式において形式 ω は階数 $n-1$ をもたなければならない．ストークスの定理は物理学にとって極めて有用である．通常の解析学でストークスの公式と呼ばれているものも，ガウス-オストログラッキーの定理も，多様体上の積分と，この多様体の境界上での積分とを結びつける他の多くの積分関係式も，この定理の特別な場合である．そこで用いられる《面要素》 $d\sigma^{\mu\nu}=d_1x^{\mu}d_2x^{\nu}-d_2x^{\mu}d_1x^{\nu}$ は階数2の微分形式 $dx^{\mu}\wedge dx^{\nu}$ に他ならない．記号 $d\sigma^{\mu\nu}$ における記号 d は外微分の記号ではないことを注意しておこう，というのは微分形式 $dx^{\mu}\wedge dx^{\nu}$ は，階数1のどのような微分形式を用いても，その外微分の形で表わすことはできないからである．

注　意

ストークスの定理が明確な意味をもつためには，境界$\partial\mathscr{X}$の向きを多様体$\mathscr{X}$の向きと関係づける必要がある．これは次のようにする．多様体$\mathscr{X}$において座標系$x^1, \cdots, x^n$を，境界$\partial\mathscr{X}$が方程式$x^n=0$で表わされ，多様体$\mathscr{X}$の点は非負のx^n座標をもつように選ぶ．このとき数$x^1, \cdots, x^{n-1}$の組は$\partial\mathscr{X}$上の座標系となる．この座標系は$\partial\mathscr{X}$の向きを定義し，その上ストークスの定理(6.5)が成り立つ．

§7．ド・ラムの定理

ストークスの定理は多くの場合に，ある積分が0に等しい，あるいはふたつの積分が等しいという結論を直ちに下すことを可能にする．例えば，もし$d\omega=0$ならば$\int_{\partial\mathscr{X}}\omega=0$である．その外微分が0に等しい微分形式は**閉じている**と言われる．それ故，先の命題は次のように定式化できる：閉じた微分形式を任意の境界上で積分すると0になる．ところで，ここではすべての閉じた面がある領域の境界になるとは限らないことに注意すべきである．例えば，ユークリッド空間における球面はその内部を含む球体の境界である．しかしながら，ユークリッド空間から唯一点を，即ち，この球の中心を取り去るだけで，結果として得られる多様体（この点を除いたユークリッド空間）では，球面はいかなる領域の境界にもなり得なくなる．この場合に境界となるのは同心のふたつの球面であり，これらの球面の向きは逆である（図24）．これらふたつの球面を併せたものはひとつの閉曲面と見ることができ，球面ファイバーの境界になっている．このようにして，ユークリッド空間では閉じた形式を球面上で積分すれば0になるが，一点を除去した空間では0と異なることもありうる．この場合に言えることは異なる半径をもつ球面上での積分が互いに等しいことだけである．

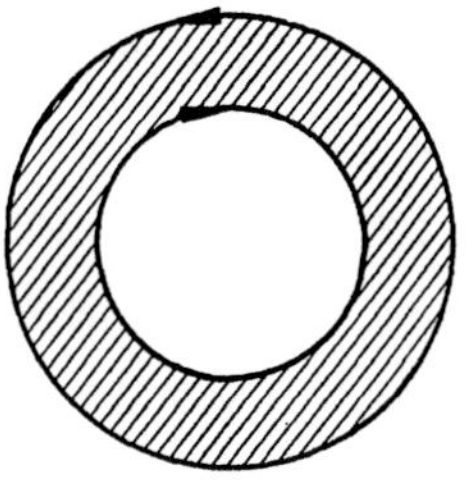

図24.

一見したところ，位相を変えることによって積分が影響を受けるとは思われない．ところが，実際にはこのような状況は物理学者には珍しいものではない．形式ωの球面上での積分はこの球面を通過するある場の流束であり，条件 $d\omega=0$ は場の源が存在しないことを意味している．もし問題の微分形式がユークリッド空間のいたるところで閉じているならば，それはこの空間のどこにも場の源が存在しないことを意味している．このような場合には任意の球面上での積分は0に等しい．もし微分形式が一点を除去した空間でのみ閉じているならば，これは，微分形式を全空間に拡張しようとするとその点で $d\omega\neq 0$ となりうること，即ち，その点に場の源が存在しうることを意味している．それ故球面を通過する流束は0と異なることもあり，もっと弱いことしか主張できない：異なる半径をもつ球面を通過する流束は互いに等しい，と．

この種の問題の系統的扱いはド・ラムの定理を基礎として行なわれる．その定式化のためには閉じた微分形式の概念の外に，完全微分形式という概念が導入される．**形式ωが完全である**とは，$d\chi=\omega$ となる形式χが存在することを言う．形式χの階数が形式ωの階数よりも1だけ小さくなければならないのは明らかである．外微分を2回続けて行なうと常に結果は0であり，これは記号的に $dd=0$ と表わされる．このことから完全微分形式は常に閉じていることが分かる．逆は常に正しいとは限らない．

対応する語法が多様体の分類にも導入される．この場合の鍵は，各多様体をその境界に対応させる作用素∂である．多様体Bは，$\partial D=B$ となる多様体Dが存在するとき，**境界**であると言われる．多様体Cが**輪体**であるとは $\partial C=0$ となること，即ちその境界が空集合となることを言う．輪体とは物理学の文献では通常閉多様体と呼ばれているものである．輪体の例としては球面がある．作用素∂もまた $\partial\partial=0$ という性質をもっており，それ故すべての境界は輪体である．しかしながら，逆は一般に正しくない．

ド・ラムの定理は閉じた形式の，輪体上での積分に関するものである．**任意の輪体上で完全微分形式を積分するとゼロになる**ことがストークスの定理から分かる．実際，$\int_C d\chi=\int_{\partial C}\chi$ であり，輪体に対しては $\partial C=0$ だから，この積分は0である．他方，**任意の閉じた形式を境界上で積分するとゼロにな**

る．このことは $\int_{\partial D}\omega=\int_{D}d\omega$ と，閉じた形式に対して $d\omega=0$ であることから出る．ド・ラムの第1定理は逆の命題を定式化したものである．ω は閉じた微分形式(即ち $d\omega=0$)で，C は輪体(即ち $\partial C=0$)としよう．閉じた形式の，輪体上での積分を，所与の輪体に対応するこの**微分形式の周期**と言う．**ド・ラムの第1定理**はふたつの命題を含んでいる：1) もし閉じた形式 ω のすべての周期が0であれば，この形式は完全である，即ち $\omega=d\chi$ である．2) もしある輪体 C に対してすべての閉じた形式の周期が0ならば，この輪体は境界である，即ち $C=\partial D$ である．

ド・ラムの第2定理は，閉形式がその周期，即ち輪体上での積分，によってどの程度にまで決まるのか，に答えるものである．もし，ふたつの形式 ω, ω' の差が完全形式ならば，即ち，$\omega-\omega'=d\chi$ ならば，ストークスの定理によって，これらの形式を任意の輪体上で積分した結果は一致する，というのは $\int_{c}(\omega'-\omega)=\int_{c}d\chi=0$ だからである．**ド・ラムの第2定理**は逆の命題を定式化したものである．即ち，もし，ふたつの閉形式 ω, ω' が同一の周期をもつならば(即ち，それらを任意の輪体上で積分した結果が一致するならば)，これらの形式の差は完全形式に等しく，$\omega'-\omega=d\chi$ である．更に，このためには，基本輪体の完全系に対応する周期が一致すれば十分である．

注　意

もし，ふたつの形式を任意の輪体上で積分した結果が一致するならば，それらが閉じているかどうかとは独立に，これらふたつの形式の差は完全形式である．それらが閉じた形式である場合には，任意の輪体上での積分が一致するための十分条件は，基本輪体上での積分が一致することである．

基本輪体とは何かを理解するためには，更にいくつかの定義を導入しなければならない．本質は，もし閉形式のある輪体上での積分が知られていれば，ある場合には他の輪体上での積分が直ちに見出される点にある．例えば，もし第2の輪体が，第1の輪体を n 回繰り返したものであるならば，第2の輪体上での積分は第1の輪体上での積分を n 倍することによって得られる (例えば，円周上をn回まわる径路)．数nは負でもありうるが，これは向きを逆にしてn回繰り返すこと(例えば逆向きに円周上をまわること)である．その上，輪体は足し合わせることができ，このとき対応する積分も足し合わされる(例えば円周に沿ってある向きに，次いで逆の向きにまわる径路)．このようにして，輪体$C_1, \cdots, C_s$上でのある形式の積分が知られている場合には，$n_1C_1+\cdots+n_sC_s$の形をもつ任意の輪体上での積分の値が直ちに分かる．

もし形式が閉じていれば，ふたつの輪体上でそれを積分した結果が一致することもありうる．これはストークスの定理による．この一致は，ふたつの輪体の差が境界であるとき，即ち，$C'-C=\partial D$のときに起こる．ここで負の記号は逆向きの輪体に移ることを表わす．次のように定義しよう．k次元の輪体$C_1, \cdots, C_s$からなる系が**基本輪体**の系であるとは，任意のk次元輪体と$n_1C_1+\cdots+n_sC_s$の形をもつ輪体との差が境界だけであることを言う．

ホモロジーの定義は上述の事実に基づいている．ふたつの輪体C, C'は，もしそれらが境界だけの差をもつとき，即ち$C'-C=\partial D$であるとき，ホモローグであるという．これに対応してすべての輪体を互いにホモローグな類に類別できる．多様体$\mathscr{M}$においてk次元の輪体すべてを互いにホモローグな輪体に類別したとき，同値類の集合をk次元**ホモロジー群**$H_k(\mathscr{M})$と言う．これはアーベル群であって，群演算は和の形で表わされ，それは輪体についての和の演算によって定義される．単位元となるのは0輪体，即ち，それ自身が境界である輪体にホモローグな輪体の同値類である．k次元の輪体$C_1, \cdots, C_s$の組は，もし群H_kの任意の類が輪体$u_1C_1+\cdots+n_sC_s$にホモローグな輪体の類であれば，基本輪体系であると言う．群H_k全体は，この場合群$\boldsymbol{Z}+\cdots+\boldsymbol{Z}$($s$個の成分)に同型である．例えば一点を除去したユークリッド空間$\boldsymbol{R}^n$においては，次元$(n-1)$の基本輪体が唯一つ存在する．それは，除去した点を中心とする球面である．群H_{n-1}はこの場合$\boldsymbol{Z}$に同型である．

閉じた形式を，どのホモローグな輪体上で積分しようとも結果が等しくなるのは明らかである．換言すれば，閉じた形式の周期はホモロジー群の表現を定義する．すべての周期はs個の基本周期によって定義されてしまう．即ち，ふたつの閉形式の差が完全形式であることを確かめるためには，基本輪体上でそれらを積分した結果が一致することを見れば十分である．

以上述べたところから明らかなように，閉形式の分類は，輪体の分類に類似の方法で行なうことができる．この分類はコホモロジー理論という名で呼ばれている．すべての閉形式は類別され．ひとつの類は完全形式だけの差をもつ，即ち$\omega'-\omega=d\chi$である形式の集合である．この類を元とする集合は**コホモロジー群**と呼ばれ，$H^k(\mathscr{M}, \boldsymbol{R})$

($\boldsymbol{R}$ は実形式が扱われていることを示す) で表わす. 空間 $H^k(\mathscr{M},\boldsymbol{R})$ の次元を多様体 $\mathscr{M}$ の k 次元**ベッチ数**という. ド・ラムの第2定理によれば, この数はホモロジー群 $H_k(\mathscr{M})$ の階数に等しい.

§8. 非アーベル的微分形式と径路の亜群の表現

今度は, 係数関数が数ではなく, ある非可換な代数の元である微分形式を見てみよう. このような微分形式の積分に対しても, ストークスの定理, ド・ラムの定理に類似の定理が成り立つことは勿論である. というのは, これらの定理にとって和の演算だけが本質的であり, 乗法はそうではないからである. ところで既に見たようにゲージ理論 (あるいは数学の観点から言えば接続の理論)においては, 微分形式の積分そのものではなく, このような積分の**順序指数関数**が現れる. そこで, これらの対象に対してストークスの定理, ド・ラムの定理に類似な定理を定式化するという課題が生じる. すでに第6章§10においてストークスの定理に類似の定理を定式化したが, そこでは多様体がミンコフスキー(または他のアフィン)空間である場合だけを見たのである. ここでは任意の多様体 $\mathscr{M}$ における非アーベル的微分形式 (接続の形式) を見てみよう. ストークスの定理とド・ラムの定理に類似の性質が亜群の表現の用語によって自然に定式化されることが分かるであろう.

(アーベル的微分形式に対する)通常のストークスの定理を, 積分そのものではなく, 積分の指数関数を用いて書き表わすことから始めよう. 我々にとって当面興味があるのは階数が0と1の形式だけである. それらをそれぞれ $\chi=\chi(x)$, $A=A_\mu(x)dx^\mu$ と, 記すことにしよう. 我々にはまた次の多様体(より正しくは $\mathscr{M}$ の部分多様体)が必要である : x(0次元多様体, 即ち点), $p_x^{x'}$(x, x' をそれぞれ始点, 終点とする径路) および Σ(2次元の曲面) がそれである. ストークスの定理に現れるのは, 第6章§1で定義した径路ではなく, 個々の曲線でなければならないのは事実であるが, 同値類 $p_x^{x'}$ に属するどの曲線に沿って1-形式を積分してもその結果が同じであることは容易に分かるから, 曲線のかわりに径路を用いても結果に変わりはない. 対応するストークスの定理は,

$$\int_{p_x^{x'}} d\chi = \int_{\partial p_x^{x'}} \chi = \chi(x') - \chi(x),$$

$$\int_{\Sigma} dA = \int_{\partial\Sigma} A$$

である．これらの等式から次の指数関数が得られる．

$$\exp\left\{ i\int_{p_x^{x'}} d\chi \right\} = e^{i\chi(x')}\, e^{-i\chi(x)} \tag{8.1}$$

$$\exp\left\{ i\int_{\partial\Sigma} A \right\} = \exp\left\{ i\int_{\Sigma} dA \right\} \tag{8.2}$$

容易に分かるように，これらの公式中には既知のものも入っている．これらのうちで基礎となるものは1次元積分の指数関数；

$$\alpha(\hat{p}) = \alpha(p_x) = \alpha(p_x^{x'}) == \exp\left\{ i\int_{p_x^{x'}} A \right\}$$

である．これは径路の亜群の表現を与える．特に，もし $x'=x$ であれば，$\alpha(l_x)$ は点 x に始まるループの部分群の表現である．もし，ふたつの1-形式，A と A' が同じ周期を持つならば，即ち，任意のループに沿ってそれらを積分した結果が一致するならば，径路の亜群の表現としてそれらに対応する $\alpha(p_x^{x'})$ と $\alpha'(p_x^{x'})$ が異なっていても，これらの形式はループの部分群の同じ表現を与える．他方，ド・ラムの定理によれば，このふたつの形式の間には完全形式だけの差がある：$A'-A=d\chi$．これは，$A_\mu'(x)=A_\mu(x)+\chi_{,\mu}(x)$ を意味する．この式は(8.1)を用いて次の形に書き表わされる：

$$\alpha'(p_x^{x'}) = V(x')\alpha(p_x^{x'})V^{-1}(x),$$

ここに $V(x)=e^{i\chi(x)}$ である．これはゲージ変換に対して与えた第6章の公式(9.6)に完全に一致している．かくして，ド・ラムの定理は，径路の亜群の表現論におけるゲージ変換に対応していることになる．

次にストークスの第2の公式(8.2)を見てみよう．これは1次元積分と2次元積分をつなぐものである．この公式の左辺はループの表現 $\alpha(l_x)$ であり，右辺では積分記号下に場の強さ：

$$dA = F = \frac{1}{2}F_{\mu\nu}dx^\mu \wedge dx^\nu$$

と関係する2-形式が現れている．ここに，アーベル的場に対しては $F_{\mu\nu}=$

$A_{\nu,\mu}-A_{\mu,\nu}$である．かくしてこの公式を次のように書き換えることができる：

$$\text{もし } \partial\Sigma=l_x \text{ ならば，} \quad \alpha(l_x)=\exp\left\{i\int_\Sigma F\right\}.$$

この公式が，境界であるループ（1次元の輪体）に対してのみ有効であることは，極めて本質的である．たとえ場の強さが0であっても，つまり$F=dA=0$ であっても，このことはループ群の表現が自明であることを意味しない．これは，境界になっているループの部分群の表現が自明であることを意味するにすぎないのである．

$F=dA=0$，即ち形式Aは閉じているとしよう．この場合にはド・ラムの定理によって，基本ループに対応するその周期を与えれば，完全形式を法としてこの形式は定義されてしまう（即ち，$d\chi$ だけの任意性以外は決まってしまう）．先に見たように，この任意性はループの表現$\alpha(l_x)$の定義には効かない．従って，**ド・ラムの第2定理**を次のように定式化することができる：もしループ群の表現$\alpha(l_x)$が，境界になっているループの部分群に対して自明であるならば，その表現は基本ループの系に対する値によって完全に定義される．前の諸節ではこのようなタイプの表現に出会ったのであった．例えば，アハロノフ－ボーム場を記述する表現は磁束のまわりを1回まわる任意のループに対する値により決定される．

今やこの考察を非アーベル的形式（接続の形式）の場合へ持ち込むことができる．このあと定式化される命題は，その大部分が既に証明済みである．というのは，これまで行なってきた考察の多くは，ミンコフスキー空間においてのみならず，任意の多様体においても同じように正しいからである．

1-形式に類似な非アーベル的概念は，ある群の要素としての値をもつ，径路の亜群の表現$\alpha(p_x^{x'})\in G$ である．完全1-形式に類似な概念は，すべてのループに対して自明な，即ち，$\alpha_0(l_x)=0$ となる径路の亜群の表現$\alpha_0(p_x^{x'})$ である．このような表現に対しては，群の中に値 $V(x')\in G$ をもち，

$$\alpha_0(p_x^{x'})=V(x'')V^{-1}(x') \tag{8.3}$$

を満たす多様体上の関数が存在する．この式は（1次元積分から0次元積分への移行である）ストークスの第1定理に相当している．もし，全てのルー

プ上で一致する，即ち，$\alpha'(l_x)=\alpha(l_x)$ となる亜群のふたつの表現 $\alpha(p_x^{x'})$，$\alpha_{\prime}(p_x^{x'})$が存在するならば，関数 $V(x')\in G$ で，

$$\alpha'(p_{x'}^{x''})=V(x'')\alpha(p_{x'}^{x''})V^{-1}(x') \qquad (8.4)$$

を満たすものが存在する．この式は，**ド・ラムの第2定理**（もっと正確に言えば，それよりも，もっと一般的な命題）に相当する（§7，ド・ラムの第2定理に続く注意を見よ）．

次にストークスの第2公式（線積分の面積分への変換）に向かおう．非アーベル的量の場合にこの公式をどのように使うのかは第6章§10で見た通りである．そこではミンコフスキー空間における場を考察したのであるが，この制限は何ら問題にならない．というのは，証明は容易に任意の多様体の場合に持ち込むことができるからである．唯一の（そして本質的な）差異は，ミンコフスキー空間においては，どのようなループも，各々が無限小の面積をもつ面の境界である，無限小の投縄を無限個掛け合せた形に書くことができるのに対し，任意の多様体ではそうはゆかないことである．

ループを積に分解できるかどうかは，他の特徴的性質，即ち，ループを一点に縮小しうること，或いは，いわゆる，ループが0に同位であることと関係している．ふたつの曲線があり，連続的変形によって一方を他方に変えることができるとき，ふたつの曲線は互いに同位であるという．もし，$\{x(\sigma)|0\leqq\sigma\leqq1\}$ と $\{x'(\sigma)|0\leqq\sigma\leqq1\}$ でふたつの曲線を表わすものとすれば，それらの間の同位性とは，ふたつのパラメーター σ と τ とに連続的に依存し，$x(\sigma,0)=x(\sigma)$，$x(\sigma,1)=x'(\sigma)$ を満たす点の集合，$\{x(\sigma,\tau)|0\leqq\sigma,\tau\leqq1\}$が存在することを意味する．もし，連続的縮小によってループを一点に変形できるならば，ふたつのパラメーターによって連続的にパラメーター表示されている曲面をそのループ上に張ることができる．そしてこのときには，（第6章§10で行なったように）パラメーター表示に対応した順序で投縄を並べることによって，それらの積の形でループを書き表わすことができる．かくして，一点に縮小可能なループは積の形で表わすことができる．逆もまた正しい．もし，ループが無限小の面積をもつ無限小の投縄の積の形に表わされ

ているならば，これらの小さな面を次々と棄て去ることによって，ループを一点に縮小できる．

多様体 $\mathscr{M}$ 上で始点 x を共有するすべてのループを，**互いに同位なループからなる同位類**に類別し，商集合上で（第6章§1で径路の亜群に対してしたように），ループを順に辿ることとして乗法を定義すると，商集合は**基本群** $\pi_1(\mathscr{M}, x)$ となる．この群が，群 $L_x \subset \hat{P}$ の，一点に縮小可能なループの部分群を法とする因子群であることは明らかである：$\pi_1(\mathscr{M}, x) = L_x/(L_0)x$.
連結多様体においてはすべての群 $\pi_1(\mathscr{M}, x)$，$x \in \mathscr{M}$ は同型であるから，これらを $\pi_1(\mathscr{M})$ と書いてよい．基本群は非アーベル的形式およびその積分の理論において重要な役割を果すに違いない．

ストークスの定理をあらためて証明するようなことはしないで，先に述べたことから直ちに結果を定式化しよう．ループ l_x は境界，即ち $l_x = \partial\Sigma$ とし，面 Σ 内の一点に縮小できるものとする．このとき，このループに対応する作用素は2次元積分の順序指数関数：

$$\alpha(l_x) = P\exp\left\{ i \int_{l_x} A \right\} = P\exp\left\{ i \int_{\Sigma} \mathscr{F} \right\} \tag{8.5}$$

の形に表わされる．この等式については若干の説明が必要である．

はじめの量は，径路の亜群の表現が分かっているときにのみ与えられる作用素である．ふたつめの量は，非アーベル1-形式 $A = A_\mu(x)dx^\mu$（ここに $A_\mu(x)$ は群 G のリー代数の元である）を介して表わされた表現の作用素である．このような形式は多様性 $\mathscr{M}$ の全体にわたっては存在しないかも知れないが，面 Σ のある近傍においては常に存在する*．最後の量については，順序づけの方法と，2-形式 $\mathscr{F}$ の定義を明らかにしなければならない．それは次のようにする．ループ l_x の上に張られた面 Σ が存在する限り，このループを，どれもが完全に Σ に含まれる無限小の投縄の無限個の積として表

* 形式 A が多様体全体にわたって存在するとみなしても構わないが，それには，座標系が変わるときにはその係数関数がゲージ変換を受けてもよい，としなければならない．このような定義はウーとヤンの論文 [153] で用いられたものであり，これについては既に磁荷との関連で触れておいた（§5）．しかし我々には面 Σ の近傍において形式が存在するだけで十分である．

わすことができる：

$$l_x=\lim_{N\to\infty} P\prod_{j=1}^{N}([(p_j)_x]^{-1}(\delta\lambda_j)_{xj}(p_j)_x) \ ,$$

ここに $x_j=p_jx$ である．このような積の形への分解を任意に選んで（結果はこの選択には依らない）2次元積分を次のように定義しなければならない．

$$P\exp\left\{i\int\mathscr{F}\right\}=\lim_{N\to\infty} P\prod_{j=1}^{N}\exp\int_{\delta\Sigma j}\mathscr{F}(p_j)_x \tag{8.6}$$

ここに $\delta\Sigma_i$ は（極限においては無限小の）面要素で，ループ $(\delta\lambda_j)_{xj}$ の上に張られているものを表わす．即ち $\partial(\delta\Sigma_j)=(\delta\lambda_j)_{xj}$ である．形式 $\mathscr{F}(p_x^{x'})$ の定義は次のようである：

$$\mathscr{F}(p_x^{x'})=[\alpha(p_x^{x'})]^{-1}F(x')\alpha(p_x^{x'})$$
$$F=DA=dA-iA\wedge A,$$

あるいは座標を用いると，

$$F=\frac{1}{2}F_{\mu\nu}dx^\mu\wedge dx^\nu,\quad F_{\mu\nu}=A_{\nu,\mu}-A_{\mu,\nu}-i[A_\mu, A_\nu]$$

である．

アフィン空間に適用可能なこの定義については第6章，§10でかなり詳しく説明しておいた．多分それは，あまり扱い易いものとは思われないであろう．次節では，いかにしてそれを簡単化するかを示そう．ここでは非アーベル的な場合に閉1-形式に相当する概念はどんなものであるかを，この定義の明らかな性質を利用して示そう．

境界になっていて（しかも一点に縮小可能な）すべてのループ上で自明な，即ち，

$$l_x=\partial\Sigma \text{ のとき } \alpha(l_x)=1$$

となる亜群の表現 $\alpha(p_x^{x'})$ は閉じた1-形式の類形である．このような表現はゲージ場の強さが0であること，$\mathscr{F}(p)\equiv 0$（または $F_{\mu\nu}(x)\equiv 0$）に対応している．ところでこのとき，境界にはならないループには1とは異なる作用素が対応し，**ド・ラムの第2定理**に似た定理が成り立つ：すべてのループの表現 $\alpha(l_x)$ は，基本ループ上でのそれの値によって一意的に定義されてしま

う．既に述べておいたように，このとき，亜群全体の表現 $\alpha(p_x^{x'})$ はゲージ変換(これは完全1-形式にあたる)までの正確さで定義される．

総括をしよう．1-形式に相当するのは亜群の表現 $\alpha(p_x^{x'})$ である．もしこのような表現が与えられているならば，特にループの表現 $\alpha(l_x)$ も与えられていることになる．連結な線型多様体に対しては，異なる点から始まるループの表現は同値である．実際，異なる点を始点にもつループ群の間には同型 $l_{x'}\mapsto l_x$ が存在する．ここに，

$$l_{x'}=\hat{p}^{-1}(\hat{p}\,l_x\,\hat{p}^{-1})\,\hat{p}=\hat{p}^{-1}l_x{}'\hat{p}\,(\hat{p}=p_{x'}^{x})$$

である．これより，ループの表現に対して

$$\alpha(l_{x'})=[\alpha(\hat{p})]^{-1}\alpha(l_x{}')\alpha(\hat{p})$$

を得る．従って，ある点，例えば x に始まるループの表現を見ておくだけで十分である．この表現はその特性に応じて，非アーベル形式に対する閉および完全形式の概念の代用となる．

特性を述べるためには，すべてのループからなる群の中から，境界になっているループの部分群，あるいは一点に縮小可能なループの部分群 $(L_0)_x\subset L_x$ を取り出さなければならない．すべてのループの表現が自明であれば，つまり $\alpha_0(l_x)=1$ であれば，この表現は完全形式に相当する．このとき，亜群の表現 $\alpha_0(p_x^{x'})$ はゲージ変換(8.3)を表わしている．また，表現が一点に縮小可能なループの部分群上でのみ自明ならば，つまり $\alpha((l_0)_x)=1$ であれば，この表現は閉形式に相当する．全ループの表現 $\alpha(l_x)$ は，この場合，基本ループ上の値によって定義されてしまう．

ループの表現 $\alpha(l_x)$ を与えれば，亜群の表現 $\alpha(p_x^{x'})$ はゲージ変換(8.4)までの正確さで定義される．もし表現が一点に縮小可能なループに対して自明ならば，即ち，$\alpha((l_0)_x)=1$ ならば，亜群の表現は，基本ループの表現を与えることによって，ゲージまでの正確さで定義される．基本ループとは，任意のループ l を，$l=P\prod_j(l_j)^{n_j}l_0$ の形に表わすことのできるループ l_j, $j=1,2,\cdots,s$ のことである．ここに l_0 は1点に縮小可能なループである．

いくつかの例で見たように，自明でない位相をもつ空間においては，縮小

可能なループについては自明であるが，ループの群全体では自明でない表現が実際に生じる．これらの表現は，本質上全域的である特殊なゲージ場(特に電磁場)を記述する．このような場の強さ(形式DA)は至るところで0であるが，ループ群の表現は自明でなく，基本群の表現によって定まるものである．このような場の典型的な例は，アハロノフ-ボーム効果を記述する場である．

亜群の表現の用語によるストークスの定理の定式化とそれに基づく，場の強さを表わす形式DAの導入とは重要である．これがどのようにして達成されるかは先に示した通りである．しかし得られた結果は，その分かりにくさ故に不満足である．特に極限操作の存在には満足できない．とはいえ，本質を理解するためには，それは重要である．次節では，他の観点からこの問題に迫ってみよう．それは同時に原理的に新しい可能性を開いてくれるものでもある．

§9．任意次元の非アーベル的形式に対するストークスの定理

前節では，微分形式のある種の性質を非アーベル的形式(接続の形式またはゲージ場の形式)に持ち込むには亜群の表現をどのように利用するかを述べた．そして，階数が0と1の形式に関しては満足できる結果を得た．しかし，ストークスの定理のうち，ループに沿う線積分からそのループ上に張られた面上での積分に移る手続きの定式化には，なお改善すべき点が残されている．その欠陥というのは，2次元積分の順序指数関数の独立な定義を我々が持っていないことにある．それ故我々が有している素材そのものから，つまりループ群の表現から得られるものとして，その定義に達することが望ましい．結局のところ，ストークスの公式の一般化(8.5)は本質上同語反覆である．式(8.6)を念頭に置いて解釈すれば，公式の右辺は左辺を少々変形(すなわち，有限の大きさをもつループを多数の小さな輪索の積の形に書きなおお)したものに過ぎない．2次元積分はDAという形の形式(完全形式)に対してのみ定義される．2次元積分の順序指数関数を独立に定義できなければ問題が解かれたものと考えるわけにはゆかない．この定義は1-形式の(共変的)外微分の結果として現れる2-形式だけでなく，任意の2-形式をも積分できるよ

うなものでなくてはならない.

2次元積分を定義する際の困難は明らかに順序づけの問題にある. 線積分の場合には自然で一意的な順序づけの方法があるが, 2次元平面上の積分について順序づけをいかに実行すべきかは先験的には明らかではない. ある程度までは, 順序づけは任意でありそうに思われるし, また実際そうなのである. しかし, 以下に定式化する処方によれば, 順序づけの様々な方法を一定の仕方で考察することができる上に, 積分の実行という重要な見地からそれらの方法を解釈することができる.

1次元の曲線に沿う積分の順序づけの本質は, その曲線を点列(0次元多様体)とみなした点にある. 曲面を1次元多様体の, 即ち, 曲面の断面の集合とみなそう. このような集合は順序づけ可能であり, 指数関数の積を順序づけるのに用いることができる. このとき, はじめのうちは, 曲面(上の各点)での場として与えられた微分形式を曲面上で積分するという, 見慣れた描像を捨てなければならない. そうではなくて, 今や形式は, 曲面の断面である曲線の関数として与えられるべきである. しかし, 課題を解く流れの中で, これが自然であることが分かるはずである. そしてその後で, 点の関数としての形式をどのようにして与えることができるかを示そう. 言うまでもなく, 仮定としての定義は任意であって, その有効性または無効性は応用されたのちはじめて明らかになる. 以下(特に次章)では, 導入される定義が自然かつ有効なものであることを強調するつもりである.

本節では**固定された始点と終点をもつ径路の亜群だけを見ることにする.** それ故, 簡単化のために $\hat{p}\in P$ と書くかわりに $p\in P$ と書こう.

$\mathscr{M}$ は多様体で, $P(\mathscr{M})$ は $\mathscr{M}$ における曲線の集合する. $P(\mathscr{M})$ の元になっているのは区分的に滑らかな曲線 $\{x\}=\{x(\tau)\in\mathscr{M}\,|\,0\leqq\tau\leqq1\}$ である. 集合 $P(\mathscr{M})$ を, 数である座標 $x^\mu(\tau)$, $0\leqq\tau\leqq1$ をもつ無限次元の多様体* とみなすことができる. パラメーター表示の仕方だけが異なる2曲線を同一視して,

* **無限次元多様体**の理論は, 例えば, レンクの著書[29]で説明されている. そこでは, 微分形式をも含む, 通常の多様体に特有なすべての構造を, このような多様体に導入する方法が示されている.

$\{x(\tau)\}\sim\{x(f(\tau))\}$ とすることができる．このようにすると，多様体 $P(\mathscr{M})$ の点とは，パラメーター表示仕の方だけが異なる曲線の類であって，$x^\mu(\tau)$ と $x^\mu(f(\tau))$ は同じ点の異なる座標値にすぎない．さらには，多様体 $P(\mathscr{M})$ の点とは，第6章§1で定義した径路のことだと考えてもよい．また，$P(\mathscr{M})$ 上に微分可能構造を定義するには，同一の径路 $p_x^{x'}$ として現れる曲線のうちの最も滑らかな曲線を利用することができる．これはすべての盲腸（ある向きに進み，そのあと直ちにその径路を逆向きに辿る径路）を取り去ったあとに残る曲線である．このようにして，$P=P(\mathscr{M})$ は多様体 $\mathscr{M}$ 上の**径路の亜群**そのものになる．しかし，今度はこの亜群上に**微分可能多様体の構造が導入**されているのである．

今や，第6章第1節で空間 $\mathscr{M}$ に対して行なったのと同じすべてのことを多様体 P において実行することができ，P における径路の亜群を得ることができる．それを $P(P(\mathscr{M}))$ または単に $P^{(2)}$ と記そう．$P^{(2)}$ の元となるのは，かくして径路を点とする空間における径路である．P における各径路は，$\mathscr{M}$ におけるある面を定義し，この面は，全体としてこの面全体を覆う，線型に順序づけられた曲線族を伴っている．このような対象には**2次元の径路**または $\mathscr{M}$ における**2-径路**という名を与えることができよう．かくして P における径路とは $\mathscr{M}$ における2-径路である．換言すれば，各元 $p^{(2)}\in P^{(2)}$ は多様体 $P(\mathscr{M})$ における径路であり，或いは同じことだが，$\mathscr{M}$ における2-径路である．

$\mathscr{M}$ 内の縮小可能なループの上には，ひとつとは限らず様々な面を張ることができる．これらの面の各々の上では，それを覆う，順序づけられた径路の族を選ぶことができる，即ち面には，異なる2-径路の集合が対応している．従って，2-径路の概念を導入したことによって，面の概念は複雑になり，精密化されたことになる．もし，ひとつのループに対して，その上に張られる多くの面を考えるならば，尚一層多くの，その面上に定義された2-径路を扱うことになる．

このような複雑化，面のかわりに2-径路の概念(即ち，平面における順序づけ）を導入することによって，直ちにかつ容易に非アーベル的2重積分を

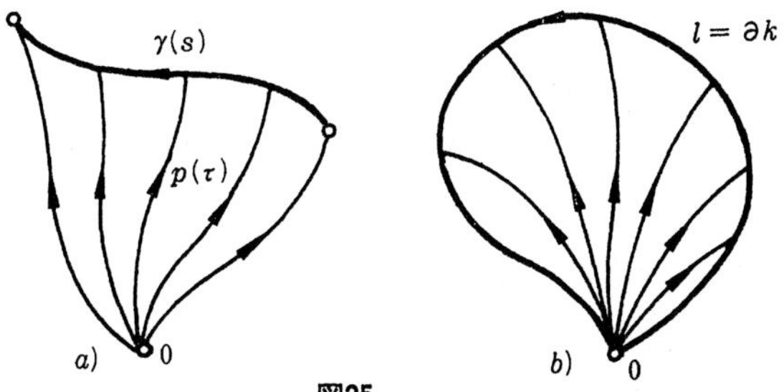

図25.

定義することができる．そのためには，P における径路の亜群 $P^{(2)}$ の表現をつくるだけで十分である．かくして，**$\mathscr{M}$ 上の 2-形式に正しく相当するのは 2-径路の亜群 $P^{(2)}=P(P(\mathscr{M}))$ の表現である**，換言すれば，非アーベル的 2-形式の面積分を自然な仕方で定義することはできない．2-径路上での積分(より正確には，積分の順序指数関数)だけが定義される．この構成法に従って，非アーベル量を扱うときストークスの第2公式がどのようなものになるのかを新たに定式化しよう(今度は，これは同語反覆ではない)．のちほど(第8章)，この構成法が紐の理論において有用(そして多分必要)なものであることが納得できるであろう．

実際の構成と以後の物理的応用のためには 2-径路の亜群全体 $P^{(2)}$ は必要でなく，部分亜群 $S\subset P^{(2)}$ で十分である．これに含まれるのは，或るひとつの点に始まる 2-径路だけである．2-径路 $s\in S$ は径路からなる≪扇形≫(図25. a)である．径路の固定された始点を $O\in\mathscr{M}$ と記そう．このとき各 $s\in S$ は，径路の族 $s=\{p(\tau)\in P\,|\,0\leqq\tau\leqq1\}$ であり，これに属するどの径路も点 O を始点としている．換言すれば，$p(\tau)=\{x(\sigma,\tau)\,|\,0\leqq\sigma\leqq1\}$，$x(0,\tau)=O$ である．この族に属する径路の終点はある径路 $p=\{x(1,\tau)\,|\,0\leqq\tau\leqq1\}$ を描く．かくして亜群 S から亜群 P 上への自然な写像 $\gamma : s\to p$ が存在する．容易に分かるように，この写像は亜群の準同型である，つまり群演算を保存する．のちほど，この写像は非常に大切な働きをすることになる．

亜群 S において顕著な働きをするのは，1点からなる径路 $1_o\in P$ に始まり，そこで終る 2-径路の部分群 K である．即ち，2-径路 $k\in K$ は条件 $x(\sigma,0)=x(\sigma,1)=O$ を満たす．部分群 K を **2-ループの群**と呼ぶことにしよう(図25.

b)．写像γは2-ループ群をループ群$L\subset P$上に写す，即ち，それは群の準同型である．ループ$\gamma(k)$は2-ループkにより覆われる面の境界になっている．それ故，それを∂kと書くのが自然である．この記号を利用して，写像γの部分群Kへの制限を$\gamma|K=\partial$と書こう．まさにこれによって**2-ループの一般化された境界**が導入される．$c\in K$かつ$\partial c=1$としてみよう．これは，2-ループcの境界がループ群Lの単位元であることを意味している．このような2-ループを**一般化された2-輪体**と呼んでもよかろう．それらは群$C\subset K$をなす．ストークスの定理の証明にはこの部分群は不必要であるが，あとになって，重要な働きをする．

添字μで座標を数え上げることにすると，空間$\mathscr{M}$における階数1の形式は$A=A_\mu(x)dx^\mu$の形をもつ，多様体Pにおいて座標となるのは$x^\mu(\sigma)$，$0\leqq\sigma\leqq1$である，即ち添字の働きをするのは(μ,σ)という対であって，ここにμは離散的な，他方σは連続的なパラメーターである．それ故，Pにおける1-形式は

$$f(p)=\int_0^1 d\sigma\, f_\mu(p,\sigma)\,dx^\mu(\sigma) \tag{9.1}$$

の形をもつ．$k=\{p(\tau)\,|\,0\leqq\tau\leqq1\}$は2-ループ，$k\in K$であるとしよう．この2-ループに属する各径路$P(\tau)$をパラメーター$\sigma$で表示すると$p(\tau)=\{x(\sigma,\tau)\,|\,0\leqq\sigma\leqq1\}$となる．このとき形式$f$の，2-ループ$k$に沿う積分は定義によって，

$$\varphi(k)=P\exp\left\{i\int_k f(p)\right\}=P_\tau\exp\left\{i\int_0^1 d\tau\int_0^1 d\sigma\frac{x^\mu(\sigma,\tau)}{\partial\tau}f_\mu(p(\tau),\sigma)\right\} \tag{9.2}$$

に等しい．ここに順序づけはパラメーターτに関してのみ行なわれており，パラメーターσに関しては(9.1)のように，普通の，順序づけなしの積分を行なう．

このように定義された2重積分に対応して**ストークスの第2公式**は，

$$\text{もし，}l=\partial k\text{ ならば，}\alpha(l)=\varphi(k) \tag{9.3}$$

の形に書ける．ここにkは2-ループ，lはその境界(即ちループ)，そして表現は，対応する公式，

$$\alpha(l)=P\exp\left\{i\int_l A\right\},\quad \varphi(k)=P\exp\left\{i\int_k f\right\}$$

で定義されている．

問題は形式 f をいかに定義するかである．まさにそれによって，$\mathscr{M}$ における 1-形式 A を，$P(\mathscr{M})$ におけるある 1-形式 $f=\mathscr{D}A$ に対応させる作用素 $\mathscr{D}$ が定義されるのである．$\varphi=d\alpha$ と書くのが自然である．このとき**ストークスの公式**を，

$$\alpha(\partial k)=(d\alpha)(k),\ (d\alpha)(k)=P\exp\left\{i\int_k \mathscr{D}A\right\} \tag{9.3'}$$

の形に書くことができる．

形式 $\mathscr{D}A$ を定義する方法は明らかである．ループ l を，長さは有限だが極めて微小な面積しかもたない多数のループの積として表わさなければならない．このような分解によって，k に属する径路の族が，即ち境界 $l=\partial k$ をもつ 2-ループが定義される．この分解は様々な仕方で実行できるが，ストークスの定理の場合には，これらすべての仕方が同一の結果を与える．

類 l（盲腸の有無だけの差をもつ曲線の集合）に属する曲線のうち，最も滑らかなものを取ろう．それを曲線 $\{x(\tau)\,|\,0\leqq\tau\leqq1\}$，$x(0)=x(1)=0$ であるとする．点 0 から点 $x(\tau)$ に向かう径路を $p(\tau)$ とし，更に径路の族 $p(\tau)$，$0\leqq\tau\leqq1$ は滑らかであるとしよう．このとき，径路の族 $k=\{p(\tau),\ 0\leqq\tau\leqq1\}$ は境界 $\partial k=l$ をもつ 2-ループである．この境界がストークスの定理に現れるのである．

区間［0，1］を，長さ $\Delta\tau=1/N$ をもつ N 個の区間に等分し，区分点を $\tau_j=j/N$ とする．これによって径路 $p_j=p(\tau_j)$ を元とする径路の有限集合が定義される．この集合の元を用いて細長いループ $\delta\lambda_j=p_j^{-1}\delta l_j p_{j-1}$ をつくる．ここで δl_j はループ l の一部であって，点 $x_{j-1}=x(\tau_{j-1})$ と $x_j=x(\tau_j)$ の間にある（図26）．

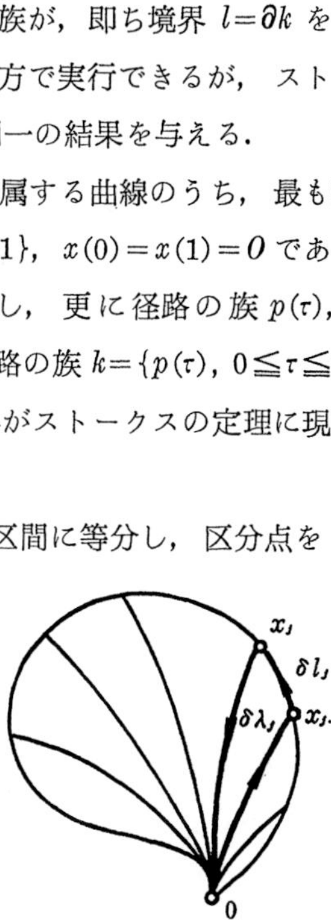

図 26.

ループ l は積

$$l=\delta\lambda_N\,\delta\lambda_{N-1}\cdots\delta\lambda_1$$

の形に表わされる．ループ群の表現の性質を利用して，

$$\alpha(l)=\alpha(\delta\lambda_N)\alpha(\delta\lambda_{N-1})\cdots\alpha(\delta\lambda_1) \tag{9.4}$$

と書こう．極限$N\to\infty$において，ループ$\delta\lambda_j$は無限に細くなる．これらのループこそ，これから先で形式$\mathscr{D}A$の定義に用いられるものである．

径路$p(\tau)$の各々から，最も滑らかな曲線，$\{x(\sigma,\tau)|0\leqq\sigma\leqq 1\}$を特に取り出せば，パラメーター$\sigma$，$\tau$は$l$上に張られたある面を表示する．ループ$\delta\lambda_j$はこの面の一部$\delta\Sigma_j$に対応している．ループ$\delta\lambda_j$を，面$\delta\Sigma_j$内にある投縄の積の形に分解して表わそう．この分解は様々な仕方で実行できる．それらのうちのふたつが図27に示してある．帯状の$\delta\Sigma_j$を埋め尽すには，初めの方から始めて終点部へと埋めてゆくこともできるし，逆に終点部から始めて初めの方へと埋めてゆくこともできる．これらの仕方の中間的な，ありとあらゆる仕方が可能である．最終的結果（即ち形式$\mathscr{D}A$に対する表式）はこの埋め尽し方には依らない．このことは，結局のところ我々にとって問題なのは$\Delta\tau\to 0$の極限であることと関連している．

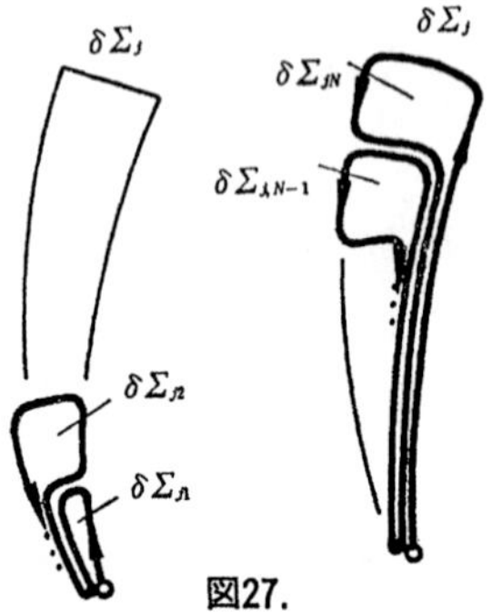

図27.

ループ$\delta\lambda_j$の分解の仕方がどうであれ，帯状の$\delta\Sigma_j$は微小面$\delta\Sigma_{jm}$に分かたれ，それらの面積の和は帯状形の面積に等しい．第6章，§10で示したように*(本章の§8をも見よ)，このような分解を行なうと$\alpha(\delta\lambda_j)$に対して(細胞$\delta\Sigma_{jm}$の長さと面積について1次までの正確さで)

$$\alpha(\delta\lambda_j)\approx P\prod_m \exp\left\{i\int_{\delta\Sigma_{jm}}\mathscr{F}(p_{jm})\right\}+O(1/N^2) \tag{9.5}$$

が得られる．ここにp_{jm}は帯状部$\delta\Sigma_j$の内にあり，かつ点Oから細胞$\delta\Sigma_{jm}$内のある点に向かう径路であり，一方形式$\mathscr{F}(p)$は次のように定義されている：

---

*　そこで行なった証明は，ミンコフスキー空間またはアフィン空間に対してだけでなく，ループが一点に縮小可能でさえあれば，任意の多様体に対しても有効である．

$$\mathscr{F}(p)=[\alpha(p)]^{-1}F(pO)\alpha(p)$$
$$F=DA=dA-iA\wedge A=\frac{1}{2}F_{\mu\nu}(x)dx^{\mu}\wedge dx^{\nu} \tag{9.6}$$
$$F_{\mu\nu}=A_{\nu,\mu}-A_{\mu,\nu}-i[A_{\mu},A_{\nu}].$$

細胞 $\delta\Sigma_{jm}$ の幅はパラメーター τ の区間の長さ $[\tau_{j-1},\tau_j]$ で定義される．細胞の長さは同様に，即ちパラメーター σ の区間の長さ $[\sigma_{m-1},\sigma_m]$, $\sigma_m=m/N$ によって定義される．$N\to\infty$ の極限では，細胞の幅も長さも減少する．このとき，$\alpha(\delta\lambda_j)$ に対する表式 (9.5) は一層正確になる．極限 $N\to\infty$ に移ることによって，(9.4) から $\alpha(l)$ に対する正しい表式を得るためには，公式 (9.5) は $1/N$ までの正確さで正しくなければならない．オーダー $1/N^2$ の項は式(9.4)の極限 $N\to\infty$ には寄与しない．容易に示すことができるが，公式 (9.5) の m についての順序積を，指数の和で置き換えてもオーダー $1/N$ の項までの正確さに変わりはない．結果として，$1/N$ までの正確さでもうひとつの近似式が得られる：

$$\alpha(\delta\lambda_j)=\exp(i\int_{\delta\Sigma j}\mathscr{F})+O(1/N^2) \tag{9.7}$$

この式から，我々に必要な結果まではあと一歩である．実際，細いループ $\delta\Sigma_j$ はふたつの径路の間隔 $[p_{j-1},p_j]$ と見ることができ，このループに沿う積分は空間 $P(\mathscr{M})$ における形式の積分とみなすことができる．このことから

$$\alpha(\delta\lambda_j)=\exp\left(i\int_{[p_{j-1},p_j]}f(p)\right)+O(1/N^2)$$

を得る．形式 $f(p)$ に対しては表式

$$f(p)=\frac{1}{2}\int_0^1 d\sigma\,\mathscr{F}_{\mu\nu}(p_\sigma)\dot{x}^{\mu}(\sigma)dx^{\nu}(\sigma) \tag{9.8}$$

が得られる．この式中の p_σ は径路 $p=\{x(\sigma')\,|\,0\leqq\sigma'\leqq1\}$ の一部をなす径路であり，曲線 $\{x(\sigma')\,|\,0\leqq\sigma'\leqq\sigma\}$ で定義されている．量 $\dot{x}^{\mu}(\sigma)d\sigma$ は径路 p に沿う座標の増分であり，形式 $f(p)$ を，径路 p に沿う積分の形で表わすために利用している．微分 $dx^{\nu}(\sigma)$ はある径路から他の径路へ移る際の径路の座

標の増分を表わしている．もしパラメーター τ で表示される径路の族 $p(\tau)$ を扱っているのであれば，各径路の座標は $x^\nu(\sigma,\tau)$，$0\leqq\sigma\leqq1$ であり，

$$dx^\nu(\sigma,\tau)=\frac{\partial x^\nu(\sigma,\tau)}{\partial\tau}d\tau$$

となる．

表式(9.7)を積(9.4)に代入することによって(9.3)の形をもつストークスの定理が得られる．このとき **2-ループ上の積分**に対しては表式

$$\varphi(k)=P_\tau\exp\left\{\frac{1}{2}i\int_0^1\int_0^1\mathscr{F}_{\mu\nu}(p_\sigma(\tau))\frac{\partial x^\mu(\sigma,\tau)}{\partial\sigma}\frac{\partial x^\nu(\sigma,\tau)}{\partial\tau}d\sigma d\tau\right\}\qquad(9.9)$$

が得られる．この式中にはゲージ場の強さ(第6章§10を見よ)を介して公式(9.6)で定義された径路依存の非アーベル的形式 $\mathscr{F}_{\mu\nu}(p)$ が現れている．この形式を介して，2-ループの表現 $\varphi(k)$ は比較的対称な形(9.9)に書きあらわされている．この表わし方の非対称な点は，ふたつのパラメーターのうち一方，τ だけに関して順序積がとられていることである．もし $\varphi(k)$ を空間 P における1-形式を介して，即ち(9.2)の形に，表わすならば，この1-形式に対する表式(9.8)が得られる．従って(9.6)を代入することによって公式(9.8)は $f=\mathscr{D}A$ に対する表式となる．これは**非アーベル的1-形式を微分**して得られる非アーベル2-形式である．換言すれば，これは**非アーベル的完全2-形式**である．

式(9.9)の型の表式は，ベクトル・ポテンシャルを介して共変微分の形に表わされた形式 $\mathscr{F}_{\mu\nu}$ だけでなく，任意の2-形式の2次元積分を定義するのに用いることができる．十分に滑らかな径路に依存する2-形式 $\mathscr{H}_{\mu\nu}(p)$ が与えられたものとしよう．積分が定義できるためには小さな任意の投縄 l に対して，差 $\mathscr{H}_{\mu\nu}(pl)-\mathscr{H}_{\mu\nu}(p)$ が，この投縄で囲まれた面積に比例すればよい．もし形式 $\mathscr{H}(p)$ がループのある表現 $\alpha(L)$ を含む**構造条件**：

$$\mathscr{H}_{\mu\nu}(p\,l)=\alpha(l^{-1})\mathscr{H}_{\mu\nu}(p)\alpha(l)$$

を満たすならば，その条件は保障される．このような形式を共変的と呼ぶことにしよう．特別な場合には，これは，普通の(局所的な)形式 $H=H_{\mu\nu}(x)dx^\mu\wedge dx^\nu$ を介して

$$\mathscr{H}_{\mu\nu}(p)=[\alpha(p)]^{-1}H_{\mu\nu}(pO)\alpha(p)$$

の形に表わすことのできる，径路依存の形式であってもよい．ここに $\alpha(p)$ は径路の亜群の表現である．

この式について，**任意の2-径路 $s\in S$ に対する積分**を，

$$\chi(s)=P_\tau \exp\left\{\frac{1}{2}i\int_0^1 d\tau\int_0^1 d\sigma\mathscr{H}_{\mu\nu}(p_\sigma(\tau))\frac{\partial x^\mu(\sigma,\tau)}{\partial\sigma}\ \frac{\partial x^\nu(\sigma,\tau)}{\partial\tau}\right\} \quad (9.10)$$

で定義しよう．ここで記号はこれまで通りである．即ち，

$$s=\{p(\tau)\in P|0\leqq\tau\leqq 1\}$$

$$p(\tau)=\{x(\sigma,\ \tau)\in\mathscr{M}|0\leqq\sigma\leqq 1\},\ x(0,\ \tau)=O,$$

$$p_\sigma(\tau)=\{x(\sigma',\ \tau)|0\leqq\sigma'\leqq\sigma\}\ \text{または}\ p_\sigma(\tau)=\{x(\sigma\sigma',\ \tau)|0\leqq\sigma'\leqq 1\}$$

である．異なる点は，今度は積分を2-ループに関してではなく，任意の2-径路 $s\in S$ に関して定義したことであり，それ故 $p(0)$，$p(1)$ は任意(しかし 1_0 ではない)である．

写像 $s\mapsto\chi(s)$ は亜群 S の表現である，即ち任意の s，$s'\in S$ に対して関係

$$\chi(s')\chi(s)=\chi(s's) \quad (9.11)$$

が成り立つ．これを証明するためには，もし2-径路 s が径路のある族 $\{p(\tau)\}$ 上を往復するものであれば，$\chi(s)=1$ となることを証明するだけで十分である．このこと自体は，(9.10)における順序づけがパラメーター τ についてだけ行なわれており，σ については順序づけが行なわれていることから出る．順序づけのこの特性によって，同時に，表式 $\chi(s)$ が2-径路だけに，即ち，曲線族の類 $\{p(\tau)|0\leqq\tau\leqq 1\}$ だけに依るのであって，この類からどの族を，具体的にどう選ぶかには依らないことも証明できる．

関数 χ の群としての性質，即ち関係式(9.11)は，通常の積分に対する相加性と全く同じ働きをする．関数 χ を2-ループの部分群 $K\subset S$ に制限すれば，明らかに，この部分群の表現が得られる．

このようにして非アーベル的2-形式の積分は，いかなる線積分にも依存することなく定義される．それ故ストークスの定理 (9.3) はもはや同語反覆

ではない．その内容は次のように言えよう．任意のループ $l\in L$ に沿う線積分 $\alpha(l)$ は，このループ上に張られた 2-ループ $k\in K$, $\partial k=l$ 上でのある 2-形式の 2 重積分に等しい，と．この定理に現れる 2-形式は公式(9.6)で定表される．

本節の定義と結果を要約しよう．2 次元の曲面の代わりに 2-径路 $p^{(2)}\in P^{(2)}$ の概念が導入された．$\mathscr{M}$ における 2-径路とは，$\mathscr{M}$ における径路を点とする空間における径路に他ならない．このことを $P^{(2)}=P(P(\mathscr{M}))$ と書き表わすことができる．

ストークスの定理の一般化を定式化するためには，一点 $0\in\mathscr{M}$ を要とする≪扇≫形をもつ 2-径路の部分空間 $S\subset P^{(2)}$ を考察するだけで十分である．$P^{(2)}$ と同じように S も亜群である．さらに，ストークスの定理を問題とするのであれば，2-ループの群 $K\subset S$ を見ておくだけでよい．

非アーベル的形式の理論においては面積分を正しく定義することができない．面積分を定義するかわりに 2-径路に沿う積分を定義しなければならない．そのために 2-径路の亜群のある表現を定義し，作用素値をもつ $P^{(2)}$ 上の関数 $p^{(2)}\mapsto\varphi(p^{(2)})$ を考察する．この表現は P における非アーベル的 1-形式，または $\mathscr{M}$ における 2-形式の類形である．径路の亜群の各表現 $\alpha(p)$ に対して 2-ループの群 K の表現 $\varphi=d\alpha$ が存在し，これらはストークスの公式(9.3)，(9.3′)を満たす．もし亜群 P の表現 α が 1-形式 A で定義されるならば，群 K の表現 $d\alpha$ は公式(9.6)，(9.9)に応じて 2-形式 $F=DA$ によって定義される．

今や何らの制限も設けることなく形式の次元を増すことができるのは明らかである．実際，出発点にとった多様体 $\mathscr{M}$ が有限次元であるとの仮定は本質的ではない．$\mathscr{M}$ のかわりに，無限次元の，径路の多様体 $P(\mathscr{M})$ をとれば，全く同じ仕方で $P(\mathscr{M})$ 上の 1-形式から $P(P(\mathscr{M}))$ 上の 1-形式へ，別の表現をすれば，$\mathscr{M}$ 上の 2-形式から $\mathscr{M}$ 上の 3-形式へ移ることができる．このようにして，公式(9.3′)は任意次元の非アーベル的形式に関する，一般化されたストークスの定理と解することができる．

§10* ホモロジーおよびコホモロジーの一般化

前の諸節で得られた結果を基に，径路の亜群の表現（高次元の非アーベル的形式）を，コホモロジーの一般化の形で分類することができる．この一般化はより高次元の亜群に移ることにより得られる．それらを $P^{(1)}=P(\mathscr{M})$, $n>1$ のとき $P^{(n)}=P(P^{(n-1)})$ と帰納的に定義することができる．記号 $P(Q)$ は多様体 Q 上の径路の亜群とする．このような亜群の表現を分類するのにどのような方法が考えられるのかを見てみよう．

第8節で明らかにされた以下のことを思い出そう：1) $\mathscr{M}$ 上の 1-形式の類形は $\mathscr{M}$ における径路の亜群の表現 $\alpha(P)$ である．2) 完全 1-形式の類形は，全ループ上で自明な表現，$\alpha(l)=1$ である．3) 閉じた 1-形式の類形は，一点に縮小可能なすべてのループ上で自明となる亜群の表現である．このとき，表現は基本ループ上での，その値によって定義されてしまう．即ち，基本群 $\Pi_1(\mathscr{M})$ の表現に帰着させられる．

この分類法を亜群 $P^{(n)}$ の場合へと一般化するにはどうすべきだろうか．明らかなひとつの可能性は，ループの部分群 $L^{(n)}=L(P^{(n-1)})$ 上での $\alpha(P^{(n)})$ の振舞いを調べることである．ここに $L(Q)$ は多様体 Q 上のある点（この点を記号的にもはっきり書くべきだが，簡単のため省略する）に始まるループ群を表わす．完全形式に相当するのは $L^{(n)}$ 上で自明な表現である．閉形式に相当するのは $L^{(n)}$ に属するループのうちで一点に縮小可能なすべてのループ上で自明な表現である．このような表現は群 $\pi_1(P^{(n-1)})$ の表現に帰着させられる．

ところで，このような型への分類は，たとえそれが正しくかつ有用であろうとも，その仕方は一意的ではない．別の方法として，帰納的に $L_0{}^{(n)}=L(L_0{}^{(n-1)})$, $L_0{}^{(1)}=L(\mathscr{M})$ で定義される群を見てみよう．もし表現 $\alpha(P^{(n)})$ がすべての元 $l_0{}^{(n)}\in L_0{}^{(n)}$ 上で自明ならば，それを完全形式に相当するものとみなしてよい．もしそれが，$L_0{}^{(n)}$ の元のうち一点に縮小可能な元に対してのみ自明であれば，それは閉形式に相当するものである．この場合には群 $L_0{}^{(n)}\subset P^{(n)}$ の表現は群 $\pi_1(L_0{}^{(n-1)})$ の表現に帰着させられる．これと関連して大切なことは，ループの空間におけるホモトピー群は，径路が考えられている多様体の，もっと高次元のホモトピー群と一致すること，即ち $\pi_n(L(Q)=\pi_{n+1}(Q)$ [30] となることである．それ故 $\pi_1(L_0^{(n-1)})=\pi_n(\mathscr{M})$ である．したがって，この分類法はもとの多様体のホモトピー群の分類に基づいていることになる．

もうひとつの分類を詳細に見てみることにしよう．そしてついでに高次元の径路の亜群から群へ移ることができることを証明しよう．任意の(位相)群 G 上の径路群 $P=P(G)$ を見てみよう．この場合に，径路群は，第6章§2でアフィン空間に対して行なったのと全く同じように定義される．唯一の違いは，アフィン空間での移動(変位)という作用が群上の右移動という作用に変わることである．即ち，G における(連続)曲線の集合上で，一般の移動だけの差をもつ曲線の同一視，$\{g(\tau)\}\sim\{g(\tau)g_1\}=\{g'(\tau)\}$ を行なう．その上，パラメーター表示の仕方の違いと≪盲腸≫の有無だけの違いをもつ曲線をも同一視する．曲線の同値類を元とする集合がこのようにして得られ，それは**群上の径路群** $P=P(G)$ となる．アフィン(より正確には中心をもつアフィン)空間も和についての群と見なしうる．この定義のすぐれた点は高次元の径路の(亜群でなく)群を定義できることである．

高次元の径路の群を $P^{(1)}=P(G)$，$P^{(n)}=P(P^{(n-1)})$ によって定義し，$p^{(n)}\in P^{(n)}$ を G 上の≪n-径路≫と呼ぼう．これによって $(n-1)$-径路の族，

$$p^{(n)}=\{p^{(n-1)}(\tau)\,|\,0\leqq\tau\leqq1\}$$

が得られる．このとき，必要な同一視が行なわれていることは言うまでもない．

$$\Delta p^{(n)}=p^{(n-1)}(1)[p^{(n-1)}(0)]^{-1}\in P^{(n-1)}$$

と記し，これを所与の n-径路に対応する並進と名づけよう．写像，$\Delta: P^{(n)}\to P^{(n-1)}$ は準同型である．

群 Q 上のループの群を $L(Q)$ と記す，即ち $L(Q)=\{l\in P(Q)\,|\,\Delta l=1\}$ である．**n-ループの群**を $L^{(n)}=L(P^{(n-1)})$ で定義しよう．我々に必要なのはもっと狭い群であり，それを帰納的に $L_0^{(n)}=L(L_0^{(n-1)})$，$L_0^{(0)}=G$ と定義する．この

群の各元は，ループのループのループである，等々と言える．最後に群 $K^{(n)}=L(P(L_0{}^{(n-2)}))$ を $K^{(1)}=L(G)$ と置いて定義し，***n*-閉路の群**と呼ぼう．

n-閉路の群上に**境界作用素**を定義することができる．任意の $k^{(1)}\in K^{(1)}$ に対して $\partial k^{(1)}=1$ と置こう．そして任意の高次元の径路に対しては，

もし $k^{(n)}=\{p^{(n-1)}(\tau)\,|\,0\leqq\tau\leqq 1\}$ ならば

$$\partial k^{(n)}=\{\Delta p^{(n-1)}(\tau)\,|\,0\leqq\tau\leqq 1\}$$

としよう．写像 $\partial: K^{(n)}\to L_0{}^{(n-1)}$ は準同型である．群 $L_0{}^{(n)}$ の任意の元はこの写像で単位元に写されることを見るのはむつかしくない．このことと，群 $K^{(n)}$ の定義とから，任意の $k^{(n)}\in K^{(n)}$ に対して $\partial\partial k^{(n)}=1$ となること，即ち**境界の境界は自明である**ことがわかる．

作用素 ∂ を用いると通常の仕方で（一般化された）**輪体の群**と（一般化された）**境界の群**を定義することができ，それらは次の通りである．

$$C^{(n)}=\{c^{(n)}\in K^{(n)}\,|\,\partial c^{(n)}=1\},\quad B^{(n)}=\partial K^{(n+1)}.$$

$L_0{}^{(n)}\subset C^{(n)}$ は明らかで，それ故 $B^{(n)}\subset L_0{}^{(n)}\subset C^{(n)}\subset K^{(n)}$ となる．部分群 $C^{(n)}$ は $K^{(n)}$ において，$B^{(n)}$ は $C^{(n)}$ において，それぞれ不変であることが証明できる．因子群 $H_{(n)}=C^{(n)}/B^{(n)}$ を**一般化されたホモロジー群**と呼んでもよい．このようにして非アーベル的形式の理論において応用可能な n-閉路の分類が得られる．例えば§5で定式化したゲージ単極の定義はループのループ，即ち 2-輪体の概念に立脚している．ここで提起した分類法は群 G のかわりに任意の多様体 $\mathscr{M}$ をとった場合にも一般化できることに注意しよう．その場合には，しかし，n-径路の群の代わりに，n-径路の亜群を用いなければならない．

十分に高い次元（大きな n）の場合には，先に定義した n-径路の族 $P^{(n)}$, $L^{(n)}$, $L_0{}^{(n)}$, $K^{(n)}$ はすべて互いに異なっている．しかし低次元に対してはそれらの一部が同じものになる．かくして0次元に対しては $P^{(0)}=L^{(0)}=L_0{}^{(0)}=K^0=G$ となるし，1次元に対しては $P^{(1)}=P(G)$, $L^{(1)}=L_0{}^{(1)}=K^{(1)}=L(G)$, 2次元に対しては $P^{(2)}=P(P(G))$, $K^{(2)}=L^{(2)}=L(P(G))$, $L_0{}^{(2)}=L(L(G))$ である．我々のとりきめによる同一視を考慮すると，族 $P^{(2)}$ は≪扇形≫の

2-径路 (図25. a を見よ) を含み，族 $K^{(2)}=L^{(2)}$ は §9 における意味で 2-ループ (図25. b を見よ) である．最後に族 $L_0{}^{(2)}$ はループのループを含み，これは §5 においてゲージ単極 (図23) の場を記述するのに用いたものである．次章では非局所的粒子——紐の理論を構成するのに群 $K^{(2)}=L^{(2)}$ を用いる．

このようにして得られる n-閉路の分類に応じてその表現の分類も得られる．群 $K^{(n)}$ の表現 $\chi(K^{(n)})$ は微分形式の非アーベル的類形である．もしこの表現が部分群 $C^{(n)}\subset K^{(n)}$ 上で自明ならば，それは完全形式に相当する．もしそれが $B^{(n)}$ 上でのみ自明ならば，閉形式に相当する．このような型の表現は群 $H_{(n)}$ の表現に帰着させられる．群 $C^{(n)}$ 上でのそれらの値は一般化された n-輪体の基底上での値によって定義されてしまう．これらの値を用いることによって，群 $K^{(n)}$ 全体上での表現も《ゲージまでの正確さで》，即ち完全形式に相当する表現までの正確さで決まってしまう．このような型の表現の中から，基本表現(一般化された基本 n-輪体のうちのひとつの上でのみ自明でない表現) の系を取り出すことができる．残りの表現はそれらによって表わされる．

このようにして，$B^{(n)}$ 上で自明なすべての表現は，ある群 $H^{(n)}(G, U)$——U は問題にしている表現がとる値を元としてもつ群——に基づいて分類できる．群 $H^{(n)}(G, U)$ は**コホモロジー群の一般化**である．

第8章　2-径路の群と量子論的紐

前節の終りで，“径路の空間における径路”を考察して，面の概念の興味ある一般化，即ち2-径路の概念が得られた．そこで，この概念をより詳しく調べて，それを非局所的な物理的対象-紐の記述に応用してみよう．クォークというのは紐であると仮定して，クォークの模型を定式化するつもりであるが，そうすると閉じ込めも定性的には説明することができる．これらの問題に関心の無い読者はこの章を飛ばして次章へ進んでも理解するのに何の支障もない．

質点(0次元の対象)の一般化である1次元の物質的対象としての紐が物理学の文献で論じられるようになってかなりの時間が経つ．量子論的紐の記述法も研究が続けられている．我々はこの概念に新しい観点から，即ち，径路群とその一般化である2-径路の群の概念から追ってみよう．そうすると2-ゲージ場という重要な新しい概念の導入が可能となる．紐の相互作用はまさにこの場によって媒介されていると考えられるのである．

通常のゲージ場がループ群の表現によって記述されるのと同じように，我々の方法では2-ゲージ場は2-径路の表現として導入される．このようにして定義される2-ゲージ場は一般的にはどのような(点依存の)局所的な場によっても記述することができない．ところが，場の反対称テンソルによって記述できる2-ゲージ場も存在するのである．場の反対称テンソルはこれまでにも考察されてきた(例えば[176 - 180]を見よ)．南部[178]の仮説によれば，それは紐の相互作用を媒介する．我々の見解では，紐の相互作用を媒介するのは，実際には本書で定義する2-ゲージ場であり，それは非局所的であって，特別な場合にのみ局所的な場の反対称テンソルに帰するのである．

我々は本書で，紐の完全なダイナミックスを構築しようとしているのではない．我々は外的な2-ゲージ場の紐への作用の特性を調べようというに過ぎず，これは群論的方法によって行なうことができるのである．この分析からの興味ある結論は，紐に対する干渉効果であって，これはアハロノフ-ボーム効果を思い起こさせる．その他，紐は通常の局所的粒子のようにも振舞いうることも示すつもりである．これは次のように言い換えることができる．即ち，実験で観測される粒子の中には，実際には紐であるものが含まれている可能性があるが，観測条件のためにその非局所性が現れないのだ，と．

この可能性に基づいて，§11-12でクォークの模型を提唱する．そこでは，クォークとは，色の群で表される2-ゲージ荷をもつ紐であると仮定している．このとき，クォークの無色の結合状態は局所的粒子として振舞うことが示される．紐としてのクォークが互いに離れるにつれて，その非局所性が現れ始める．このことは，そのようなクォーク相互の分離が不可能であるか，または稀であること(クォークの閉じ込め)を意味する．

章末では，ゲージ場のゲージ単極への作用やゲージ単極の固有の場を記述するのに群論的方法がいかに有効なものであるかを示すつもりである。

§1. 群上の径路群

2-径路は，径路が曲線の一般化であると言うのと同じ意味で，曲面の一般化である．2-径路とは順序付けられた面であると言ってもよく，その正確な意味はのちほど(§3)与えられる．今のところは，次のようにして2-径路を形式的に定義する．まず径路の概念を一般化しよう．径路とは，線型(アフィン)空間$\mathscr{M}$上の曲線の同値類のことであった．空間$\mathscr{M}$上の全ての径路がなす群が径路群$P(\mathscr{M})$であった．ここで，より一般的な概念，即ち，群上の径路を，群G上の曲線の同値類として定義し，導入しよう．群の上の全径路は群上の径路群をなす．ところで群Gとして任意の(位相)群を採ることができるから，$G=P(\mathscr{M})$とすることができる．そうすると$\mathrm{P}(G)=P(P(\mathscr{M}))$は“径路群の上の径路”がなす群である．その各元は“径路群の上の径路”である．簡単のために，それを≪$\mathscr{M}$上の2-径路≫と呼ぶことにしよう．かくして，$\mathscr{M}$ 上の 2 - 径路の群とは，$P(\mathscr{M})$上の径路の群である．任意の群上の 2 - 径路の群 $P(P(G))$も定義できることは明らかである．これも場合によっては役に立つ．これらの概念をもっと詳しく説明しよう．

$P=P(\mathscr{M})$は線型(アフィン)空間 $\mathscr{M}$ における径路の群としよう．この空間 $\mathscr{M}$ は，例えば第6章でのように，ミンコフスキー空間であってもよいし，或いは3次元ユークリッド空間（ミンコフスキー空間内の，時刻一定という条件で定まる平面)でもよく，或いは任意のユークリッド，または擬ユークリッド空間でもよい．空間 $\mathscr{M}$ における径路の群は，第6章§2で述べたようにして定義される．各径路 $p\in P$ とは，連続曲線$\{x(\tau)\in\mathscr{M}\,|\,0\leqq\tau\leqq1\}$の同値類のことである．ある同値類に属する曲線は，パラメーター表示の仕方，全体としての平行移動，“盲腸”(同一曲線上の往復)の有無，で異なるに過ぎない．各径路 $p\in P$ に対して変位ベクトルを定義することができる．それを $\Delta p=x(1)-x(0)$ と書こう．これによって，各径路に，それに伴う変位ベクトルを対応させる写像 $\Delta: P\to\mathscr{M}$ が定義される．径路の積に対応するのはベクトルの和である．それ故，この写像は，群 Pの，加法群としてのベクトル空間 $\mathscr{M}$ 上への準同型である．この写像を，径路群から並進群への準同型と見ることもできる．変位ベクトルが0である径路，即ち，$\Delta p=0$となる径路は閉じた径路，或いはループからなる部分群 $L=L(\mathscr{M})=\{l\in P\,|\,\Delta l=0\}$をつくる．この部分群は準同型 Δ の核であり，それ故，$P/L=\mathscr{M}$ である．

平行移動によって一致する曲線は同値だから，同値類 p に属する曲線の中から適当にひとつを選んで，それをその類の代表元として用いることができる．このような曲線，つまり代表元として，線型空間の基準点 $O\in\mathscr{M}$ に始まる曲線を採るのが普通である．この曲線に対しては $x(0)=0$, $x(1)=\Delta p$ である．厳密に言えば，初期条件 $x(0)=O$ によって定義されるのは唯一つの曲線ではなくて，曲線のある同値類——とは言え p よりも狭い——である．この，より狭い同値類とは，固定された径路のなす亜群 $\hat{P}$（第6章，§1を見よ)に属する，固定された径路 p_0 に他ならない．

さて，ここまでに導入したすべての概念を，線型空間 $\mathscr{M}$ のかわりに群 G を採った場合へと一般化しよう．このような一般化の可能性については，既

に第7章，§10で指摘しておいた．ここではすべての定義を詳細に見てみよう．**群上の径路** $p\in P(G)$ を，群上の連続曲線 $\{g(\tau)\in G|0\leqq\tau\leqq1\}$ の同値類として定義する．ひとつの同値類には，パラメーター表示の仕方，"盲腸"の有無，そして右移動の三点だけで異なる曲線が含まれている．この場合には，線型(アフィン)空間における平行移動が群上の右移動で置き換えられている．曲線 $\{g(\tau)\}$ と $\{g'(\tau)\}$ が右移動だけ異なるとは，任意の τ に対して $g'(\tau)=g(\tau)g_0$ を満たす群の元 $g_0\in G$ が存在することを言う．このような曲線は同一の類に含まれる，即ち，それらは群上の同一の径路を定義する．

注　意

群上の径路の積は，実際上，線型空間における径路に対して行なったのと全く同じように定義される．曲線 $\{g(\tau)\}$，$\{g'(\tau)\}$ はそれぞれ径路 $[g]$ と $[g']$ を代表する曲線とし，しかもこれらの代表は一方の終点が他方の始点と一致するように，即ち $g(1)=g'(0)$ となるように選ばれているものとしよう．このとき径路の積 $[g'']=[g'][g]$ は曲線

$$g''(\tau)=\begin{cases}0\leqq\tau\leqq1/2\text{ のとき，}&g(2\tau)\\1/2\leqq\tau\leqq1\text{ のとき，}&g'(2\tau-1)\end{cases}$$

によって定義される．積を定義できるように代表元を選ぶことは常に可能である．このことは，右移動だけの違いをもつ曲線は同じ同値類に属することから分かる．ところが，端点が必ずしも積を定義できるようになっていない任意の代表元を採った場合にも，乗法の規則を書き下すことができる．この場合には，

$$g''(\tau)=\begin{cases}0\leqq\tau\leqq1/2\quad\text{のとき，}&g(2\tau)\\1/2\leqq\tau\leqq1\quad\text{のとき，}&g'(2\tau-1)(g'(0))^{-1}g(1)\end{cases}\tag{1.1}$$

とすればよい．

右移動を利用すれば，ある径路 $[g]=p\in P(G)$ を代表する曲線 $\{g(\tau)\}$ が，前もって与えられた点から始まるようにすることができる．このような基準となる点としては群 G の単位元を選ぶと便利である，即ち，$g(0)=1$ を要請

する* と都合がよい．もし，代表元である曲線が，この初期条件を満たすならば，乗法の規則は次のように書き換えられる：

$$g''(\tau)=\begin{cases} 0\leqq\tau\leqq 1/2 \quad \text{のとき,} \ g(2\tau) \\ 1/2\leqq\tau\leqq 1 \quad \text{のとき,} \ g'(2\tau-1)g(1) \end{cases}$$

線型空間上の径路を扱ったときには，各径路に対して変位ベクトル──径路の始点と終点との差──を導入した．群上の径路を問題としているここでは，ベクトルのかわりに群の元が現れる．径路 $p\in P(G)$ は曲線 $\{g(\tau)\}$ の代表としよう．$\Delta p=g(1)(g)0))^{-1}$ と置いて，群 G のこの元を，**径路 p に沿う変位**と呼ぶことにしよう．容易に分かるように，この元は，問題の径路を代表する曲線の選択とは独立に定まる．同一の同値類に属する限り，どの曲線に対しても共通なひとつの元が得られ，それ故，この元は径路によって定まる．写像 $\Delta: P(G)\to G$ は群の準同型である．この準同型の核は部分群 $L=L(G)=\{l\in P(G)\mid \Delta l=1\}$ をつくる．この部分群に属する径路は，その始点と終点が一致して $g(1)=g(0)$ となる点で他の径路と異なる．それ故，このような径路は**ループ**と呼ばれ，群 L は**ループ群**と呼ばれる．部分群 L は P において不変であり，因子群 P/L は G に同型である．

注　意

前に見た線型空間における径路群は，群上の径路群の特殊な場合である．特殊な場合としてそれを得るには，線型空間を加法群と見なければならない．時空，或いは 3 次元空間を，線型空間として先に述べた複雑な構造をもつ群と見なせる場合がある．例えば，3 次元球面 S^3 は群 $SU(2)$ と一致する．それ故 S^3 上の径路は群 $P(S^3)=P(SU(2))$ をつくる．第 7 章の§§2，3 で見た空間も群（ある離散的部分群──格子群を法とする線型空間の因子群）である．それ故 $\mathscr{M}_c$ における径路は群 $P(\mathscr{M}_c)$ をつくる．これは，$\mathscr{M}_c$ における場の研究に第 7 章，§§2，3 で用いた $P(\mathscr{M})$ のかわりに用いることができる．

---

* 実際には，初期条件 $g(0)=1$ で定義されるのは，個々の曲線ではなく，曲線のある類，しかも径路よりも範囲の狭い類である．この類は，固定された径路の亜群 $\hat{P}=\hat{P}(G)$ に属する，固定された径路 p_1 に他ならない．この亜群については以下を見よ．

もっと一般的な場合には，時空 $\mathscr{X}$ は群としての自然な構造をもたず，$\mathscr{X}$ 上の径路は群をつくらない(固定された径路の亜群 $\hat{P}(\mathscr{X})$ を定義することができるにすぎない)．ところが，$\mathscr{X}$ における場の研究には径路群を，具体的に言えば，ミンコフスキー空間における径路の群 $P(\mathscr{M})$ を応用できるのである．この可能性は空間 $\mathscr{X}$ の擬リーマン構造に根拠をもっており，このことから，群 $P(\mathscr{M})$ は自然な仕方で $\mathscr{X}$ 上の標構ファイバー束に作用することが導かれる(第10章を見よ)．

径路群（或いは自由径路の群)以外に，固定された径路(固定された端点をもつ径路）の亜群も必要である．線型空間上の径路の亜群の概念は第6章，§1で定義しておいた．線型空間から任意の群に移ることによって，それを一般化しよう．固定された径路 $\hat{p}\in\hat{P}=\hat{P}(G)$ を，連続曲線 $\{g(\tau)\in G\,|\,0\leqq\tau\leqq 1\}$ のある同値類として定義しよう．ひとつの類に属する径路の違いは，パラメーター表示の仕方，或いは，盲腸の有無だけである．右移動による違いをもつ曲線は他の類に入る．そうすると，固定された各径路に対して，変位 $\Delta\hat{p}=g(1)(g(0))^{-1}$ だけでなく，始点 $g=g(0)$ と終点 $g'=g(1)$ も，それぞれ一意的に定義されている．固定された径路を表わす記号の中に，その両端(または始点のみ，または終点のみ)を含めておくと便利なことがある：$\hat{p}=p_g^{g'}=p_g=p^{g'}$．乗法はすべての固定された径路に対して定義されているわけではなく，ひとつの径路の終点が，他の径路の始点となるような径路の対に対してだけ定義されている．即ち，積 $\hat{p}'\hat{p}$ は，

$$\hat{p}'=p_{g'},\quad \hat{p}=p^{g}$$

の場合にのみ定義されている．

定義から分かるように固定された径路 $\hat{p}\in\hat{P}$ は，曲線の同値類としては，径路 $p\in P$ よりも，もっと狭い類である．正確に言えば，径路群の元 $p\in P$ としての類は，固定された径路 $\hat{p}\in P$ としての，共通部分をもたない幾つかの部分類に分割されている．このような部分類はどれも，その構成員である曲線の始点 $g\in G$ によって定義されている．かくして，固定された径路 $\hat{p}$ は対 $(p\in P,\ g\in G)$ によって与えられる．これを次のように書くことができる：$\hat{p}$

$=p_g$. その上，固定された径路 $\hat{p}$ の終点は $g'=(\Delta p)g$ であるから，

$$\hat{p}=p_g=p^{g'}=p_g^{g'}$$

となる．

逆に，ある固定された径路の $\hat{p}\in\hat{P}$ が与えられれば，それから自由径路 $p\in P$ を一意的に復元することができる．そのためには，構成員としての，より狭い類 $\hat{p}$ がどの類 p に入るかを明らかにすればよい．実際に類 p を見出すには，例えば，類 $\hat{p}$ に属するすべての曲線をとり，それらにありとあらゆる右移動を施せばよい．このようにして定義される写像 $\hat{p}\to p$ は亜群 $\hat{P}$ の群 P 上への射影になっている．この写像は準同型であり，等式，

$$\widehat{p'\hat{p}}=p'p \tag{1.2}$$

または

$$p_{g'}^{g''}p_g{}^{g'}=(p'p)_g^{g''}$$

の形に表わすことができる。これらの方程式では，亜群の群上への射影を $\hat{p}=p_g^{g'}\mapsto p$ と表わしている，即ち，問題の固定された径路が射影されてゆく先の径路を固定された径路と同じ文字で，ただし帽子印と始点，終点の指示を取り去って，表わしている。

§2．2-径路の群と 2-ループ部分群

“群上の径路群”を定義できることから，“径路群上の径路の群”として定義することによって新しい概念——2-径路群が得られる．話を簡単にするために，当面，線型空間 $\mathscr{M}$ 上の 2 - 径路のみを考察してみよう．しかしながら，いずれ明らかになるであろうが，似た方法によって群 G 上の 2 - 径路も定義できるのである．後の(第 6)節では，多少異なる方法で任意の多様体 $\mathscr{X}$ 上の 2 - 径路を定義する．

線型空間 $\mathscr{M}$ 上の径路は，径路群 $P=P(\mathscr{M})$ をつくる．第 1 節で与えられた定義において $G=P(\mathscr{M})$ と置けば，この群上の径路を考察の対象とすることができる．そうすると群 $P(P(\mathscr{M}))$ が得られる．これを $\mathscr{M}$ 上の **2-径路群**と名づけ，$P^{(2)}=P^{(2)}(\mathscr{M})$ と記すことにしよう．簡単化のために今後

はこの群を S と書こう.

任意の群 G に対して径路群 $P(G)$ が定義されているからには, 2-径路群 S は, $S=P(P(\mathscr{M}))$ と置きかえすれば, 完全に定義されていることになる. しかし, それをもっと見通しのよいものとするために, この定義の解釈をしておこう.

$P=P(\mathscr{M})$ と書こう. 任意の2-径路 $s\in S$ は, パラメーター表示の違い, "盲腸" の有無, および右移動 $p'(\tau)=p(\tau)p_0$ による違いを無視して得られる曲線 $\{p(\tau)\in P|0\leqq\tau\leqq 1\}$ の同値類として定義されている. 各2-径路 $s\in S$ に対して定義から

$$\Delta s=p(1)(p(0))^{-1} \tag{2.1}$$

である. 写像 $\Delta: S\to P$ は群の準同型である. 右移動だけ異なる2-径路は同一視されることを利用すれば, 2-径路 s の代表元として群の単位元に始まる曲線, $p(0)=1$ を選ぶことができる. この曲線の終点は $p(1)=\Delta s$ である.

すべての2-径路からなる群 $S=P^{(2)}$ には, 2-ループの部分群 $K=L^{(2)}=L(P(\mathscr{M}))$ が含まれている. これは, 始点と終点が一致する2-径路の群として定義されている. それ故, 各 $k\in K$ に対して $\Delta k=1$ である. かくして, 群 K は準同型 Δ の核であり, $S/K=P$ となる.

因子化 $S/K=P$ をもっと詳しく調べよう. そのために, $s: p\mapsto sp=(\Delta s)p$ と置いて, 2-径路群 S の, 空間 P への作用を定義する. かくして2-径路の, 径路への作用は, この径路に, 対応する変位 Δs を乗ずることである. 作用を定義する表式が妥当なものであることを示すために, 作用を少し違った形に表わそう: 2-径路 s は点 p から点 sp へと通じている. 2-径路 s の代表として, 我々にとって関心のある点 $p(0)=p$ に始まる曲線 $\{p(\tau)\}$ を選ぼう. そうすると, この曲線の終点は2-径路の作用の結果そのものであって $p(1)=sp$ となる. 即ち, 2-径路 s は点 p から点 sp へ通じている. 始点を指示しないで, 2-径路 s は点 p に通じている, とだけ言うときには, 径路は, 径路群の単位元である点から, その点へ通じていることを意味することにする, 即ち, $p=\Delta s$ である.

群 S の，空間 P への作用をこのように定義すると，点 $1\in P$ の等方群は部分群 K である．同値類 sK の元はどれも（点1から）同一の点 $p=\Delta s$ に通じている．これより径路 $p\in P$ と同値類 $sK\in S/K$ とを同一視することができる．各2-径路はどれかひとつの，そしてただひとつの同値類に属する．それ故，2-径路 s に対して唯ひとつの径路が，即ち問題の2-径路が通じている径路 $p=\Delta s$ が定まる．この写像は，径路に対して，それが通じている点を対応させる写像 $\Delta: P\to\mathscr{M}$ にそっくりである．写像 $\Delta: P\to\mathscr{M}$ をゲージ理論に応用したのと同じように，写像 $\Delta: S\to P$ を，2-径路群を物理的に解釈するための鍵として利用しよう．

理論の応用のためには，2-径路群 $S=P(P(\mathscr{M}))$ の他に，固定された2-径路の群 $\hat{S}=\hat{P}(P(\mathscr{M}))$ が必要である．固定された2-径路 $s\in\hat{S}$ と2-径路 $s\in S$ との違いは，前者の始点が固定されていることである．換言すれば，$\hat{s}$ とは，曲線 $\{p(\tau)\in P\,|\,0\leqq\tau\leqq 1\}$ の同値類であって，同じ類に属する曲線は，パラメーター表示の仕方または盲腸の有無で異なる，と定義できる．しかし，このひとつの類に属する曲線のすべてに対して，始点と終点は同一であって，$p(0)=p$，$p(1)=p'$ である．この2-径路は，$\hat{s}=s_p^{p'}=s_p=s^{p'}$ と表わすことができる．ふたつの固定された2-径路の積は，一方の終点が他方の始点と一致する場合に限って定義されている．かくして積 $s'^{p''}_{p'}s^{p'}_{p}$ は定義されていて，点 p に始まり，点 p' に終る固定された2-径路を表わしている．

各2-径路は，互いに右移動だけの差をもつ固定された2-径路を元にもつひとつの類である．所与の点に始まる固定された2-径路が唯ひとつだけ，各類の中に含まれている．かくして，2-径路 $s\in S$ と点 $p\in P$ が与えられると，点 p に始点をもち，類 s に含まれる2-径路 $s_p\in\hat{S}$ が一意的に定義される．この固定された2-径路の終点は $sp=(\Delta s)p$ である．自然な射影 $\hat{S}\to S$ は亜群の，群上への準同型である．このことを方程式，

$$\hat{s}'\hat{s}=\widehat{s's} \quad \text{または} \quad s'^{p''}_{p'}s^{p'}_{p}=(s's)^{p''}_{p} \tag{2.2}$$

によって表わすことができる．

我々には，第7章，§§9，10で導入した，2-径路の境界という，もうひ

とつの概念が必要である．それを復習しておこう．2-ループ $k\in K$ は径路の族 $k=\{p(\tau)\in P\,|\,0\leqq\tau\leqq1\}$ である．共通な始点をもつこれらの曲線の終点が描くループを，δk で表わそう（図28）．先に導入しておいた，径路に伴う変位という概念を利用すると，ループ ∂k を曲線 $\partial k=\{\Delta p(\tau)\in\mathscr{M}\,|\,0\leqq\tau\leqq1\}$ として表わすことができる．ループ $\partial k\in L$ を，**2-ループ k の**（一般化された）**境界**と呼ぶことにしよう．2-ループにその境界を対応させる写像 $\partial: K\to L$ は準同型である．

準同型 ∂ の核は，自明な境界をもつ2-ループからなる不変部分群 $C\subset K$ をつくる，

$$C=\{c\in K\,|\,\partial c=1\}.$$

このような2-ループを（一般化された）**2-輪体**と呼ぶことにする．これまでに述べたことから，$L=K/C$ であること，即ち，ループ群は剰余類 kC がつくる群に同型であることが分かる．換言すれば，2-ループ k, $k'\in K$ が共通の境界をもつ，即ち，$\partial k=\partial k'$ となるのは，それらが2-輪体だけの違いをもつ，即ち，$k'=kc$, $c\in C$ となる場合であり，またその場合に限るのである．のちほど，この事実は我々にとって必要となる．

§3．順序付けられた面としての2-径路

ある観点から見れば，2-径路とは，パラメーター表示された面であると考えられる．実際，幾分か単純化して，2-径路とは曲線の集まりである，と言ってよい．ところで，このような曲線は全体としてある面を張り，同時に面上にはパラメーター表示が導入されている．ところが実際には2-径路は曲線族ではなく，径路の族によって与えられるのであり，各径路は曲線の同値類なのである．それ故，2-径路に対応する，順序づけられた面の定義には正確さが要求される．

簡単に言えば，2-径路 $s\in S$ は，径路の空間における曲線によって与えられており，$s\mapsto\{p(\tau)\in\hat{P}\,|\,0\leqq\tau\leqq1\}$ である．他方，各径路 $p(\tau)$ は線型空間間における曲線によって与えられ，$p(\tau)\to\{x(\sigma,\tau)\in\mathscr{M}\,|\,0\leqq\sigma\leqq1\}$である．

このことから，2-径路sは，2個のパラメーターをもつ点の集合$\{x(\sigma,\tau)\in\mathscr{M}\,|\,0\leqq\sigma,\ \tau\leqq 1\}$によって与えられる，即ち，順序づけをもつ面である，と言ってよい．

問題は，2-径路を与えても空間Pにおける曲線は一意的には定まらず，また径路を与えても空間$\mathscr{M}$における曲線は一意的には定まらないことである．実際には同値類に属する曲線でさえあれば，どれを選んでもよい．パラメーター2個をもつ点集合(順序づけられた面)を特定しようとすれば，何らかの自然な仕方で任意性を除かなければならない．もし，これを自然な仕方で行なうことができなければ，任意性の存在を考慮に入れなければならない．

はじめに，径路$p\in P$が与えられたとき，順序づけられた曲線$\{x(\sigma)\in\mathscr{M}\,|\,0\leqq\sigma\leqq 1\}$がどの程度に決定されるのか見てみよう．曲線を選ぶときの任意性は，始点$x(0)$の選択とパラメーター表示の仕方の任意性である．この他，曲線に，重なった往路と復路からなる断片，つまり“盲腸”を付加してもよいし，曲線からそれを取り去ってもよい．始点は，標準的な初期条件$x(0)=\boldsymbol{0}$によって固定してしまうことができる．曲線に付いている盲腸はどれも，曲線が最大の滑らかさをもつように“切り離し”て捨て去ることと約束すればよい．残るはパラメーター表示の仕方の任意性である．これは，$\{x(\sigma)\}$のかわりに，区間$[0,\ 1]$をそれ自身に写す任意の単調増加関数をφとして，$x'(\sigma)=x(\varphi(\sigma))$の形をもつ任意の曲線を採ってもよいことを意味している．この任意性は，どのようにしても，自然な仕方で除去することができない．しかしながら，この任意性をどのように扱おうとも，曲線に属する点の順序は変わらない．かくして，各径路$p\in P$には，$\mathscr{M}$における曲線が対応しており，しかも曲線上の点には線型な順序が与えられていることになる．我々は，この意味で，径路pは順序づけられた曲線を一意的に定義する，と言うことにしよう．

注　意

径路$p\in P$の定義は，盲腸を切り捨てた後で，曲線が自己と交わることを禁止するものではない．この場合には，曲線に沿って進むにつれて，同じ点を2度以上通ることになる．例えば，$x(\sigma_1)=x(\sigma_2)=x$ としよう．このときには，一点 $x\in\mathscr{M}$ のふたつの複製があって，それらはふたつとも曲線 $\{x(\sigma)\}$ を構成する点集合に属し，曲線上の点に順序づけを行なうときにはそれらを別々の点として扱わなければならない．

さて，2-径路の考察に向かおう．始めに，固定された2-径路 $\hat{s}\in\hat{S}$ を扱うことにする．これには径路の空間上の曲線を対応させ，$\hat{s}\mapsto\{p(\tau)\in P\,|\,0\leqq\tau\leqq1\}$ としなければならないが，この曲線の定義には任意性がある．それに盲腸を付け足したり，それから盲腸を取り去ったりできるだけではなく，任意の仕方でそのパラメーター表示の仕方を変更してよい．曲線の始点の選択という任意性は今の場合には存在しない，というのは固定された2-径路が考察の対象だからである（前節の終りを見よ）．上述の任意性を除くために，すべての盲腸は切り取るものと約束しておこう．これによって，可能な曲線から最も滑かなものが選び出される．パラメーター表示の仕方という任意性は残るが，径路の族 $\{p(\tau)\}$ の線型順序はそれに依らず不変である．

このようにして，固定された2-径路 $\hat{s}\in\hat{S}$ の各々に，線型に順序づけられた径路の族を対応させることができる，即ち，$\hat{s}\mapsto\{p(\tau)\,|\,0\leq\tau\leq1\}$ が定義される．次には，この族に属する各径路に，順序づけられた曲線が一意的に対応させられる，即ち，$p(\tau)\mapsto\{x(\sigma,\tau)\,|\,0\leqq\sigma\leqq1\}$ が定義される．これらによって，各2-径路には，線型に順序づけられた曲線の，線型に順序づけられた族が対応させられる，即ち，$s\mapsto\{x(\sigma,\tau)\in\mathscr{M}\,|\,0\leqq\sigma,\tau\leqq1\}$ が定義される．この族を構成する曲線はある面を掃き掩う．その上，この面上の曲線族と，各曲線上の点がもつ順序は，この面がどのようにパラメーター表示されるのかを定義する．このような対象（一定の仕方でパラメーター表示されている面）を順序づけられた面*と呼ぶことにしよう．

* この面には，同じ点が一度ならず現れてもよい，即ちこの面は自己と交わってもよい．更に順序づけられた面は，ある曲線族によって掃き描れた後，これとは逆向きに他の曲線族によって掃き描かれる部分を持ってもよい．この逆向きに掃き描かれるとき問題の部分が，（現れる順序だけは逆だが）以前に掃き掩れたのと同じ曲線族によってパラメーター表示されるのであれば，この部分は盲腸であり，約束によってそれを捨て去る．もし，この逆向きに掃き掩う曲線族が以前に掃き掩った曲線族とは別のものであれば，問題の部分は順序づけられた面内にその一部として残る．

2 - 径路の亜群 $\hat{S}$ における乗法の規則は，径路の任意の亜群に対して与えた一般的な定義から得られる（§1を見よ）．しかし，2 - 径路に対する乗法の規則をここで陽に定式化しておこう．2 - 径路 $\hat{s}$, $\hat{s}' \in \hat{S}$ はそれぞれ曲線 $\{p(\tau)\}$, $\{p'(\tau)\}$ によって代表され，しかも端点一致の条件 $p(1)=p'(0)$ が満たされているとしよう．このとき，これらの2 - 径路を掛け合わせることができ，積 $\hat{s}''=\hat{s}'\hat{s}$ は曲線 $\{p''(\tau)\}$ によって代表される．ここに，

$$p''(\tau)=\begin{cases} 0\leqq\tau\leqq 1/2 \quad のとき，p(2\tau) \\ 1/2\leqq\tau\leqq 1 \quad のとき，p'(2\tau-1) \end{cases}$$

である．ここまでくれば，乗法の規則を，順序づけられた面の用語で定式化するのは容易である．2 - 径路を掛け合わせると，対応する順序づけられた面は互いに貼り合わされる．掛け算が，互いに貼り合わせることのできる順序づけられた面どうしの間でしか許されないのは明らかである．というのは，結果も連続な順序づけられた面にならなければならないからである．かくして，径路群の概念とその自然な一般化によって，面の概念は，より複雑な順序づけられた面の概念に置き換えられ，これらの面の集合における群論的構造が生まれる．通常の面から順序づけられた面に移ることによって，非アーベル的2 - 形式の積分を定義することができるようになり，また非アーベル的形式に対してストークスの定理を一般化できるようになる（第7章，§§8，9および本章の§14を見よ）．

注　意

順序づけられた面の概念は，線型空間だけでなく任意の多様体 $\mathscr{X}$ で考えることができる．この場合には，この多様体上の曲線の亜群 $\hat{P}(\mathscr{X})$ を考え，そのあと2 - 径路の亜群を $\hat{S}=\hat{P}(\hat{P}(\mathscr{X}))$ として定義すればよい．これ以外にも方法はあって，多様体上の一定の点，例えば $O\in\mathscr{X}$ に始まる曲線だけを考えることもできる．これらの曲線は亜群 $\hat{P}(\mathscr{X})$ の部分集合 $\hat{P}_o(\mathscr{X})$ をつくる．このようにしたあと，2 - 径路の亜群を $\hat{S}_o=\hat{P}(\hat{P}_o(\mathscr{X}))$ として定義することができる．2 - 径路の定義としてどちらを採るにせよ，それらに，多様体 $\mathscr{X}$ における順序づけられた面を対応させるのは容易である．ふたつ目の

方法の場合には，これまでの構成法との類似性は一層強い．

今度は自由な2-径路 $s \in S$ を見てみよう，そしてこれに順序づけられた面を対応させることができるのかどうかという問題を提起しよう．自由な2-径路というのは，変位 $\{p(\tau)\} \mapsto \{p(\tau)p'\}$ だけの差をもつ固定された2-径路からなるひとつの同値類と見ることができる．換言すると，もし固定された2-径路 $\hat{s}$ が，端点 $p(0)$，$p(1)$ を固定された曲線 $\{p(\tau)\}$ で代表されるならば，自由2-径路に対応するのは，始点が全く任意な曲線 $\{p(\tau)\}$ を元とするより広い集合である．各2-径路に曲線を一意的に対応させて，$s \mapsto \{p(\tau)\}$ とするためには，すべての盲腸を切り捨てるという前につくった規約だけでは不十分である．さらに，初期条件，即ち点 $p(0)$ を固定しなければならない．このような初期条件として，既に§2で触れておいた標準的な条件を採って $p(0)=1$ と置くのが自然である（記号1は，ここでは群の単位元を表わしている．これは定値曲線 $x(\sigma)\equiv O$ で表わされる自明な径路である）．

標準的初期条件 $p(0)=1$ を採って，各2-径路 $s \in S$ に固定された2-径路 $\hat{s}=s_1 \in \hat{S}$ を対応させる．こうすると，課題は以前に解いたものに帰着する，というのは，固定された各径路に順序づけられた面を対応させればよいからである．これにより，初期条件 $p(0)=1$ を選べば，各自由2-径路に，順序づけられた面を自然な仕方で対応させることができる．これらの面はすべて一つの共通な性質を持っている：それらを掃き描く曲線族は，縮退した0曲線から始まり，それ故，面は0から始まって増大する．

前の注意から分かるように，2-径路 $s \in S$ に対応する順序づけられた面を，単なる貼り合わせによって掛け合わせることはできない．実際，それらはすべて同じ0曲線に始まるが，様々に異なる曲線に終るのである．標準的初期条件 $p(0)=1$ の下では曲線 $\{p(\tau)\}$ の終点は $p(1)=\Delta s$（群 P のこの元は2-径路 s に沿う変位と呼ばれる．前節を見よ）である．終点が $p(1)=1$ となるのは $\Delta s=1$ のとき，即ち，2-径路 s がループ，$s \in K$ である場合に限られる．かくして，2-ループに対応する順序づけられた面は0曲線に始まり，終る．それ故それらを貼り合わせによって掛け合わせることができる．閉じていない 2 - 径路の場合には， これは不可能であり，順序づけられた面を掛け合わせるには，因子の一方を書き換えなければならない.

実際，ふたつの 2 - 径路 s，s' がそれぞれ曲線 $\{p(\tau)\}$，$\{p'(\tau)\}$ によって代表されているとすれば，積 $s''=s's$ は曲線 $\{p''(\tau)\}$ で代表される．ここに，

$$p''(\tau)=\begin{cases} 0\leqq\tau\leqq 1/2 \quad \text{のとき，} p(2\tau) \\ 1/2\leqq\tau\leqq 1 \quad \text{のとき，} p'(2\tau-1)(p'(0))^{-1}p(1) \end{cases} \tag{3.1}$$

である．もし，曲線の代表が標準的初期条件を満たすように規格化されていて，$p(0)=p'(0)=1$ ならば，先の乗法の規則は幾分簡単になる：

$$p''(\tau)=\begin{cases} 0\leqq\tau\leqq 1/2 \quad \text{のとき，} p(2\tau) \\ 1/2\leqq\tau\leqq 1 \quad \text{のとき，} p'(2\tau-1)p(1). \end{cases} \tag{3.1'}$$

このようにして，任意の 2 - 径路 s，$s'\in S$ に対応する順序づけられた面は掛け合わせることができる．そのためには，それらの一方(積で左側に現れる s')を前もって別の形に書き直しておき，他方に貼り合わせるだけでよいようにしておく．この書き直しは，問題の面を構成する曲線 $p'(\tau)$ を別のものに取り替えることである．群 P の元としてのこれらすべての曲線には右から，共通の群の元 $P(1)$ が乗ぜられる.

2 - 径路の定義とそれに対応する順序づけられた面の概念とは，線型空間のみならず任意の群 G へも容易に持ち込むことができることに注意しよう．この場合には，2 - 径路の群は $S=P^{(2)}(G)=P(P(G))$ である．第 6 節では，線型空間とか群だけでなく，任意の多様体上で使うことができるように，幾分異なる形で 2 - 径路群の定義を導入するつもりである.

§4. 2-ゲージ場と紐

前のふたつの節で，径路群という数学的道具立は 2 -径路群(順序づけられた面) へと自然に拡大できることを見た．このように拡大された数学的道具立には物理的にどのような内容が対応するのかを見てみよう．そのために，ゲージ場およびゲージ荷をもつ粒子が径路群と結びついているのと全く同じ仕方で 2 - 径路群と結びついている物理的対象を導入しよう.

第6章では径路群 $P=P(\mathscr{M})$ とそのループからなる部分群 $L=L(\mathscr{M})$ を基礎としてゲージ理論を構築したが，それは次のようであった．ゲージ場は表現 $\alpha(L)$ によって，一方粒子は誘導表現 $U(P)=\alpha(L)\uparrow P$ によって記述される．2-径路群 S と 2-ループからなるその部分群 K があるのだから，表現 $\chi(K)$ によって記述される場と誘導表現 $U(S)=\chi(K)\uparrow S$ によって記述される物理的対象を考えることができる．のちほど見るように，この物理的対象はもはや点状ではなく1次元的存在であり，それ故それを紐と呼ぶことができる．表現 $\chi(K)$ によって記述される場は2-ゲージ場と呼ぶことのできるものである．ゲージ場がゲージ荷をもつ粒子の相互作用を媒介するのと同じように，2-ゲージ場は紐の相互作用を媒介するはずのものであることは明らかである．

ゲージ場およびこの場の中で運動している粒子を群論的に記述するための処方を少し詳しく復習しよう(第6章を見よ)：

1) ゲージ場を最初からループ群の表現によって与えるよりは，固定された径路の亜群の表現によって与える方が便利である．このような表現を $\hat{\alpha}(\hat{P})$ としよう，即ち，$\hat{\alpha}(\hat{p}'\hat{p})=\hat{\alpha}(\hat{p}')\hat{\alpha}(\hat{p})$ が成り立つものとしよう．

2) 各径路 $p\in P$ は固定された径路の同値類であり，任意に選んだ点，例えば点 O に始まる固定された径路 $\hat{p}=p_0$ は必ずこの類の中に存在する．(自由)径路の群 P 上の関数 α を，$\alpha(p)=\hat{\alpha}(p_0)$ と置くことによって定義しよう．この関数は群 P の表現でなくてもよいが，任意の $p\in P$, $l\in L$ に対して条件

$$\alpha(pl)=\alpha(p)\alpha(l) \tag{4.1}$$

を満足するものとする(積 pl の右側の因子がループの部分群の元であることに注意しよう)．

3) この条件式で $p=l'\in L$ と置くと

$$\alpha(l'l)=\alpha(l')\alpha(l)$$

となる．即ち，関数 α を部分群 $L\subset P$ の上に制限すれば，この部分群の表現 $\alpha(L)$ が定義される．

このようにして導入されたすべての対象は，程度の差こそあれ，ゲージ場

の記述に必要である．物理的対象としてのこの場の記述にうってつけなのはループ群の表現 $\alpha(L)$ である．単連結な空間では，この表現を与えることは場の強さを与えることと同値である（単連結でない空間では，表現の方が多くの情報を含んでいる．第7章，§§1-4を見よ）．しかしながら，技術的には径路の亜群の表現 $\alpha(\hat{P})$ を用いるのが便利である．単連結な空間でこの表現を与えることはベクトル・ポテンシャルを与えることと同値である．表現 $\hat{\alpha}(\hat{P})$ と物理的対象としてのゲージ場との間の対応は1対1ではない．亜群の異なる表現が同一のゲージ場に対応することもありうる，即ち，表現 $\hat{\alpha}(\hat{P})$ を用いるゲージ場の記述には任意性がある（第6章，§9を見よ）．

表現 $\hat{\alpha}(\hat{L})$ と $\alpha(L)$ のうちどちらの助けを借りてゲージ場を記述するかに応じて，ゲージ場の中を運動する粒子の記述法もふたつあることになる．ゲージ場の中の粒子は誘導表現 $U(P)=\alpha(L)\uparrow P$ で記述される．この表現の，物理的に好都合でゲージ不変な形式は正準的形式である．この形式を説明すれば次のようになる．表現は，構造条件 $\Psi(pl)=\alpha(l^{-1})\Psi(p)$ を満足する関数 $\Psi: P\to\mathscr{L}$（ここに $\mathscr{L}$ は表現 α の台空間である）の空間において左移動，$(U(p)\Psi)(p')=\Psi(p^{-1}p')$ として実現される，と．

実際上もっと便利に使うことができるのは同じ表現の，局所的形式と呼ばれるものである．それを構成するには，各関数 Ψ に関数 $\psi(p)=\alpha(p)\Psi(p)$ を対応させる．関数 Ψ に課せられた構造条件から新しい関数 ψ は剰余類 pL の上では一定であり，それ故，これらの類上の関数とみなされる．ところで剰余類 pL は，この類に属する径路が向かう点，$x=pO$ と同一視される．それ故，$\psi=\psi(x)$ − ψ は空間 $\mathscr{M}$ 上の関数である──とみなすことができる．このようにして，構造条件は群 P 上の関数を因子空間 $\mathscr{M}=P/L$ 上の関数に帰着させる．このような関数の空間において表現 $U(P)$ の作用は公式

$$(U(p)\psi)(x')=\hat{\alpha}(p_x^{x'})\psi(x) \tag{4.2}$$

によって表わされる．ここには固定された径路の亜群の表現 $\hat{\alpha}(\hat{P})$ が現れる．関数 $\psi(x)$ の空間における表現 $U(P)$ の作用は，共変微分を介して表わすことができる（第6章，§8を見よ）．

粒子の状態が空間$\mathscr{M}$上の関数によって記述されることから，粒子は局所的な対象であるということになる．もっと正確には，粒子とゲージ場αとの相互作用は空間$\mathscr{M}$の唯ひとつの点において行なわれる，即ち局所的である，と言うべきである．第6章でゲージ理論をつくったときには，$\mathscr{M}$はミンコフスキー空間であると仮定した．この場合には，相互作用は時空的な意味で局所的である．勿論，これは，粒子が古典的意味でも時空における点として記述されることを意味するわけではない．古典的粒子は世界線，即ち，粒子の歴史の様々な瞬間に粒子が存在する点を連ねて得られる線によって表わされる．

さて，2-径路の群に戻り，これを基礎として，ゲージ場および粒子に類似な対象を構成しよう．これらの対象を今後，2-ゲージ場および2-粒子と呼ぶことにする．直接的な類推を行なえば，2-ゲージ場は2-ループ群の表現$\chi(K)$によって記述されるべきであり，一方，2-粒子は2-径路群の誘導表現，$U(S)=\chi(K)\uparrow S$によって記述されるべきである．この類推を技術的に実行するために，径路群に対して行なったように段階的構成法をとろう．即ち，はじめに2-径路の亜群の表現$\hat{\chi}(\hat{S})$を調べ，次にそれに基づいて2-径路群上の関数$\chi(S)$をつくり，最後にこの関数を2-ループの部分群に制限することによって，この部分群の表現$\chi(K)$をつくろう．関数$\hat{\chi}(\hat{S})$と$\chi(S)$は技術的，補助的なもので，必要不可欠ではない．しかし，これらを用いることによって誘導表現$\chi(K)\uparrow S$とこれに対応する物理的対象(2-粒子)の記述とが極めて見通しよく得られるのである．

そこで，$\hat{\chi}(\hat{S})$は固定された2-径路の表現（空間$\mathscr{L}$における作用素）としよう．そうすると，関係$\hat{\chi}(\hat{s}'\hat{s})=\hat{\chi}(\hat{s}')\hat{\chi}(\hat{s})$が成り立っている．次に2-径路群上の関数に移ろう．そのために，各2-径路$s\in S$に，前もって与えられた点(群の単位元)に始まる固定された2-径路を対応させ，$s\in S\mapsto s_1\in\hat{S}$としよう．そうして$\chi(s)=\hat{\chi}(s_1)$と置く．これによって群上の関数$\chi(S)$が得られる．容易に分かるようにこの関数は，任意の$s\in S$，$k\in K$について関係

$$\chi(sk)=\chi(s)\chi(k) \tag{4.3}$$

を満足している．特に $s=k'\in K$ ならば，すべての $k, k'\in K$ について成り立つ関係式

$$\chi(k'k)=\chi(k')\chi(h) \tag{4.3'}$$

が得られる．即ち，(関数 $\chi(S)$ の群 K 上への制限である) $\chi(K)$ は 2-ループ群 K の表現である．2-ゲージ場の記述に適するのはこの表現であると考えることにする．亜群の表現 $\hat{\chi}(\hat{S})$ もまたこの場を記述しはするが，それは場の記述には十分過ぎて，ゲージの任意性に似た任意性を含んでいる．表現 $\chi(K)$ による 2-ゲージ場の記述と表現 $\hat{\chi}(\hat{S})$ によるそれとの違いは，場の強さによるゲージ場の記述とベクトル・ポテンシャルによるそれとの違いと全く同じ関係にある．

新しい型の強い場を表わすことができたから，次にこの場が作用する物理的対象の記述へ進もう．新しい場を 2-ゲージ場と名づけたのと同じように，この場が作用する対象を **2-粒子** と呼ぶことができる．のちほど見るように，これはその性質から言って紐に似たものである．

ゲージ場の中を運動している粒子は，径路群の誘導表現 $\alpha(L)\uparrow P$ で記述される．これと同じように，2-ゲージ場の中を運動している粒子は 2-径路群の誘導表現，$U(S)=\chi(K)\uparrow S$ で記述されるはずである．この表現を正準的に実現するのは，関数 $\Psi: S\rightarrow \mathscr{L}$ の空間における左移動，

$$(U(s)\Psi)(s')=\Psi(s^{-1}s') \tag{4.4}$$

である．但し，関数 Ψ は構造条件，

$$\Psi(sk)=\chi(k^{-1})\Psi(s), \quad \forall s\in S,\ k\in K \tag{4.4'}$$

を満たすものとする．

表現のこの正準的形式は原理的観点からは最も満足できるものではあるが，技術的には，先に通常の粒子に対してしたように，他の形式に移る方が都合がよい．そのために，群 S 全体の上で定義されている関数 χ を利用して，$\psi(s)=\chi(s)\Psi(s)$ と置こう．性質(4.3)と構造条件(4.4′)が関数 Ψ に課せられているために，新しい関数 ψ はもっと簡単な構造条件 $\psi(sk)=\psi(s)$ を満たす，即ち，剰余類 sK 上では一定である．第2節で示したように，これらの剰余

類の各々は空間 P の点と，即ち，径路と同一視できる．正確には，剰余類 sK には，（標準的な点 $1\in P$ から）2-径路が向かう点である径路 $p=\Delta s$ が対応している．それ故関数 ψ を空間 P 上の関数とみなすことができる．関数 $\Psi(s)$ と $\psi(p)$ の関係は次の公式によって陽な形に表わすことができる．

$$\begin{aligned}\psi(p)&=\chi(p_s)\Psi(p_s)\\ \Psi(s)&=[\chi(s)]^{-1}\psi(\Delta s)\end{aligned}\tag{4.5}$$

ここに p_s は p に向かう任意の2-径路，即ち，$\Delta p_s=p$ となる2-径路である．表現 $U(S)$ の作用下における関数 $\psi(p)$ の変換法則は容易に導くことができる．そのためには，Ψ 型の関数と ψ 型の関数の間の1対1対応(4.5)，および作用素 $U(s)$ による Ψ 型の関数の変換法則を利用しなければならない．この作用素によって関数 Ψ は Ψ' に変えられる，即ち，$\Psi'=U(s)\Psi$ としよう．法則(4.5)を用いれば，関数 Ψ, Ψ' のそれぞれに異なる型の関数 ψ, ψ' を対応させることができる．それによって ψ から ψ' への変換規則が定義される．この規則が表現 $U(S)$ の，ψ 型の関数への作用である．この新しい作用を（数学的観点からは全く正しくないが）前と同じ記号 $U(s)$ で記すことにすれば，$\psi'=U(s)\psi$ となる．換言すれば，表現 $U(S)$ の作用下での関数 $\psi(p)$ の変換法則は，次の図式の可換性を要請することにより見出される．

$$\begin{array}{ccc}\Psi & \longrightarrow & \psi\\ {\scriptstyle U(s)}\downarrow & & \downarrow{\scriptstyle U(s)}\\ \Psi' & \longrightarrow & \psi'\end{array}$$

作用素 $U(s)$ の関数 $\psi(p)$ への作用を陽に表わすのにこれを用いよう．公式(4.5)に従えば，

$$\psi'(p')=\chi(s')\Psi'(s')$$

である．ただし，s' は点 p' に向かう任意の2-径路，即ち，$\Delta s'=p'$ となる2-径路である．$\Psi'(s')=\Psi(s^{-1}s')$（公式(4.4)を見よ）を考慮し，また(4.5)を用いて Ψ を ψ で表わすと，

$$(U(s)\psi)(p')=\psi'(p')=\chi(s')[\chi(s^{-1}s')]^{-1}\psi(p)$$

が得られる．ここに $p=\Delta(s^{-1}s')$ または $p=s^{-1}p'$ である．

これが，関数 $\chi(S)$ を介して表わされた目的の変換規則である．これは，関数 $\hat{\chi}(\hat{S})$，即ち亜群の表現を介して表わせば，簡単化できる．関数 $\chi(S)$ の定義から，$\chi(s')=\hat{\chi}(s'^{p}_{1})$，$\chi(s^{-1}s')=\hat{\chi}((s^{-1}s')^{p}_{1})$ である．後の式は，亜群の表現の性質を用いると，

$$\chi(s^{-1}s')=\hat{\chi}((s^{-1})^{p}_{p'})\hat{\chi}(s'^{p'}_{1})=[\hat{\chi}(s^{p'}_{p}]^{-1}\hat{\chi}(s'^{p'}_{1})$$

の形にできる．これを ψ' に対する公式に代入し，簡約を行なうと最終的に

$$(U(s)\psi)(p')=\hat{\chi}(s^{p'}_{p})\psi(p) \tag{4.6}$$

が得られる．かくして，関数 $\psi(p')$ に作用素 $U(s)$ が作用すると，その引数が 2-径路 s^{-1} に沿って移動させられ値 p をとるだけでなく，関数の値も作用素 $\hat{\chi}(s^{p'}_{p})$ の作用を受ける．この公式が通常の粒子に対する公式(4.2)と完全な類似関係にあることは明白である．

先にゲージ理論で行なったのと同じように，今や表現 $U(S)$ で記述される対象の局所的性質というものを考えることができる．この対象（2-粒子)の状態は径路に依存する関数 $\psi(p)$ で特徴づけられる．従って，この対象は径路の空間 P において局所的である．換言すれば，2-粒子の位置は径路群の元 $p\in P$ によって与えられる．それ故この対象を紐と名づけることができる．

本節のはじめの部分で，通常の粒子の時空における局所性の意味を説明しておいた．それを繰り返すと，ゲージ場と粒子の相互作用は時空の一点において行なわれるという意味であった．古典的領域では粒子はもはや点としては記述されず，世界線-粒子の発展過程における粒子の位置である点を連ねて得られる線で記述される．この線を自然な仕方でパラメーター表示しようとすれば，時間ではなく，固有時と呼ぶことのできるある第5番目のパラメーターが必要である．

これらの考察を，新しい対象，2-粒子または紐に適合するように繰り返すことができる．結論を言えば，紐と 2-ゲージ場との相互作用は径路の空間 P の一点において行なわれるはずであり，この意味で紐はこの空間において局所的である．古典的領域（もちろん，このような概念が意味をもてば，であるが)では紐の運動は，空間 P における点を連ねて得られる世界線によ

り記述される．空間 P の点とは空間 $\mathscr{M}$ の曲線であるから，空間 $\mathscr{M}$ においては古典的紐の運動は，曲線がその位置を変えることによって掃くようにして描く面によって記述される．より正確に言えば，紐の世界面とは順序づけられた面または2－径路である（§3を見よ）．

紐の理論を構築するに際して，我々は数学的構造と空間 $\mathscr{M}$ の物理解釈をこれと決めてしまうことはしなかった．確かに，大部分の場合に空間は線型空間だと仮定してはいる．しかしこれは不可避的選択ではない．例えば，これは任意の群であってよいし，更には任意の多様体でもよいのである（§6を見よ）．見たところ，実際に空間 $\mathscr{M}$ をいろいろに選び，そうすることによって様々な紐の記述或いは紐の様々な近似による記述が得られそうである．

もし $\mathscr{M}$ が時空（例えばミンコフスキー空間）ならば，紐がたどる歴史のある瞬間における位置というのは，時空における径路 $p(\tau)$ である．この径路が時刻一定という面上にある必要は全くない．これに対応して，紐の発展過程におけるその位置を指示するパラメーター τ は時間としての意味を持つことはできなくなる．むしろこれは，しばしば相対性理論に導入され，重要ではあるが概念的には未だ不完全な役割を演じているように思われる固有時または歴史的時間である（更には第9章，§5を見よ）．このことからも分かるように，我々の言う紐の概念は，物理学の文献で通常理解されているものより幅広い概念である．

もし $\mathscr{M}$ が3次元空間（ミンコフスキー空間の空間的断面）ならば，$p(\tau)$ は3次元空間内の径路，即ち普通の意味での紐の位置である．この場合にはパラメーター τ は普通の時間としての意味をもつ．非相対論的には紐のこのような記述が適している．

§5．紐の伝播因子

前節では紐のような非局所的対象の記述を許す理論形式を導入した．もっと正確には，このような対象の運動学について述べたことになる．完全な記述はその力学をも含まなければならない．普通の粒子の力学は様々な仕方で記述されるが，そのうちのひとつは粒子の伝播因子を用いるものである．第

9章，§5で示されるように，外場であるゲージ場は，それ自身は粒子の運動学を表わす径路群の表現 $U(P)=\alpha(L)\uparrow P$ を介して伝播因子の中に入ってくる．紐の伝播因子についても同じことが言えると仮定するのが自然である．本節ではこのように仮定し，それに基づいて紐の力学についていくつかの結論を導こう．正確に述べれば，紐に作用する外的ゲージ場は2-径路群の表現 $U(S)=\chi(K)\uparrow S$ を介して伝播因子に現れると仮定するのである．この仮定だけに基づき，伝播因子の完全な構造を目指すことはしないで，紐の干渉効果がどのようにして現れるのかを示そうと思う．これらの結果は第8節で発展させられ，第10節では上に行なった伝播因子の構造についての仮定をもとにして紐が局所的粒子として現れる条件を調べる．

第9章§5では，粒子の伝播因子（一点から他の点への伝播の振幅）は次の径路積分によって表わされることが示されるはずである：

$$\Pi(x', x)=\int_{x}^{x'} d\{x(\tau)\}\hat{\alpha}([x(\tau)]_{x}^{x'}) \tag{5.1}$$

ここで積分は点 x と x' を結ぶすべての曲線について行なわれる．積分測度 $d\{x(\tau)\}$ を具体的にどのように選ぶかは今のところ我々にはどうでもよい．重要なことは，測度は粒子に作用している場がどのようなものかに依らないことである．外場の影響は因子 $\hat{\alpha}(p_{x}^{x'})$ の中に完全にとり込まれている，即ちそれは径路の亜群の表現を通して表わされている．測度 $d\{x\}$ は，場の中にある粒子に対して，自由粒子に対するそれ（周知の如く，この測度は自由粒子の作用積分によって表わされる．詳しくは第9章§5および第11章を見よ）と同じ形を持っている．

これから類推して，紐の伝播因子（位置 p から位置 p' への伝播の振幅）は

$$\Pi(p', p)=\int_{p}^{p'} d\{p(\tau)\}\hat{\chi}([p(\tau)]_{p}^{p'}) \tag{5.2}$$

の形をもつと仮定するのが自然である．ここに $d\{p\}$ は空間 P における曲線の集合上のある測度であり，χ は2-径路の亜群の表現であって，外場である2-ゲージ場を表わしている．記号 $\{p(\tau)\}$ は空間 P のある曲線を，$[p(\tau)]=s$ はそれを含む2-径路（曲線の同値類）を表わす．

この仮定に含まれる任意性を減らすために，粒子の伝播因子に対する公式(5.1)を群論的に見てみよう．そのために核 $\Pi(x', x)$ をもつ積分作用素 Π を定義する：

$$(\Pi\psi)(x') = \int dx\, \Pi(x', x)\psi(x)$$

そうすると，公式(4.2)を考慮することにより，この作用素を表現 $U(P) = \alpha(L)\uparrow P$ を介して表わすことができる：

$$\Pi = \int d\{x(\tau)\} U[x(\tau)] \tag{5.3}$$

この公式で積分は，任意ではあるが固定された点，例えば点 O に始まるすべての曲線について行なう．曲線の終点は定めず，積分は任意の終点をもつ曲線にわたって行なう．伝播因子に対する表式(5.3)の長所は，それが陽にゲージ不変であることである．というのは外場は亜群の表現 $\hat{\alpha}(\hat{P})$ ではなく，ゲージ不変な対象一ループ群の表現 $\alpha(L)$ を介してとり入れられているからである．同様にして，紐の伝播因子に対する表式(5.2)も

$$\Pi = \int d\{p(\tau)\} U[p(\tau)] \tag{5.4}$$

の形に書くことができる．ここに $U(S) = \chi(K)\uparrow S$ である．この表式は亜群 $\hat{\chi}(\hat{S})$ には依らず，ゲージ不変な対象 $\chi(K)$ にのみ依存している．表式(5.4)は，一般化されたゲージ変換の意味においてゲージ不変であると言ってよい．伝播因子の不変性を証明するものとしてこの表式が得られたのであるから，今後実際的な結論を導くためには，原則として，これと同値な表式(5.2)を用いることにしよう．

紐の伝播因子に対する表式(5.2)を見ると，2-径路 $s_p^{p'}$ に沿って伝播すると，紐の波動関数には，因子 $\hat{\chi}(s_p^{p'})$ が乗ぜられることが分かる．その上，波動関数には外場とは独立で測度 $d\{p\}$ に含まれるある運動学的乗数も乗ぜられることは言うまでもない．この運動学的乗数は自由な紐の作用の指数関数である．その構造にはここでは立ち入らないでおこう．我々にとって重要なのは，外場に依存する因子が群論的考察だけで完全に決まってしまうこと

である．群論的考察は，作用のうちの，紐と2-ゲージ場との相互作用を記述する部分を定義してしまうと言うことができる．

測度 $d\{p\}$ に対する完全な表式がなければ，紐の完全な理論を構築できないのは言うまでもない．それでも，以下で見るように，外場との結がりは因子 $\hat{\chi}(\mathfrak{s})$ で記述されるということを基にするだけで，紐の振舞いについていくつかの結論を下すことができる．

伝播因子に対して得られた表式の可能な応用例のひとつは干渉効果の計算である．はじめに，この可能性を通常の粒子を例にして説明しておこう．粒子は一定の径路 $p_x^{x'}$ に沿って点 x から点 x' へ移るものとしよう（正確には，粒子は点 x を含む微小領域から点 x' を含む微小領域へ移ると言うべきであろう）．このとき粒子の状態を表わす波動関数は，はじめ点 x の近くに集中していたその台が点 x' の近傍へ移るように変化する．もっと正確に述べれば，波動関数 ψ は変化して波動関数 $\psi'=U(p)\psi$ となる．実際，一点から他の点への移行がどの径路を経て行なわれるか分かっていないならば，波動関数の変化は作用素 Π によって表わされる，即ち径路積分(5.1)または(5.3)によって表わされる．移行が一定の径路 p（より正しくは，十分に細い，径路の管状領域）を経て行なわれることが分かっているならば，この移行に際しての波動関数の変化は所与の p に対する積分記号下の表式によって記述される．これより

$$\psi'(x')=(U(p)\psi)(x')=\hat{\alpha}(p_x^{x'})\psi(x)$$

が得られる．

換言すれば，径路 p に沿って点 x から点 x' へ移行するとき，粒子には位相乗数 $\hat{\alpha}(p_x^{x'})$ が掛かる．このとき外場の作用だけが考慮に入れられており，径路に依ることなく，自由粒子の場合にも存在する運動学的乗数は無視されている（これらの乗数をとり入れるためには，径路積分の測度が分かっていなければならない）．もし同じ点の間の移行が他の径路 p' に沿って行なわれるならば，この移行の結果乗ぜられる位相乗数は $\hat{\alpha}(p'^{x'}_x)$ に等しい．これらふたつの径路に対する運動学的因子が一致するならば，それぞれの径路

を経た後で得られるふたつの波動関数の位相乗数には

$$[\hat{\alpha}(p_x^{x'})]^{-1}\hat{\alpha}(p'^{x'}_x)=\hat{\alpha}[(p^{-1}p')]_x^{x'}$$

だけの違いがある．この位相乗数はループ $p^{-1}p'$ だけに依存する干渉効果を表わしている．第7章，§1ではこのようにしてアハロノフ－ボーム効果を表わしたのであった．

これらの考察はそのまま紐の場合にもあてはまる．もし紐がある2－径路 s を経て位置 p から位置 p' に移るならば，紐の状態を表わす波動関数には位相乗数 $\hat{\chi}(s_p^{p'})$ が掛けられる．ふたつの異なる2－径路 s, s' を経て p から p' への移行が行なわれるとき，結果としての波動関数の位相乗数は $\hat{\chi}((s^{-1}s)_p^{p'})$ だけの違いをもつ．このようにして紐が異なる2－径路に沿ってある位置から他の位置に移るときには干渉効果が生じる可能性がある．この効果はふたつの2－径路の違いを表わす2－ループ $s^{-1}s'$ に依存する．

のちほど，第8節で極めて簡単な例についてこの種の干渉効果を示すつもりである．しかしながらその前に，線型空間や群だけでなく，任意の多様体で使えるように，2－径路の概念を少し変えておこう．

§6．任意の多様体における2-径路群の定義

第1節で，任意の群 G 上の曲線を類別することができること，各類を元とする集合は群をなすこと，を示した．これが径路群 $P(G)$ である．考察のはじめにとった多様体が群構造をもつことは重要である．それは移動という操作の可能性を保障し，それ故移動によって一致させることができる曲線をひとまとめにして同値類をつくることができるのである．こうすると，任意なふたつの類の積も定義することができる．もし群構造を持たない多様体 $\mathscr{X}$ から始めてそこでの曲線を考えるものとすれば，任意なふたつの類の間に積を定義できるように曲線を類別することはできない．それ故 $\mathscr{X}$ 上に径路群を定義することもできない．そのかわり，曲線の同値類を，それが亜群をなすように定義することはできる．亜群というのは，積は結合律を満たすが，任意なふたつの元に対して積が必ずしも定義できないような集合である．こ

の場合には，同じ類に属する曲線は共通の始点をもっている，即ち，それらを移動させることはできない．曲線のこのような同値類は固定された径路の亜群 $\hat{P}(\mathscr{X})$ をつくる．

第2節ではこの定義に基づいて2-径路群を定義した．そのもとになっているのは．群上の径路は再び群 $P(G)$ をなすという事実である．それ故この新しい群上で再度曲線の同値類を考えることができ，それらはまた群をなす．これが2-径路群 $P^{(2)}(G)=P(P(G))$ である．もし出発点にとった多様体が群構造を持たなければ，このような2-径路の構成法は使えない．任意の多様体 $\mathscr{X}$ 上では曲線から構成できるのは亜群 $\hat{P}(x)$ だけである．この新しく得られる(無限次元の)多様体もまた群構造を持たないから，その上の曲線は亜群をつくるに過ぎない．得られるのは $\hat{P}^{(2)}(\mathscr{X})=\hat{P}(\hat{P}(\mathscr{X}))$ である．

目的によっては2-径路の亜群構造で十分である．特に第7章，§9では微分形式の非アーベル的類形を導入する目的で亜群を利用した．しかしながら前のふたつの節で見たように，2-ゲージ場とか紐のような型の物理的対象を定義するには，2-径路が群をなすことが必要である．そこで，2-径路の定義を変えることによって，それが任意の多様体 $\mathscr{X}$ 上で群をなすようにしてみよう．そのために，亜群 $\hat{P}(\mathscr{X})$ 全体としては群構造を持たないが，その部分集合の中には群構造を持つものがあることを利用する．ループからなる部分群がその例である．亜群 $\hat{P}(\mathscr{X})$ の元のうち，ある一点 x に始まり，そこに終るもの，即ちループの部分集合を見てみよう．この部分集合を $L_x=L_x(\mathscr{X})\subset\hat{P}(\mathscr{X})$ と記すことにする．この部分集合 L_x に属する任意の径路を掛け合わせることができること，この部分集合の元である任意の径路に対してその逆が存在すること，そしてこの部分集合においてすべての群公理が満足されることは明らかである．かくして，点 $x\in\mathscr{X}$ に始まるループからなる部分集合は亜群 $\hat{P}(\mathscr{X})$ において部分群をなしている．

異なる始点をもつループの部分群 L_x と $L_{x'}$ は常に同型である．実際，$\hat{p}=p^x_{x'}\in\hat{P}(\mathscr{X})$ がこれらの点を結ぶ径路であるとすれば，写像 $l_x\mapsto\hat{p}^{-1}l_x\hat{p}$ によって群 L_x の各ループは群 $L_{x'}$ のループに写される．この写像が同型写像であることは容易に確かめられる*．かくして，すべてのループ群 L_x, $x\in\mathscr{X}$ は同型であり，それらのうちのひとつだけを考察の対象としても一般性は失われない．多様体上の一点をとり，それを $O\in\mathscr{X}$ と書こう(線型な構造を今は仮定していないから，この記号は選ばれた点のいかなる特殊性も示していない)．ループ群 L_0 を見てみよう．

群構造をもつ径路の集合 $L_0=L_0(\mathscr{X})$ が手中にあるから，2-径路群を構成するために通常の方法を用いることができる．群 L_O 上の曲線を，互いに掛け合わせることのできる類に類別しよう．そうすると群 $P(L_O)$が得られるが，これを $S_0=P_0^{(2)}(\mathscr{X})$ と記し2-径路群と呼ぼう．このように定義すると，2-径路というのは“ループ群における径路”のことである．各2-径路 $s\in S_0$ はループ群上の曲線の同値類 $s=\{l(\tau)\in L_0|0\leqq\tau\leqq1\}$ である．ひとつの類には，パラメーター表示の仕方の変更，盲腸の付加，そしてあるループ $l_0\in L_O$ による右移動 $l'(\tau)=l(\tau)l_0$ だけで互いに異なる曲線が含まれている．この右移動を用いれば，曲線の始点 $l(0)$ を前もって与えられたループ群の元と一致させることができる．特に，2-径路 s を代表する曲線 $l\{(\tau)\}$ が標準的初期条件 $l(0)=1$(これは群 L_0 の単位元である)を満たすようにすることは常に可能である．2-径路群 $S_0=P(L_0)$ の中には2-ループ群 $K_0=L(L_0)$ が含まれている．これに属するのは，始点と終点が一致する，即ち $l(1)=l(0)$ となる2-径路である．

2-径路群 S_0 は自然な仕方で群 L_0 に作用する．もし類 $s\in S_0$ に，点 l に始まり点 l' に終る曲線 $\{l(\tau)\}$ が含まれているならば，2-径路 s は l から l' へ通じていると言い，$l'=sl$ と書く．特に，s が群の単位元 $1\in L_0$ から点 $l\in L_0$ へ通じている場合には，(どこから始まるかを指示しないで)2-径路 s は l へ通じていると言う．この意味で $\Delta s=l$ と書こう．ループ Δs を2-径路に沿う変位と呼ぶ．写像 $\Delta: S_0\to L_0$ は群の準同型である．これらの記号，用語はすべて，§§1，2で導入したものと同じである．

群 S_0 は空間 L_0 に推移的に作用するから，この空間を因子空間として表わ

* このような同型写像が存在するためには，多様体 $\mathscr{X}$ が連結であること，即ち，その任意の2点を連続曲線によって結べることが必要であるのは勿論である．しかし，特に言及しない限り，この性質は満たされているものと常に仮定している．

すことができる．そのためには，この空間の意の点に対する等方部分群を見出さなければならない．2-ループの部分群 K_0 が任意の点に対する（特に点 $1 \in L_0$ に対する）等方部分群であることは容易に分かる．実際，2-ループは（そしてそれだけが）始点と終点が一致する曲線 $\{l(\tau)\}$ で表わされる．別の言い方をすれば，2-ループに沿う変位は自明で，$\Delta k=1$ である．それ故，任意の 2-ループ k に対して $kl=l$ である．このことから，$L_0=S_0/K_0$ であること，即ち，各ループ $l \in L_0$ には自然な仕方である同値類 sK_0 が対応させられることが導かれる．この類は l へ通じている元からできており，それ故 $\Delta s=l$ である．

部分群 K_0 は S_0 において不変である．それ故同値類の集合 S_0/K_0 を単なる因子空間ではなく因子群と考えることもできる．この群はループ群 L_0 に同型である．換言すれば，部分群 K_0 は準同型 $\Delta: S_0 \to L_0$ の核である．

ループの空間における径路として定義された 2-径路は**順序づけられた面**とも考えられることを示そう（なお，§3と対照せよ）．そのために，2-径路 $s \in S_0$ を，自明な初期条件 $l(0)=1$ を満たし，盲腸を持たない曲線 $\{l(\tau) \in L_0\}$ で代表させよう．次に各ループ $l(\tau)$ を，盲腸のない曲線 $\{x(\sigma, \tau) \in \mathscr{X} \mid 0 \leqq \sigma \leqq 1\}$ で代表させる．そうするとパラメーター表示された面 $\{x(\sigma, \tau) \mid 0 \leqq \sigma, \tau \leqq 1\}$ が得られる．パラメーター表示の仕方はどうでもよい．すなわち，単調なパラメーター表示でありさえすれば，変更 $\tau \mapsto \varphi(\tau)$，$\sigma \mapsto \psi_\tau(\sigma)$ を行なってもよい．このようなパラメーター表示を行なうとき，ループ $l(\tau)$ の線型順序も，各ループ上の点の線型順序も変化することはない．このようにして，2-径路 $s \in S_0$ は一定の向きをもつループの族と，それによって掃き描かれるある面を定義する．これが順序づけられた面である．明らかに，2-ループ $k \in K_0 \subset S_0$ が定義するのは閉じた，順序づけられた面である．

§7　多様体上の閉じた紐

前節では任意の多様体上の 2-径路群 $S_0=P(L_0(\mathscr{X}))$ を定義した．定義によれば，径路 $s \in S_0$ とはループ群上の曲線の類 $s=\{l(\tau) \in L_0 \mid 0 \leqq \tau \leqq 1\}$ のことであった．今や任意の多様体上で，§4では線型空間においてのみ定義されたのと同じような物理的対象，即ち，2-ゲージ場と2-粒子を定義できる．容易に推測できるように，ここで言う2-粒子とは閉じた紐によって表わされるものである．第4節と同じ図式に従ってこれをもっと詳しく見てみよう．

閉じた紐の相互作用を媒介する2-ゲージ場は2-ループの部分群 $K_0 \subset S_0$ の表現 $\chi(K_0)$ により記述される．このような表現を2-径路の亜群 $\hat{S}_0 = \hat{P}(L_0(\mathscr{X}))$ の表現 $\hat{\chi}(\hat{S}_0)$ にまで拡大しておくと技術的に便利である．これは，関係式 $\hat{\chi}(\hat{s}\hat{s}') = \hat{\chi}(\hat{s})\hat{\chi}(\hat{s}')$ を満たす作用素値関数 $\hat{s} \mapsto \hat{\chi}(\hat{s})$ が与えられていることを意味する．この関数をもとにして2-径路群 S_0 上の関数 $\chi(S_0)$ を得ることができる．そのためには，各2-径路 $s \in S_0$ が固定された2-径路 $\hat{s} = s_l{}^{l'} \in S_0$ の類であることを利用しなければならない．この類から群の単位元に始まる2-径路 s_1 を，即ち，自明な初期条件 $l(0)=1$ をもつ曲線 $\{l(\tau)\}$ に代表される2-径路 s_1 を選ぼう．こうすると，求める関数 χ の点 s における値は，既知の関数 $\hat{\chi}$ の点 s_1 における値として定義される．亜群 $\hat{S}_0$ の表現 $\hat{\chi}(S_0)$ に基づく等式 $\hat{\chi}(s_1) = \chi(s)$ は群 S_0 上の関数 $\chi(S_0)$ を定義する．この関数は群の表現ではなく，もっと弱い要請，

$$\chi(sk) = \chi(s)\chi(k), \quad \forall s \in S_0, \quad k \in K_0 \tag{7.1}$$

を満たすだけである．このことから，関数を2-ループの部分群 K_0 に制限すると，関数 $\chi(K_0)$ はこの部分群の表現となることが分かる．これが2-ゲージ場の記述に用いられる表現である．もともとの亜群の表現 $\hat{\chi}(\hat{S}_0)$ も関数 $\chi(S_0)$ も補助的には使うこともある．これらは純粋に技術的観点から便利であるに過ぎない．以上のような場合に，$\hat{\chi}(\hat{S}_0)$ を表現 $\chi(K_0)$ の，2-径路の亜群上への拡大と呼ぶことにしよう．2-ループ群の表現は場の強さに相当し，2-径路の亜群の表現は場のポテンシャルに相当するものである．

今やある非局所的対象，即ち2-ゲージ場が作用する**2-粒子**の記述が可能である．これらは誘導表現 $U(S_0) = \chi(K_0) \uparrow S_0$ で記述される．このような表現の正準的実現は左移動 $(U(s)\Psi)(s') = \Psi(s^{-1}s')$ である．ここに Ψ は群上の関数，$\Psi: S_0 \to \mathscr{L}$ であって，構造条件 $\Psi(sk) = \chi(k^{-1})\Psi(s)$ を満たすものである．このとき，非局所的対象の状態は関数 $\Psi(s)$ で表わされる．

しかしながら，関数 $\psi(s)=\chi(s)\Psi(s)$ に移ると，この対象を物理的にもっと明瞭に表わすことができる．この関数は各同値類 sK_0 の上で一定である．それ故，これを同値類の関数とみなすことができる．即ち，因子空間 $S_0/K_0=L_0$ の点の関数と見ることができる．従って，新しい波動関数 ψ というのはループ群 L_0 上の関数である．関数 ψ と Ψ の関数を次のように陽な形に表わすことができる：

$$\psi(l)=\chi(l_s)\Psi(l_s),\quad \Psi(s)=[\chi(s)]^{-1}\psi(\Delta s). \tag{7.2}$$

ここに l_s はループ l へ通じる任意の 2-径路であり，Δs はループで，そこへ 2-径路 s が通じている．

表現 $U(S_0)$ の下での関数 Ψ の変換性が分かれば，関数 ψ の変換法則も見い出すことができる：

$$(U(s)\psi)(l')=\hat{\chi}(s_l^{l'})\psi(l). \tag{7.3}$$

このように，群 S_0 上の表現 $\chi(K_0)$ を亜群 $\hat{S}_0$ の上にまで拡大すると非局所的対象の関数 $\Psi(s)$ による記述から関数 $\psi(l)$ によるその記述へと移ることができる．このことから，対象の位置はループ $l\in L_0$ を与えることによって記述されること，即ち対象は**閉じた紐**であるとの解釈が出てくる．もっと正確に言えば，この対象の，2-ゲージ場との相互作用は空間 L_0 において局所的である．

表現 $\chi(K_0)$，即ち 2-ゲージ場を決めても，表現 $\hat{\chi}(\hat{S}_0)$，即ちこの場の“ポテンシャル”の定義にはよく知られた任意性が残される．このことは，紐をそれに適した不変な仕方で記述するのは関数 $\Psi(s)$ であること，つまり，2-径路を用いた理論形式であることを意味している．関数 $\psi(l)$ による“ループ的-局所的”記述法への移行は一意的ではない．この任意性を一般化されたゲージ変換，または，2-ゲージ変換として陽に表わすことも可能である．

§8. 位相的起源をもつ2-ゲージ場と閉じた紐に対する干渉効果

一般的な 2-ゲージ場を見る前に，位相的起源をもつ 2-ゲージ場の例に触れておこう．第7章では位相的起源をもつ，異なる型のゲージ場に出会った．その中で最も単純なのは**アハロノフ-ボームの磁場**である(第7章，§1)．それは，直線を取り去ったあとに残る3次元空間につくり出すことができる．この空間では各ループを，それが，取り去られた直線のまわりを廻る回数で表現することができる．この巡回の回数をそのまま用いると，ループ群の表現 $\alpha(l)=\exp\{i\Omega n(l)\}$ が得られる．この表現がアハロノフ-ボーム効果を表わしている．ここでは巡回の回数がループの位相的特性である．作用素 $\alpha(l)$ は，ループの細かな構造には全く依らない．このような型の表現は自明でない位相をもつ空間においてのみ可能である（もっと正確には，このような空間においてのみこの種の表現は連続である)．

アハラノフ-ボーム場の類形である2-ゲージ場の例をつくろう．この例では各2-ループはある点のまわりを廻る回数で区別され，2-ループの表現は位相的特性-巡回数だけに依存する．この場合の巡回数の概念そのものを分かりやすくするために，まず各巡回数に対して1つずつ特別な仕方で，ある2-ループを選びだし，その後で任意の2-ループに対する巡回数を導入しよう．

3次元ユークリッド空間 $\boldsymbol{R}^3$ から，その一点 例えば点 $u\in\boldsymbol{R}^3$ を取り去ることによって得られる多様体 $\mathscr{X}$ を見てみよう(これまでの記号をそのまま使うためには，取り去る点は基準点 O とは別の点であるとみなすのが適切である)．点 O を通り点 u に中心をもつ球面を描こう．図23に示したように点 O に始点をもち，球面を掃き描くループの族をつくろう．この族の一番目のループは退化している，即ち点 O そのものである．その後ループの直径はだんだん大きくなり，その上，後に続くループはそれに先行するループを完全に自分の内側に含んでいる．ある瞬間にループは球面の他の側に移り，ループの直径は減少し始める．族に属する最後のループも退化していて点 O と一致する．

このようなループの族はある2-径路を，正確にはある2-ループ $\bar{k}\in K_0$ を定義する．このとき，この2-ループは点 u のまわりをちょうど1回まわると言うことにしよう．このループの整数ベキをつくると，点 u のまわりをちょうど n 回まわる2-ループ $\bar{k}^n$, $n=0$, ±1, $\pm2,\cdots$ が得られる．値 $n=0$ には2-ループ群の単位元が対応し，これは u のまわりをちょうど0回まわる．値 $n=-1$ には2-ループ $\bar{k}^{-1}$ が対応する．このループに関しては，それは u のまわりをちょうど (-1) 回まわると言うことにしよう．これは次のように言い換えてもよい：このループは2-ループ $\bar{k}$ とは逆向きに u のまわりをまわる．2-ループ $\bar{k}$ と $\bar{k}^{-1}$ との対象としての違いを述べれば次のようになる．族 $\bar{k}$ に属する任意のループ上の一点を考えよう．この点で三つ組のベクトルを構成する．ひとつは球面に垂直で外向き，ふたつ目はループに沿う(正の)向きを持ち，三つ目は $\bar{k}$ に属する次のループへの移行の向きを持つ．もしこの三つ組ベクトルが右手系をなせば，同じ族の任意のループ上の任意の点で三つ組ベクトルは右手系をつくる．このとき，族 $\bar{k}^{-1}$ に対して同じようにして三つ組ベクトルを構成すると，それは左手系をつくる．

ふたつの2-ループ $\bar{k}^{n}$ と $\bar{k}^{n'}$, $n'\neq n$ の一方を連続的に変形して他方と一致させることはできない．これを確かめるには，2-ループ $\bar{k}$ を連続的に変形して自明な2-ループ $\bar{k}^{0}=1$(群 K_0 の単位元)にすることはできないことを示せば十分である．実際，ループによって掃き描かれる閉曲面の直径を連続的に小さくできれば，$\bar{k}$ の $\bar{k}^{0}$ への連続的変形は可能であろう．ところで点 O はこの面上に留らなければならないから，面の直径が減少してゆくとき，面は必ず点 u(もともとの球面の中心)を横切らなければならない．ところがこれは不可能である，というのは点 u は我々が見ている多様体 $\mathscr{X}=\boldsymbol{R}^3\backslash\{u\}$ には属さず，従っていかなるループもこの点を通ることができないからである．以上で，2-ループ $\bar{k}$ と $\bar{k}^{0}$ を連続的変形で互いに一致させることはできないことが示された．換言すれば，それは互いにホモトープではないのである．このことから，2-ループ $\bar{k}^{n}$ と $\bar{k}^{n'}$, $n'\neq n$ も互いにホモトープではないことが分かる．

任意の2-ループを $k\in K_0$ としよう．もしこれを($\mathscr{X}$ から出ないように，即ち点 u を横切らないように)連続的に変形して $\bar{k}^{n}$ に変えることができるならば，k は**点 $\boldsymbol{u}$ のまわりをちょうど $\boldsymbol{n}$ 回**まわると言うことにする．これによって群 K_0 全体は類別され，各類は整数 n で特徴づけられる．これらの類は本質的にはホモトピー類である．これらの類は今見ている多様体の **2次元ホ**

モトピー群 $\pi_2(\mathscr{X})=\boldsymbol{Z}$ の元に対応していることを示すことができる．与えられた2-ループ k に対応する巡回数を $n(k)$ と書こう．相加性 $n(kk')=n(k)+n(k')$ が満たされていることは容易に分かる．換言すれば，写像 $k\mapsto n(k)$ は群 K_0 の群 $\boldsymbol{Z}=\pi_2(\mathscr{X})$ 上への準同型である．

このように2-ループを類別すると，2-ループのある表現を実に簡単につくることができる．各2-ループ $k\in K_0$ に対して，

$$\chi_\Omega(k)=\exp\{i\,\Omega\,n(k)\} \tag{8.1}$$

と置こう．ここに Ω はある実数である．相加性 $n(kk')=n(k)+n(k')$ があるから，写像 $k\mapsto\chi_\Omega(k)$ は群 K_0 の表現である．前節での定義に応じて，この表現は，多様体 $\mathscr{X}$ 内の閉じた紐の運動に作用するある2-ゲージ場を記述する．明らかに，この表現，従ってこの場は位相的起源をもっている．その存在の根拠は多様体 $\mathscr{X}$ の自明でない位相である．起源が位相にあることは，例えば，表現 χ_Ω が2-ループの同位類上では定値であることに現れている．これがために，2-ループの表現 K_0 は本質においてホモトピー群 $\pi_2(\mathscr{X})=\boldsymbol{Z}$ の表現に帰するのである．

注　意

表現 χ_Ω を，多様体 $\mathscr{X}=\boldsymbol{R}^3\backslash\{u\}$ に対してだけでなく，点 u を他の点と全く区別しないユークリッド空間 $\boldsymbol{R}^3$ そのものに対しても定義することは形式的には可能である．しかしその場合には表現は連続でない．2-ループ k を連続的に変形してゆくと，それはある瞬間に点 u を通過し，巡回数 $n(k)$ が変化するから，関数 $\chi_\Omega(k)$ は不連続となる．多様体 $\mathscr{X}$ の場合には，形式上同一の表現が連続になる．このことは多様体 $\mathscr{X}$ の場合には群 K_0 がホモトピー類に分割され，類から類へ連続的に移ることは不可能(k を連続的に変えることによって $n(k)$ を変えることは不可能)であることから理解できる．群 K_0 のこのような位相に相対的に表現 χ_Ω は連続なのである．

多分，そっくりそのままというわけにはゆかないにしても，同じようにすれば他の多様体に対しても群 $K_0(\mathscr{X})$ の**位相的表現**をつくることができよう．

このようにしてそのつど位相的表現はホモトピー類の上で定値となり，それ故群 $\pi_2(\mathscr{X})$ の表現に帰するであろう．もしこの表現が自明であれば，所与の多様体上には位相的起源をもつ 2-ゲージ場は存在できないことになる．

以上で位相的起源をもつ 2-ゲージ場とは何かが明らかになった．このような場の中を閉じたループがどのように伝播するかは，§5 で開いた紐に対して行なったように，伝播因子によって記述することができる．伝播因子の助けを借りれば容易に確かめられるように，2-ゲージ場が存在すると位相乗数 $\chi(k)$, $k\in K_0$ で表わされる干渉効果が生じる(§5 を見よ)．特に位相的 2-ゲージ場の場合には，アハロノフ-ボーム型の干渉効果が生じる．定性的にはこの効果を次のように記述できる：閉じた紐が 2-径路 $s\in S_0$ を通ってある位置 $l\in L_0$ から他の位置 l' へ移ると，紐の状態を表わす波動関数は位相乗数倍される．この位相乗数は 2-径路が点 u の“どちら側”を通るかによって異なる．

もし(一対の紐の位置 l, l' を結ぶ) 2-径路 s, s' が点 u の異なる側を通っているならば，このような径路を経て位置を変えた後では，同一の状態から互いに干渉するふたつの異なる状態が生じる．

もっと正確に言えば，これらふたつの状態の位相差を定義するには，2-ループ $k=s^{-1}s'$ をつくり，この 2-ループが点 u のまわる巡回数 $n(k)$ を見い出さなければならない．そうすると位相乗数は $\chi_\Omega(k)=\exp\{i\Omega n(k)\}$ となる．もし，$n(k)=n(s^{-1}s')=0$ ならば，2-径路 s, s' は点 u の“同じ側”を通るのであり，位相差は生じない．

上述の干渉効果を特徴づけるのは数 Ω である．点 u には(2-ゲージ場 χ_Ω の源である)特殊な**2-ゲージ荷**があり，数 Ω はこのゲージ荷の強さを表わすものだと考えてよい．

数 n を任意の整数とすれば，強さ $\Omega=2\pi n$ のゲージ荷を，閉じた紐を用いた実験で見い出すことは不可能である．また一般的に，ゲージ荷 Ω と $\Omega'=\Omega+2\pi n$ をこのような実験で区別することも不可能である．アハロノフ-ボーム効果の場合に取り除いた直線は，電流の流れている細長いソレノイド，または何か他のものによってつくられた磁束を理想化したものである．全く同じように，今の場合の点 u にある点状の2-ゲージ荷というのは，点 u を含む小さな領域に存在するある数学的対象を理想化したものである．これらの本性に直接触れなくても，それらが紐におよぼす影響を問題とすることができる点に我々の方法の強みがある．ところで忘れてならないことは，ここで行なった考察も結論もいくつかの仮定に基礎を置いており，この仮定の確からしさとしては目下のところ数学的構成法のもっともらしさしかないことである．

§9．一般的な2-ゲージ場

前節で見たのは特殊なゲージ場であった．このような場を表わすのに必要な2-ループ群の表現は2次のホモトピー群の表現 $\pi_2(\mathscr{X})$ に帰着する．このことは，各ループに対応する作用素はその位相的特性にのみ依存し，図形としては異なっていても同一の位相的特性をもつ2-ループには同じ作用素が対応することを意味する．ここでもっと一般的な2-ゲージ場に戻ることにしよう．

第6章で，一般的なゲージ場を表わすループ群の表現は1-形式の，即ちベクトル・ポテンシャルの順序指数関数によって与えられることを見た．これをもっと正確に定式化すると次のようになる．ゲージ場を表わすには，ループ群 $\alpha(L)$ 以外に，補助的道具である固定された径路の亜群の表現 $\hat{\alpha}(\hat{P})$ を用いることができる．この表現である作用素を，あるベクトル場 $A_\mu(x)$ またはそれに対応する1-形式 $A=A_\mu(x)dx^\mu$ の順序指数関数として定義することができる：

$$\hat{\alpha}(\hat{P})=P\exp\{i\int_{\hat{P}}A_\mu(x)dx^\mu\}.$$

更に，この表現から径路群上の関数 $\hat{\alpha}(p)=\alpha(p_0)$ を定義する（ここに p_0 は与えられた点 O に始まり，類 p に属する固定された径路である）．最後にこの関数をループの部分群上に制限すれば，この部分群の表現 $l\mapsto\alpha(l)$ が得られ，これによってゲージ場を記述することができる．

2-ゲージ場の構成，即ち2-ループ群の表現 $\chi(K)$ の構成も同じように行なうことができる．実際，$\mathscr{M}$ 上の 2-ループとは空間 $P=P(\mathscr{M})$上のループのことである．それ故 2-ループ群の表現を，P 上のループ群の表現としてつくることができる．それにはまず P 上のある 1-形式を与えることが必要であり，またこの形式の，P におけるループ上での積分の順序指数関数を見出さなければならない．この指数関数は P 上のループ群の表現となるが，これが求めるものである．この構成法を採るとき，その過程で生じる唯一の本質的な条件は，空間 P が無限次元多様体であることである．

(無限次元の)多様体 P の点とは径路 p のことであり，これを曲線 $\{x(\sigma)\in\mathscr{M}\,|\,0\leqq\sigma\leqq1\}$ で与えることができる．この曲線を選ぶ際の任意性を固定するには，いつもそれが同一の点，例えば点 O に始まると約束すればよい．即ち，標準的な初期条件 $x(0)=0$ を採ることにすればよい．この外，任意性を固定するためには，問題の曲線からすべての盲腸を取り去らなければならない(§3と比較せよ)．点 $x\in\mathscr{M}$ の座標を x^ν, $\nu=1, 2, \cdots, n$ としたとき，数 $x^\nu(\sigma)$; $\nu=1, 2, \cdots, n$; $0\leqq\sigma\leqq1$ を点 $p\in P$ の座標とみなすことができる．もうひとつ，パラメーター表示の仕方という任意性が残っているが，これはのちほど考慮に入れよう．座標 $x^\nu(\sigma)$ の無限小の増分または微分を $\delta x^\nu(\sigma)$ としよう．番号 ν とパラメーター σ のすべてに対してこのような増分を考えると，これによって点 $p\in P$ から，それに近いある別の点への移行が定まる．それ故空間 P 上の 1-形式を

$$h(p)=\int_0^1 d\sigma h_\nu(p,\sigma)\delta x^\nu(\sigma) \tag{9.1}$$

の形に書き表わすことができる．

空間 P における座標を数えあげるための指標を全部ひとまとめにして $A=(\nu,\sigma)$ と書き，1-形式を $h(p)=h_A(p)\delta x^A$ と書いてみると表式(9.1)の意味が分かる．このように書くと，$h(p)$ はその係数 $h_A(p)$ で定義される，空間 P における 1-形式であることは明らかである．A についての和を，ν に関する和と σ に関する積分と考え，$h_A(p)=h_\nu(p, \sigma)$, $\delta x^A=\delta x^\nu(\sigma)$ とすれば，ここに与えた 1-形式の表式は(9.1)となる．

このようにして空間 P における 1-形式は汎関数 $h_\nu(p, \sigma)$ で与えられ，こ

の汎関数は一般に作用素値をとる．もし径路のパラメーター表示を変えるならば，（1-形式を変えることなく）この汎関数の形を変えることができることに注意しよう．パラメーター表示の仕方に依らない表式は以下で与えられる．

空間 P 上の1-形式 h が与えられ，それを或る2-径路 $\hat{s}=\{p(\tau)\in P\,|\,0\leqq\tau\leqq1\}\in\hat{S}=\hat{P}(P)$ に沿って積分しなければならないものとしよう．族 $\{p(\tau)\}$ の各径路は曲線 $p(\tau)=\{x(\sigma,\tau)\,|\,0\leqq\sigma\leqq1\}$ で表わされるから，2-径路は順序づけられた面 $x(\sigma,\tau)$, $0\leqq\sigma,\ \tau\leqq1$ で表わされる（詳しくは§3を見よ）．この面という用語を用いると，2-径路 $\hat{s}$ に沿った順序指数関数を，

$$\hat{\chi}(\hat{s})=P\ \exp\{\,i\int_{\hat{s}}h\}$$

$$=P_\tau\ \exp\left\{\,i\int_0^1 d\tau\int_0^1 d\sigma h_\nu(p(\tau),\sigma)\ \frac{\partial x^\nu(\sigma,\ \tau)}{\partial\tau}\right\} \tag{9.2}$$

と書き表わすことができる．最後の表式で，記号 P_τ の指標 τ は積の順序づけが指標 τ についてだけ行なわれ，σ については行なわれないことを表している．このように，2-径路の順序指数関数の定義では，順序づけられた面であるこの2-径路の表現が本質的役割を演じている（§3を見よ）．定義(9.2)は第7章，§9で用いたものと同じである．

1-形式に対する表式(9.1)に現れるパラメーター σ は径路に沿って動きながら点を数えあげてゆくためのものだから，これをその単調増加関数で表される他のパラメーターに変えることができる（§3を見よ）．このとき1-形式(9.1)そのものは変化してはならない．そのために必要な条件を明らかにしよう．まず，パラメーター σ に関する積分は，このパラメーターを他のものに置き換えたとき不変でなければならない．これは，パラメーター σ に関する積分が径路 p の上にある点の座標 $x^\mu(\sigma)$ に関する積分に帰するべきであることを意味する．そこで

$$h_\nu(p,\sigma)d\sigma=h_{\mu\nu}(p,x(\sigma))\dot{x}^\mu(\sigma)d\sigma$$

と置くと，

$$h(p)=\int_0^1 d\sigma h_{\mu\nu}(p,x(\sigma))\dot{x}^\mu(\sigma)\delta x^\nu(\sigma) \tag{9.1'}$$

となる．

更に，増分 $\delta x^\nu(\sigma)$ は，一般的には，ある径路上の点を他の径路上の点に移すのであるが，これが点 $x(\sigma)$ における径路 p の接線に比例する特別な場合には，点をもともとの径路に沿って他の点に変位させることになる．曲線 $x(\sigma)$ がこのような変位を受けるならば，点の集まりとしてはもともと何ら変わらず，パラメーター表示の仕方が変わるに過ぎない．このような変位を受けた曲線はそれに対応する径路 p の一員である他の曲線に変わる．換言すれば，曲線が自分自身に沿って変位するときには，新しい径路には移らないのである．従って，このような変位に対応する1-形式の値は0に等しくなければならない．従って $h_{\mu\nu}(p,\ x(\sigma))\dot{x}^\mu(\sigma)\dot{x}^\nu(\sigma)=0$ が満たされることを要請しなければならない．そのためには指標を交換すると $h_{\mu\nu}(p,\ x)$ は符号を変えなければならない：

$$h_{\nu\mu}(p,x)=-h_{\nu\mu}(p,x). \tag{9.3}$$

このようにすると2-径路に沿う順序指数関数に対する表式(9.2)を，

$$\begin{aligned}\hat{\chi}(s)&=P\ \exp\left\{i\int_{\hat{s}}h\right\}\\&=P_\tau\ \exp\left\{i\int_0^1 d\tau\int_0^1 d\sigma\ h_{\mu\nu}(p(\tau),x(\sigma,\tau))\frac{\partial x^\mu(\sigma,\tau)}{\partial\sigma}\ \frac{\partial x^\nu(\sigma,\tau)}{\partial\tau}\right\}\end{aligned} \tag{9.4}$$

の形に書き換えることができる．この表式は2-径路の亜群の表現を定義する．このことは，指数関数の順序づけが2-径路をパラメーター表示する τ についてだけ行なわれていることを考えれば，直ちに分かることである．

2-径路の亜群の表現 $\hat{\chi}(\hat{S})$ が得られたから，これから2-ループ群の表現，即ち2-ゲージ場をつくることができる．そのために，各2-ループ $k\in K=L(P)$ に，群の単位元を始点とする固定された2-ループ $k_1\in\hat{S}$，$k_1=\{p(\tau)\mid 0\leqq\tau\leqq 1\}$，$p(0)=p(1)=1$ を対応させる．そうして2-ループ群上の関数 $\chi(K)$ を，$\chi(k)=\hat{\chi}(k_1)$ と置いて定義する．新しい関数 $k\mapsto\chi(k)$ は群 K の表現，即ち**2-ゲージ場**を定義する．2-ループ群の表現 $\chi(K)$ は，2-ゲージ場をゲージ不変な仕方で記述すると言ってよい．これに対して，亜群 $\hat{\chi}(\hat{S})$ による

2 - ゲージ場の記述はゲージの任意性を含んでいる．言うまでもなく，ここでは一般化されたゲージ変換を念頭に置いているのである．一般化されたゲージ変換とは，条件 $\chi'(K)=\chi(K)$ を満足するように表現 $\hat{\chi}(\hat{S})$ を他の表現 $\hat{\chi}'(\hat{S})$ に変えることだと定義することができる．等式 $\chi'(K)=\chi(K)$ は表現の同値性を意味するものと解さなければならない(第6章，§9を参照せよ)．

注　意

表現 $\chi(K)$，即ち 2 - ゲージ場は，一般の場合には，汎関数 $h_{\mu\nu}(p,\ x)$，$x\in p_0$ によって与えられる．この書き方を，径路依存の 2 - 形式を，ある局所的 2 -形式 $H_{\mu\nu}(x)$ に帰着させて簡単化することはできない．この意味で一般的な形の **2-ゲージ場**は本質的に**非局所的**である．これを証明するためには，単位元に極めて近い 2 - ループを考え，任意の 2 - ループをこれらの“微小な” 2 -ループの積に分解しなければならない．微小な 2 -ループはすべての 2 - ループからなる群 K の生成系をなしている．それ故，任意の作用素をすべての微小な 2 - ループ(生成系の元)の積に帰着させることによって群 K の表現を与えることができる．ところでどのような微小 2 -径路もある径路 $p\in P$ と，ある点 $x\in p_0$ の近くの微小面積とによって与えられる．このことから，表現 $\chi(K)$ は $h_{\mu\nu}(p,\ x)$，$x\in p_0$ を与えることによって決まることが分かる．第14節では，ふたつの局所的形式：1 - 形式 $A_\mu(x)$ と 2 - 形式 $H_{\mu\nu}(x)$，を与えることによって定まる群 K の表現を見てみよう．

§10．紐の局所的状態

任意の 2 - ゲージ場の表わし方が分かったから，非局所的粒子(2 - 粒子，または紐)の記述に戻り，一定の条件の下ではこれが通常の局所的粒子として振舞うことを示そう．

第4節では 2 - ゲージ場内の紐は 2 - 径路群の表現 $U(S)=\chi(K)\uparrow S$ で記述されることを明らかにした．このとき紐の状態は径路群上の関数 $\psi(p)$ で与えられ，この関数は表現 χ の台空間 $\mathscr{L}$ に値をもっている．群 S が作用すると，この関数は規則

$$(U(s)\psi)(p')=\hat{\chi}(s_p^{p'})\psi(p)$$

に従って変換される．紐の運動学はこのように群論的方法によって記述される．

紐の力学は伝播因子で記述され，これは2-径路に沿う積分の形に表わされる(§5を見よ)．これは，紐が位置pから位置p'へ移る確率振幅が

$$\Pi(p',\ p)=\int d\{p(\tau)\}_p^{p'}\hat{\chi}([p(\tau)]_p^{p'}) \tag{10.1}$$

に等しいことを意味する．ここで積分は点pとp'をつなぐ空間P内のすべての曲線について行なわれる．積分を行なうときには，同一の類$\hat{s}\in\hat{S}$に属する場合でも，異なる曲線は別のものとして扱わなければならない．積分記号下の表式$\hat{\chi}$そのものは類$\hat{s}$(固定された径路)にのみ依存する，即ち類を決めると，それは一定の値をとる．積分の測度$d\{p(\tau)\}_p^{p'}$について言えば，我々の目的のためには，それを完全に知る必要はない．

振幅$\Pi(p',\ p)$――紐の伝播因子の物理的意味について少々述べておくべきであろう．そのためには局所的粒子の伝播因子$\Pi(x',x)$についての周知の物理解釈を利用し，それを紐の場合に持ち込むことができる．

伝播因子は，粒子を4次元的に記述するにあたって，その状態を時空の関数$\psi(x)$で表わすときに現れる．この場合に力学を記述するには，ファインマン流の考え方を利用することができる．それによれば，粒子の相互作用は時空の一点で行なわれ(局所的相互作用)，一方相互作用が行なわれる2点間の粒子の伝播は振幅$\Pi(x',\ x)$――伝播因子で記述されるのである．かくして，もし局所的相互作用の結果として点xに粒子が生まれる(この点に局所化された仮想状態にある粒子が生まれる)ならば，この粒子が点x'に現れる確率振幅は$\Pi(x',\ x)$である．もし粒子が点xに生まれたならば，その後の局所的相互作用は，その粒子が状態$\psi'(x')=\Pi(x',\ x)$に見出されるように生じるのだと言ってもよい．もっと一般的には，状態ψにある粒子が生じたものとすれば，このあと粒子が関与する相互作用は，その結果として粒子が状態$\psi'=\Pi\psi$に見出されるように行なわれる．ここにΠと記したのは核$\Pi(x',\ x)$をもつ積分作用素である：

$$(\Pi\psi)(x')=\int d^4x\Pi(x',\ x)\psi(x).$$

紐の伝播因子 $\Pi(p',\ p)$ も同じように解釈しなければならない．紐の相互作用は空間 P の一点で行なわれる．もし紐がこの空間の点 p に生まれたものとすれば，その後の相互作用は粒子が状態 $\psi'=\Pi\psi$ に見出されるように行なわれるはずである．ここに Π は核 $\Pi(p',\ p)$ をもつ積分作用素である：

$$(\Pi\psi)(p')=\int dp\,\Pi(p',p)\psi(p)$$

このようにして，局所的相互作用を行なって伝播し，次に局所的相互作用をする間に，紐は状態 ψ から状態 $\Pi\psi$ に移る．

作用素 Π に対してもっと具体的な表式を与えることができる．もしその核を公式(10.1)で定義するならば，Π に対する表式

$$\Pi=\int d\{p(\tau)\}U[p(\tau)] \tag{10.2}$$

が得られる．ここで積分は空間 P のすべての曲線について行なう(境界条件はここでは取り去られている)ものとする．公式(10.1)と(10.2)の測度の関係は，方程式

$$\int d\{p(\tau)\}=\int dp\int d\{(\tau)\}_p^{p'}$$

で与えられる．点 p' は空間 P の，任意ではあるが固定された点である．

話が脇道にそれたが，本節の主目的に立ち返り，一定の条件下で紐が通常の(局所的)粒子として振舞いうることを示そう．

紐は関数 $\psi(p)$ で記述される．即ち，それは径路の空間 P において局所化された対象である．ところで，各径路 $p\in P$ には(原点を始点としたときの)この径路の終点 $x=pO$ が一意的に対応している．ループだけの違いをもつ径路，即ち $pl,\ l\in L$ の形をもつ任意の径路はこの同じ点に終る．そこで，紐は任意の $p\in P,\ l\in L$ に対して $\psi(pl)=\psi(p)$ となる状態にあるものと仮定しよう．換言すれば，径路の関数として形式的に与えられた関数は，実際には径路が終る点だけに依存するものとしよう．このとき，関数 ψ は通常の(局所的)粒子の状態を記述すると言ってよい．このようなとき，**紐は局所的状態にある**と言うことにしよう．

この概念を別の角度から説明しよう．紐の状態 $\psi(p)$ はどれも，紐の位置 p が様々に異なる状態の重ね合わせと見ることができる．一般には重ね合わせの係数は異なっている．紐の局所的状態は，同一の類 pL に属する位置がどれも，重ね合わせに際して同じ係数をもっていることで一般の状態とは異なっている．紐の終点 $x=p'O$ が共通である位置 p' は，この場合には同一の確率振幅をもって現れる．このような局所的状態に，ある紐があって，その位置を観測（p を観測）するものとすれば，状態の収縮が起こる．この収縮の際には，重ね合わせに参加するほとんどすべての項が消え去る．残るのは少数の項だけで，それらは互いに近い位置にある紐に対応している．このような観測をすると紐は非局所的状態に移る．

もし紐に対してその終端 $x=pO$ にだけ作用を及ぼし，紐の位置 p には反応しない観測装置または微視的対象を作用させたならば，どんなことが起きるだろうか．相互作用をする際には重ね合わせの係数が変化する．もし相互作用をする前には径路 p が係数 $\psi(p)$ で入っていたとすると，相互作用の後の係数 $\psi'(p)$ は一般に別のものに変わっている．異なる径路（紐の位置）p に対応する係数は，勿論のことながら，異なる仕方で変化する．しかし，この変化は径路 p の全ての特徴に依存するのではなく，その終端 $x=pO$ にのみ依存する．それ故，もし相互作用を行なう前に，紐の同一の終端に対応する係数が同じであったならば，それらは相互作用の後でも同じである．これは，もし関数 ψ が相互作用の前に類 pL 上で一定であったならば，相互作用後の紐の状態を記述する新しい関数 ψ' もまたこの性質を有することを意味している．紐の局所性は，紐の終端の位置のみに作用する観測装置または微視的系との相互作用によって壊されることはない．

今度は，状態の局所性は伝播の際に壊れないのかどうか見てみよう．関数 ψ は紐の局所的状態を記述するものとしよう，即ち，任意の $p\in P$，$l\in L$ に対して $\psi p(l)=\psi(p)$ とする．この性質を関数 $\Pi\psi$ が有するかどうかを見てみよう．伝播因子に対して公式(10.2)を用いよう．このとき，作用素 $U(s)$ に対して表式(4.6)を用いると，

$$(\Pi\psi)(p)=\int d\{p(\tau)\}\hat{\chi}(s_{p'}^{p})\psi(p')$$

が得られる．ここに $s=[p(\tau)]$（2-径路，即ち，曲線 $\{p(\tau)\}$ が属する類）であり，また $p'=s^{-1}p$ である．空間 P における2-径路 s の作用とは，或る元 $\Delta s\in P$——所与の2-径路に沿う径路に沿う変位——を掛けることであったのを思い出そう（§2を見よ）．そうすると，$p'=(\Delta s)^{-1}p$ であり，従って

$$(\Pi\psi)(p)=\int d\{p(\tau)\}\hat{\chi}(s^{p}_{p'})\psi(p')$$

である．関数 $\Pi\psi$ の引数を l だけ変位させると，結果は明らかに

$$(\Pi\psi)(pl)=\int d\{p(\tau)\}\hat{\chi}(s^{pl}_{p'l})\psi(p'l)$$

である．

もし，はじめにとった関数 ψ が局所的ならば，最後の関数 $\Pi\psi$ に対して

$$(\Pi\psi)(pl)=\int d\{p(\tau)\}\hat{\chi}(s^{pl}_{pl'})\psi(p')$$

が得られる．

明らかに，この関数が局所的である条件，即ち，伝播によって局所性が壊されない条件は，表現 $\hat{\chi}$ の次の性質である：

$$\hat{\chi}(s^{pl}_{p'l})=\hat{\chi}(s^{p}_{p'}) \tag{10.3}$$

この条件は，もし $\hat{\chi}(\hat{s})\equiv 1$ であれば，即ち，もし2-ゲージ場が0に等しければ満足される．このようにして，2-ゲージ場が存在しないときには，伝播によって紐の局所性が壊れることはないとの結論に達する．このことは，結果的に，局所的状態にある紐は通常の局所的粒子のように振舞うことを証明している．このような状態は，2-ゲージ場が存在しないか，または無視できるほど弱い領域中に紐がある間保たれる．2-ゲージ場が無視できない領域（例えば，場の源である他の紐の近く）に粒子である紐が入ると直ちにその非局所性が現れ，粒子は紐となる．

これらの考察から，我々が扱い慣れている粒子は実際には紐であることも可能であって，その場合には2-ゲージ場が無視できるほど弱い時空の領域を伝播するが故にその非局所性が現れないのであるとの見方が出てくる．しかし，もしそうだとすれば，その粒子は，2-ゲージ場が無視できない領域に差し掛かると同時に非局所性を現わし，紐に転化することができる．次節

で述べる模型はこの可能性の応用例である．

最後にふたつ注意をしておこう．強い2-ゲージ場の中にある紐は本質的に非局所的である．このことは，紐が最初は局所的状態にあるとしても，その運動（伝播）とともに局所性を失い，その結果紐の波動関数は径路に依存するようになることを意味する．しかし，この結論が正しいのは，紐が“大きな距離”を運動(伝播)する場合に限られる，即ち，紐の最後の位置がはじめの位置とは，甚だしく異なる場合に限られる．そうでない場合，つまり終状態と始状態が近い場合には，外場は，仮にそれが非局所的であるにせよ，紐の状態を非局所的にすることはできない．

例えば，紐が運動をしてその短い終端部分の位置が変化する一方，紐の残りの部分は変化しないと仮定しよう．紐の，この変化しない部分は径路 p で表わされるものとする．そうすると，紐の終端部分が変化するときの，2-ゲージ場の紐への作用は量 $h_{\mu\nu}(p, x)$ によって完全に記述される．ここに径路 p と点 $x=pO$ は固定されている．径路と点が p および x とは異なる値 p' と x' をとるときの汎関数の値 $h_{\mu\nu}(p', x')$ は，この紐が上述のような小さな運動を行なうときには紐への場の作用に寄与しない．従って，この場合には場の非局所性は現れない．この場は，効果の上では局所的となる．

このようにして，紐が“短い距離”を運動するときには，即ち，その終端近くの小さな部分だけが変化するときには，紐は局所的粒子のように現象することが可能である．これは次節で定式化される模型にとって重要であることが明らかになろう．特に，これは2-ゲージ場を表わす汎関数 $h_{\mu\nu}(p, x)$ の連続性からの帰結である．

ふたつめの注意は次のようである．先に紐の局所的状態を条件 $\psi(pl)=\psi(p)$, $\forall l\in L$ で定義した．しかし局所性にとって実際上重要なことは，ふたつの量 $\psi(pl)$ と $\psi(p)$ が一致することではなく，これらの量の関係を先験的に規定することである．実際，第6章では，局所的粒子(ゲージ荷)は，径路に依存はするが，構造条件，

$$\psi(pl)=\alpha(l^{-1})\psi(p),\ \forall l\in L,$$

に従う波動関数で表わされることを示した．ここにαは径路群のある表現である．そこで，ここでも紐の局所的状態の定義としてこの条件を利用することができる．この条件を満足する状態にある紐は，ゲージ場の$\alpha(L)$の中にある，ゲージ的に帯電した局所的粒子が有する性質とそっくりそのままの性質を示すであろう．前に行なった考察をこの場合に持ち込むのは容易である．特に，紐が2-ゲージ場の中を伝播する際にその状態の局所性が壊されないためには，この場は(10.3)のかわりに条件*,

$$\hat{\chi}(s^{pl}_{p'l})=\alpha(l^{-1})\hat{\chi}(s^{p}_{p'})\alpha(l) \tag{10.3'}$$

を満足しなければならない．

§11．クォークの模型としての紐

前節では紐がもつひとつの注目すべき性質を明らかにした；一定の条件下でそれは普通の粒子として現れる．これは，紐に作用する2-ゲージ場が無視できるほど弱い場合に，或いは紐と観測装置，紐と微視的対象との相互作用が紐の終端でのみ行なわれる場合に起こる．もっとも，このふたつの条件は，完全にではないが，同じである．要点は，非局所的対象としての紐の相互作用が2-ゲージ場を介して行なわれるところにある．もし観測装置または他の対象が紐の終端以外とは相互作用しないとすれば，このことは，このような装置または対象は2-ゲージ場に反応しないこと，それ自身は2-ゲージ場の源とならないことを意味している．このような装置または微視的対象との相互作用の内にある紐は非局所的な2-ゲージ場の作用を受けない．

以上に述べたところをまとめて，我々にとって興味のある紐の性質を次のように定式化することができる：もし，紐に2-ゲージ場が作用していなければ，それは普通の局所的粒子と何ら異なるところはない．そこで次には，この性質に基づいて，その閉じ込めをも定性的に明らかにできるような，ク

---

*　第14節で特殊な形$\chi_{FA}, F=DA$をもつ2-ゲージ場について述べるつもりである．これは実際上2-ゲージ場の特性をもたず，ポテンシャルAと強さFをもつゲージ場の，普通とは異なる記述になっている．このような2-ゲージ場は条件(10.3′)を満たし，そこにおいては紐の局所性は壊されない，即ち，紐はそこにおいて粒子のように振舞う．

ォークの模型の定式化を試みてみよう.

クォークというのは，強い相互作用をする粒子—**ハドロン**—を構成している素粒子である．ハドロンをふたつの族，バリオンと中間子に分けることができる．中間子はクォークと反クォークからできており，バリオンは3個（とは異なる数であるとする模型もあるが）のクォークからできている．ハドロンがクォークからできていることは間接的な方法によって実際上確認されている．しかしながら，自由なクォークを観測することにはこれまでのところ成功していない．このことから，分離された自由なクォークの存在が何らかの原理によって禁止されているのだとの仮説が生まれた．この仮説に従えば，クォークは結合状態においてだけ存在することができ，この結合状態ではその特有の性質を打ち消し合っているというのである．自由な状態では存在できないという，クォークに対して仮定されたこの性質は**閉じ込め**と呼ばれている．

何らかの基本的原理から出発してクォークが閉じ込めという性質を持っていることを証明しようという試み，或いは，この性質を帰結として持つような十分に単純でかつ美しい理論を構築しようとの試みが数多く行なわれた．この課題の，すべての点で満足できる解を見出すことは，これまでのところ成功していない．それ故，試みは続けられているのである．本節では，クォークは紐であると仮定すれば，閉じ込めに似たものが得られることを示そう．このような可能性は論文[173]で指摘しておいた．ここでは，定性的レベルの枠内で，それを精密化しよう．

クォークとハドロンの現在の理論—**量子色力学**—では，各クォークに3色(模型によってはそうでないこともある)のうちひとつの色を与えている．バリオンは，それらの色が互いに打ち消し合うようなクォークと反クォークからできており，それ故バリオンは無色ということになる．中間子は補色をもつクォークからできており，従って中間子もまた無色ということになる．閉じ込めについて言えば，これは次の規則を与える：色をもつ粒子は自由な（分離された）粒子として存在できない；それらは，全体として無色な系の構成部分としてしか存在することができない．色つきの自由粒子または全体として色をもつ結合系は存在できない．色の概念が(群 $SU(3)$ の表現論に基づいて)定量的に定式化されていることは言うまでもない，しかし，基本的な考え方を理解するためには，このことは重要ではない．

ここに提唱する模型の基本的な考え方は次の点にある．**クォークは紐である**．クォークの色というのは，この紐の非局所性を特徴づける量子数である．それが非局所性をもつが故に，紐であるクォークを普通の粒子として観測することはできない．この意味で自由クォークは存在しない．(正確には，自由クォークは局所的粒子としては存在しない，と言うべきであろう)．紐と反紐，または補色をもつ3本の紐がそれらの長さ全体にわたって密着すると，それらの非局所性は互いに打ち消し合い，それ故密着した紐からなる結合状態を，局所的状態にある紐として記述することができる．このような紐は普通の局所的粒子―**ハドロン**として現れる．

この模型をもっと詳しく見てみよう．2-ゲージ場は，$\chi(k)\in SU(3)$ である2-ループ群の表現 $\chi(k)$ によって表されるものとしよう．これは，各2-ループ k に3次のユニタリー行列 $\chi(k)$ が対応させられていることを意味する．この表現が作用する3次元空間を通常の如く $\mathscr{L}$ と書こう．この場が作用する(クォークの模型でもある)紐は2-径路群の表現 $U(S)=\chi(K)\uparrow S$ で記述される．これは，紐の状態が，$\mathscr{L}$ に値をもつ径路群上の関数 $\psi(p)$ で表されることを意味している．換言すれば，紐(クォーク)の波動関数は3通りの値をとる指標を持っている，即ち $\psi(p)=\{\psi^A(p)\mid A=1, 2, 3\}$ である．これを，クォークの色を表わす指標と解釈しよう．場 $\chi(K)$ の中で，紐であるクォークは，一般に非局所性を現わし，普通の粒子としては観測されない．

今度は長さの全体にわたって≪密着している≫3本の紐の状態を見てみよう．この状態が関数

$$\Psi^{ABC}(p)=\psi^A(p)\psi'^B(p)\psi''^C(p)$$

で表わされるのは明らかである．容易に示すことができるように，このような関数は2-径路群の作用下で誘導表現 $\nu(K)\uparrow S$ に従って変換される．ここに $\nu=\chi\otimes\chi\otimes\chi$ は群 K の表現の直積であり，空間 $\mathscr{L}\times\mathscr{L}\times\mathscr{L}$ で作用する．このようにして，これらの関数は別個の2-ゲージ荷をもつ紐を表わす．こ

の(紐としてのクォーク3個を密着させて得られる)紐もまた一般に非局所的である．しかしながら，関数Ψの成分のひとつは実際には紐でなく，2-ゲージ場が全く作用しない局所的粒子であることを示すのはむつかしくない．

この成分を取り出すために，空間$\mathscr{L}$は群$SU(3)$の行列によって変換されること，即ち，この群のいわゆる**基本表現**によって変換されることに注意しよう．素粒子の理論ではこの表現を単に，その次元を表わす数字の3で記すのが普通である．空間$\mathscr{L}\times\mathscr{L}\times\mathscr{L}$はこの場合，表現$3\otimes3\otimes3$による変換を受ける．この表現の次元は27であり，可約である．これは公式，$27=1+8+8+10$に従って既約分解される．即ち，分解は自明な1次元の表現を含んでいる．群$SU(3)$の表現論によれば，自明な部分表現を反対称化という方法で取り出すことができる．即ち，$\{\psi^A|A=1,2,3\}$が空間$\mathscr{L}$のベクトルで，$\{\Psi^{ABC}\}$が空間$\mathscr{L}\times\mathscr{L}\times\mathscr{L}$のベクトルであるとすれば，量$\Psi^{ABC}$をすべての指標について反対称化することによって，$\varepsilon_{ABC}\Psi^{ABC}=\phi$という組合せが得られるが，これは群$SU(3)$の作用を受けても全く変化しない(ここに$\varepsilon_{ABC}$はすべての指標について反対称な3階の判別テンソルである)．

紐の分析に戻ろう．27個の成分をもつ波動関数$\Psi^{ABC}(p)$は表現$\nu(K)\uparrow S$に従って変換される．ここにνと書いたのは群Kの27次元表現である．表現νは可約である，つまり，和$\nu=\nu_1+\nu_8+\nu_8+\nu_{10}$に分解される．自明な成分は反対称化によって取り出される．これは，波動関数$\phi(p)=\varepsilon_{ABC}\Psi^{ABC}(p)$が表現$\nu_1(K)\uparrow S$によって変換されること，または同じことだが，$1(K)\uparrow S$によって変換されることを意味する．この波動関数は2-ゲージ荷を持たない紐を表わしている．2-ゲージ場はこの紐には全く作用しない．前節で明らかにしたように，もしこのような紐が局所的状態にあれば(関数$\phi(p)$は実際には紐の終端$x=pO$にのみ依存する)，この状態は局所的であり続ける．この場合には紐は普通の粒子として現れる．

このようにして，3本の紐をそれらの長さ全体にわたって密着させると，紐$\Psi^{ABC}(p)$が得られ，これは，3本の紐の各々がもつゲージ荷の和をそのゲージ荷にもっていることになる．ところで，この紐の波動関数のある成分$\phi(p)=\varepsilon_{ABC}\Psi^{ABC}$は2-ゲージ場の作用を受けず，それが持つ2-ゲージ荷は

0である．それ故，もし，この成分が局所的状態にあるのであれば，**この状態の局所性**は外場である2-ゲージ場によって壊されることはない．3本の紐からなるこの成分は普通の粒子として出現することができる．

我々が得たものが閉じ込めの定性的描像であることは明らかである．各紐は，局所的粒子としては観測にかからないクォークである．と同時に，3本の紐の結合状態は，このような閉じ込められた状態に存在することができ，そのときには，それは局所的粒子-**バリオン**として振舞う．と同時に，3本の紐の結合状態のどれもが粒子のように振舞うわけではなく，すべての指標について反対称な結合状態だけが粒子として現れる．このような場合には，クォークの色は互いに打ち消し合って（補色をなして）おり，それ故それらは**無色の状態**をつくっていると言うことにしよう．かくして，反対称化―これは，"3個のクォークの無色の組合わせ"という概念に含めておくべき操作である．

これに似た操作によって中間子，即ちクォークと反クォークからなる粒子の模型もつくることができる．もし紐であるクォークが波動関数$\psi_A(p)$で表わされるならば，**反紐である反クォーク**は波動関数$\tilde{\varphi}_A(p)$で表わされ，この関数の変換性は複素共役な関数$\overline{\psi^A(p)}$の変換性と同じである．もし紐であるクォークへの2-ゲージ場の作用が表現$k\mapsto\chi(k)\in SU(3)$で表わされるならば，反紐である反クォークへのこの場の作用は共役な表現$k\mapsto\overline{\chi(k)}$によって表わされる．クォークに対応しているのは群$SU(3)$の表現3によって変換される空間$\mathscr{L}$であり，反クォークにはすべての行列をその複素共役に変えた表現$\overline{3}$による変換を受ける空間$\overline{\mathscr{L}}$が対応している．紐（クォーク）と反紐（反クォーク）の結合（密着）状態は波動関数$\Psi_A^B(p)=\psi^A(p)\tilde{\varphi}'_B(p)$で表わされる．

この状態，これもまた紐である．2-ゲージ場のそれへの作用は群Kの表現$\chi\otimes\bar{\chi}$，または群$SU(3)$の表現$3\otimes\overline{3}$により記述される．この表現は公式$3\times\overline{3}=1+8$によって既約分解され，自明な成分は2つの指標を縮約することによって取り出される．従って関数$\phi(p)=\Psi_A^A(p)$は2-ゲージ場の作用を全く受けない紐を表わしている．もしこのような紐が局所的状態にあるのであれば，その局所性は壊されない．これが**中間子**である．クォークと反クォークの結合状態は普通の粒子—中間子として現れることが可能なのである．色を表わすふたつの指標の縮約—これは，“クォークと反クォークの無色の組合わせ”という表現の下で理解すべき操作である．

以上に詳しく検討したふたつの例から，色つきの，そして無色の状態という概念の中にあるものが何なのかが分かる．群 $SU(3)$ の作用の下で，即ち任意の行列 $\chi(K)\in SU(3)$ に関して不変な量を無色であると言う．逆に，**色つきの状態**というのは，群 $SU(3)$ (従って行列 $\chi(K)$) の作用により自明でない変換を受ける量によって表わされる．無色の組合わせは，群 $SU(3)$ のふたつの定値**テンソル**——判別テンソル ε_{ABC} と単位テンソル δ^A_B——による縮約によって色つきの量からつくることができる．これらの概念は先に見た有色および無色の状態に限らず，クォークと反クォークからつくられる任意の状態に適用可能である．

更に言えば，色つきの対象（紐）をつくるのはクォークだけに限らない．第9節で，2-ゲージ場は汎関数 $h_{\mu\nu}(p, x)$, $x\in p_0$ で表わされることを示した．この汎関数は群 $SU(3)$ のリー代数の中にその値をもっている．2-ゲージ場の量子論では，この場の担い手として，その波動関数が $h_{\mu\nu}(p, x)\in$ Alg$SU(3)$ の形をもつ非局所的対象が現れるであろうことは明らかである．代数 Alg$SU(3)$ の基底は，色の指標をふたつ用いて表わすことができるから，

$$h_{\mu\nu}(p, x)=\{h^{AB}_{\mu\nu}(p, x)\,|\,A, B=1,\ 2,\ 3\}$$

である．これは，ここまで述べてきた模型ではグルーオンの役を演じる．これは紐タイプの色つきの非局所的対象であり，それ故また，クォークと同じように，個々には観測されえない．しかしながら，非局所的グルーオンはクォークと共に，局所的粒子として既に姿を現しているかもしれない無色の対象の一部となることができるのである．

§12．クォークの模型の精密化

前節では，クォークの模型の概略が得られた．それによれば，クォークの模型となるのは紐であり，それ故クォークは外的な2-ゲージ場の中にあっ

ては普通の粒子として観測にかかることはないのである．と同時に，紐と反紐，または3本の紐が互いにそれらの色を打ち消し合うように密着しているときには，2-ゲージ場の作用を受けない無色の紐となる．こういう紐は局所的粒子-ハドロンとして現象することができる．

紐に作用し，それを非局所的なものとしている2-ゲージ場自身は紐によって生みだされている．それ故，もし無色をなして結合している紐が分離するようなことがあっても，各紐は残りの紐がつくる場の中にあるだろうし，そうだとすれば，それらは非局所的対象となるはずである．これが，我々の模型における閉じ込めの説明である．クォークは局所的対象として分離されえない．

かくして我々はふたつの局面を検討したことになる：1）紐がその長さのすべてにわたって密着し，無色の観測不能な紐を構成しており，それ故ひとつの局所的粒子として現象する局面；2）紐がある距離を隔てて，他の紐がつくる場の中にあり，それ故非局所性を現わし，局所的粒子としては現象しない局面．しかしながら，紐が互いに僅かだけ離れ，長さの殆んどの部分にわたって重なっているが，その終端部分では別々になっている（図29）という中間の局面が重要である．この場合，重なっている部分では色は互いに打ち消し合っている．それ故この部分は2-ゲージ場の作用を受けないし，またそれ自身がこのような場をつくることもない．すべては，紐のこの部分が存在せず，互いに異なる終端部だけが存在するかのように現象する．このような状態にある各紐の運動を検討するときには，運動によって変化するのは終端部分だけであるとみなすことができる．先の節の終りで明らかにしたように，このような運動の際には紐の非局所性は現れない．紐，より正確にはその終端部分は局所的粒子のように振舞う．

このことから，無色の状態の構成部分としてのクォークは，あまり大きくない距離であれば互いに遠去かることができ，その上局所的粒子のように振舞う．ハドロンは普通の局所的粒子—クォークの普通の結合状態であることがわかる．しかしながら，クォークがこの状態から裂けて飛び出し，遠くへ去ることは許されない，というのはその場合にはその非局所性が発現し始めるであろうから.

この模型の重要な点は，2-ゲージ場の中では紐は局所的粒子として現れないという命題である．この命題をもっと精密にしよう．紐の波動関数 $\psi(p)$，これは紐が位置 p を占める確率振幅である．紐の終点が一定の点 x にある確率振幅 $\varphi(x)$ はいかほどかという問題を提起してみよう．この確率振幅を見出すためには，この点に向かうすべての径路に対応する振幅を足し合わさなければならないのは明らかである.

$$\varphi(x)=\int_{(p0=x)} dp\,\psi(p).$$

もし $\psi(p)$ が径路に依存せず，実際にはその終端 $x=p0$ だけで決まるならば，足し合わされるのは同一の量であり，その結果絶対値が比較的大きい量が得られる．点 x に存在する確率振幅は大きい，ということになる．これが紐の局所的状態であって，このときには紐を，その終端にのみ反応する装置によって検出できる.

もし関数 $\psi(p)$ が本質的に径路に依存するならば，問題の点に終わる全径路にわたって和をとると，異なる径路に対応する値は普通互いに打ち消し合って，和は極めて小さくなるが，ときには，0になることさえ可能である．このようになるのは紐が非局所的状態，例えば強い2-ゲージ場の中にあるときである．もっと明確な結論を引き出すためには，和をとるときの測度を知ること，即ち紐の力学を精密化することが必要であるのは言うまでもない.

以上に述べたことから，紐は2-ゲージ場が存在しない領域から強い場のある領域へと入り込んでゆくことはできないことが分かる．実際，点 x は場が存在しない領域中にあるものとすれば，$\varphi(x)$ を計算する際に，強い場がある領域を通らずに点 x に終るすべての径路は等しく寄与するであろうから結果として $\varphi(x)$ の値は大きくなるであろう．次にもし点 x が強い場のある領域中の点であれば，この点に向かうすべての径路の少なくとも終端部分は強い場の中を通ることになる．即ち，p に強く依存する値 $\psi(p)$ について和をとることになる．足し算の結果はこの場合には小さくなるだろう．かくして強い場のある領域に入り込む確率は小さいか0に等しくなる．この結果は少し後で必要になる．

もし強い場が存在する領域中にあるのが補色をもつ3本の紐であったり，紐と反紐であるならば，場はそれらに作用しない．紐の終端がある点x(またはその近く）にある確率振幅を計算するとき，無色の組合わせにあるすべての紐の位置が一致しているという条件が満たされていれば，問題の点に向かうすべての径路pは振幅に等しく寄与する．これによって確率振幅は大きな値をとることになる．紐の無色となる組合わせは局所的粒子のように振舞う．しかし，もし紐のうちの一本の終端が残りの紐の終端から遠く離れているならば，確率振幅は小さくなる．この場合には，その一本の紐の位置を表わす径路は残りの紐によってつくられた強い場がある領域を通ることになる．その結果この紐に対する関数$\psi(p)$はpに強く依存し，その様々な値は互いに打ち消し合うことになる．

このようにして再び，無色の組合わせにある紐の終端は互いに遠く離れることはできないという結論に達する．この確率は小さいかまたは一般に0に等しい．この結論の意味するところは紐の終端の閉じ込め，即ち，**クォークの閉じ込め**である．この考察から分かるように，閉じ込めは必ずしも絶対的なものではない．クォークが飛び出してくる確率が小さくはあるが0ではないこともありうる．このことから次のような興味ある問題が生じる：もしこの小さな確率が事実となり，無色の組合わせからひとつのクォークが分かれて飛び出せば，何が起こるだろうか．次節ではこの問題を検討しよう．

§13．レプトンは解放されたクォークなのか

前節で，クォークの紐模型は閉じ込めを定性的に説明できることを見た．ハドロンにおけるクォークの閉じ込めは，クォークが無色の結合状態（ハドロン）を構成しつつ，互いに近い距離にある間にのみ，局所的粒子として振舞う故に起こる．と同時に，前節の最後に示したように閉じ込めが絶対的ではないこともありうる．その場合には，小さくはあるが，ある確率でクォー

クは自由になり，残りのクォークから遠く離れ去ることができる．

こうして次のような問題が生じる：もしクォークが結合状態から分かれて自由になり，残りのクォークから遠去かると何が起こるか．

もしクォークとしての紐の終端が，原因はともかく，ハドロンをつくっていた残りのクォークから遠く離れてしまうと，残りのクォークがつくる場はもはやそれには作用しない．クォークの運動は，今度は，2-ゲージ場が存在しない場合の紐の運動と考えなければならない．しかし既に見たように，この場合には紐は局所的粒子のように振舞う．かくして，紐の非局所性はクォークが無色の状態から脱け出すのを妨げるのではあるが，もしクォークがこれに打勝てば，クォークは再び局所的粒子となる．

もし1個のクォークが無色の状態から脱け去ってしまえば，残りのクォークは互いがつくる強い場の中に残され，それらを閉じ込めておくものは何もないことになる．逆に，これらのクォークとしての紐の端点が互いに遠く離れて存在する確率振幅は極めて大きくなる．従って，非局所性という障壁に打勝って1個のクォークが飛び去ると，ハドロン全体の分解が惹き起こされる．残りのクォークもすべて互いに遠ざかり，局所的粒子のように振舞うことになる．

このようにして，閉じ込めが絶対的ではない模型では，ハドロンが崩壊して自由クォークがつくられる可能性がある．しかし自由なクォークは実験的に観測されておらず，このことがまた紐模型をつくる動機でもあった．この矛盾は，分裂して自由になったクォークはその固有な性質を失い，実験では全く別の粒子として検出されると仮定すれば解決できる．

クォークの主要な性質とは強い相互作用をすることであり，これによってハドロンが形成されるのである．我々の模型でこの相互作用を担うのは2-ゲージ場である．分裂して自由になったクォークが，強い相互作用をするという特性を失うなどということは可能だろうか．可能であるばかりか，実は，そうあって然るべきなのである．

このことは，前節の最後で得られた結論から導かれる．それによれば，2-ゲージ場が存在しない領域を伝播し，局所的粒子のように振舞う紐は，強い場のある領域には入り込めないか，または可能であるにしてもその確率は非常に小さいということであった．実際，強い場の領域に入るようなことになれば，紐は本質的に非局所的になってしまう．無色の状態にある紐を閉じ込めているそのメカニズムが，今度は，遠く離れた2本の紐が近づいて，他方がつくる強い場の中に入るのを許さないのである．

このように，非局所性という障壁は2重に機能する．第1にそれは無色の状態をつくっているクォークが互いに離れるのを妨げており，これが閉じ込めである．第2にそれは，局所的粒子として振舞っている孤立した紐－クォークが，他の紐－クォークと色の2－ゲージ場を介して相互作用を始めることができるほどには近づけないように機能する．この現象を**逆の閉じ込め**と呼ぶことができる．逆の閉じ込めとは，紐全体または紐のかなりの部分が2－ゲージ場を介して相互作用できる程度に近づきあうのを妨げるものであることに注意しよう．紐の終端はどれほど近づいてもよいのである．終端の接近とは，紐の短い終端部分の接近のことである．このとき，もし残りの大部分が遠く離れているならば，紐の間の相互作用は弱く，非局所的効果は生じない．

このことは，分裂して自由になり，局所的になったクォークは互いにかなりの距離にまで近づくことができ，しかもその際局所性を失わないことを意味している．非局所性が現れるのは，局所的クォーク(紐の終端)だけでなく，紐そのものが接近する場合だけである．このようなことも起こりはするだろうが，その確率は極めて小さい．もしこの可能性が現実のものとなるならば，クォークは逆の閉じ込めという障壁に打勝って非局所的となり，相互作用を始める．これが起きるまでは，クォークは局所的粒子のままであって，非局所的相互作用をすることはない．この間に普通のゲージ場によって媒介される何らかの局所的相互作用をすることは全く可能である．このようなクォークに相当する紐は，その終端は別として全く現れ(観測され)ない．

これらの結果を考えに入れて，分裂して自由になったクォークの物理的解釈を試みよう．このようなクォークは局所的粒子であり，局所的相互作用をすることはできるが，逆の閉じ込めがあるために非局所的な強い相互作用をすることはできないことが分かる．この孤立しているクォークを我々は**レプトン**として見ているのだと仮定することができる．そうすると，それらに課されている局所的相互作用とは**電弱相互作用**のことであるとしなければならない．

色が異なる以外には違いのないクォークとしての紐は，自由な状態では全く同じ粒子——同一のレプトンとして現れなければならない．それ故，もしクォークの色には注意を向けないものとすれば，クォークと，今仮定している模型におけるレプトンとの間には1対1の対応がなければならない．そして実際に，**レプトン族とクォーク族との間**にはよく知られた**平行性**が存在する．クォーク，u, d, s, c, b, t はレプトン e, ν_e, μ, ν_μ, τ, ν_τ に対応している．この平行性は，レプトンと，分裂して自由になったクォークとを同じものとする仮説をとれば，無用なものとなる．

クォークとレプトンを同一視する仮説に対する異議が少なくとも3つある．第1は，間接的データから考えられる**クォークの質量**は対応するレプトンの質量よりも大体1桁大きいというものである．更に，電子ニュートリノとミュー・ニュートリノの質量は，今ではそれらが0でないことを裏づけるデータが出ているとはいえ，一般に0と見て構わない．この困難は多分，ハドロンの構成部分としてのクォークの質量は力学的起源によるものであり，自由なクォークはずっと小さな質量をもつのだと仮定することにより避けられよう．

二つめの困難はより深刻である．問題は，クォークの色は2-ゲージ場が存在しなければ，即ち自由クォークの場合には発現しないとは言うものの，それらはクォークを区別するところにある．従ってクォークとレプトンを同一視する仮説をとれば，3種類の電子，3種類のミューオンが存在する等々としなければならない．しかし，そうすると通常の理論ではパウリの原理で禁止されている多数のレプトンからなる状態も可能になる．ところがこのような状態は観測されていない．すなわち我々の仮説を棄て去るか，あるいは色の異なる自由クォークがなぜ同一物となるのかを説明しなければならない．

一見したところこの困難は克服できないように思われる．しかし，**粒子の**

同一性と差異というような概念の絶対化を放棄すれば，この困難はなくなる．このやり方を正当化する論拠は次の通りである．もし理論の中に，ある**超選択原理**があって，それによってふたつの粒子の間にコヒーレント性が無いと判断できれば，このときこれらの粒子は絶対的な意味で異なっている．この場合には，ふたつの粒子それぞれの状態の重ね合わせで表わされる状態は存在しない．コヒーレント性のない粒子の例としては異なる電荷をもつ粒子をあげることができる．もしも重ね合わせが原理的に許されているならば，適当な条件の下では粒子は同一物として現れる．更に，もし粒子を**所与の実験条件の下で**区別することが不可能ならば，これらの粒子についての計算は，それらが同じものであるとして行なうべきである．このことは，確率振幅の計算法に基づく観測の理論に完全に合致している．粒子の同一性と差異の問題，異なる粒子の同種粒子への連続的転化の問題はリュボーシッツと著者によって詳しく分析されている．この分析の結果は[84]の本にまとめてある．この結果を用いれば，一連の特殊な“断絶の背理”，例えばギブズの背理(同種粒子からなる気体の記述と性質が似た粒子からなる気体の記述とにおける断絶）を解決することができる．このテーマに関する他の研究として著者が挙げることができるのは論文[85]だけである．

我々が当面している問題にこれを応用すると次のようになる．異なる色をもつクォークは，それ以外の特性，**香り**が同じならば，コヒーレントである．異なる色に対応する状態ベクトルは合成することができ，これは例えば無色の状態をつくるときに行なわれる．それ故クォークが異なる粒子として振舞うのは，所与の実験条件または所与の物理的状況において，その色についての情報を原理的には得ることができる場合に限られる．もしこの情報が得られないのであれば，クォークは同種粒子として振舞う．

ところで色に反応するのは2-ゲージ場である．それ故異なる色をもつクォーク＝紐は(ハドロン内に捕えられていて)強い場の中にあれば異種粒子として振舞い，場がなければ(自由であれば)同種粒子として振舞う．このように考えれば，クォークとレプトンを同一視する仮説がもつ第2の困難を解消できる．

第3の困難は，一般的なクォーク模型ではクォークは分数電荷を持つとされるのに対し，レプトンが整数電荷を持つことである．この困難を克服するには，多分，クォークが整数電荷を持つような模型を採らざるをえないであろう．このようなものとしてはハン－南部の模型[181]があるが，クォークの電荷が整数になるのであれば他のどのような模型でもよい．ただ，先に述べた自由クォークとの同一視を正確にしておかなくてはならない．これまでのすべての考察で念頭に置いていた普通の模型では，香りは同じだが異なる色をもつクォークは等量の電荷を持っている．クォークが整数電荷をもつ模型では，電荷はもっと複雑な仕方で香りと色とによって表される．従って自由な状態で同一視されるのは色が異なり香りが同じクォークではなくて，等量の電荷を持つように組合わされた3個のクォークからなる組である．

整数電荷をもつような模型を用いる以外にもレプトン―自由なクォークの整数電荷を説明する手はある．これは，ハドロン内部にあるクォークの分数電荷は力学的な起源を持つ，例えば，真空の特異な状態からの帰結である(これについては例えば[193]を見よ)とするものである．

我々の仮説によれば，電子－陽電子対の中間子への転化のような過程は少し異なる形をとる．普通このような転化は，対 e^+e^- が消滅して光子となり，この光子から，結合状態－中間子を構成するクォークと反クォークの対が生じるという2段階の過程と見られている．我々の模型ではこの過程は別の経過をたどることも可能である：自由なクォークである電子と陽電子が衝突し，それらの接近を妨げている逆の閉じ込めという障壁をのり越える．結果としてそれらは近づきあい，無色の結合状態－中間子をつくる．こう考えた場合には同じクォークが今度は色を現して異なる振舞いをするのである．

我々の仮説では，他の，この仮説に固有の過程も許される．本節の冒頭で既に述べたように，バリオンから閉じ込めの障壁を破ってクォークが1個飛び出すと，閉じ込められている残りのクォークも解放されること，即ちハドロンが崩壊してレプトンになる．この模型では**陽子はもはや安定ではなく**，この点で本模型は大統一理論に近い．たしかに我々の模型は本質上**大統一理論**の一変種ではあるが，ただ従来の模型と比較すると，より経済的である，というのは含まれている粒子の種類が少ないからである．

クォークの紐模型の考察を終えるに際して，この模型が全く推論の域を出ないものであることを注意しておくのは余計なことではあるまい．この模型を真に物理的なひとつの模型とするためには，或いは単に量子色力学を補うものとするにしても，それからの帰結をもっと綿密に調べなければならず，しかもそれを2-ゲージ場の量子効果を考慮に入れたもっと深いレベルで行なわなければならない．ここでそれを行なうことは不可能である．それにもかかわらずクォークの模型としての紐の考察は，紐と普通の粒子の違いをよりはっきりさせるだけでも意味のあることである．懐疑論者にせよ，極めて慎重な人にせよ，何であれ実在する物を説明しようと思わなければ，最後の節は紐の物理的性質を描いたものとして読むことができよう．著者自身の見解を述べれば次のようである：クォークとしての紐，非局所的な(紐状の)グルーオンを介してのそれらの相互作用という模型は，基本的には正しいものとされるかも知れないが，クォークとレプトンが同じ物であるとの仮説は前者に比べればはるかに疑わしい．

§14．非アーベル的形式の積分と非アーベル的形式に対するストークスの定理

第9章で，任意の2-ゲージ場，即ち2-ループ群の表現$\chi(K)$はある汎関数を介して表わされることを見た．そこで，この汎関数が普通の局所的2-形式に帰着する場合を調べよう．この場合には2-径路に対応する作用素はその2-形式の積分として表わされる．この作用素が2-ループ群(または2-径路の亜群)の表現となるよう要請すると，積分の，ある順序づけの方法が得られる．その結果非アーベル的微分形式の場合へとストークスの定理を一般化することができるようになる．

一般の場合の表現$\hat{\chi}(\hat{S})$は径路$p\in P$とその上の点$x\in P_0$に依存する汎関数$h_{\mu\nu}(p, x)$を介して公式(9.2)で表わされ

$$\hat{\chi}(\hat{s}) = P\tau \exp\left\{ i\int_0^1 d\tau \int_0^1 d\sigma h_{\mu\nu}(p(\tau),\ x(\sigma,\tau)) \times \frac{\partial x^\mu(\sigma,\tau)}{\partial\sigma}\frac{\partial x^\nu(\sigma,\tau)}{\partial\tau}\right\}$$

である．

この汎関数が或る局所的 2-形式 $H=H_{\mu\nu}(x)dx^\mu\wedge dx^\nu$ で表わされる特別な場合を見てみよう．この 2-形式の他に，ある 1-形式 $A_\mu(x)$，または同じことだが，ゲージ場も与えられているとする．これはループ群の表現 $\alpha_A(L)$ または亜群の表現 $\hat{\alpha}_A(\hat{P})$ で表わすことができる．そこで 2-形式 $H_{\mu\nu}$ とゲージ場 α_A を用いて径路に依存する 2-形式：

$$\mathscr{H}_{\mu\nu}(p)=[\alpha_A(p_o)]^{-1}H_{\mu\nu}(pO)\alpha_A(p_o) \tag{14.1}$$

を定義する．この定義は，第 6 章，§10 でゲージ場の強さを特徴づけるのに用いた定義をそっくりそのまま真似たものである．ゲージ理論ではこのような径路に依存する形式が自然に生じることは前に見た通りである．

次に汎関数 $h_{\mu\nu}(p,x)$ を 2-形式 $\mathscr{H}_{\mu\nu}$ を介して定義しよう．ある径路を $p\in P$ とし，その上の点を $x\in p_o$ としよう．記号 $p_o(x)$ で点 O に始まり点 x に終る，径路 p_o のはじめの一部分を表わすことにする．

$$h_{\mu\nu}(p,x)=\mathscr{H}_{\mu\nu}(p_o(x)) \tag{14.2}$$

と置こう．汎関数 $h_{\mu\nu}(p,x)$ をもとにすれば普通の仕方で表現 $\hat{\chi}(\hat{s})$ をつくることができる．形式 $\mathscr{H}_{\mu\nu}$ を用いるとこの表現は次のように書き表わされる：

$$\hat{\chi}_{H,A}(\hat{s})=P_\tau \exp\left\{ i\int_0^1 d\tau \int_0^1 d\sigma\, \mathscr{H}_{\mu\nu}(p_\sigma(\tau))\frac{\partial x^\mu(\sigma,\tau)}{\partial\sigma}\,\frac{\partial x^\nu(\sigma,\tau)}{\partial\tau}\right\} \tag{14.3}$$

この公式で記号 $p_\sigma(\tau)$ によって表わされているのはパラメーターの値 $0\leqq\sigma'\leqq\sigma$ に対応する径路 $p(\tau)$ の断片である．換言すれば $p=p(\tau)$，$x=x(\sigma,\tau)$ として $p_\sigma(\tau)=p_o(x)$ である．

こうして各 2-形式 $H=H_{\mu\nu}(x)dx^\mu\wedge dx^\nu$ に，ある表現 $\hat{\chi}_{H,A}(\hat{S})$，即ち 2-ゲージ場を対応させることができる(第 7 章の公式(9.10)をも見よ)．表現を定義するこの式の中には形式 H 以外にゲージ場 $\hat{\alpha}_A(\hat{P})$，または同じことだが，1-形式 $A=A_\mu(x)dx^\mu$ も入って来ている．一般的には形式 H と A は全く独立である．しかし形式 H がゲージ場 A の強さである場合が特に重要である．この場合には H のかわりに記号 F を用いることにしよう．かくして問題となるのは表現 $\hat{\chi}_{F,A}(\hat{S})$ である．ここに $F\equiv DA$ は共変微分，

$$F=\frac{1}{2}F_{\mu\nu}dx^{\mu}\wedge dx^{\nu},\quad F_{\mu\nu}=A_{\nu,\mu}-A_{\mu,\nu}-i[A_{\mu},A_{\nu}]$$

である．

第7章，第9節で見たように，表現$\hat{\chi}_{F,A}(\hat{S})$，$F=DA$は(非アーベル的な)ストークスの定理に現れる量である．正確には，ストークスの定理に出てくるのは2-ループ群の表現$\chi_{F,A}(k)=\hat{\chi}_{F,A}(k_1)$，$k\in K$である．(非アーベル的)ストークスの定理によって関係式

$$\chi_{A,F}(k)=\alpha_A(\partial k) \tag{14.4}$$

が成り立つ．ここにkは任意の2-ループであり，∂kはkの境界となるループである．この公式によって2-ループの表現$\chi_{F,A}(K)$からループの表現$\alpha_A(L)$が得られる．換言すれば表現$\chi_{F,A}$で表わされる2-ゲージ場は本質上ゲージ場に帰着させられる．この場合，2次元積分を1次元積分によって表わすことができる．逆もまた正しい：表現$\alpha_A(L)$は表現$\chi_{F,A}(K)$によって完全に表わされる，即ち1次元積分を2次元積分で表わすことができる：

注　意

ここで我々が仮定しているように，線型空間内のループを見ている場合には，最後の命題は全く正しい．これは，線型空間内のループはどれも，ある2-ループの境界として表わしうることと結びついている．一般的な場合には，対象は自明でない位相をもつ空間内のループであり，このとき命題は必ずしも正しくない．この場合には$\chi_{F,A}(K)$で表わされるのは表現$\alpha_A(L)$そのものではなく，これを，境界であるループの部分群に制限したものである．

ふたつの表現，$\alpha(L)$と$\chi_{F,A}(K)$との関係は，微分形式とその外微分との関係によく似ている．それ故特別な記号を導入して$\chi_{F,A}=d\alpha_A$と書くことにする．この記号の意味は次のようである．もし1-形式Aによって生成されるループ群の表現α_Aが存在するならば，これに対応して，2-形式DAで定義される，2-ループ群の表現$d\alpha_A$が存在する．この記号を用いると非アーベル的なストークスの定理を等式

$$\alpha_A(\partial k)=d\alpha_A(k) \tag{14.4'}$$

で表わすことができる．これは普通の(アーベル的)ストークスの定理：

$$\int_{\mathscr{X}} d\omega = \int_{\partial\mathscr{X}} \omega$$

にそっくりである．

2-ループ群の表現$\chi_{F,A}=d\alpha_A$は重要な性質を持っている：この表現は2-輪体の部分群上で自明である．実際，2-輪体とは境界が自明，$\partial c=1$となる2-ループ$c\in K$のことである．ところでこの場合には公式(14.4)によれば$\chi_{F,A}(c)=1$である．従って表現$\chi_{F,A}(K)$は2-輪体の部分群$C\subset K$上で自明である．

難なく確かめることができるように，部分群$C\subset K$上での自明性は，群Kの表現が群Lの表現に帰着させられるものであるときにそれが持つ特性である．実際，$\chi(K)$はそのような表現であるとしよう．即ち，任意の$k\in K$に対して$\chi(k)=\alpha(\partial k)$を満足する$\alpha(L)$が存在するとしよう．このとき任意の2-輪体$c\in C$に対して$\chi(c)=\alpha(\partial c)=1$が成り立つ，即ち表現は2-輪体の部分群上で自明である．逆を証明しよう．表現$\chi(K)$は部分群C上で自明であるとする．このとき任意の$k\in K$, $c\in C$に対して$\chi(kc)=\chi(k)$である．これは，任意の剰余類$kC\in K/C$の全ての点で関数χは同一の値をとることを意味している．この共通の値を$\alpha(kC)$と書くことにすれば$\chi(k)=\alpha(kC)$となる．ところで部分群Cは準同型$\partial: K\to L=K/C$の核である(§2を見よ)．従って$\chi(k)=\alpha(\partial k)$であり，2-ループ群の表現はループ群の表現に帰着させられる．

§ 15*．試験体的ゲージ磁荷

前節では特殊な2-ゲージ場，つまりふたつの局所的形式：$A=A_\mu(x)dx^\mu$と$H=\frac{1}{2}H_{\mu\nu}(x)dx^\mu\wedge dx^\nu$で定まる場$\chi_{H,A}(K)$を調べた．そこで示されたのは，形式$H$が共変微分$F=DA$である場合には，これに対応する2-ループ群の表現$\chi_{F,A}(k)$はループ群の表現$\alpha_A(L)$に帰すること，つまりゲージ場を表わすということであった．本節では双対な形式$H=*F$で特徴づけられる表現を研究してみよう．表現$\chi_{*F,A}(K)$は試験体的ゲージ単極の記述に際して現れるものであることが明かになろう．

もし$\chi(K)$がある2-ゲージ場ならば，誘導表現$U(S)=\chi(K)\uparrow S$は，これが表わす場の中の紐を記述する．事実上表現$\chi(K)$は2-ゲージ場についての情報も，それが紐にどのように作用するのかという情報，つまり紐の2-ゲージ荷に関する情報も，ともに含んでいる．第10節で既に示したように，2-ゲージ場が存在しなければ，紐は局所的粒子の如く振舞う．そこでまず，場$\chi_{F,A}(K)$の中の紐も局所的粒子のように，もう少し詳しく言えば，ポテンシャルAと強さFをもつ普通のゲージ場中にあるゲージ荷をもつ粒子のように振舞うことを確かめよう．そうすると場$\chi_{*F,A}(K)$の中の紐は試験体的ゲージ単極であると解釈できる．もしゲージ場が，場の源が無い場合のヤン-ミルズ方程式$D{*F}=0$を満足するならば，ゲージ単極は局所的粒子のように振舞うことを示そう．

ゲージ単極の記述法のもとになっているのは何かを説明しておこう．そのためにまず，もっと簡単な，電磁場の中の**荷電**粒子の場合を見てみよう．電磁場はループ群の1次元(アーベル的)表現$\alpha_A(L)$で表わされ，この場の中の荷電粒子はループ群の誘導表現$\alpha_A(L)\uparrow P$で記述される．場を記述する表現$\alpha_A(L)$は例によって指数関数

$$\alpha(l)=\alpha_A(l)=\exp\left\{ie\int_{l_0}A\right\}$$

の形に表わすことができる．ここで指数は1-形式Aの積分である．ところでストークスの定理によれば，この1次元積分は強さを表わす形式$F=\frac{1}{2}F_{\mu\nu}dx^\mu\wedge dx^\nu$または$F=dA$の2次元積分に等しい．そこで

$$\alpha(l)=\exp\left\{ie\int_{\Sigma}F\right\} \tag{15.1}$$

となる．ここにΣは所与のループ上に張られた任意の面であり，記号的には$\partial\Sigma=l_0$である．

さて，**磁荷**(単極)を記述するにはどうしたらよいか．電磁場の磁荷への作用はループ群のある表現$\beta(L)$で表わされ，磁荷そのものは誘導表現$\beta(L)\uparrow P$で記述されると考えられる．しかし，どのような考察から表現$\beta(L)$を生成

するポテンシャル $B=B_\mu(x)dx^\mu$ が得られるのかは全然明かではない．根拠とするに足る，磁荷の唯一の性質は，それに対しては電場と磁場の役割が入れ替ることである；磁場は，電場が電荷に作用するのと全く同じように，磁荷に作用し，また逆に，電場は，磁場が電荷に作用するのと同じように，磁荷に作用する．そこで，単極の記述に移るのに公式(15.1)を利用しようという考えが浮ぶ．この公式は表現 $\alpha(L)$ を電磁場の強さのテンソル $F_{\mu\nu}$ で表わしている．即ち，この公式は電磁場の電荷への作用を，場の強さを通して直接的に表わしている．もし，この公式で電磁と磁場を入れ替れば，得られる表現は明らかに電磁場の磁荷への作用を記述しているはずである．

電場と磁場の入れ替えは技術的には強さのテンソル $F_{\mu\nu}$ から双対テンソル $*F_{\mu\nu}=\frac{1}{2}\varepsilon_{\mu\nu\rho\sigma}F^{\mu\nu}$ へ，形式 F から双対*な形式 $*F=\frac{1}{2}*F_{\mu\nu}dx^\mu\wedge dx^\nu$ へ移ることである．その上，係数 e を g（磁荷の大きさ）に変えなければならない．それ故電磁場の磁荷への作用は表現**

$$\beta(l)=\exp\left\{ig\int_\Sigma *F\right\} \tag{15.2}$$

で記述されることになる．ここに $\partial\Sigma=l_0$ である．粒子そのもの（磁荷）を記述するためには誘導表現 $\beta(L)\uparrow P$ に移らなければならない．この粒子は，それに対する外的電磁場の作用は考慮に入れられてはいるが，その固有の場は無視できる程度に小さい*** とみなされていることを考えれば，**試験体的磁荷**と呼ぶべきものである．

今や磁気単極からその非アーベル的類形－ゲージ単極に移ることができる．そのためには非アーベル的ゲージ場を対象としなければならない，即ち形式 $A=A_\mu dx^\mu$ は作用素値を持つとし，これまでの全考察，全公式をこの場合へと一般化しなければならない．このための準備はすでに前の節で済ませてあ

* 本節では径路が定義されるもとの空間 $\mathscr{M}$ はミンコフスキー空間であると仮定しよう．それ故添字の上げ下げはミンコフスキーのテンソルで，双対テンソルへの移行は4つの添字をもつ判別テンソルで行われる．

** 方程式(15.2)を満足するループ群の表現 $\beta(L)$ の存在は，マクスウェル方程式 $\partial_\mu F^{\mu\nu}=0$ によって保障されている．この方程式は $d*F=0$ の形にも書ける．

*** 磁気単極の固有場，あるいはその一般化であるゲージ単極の固有場については，第7章，§5と本章の§16で言及してある．

り，残るはそこで得られた結果を物理的課題に応用することだけである．

ゲージ荷をもつ普通の粒子（ゲージ荷，またはときとして，ゲージ電荷）に対するゲージ場の作用は，既に第6章で詳しく調べておいた表現* $\alpha(L)=\alpha_A(L)$ によって記述される．ベクトル・ポテンシャル A を用いる以外に，この表現はゲージ場の強さ，即ち2-形式 $F=DA$ によっても表わすことができる．そのためには"1次元積分" $\alpha(L)$ から"2次元積分"へ，即ち2-ループ群 K の表現へと移らなければならない．これはストークスの定理の非アーベル的類形（前節を見よ）によって行なわれ，

$$\alpha_A(\partial k)=\chi_{F,A}(k),\quad F=DA$$

が得られる．これは明らかに公式（15.1）の非アーベル的類形である．

次にはゲージ荷からゲージ単極（またはゲージ磁荷）に移らなければならない．アーベル的な場合と同様に，"ゲージ電気的"場と"ゲージ磁気的"場の役割を入れ替えることによって，ゲージ単極を定義しよう．技術的には，ゲージ荷に対する公式で，ゲージ場の強さを表わすテンソル $F_{\mu\nu}$ を至る所で双対なテンソル $*F_{\mu\nu}=\dfrac{1}{2}\varepsilon_{\mu\nu\sigma\rho}F^{\sigma\rho}$ に変えなければならない．このとき2-形式 F は双対な2-形式 $*F$ に変わる．その上数値係数**を導入して，F でなく $g*F$ を用いなければならない．

置換 $F\to g*F$ の結果，表現 $\hat{\chi}(K)=\chi_{F,A}(K)$ は表現 $\tilde{\chi}(K)=\chi_{g*F,A}(K)$ に変わる．表現 $\chi(K)$ とは，場の強さの用語で，ゲージ場のゲージ荷への作用を表わすものであった．表現 $\tilde{\chi}(K)$ がゲージ場のゲージ単極への作用を表わすはずのものであることは明らかである．

更にゲージ単極がゲージ荷と本質的に異なることが直ぐに分かる．というのは，単極を記述する場合には，我々の手中に2-ループ群のある表現 $\tilde{\chi}(K)$ はあるが，ループ群の表現は一般的には無いからである．ゲージ荷の場合には表現 $\chi(K)$ はループ群の表現 $\alpha(L)=\alpha_A(L)$ に帰着し，これもまた粒子としてのゲージ荷の記述のために用いることができるのであった．実際，誘導表

*　数係数 e は，形式 $A=A_\mu dx^\mu$ の定義に含まれているとみなして省略してある．

**　今の場合には，g は〝磁荷〟の〝電荷〟に対する比を表わしている，というのは表現 $\alpha(L)$ を定義するときに $e=1$ とみなしたからである．

現$\alpha(L)\uparrow P$をつくり，ゲージ荷が局所的粒子であることを確かめることもできたのであった．そこでゲージ単極に対して次の問題が生じる：表現$\tilde{\chi}(K)$は，それがどんなものであれ，ループ群の表現と呼べるものに帰着するであろうか．もしそうならば，ゲージ単極は普通の粒子である．ところが，もしそうでなければ，ゲージ単極は紐であるとしなければならない．後の場合にゲージ単極を記述するには，2-径路群の誘導表現$\hat{\chi}(K)\uparrow S$を用いなければならない（§4を見よ）．この場合の単極の状態は時空の点の関数では記述できず，径路の関数$\psi(p)$を利用しなければならない．この，紐である単極も局所的状態にあって，局所的粒子のように振舞うことも起こりうるのは確かだが，それは外場（今の場合にはゲージ場）が0に等しいか，または無視できるほど弱い場合に限られる（§10を見よ）．

もし表現$\tilde{\chi}(K)$が結果的にループ群の表現になっていなければ，ゲージ単極は上に述べた，普通ではない（非局所的な）性質をすべて有することになる．

§16*．ゲージ単極の固有場

本章の最後に，2-ループという語を用いれば，試験体的磁気単極またはゲージ単極だけでなく，単極の固有場をも自然な仕方で記述できることを示そう（第7章§5を見よ）．そのためには，2-ループ群の線型表現のかわりに，この群のあるループ群への準同型，即ち非線型表現が必要となる．

ある瞬間の，（3次元）空間全体にわたっての磁気を完全に表わすには，この空間におけるひとつひとつの閉道（即ちループ）$\hat{l}$に対して，この閉道を通り抜ける磁力線束

$$\phi(l)=\int_{\Sigma} H\,d\sigma=\int_{\hat{l}} A\,dx$$

を与えればよい．ここにΣは，所与のループ，$\partial\Sigma=\hat{l}$に張られた面を表わす．実際にはこの情報は過多であり，各ループに対する磁束の指数関数：

$$\alpha(\hat{l})=\exp\{ie\,\phi(\hat{l})\} \tag{16.1}$$

を知るだけで十分である．ループはある固定点（例えば0）に始まり，そこに終わる．即ち，固定された径路（§6を見よ）の亜群に含まれているループの

部分群 L_0 をつくっていると考えることにしても一般性は制限を受けない．従って磁場はこの群の，絶対値が1である複素数による表現 $\alpha(L_0)$，$\alpha: L_0 \to U(1)$ で与えられる．

注　意

実際には，電荷 e をもつ粒子への場の作用が，(16.1)の形の指数関数によって，即ち表現 $\alpha(L_0)$ によって完全に記述されることを導出することはできない．これは別個に仮定すべきことで，厳密に言えば実験によってしか確かめることができない．このように仮定することによりディラックの量子化(第7章，§5を見よ)もアハロノフ－ボーム効果の標準的な記述(第7章，§1を見よ)も得られるのである．この仮定からの帰結は実験で確かめられる．その上，この仮定は，極めて均整のとれた美しい理論をもたらすことにもその支持を見出すことができる．このことは論文 [158] で明らかにしてある．本書で述べた群論的方法からすれば，問題の仮定は一層もっともらしく思われる．

次に2－ループ群を，§6でそうしたように，“ループの空間におけるループ”の群，$K_0=L(L_0(x))$ と定義して，見てみよう．もとになる多様体として，幾つかの孤立点を取り除いた3次元空間 $\mathscr{X}=\boldsymbol{R}^3\backslash\{x_1, x_2, \cdots\}$ を選ぼう．磁場は多様体 $\mathscr{X}$ の至る所で正則であるとしよう．これは，磁場が，考察から除いた点 $x_1, x_2, \cdots$ でのみ特異でありうることを意味している．

$k \in K$ は $\mathscr{X}$ におけるある2－ループとする．これはループの族* $k=\{l(\tau) \in L_0 | 0 \leqq \tau 1\}$ で表わされる．磁場，即ち表現 $\alpha(L_0)$ が与えられていれば，各ループ $l(\tau)$ に群 $U(1)$ の元 $\alpha(l(\tau))$ を対応させることができる．その結果，この群の元からなる族 $\chi_\alpha(k)=\{\alpha(l(\tau)) \in U(1) | 0 \leqq \tau \leqq 1\}$，または群 $U(1)$ 上の曲線が得られる．この曲線の始点と終点は一致し，$\alpha(l(0))=\alpha(l(1))$ である．従って $\{\alpha(l(\tau))\}$ というのは群 $U(1)$ 上の閉曲線である．もし，2－ループ k

* 記号の簡単化のため，固定されたループを考察しているにもかかわらず，ループを表わす記号上の帽子印を省略することにしよう．こうしても誤解は生じない，というのは問題にしているループは全て同じ点Oに始まるからである．

の表現に対する曲線 $\{l(\tau)\}$ のかわりに，他の曲線 $\{l(\tau)l'\}$ を選べば，前と同じ手続きを経て，群上の新しい閉曲線 $\{\alpha(l(\tau))\alpha(l')\}$ が得られる．このようにして閉曲線の類，一般的定義に従えば，ループ群の元と呼ぶべき類が得られることを見るのはむつかしくない．

かくして上記の手続きによって，各ループ $k\in K_0$ に群上のループ $\chi_\alpha(k)\in L(U(1))$ を対応させることができるという結論に達する．更に2-ループの積には対応するループの積が対応しており，従って写像 $\chi_\alpha: K_0\to L(U(1))$ は群の準同型である．χ_α とは群 K の非線型表現であると言うことができる．この表現を位相の観点から調べてみよう．

群 $G=U(1)$ の位相を見てみよう．この群の元は $u=e^{i\varphi}$ の形に表わすことができる．ここに φ は任意の実数であり，n を任意の整数として φ と $\varphi+2\pi n$ とは群の同一の元に対応している．従って群 G は円周の位相を持つ．この円周 $\{\varphi(\tau)=2\pi\tau\,|\,0\leqq\tau\leqq1\}$ に沿って回る，群上の曲線は群上のループである．このループを $l_1\in L(G)$ と記そう．このループを，連続的に変形して点に縮めてしまうことは決してできない，即ち，それは0に同位ではない．0に同位でないループが存在する空間は，非単連結であるという．従って我々は群 G が非単連結であることを示したことになる．ループ l_1 を連続的に変形して得られるすべてのループはひとつの同位類を，即ち，いわゆる基本群 $\pi_1(G)$ の元をなす，この元を $L_{(1)}$ と書こう．任意の同位類(即ち，群 $\pi_1(G)$ の任意の元)は整数 n で特徴づけられる．これはループ $l_n=(l_1)^n$ を連続的に変形して得られるすべてのループの集まりである．ループの，この類を $L_{(n)}$ と書こう．類 $L_{(n)}$ と $L_{(n')}$ からループを取り，掛け合わせると類 $L_{(n+n')}$ に属するループとなるのは明らかである．このことは，基本群が整数全体の群に同型であること，$\pi_1(G)=\boldsymbol{Z}$ を意味している．

2-ループ $k\in K$ が与えられると，それに対応する群上のループ $\chi_\alpha(k)\in L(G)$ はどれかの同位類 $L_{(n)}$ に属する．ところで，もし2-ループ k 自身が連続的変形で点に縮小されうる(0に同位)ならば，この縮小の過程でループ $\chi_\alpha(h)$ も点に縮小される．これは磁場が $\mathscr{X}$ の至る所で正則であること，即ち表現 $\alpha(L)$ が連続であることからの帰結である．即ち，連続的に点に縮小できる

2-ループkに対応するループ$\chi_\alpha(k)$は同位類$L_{(0)}$に属する．ループ$\chi_\alpha(k)$が類$L_{(n)}$, $n\neq 0$に属することができるのは，2-ループkが点x_1, x_2, … のうちのどれかをとり巻く場合に限られる．これらの点のうち唯一点でも2-ループhの内側にあれば，それはこのループを縮小するのを妨げる．この場合にはループ$\chi_\alpha(k)$は0に同位ではないことになる．更に，ふたつの2-ループk, k'があって，一方から他方へと連続的変形が可能ならば，対応するループ$\chi_\alpha(h)$, $\chi_\alpha(h')$もまた一方から他方へと連続的に変形可能である．即ち，これらのループは同じ同位類に属する．このようにして写像$\chi_\alpha : K_0 \to L(G)$は$\mathscr{X}$上の2-ループの同位類と$G$上のループの同位類の間にある対応をもたらす．この対応を，対応する同位群の写像$\kappa_\alpha : \pi_2(\mathscr{X}) \to \pi_1(G)$として表わすことができる．

容易に分かるように，上に得られた描像は，磁荷を記述するに際して第7章，§5で，もっと簡単な方法で得られたものと一致している．これらの描像を比較することにより，2-ループの言葉で磁荷の特性を表わすことができる．2-ループkは除去した点のうちx_jのまわりをちょうど1回，x_j以外の点のまわりを0回まわるものとしよう(まわる回数については§8を見よ)．この2-ループにはゲージ群上のループ$\chi_\alpha(k)\in L_{(n)}$が対応していると仮定しよう．そうすると点$x_j$には，磁荷の量子を単位として大きさ$n$の磁荷があることになる．普通の単位を用いれば，この磁荷は$g_j = n\dfrac{\hbar c}{2e}$に等しい．

簡単のために我々は非相対論的局面を対象とし，磁場を3次元空間におけるループで表わした．しかし，これでは一般的でない．ミンコフスキー空間を用いた記述に移るのは容易である．ただし，この場合には磁場が正則となるのは，ミンコフスキー空間から磁荷の世界線を除去して得られる多様体$\mathscr{X}$，即ち，$\mathscr{X} = \mathscr{M} \setminus \bigcup_i \gamma_i$においてである．このとき2-ループ$k \in K_0 = L(L_0(\mathscr{X}))$の位相的特性とは，それが直線$\gamma_1$, γ_2…, のまわりを何度まわるかという回数である．電磁場は，この多様体におけるループ群の1次元表現$\alpha(L_0(\mathscr{X}))$で表わされる．この表現は各2-ループ$k\in K_0$にゲージ群のループ$\chi_\alpha(k)\in L(U(1))$を対応せしめる．2-ループ$k$は直線$\gamma_j$のまわりを1回，その他の直線のまわりを0回巻いているとし，$\chi_\alpha(k)\in L_{(n)}$としよう．このとき$\gamma_f$というのは(磁荷の量子の大きさを単位として)大きさnの磁荷の世界線である．

以上で任意のゲージ単極を記述する準備は整った．もとになる多様体$\mathscr{X}$がミンコフスキー空間であるとして，この多様体上のゲージ場を見てみよう．この場は，多様体$\mathscr{X}$上のループ群の表現を使うと上手く記述できる．この表現をαと書こう．この表現の値はある群G(ゲージ群)内にある．もしゲージ場が$\mathscr{X}$内の至る所で正則であるならば，表現$\alpha: L_0\to G$は連続である．

2-ループ群$K_0=L(L_0(\mathscr{X}))$をつくろう．2-ループはどれも“ループのループ”であって，$k=\{l(\tau)\in L_0|0\leqq\tau\leqq1\}$と書ける．表現$\alpha$によって，この2-ループにゲージ群上のループを対置させることができ，$\chi_\alpha(k)=\{\alpha(l(\tau))\in G|0\leqq\tau\leqq1\}$と置ける．このようにして準同型$\chi_\alpha: K_0\to L(G)$または群$K$の非線型表現が生じる．

ゲージ単極の問題は2-ループkとループ$\chi_\alpha(k)$の位相的特性との問題である．ループ$\chi_\alpha(k)$が0に同位でないことが起こるとすれば，それは2-ループkが0に同位でない場合に限られる．この場合2-ループkはゲージ単極をとり巻いている．この単極は点状でなくてもよく，その場合にはそれは幾つかの点状の単極が集まったものである．これらの単極は，2-ループkを縮小する妨げとなっている直線*上に分布している．

2-ループk内にある“ゲージ磁荷”の総和の種類と定量的特性は，表現$\chi_\alpha(k)$が属する同位類によって定義される．かくして，単極の分布はホモトピー群$\pi_2(\mathscr{X})$によって，単極の種類はホモトピー群$\pi_1(G)$によって，それぞれ特徴づけられる．

もしゲージ群Gが単連結(即ち，そこにおける任意のループが一点に縮小可能)ならば，群$\pi_1(G)$は自明である．この場合にはゲージ単極は決して存在しない．もし群$\pi_1(G)$がn個の生成元を持つならば，即ち，群G内にn個の独立な基本ループが存在するならば，ゲージ群Gをもつゲージ理論では

* 縮小に対する障害は，ミンコフスキー空間のある直線が多様体$\mathscr{X}$には含まれていない場合に起こる．このとき，2-ループkを連続的に変形する際，この2-ループを構成しているループはこの直線を横切ってはならない．

n種類のゲージ単極が存在を許される.

全く同じように群$\pi_2(\mathscr{X})$の生成元の個数(即ち，群の任意の元は生成元とよばれる元の整数巾およびそれらの積で表わされるが，このときの必要最小な生成元の個数)とは実際に空間内に存在し，場αをつくっている単極の量に他ならない.

本節で述べたゲージ単極の特徴づけの方法は，ルプキンが論文[182]で(ここでは“双対な電荷”という語が用いられている)，そしてこれとは独立にウーとヤン[153]が提唱したものである. 本節はそれらの内容を径路群の用語に置き換え，一般化したにすぎない.

第9章　ゲージ場内の粒子の状態とその群論的解釈

相対論的な自由粒子の理論はポアンカレ群とその表現を基礎として構成することができる．第6章，§5では，このような理論構成法の異形からのひとつを簡単に説明しておいた（詳しい説明は[37]にある）．この構成法では粒子の局所的な，あるいは運動学的な性質は，部分群であるローレンツ群を誘導して得られるポアンカレ群の表現によって記述され，他方その大域的な，または力学的性質はポアンカレ群の既約表現によって記述される．粒子の完全な記述はこれらふたつの表現の織り込み†に基づいており，それによって既約表現は座標を用いて書きあらわされる．

第6章では外場であるゲージ場中の粒子に対してこのような理論形式を発展させるための第1歩が踏み出された．粒子の局所的性質，あるいは同じことであるが，その運動学は，ループの部分群から誘導される径路群の表現によって記述されることを示した．次に我々の課題とすべきは，群論の言葉を用いて外場の中にある粒子の大域的な，または力学的な性質を記述することである．

その目的のために，すでに研究済みの径路群の誘導表現を利用するが，この表現の生成作用素は共変微分である．本質的には粒子の力学は極めて簡単につくられる．自由粒子の運動方程式で通常の微分を共変微分で置き換えさえすればよい．しかし，このような図式の完全な群論的解釈は予想される程簡単ではない．粒子の状態を表わす空間，即ち運動方程式の解は径路群の下で，もはや不変ではなく，従って自由粒子の場合と完全に同じように，とい

† （訳者注）weavingを，このように訳しておく．

うわけにはゆかないのである．

その代わりに，別の，そしてまた興味ある群論的図式が生じる．各々の実在的状態は径路群のふたつの表現の織り込み作用素の核であることが示される．それらのひとつ(以前に調べた誘導表現)は外場についての情報，即ち時空の幾何学についての情報は含んでいるが，(〈ゲージ荷〉は例外として)粒子のパラメーターに関する情報は全く含んでいない．それに対して第2の表現は(例えば質量のような)粒子のパラメーターについての情報は含んでいるが，幾何学についての情報は含んでいない．実在的状態はこれらの二つを織り込む，即ち所与の粒子を所与の幾何学の中に投げ込むのである．異なる状態は，このような投げ込みの異なる方法に対応している．スピンをも含めて粒子の全自由度を記述するために，一般化されたポアンカレ群が導入される．これは，並進群を径路群で置き換えた分だけ通常のポアンカレ群とは異なるものである．

本章の最後では，運動方程式の解，即ち実在的状態を径路積分の形に書き直すにはどのようにするかということ，および，このような積分では径路群の表現はどのような働きをするのかが示される．これらとの関連で，径路群の物理的意味，および径路群と関連させて場の量子論を発展させることができるのかどうかを考察してみよう．

§1．ゲージ場内の粒子の運動方程式

第6章では，ゲージ場の中を運動している粒子の局所的性質は径路群の誘導表現 $U(P)=\alpha(L)\uparrow P$ で記述されることを示した．即ち，局所化された粒子の状態空間 $\mathscr{H}$ は，(ループの表現 α の台空間である)空間 $\mathscr{L}_\alpha$ 中に値をもつ，径路群上の関数 $\Psi(p)$ から成り，それらは構造条件，

$$\Psi(pl)=\alpha(l^{-1})\Psi(p) \tag{1.1}$$

を満足する．一方，表現 $U(P)$ は空間 $\mathscr{H}$ において左移動として作用する．

以上のようにする代わりに，ミンコフスキー空間 $\mathscr{M}$ 上で定義され，空間 $\mathscr{L}_\alpha$ に値をもつすべての関数 $\psi(x)$ からなる空間として，空間 $\mathscr{H}$ を実現して

もよい．このときには表現 U は公式

$$(U(p)\psi)(x)=\alpha(p^{x}_{p^{-1}x})\psi(p^{-1}x)$$

に従って作用する．ここに $\alpha(p^{x}_{x'})$ は，順序指数関数，

$$\alpha(p^{x}_{x'}) = P\exp\left\{i\int_{p^{x}_{x'}} A_\mu dx^\mu\right\}$$

である．関数 $\psi(x)$ に対する作用素 $U(x)$ の作用は共変微分

$$\nabla_\mu=\frac{\partial}{\partial x^\mu}-iA_\mu(x)$$

を介して，公式

$$U(p)=P\exp\left\{-\int_p \nabla_\mu dx^\mu\right\} \tag{1.2}$$

によって表わされる．

空間 $\mathscr{H}$ のすべてのベクトルが粒子の実在的状態に対応しているわけではない．実際，関数 $\psi(x)$ はミンコフスキー空間の任意な位置にある任意に小さな領域に集中しているかもしれないし，一点に集中してさえいるかもしれない(最後の場合には，それらは一般化されたベクトルである)．そこで粒子の実在的状態の記述に関する問題が生じる．自由粒子についてのこの問題は[36, 37]で詳しく考察してある．ここで我々にとって必要な基礎的な結論は，実在的状態は粒子の大域的性質を，つまり全時空に関連して粒子が全体として有する性質を記述する，ということである．自由粒子の実在的状態はポアンカレ群の既約表現によって記述される．今や課題はゲージ場中の粒子の実在的状態を記述することであり，またそれを径路群の観点から解釈することである．

実用的観点からは，ここには一般に問題はないのである．というのは，実在的状態の記述法は知られているのであり，それは共変的な運動方程式である．本質上問題となるのは，このような状態の群論的解釈だけである．このような解釈の必要性は，それなしでは群論的研究方法が未完成に留まるということだけではない．新しい物理的結論へと導くような将来の一般化の可能性を明らかにできるように実在的状態の群論的解釈を行なうことが必要だか

らである.

実在的状態を記述するためには，まずスピンの自由度を導入しなければならない．これはローレンツ群Λのある表現$\sigma(\Lambda)$で記述される．もし表現σが空間$\mathscr{L}_\sigma$で作用するものとすれば，実在的状態の波動関数(それをも同じ文字$\psi(x)$で記す)は空間$\mathscr{L}_\alpha\times\mathscr{L}_\sigma$に値をもつ．即ち，ゲージ荷を表わす添字の他に，スピン添字が波動関数に現れる．実在的状態はこのような構造をもつ任意の関数によって記述されるのではなく，運動方程式を満足する関数によってのみ記述される．この方程式は自由粒子の運動方程式から得られる．それには，自由粒子の運動方程式に現れるすべての微分を共変微分で置き換えればよい．最も簡単な運動方程式はクライン－ゴルドン方程式である．これはスカラー粒子を記述する．即ち，$\mathscr{L}_\sigma=\boldsymbol{C}$かつ$\sigma(l)\equiv 1$である．ゲージ場内のスカラー粒子に対して共変的なクライン－ゴルドン方程式は，

$$(\Box+m^2)\psi(x)=0$$

の形である．ここに共変的なダランベールの作用素：

$$\Box=\eta^{\mu\nu}\nabla_\mu\nabla_\nu$$

が導入してある．スピンが$\dfrac{1}{2}$の粒子はローレンツ群のスピノール表現で記述される．空間$\mathscr{L}_\sigma$は，この場合4次元であり，運動方程式は共変的なディラック方程式

$$(i\gamma^\mu\nabla_\mu-m)\psi(x)=0 \tag{1.3}$$

である．ここにγ^μはディラック行列である．

全く同じように，任意のスピンをもつ粒子に対してそれを記述する方程式が存在する(例えば[37]を見よ)．ところで，どの方程式も，適当な仕方で行列γ^μを選ぶことによって，(1.3)の形にすることができる．このことはクライン－ゴルドン方程式についても言える．スピンが$\dfrac{1}{2}$とは異なる場合で(1.3)の形をもつ方程式の例としてはケムマー－ダッフィンの方程式がある．一般の場合にはこのような方程式はゲリファント－ヤグロムの方程式と呼ばれている．

共変微分が径路群の表現(1.2)の生成元であることを想起すると，運動方

程式とは，単位元に限りなく近い径路群の元が作用するときの波動関数の変換に一定の制限を課すものであると結論できる．このことは関数 $\Psi(p)$ を用いて表現することもできる．この場合の生成元を $\boldsymbol{\delta}_\mu$ と記せば，

$$(\boldsymbol{\delta}_\mu \Psi)(p)=\left[\frac{\partial}{\partial a^\mu}\Psi(a_p^{-1}p)\right]_{a=0} \tag{1.4}$$

である．ここに a_p は短い直線的径路であり，$a_p=\{\tau a|0\leqq\tau\leqq 1\}$ と書ける．もし共変形に書き表わした運動方程式が

$$W(\boldsymbol{\nabla})\psi=0 \tag{1.5}$$

という形をもてば，対応する径路関数に対しては，

$$W(\boldsymbol{\delta})\Psi=0 \tag{1.6}$$

となる．

このように実在的な状態が径路関数で記述されるとき，それは二つの条件に従う．一つは構造条件(1.1)であり，これは引数の右移動に関する，この関数の性質を規定し，二つめの(1.6)は左移動に関する，この関数の性質を規定する．両側からの構造条件をもつ関数は二つの誘導表現の織り込み作用素の核の働きをする〔37〕．このことから，実在的状態を織り込みの核として群論的に解釈しようという考えが生まれる．この解釈を完全に行なうためには，径路群とローレンツ群の双方を含む，もっと大きな群に移る必要がある．

§2．ポアンカレ群の一般化

粒子のスピンを群論的に記述するために，径路だけでなくローレンツ変換をも含む群に進もう．このような群はポアンカレ群の一般化になっていて，その構造はポアンカレ群から一意的に導かれる．**一般化されたポアンカレ群** Q の任意の元は積 $q=\lambda p$ である．ここに $\lambda\in\Lambda$ はローレンツ群の元，$p\in P$ は径路群の元である．群 Q における積は，Λ の元と P の元との交換法則を与えさえすれば，一意的に定義される．これはポアンカレ群との類比でなすべきである：

$$\lambda[\xi]\lambda^{-1}=[\lambda\xi], \tag{2.1}$$

ここに $[\lambda\xi]$ は，$\lambda\in\Lambda$ によって変換された径路を表わす．即ち，もし $[\xi]=\{\xi(\tau)\in\mathscr{M}\}$ ならば $[\lambda\xi]=\{\lambda\xi(\tau)\}$ である．

交換法則(2.1)を採用すれば，一般化されたポアンカレ群の任意の2元に対する乗法の規則は容易に導かれる：

$$q'q=\lambda'[\xi']\cdot\lambda[\xi]=\lambda'\lambda\cdot[\lambda^{-1}\xi'][\xi]. \tag{2.2}$$

これによって群 Q は完全に定義される．この群において逆元として働くのは

$$(\lambda[\xi])^{-1}=[\xi]^{-1}\lambda^{-1}=\lambda^{-1}[\lambda\xi]^{-1}$$

であることを見るのはむつかしくない．交換法則(2.1)を使うと，群 Q の任意の元を $p\lambda$ の形に，即ちローレンツ群の元が右にくる形に書くことができる．このときには群 Q における乗法の規則は次の形をとる：

$$qq'=[\xi]\lambda\cdot[\xi']\lambda'=[\xi][\lambda\xi']\lambda\lambda'.$$

自由粒子を記述するのにミンコフスキー空間上の関数の代わりに，補助的条件に従うポアンカレ群上の関数を用いることができる．これと同じように，ゲージ場の中の粒子を記述するのに，径路群上の関数 $\Psi(p)$ の代わりに一般化されたポアンカレ群上の関数 $\Psi(q)$ を用いることができる．関数 $\Psi(p)$ と同様にこの関数も空間 $\mathscr{L}_\alpha\times\mathscr{L}_\sigma$ に値をもつ．ここに $\mathscr{L}_\sigma$ は表現 $\sigma(\Lambda)$ の台空間である．この関数は補助的条件，

$$\Psi(\lambda q)=\sigma(\lambda)\Psi(q) \tag{2.3}$$

に従わなければならない．この構造条件は群 Q 上の関数を径路の関数に帰着させる：

$$\Psi(q)=\Psi(\lambda p)=\sigma(\lambda)\Psi(p).$$

写像 $p\mapsto\Psi(p)$ は前節に現れた径路の関数と一致する．それ故にこの関数は条件(1.6)に従う．場の方程式の共変性により，この条件を関数 $\Psi(q)$ に対する条件として書き換えることができる．それは，そっくりそのままの

$$W(\delta)\Psi=0 \tag{2.4}$$

という形をもつことになるが，ここでは作用素 δ_μ は $q\in Q$ の関数に作用する

ものと解さなければならない：

$$(\delta_\mu \Psi)(q) = \left[\frac{\partial}{\partial a^\mu} \Psi(a_p^{-1} q)\right]_{a=0} \tag{2.5}$$

最後に，粒子の**実在的状態**を記述する関数 $\Psi(q)$ は構造条件，

$$\Psi(q\,l) = \alpha(l^{-1})\Psi(q) \tag{2.6}$$

をも満足しなければならない．

かくして粒子の実在的状態は3個の条件，(2.3)，(2.4)，(2.6)を満たす，一般化されたポアンカレ群上の関数によって記述される．これらの条件のうち1個は引数の右移動を，残りの2個は引数の左移動を含んでいる．この種の両側からの構造条件は二つの誘導表現を織り込む作用素の核に特有のものである．このことから，一般化されたポアンカレ群の二つの表現を織り込む作用素として粒子の実在的状態を理解しようという考えが生じるのである．このことを次節で行なうが，しかし，そうしたければ，次節はとばしても先の内容を理解する上で何の妨げにもならない．同じことは§4*についても言える．

§3*．表現の織り込み作用素としての粒子の状態

前節ではゲージ場内にある粒子の実在的状態は一般化されたポアンカレ群上で与えられ，空間 $\mathscr{L}_\alpha \times \mathscr{L}_\sigma$ に値をもつ関数 $\Psi(q)$ で表わされることを示した．これらの関数は，運動方程式 $W(\delta)\Psi=0$ と条件，

$$\Psi(\lambda\,q\,l) = \alpha(l^{-1}) \times \sigma(\lambda)\Psi(q)$$

とを満たさなければならない．この構造条件には，左移動と右移動とが現れる．このような両側からの条件は二つの誘導表現を織り込む作用素の核の特徴であることから，粒子の状態を，一般化されたポアンカレ群の二つの表現を織り込む作用素と解釈する考えが出てくる．

このことを明らかにするために，まず，$\Psi(q)$ は空間 $\mathscr{L}_\alpha \times \mathscr{L}_\sigma$ のベクトルではなく，$\mathscr{L}_\alpha$ から $\mathscr{L}_\sigma$ への作用素であるとみなそう．二つの添字をもつ量をベクトルと見るか行列と見るかは自由であり，便宜的なものである．正

確に定義するために，表現$\alpha(L)$に関して不変な，空間$\mathscr{L}_\alpha$におけるスカラー積$\langle\,,\ \rangle$を利用しよう．作用素$\chi(q)：\mathscr{L}_\alpha \to \mathscr{L}_\sigma$を，各$f \in \mathscr{L}_\alpha$に対して

$$\chi(q)f = \langle \Psi(q),\ f \rangle$$

と置くことによって定義しよう．このようにして得られる関数$\chi(q)$は運動方程式$W(\delta)\chi=0$を満足し，また容易に分かるように，任意の$l \in L$, $\lambda \in \Lambda$に対して構造条件，

$$\chi(\lambda\, q\, l) = \sigma(\lambda)\chi(q)\alpha(l) \qquad (3.1)$$

を満たしている．次に構造条件 (3.1) の群論的意味を見てみよう．そのためには群の**誘導表現**の理論からの知識が少々必要である．

Qは任意の群で，LとΛはその部分群とする．これらの部分群から誘導される群Qの表現，$U_\alpha(Q)=\alpha(L)\uparrow Q$と$U_\sigma(Q)=\sigma(\Lambda)\uparrow Q$とを見てみよう．表現$U_\alpha$は普通の仕方で実現される．即ち，群$Q$上で定義され，空間$\mathscr{L}_\alpha$(表現$\alpha(L)$の台)に値をもつ関数(それを$\Psi_\alpha(q)$とする)で，構造条件

$$\Psi_\alpha(q\, l) = \alpha(l^{-1})\Psi_\alpha(q) \qquad (3.2)$$

を満たすものが張る空間を$\mathscr{H}_\alpha$とすると，表現U_αは$\mathscr{H}_\alpha$において作用する．表現$U_\alpha(Q)$はこれらの関数に左移動として作用する．

$$(U_\alpha(q)\Psi_\alpha)(q') = \Psi_\alpha(q^{-1}q').$$

表現$U_\sigma(Q)$を若干異なるが同値な方法で実現しよう．これまで用いてきた誘導の定義と比較して異なる点は，**部分群に関する右剰余類が左剰余類で置き換えられ，左右の移動の役割りが替る**ことである．表現U_σは，空間$\mathscr{L}_\sigma$に値をもつ群上の関数$\Psi_\sigma(q)$のつくる空間$\mathscr{H}_\sigma$において作用するものとみなそう．これらの関数は**左移動についての構造条件**

$$\Psi_\alpha(\lambda q) = \sigma(\lambda)\Psi_\sigma(q) \qquad (3.3)$$

に従うことを要請し，一方，表現自体はこれらの関数に右移動として作用するものとしよう：

$$(U_\sigma(q)\Psi_\sigma)(q') = \Psi_\alpha(q'q)$$

表現U_σに対して普通の実現方法を用いることもできるが，我々にとって

は，たった今行なったような実現の方が好都合である．

さて，これら二つの表現の織り込みを見てみよう．二つの表現の**織り込み作用素** $X\in[U_\alpha, U_\sigma]$ とは，線型作用素 $X:\mathscr{H}_\alpha\to\mathscr{H}_\sigma$ であって，表現と可換なもの，即ち，任意の $q\in Q$ に対して等式

$$XU_\alpha(q)=U_\sigma(q)X$$

を満足するもののことである．

誘導表現の理論では，二つの**誘導表現の織り込み作用素**はすべて，作用素の積分の形，

$$\Psi_\sigma(q)=(X\Psi_\alpha)(q)=\int_{Q/L}d\mu(q'L)\chi(q')\Psi_\alpha(q^{-1}q') \tag{3.4}$$

に表わされることが証明されている(例えば[37]を見よ)．ここで積分は因子空間 Q/L 上で，即ち右剰余類 $q'L$ の空間上の**不変な測度**について行なわれており，また関数 $\chi(q)$ は $\mathscr{L}_\alpha$ から $\mathscr{L}_\sigma$ の中への作用素値をもち，構造条件(3.1)に従う．測度の不変性と χ の構造条件とから，積分によって定義される関数 Ψ_σ は必要な構造条件(3.3)を自動的に満たしていることがわかる．最後に，関数 Ψ_α の左移動は関数 Ψ_σ の右移動に対応すること，即ち作用素 X が誘導表現 U_α および U_σ と交換することを直接に確かめることができる．これより，所与の形をもつ積分作用素は織り込み作用素であることが分かる．これの逆，即ち，織り込み作用素はすべて，関数 χ を適当に選ぶことによって(3.4)の形に表わすことができることも証明可能である(詳しくは，例えば[37]を見よ)．

我々にとって関心のある，Q が一般化されたポアンカレ群で，L はループの部分群，Λ はローレンツ群である場合に移ろう．第6章で見たように，因子空間 P/L はミンコフスキー空間または並進群に他ならない．実際，ループについて因子化すると，同一の点に向かうすべての径路は同一の剰余類に属し，従ってこれらの類を点とする空間は点 $pL=x$ からなる空間である．我々にはもうひとつの群，ローレンツ群があり，因子空間 $Q/L=\Pi$ はポアンカレ群と一致する．群 Q の Π への作用は，ポアンカレ群のそれ自身への

左移動に帰着させられる．従って公式(3.4)に現れる測度 $d\mu(\pi)$ はポアンカレ群上の不変測度(ハールの測度)に他ならない．

もし織り込み作用素の核である関数 $\chi(q)$ が構造条件(3.1)だけに従うのであれば，我々は二つの誘導表現 U_α と U_σ との織り込み作用素を得る．もし，その上，関数 χ に対して運動方程式と同値なもう一つの条件，

$$W(\delta)\chi=0 \tag{3.5}$$

を課することにすれば，公式(3.4)は表現 U_α と群 Q の他の表現 $U_{\sigma W}$ との織り込み作用素を与える．この表現は，関数 $\Psi_{\sigma W}: Q\to\mathscr{L}_\sigma$ の空間 $\mathscr{H}_{\sigma W}$ において作用し，これらの関数は構造条件(3.3)だけでなく運動方程式，

$$\Psi_{\sigma W}(\lambda q)=\sigma(\lambda)\Psi_{\sigma W}(q),$$
$$W(\delta)\Psi_{\sigma W}=0 \tag{3.6}$$

をも満たす．表現 $U_{\sigma W}(Q)$ は空間 $\mathscr{H}_{\sigma W}$ において右移動として作用する：

$$(U_{\sigma W}(q)\Psi_{\sigma W})(q')=\Psi_{\sigma W}(q'q).$$

かくして我々はゲージ場内の粒子の実在的状態を群論的に解釈できたことになる．自由粒子の場合と違って，これらの状態は径路群または一般化されたポアンカレ群の作用下で不変な空間をつくらない．その代わりに各状態 χ は二つの不変な空間 $\mathscr{H}_\alpha$ と $\mathscr{H}_{\sigma W}$ とを結びつける積分作用素 X を定義する．空間 $\mathscr{H}_\alpha$ においては誘導表現 $U_\alpha(Q)=\alpha(L)\uparrow Q$ が作用する．この空間は第6章で詳しく見た(実のところ，そこではスピン添字を無視している)局所化された状態からなるものである．この空間は粒子の局所的性質しか記述しない．第6章で見たように，局所的性質はゲージ場と粒子のゲージ荷によって与えられる．

他方，空間 $\mathscr{H}_{\sigma W}$ とそこで作用する表現 $U_{\sigma W}(Q)$ とは粒子の大域的性質，その力学を記述する．しかし，このときには時空の幾何学(ゲージ場)と粒子のゲージ荷は完全に無視されている．状態そのものである $\chi(q)$ はこれら二つの表現を織り込む，つまり，所与の力学的性質(質量とスピン)をもつ粒子が如何なる仕方で所与の幾何学(ゲージ場)の中に投げ込まれているかを記述する．

これは，多分，これから先の分析と意味づけに必要となるであろう興味ある描像である．この構成の可能な利用法をひとつだけ述べておこう．我々がここで粒子の実在的状態と称しているものは，一つの理想化されたものである．この理想化を行なうときには，粒子は無限に長い時間にわたって存在し，正確に定まった質量を有するものと仮定している．実際には，粒子が観測され，あるいは存在するのは時空の有限な領域においてであって，この領域での観測によって粒子の質量はある有限な正確さで知られるに過ぎない．この状況を記述するのに二つの表現 U_α, $U_{\sigma W}$ の織り込みを利用することができる．時空のある有限な領域で平均化され，局所化された状態 $\Psi_\alpha \in \mathscr{H}_\alpha$ を見てみよう．この関数はゲージ荷以外は粒子に関する情報を全く含んでいないが，それに対して時空の幾何学に関する情報は含んでいる．幾何学というのは時空の上のファイバー束における接続と考えられるゲージ場のことである．粒子のゲージ荷は幾何学に対する粒子の反応を特徴づける．それだからこそ，ゲージ荷はすでにこの段階で現れるのである．関数 Ψ_α は，例えば，粒子の観測条件を特徴づけるものと考えてよい．これに対応する局所関数 $\psi_\alpha(x) = \alpha(x_p)\Psi_\alpha(x_p)$ は，例えば，観測の行なわれる領域では 1 に等しく，この領域外では 0 に等しい，ということになろう．

今度は粒子のある実在的状態 $\chi(q)$ をとり，公式(3.4)によって関数 $\Psi_\sigma(q)$ をつくろう．この関数は粒子の特性(その質量とスピン)についての情報と粒子の状態の具体的な力学についての情報とを含んでいる．これらの情報は関数 $\chi(q)$ を介して持ち込まれたものである．これと同時に，関数 Ψ_σ は，粒子を観測するときの条件に関する情報，特に粒子が時空の有限な領域においてのみ観測されるという条件についての情報はそのまま失わないでいる．このことから，粒子の質量についての情報は部分的には失われていることが導かれる．関数 Ψ_σ は一定の質量によってではなく，むしろある狭い幅をもつ質量スペクトルによって特徴づけられる．かくして波動関数 Ψ_σ は**現実的な観測条件の下での粒子の力学**を記述する．

§4*. 基準系の変換群としての一般化されたポアンカレ群

ここまでは，ゲージ場内の粒子を記述するのに，第6章でつくり上げた理論形式を利用してきた．それらは，ミンコフスキー空間内に選んだ一定の基準系，即ち原点 $O \in \mathscr{M}$ とある正規直交軸に基づいていた．これらによってミンコフスキー空間には基準系が導入され，これに依拠してゲージ場も粒子の状態も記述されるのである．粒子の状態は，構造条件(2.3)，(2.6)と運動方程式(2.4)を満足する(一般化されたポアンカレ群上の)関数 $\Psi(q)$ によって記述される．前節では，このような波動関数は，一般化されたポアンカレ群 Q の二つの表現を織り込む作用素として解釈できることを示した．同時にこれらの波動関数は，それらに作用する群 Q に関して不変ではない．しかしながら，ミンコフスキー空間における，ありとあらゆる基準系を考え，これらのうちのどれかと関係する波動関数の全体を見ることにすれば，そこでは群 Q の作用を定義することができる．これを実際に行なってみよう．それには群 Q の表現が作用する粒子の状態空間を，群による変換が新しい基準系への移行となるように構成すればよい．

§2で，運動方程式(2.4)と構造条件(2.3)，(2.6)に従い，群 Q 上で定義され，空間 $\mathscr{L}_\alpha \times \mathscr{L}_\sigma$ に値をもつ波動関数 $\Psi(q')$ によって粒子の状態が記述されることを示した．局所的波動関数への移行は公式，

$$\psi(x)=\alpha(p')\Psi(p')$$

に従って行なわれる．ここに p' は点 O から点 x に向かう任意の径路である，即ち，$p'O=x$ である．ここで引数に右移動を行なって得られる関数：$\Psi_g(q')=\Psi(q'q)$ を見てみよう．この関数は移動を行なう前と同じ運動方程式を満たすが，構造条件は，

$$\Psi_g(\lambda q' l)=[\alpha(q^{-1}l^{-1}q)\times\sigma(\lambda)]\Psi_q(q')$$

の形をとる．この波動関数は，関数 $\Psi(q')$ が表わすのと同じ状態を他の基準系から記述するものである．

波動関数 $\Psi_g(q')$ が同じ運動方程式(2.4)を満たすことは重要である．実際，

運動方程式には左移動しか現れないのに，関数 Ψ_q は右移動により得られるからである．Ψ_q の型のすべての関数は線型空間をつくる，つまり元 $q=\lambda p$ によって特徴づけられる基準系から見た状態空間をつくる．この基準系は，基準点として O ではなく点 $a=pO$ が用いられていること，ミンコフスキー空間の向き(正規直交基底)がローレンツ変換 λ によって元のものとは変わっていること，の2点でこれまで用いてきた基準系と異なっている．

定義を正確にし，その意味を明らかにしよう．まず任意の $q\in Q$ に対して記号，

$$\alpha_q(p')=\alpha(q^{-1}p'q)$$

を導入しよう．もし $q=\lambda p$ ならば，

$$\alpha_q(p')=\alpha_{\lambda p}(p')=[\alpha(p)]^{-1}\alpha(\lambda^{-1}p'\lambda)_a\,\alpha(p)$$

である．ここに $a=pO$ であって，$\alpha(p'')_a$ は点 a に始まる径路 p'' に沿った順序指数関数である．この式から明らかなように $\alpha_q(l)$ はループ群の表現である．

群 Q 上で与えられ，空間 $\mathscr{L}_\alpha\times\mathscr{L}_\sigma$ に値をもち，運動方程式，

$$W(\delta)\Psi_q=0 \tag{4.1}$$

と構造条件

$$\Psi_q(\lambda q'l)=[\alpha_q(l^{-1})\times\sigma(\lambda)]\Psi_q(q') \tag{4.2}$$

とを満たす関数 $\Psi_q(q')$ の空間を $\mathscr{H}_q$，$q\in Q$ と書こう．空間 $\mathscr{H}_q$，$q=\lambda p$ は，基準点が O ではなく $a=pO$ であり，ミンコフスキー空間の向きがローレンツ回転 λ によって変えられた基準系に対応している．

実際に，作用素 $\alpha(\lambda^{-1}p\lambda)_a$ を順序指数関数の形に表わしてみよう：

$$\alpha(\lambda^{-1}p'\lambda)_a=P\exp\left\{i\int_{[\lambda^{-1}\xi]_a}A_\mu(x)dx^\mu\right\}$$

であり，$p'=[\xi]$ である．新しい積分変数 $x'=\lambda(x-a)$ を用いると，

$$\alpha(\lambda^{-1}p'\lambda)_a=P\exp\left\{i\int_{p'}A_\mu(\lambda^{-1}x'+a)dx'^\mu\right\}$$

のように書けることは容易に確かめられる.

即ち，表現 $l \mapsto \alpha(\lambda^{-1} l \lambda)_a$ は，ベクトル・ポテンシャル $A_\mu(x)$ を $A_\mu'(x)=A_\mu(\lambda^{-1}x+a)$ で置き換えることによって表現 $\alpha(l)$ から得られる．これに対して更に同値変換を行なえば表現 $\alpha_q(l)$ が得られる．このことは，場と粒子が異なる基準系で記述されているという意味で空間 $\mathscr{H}_q$ と $\mathscr{H}_1$ が別物であることを示している.

空間 $\mathscr{H}_q$ のベクトルに右移動として作用する作用素 $V(q_1)$，$q_1 \in Q$ を定義しよう：

$$(V(q_1)\Psi_q)(q')=\Psi_q(q'q_1). \tag{4.3}$$

この作用素の作用の結果得られるベクトルが運動方程式(4.1)を満たすこと，q が q_1q に置き換えられはするが構造条件 (4.2) を満たすこと，は直接に確かめられる．従って

$$V(q_1)\mathscr{H}_q=\mathscr{H}_{q_1q}$$

である．ここで空間 $\mathscr{H}_q$ 全部の結び(和ではない)である

$$\mathscr{H}=\bigcup_{q\in Q}\mathscr{H}_q$$

を定義すると，この空間は作用素 $V(q_1)$ の作用に関して不変である．これらの作用素を全部集めると明らかに一般化されたポアンカレ群の表現となり，個々の作用素は，それぞれ新しい基準系への移行を記述する.

これまでは群 Q 上の関数を用いてきたが，次に局所波動関数 $\psi_q(x)$ に移ろう．群上の関数は(4.1)の形の運動方程式に従う．局所関数が方程式,

$$W(\nabla^{(q)})\psi_q=0 \tag{4.4}$$

に従うことを要請しよう．ここに $\nabla_\lambda^{(q)}$ はゲージ場 $\alpha_q(l)$ に対応する共変微分である．そのためには通常の処法で局所関数を定義すればよい：

$$\psi_q(x)=\alpha_q(x_p)\Psi_q(x_p),$$

ここに x_p は点 O から点 x に向かう径路である．もし，$\Psi_q(q')=\Psi(q'q)$，$q=\lambda p$，$pO=a$ ならば,

$$\Psi_{\lambda p}(x)=[\alpha(p^{-1})_{\lambda^{-1}(x+a)}\times\sigma(\lambda)]\,\psi\,(\lambda^{-1}(x+a))$$

となる．かくして，空間 $\mathscr{H}_q$ は空間 $\mathscr{H}_1$ とは基準系が異なること，即ち基準点とミンコフスキー空間の向きが異なることが再度確かめられる.

群上の関数の変換法則(4.3)と，これらの関数と局所関数との関係が分かった以上，一般化されたポアンカレ群の作用下での局所関数の変換法則を見出すのに困難はない．勿論それは著しく複雑であって次のようである：

$$(V(\lambda_1 p_1)\psi_{\lambda g})(x)$$
$$=[\alpha(p^{-1}\lambda^{-1}p_1{}^{-1}\lambda p)_{\lambda^{-1}(\lambda_1{}^{-1}x+a_1)}\times\sigma(\lambda_1)]\psi_{\lambda p}(\lambda_1^{-1}x+a_1). \tag{4.5}$$

ここで $a=pO$，$a_1=p_1O$ である．もしゲージ場が0に等しければ，即ち $\alpha(p)\equiv 1$ ならば，この公式はポアンカレ群の作用下における普通の変換法則となる．もし $p_1=1$ ならば，ゲージ場が0ではない一般の場合にも，変換は自由粒子に対する変換と変わるところはない．

一様な電磁場という特別な場合には，他の基準系への移行の問題は論文[114]で解かれている．この場合には，一般化されたポアンカレ群の表現 $V(Q)$ は有限個のパラメーターの群，いわゆる**マクスウェル群**の表現に帰着する．

§5. 径路積分による運動方程式の解

第一節で導入した理論形式に戻ろう．そこでは粒子の実在的状態は径路または点に依存し，運動方程式に従う波動関数によって記述されるのであった．本節の目的は，これらの方程式の解を径路積分の形に書き表わすことである．

最も簡単な運動方程式，つまり**クライン - ゴルドン方程式**，

$$(\Box+m^2)\psi(x)=0 \tag{5.1}$$

を見てみよう．ここに□は共変的なダランベールの作用素，即ち，

$$\Box=\eta^{\mu\nu}\nabla_\mu\nabla_\nu=(\nabla,\ \nabla)$$

である．4次元空間においてではあるが，この方程式をシュレディンガー型の方程式に帰着させることができるのは容易に分かる．そのためにミンコフスキー空間の点のみならず第5番目のパラメーター τ にも依存する関数 $\psi_\tau(x)$ を見てみよう．このパラメーターは固有時間，パラメーター時間または歴史的時間などと呼ばれるものである．我々は，それが最適だとは思わないが，固有時間と呼ぶことにしよう．固有時間を用いる理論形式はシュトゥ

ッケルベルクとフォックに始まる．シュヴィンガーとド・ウィットは発散を正則化し除去する目的でこれを用いた．関数 $\psi_\tau(x)$ はシュレディンガー型の方程式：

$$\left(-i\frac{\partial}{\partial\tau}+\Box\right)\psi_\tau(x)=0 \tag{5.2}$$

に従うものとしよう．そして，この関数が固有時間に指数関数的に，つまり

$$\psi_\tau(x)=e^{im^2\tau}\psi(x)$$

のように依存することを要請すれば，クライン－ゴルドン方程式(5.1)の解である関数 $\psi(x)$ が得られる．従って問題は方程式(5.2)の解を見出すことに帰着する．

この方程式の解を見出すために，より正確に言えば解を径路積分の形に書き表わすために，作用素を普通の数として扱い，形式的な計算を行なうことがよくある．作用素をスペクトル分解すれば，このような形式的演算を基礎づけることができる．あるいは計算して得られる有限な結果が実際に解になっていることを確かめてもよい．これらについては，今まで度々考察されてきたことなので，これ以上それに立ち入るのはやめておこう．

方程式(5.2)の解は

$$\psi_\tau(x)=K_\tau\varphi(x)$$

の形に書くことができる．ここに

$$K_\tau=e^{-i\tau\Box}=e^{-i\tau(\nabla,\nabla)} \tag{5.3}$$

である．かくして課題は作用素 K_τ を見出すことである．これを積の形，

$$K_\tau=\lim_{N\to\infty}\left[e^{-i\Delta\tau(\nabla,\nabla)}\right]^N$$

に表わそう．ここに $\Delta\tau=\tau/N$ である．次に指数部分に現れている作用素を普通の数のように扱う．実際，パラメーター $\Delta\tau$ は小さいから，指数関数を展開すると，はじめの二つの項だけが本質的であり，それ故作用素の非可換性はどうでもよいのである．

さらに，我々にとって関心のある指数関数を，

$$e^{-i\nabla\tau(\nabla,\nabla)}=\int d^4k\, e^{i\nabla\tau(k,k)}\delta(k-i\nabla)$$

の形に書くことができる．ここに $k=\{k^\mu\}$ は4次元ベクトルであり，積分は $d^4k=dk^0\,dk^1\,dk^2\,dk^3$ について行なう．4次元のデルタ関数をフーリエ積分に分解すると，

$$\delta(k-i\nabla)=\frac{1}{(2\pi)^4}\int d^4(\Delta\xi)\,e^{-i(\Delta\xi,\,k-i\nabla)}$$

となり，これより

$$e^{-i\Delta\tau(\nabla,\nabla)}=\int d^4\Big(\frac{k}{2\pi}\Big)\int d^4(\Delta\xi)\,e^{i\Delta\tau(k,k)-i(k,\Delta\xi)}e^{-(\Delta\xi,\nabla)}$$

が得られる．

この表式を作用素 K_τ に対する公式に代入すると無限多重積分が得られ，各積分は径路積分になっている：

$$K_\tau=\lim_{N\to\infty}\int\prod_{j=1}^{N}d^4\Big(\frac{k_j}{2\pi}\Big)d^4(\Delta\xi_j)$$
$$\times\exp\Big\{i\sum_{j=1}^{N}\Big[\Delta\tau(k_j,k_j)-(k_j,\Delta\xi_j)\Big]\Big\}\,P\prod_{j=1}^{N}e^{-(\Delta\xi_j,\nabla)}. \qquad (5.4')$$

変数 k_j については陽に積分を実行できる，というのは，それらはすべてガウス型の積分だからである．結果として

$$K_\tau=\lim_{N\to\infty}\Big(\frac{-i}{16^2\pi^2\Delta\tau^2}\Big)^N\int\prod_{j=1}^{N}d^4(\Delta\xi_j)$$
$$\times\exp\Big[\frac{i}{4\Delta\tau}\sum_{j=1}^{N}(\Delta\xi_j,\Delta\xi_j)\Big]\,P\prod_{j=1}^{N}e^{-(\Delta\xi,j\nabla)} \qquad (5.4)$$

が得られる．

径路積分を含むこれら二つの公式を記号的に次のように書き表わすことができる：

$$K_\tau=\int d\{k\}\int d\{\xi\}\exp\Big\{i\int_0^\tau d\tau[(k,k)-(k,\dot{\xi})\Big\}\,U[\xi], \quad (5.5')$$

$$K_\tau=\int d\{\xi\}\exp\Big\{\frac{i}{4}\int_0^\tau d\tau(\dot{\xi},\dot{\xi})\Big\}\,U[\xi]. \qquad (5.5)$$

これらの式で積分は曲線 $\{k(\tau')\,|\,0\leqq\tau'\leqq\tau\}$ と $\{\xi(\tau')\,|\,0\leqq\tau'\leqq\tau\}$ に沿って行なわれ，また $U[\xi]$ は順序指数関数，

$$U[\xi]=P\ \exp\left\{-\int_{[\xi]}d\xi^{\mu}\ \nabla_{\mu}\right\}$$

を表わしている．前に，この順序指数関数は粒子の局所的状態の空間において作用する径路群の表現として生じることを見た．ここではその表現が径路積分の中に現れており，ゲージ場中の径路積分と自由粒子に対する径路積分との間の唯一の差異になっている．

径路積分(5.5)は第2章で詳しく考察したタイプの積分に属している．唯一の違いは，第2章での積分の径路が固定端をもっていたことである．このときには積分の結果は2点に依存する関数となる．今は自由な（または一端が固定されているとみなしてもよい）径路上の積分を考察しており，結果として作用素が得られている．この作用素を積分作用素として表わすと，積分作用素の核は2点関数であって，固定端をもつ径路上の積分によって表わされる．

作用素 K_τ は分かっているものと仮定し，それを用いて関数 $\psi_\tau=K_\tau\varphi$ をつくろう．そうすると（任意の φ に対して）この関数は方程式(5.2)の解である．もしこの関数が，$\tau\to\pm\infty$ に伴って十分に速く減少すれば，その（パラメーター τ についての）フーリエ変換，

$$\psi(x)=\int_{-\infty}^{\infty}d\tau\ e^{-im^2\tau}\psi\tau$$

は方程式(5.1)を満たす．即ち，作用素 K_τ のフーリエ変換，

$$K=\int_{-\infty}^{\infty}d\,\tau\ e^{-im^2\tau}K_\tau$$

は，方程式(5.1)の解がつくる空間上への射影作用素である．このことは演算上の意味では明らかである．射影を正しく定義するには，その定義域を特徴づけなければならない．積分の下限を0と置く場合には作用素

$$K^c=\int_{0}^{\infty}d\,\tau\ e^{-im^2\tau}K_\tau$$

が得られ，これは方程式

$$(\Box+m^2)K^c=-i\,\mathbf{1}$$

を満たす．（この作用素を積分作用素として表わすと）この作用素の核は，ゲージ荷をもつ粒子の理論における**因果的グリーン関数**または**因果的伝播因子**となる．

注　意

公式(5.5)から分かるように，表現 $U(p)$ がもつ群としての性質(即ち，径路の積には，これらの径路に対応する作用素の積が対応するという事実)から，作用素 K_τ もまた群をなす：$K_{\tau'}K_\tau=K_{\tau+\tau'}$．これを用いて，粒子の波動関数に対して場の運動方程式(5.1)の代わりに，条件

$$K_\tau\psi=e^{im^2\tau}\psi$$

を課すことができる．

この条件は，誘導表現を定義するときに導入される構造条件を想起させる．ところが本質的な差異が存在するのである．構造条件がある一つの群要素による引数の移動を介して表わされるのに対して，今考えている条件は群の全要素にある重みをつけて平均したものによる移動(作用素 $U(p)$ は引数の移動に他ならない)を含んでいる．重みは径路の空間における測度によって定義されている．

ディラック方程式(または，もっと一般的に**ゲリファント-ヤグロムの方程式**)

$$(i\gamma^\mu\nabla_\mu-m)\psi(x)=0 \tag{5.6}$$

については事情は複雑である．これまでのような処法では径路積分に，少なくとも通常の形の径路積分（この場合には，積分の測度は2次形式の指数関数を含んでいる）に到達できない．ディラック方程式に対して径路積分を得るためには，**2次化**された**方程式**に戻らなければならないようである．ディラック作用素にその共役作用素を乗じると，

$$(-i\gamma^\mu\nabla_\mu+m)(i\gamma^\nu\nabla_\nu+m)=\Box-\frac{i}{2}\sigma^{\mu\nu}F_{\mu\nu}+m^2,$$

が得られる．ここに $F_{\mu\nu}$ はゲージ場の強さであり，

$$\sigma^{\mu\nu}=\frac{1}{2}[\gamma^\mu,\gamma^\nu]$$

である．それ故，もし$\varphi(x)$が方程式

$$(\Box-\frac{i}{2}\sigma^{\mu\nu}F_{\lambda\mu}+m^2)\varphi(x)=0 \tag{5.7}$$

の解ならば，関数，

$$\psi(x)=(i\gamma^\mu\nabla_\mu+m)\varphi(x)$$

はディラック方程式の解である．従って課題は2次化されたディラック方程式 (5.7) を解くことに帰着する．2次化された方程式の解は径路積分の形で得られる．

それにもかかわらず，2次の方程式に移るのは多くの点で不満足である．一方，クライン－ゴルドン方程式に対して行なったのと同様の計算をすると，ディラック方程式の解に対して形式的な表式が得られる．これは美しさの点では申し分ないが，正確な数学的意味づけがむつかしい．ここには基本的な結果だけを述べておこう．

ディラック方程式(5.6)の解$\psi(x)$は，方程式

$$(\frac{\partial}{\partial\tau}+\gamma^\mu\nabla_\mu)\psi_\tau(x)=0$$

の解ψ_τと公式$\psi_\tau=\exp(im\tau)\psi$で結ばれている．解$\psi_\tau$は任意の関数$\varphi(x)$を用いて$\psi_\tau=K_\tau\varphi$と表わすことができる．ここに$K_\tau=\exp(-\tau\gamma^\mu\nabla_\mu)$である．この作用素に対して径路積分の形式的表式，

$$K_\tau=\int d\{k\}\int d\{\xi\}\,P\exp\left[i\int_0^\tau d\tau(\gamma-\dot{\xi},k)\right]U[\xi]$$

を導入することができる．ここで積分測度は前と同じように定義されている．しかし，この積分には，N重近似の際にも発散するという困難がある．しかし注意深く分析すると，N重近似で積分を（まず座標について，次に運動量について）順序正しく行なうと，発散するのは最後のひとつの積分だけであることが分かる．それ故，因果的伝播因子に対する形式的表式

$$K^c=\int_0^\infty d\tau\,e^{-im\tau}K_\tau=\int d\{k\}\int d\{\xi\}\int d\tau\,e^{-im\tau}$$

$$\times P \exp i\int_0^\tau d\tau(\gamma-\dot{\xi},\ k)U[\xi]$$

には意味を与えることができそうである．

注　意

径路積分は群論的方法によっても得られる．そのためには第6章で定義した径路 $[\xi]$ からパラメーター化された径路 $\{\xi\}$ に移らなければならない，即ち，パラメーター表示の異なる曲線を区別して(ただし，その他の同一視はそのままにして)それらを異なる径路とみなさなければならない．パラメーター表示された径路が半群をなすことは証明できる．それを拡大すると**ガリレイ群**に似た半群となるが，時間の役割をするのは固有時であり，3次元空間の代わりに4次元時空を扱う点で違いが出る．[37]ではガリレイ群の代わりに**一般化されたガリレイの半群**を用いて非相対論的量子力学を定式化したが，そのときに基礎とした群論的形式を真似れば径路積分が自然に出てくる．このような方法をとれば径路積分そのものの，より深い(群論的)解釈が得られる(第11章を見よ)．

§6. 今後の展望

これまでの叙述のすべては，疑いもなく，径路群がゲージ場の中を運動する粒子を記述する自然な言葉であることを証明している．のちほど，重力場の中を運動する粒子もやはり径路群を用いて記述できることを示そう(しかもミンコフスキー空間上のこれまでと同じ径路群を用いてそれがなされるのである)．我々は粒子の理論を述べるにあたって，大部分を径路群の用語に頼ったが，原理的にはこの用語なしでも叙述は可能である．それにもかかわらず，径路群は我々の観点を変えさせ，定性的には新しい幾つかの結論をもたらす．これらの事実全体は次のような問に正当性を与える：径路群の，より深い非形式的，物理的本質はいかなるものか．径路群はゲージ荷をもつ粒子の理論に原理的に新しい可能性をもたらすだろうか．この問題に少なくとも定性的に答えてみよう．

径路群と径路依存の理論形式がもつ物理的意味に関して現時点ではどの程度の結論を下すことができるのか．粒子は径路に依存する関数で記述できることは分かっている．このとき時空は陽には姿を現さない．これまでに見てきた簡単な場合には，時空構造とその幾何学を波動関数に対する構造条件を利用して再現できたのは事実である．しかし，これはゲージ場を古典的場とみなす限りにおいてのことである．ゲージ場は量子化しなければならないし，そうすると時空の幾何学ははっきりしないものとなる．この先で重力場を考察する際に，時空の計量構造ばかりでなく，その位相的構造までもが径路に依存する関数で表現されることを見るであろう．その際，重力場を量子化すれば，(時空の計量的構造とゲージ的構造はさておき)時空多様体の構造はそれ自体としては存在しなくなるであろう．径路群上の関数とその性質だけが残ることになる．このようにして**径路群**は，重力場の量子化，特に位相の量子性を考慮に入れる際に多くの点で足枷となっている時空多様体という概念を放棄せしめる．

他方，径路群は興味深い描像をもたらす：粒子の局所的性質は，他ならぬゲージ場，あるいは同じことだが，ループ群の表現によって表わされる．粒子は時空のただ一点にあって，ループの助けを借りて全時空を感知し，その幾何学を知るのである．このように，径路の理論形式においては粒子の局所的および大域的性質が分かち難く織り込まれている．この意味で径路の理論形式は普遍的である．それは諸々の性質を記述する単一の形式である．

このことから，径路群を用いることによって量子論の局所的側面と大域的側面との関係を，基礎として通常の理論を用いるよりも，もっと深く研究できるのではないかと推測できる．(この研究が一般に可能であるとして)その可能性をどのように具体化できるのかについて今詳細に予測することはできないにしても，理論中に何らかのパラメーターまたは尺度が存在して，その尺度では理論の局所的側面と大域的側面が本質的に干渉しはじめると考えることはできる．このパラメーターとしてまず考えられるのは**基本的長さ**である．このパラメーターは長さの次元さえ有しておれば，理論中に様々な仕方で現われてよい．次のような3つの異なる考え方が可能である：1) 波動関数に課せられる構造条件(2.6)はある一定の長さ λ_1 よりも小さな直径のループに対してのみ満たされている． 2) 波動関数を定義する径路積分(5.5)は幅 λ_2 の帯状領域中の径路についてのみ行なわれる． 3)これまでに径路が現れたところではどこでも，実際には幅 λ_0 の径路の帯状領域にわたって行なった積分でそれを置き換えるべきである． はじめの二つの考え方は(大きな隔たり，小さなエネルギーと運動量の)**赤外**領域で理論を修正することになろうし，第3の考え方は(小さな距離，大きなエネルギーと運動量の)**紫外**領域で理論を修正することになるだろう．

第3の考えを詳しく見てみよう，というのは本書の第I部で得られた結果を用いることができるからである．そこで各径路はそれに十分に近いすべての径路上に均等に滲み出していると仮定しよう．このとき何か起こるだろうか．もし平均化に用いた帯状領域の幅が，目下の課題に特徴的な他の諸パラメーターに比して小さければ，何も変化はない．これは基本的長さを含む理論から近似としての通常の理論を導く可能性を保障し，またこの近似の適用限界を定義する可能性を保障する．しかし問題の諸パラメーターが帯状領域の幅と同程度であれば理論は本質的に修正され，従って基本的長さは，それと同程度の長さが問題となるところで通常の理論に修正を与えることになる．

第I部では非相対論的量子力学の範囲でこの課題を具体的に提起した．今扱っている問題では，径路の帯状領域上での積分について語るとしても，いかなる幅をもつ帯状領域上で積分を遂行するかについてはまだ明言できないし，他の関係についても課題を正確化できない．それでも直接の類比に基づいて何らかの一般的結論を引き出す試みは可能である．そのために，第I部に現れた観測の時間を前節で導入した固有時 τ と同一視しよう．観測結果のばらつきに対する最終的な公式において観測の時間は常に分母に現れたことを想起しよう．これは，パラメーター τ の十分に大きな値に対しては，帯状領域の幅が非本質的であることを意味している．この場合には帯状領域にわたって平均化しても確率振幅は本質的には変化せず，帯状領域とは関係なく個々の径路に依ると考えて確率振幅を扱ってよい．このように，大きな τ に対しては理論は変わらない．これに反して，小さなτに対しては理論は本質的修正を受ける．

これと関連して，シュヴィンガーが，振幅を計算する際に現れる積分を正則化するために固有時を導入した[10]ことを想起するのは時宜に適ったことである．正則化は0に近いτの値を除くことにより行なわれた．即ち，無限大はτの小さな値とこそ関係しているのである．個々の径路の代わりに帯状領域を導入することによって小さなτの場合に理論が受ける修正が発散の除去にも効くであろうと期待できる．

帯状領域にわたって平均をとるとき，次のようなことが起きる．径路積分(5.5)には，実際には個々の径路でなく，径路の帯状領域が現れる．この場合に，積分に現れる径路(または軌道)$\{\xi\}$が実際に表わしているものは，帯状領域の中央にある径路だけである．そこで，$U[\xi]$の代わりに，帯状領域にわたって平均して得られる$U[\xi']$を用いなければならない．このとき，もしτが大きければ，帯状領域上で軌道を平均して得られる$U[\xi']$は，帯状領域の中央に対する値$U[\xi]$に近い．もし，またτが小さければ，平均化して得られるものは$U[\xi]$とはかけ離れた大きさをもつ．それ故に作用素K_τは，τが大きければそのままだが，τが小さければ修正される．

このような修正は**時空の量子化***の一種である．時空多様体は，諸粒子が固有時の大きな隔りをもって分布しているのを記述するときにのみ意味をもつ．固有時の隔りが小さな分布のときには，時空多様体の概念は不正確になり，粒子の記述は径路の帯状領域，即ち本質的に非局所的対象を用語として行なわれる．幾何学のこのような《量子化》は，短距離で伝播因子を滑めらかにし，場の量子論において，少なくともある種の発散を消失せしめることは疑う余地がない．

この種の理論の具体的模型を定式化することも困難ではない．そのためには軌道の帯状領域で平均を行なうときの重みを決めさえすれば十分である．しかし，このような具体化を行なうには時期尚早であるから，一般的考え方

---

* 基本的長さ，発散の除去につながる《量子化された時空》については別の考え方もある：例えば[115]を見よ．

を定式化するにとどめよう.

この種の理論を定式化するのに径路群が必要不可欠というわけではない. しかし, 径路の理論形式が偶然的な数学的道具ではなく, 粒子の理論に不可欠な, その有機的一部であることがここ数年でようやく明らかになったようである. 径路群という武器はこの感を強くする. 物理的問題の多くは径路という言葉で直接に定式化されるべきであるという考えが出てきても当然である.

帯状領域にわたって平均するという仮説以外にも多くの仮説が考えられる. 物理学において以前からあるある種の問題は, それを直接, 径路の用語によって定式化すれば, 本質的に説明できるものとなるかもしれない. それらのうちで第1に挙げるべきものは, 真空からの対創成の問題であって, これには今日に至るまで原理的に明らかでない要素が残っている. もう一つの例は対称性の破れで, 径路群を考慮すると新しい展望がひらける. 実際, もしゲージ場のある成分が, 何らかの原因で, 問題にしている領域では0に等しいとすれば, これに対応するゲージ群の生成元は, 一般には粒子の記述に現れない. 即ち, ゲージ群は縮小され, その部分群になっている. 本質的には, 対称性のこのような破れの例は, クォークがその閉じ込められた捕われの身から解放されて, レプトンへと転化することである(第8章, §7を見よ).

この節では, 何かを明らかにするよりは問題提起の方が多くなっているのは当然である. それが本節の目的であったのだから. 我々の見解では径路の理論形式はもっと深く研究するに値し, またそれを応用することによって, 思いがけない結果が得られるはずである.

第10章　重力と径路群

我々は径路群と一般化されたポアンカレ群の観点から，ゲージ場における粒子の理論を詳細に分析した．今度はこの観点から，重力場の中を運動している粒子を見てみよう．この考察で見出される最も重要なことは，径路群と一般化されたポアンカレ群とは，この場合にも変わらないということである．重力の理論では曲がった時空が考察されるのであるから，この曲がった多様体上での径路の亜群を利用することも当然意味のあることである．しかしながら，重要でもあり，また若干意外なのは重力の理論においても，これまでに登場した，ミンコフスキー空間における，あの径路群をそのまま応用できることである．このときミンコフスキー空間そのものは，もはや物理的時空でないことは言うまでもない．これは径路群の元を特徴づけるために用いられる補助的空間にすぎない．その幾何学を解釈すれば，それは物理的時空の接空間一つ一つ(これはアフィン空間である)の正確なコピーであると言えよう．

曲がった時空とともにミンコフスキー空間をもとり入れようとした重力研究者の数は少なくない．その理由の一つに，重力場の理論を他の場の理論と似たものにしたいという願望がある．マンデルスタムが径路に依存する理論を考えたのも同じ理由によるのかも知れない．ともかくも，このことは，これから述べる群論的重力理論についても言えることである．径路依存の理論形式は曲がった空間と平らな空間との間に幾何学的に自然な対応をつけようとする試みから生まれる〔168〕．平らな空間は曲がった多様体の接空間と同一視できる．この多様体全体(またはその任意の4次元領域)を接空間上に自然な仕方で写すことは不可能であることが分かっている．しかし，接点に始まる，曲がった多様体上のどんな曲線も自然な仕方で接空間内の曲線上に写すことができる．この写像を数学では曲線の展開という．接点が問題の曲線上を動いてゆくようにして接平面を曲面上でころがしてゆくものと考えると，この写像は分かりやすくなる．曲がった空間内の曲線を平らな空間内の曲線に写す自然な写像が存在することから径路依存の理論が出てくる：点を写す可能性は無いので，我々は曲線を写す．そうして曲線，正確には径路に依存する関数に移って考える．しかし今やこの径路は平らな空間内にある．

径路依存の理論形式から直接出てくる結果の一つは，曲がった空間内での径路積分であって，これは平らな空間内での径路積分に帰着させられる．重力場以外にゲージ場もまた 0 ではないかも知れない．径路積分の方法はこれまでと同じで，ただ積分記号下に現れる径路群の表現が変わるだけである．

§1. 曲がった時空の上の標構ファイバー束

ゲージ場中の粒子の理論を構成したときには，ループ群(部分群であるこの群はミンコフスキー空間の等方部分群であった)の表現をつくり，これを全径路の群上に誘導し，最後に一般化されたポアンカレ群に達した．同じようにすることによって，重力場すなわち曲がった時空中にある粒子の理論を構成することもできるはずである．その場合にはループの群ではなく，点の等方部分群となりうる，一般化されたポアンカレ群のある部分群から話を始めなければならない．曲がった時空そのもの（より正確にはその上のファイバー束）はこの部分群による因子空間として得られるはずである．しかし，見通しをよくする目的で別の途をとろう．曲がった空間を通常の伝統的な方法で記述し，径路群と一般化されたポアンカレ群とがそこでどのように作用するかを見出そう．そのあとで完全な群論的理論形式に移ろう．このようにすると，通常の幾何学像から抜け出すために，この理論をどのように利用できるかが明らかになろう．結果としては重力の量子論で役立つある一般化されたリーマン幾何学を導入する可能性が生まれる．

重力の理論では，時空 $\mathscr{X}$ というのは 4 次元の，符号(1, 3)をもつ**擬リーマ**

ン空間であると仮定している．即ち$\mathscr{X}$は微分可能多様体であり，その中の無限に近い任意な2点xと$x+dx$に対して距離，

$$ds^2=g_{\mu\nu}(x)dx^\mu dx^\nu$$

が定義されており，しかも任意の点において**計量テンソル**$g_{\mu\nu}(x)$は座標系の変換を用いてミンコフスキーのテンソル$\eta_{\mu\nu}$に等しくすることができるのである．この理論で重要なのは，いわゆる接続の係数またはクリストッフェル記号，

$$\Gamma^\lambda_{\mu\nu}(x)=\frac{1}{2}g^{\lambda\sigma}(g_{\mu\sigma,\nu}+g_{\nu\sigma,\mu}-g_{\mu\nu,\sigma}) \tag{1.1}$$

である．ここに$[g^{\mu\nu}]$は行列$[g_{\mu\nu}]$の逆行列である．

クリストッフェル記号を用いて任意次数のテンソルの**共変微分**が定義される：

$$\begin{aligned}
&\nabla_\nu A^\lambda=A^\lambda{}_{,\nu}+\Gamma^\lambda_{\mu\nu}A^\nu,\\
&\nabla_\nu A_\mu=A_{\mu,\nu}-\Gamma^\lambda_{\mu\nu}A_\lambda,\\
&\nabla_\mu A^{\nu_1,\nu_2\cdots}_{\sigma_1,\sigma_2,\cdots}=A^{\nu_1,\nu_2,\cdots}_{\sigma_1,\sigma_2,\cdots,\mu}+\Gamma^{\nu_1}_{\lambda\mu}A^{\lambda\nu_2\cdots}_{\sigma_1\sigma_2\cdots}+\Gamma^{\nu_2}_{\lambda\mu}A^{\nu_1\lambda\cdots}_{\sigma_1\sigma_2\cdots}+\cdots\cdots\\
&\qquad\cdots\cdots-\Gamma^\lambda_{\sigma_1\mu}A^{\nu_1\nu_2\cdots}_{\lambda\sigma_2\cdots}-\Gamma^\lambda_{\sigma_2\mu}A^{\nu_1\nu_2\cdots}_{\sigma_1\lambda\cdots}.
\end{aligned} \tag{1.2}$$

共変微分を行なった後でもテンソルはテンソル的であって，ただ次数が1だけ大きくなるにすぎない(即ち，それは座標変換に際してテンソル的に変換される)．スピノールの共変微分の定義はもっと混み入っている．ここではその定義は与えない，というのは少し後で，テンソルにもスピノールにも同じように使える定義を与えるつもりだからである．

テンソル場と共変微分とは微分幾何学の古典的道具であって，長年重力理論で用いられてきた．ここ10年の間に，しかしながら，別の数学的言語，ファイバー空間が普及した．ここで手短かに，後に必要な程度に，その特徴を説明しておこう．**ファイバー空間**の概念は既に第5章で導入した．今は，重力場の記述にあわせてファイバー束を具体的に説明しよう．

任意の点$x\in\mathscr{X}$とこの点における**接ベクトル**$A=A^\mu\partial/\partial x^\mu$を見てみよう．数$A^\mu$は所与の座標系におけるベクトルの成分であり，勾配とそれらとの結

合は座標系の選択に依らない対象としてベクトルを記号的に表わす．その上，この結合 A は所与の点における所与の方向への微分作用素と解することができる．我々はそのようなものとしてこれを利用することにする．所与の点におけるベクトルの全体は4次元の線型空間 T_x をつくる．計量テンソル $g_{\mu\nu}(x)$ は T_x における双2次形式を与える．

$$(A,\ B)=g_{\mu\nu}(x)A^{\mu}B^{\nu}.$$

接空間 T_x で，ある**基底**または**標構** $b=\{b_\alpha\in T_x|\alpha=0,\ 1,\ 2,\ 3\}$ を選ぼう．任意なふたつの基底は非退化な線型変換で互いに結ばれている，つまり $b'=bg$ である．或いはもっと詳しく書けば

$$b'_\alpha=b_\beta\, g^\beta{}_\alpha \tag{1.3}$$

である．ここで $g\in GL(4)$ は4次の非退化な行列群の元である．もし一つの基底を任意に選べば，残りの基底は群 $G=GL(4)$ の可能な変換をすべて用いることによって見出される．そしてまたそのことによって点 x における基底の集合 $\mathscr{B}_x$ と群 G との間に1対1対応がうちたてられる．他方公式(1.3)は群 G の，基底の集合 $\mathscr{B}_x$ への作用を与える．

これによって実際上，$\mathscr{X}$ の上の**主ファイバー空間**が導入されたことになる．実際，すべての点 $x\in\mathscr{X}$ を考え，各点 x で接空間 T_x をつくり，そこでのすべての基底 $b\in\mathscr{B}_x$ を見てみよう．そうすると $\mathscr{B}=\bigcup_{x\in\mathscr{X}}\mathscr{B}_x$ はすべての点におけるすべての基底の集合で，これは $\mathscr{X}$ 上のファイバー空間である．これを**基底のファイバー束**または**標構ファイバー束**と名づけよう．このファイバー束の正準射影 $\pi:\mathscr{B}\to\mathscr{X}$ は標構 $b\in\mathscr{X}_x$ を点 x に写し，一方，ファイバー束における**構造群**は $G=GL(4)$ である．

ファイバー束における座標となるのは，点の座標と標構ベクトルの成分である．標構 $b\in\mathscr{B}_x$ はベクトル b_α，$\alpha=0,\ 1,\ 2,\ 3$，からなるものとしよう．もしある底標系を選んだものとすれば，点 x は座標 x^μ，$\mu=0,\ 1,\ 2,\ 3$ で表わされ，一方，ベクトル b_α はその成分 b^μ_α，$\mu=0,\ 1,\ 2,\ 3$ で表わされる．このとき標構 b は数の組 $\{x^\mu,\ b^\nu_\alpha\}$ で表わされる．この表わし方によってファイバー束 $\mathscr{B}$ に座標系が導入される．かくして標構ファイバー束は20次元の多

様体である，この多様体上の各ベクトル場は微分作用素，

$$A=A^{\mu}\frac{\partial}{\partial x^{\mu}}+A^{\nu}_{\alpha}\partial/\partial b^{\nu}_{\alpha}$$

により表わされる．

次にファイバー束$\mathscr{B}$における接続を導入しよう．第5章で見たように，接続(即ち，ファイバー束における水平ベクトルの概念)はある一組のベクトル場で与えられるが，これは構造群の作用と調和しなければならない．ファイバー束$\mathscr{B}$においてはどのような**接続**もいわゆる一組の**基本**ベクトル場 B_{α}, $\alpha=0, 1, 2, 3$,

$$B_{\alpha}=b^{\mu}_{\alpha}\frac{\partial}{\partial x^{\mu}}-\Gamma^{\lambda}_{\mu\nu}(x)b^{\mu}_{\alpha}b^{\nu}_{\beta}\frac{\partial}{\partial b^{\lambda}_{\beta}} \tag{1.4}$$

によって与えられることを示すことができる．ここに $\Gamma^{\lambda}_{\mu\nu}(x)$ は x の任意な関数で，**接続係数**と呼ばれるものである．この関数が決まれば基本ベクトル場も決まってしまい，他方，任意の水平ベクトル場は基本場の一次結合の形で得られる(この一次結合の係数はファイバー束上の関数である)．

ここまでは$\mathscr{X}$の微分可能多様体としての構造のみを利用してきた．次に$\mathscr{X}$上には擬リーマン計量が与えられていることを思い出そう．重要なのは，この計量が，各接空間 T_x において双一次形式(A，B)によって定義されていることである．基底ベクトルはこの形式に関して正規直交化されているものとしよう．計量は符号 (1, 3)をもつから，すべての基底ベクトルを1に規格化することはできない．その代わりに，それらのうちの一つを1に，残りの三つは (−1) とすることができる．換言すれば，**正規直交標構**あるいは**直交標構** $n\in\mathscr{B}_x$ というものを，条件

$$(n_{\alpha}, n_{\beta})=g_{\mu\nu}(x)n^{\mu}_{\alpha}n^{\nu}_{\beta}=\eta_{\alpha\beta}$$

を満足するベクトルの全体 $n=\{n_{\alpha}\in T_x\}$ として定義するのである．すべての直交標構からなる$\mathscr{B}_x$の部分集合を$\mathscr{N}_x$と記すことにしよう．これらの部分集合をすべて併せると$\mathscr{X}$上のファイバー束$\mathscr{N}$が得られる．これも**主ファイバー多様体**であるが，その**構造群**はローレンツ群 $L=SO(1, 3)\subset GL(4)$ である．実際，ローレンツ群の元によって惹き起こされる (1.3) の形の変換は

正規直交標構を正規直交標構に変え，また逆に任意なふたつの正規直交標構はローレンツ群によって結ばれている．ファイバー束 $\mathscr{N}$ に座標を直接導入するのはむつかしく，より広いファイバー束 $\mathscr{B}$ の定義から始めて，そのあとで標構の正規化条件によって $\mathscr{N}$ を $\mathscr{B}$ の部分多様体として定義しなければならなかったのはそのためである．

ベクトル場(1.4)は，一般的に言えば，$\mathscr{N}$ におけるベクトル場ではない．実際，任意の点 $n \in \mathscr{N}$ からベクトル場 B_α に沿って動けば，一般的に言って，もはや $\mathscr{N}$ には属さない点に着く(標構の正規性が壊れる)．しかし，もし接続の係数 $\Gamma^\lambda_{\mu\nu}(x)$ を適当に選べば，このようなことは起きない，つまり水平場 B_α に沿って動いても正規性は変わらず，ファイバー束 $\mathscr{N}$ の外には出ない．この場合には場 B_α は B においてのみならず，$\mathscr{N}$ においても**接続**を与えると見ることができる．接続には，通常，もう一つの補助条件 $\Gamma^\lambda_{\mu\nu}=\Gamma^\lambda_{\nu\mu}$ (この条件は捩率がゼロに等しいことを意味するが，我々はこの概念を用いないことにしよう)が課せられる．二つの条件——接続の対称性と水平移動に際しての正規性の保存とは接続の係数を一意的に定義する．このときには，それは**クリストッフェル記号** (1.1) に一致することがわかっている．このような係数をもつ接続は，**リーマン接続**または**レビ-チビタの接続**と呼ばれる．今後用いるのはこのような接続だけである．

標構ファイバー束を用いた理論形式には接続の係数が現れることが分かる．それとともに，この理論形式には共変微分も現れることは明らかである．容易に推察できるように共変微分の働きをするのは，ファイバー束における基本ベクトル場に対応する微分作用素(1.4)でなければならない．このことは次節で確かめられる．

§2．標構ファイバー束上の波動関数

前節では曲がった時空 $\mathscr{X}$ 上の標構ファイバー束(接空間の基底) $\mathscr{B}$ を定義した．このファイバー束において座標となるのは，点の座標と標構ベクトルの成分とである，すなわち $b=\{x^\mu,\ b^\nu_\alpha\}$ である．この座標を用いると $\mathscr{B}$ における，いわゆる基本ベクトル場は次のような形をとる：

$$B_\alpha = b^\mu_\alpha \left(\frac{\partial}{\partial x^\mu} - \Gamma^\lambda_{\mu\nu}(x) b^\nu_\beta \frac{\partial}{\partial b^\lambda_\beta} \right),$$

ここに $\Gamma^\lambda_{\mu\nu}$ は接続の係数である．

基本場の幾何学的意味は次のようである．点 b はファイバー束 $\mathscr{B}$ の任意の点とし，$B_\alpha|_b$ は場 B_α の，点 b における値をもつ $\mathscr{B}$ 内のベクトルとする．このベクトルをファイバー束の底空間 $\mathscr{X}$ 上に射影すると基底ベクトル b_α そのものが得られる．換言すれば，基本ベクトル場は，ファイバー束における基底ベクトルを水平に保って持ち上げることによって得られるものである．

基本場の任意な１次結合（係数は $\mathscr{B}$ 上の関数）は定義により水平ベクトル場とみなされる．これによってファイバー束 $\mathscr{B}$ 上に接続が与えられる．水平方向に移動しても標構の正規化が壊れないように接続の係数を選んでおくと，ベクトル場 B_α を正規直交標構の部分ファイバー束 $\mathscr{N} \subset \mathscr{B}$ に制限することができる．特に接続の係数がクリストッフェル記号 (1.1) と一致する場合にはこのようになっており，従ってこれから先は常にこれを仮定することにする．この場合には基本場 B_α は $\mathscr{B}$ においてのみならず $\mathscr{N}$ においても接続を与える．物理学への応用のために必要なのは，ファイバー束 $\mathscr{N}$ とそこでの接続だけである．ファイバー束 $\mathscr{B}$ は補助的に導入されるだけである，というのは，そこでは座標の導入と基本場の構成を簡単に行なうことができるからである．

さて，標構ファイバーを用いた理論形式で波動関数と粒子とを記述してみよう．粒子は，なによりもまずローレンツ群のある表現によって特徴づけられる．普通，粒子の状態は時空の関数によって表わされるが，あるファイバー束上の関数に移ると都合のよいことがしばしばある．このときには関数に適当な構造条件を課さなければならない．この方法には本書ですでに出会っている．ここでも粒子をファイバー束 $\mathscr{N}$ 上の関数で表わそう．この関数は空間 $\mathscr{L}_\sigma$*（表現 $\sigma(\Lambda)$ の台空間）に値をもつ．ファイバー束に移っても新しい

* もし粒子が内部自由度をもっていれば，その波動関数は空間 $\mathscr{L}_\alpha \times \mathscr{L}_\sigma$ に値をもつ．ここに $\mathscr{L}_\alpha$ は内部自由度の空間（例えば，荷電空間）である．しかし当面，我々には内部自由度はどうでもよい．

自由度が生じることのないように，関数には**構造条件，**

$$\psi(n\lambda)=\sigma(\lambda^{-1})\psi(n) \tag{2.1}$$

を課さなければならない．ここに $n\in\mathscr{N}$，$\lambda\in\Lambda$ であり，$n\lambda=n'$ はファイバー空間への構造群(ローレンツ群)の作用を表わす．ここでは $n'_\alpha=n_\beta\lambda^\beta_\alpha$ であり，これはローレンツ変換による標構の回転を表わしている．

今我々はファイバー束 $\mathscr{N}$ 上の関数を扱っているのだから，それに作用素 B_α を作用させることができる．これの作用は**波動関数を共変微分すること**と同値である．その上この共変微分は任意のテンソル，スピノールあるいはテンソル-スピノールに対して同じように定義される．場 ψ のテンソル性は表現 $\sigma(\lambda)$ を与えることと，構造条件(2.1)を課すこととによって定義される．共変微分の作用素 B_α そのものは，それが作用する関数のテンソル構造とは独立に一つの共通な形をもっている．更に，これは(確かに，より次元の高い空間で作用するのではあるが)微分作用素であり，普通の共変微分に対する公式(1.2)とは違って，テンソル次元に依存する追加的な項を含んでいない．このことは多くの場合に好都合である．

ベクトル場の微分を例にとって，作用素 B_α と普通の共変微分との関係を見てみよう．場 $A_\mu(x)$ は空間 $\mathscr{X}$ 上のベクトルとする．これに対する共変微分は(1.2)で定義されている．作用素 B_α を用いるためには，まず構造(2.1)を満たすファイバー束上の関数に移らなければならない．これを公式，

$$\psi_\alpha(b)=\psi_\alpha(x^\mu,\ b^\nu_\beta)=b^\mu_\alpha A_\mu(x)$$

によって行なう．関数 $\psi(b)$ は4次元ベクトルであって，その成分を添字 α で表わし，また標構 b の座標 x^μ，b^ν_β が陽に導入してある．このように定義された関数が構造条件，

$$\psi_\alpha(b\lambda)=\lambda^\beta_\alpha\,\psi_\beta(b)$$

を満足することを直接に確かめるのに困難はない．(部分ファイバー束 $\mathscr{N}$ の上に制限して得られる)関数 $\psi_\alpha(n)$ に対しても，表現を $\sigma(\lambda)=(\lambda^{-1})^T$ (記号 T は転置を表わす)とした構造条件(2.1)が満たされることは言うまでもない．下つきの添字をもつ4次元ベクトルはローレンツ群の作用でまさにこのような変換を受けるのだから，当然の要求が満たされているわけである．要求された性質をもつ関数 $\psi(n)$ (ばかりでなく，その拡大 $\psi(b)$)が一旦得られてしまえば，それに B_α を作用させることができる．直接計算すると，

$$B_\alpha\psi_\gamma(b)=B_\alpha\, b^\sigma_\gamma\, A_\sigma(x)=b^\mu_\alpha\, b^\sigma_\gamma(\nabla_\mu A_\sigma)$$

となる．このように，関数 $\psi_\gamma(b)$ に対する作用素 B_α の作用は関数 $A_\sigma(x)$ に対する(公式(1.2)で定義された)作用素 ∇_μ の作用に帰着する．微分を行なったあとでは $\mathscr{B}$ 上のベクトルの代わりにテンソル添字 α，γ をもつテンソル関数が生じる．この関数は (2.1) のタイプの条件を満足するが，そこに現れるのはローレンツ群のテンソル表現である．

任意の次数をもつテンソルに対しても全く同じである．例えば(上つきの添字をもつ)ベクトル場 $A^\mu(x)$ が与えられたとすれば，これに対応するファイバー束上の関数は $\psi^\alpha(b)=b^{-1\alpha}_{\ \ \mu}A^\mu(x)$ であり，これは構造条件，

$$\psi^\alpha(b\lambda)=\lambda^{-1\alpha}_{\ \ \beta}\,\psi^\beta(b)$$

を満たし(即ち，この場合には $\sigma(\lambda)=\lambda$ である)，

$$B_\alpha\,\psi^\gamma(b)=B_\alpha b^{-1\gamma}_{\ \ \sigma}\,A^\sigma=b^\mu_\alpha\, b^{-1\gamma}_{\ \ \sigma}(\nabla_\mu A^\sigma)$$

のように微分される．この式を導くのに必要なことは，逆行列 b^{-1} の微分規則，

$$\frac{\partial}{\partial b^\lambda_\beta}b^{-1\gamma}_{\ \ \sigma}=-b^{-1\gamma}_{\ \ \lambda}b^{-1\beta}_{\ \ \sigma}$$

を思い出すことだけである．

ファイバー束を用いる理論における作用素 B_α と共変微分 ∇_μ との正確な関係は不必要である．ファイバー束上の関数 $\psi(n)$ を用いれば，作用素 B_α が共変微分の働きをする．例えば，共変的運動方程式を書き下そうというのであれば，自由粒子の運動方程式をとり，そこにおいてすべての微分を作用素 B_α で置き換えなければならない．特に，共変的な**クライン-ゴルドン方程式**と共変的な**ディラック方程式**は，標構ファイバー束を用いる理論において，

$$(\Box+m^2)\psi(n)=0,$$

$$(i\gamma^\alpha B_\alpha-m)\psi(n)=0,$$

の形をもつ，ここに γ^α は普通のディラック行列であり，また $\Box=\eta^{\alpha\beta}B_\alpha B_\beta$ である．

注意

先にいくつかの例で見たように，テンソル次元をもつ場を記述する波動関

数はファイバー束$\mathscr{N}$上のみならず，すべての標構からなるファイバー束$\mathscr{B}$上でも考えることができる．このときそれらは構造条件

$$\psi(bg)=\sigma(g^{-1})\psi(b)$$

を満足する．ここに$\sigma(G)$はローレンツ群のテンソル表現$\sigma(\Lambda)$の，群$G=GL(4)$への拡大である．ローレンツ群のスピノール表現またはテンソル-スピノール表現のこのような拡大は不可能である．それ故，スピノールを記述する関数$\psi(n)$をファイバー束$\mathscr{B}$上に拡大できたとしても，拡大の結果得られた関数に対して群Gに相対的な構造条件は満足されない．スピノールの理論はファイバー束$\mathscr{N}$上でのみ可能である．実際にはその構造群がローレンツ群ではなく，その**普遍被覆群**$SL(2, \boldsymbol{C})$となるように，このファイバー束を定義しなおさなければならないことを想起しよう．このような定義のしなおしは$\mathscr{X}$への**スピン構造**の導入といわれる．これらの詳細は我々にはどうでもよい．スピン構造については，例えば[116]を見よ．

§3. 標構ファイバー束への一般化されたポアンカレ群の作用

前の諸節で，曲がった時空上の標構ファイバー束$\mathscr{B}$と直交標構からなるその部分ファイバー束$\mathscr{N}\subset\mathscr{B}$とを定義した．ファイバー束$\mathscr{B}$においては構造群$G=GL(4)$が作用し，ファイバー束$\mathscr{N}$では構造群はローレンツ群$\Lambda$である．粒子の状態は適当な構造条件に従うファイバー束$\mathscr{N}$上の波動関数によって記述される．このような関数に対して共変微分の働きをするのは，ファイバー束$\mathscr{B}$においては，陽な形，

$$B_\alpha=b_\alpha^\mu\left(\frac{\partial}{\partial x^\mu}-\Gamma^\lambda_{\mu\nu}(x)b^\nu_\beta\frac{\partial}{\partial b^\lambda_\beta}\right)$$

に書くことのできる基本場であった．この形は部分ファイバー上においてもそのまま定義として有効である．

数係数a^α，$\alpha=0, 1, 2, 3$をもつ基本場の1次結合$B(a)=a^\alpha B_\alpha$をつくろう．これらの数は4次元ベクトルの成分とみなすことができる．従って4次元ベクトルaは微分作用素または水平ベクトル場$B(a)$と見てよい．これらの**場**もまた**基本場**と呼ばれる．作用素，

$$U(a)=e^{B(a)}=e^{a^{\alpha}B_{\alpha}}$$

をつくろう．明らかに，この作用素はミンコフスキー空間における並進作用素 $\exp(a^{\alpha}\partial/\partial x^{\alpha})$にあたるものである．作用素 $U(a)$はファイバー束における水平移動の作用素である．

ミンコフスキー空間内の任意(滑か)な曲線 $\{\xi(\tau)\in\mathscr{M}\,|\,0\leqq\tau\leqq1\}$ をとろう．区間 $[0,1]$ をN等分し，Nを無限に大きくすると，曲線は極めて短く，ほとんど直線に近い曲線族に分かたれる．これらの短い曲線を適当なベクトルで置き換え，これらのベクトルを水平移動の作用素と見ることにする．これによって，曲線$\{\xi\}$を作用素

$$U\{\xi\}=\lim_{N\to\infty}\ e^{B(\Delta\xi_N)}\ e^{B(\Delta\xi_{N-1})}\cdots\cdots e^{B(\Delta\xi_1)}$$

とみなすことができる．ここに $\Delta\xi_j=\xi(\tau_j)-\xi(\tau_{j-1})$，$\tau_j=j/N$ である．

十分に滑らかな曲線をとると，それに対応する作用素 $U\{\xi\}$ は曲線のパラメーター表示の仕方にも依らず，曲線の一般的並進 $\xi(\tau)\mapsto\xi(\tau)+a$ にも依らない．その上明らかに群としての性質，

$$U(\{\xi'\}\{\xi\})=U\{\xi'\}\,U\{\xi\} \tag{3.1}$$

が満たされている．特に，もし $\{\xi'\}=\{\xi\}^{-1}$ ならば，即ち，曲線$\{\xi'\}$が$\{\xi\}$とは向きが逆であること以外は，同じ曲線であるならば，積 $\{\xi'\}\{\xi\}=\{\xi\}^{-1}\{\xi\}$ は単位作用素とみなすべきものとなる．これらすべてのことから，作用素 $U\{\xi\}$ は径路$[\xi]=p\in P$ で表わされる曲線の同値類だけで決まることになる．それ故，径路群上の関数が得られたことになり，それを記号的に

$$U(p)=P\ \exp\left\{\int_p B\,(d\xi)\right\} \tag{3.2}$$

と書くことができる．さらに (3.1) からは，この関数が径路群の表現となること，即ち $U(p')U(p)=U(p'p)$ となることが分かる．

表現 $U(P)$ はファイバー束 $\mathscr{N}$ 上の関数がつくる空間で作用する．ここで写像 $p:n\in\mathscr{N}\mapsto np\in\mathscr{N}$ を，関係

$$(U(p)\psi)(n)=\psi(np) \tag{3.3}$$

を満たすものとして定義しよう．このような写像の存在は先験的には明らかではない．しかしながら，その存在は関数 $U(p)$の群論的性質と，$\exp(B(a))$

が並進作用素であることとの二つから直ちに分かる．実際，どのような径路も，極めて短い直線状の多数の径路の積として表わすことができる．表現 $U(P)$ の群的性質から，もし公式 (3.3) がそのような短い直線状の径路に対して正しければ，それは任意の径路に対しても正しいことが分かる．ところで短い直線状の径路に対しては，この公式を直接導くことができる．作用素 $B(a)$ の定義から

$$e^{B(a)}\psi(x^{\mu}, b^{\lambda}_{\beta})=\psi(x^{\mu}+a^{\alpha}b^{\mu}_{\alpha},\ \ b^{\lambda}_{\beta}-a^{\alpha}b^{\mu}_{\alpha}b^{\nu}_{\beta}\ \Gamma^{\lambda}_{\mu\nu}(x))+O(a^2)$$

が出る．即ち，(a が小さいとき) $B(a)$ の指数関数は，関数の引数に変位をもたらす．このとき x は $\Delta x=a^{\alpha}b_{\alpha}$ だけ変化し，この点 x の標構 b は水平に移動して点 $x+\Delta x$ における標構となる．あとは，短い直線状の径路に対しては，作用素 $U(p)$ は $B(a)$ の指数関数と一致することに注意しさえすればよい．

このようにして公式(3.3)は径路群のファイバー束 $\mathscr{N}$ への作用を定義する (ファイバー束 $\mathscr{B}$ に対してもこの定義は有効だが，それは我々には不必要である)．径路 p が作用すると標構 $n\in\mathscr{N}$ は標構 np となる．これは，点 n に始まり点 np に終るファイバー束内の水平な曲線に沿う標構の移動である．このような水平方向への移動は標構の**平行移動**と呼ばれる．前の段落の計算が示すところでは，この移動は**接空間に展開**するとまさに径路 p となるような $\mathscr{X}$ 上の曲線に沿って行なわれる．

我々は，$\mathscr{N}$ への径路群 P の作用を定義することができた．その他に $\mathscr{N}$ 上では構造群であるローレンツ群の作用，$\lambda : n\mapsto n\lambda$ が定義されている．これによって作用素，

$$(U(\lambda)\psi)(n)=\psi(n\lambda) \tag{3.4}$$

が定義される．残るは，$\mathscr{N}$ に対する，一般化されたポアンカレ群 $Q=\Lambda P$ の作用を定義するために，径路群とローレンツ群の作用を統一することである．この群の任意の元を $q=\lambda p,\ \lambda\in\Lambda,\ p\in P$ の形に表わし，定義として $nq=(n\lambda)p$ と置こう．これに対応して $U(q)=U(\lambda)U(p)$ と定義する．そうすると

$$(U(q)\psi(n))=\psi(nq) \tag{3.5}$$

となる．ここで群 Q における乗法は交換関係

$$\lambda[\xi]\lambda^{-1}=[\lambda\xi]$$

に基づいている(第9章，§2)．以上の諸定義の無矛盾性は，作用素 $B(a)$ が条件，

$$U(\lambda)B(a)U(\lambda^{-1})=B(\lambda a) \tag{3.6}$$

を満足することから分かる．

§4．ホロノミー群

前節で，一般化されたポアンカレ群の，直交標構ファイバー束への作用 $q: n\mapsto nq$ が定義され，この群の，作用素による表現，

$$(U(q)\psi)(n)=\psi(nq)$$

が定義された．今度はこの表現の構造を調べ，それが誘導表現であることを示そう．そうすると重力そのものから離れて，ゲージ理論で利用したのと同じ理論形式：誘導表現による粒子の局所的性質の記述，に移ることができる．このことから分かるように，重力の場合には径路群ではなく一般化されたポアンカレ群の表現に直接言及しなければならない．

直交標構ファイバー $\mathscr{N}$ 内に任意の点(標構) $n_{(0)}\in\mathscr{N}$ を選び，これを固定しよう．この点は基準系の原点となる．今の場合 $n_{(0)}$ は標構だから，これを選び出すことは実際には時空 $\mathscr{X}$ において基準系の原点と向きづけ(直交標構)とを同時に選ぶことである．$H\subset Q$ は標構 $n_{(0)}$ の等方部分群，即ち，この標構を動かさない，一般化されたポアンカレ群の元の集合とする，つまり

$$H=\{h\in Q\,|\,n_{(0)}h=n_{(0)}\}$$

とする．このときファイバー束 $\mathscr{N}$ 全体は因子空間 Q/H と，つまり左剰余類 Hq の集合と自然な仕方で同一視される．この同一視を行なうと，剰余類 Hq には標構 $n=n_{(0)}q$ が対応している．

ファイバー束上の関数 $\psi(n)$ は，今や一つの剰余類上では一定の値をとる

関数であり，従ってすべての $h\in H$, $q\in Q$ に対して構造条件

$$\Psi(hq)=\Psi(q)$$

を満足する群 Q 上の関数 Ψ である．作用素 $U(q)$ はこの関数に対して右移動として作用する，

$$(U(q)\Psi)(q')=\Psi(q'q).$$

もし関数 Ψ にいかなる補助条件も課さなければ，表現 $U(Q)$は，明らかに，部分群 H の自明な表現から誘導される表現 $1(H)\uparrow Q$ と同じである．この表現は重力場における粒子の局所的性質を記述する．この場合，局所化と言えば，時空とファイバー束 $\mathscr{N}$ との両方における局所化を意味する．粒子の実在的状態についてはのちほど触れよう．

部分群 H をもっと詳しく見てみよう．この群の各元は $h=p\lambda$ の形に表わすことができるが，元 $p\in P$, $\lambda\in\Lambda$ は，ここでは勿論任意ではなく，一定の仕方で互いに関係しあっている．群 H の定義によって $n_{(0)}h=n_{(0)}p\lambda$ は $n_{(0)}$ と一致する．しかしながら，構造群の元 λ による変換は標構をファイバーに沿って動かすのであって，別のファイバー上に標構を移すことはない．それ故に，もし標構 $n_{(0)}$ が点 $x_{(0)}\in\mathscr{X}$ 上のファイバー上にあれば，その同じファイバー上に標構 $n_{(0)}p$ ものっている．前節で述べたように，変換 $n_{(0)}\mapsto n_{(0)}p$ は，展開すると p になる曲線に沿って標構を平行移動することである．移動後に標構が移動前と同じ点にあるとなれば，移動は閉曲線に沿って行なわれることになる．従って群 H の元を分解したとき現れる径路群 p は常に多様体 $\mathscr{X}$ 上の閉曲線に対応していることになる．その際（この曲線の接空間上への展開である）径路 p 自身が閉じている必要は全くない*.

$n_{(0)}p=n$ と書こう．標構 n は標構 $n_{(0)}$ から，展開 p をもつ閉曲線に沿う平行移動によって得られる．その上，条件 $n_{(0)}p\lambda=n_{(0)}h=n_{(0)}$ から $n=n_{(0)}\lambda^{-1}$

---

* $\mathscr{X}$ 上の曲線が閉じていると分かるのは，標構 $n_{(0)}$ から出発してそれを構成した場合に限る．同じ径路 p を他の標構 n に作用させると，（n が $n_{(0)}$ と同じファイバー上にある場合でさえ）必ずしも n と同じファイバーに属するとは言えない標構 np が得られる．換言すれば，同じ展開 p をもってはいても，異なる標構 n を出発点として構成される多様体 $\mathscr{X}$ 上の曲線は，もはや必ずしも閉じてはいない．

が出る．このことは，展開 p をもつ閉曲線に沿って標構 $n_{(0)}$ を平行移動すると，標構はローレンツ群の元 λ^{-1} による変換を受けることを意味している．従って，群 H のすべての元 $h=p\lambda$ を列挙することは，点 $x_{(0)}$ に始まる $\mathscr{X}$ 上の閉曲線をすべて列挙し，これらの曲線の各々に対して，それらに沿う平行移動をもたらすそれぞれのローレンツ変換を指示することと同じである．微分幾何学を知っている人には，群 H はホロノミー群のいささか見慣れない形であることが分かるはずである．

リーマン空間 $\mathscr{X}$ 内の任意の閉曲線に沿って，ある標構 $n_{(0)}$ を平行移動すると，同じファイバーに属する他の標構 n となる．同一のファイバーに属する標構はすべて互いにローレンツ変換で結ばれているから，それらはある λ^{-1} によって $n=n_{(0)}\lambda^{-1}$ と書ける．このように各閉曲線に対してローレンツ変換が存在する．もしすべての閉曲線（$\mathscr{X}$ 上のループ）を同値類に類別して，同じ類に属する閉曲線には同一のローレンツ変換が対応するようにすると，$\mathscr{X}$ 上のループの類を元とする集合はローレンツ群*に同型な群となる．この群がホロノミー群である．我々が導入した群 $H\subset Q$ はまさに**ホロノミー群**に相当している．ただ，群 H の元はループの類ではなくループ自身である点で異なっている．$\mathscr{X}$ における各ループは接空間上での展開** p（これは閉じていないかもしれない）によって特徴づけられ，各ループにはローレンツ群のある元 λ が対応している．すなわち，群 H はホロミノー群と呼びならわされているものとは異なるのではあるが，簡単のため H を（一般化された）**ホロノミー群**と呼ぶことにしよう．

このようにして直交標構のファイバー束 $\mathscr{N}$ は一般化されたポアンカレ群のホロノミー部分群による因子空間 Q/H として表わされる．ホロノミー部分群は擬リーマン空間 $\mathscr{X}$ の幾何学に関する全情報を含んでおり，原理的には，部分群 $H\subset Q$ を与えることによってこの幾何学を復元することができる．

* このとき実際に得られるのは，ローレンツ群の部分群に同型な群だけであるかもしれない．例えば，平らな空間では，単位元だけからなる群が得られることもある．しかし(退化していない)一般的状況の下では，ローレンツ群そのものが得られる．

** アフィン空間である接空間上への曲線の展開の定義は，例えば〔27〕にある．

重力場を記述するためには，そもそもの始めから一般化されたポアンカレ群を考察しなければならなかったのは何故であるか，径路群だけに限定できなかったのは何故か．今やこれを明らかにすることができる．実際，ゲージ理論では，ホロノミー群の役割をしたのはループの部分群 L とその表現 $\alpha(L)$ であった．各ループ $l \in L$ はミンコフスキー空間の基準系の原点を動かさない（そして向き，即ちミンコフスキー空間の標準標構をも変えないことは言うまでもない）．しかし，各ループには荷電空間 $\mathscr{L}_\alpha$ の変換 $\alpha(l)$ が，あるいは同じことだが，ゲージ群の元が対応している．これこそ，ゲージ場を伴なったミンコフスキー空間における閉じた径路に沿う平行移動の記述である．換言すれば，これはゲージ場のホロノミー群の記述である．重力の場合にはゲージ群（ファイバー束の構造群）の役割を果たすのはローレンツ群である．この場合の本質的な違いは，ローレンツ群が何かある独立な内部的空間または荷電空間で作用するのではなくて，径路が与えられるミンコフスキー空間そのものに作用する点にある．このために，重力を扱うときにはゲージ群を径路から切り離すことはできず，それらを一緒にして考察しなければならない．このようにしてホロノミー群 H が得られる．ミンコフスキー空間における径路の群ではなく，空間 $\mathscr{X}$ そのものにおける径路の亜群を用いれば，この分離不可能性は除かれる（これについては，あとでも述べる）．しかし，我々はミンコフスキー空間における径路群を利用することにしよう．その理由は次のようである．1）それが単なる亜群ではなく群であること；2）それは普遍的であって，このことは重力の量子化にとって重要であること；3）ホロノミー群 H をさまざまに選べば，すべての擬リーマン空間を列挙することができるだけでなく，擬リーマン空間の一般化としての構造をもつ空間を構成できるが，この空間は重力の量子論で役に立つかもしれない．

第3の理由をもう少し説明しよう．我々は直交標構ファイバー $\mathscr{N}$ を因子空間 Q/H として把え，それによって幾何学的描像から群論的描像へと見方を変えた．目下のところ，これらふたつの描像は同値である．しかし同値であるのは，我々が幾何学的描像から始めて，そこからホロノミー群を引き出したが故であるにすぎない．実際には群論的方法の方がより豊かな内容をもつ，というのは，結果として出てくる因子空間 Q/H が擬リーマン空間上の標構ファイバー束とは解釈できないように部分群 H を選ぶこともできるからである．その場合4次元多様体としての時空が存在することができないような，ある新しい幾何学が，擬リーマン幾何学の代わりに得られる．それにもかかわらず，このような幾何学は物理的意味を持ちうる，というのは，それは一般化されたポアンカレ群に基づいて，とどのつまりはミンコフスキー空間の径路群に基づいて，構築されているからである．重力の量子論ではこのような一般化された幾何学的構造を考慮しなければならないことも大いにありうる．

注　意

もし $h=p\lambda\in H$ ならば，径路 p は $\mathscr{X}$ の閉じた径路の展開になっているが，p 自身は一般に閉じてはいない．ベクトル $a=\Delta p$ は径路 p に対応する変位ベクトル(すなわち，この径路の終点と始点の差)であるとすれば，h に対してポアンカレ群の元 $a_T\lambda$ を対応しせるのは自然であり，写像 $p\lambda\mapsto a_T\lambda$ は群 H の，ポアンカレ群の中への準同型である．前にも述べたように，ローレンツ群は重力理論においてゲージ群の働きをする．こうして**重力理論**で実際にゲージ群となるのはポアンカレ群であるとみなしうることが分かる．群 H は，$\mathscr{X}$ における各ループに，ローレンツ回転だけでなく，アフィン空間である接空間内の変位をも対応させる，アフィン的ホロノミー群とみなしうる．ゲージ群としてポアンカレ群を採って重力理論を構成しようとする多くの研究がある．これらのすべての研究において，結局はポアンカレ群がとにかく時空において作用しなければならないことに由来する困難にぶつかる．径路群は独特な仕方でポアンカレ群(もっと正確には一般化されたポアンカレ群)の時空における作用を導入せしめ，それによってポアンカレ群がゲージ群となる重力理論を構築せしめる．

§5．粒子の実在的状態と基準系の変換

擬リーマン(曲がった)時空 $\mathscr{X}$，或いはもっと正確には，その上の直交標

構ファイバー束 $\mathscr{N}$ は，一般化されたポアンカレ群の，ある適当な方法で選び出されたその部分群を法とする因子群 Q/H として表わされることを知った．また，この部分群をホロノミー群と呼ぶことにもした．曲がった時空(重力場)の中における粒子の局所化された状態は，群 Q 上の関数 $\Psi(q)$ のうち構造条件，

$$\Psi(hq)=\Psi(q) \tag{5.1}$$

を満足するものによって記述される．ここに $h\in H$，$q\in Q$ は任意であり，また $\Psi(q)$ は群 Q の作用で，

$$(U(q)\Psi)(q')=\Psi(q'q)$$

のように変換される．即ち $U(Q)=1(H)\uparrow Q$ である．粒子の実在的状態，即ち粒子のスピンと質量を考慮に入れた状態を見てみよう．

これは第9章でゲージ場内の粒子に対して行なったのと似た方法*で行なわれる．即ち，粒子の波動関数は，ローレンツ群を含むもう一つの構造条件，

$$\Psi(q\lambda)=\sigma(\lambda^{-1})\Psi(q) \tag{5.2}$$

(関数の値は空間 $\mathscr{L}_\sigma$ に属する)と運動方程式，

$$W(\delta)\Psi=0 \tag{5.3}$$

にも従わなければならない．ここに W は運動方程式の形を定義する関数であり，$\delta=\{\delta_\alpha\}$ は径路の助けを借りて行なう右からのずれ**の生成元である．即ち，

$$(\delta_\alpha\Psi)(q)=\left[\frac{\partial}{\partial a^\alpha}\Psi(q\,a_P)\right]_{a=0}$$

(a_P は短い直線径路，$a_P=\{\tau a\,|\,0\leqq\tau\leqq1\}$ である．

群上の関数からファイバー束上の関数に移ると，先の条件は，

$$\psi(n\lambda)=\sigma(\lambda^{-1})\psi(n), \tag{5.2$'$}$$

$$W(B)\psi=0 \tag{5.3$'$}$$

---

* 違いは非本質的で，いたるところで右移動と左移動が逆になって現れるだけである．これまでの習慣上，構造群はファイバー束で右から作用することになっているからである．

** 誤解を避けるために注意しておこう．本章ではいたるところで δ_α は右移動の生成元である．他方，第9章では同じ記号を左移動の生成元に用いた．違いは非本質的であって，原理的には取り除くことのできるものである．

となる．ここに関数 W の引数はファイバー束における基本ベクトル場 B_α である．これらの条件は §2 ですでに考察済みである．

これから先は，何らの変更もなく，ゲージ場内の粒子の実在的状態に関する叙述（第9章，§2-4）を繰り返せばよい．実在的状態には右移動についても，左移動についても条件が課せられているので，どの実在状態も群 Q の二つの表現の織り込み作用素の核であると解釈できる．二つの表現のうちの一つはすでに現れた表現 $1(H)\uparrow Q$ である．二つめの表現は条件(5.2)，(5.3)を満たす関数の空間で左移動として作用する．第1の表現は幾何学のみを特徴づけ，粒子のパラメーターを全く含まない．逆に第2の表現は粒子の力学的性質(スピンと質量，もっと正確には運動方程式)についての情報を含んでいるが，時空の幾何学は全く考慮に入れていない．粒子の実在的状態はこれらの表現の織り込む，即ち所与の幾何学をもつ時空の中に所与の性質をもつ粒子を投げ込む仕方を表わす．これを詳細に考察し，織り込み作用素に対する公式を導くことはやめておこう．というのは，これはゲージ場に対して第9章，§3 で行なったのと同じようにすればよいからである（なお，[172] も見よ）．

第9章，§4 で行なった基準系の変換がどうなるかを詳細に見てみよう．もし実在的状態 $\Psi(q)$ が，即ち条件(5.1)，(5.2)，(5.3)を満たす関数が，任意の元 $q\in Q$ による左移動を受けるとすれば，これらの条件は壊されてしまう．これは驚くにはあたらない，というのは関数の左移動は $n_{(0)}$ とは異なる新しい標準標構に移ることを意味し，新しい標構に対しては(一般化された)ホロノミー群は別の形をとる．それ故左移動を見ようとすれば，標準標構をどのように選んでも実在的状態が記述できるように関数空間を広げなければならない．

空間 $\mathscr{L}_\sigma$ に値をもつ，群 Q 上の関数 $\Psi_n(q')$ で，構造条件，

$$\Psi_n(h_n q'\lambda)=\sigma(\lambda^{-1})\Psi_n(q') \tag{5.4}$$

と運動方程式，

$$W(\delta)\Psi_n=0 \tag{5.5}$$

とを満たすものからなる空間を $\mathscr{H}_n$ と書こう．ここで h_n は群 $H_n=\bar{q}H\bar{q}^{-1}$ の任意の元を表わしている．ここに元 $\bar{q}$ は n を $n_{(0)}$ に移す．つまり $n\bar{q}=n_{(0)}$ である．群 H_n は直交標構 n に関してホロノミー群の働きをする，つまり $nh_n=n$ が任意の $h_n\in H_n$ に対して成り立つ．関数 $\Psi_n\in\mathscr{H}_n$ は直交標構 n との関連において粒子の実在的状態を記述する．

さて，関数 $\Psi_n \in \mathscr{H}_n$ の左移動：

$$(V(q)\Psi_n)(q') = \Psi_n(q^{-1}q') \tag{5.6}$$

を行なおう．新しい関数が，前と同様に運動方程式(5.5)を満たし，また n を nq^{-1} で置き換えただけの構造条件(5.4)をも満たすことは容易に分かる．従って，

$$V(q)\mathscr{H}_n = \mathscr{H}_{nq^{-1}}$$

であると結論できる．このようにして，空間

$$\mathscr{H} = \bigcup_{n \in \mathscr{N}} \mathscr{H}_n$$

を導入すると，この空間では一般化されたポアンカレ群の表現 $V(Q)$ が作用する．

ファイバー束上の関数を用いた場合には状態 $\Psi_n \in \mathscr{H}_n$ をどのように表わすことができるだろうか．関数 $\Psi_n(q')$ は類 $H_n q'$ 上で一定である．群 H_n は標構 n の等方部分群だから，$H_n q'$ には自然なこととして標構 $n' = nq'$ が対応する．それ故ファイバー束上の関数を公式

$$\Psi_n(q') = \psi_n(nq')$$

で定義するべきである．このように定義すると，容易に確かめることができるように，変換 $V(q)$ は一般にこれらの関数を変えない：

$$(V(q)\psi_n)(n') = \psi_{nq^{-1}}(n') = \psi_n(n').$$

かくして変換 $V(q)$，$q \in Q$ は標準標構を変え，それとともに群上の関数による状態の記述法を変えるにすぎない．しかし，ファイバー束上の関数による状態記述は標構の選択によらないから，これは変わらない．

§6．曲がった時空におけるゲージ場．径路積分

曲がった時空は，ホロノミー群の働きをする部分群 $H \subset Q$ により表わされることが分かった．このとき粒子の局所化された状態は，この部分群の自明な表現から誘導される表現 $1(H)\uparrow Q$ に従って変換される．当然次のような問題が生じる：表現 $U(Q) = \alpha(H)\uparrow Q$ に意味を与えることができないだろうか．ここに α は部分群 H の自明でないある表現である．この問に対する答は明らかである：このような表現は重力場の中を運動している，ある**内部自由度**を持つ粒子の状態を記述する．換言すれば，この表現は共存する重力場とゲージ場との中を運動する粒子を記述する．他方，このとき，表現 $\alpha(H)$ 自身は**曲がった時空内のゲージ場**を記述する．

実際，部分群 $H \subset Q$ は，曲がった空間 $\mathscr{X}$ 上の閉じた曲線と，これらの閉

曲線 ($\mathscr{X}$ 上のループ) 上を一周するときの標構の平行移動を記述する．もし粒子が，例えば空間 $\mathscr{L}_\alpha$ に対応する内部自由度を持っているならば，粒子の正確な状態を完全に特徴づけるにはもう一つの要素が必要である．それは，$\mathscr{X}$ 上のループに沿って一周するとき空間 $\mathscr{L}_\alpha$ がどのような変換を受けるかに答えるものでなければならない．この問に答えるのが $\mathscr{L}_\alpha$ において作用する作用素としての表現 $\alpha(H)$ である．

このようにして，共存するゲージ場と重力場との中にある粒子の**局所化された状態**は，空間 $\mathscr{L}_\alpha\times\mathscr{L}_\sigma$ に値をもち，構造条件，

$$\Psi(hq)=\alpha(h)\Psi(q) \tag{6.1}$$

を満足する群 Q 上の関数 $\Psi(q)$ によって記述される．この関数の空間内で作用するのが表現 $U(Q)=\alpha(H)\uparrow Q$ である．その作用は右移動：

$$(U(q)\Psi)(q')=\Psi(q'q)$$

となる．

共存する重力場とゲージ場との中にある粒子の実在的状態は関数 $\Psi(q)\in\mathscr{L}_\alpha\times\mathscr{L}_\sigma$ によって記述されるが，局所化された状態と違って，これらは構造条件と場の方程式，

$$\Psi(hq\lambda)=[\alpha(h)\times\sigma(\lambda^{-1})]\Psi(q), \tag{6.2}$$

$$W(\delta)\Psi=0 \tag{6.3}$$

を満たさなければならない．ここに δ は，以前と同様に，前節で定義された，右から作用するずれの生成元である．しかし，ファイバー束上の関数に移れば，それは重力場とゲージ場との双方を含む共変微分となる．

ファイバー束上の関数に移るには，関数 $\alpha(h)$ の群 Q 全体への拡大であって，その上任意の $h\in H$, $q\in Q$ に対して，

$$\alpha(hq)=\alpha(h)\,\alpha(q)$$

となる(作用素としての)関数 $\alpha(q)$ が必要である．これを用いて関数

$$\Psi(q)=[\alpha(q)]^{-1}\Psi(q)$$

をつくると，容易に確かめられるように，これは剰余類 Hq 上で一定である

から，これをファイバー束 $\mathscr{N}$ 上の関数とみなすことができる．換言すれば，

$$\psi(n)=[\alpha(n_Q)^{-1}]\,\Psi(n_Q)$$

である．ここに n_Q は，$n_{(0)}n_Q=n$ となる群 Q の元を表わす．この定義を用いると，(6.3)があるために関数 $\psi(n)$ は運動方程式

$$W(\nabla)\psi=0 \tag{6.4}$$

を満足することを示すことができる．ここに

$$(\nabla_\beta\psi)(n)=[B_\beta-iA_\beta(n)]\,\psi(n)$$

であり，また A_β はベクトル・ポテンシャルの類形，

$$A_\beta(n)=i[\alpha(n_Q)]^{-1}\frac{\partial}{\partial a^\beta}\alpha(n_Q a_P|_{a=0})$$

である．

これまでの諸公式では，固定した標準標構 $n_{(0)}$ を用いている．他の任意な標構に移るには，いつものように左移動を行なう．関数 $\Psi_q(q')=\Psi(q^{-1}q')$ を見てみよう．この関数は既に述べた運動方程式，

$$W(\delta)\Psi_q=0$$

と，構造条件，

$$\Psi_q(h_q\,q'\lambda)=[\alpha_q(h_q)\times\sigma(\lambda^{-1})]\,\Psi_q(q')$$

を満足する．ここに $h_q\in H_q=qH_q^{-1}$ であり，

$$\alpha_q(h_q)=\alpha(q^{-1}h_q\,q)$$

である．これらの条件を満足するすべての関数から空間 $\mathscr{H}_q$ をつくる．この空間で，作用素

$$(V(q_1)\Psi_q)(q')=\Psi_q(q_1^{-1}q')$$

を定義しよう．$V(q_1)\mathscr{H}_q=\mathscr{H}_{q_1q}$ は容易に確かめられる．従って，空間

$$\mathscr{H}=\bigcup_{q\in Q}\mathscr{H}_q$$

の上で，一般化されたポアンカレ群の表現 $V(Q)$ の作用を定義することができる．これはある標構から他の標構への移行を表わす．

空間 $\mathscr{H}_q$ においてファイバー束上の関数に移るために，まず関数，

$$\psi_q(q')=[\alpha_q(q')]^{-1}\,\Psi_q(q')$$

を導入しよう．ここに $\alpha_q(q')=\alpha(q^{-1}q'q)$ とした．調べてみれば分かるように，これらの関数は類 $H_q\,q'$ 上で一定である．なお，群 H_q は標構 $n=n_{(0)}q^{-1}$ の等方部分群である．それ故，類 $H_q\,q'$ に標構 $nq'=n_{(0)}q^{-1}q'$ を対応させて，ファイバー束上の関数，

$$\psi_q(q')=\psi_q(nq')$$

に移ることができる．これらの関数の，作用素 $V(q_1)$ の下での変換性：

$$(V(q_1)\,\psi_q)(n')=[\alpha(n_Q'\,q_1\,q)]^{-1}\alpha(n_Q'\,q)\,\psi_q(n')$$

は証明することができる．ここに n_Q' は $n_{(0)}n_Q'=n'$ という性質をもつ群 Q の任意の元である．

運動方程式(6.3)または(6.4)は無限小右移動によって定式化されている．これは，純粋なゲージ場の場合(第9章，§5)の類形そのものである．そこでは，この種の方程式は径路積分を用いて解きうることを示した．ゲージ場と重力場とが同時に存在する，今見ている場合にもこのことはやはり正しく，運動方程式の解は径路積分の形に書くことができる．

クライン-ゴルドン方程式，

$$(\eta^{\alpha\beta}\delta_\alpha\delta_\beta+m^2)\Psi=0 \tag{6.5}$$

に対しては，固有時に依存する伝播因子の表式；

$$K_\tau=\int d\{\xi\}\,e^{\frac{i}{4}\int_0^\tau d\tau(\xi,\xi)}U[\xi]$$

が得られる．ここに $U(p)$ は，先に任意の $q\in Q$ に対して定義しておいた作用素である．この伝播因子に応じて固有時に依存する波動関数 $\Psi_\tau=K_\tau\Phi$ が得られる．もしこの関数が固有時に指数関数的に依存する $\Psi_\tau=\exp(im^2\tau)\Psi$ の形をもつならば，関数 Ψ は共変的なクライン-ゴルドン方程式 (6.5) を満足する．このようにして表現 $U(Q)$ はゲージ場と重力場とが共存する場における径路積分を，ミンコフスキー空間における径路積分に帰着せしめる．

曲がった空間における径路積分を定義する別の方法もあって，それはド・ウィットによるものである[19]．それは，ファイバー束においてではなく，曲がった空間内で直接に定式化されている．それによれば，方程式 (6.5) の代わりに，スカラー曲率に比例する付加項をもつ運動方程式：

$$(\Box+m^2+\frac{1}{3}R)\,\psi=0$$

が得られる．質量がゼロの場合に共形不変な理論を得るためにスカラー曲率を付加項とすることがある．しかしその場合にはスカラー曲率の係数は 1/6

である．係数 1/3 をもつ方程式は解釈がむつかしい．ド・ウィットの方法がもつ，この困難はこれまでのところ克服されていない．径路群の表現 $U(P)$ を用いて問題をミンコフスキー空間の径路積分に帰着させる，上に仮定した径路積分の定義が，この困難と無縁であることは見ての通りである．(ゲージ場なしの)純粋な重力場の場合には，この定義は論文[170]で定式化されている．

§7. ホロノミー群と曲がった時空上のループ

前節では，曲がった時空におけるゲージ場はホロノミー群の表現 $\alpha(H)$ として表わすことができること，即ち，結局はミンコフスキー空間内にある径路の群という語を用いて表わすことができることを見た．ところでホロノミー群の元は曲がった時空 $\mathscr{X}$ 上の閉じた径路(ループ) に一意的に対応している．それ故に，ゲージ場は，また，$\mathscr{X}$ 上のループ群の表現としても記述することができる．本節ではこの命題を正確に述べよう．

径路群の標構ファイバー束への作用は §3 で，作用素

$$U[\xi]=P\exp\left\{\int_{[\xi]}d\xi^{\alpha}B_{\alpha}\right\}$$

を用いて定義した．ここに

$$B_{\alpha}=b_{\alpha}^{\mu}\frac{\partial}{\partial x^{\mu}}-\Gamma_{\mu\nu}^{\lambda}(x)\,b_{\alpha}^{\mu}b_{\beta}^{\nu}\frac{\partial}{\partial b_{\beta}^{\lambda}}$$

である．特に，もし $b=(x^{\mu},\ b_{\beta}^{\lambda})$ ならば，即ち点 $b\in\mathscr{B}$ が座標 $(x^{\mu},\ b_{\beta}^{\lambda})$ で表わされているならば，移動後の標構 $b[\xi]$ は，標構の座標をファイバー束上の関数と見なして，それに作用素 $U[\xi]$ を直接作用させることによって次のように定義できる：

$$b[\xi]=U[\xi]\,(x^{\mu},\ b_{\beta}^{\lambda})$$

移動の結果は微分方程式系，

$$\begin{aligned}&\dot{x}^{\mu}(\tau)=\dot{\xi}^{\alpha}(\tau)\,b_{\alpha}^{\mu}(\tau);\\&\dot{b}_{\beta}^{\lambda}(\tau)=-\dot{\xi}^{\alpha}(\tau)\,b_{\alpha}^{\mu}(\tau)\,b_{\beta}^{\nu}(\tau)\,\Gamma_{\mu\nu}^{\lambda}(x(\tau)):\\&b=\{x^{\mu}(1),\ b_{\beta}^{\lambda}(1)\};\ b[\xi]=\{x^{\mu}(0),\ b_{\beta}^{\lambda}(0)\}\end{aligned}\qquad(7.1)$$

の解として表わすことができる．

これらの方程式のうち第2のものは，第1の方程式を考慮に入れると

$$\dot{b}^{\lambda}_{\beta}(\tau)+\Gamma^{\lambda}_{\mu\nu}(x(\tau))\,\dot{x}^{\mu}(\tau)\,b^{\nu}_{\beta}(\tau)=0$$

の形にできる．これは曲線$\{x(\tau)\in\mathscr{X}\}$に沿う標構の平行移動を表わしている．第1の方程式は，曲がった多様体上の**曲線** $\{x(\tau)\}$ がミンコフスキー空間上の曲線 $\{\xi(\tau)\}$ にどのように**展開**されるかを示している．展開のためには，標構ファイバー束上に得られる曲線が水平となるように，曲線上の各点 $x(\tau)$ の上で，ある標構 $b(\tau)$ を与えなければならない．換言すれば，曲線上の標構場は，はじめの標構をこの曲線に沿って**平行移動**することによって得られる．もし曲線上に標構水平場が与えられれば，曲線の展開は，平行移動によって得られる標構をもとにして曲線の接線をその成分に分解することに帰着する．点 $x(\tau)$ における接線 $\dot{x}^{\mu}(\tau)$ は標構 $b(\tau)=\{b^{\mu}_{\alpha}(\tau)\}$ に関して分解される．分解の係数 $\xi^{\alpha}(\tau)$ は展開の結果である曲線を定義する．

元 $h=[\xi]\lambda$ はホロノミー群 H の元としよう．定義によってこれは $n_{(0)}h=n_{(0)}$，即ち $n_{(0)}[\xi]\lambda=n_{(0)}$ を意味する．これは(7.1)の境界条件に対して，

$$x(0)=x(1)=x_{(0)}\ ;\ b(1)=n_{(0)}\ ;\ b(0)=n_{(0)}\lambda^{-1} \tag{7.2}$$

を与える．このことから，展開 $[\xi]$ をもつ曲線 $\{x(\tau)\}$ は閉じていて，この閉じた曲線に沿って $n_{(0)}$ を平行移動すると $n_{(0)}\lambda^{-1}$ となることが分かる．これは，§4 で述べた群 H の元の解釈の具現化そのものである．

さらには，方程式系 (7.1) を用いれば，普通のゲージ場に対してと同じように，ホロノミー群の元を順序指数関数として表現することができる．違いは，今の場合にはベクトル・ポテンシャルが曲がった空間 $\mathscr{X}$ で与えられていることだけである．実際，方程式系 (7.1) の第一式によって，変位ベクトル $a=\Delta[\xi]=\xi(1)-\xi(0)$ は積分，

$$a^{\alpha}=\xi^{\alpha}(1)-\xi^{\alpha}(0)=\int_0^1 d\tau\ \dot{x}^{\mu}(\tau)\,b^{-1\alpha}{}_{\mu}(\tau)$$

の形に表わされ，これに対応する並進群の元は指数関数，

$$a_T=e^{ia^{\alpha}p_{\alpha}}=\exp(i\int_0^1 d\tau\ \dot{x}^{\mu}(\tau)\,b^{-1\alpha}{}_{\mu}(\tau)\,P_{\alpha} \tag{7.3}$$

で表わされることになる．ここに $P_{\alpha}=-i\partial/\partial\xi^{\alpha}$ はミンコフスキー空間の並

進の生成元である．

表式 $h=[\xi]\lambda$ 中のローレンツ変換 λ を順序指数関数の形に表わすこともそれほどむつかしくない．方程式(7.1)の第2式に $b^{-1}{}^{\gamma}_{\lambda}$ を乗じた式から，λ に対する表式が，

$$\lambda^{-1}=P\exp\left\{\int_0^1 d\tau\ \dot{x}^{\mu}(\tau)B_{\mu}(x(\tau),b(\tau))\right\}$$

でなければならないことは難なく分かる．ここに $[B_{\mu}(x,\ b)]^{\gamma}_{\beta}=\Gamma^{\lambda}_{\mu\nu}(x)b^{-1}{}^{\gamma}_{\lambda}b^{\nu}_{\beta}$ である．これを確かめるには方程式(7.1)の第2式を利用して λ に対する表式を

$$\lambda^{-1}=P\ \exp\left\{-\int b^{-1}\ db\right\}=\lim_{N\to\infty}\ e^{-b_N^{-1}(b_N-b_{N-1})}\cdots e^{-b_1^{-1}(b_1-b_0)}$$

の形にする．ここに $b_j=b(j/N)$ である．極限 $N\to\infty$ において，積因子である各指数関数をその展開のはじめの2項に置き換えることができる．それ故右辺は，

$$\lim_{N\to\infty}(b_N^{-1}b_{N-1})\cdots(b_1^{-1}\ b_0)=\lim_{N\to\infty}\ b_N^{-1}\ b_0$$

に等しい．条件(7.2)と $b_N=b(1)$，$b_0=b(0)$ からこの表式が λ^{-1} に等しいことが得られるが，これが証明すべきことであった．

標構の集合 $b(\tau)$ が，ある正規直交標構を平行移動した結果得られる場合には，これらの標構もまたすべて正規直交標構である．それを $b(\tau)=n(\tau)\in\mathscr{N}$ と書こう．この場合(だけが我々にとって関心のあるところである)には，λ の表式を次のように書き換えることができる：

$$\lambda^{-1}=P\exp\{i\int_0^1 d\tau\ \dot{x}^{\mu}(\tau)[B_{\mu}(x(\tau),\ n(\tau))]^{\gamma\beta}M_{\gamma\beta}\},\tag{7.4}$$

ここで $[B_{\mu}]^{\gamma\beta}=\eta^{\beta\delta}[B_{\mu}]^{\gamma}{}_{\delta}$ であり，また $M_{\gamma\beta}$ はローレンツ群の生成元，

$$M_{\gamma\beta}=\frac{i}{2}\left(\xi_{\gamma}\frac{\partial}{\partial\xi^{\beta}}-\xi_{\beta}\frac{\partial}{\partial\xi^{\gamma}}\right)$$

である．

かくして群 H の元を曲がった時空 $\mathscr{H}$ 上の閉曲線として表わし，このような曲線の各点にポアンカレ群の元(アフィン・ファイバー束の構造群の元，[26] を見よ)を対応させたことになる．その上，$\mathscr{H}$ の各ループ $[x]$ には内部

自由度を表わすある空間$\mathscr{L}_\alpha$における変換を対応させることができる，即ち$\mathscr{X}$上のゲージ場を定義することができる．これは$\mathscr{X}$上で与えられた適当なベクトル・ポテンシャルを用いて行なうことができる：

$$\alpha(h)=\alpha[x]=P\ \exp\left\{i\int_{[x]}dx^\mu A_\mu(x)\right\},$$

ここに$A_\mu(x)$は$\mathscr{L}_\alpha$における作用素（ゲージ群のリー代数の元）である．空間$\mathscr{X}$上のループの積には群Hの元の積が対応しており，これによって空間$\mathscr{L}_\alpha$における群Hの表現が与えられ，すでに§6で考察済みのゲージ場および重力場の定義を，僅かながら具体的な形で得ることができる．

$\mathscr{X}$上のループの表現を与えるとゲージ場は完全に定義され，ベクトル・ポテンシャルを与えると，$\mathscr{X}$上の径路の亜群が定義される．ループの表現を変えないように，つまりゲージ場を不変に保つようにベクトル・ポテンシャルを変化させることは，ミンコフスキー空間という特別な場合について以前(第6章，§9)に詳しく見たゲージ変換に他ならない．

§8. ホロノミー群と，重力理論に径路群を応用するについての見通し

重力場（曲がった時空）の記述では一般化されたポアンカレ群Qの部分群Hが大きな役割を演ずることを見た．各元$h=p\lambda\in H$は$n_{(0)}h=n_{(0)}$という性質をもっている，即ち，それは標準標構$n_{(0)}\in\mathscr{N}$を動かさない．このことを幾何学的に言えば，展開pをもつ曲線に沿って標構$n_{(0)}$を平行移動すると同じファイバー上の標構$n_{(0)}\lambda^{-1}$が得られることを意味している．

ホロノミー群Hは二つの特徴的な部分群をもっている．その第1は$P_0=H\cap P$である．これは$p_0\in P$（径路）の形をもつ．この群の元は，それに沿って標構を平行移動しても標構が不変に留まるような$\mathscr{X}$上のループの展開になっている．部分群P_0がHで不変であることを見るのはむつかしくない．因子群H/P_0はローレンツ群の部分群に同型である（本質的には，まさにこの群こそ，幾何学においてホロノミー群と呼ばれているものに正しく対応している）．もし$h=p\lambda$が群Hの元であれば，剰余類$P_0h=P_0p\lambda$は，共通な

λによって $p'\lambda\in H$ の形に表わされるすべての元を含んでいる．換言すれば，P_0p は，$\mathscr{X}$ のループのうちで，はじめにとった標構に対して同一の平行移動をもたらすものの展開となっている径路（これこそが本来の幾何学的意味でホロノミー群と呼ばれる群の元である）の集合である．（非退化な）一般的状況の下では，因子群 H/P_0 はローレンツ群に同型である．

さらに，群 P_0 は部分群 $L_0=P_0\cap L$ をもっている．これは P_0 の元のうち（ミンコフスキー空間の）ループであるものからできている．因子群 P_0/L_0 は並進群の部分群に同型であり，因子群 H/L_0 はポアンカレ群の部分群に同型である．これは幾何学ではアフィン・ホロノミー群に対応している．非退化な場合には因子群 H/L_0 はポアンカレ群そのものに同型である．逆に，もし $\mathscr{X}$ がミンコフスキー空間ならば，$H=L_0=L$ となり，それ故に因子群 H/L_0 は自明(単位元だけを含む)である．

このようにして，ホロノミー群 H との関係において，**一般化されたポアンカレ群**は次のような部分群の構造をもっている(図28)．下に向かう直線は部分群に移ることを意味する．このような直線の傍には部分群に関しての因子化の結果が記してある．$\Lambda_0\subset\Lambda$ は(幾何学的意味の)斉次ホロノミー群を表わす．$\Lambda_0T_0\subset\Lambda T$ は非斉次(アフィン)ホロノミー群である．$\mathscr{N}_0$ は，ありとあらゆる曲線に沿って標準標構 $n_{(0)}$ を平行移動することによって得られる部分ファイバー束である．この部分ファイバー束は，もとのファイバー束と同じ底空間 $\mathscr{X}$ をもっている．非退化な場合には，$\mathscr{N}_0$ は $\mathscr{N}$ と一致するが，一般的な場合にはそれより狭いこともありうる．例えば，もし $\mathscr{X}$ がミンコフスキー空間ならば，$\mathscr{N}_0$ は各点の上で1個ずつ標構をもっており，$\mathscr{N}_0$ における任意の曲線は水平である．$\mathscr{N}_{00}$ は，閉じた展開曲線をもつあらゆる曲線に沿って $n_{(0)}$ を平行移動することによって得られる部分標構ファイバー束を表わすものとしよう．非退化な場合には，これは今度も $\mathscr{N}$ と一致するが，

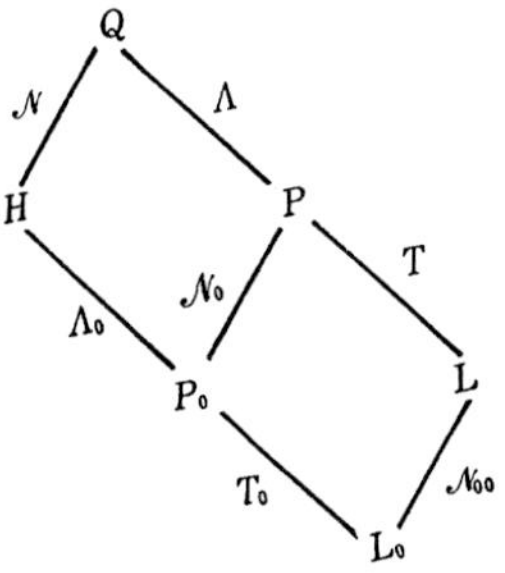

図 28.

退化している場合には $\mathscr{N}$ より狭いことも，より小さな底空間しかもたないことさえも，ありうる．例えば，もし $\mathscr{X}$ がミンコフスキー空間ならば，$\mathscr{N}_{00}$ は唯一つの標構 $n_{(0)}$ からできている．

第6章，§§2―4で，すでに，自明でないホロノミー群 H に出会っている．そこで見たのは局所的に平らな時空であって，それはある固定したベクトル(または固定されたいくつかのベクトル―周期―の1次結合であるベクトル，即ち，格子点を始点，終点にもつベクトル) c の何倍かだけずつ離れた点を同一視することによってミンコフスキー空間から得られた．この場合には点の等方部分群は，そのずれベクトルが格子(線)にのっている径路からなる部分群 L_c である．この場合にはホロノミー群 H が群 L_c と一致することを見るのもむつかしくない．この簡単な例から，ホロノミー群を適宜選ぶことによって時空の自明でない位相を記述できることが納得できよう．

擬リーマン時空の幾何学は，一般化されたポアンカレ群において適当なホロノミー部分群 $H \subset Q$ を見出せば復元できる．実際，1)因子化 $\mathscr{N}=Q/H$ は正規直交標構の集合に構造を与える；2)因子空間へのローレンツ群の作用，$\lambda: Hq \mapsto Hq\lambda$ は $\mathscr{N}$ 上にファイバー束の構造を定義し，底空間 $\mathscr{X}=\mathscr{N}/\Lambda$ を復元せしめる；3)因子空間への径路群の作用，$p: Hq \mapsto Hqp$ はファイバー束内に平行移動の作用を，即ち接続を定義する； 4)直線径路 $a_p=\{\tau a|0 \leqq \tau \leqq 1\}$ で定義される平行移動の生成元はファイバー束 $\mathscr{N}$ における基本ベクトル場に他ならない；これを底空間に射影すれば正規直交標構 $n_\alpha=\pi(B_\alpha)$ を定義できるし，またそれによって $\mathscr{X}$ 上の計量を復元できる．

H として群 Q の一般に任意な部分群を選ぶことによって得られる，**一般化された幾何学**というものを考えることができる．極端な場合としては $H=Q$ とすることができ，このとき $\mathscr{N}=Q/H$ は唯一つの点からなる．また $H=\{1\}$ ととれば $\mathscr{N}=Q/H$ は Q と一致する．この二つの極端な場合の間には実に多くの中間的な場合があって，擬リーマン空間上のファイバー束はすべてそのうちに含まれているが，それらだけがすべてではない．重要なことは，これらの場合のすべてにおいて何か計量構造に類するものが存在することである．というのは，構成の基礎にはいつもミンコフスキー空間における径路群と，ローレンツ群を含む群Qとがあるからである．**重力場を量子化**するときには，擬リーマン構造だけでなく，上記の意味で一般化された幾何学的構造をも考慮に入れるべきであろうと予想される．このような予想は，径路群が自然なものであるというだけでなく，ゲージ場と重力場のどちらをも記述するのに適した普遍的なものであるということに基づいている．このような仮定とその帰結を研究するために必要なことは，部分群$H \subset Q$の記述法を整理すること，部分群H(複数)を与えることによって重力場が決まるとみなすこと，そして量子的集団(アンサンブル)を，部分群に依存する確率振幅$A(H)$を導入することによって，様々な部分群の集団(アンサンブル)とみなすことが必要である．

ここで結論を下すのは早すぎるが，敢えて次のように仮説を述べてみよう．上述の一般化された重力場は，**特異点**(例えば収縮の結果生じる特異点またはビッグ・バンの瞬間の特異点)の近くで量子的重力の効果に顕著な寄与をする，と．実際，特異点では多様体で記述しうる時空構造は消え去り，それを何で置き換えるべきかは目下のところ明らかではない．同時に，特異点に近い領域または特異点そのものにおける物理法則の分析は，今では現実的課題である．このような分析の試みが論文[120]である．この論文では，通常の物理法則は特異点において壊れるべきであることが示されている．特異点において使うことができるような，これに代わる物理法則を定式化しようという試みの方がはるかに大きな関心の対象であることは勿論である．(これについては[118]を見よ)．

第6章で(ミンコフスキー空間中の)ゲージ場は，ループ群の表現$\alpha(L)$によって与えられることを見た．このときには群は固定されており普遍的である．一方，すべての場を尽くそうというのであれば，この群の表現を列挙してゆけばよい．重力場の場合には事情が異なる．これを決めるためには，一般化されたポアンカレ群の中に部分群$H \subset Q$(ホロノミー部分群)を与えなければならないが，この群の表現は(ゲージ場が存在しない場合には)いつも自明なものが選ばれる．場が表現によってではなく群によって与えられるという事実は多くの場合にある不都合をもたらすから，この困難をどう回避するかについて一言述べておこう．

ミンコフスキー空間ではなく曲がった時空 $\mathscr{X}$ 上の径路を考えることで状況は幾分か改善される．このとき H は $\mathscr{X}$ 上のループ群に同型となる．ループ群を定義するに際しては，$\mathscr{X}$ 上の微分可能多様体としての構造を知れば十分である．ループ群の表現を与えると $\mathscr{X}$ の計量的性質は決定され，またその上での接続も決まる．状況はゲージ場の場合に似てくる．このことは自然でもある，というのはゲージ場が $\mathscr{M}$ 上のファイバー束における接続として与えられたのと全く同じように，重力場は $\mathscr{X}$ 上のファイバー束における接続として与えられるからである．

しかしながら，(部分群 H を用いる方法に比して伝統的な仕方に近い)この重力場の記述法は(理論的観点から)本質的な欠陥をもっている．ミンコフスキー空間における普遍的径路群の代わりに，様々な多様体における亜群を考察しなければならなくなる．このとき普遍性ばかりか，径路群が並進群の直接的一般化になっているという長所まで失われてしまう．その外に，重力場の量子化に着手して，様々な(微分同相ではない)位相をもつ多様体からの寄与を考慮しようというときには，そもそものはじめから多様体の構造を決めてかかるのは重大な欠点である．

これらの困難を回避する方法が実は存在する．それは第8章で非局所的粒子，特にクォークを記述するために利用した2-ループの群 K とホロノミー群が密接に関連していることに基づいている．このことを正確に述べれば，群 K は任意のホロノミー群 H に対してその被覆になっている，ということである．

各元 $k\in K$ (2-ループ)は順序づけられた径路の集合 $k=\{p(\tau)\in P|0\leqq\tau\leqq 1\}$ で，その上 $p(0)=p(1)=1$ である，即ち，最初と最後の径路は点であるということを思い出そう．もし曲がった空間 $\mathscr{X}$ とそれを底空間とする直交標構ファイバー束 $\mathscr{N}$ が与えられれば，$\mathscr{N}$ における各径路 p の作用，$p: n\mapsto np$ (第10章，§3 を見よ)が自然に定義される．(任意に選んだ)標準標構 $n_0\in\mathscr{N}$ をとり，集合 k に属する各径路をこれに作用させよう．標構 $n(\tau)=n_0p(\tau)$ を元とする集合，即ち $\mathscr{N}$ における曲線が得られる．この曲線の始

点と終点が標準標構 n_0 となることは明らかである．即ち，これは，ファイバー束の底空間 $\mathscr{X}$ 上に射影したとき，$\mathscr{X}$ 上の閉曲線となる $\mathscr{N}$ 上の閉曲線である．あとは，ホロノミー群 H の元は $\mathscr{X}$ の閉曲線と互いに1対1に対応していることを思い出せばよい．これによって自然な写像 $K \to H$ の存在が分かる．この写像が準同型であることを確かめるのはむつかしくない．

ミンコフスキー空間ではホロノミー群 H はループ群 L と一致する．準同型 $\partial: K \to H$ は第8章で，ミンコフスキー空間における局所的および非局所的粒子を分析するのに利用した．今や任意の重力場においても 2-ループの群の，ホロノミー群上への準同型，$\partial_H: K \to H$ が存在することが分かる．それ故，重力場内の局所的および非局所的粒子を前と同様に群 K の用語で記述できる．この群は普遍的である．各粒子の内部自由度は群 K のある表現 $\chi(K)$ で表わされる．その際，局所的粒子に対してはこの表現は群 H の表現に帰着する（第10章，§6で述べた図式が得られる）が，非局所粒子に対してはそうではない．いかなる場合でも，表現 $\chi(K)$ は，粒子の荷電状態についての，その重力的性質についての，そしてまた重力場* そのものについての情報を含んでいる．

それ故，2-ループの群 K とその表現は，重力場とゲージ場およびそれらの中を運動する粒子(非局所的粒子―クォークをも含む)をひとまとめにして記述するための方法の基礎であると考えることができる．このいくつかの場からなる統一系の量子化は，群 K のすべての表現を列挙し尽くし，これらの表現を含む量子的集団(確率振幅)を構成することに帰着する．

* 重力場の中の粒子の運動学は，この場合には，2-径路の群の表現 $\chi(K)\uparrow S$ によって記述される．重力場を量子化するときには，表現達 χ の量子集団が生じるが，群 K と因子空間 $P=S/K$ は固定されたままである．第6章，§4で述べた観点から言えば，このことは，量子論的重力理論では径路 $p \in P$ だけが古典的観測量としての性質を備えていること，観測量としては位置ではなくて，この径路を用いるべきであることを意味する．

第11章　軌道の半群と径路積分の導出

第９章で，外場における素粒子の力学は伝播因子（伝播の振幅）によって記述され，一方，伝播因子は径路積分の形に表わされることを示した．その表式は，粒子の波動関数は共変的な運動方程式を満足するとの仮定から出発して得られた．この方程式に現れる共変微分は，径路群の表現の生成作用素として導入されたのであるが，これを運動方程式に持ち込む方法は，群論的理論形式とは全く独立に仮定されたのであった．前の諸章における粒子の運動学は（粒子への外場の作用も含めて）群論の枠内で導入されたのに対し，力学は群論とは独立に仮定されたのだということができる．別の言い方をすれば，群論的結果は粒子の局所的性質に対して得られたにすぎず，その大域的性質は独立に仮定されたのである．

形の上からいえば，このことは径路積分（第９章の公式(5.5)）の構造に現れている．積分記号下には二つの因子がある：径路群の表現$U(p)$と自由粒子の作用の汎関数を指数にもつ関数 $\exp(iS_0\{\xi\})$とがそれである．第１の因子は粒子の局所的性質を表わしており，それは群論的考察から導かれる．第２の因子は大域的性質を記述し，独立に仮定されている．本章で問題とするのは第２の因子，即ち作用汎関数をも群論的に導くことである．こうすると，粒子の運動学と力学とを，ともに含む径路積分の構造が群論的考察から導かれることになる．

粒子の力学を群論的に導くには径路群では不十分である．そのためには，もっと内容豊かな代数系が必要である．しかしこれは径路群の直接的一般化として得ることができる．群の元としての径路が，パラメーター表示の仕方に独立な曲線の類であるのに対して，新しい代数系の元とは，パラメーター表示の仕方を考慮に入れて得られる，より狭い類である．この，より狭い類を，パラメーター表示された径路，または軌道と呼ぶことにしよう．すべての軌道の集合はもはや群とはならず，半群をつくるだけである．これは，軌道を掛け合わせることはできるが，割り算はできない，即ち逆軌道の概念は定義されず，逆演算が定義できないことを意味している．それにもかかわらず，軌道の半群の代数的構造は，これまで発展させてきた群論的方法が(ある程度の修正は必要だが)使えるような対象なのである．これによって，粒子の伝播因子に対する表式を径路積分の形で導くことが可能になる．その結果得られる積分では，力学的因子 $\exp(iS_0\{\xi\})$ は完全に定義されるが，(表現 $U(p)$ を少し一般化した)運動学的因子 $U\{\xi\}$ は，当然それが含むべき任意性を含んでいる．言い換えれば粒子に作用する外場の有様に依存している．

このようにして，本章での構成法によれば，群論的考察から粒子の力学を導出することができる．詳しく検討されるのは非相対論的粒子の場合だけ，群で言えば，このような研究の基礎であり，ガリレイ群の一般化である半群だけである．相対論的な場合への一般化は最後の節で少しふれるに留めよう．

§1. 群論的方法による伝播因子の導出

ここで我々が利用するつもりでいる群論的方法の基礎は [36, 37] で，またそれらに先立って [183] で定式化されたものである．この方法は，[183, 36] ではポアンカレ群に基づく相対論的自由粒子の記述に応用され，[37] では相対論的自由粒子を詳しく調べる以外に，非相対論的粒子の理論とド・ジッターの重力場における相対論的粒子の理論とを構築するために利用された．これらの場合の研究の基礎となったのは，それぞれガリレイ群とド・ジッター群とであった．本章では同じ方法を任意の外場の中にある非相対論的粒子の理論構成に応用してみよう．このための研究の基礎となるのは，ガリレイ群の，ある一般化である．この一般化を§3で定義しよう．まず，群論的方法で伝播因子を得るための基本的な考え方を手短かに見ておくことにする．

伝播因子の構成の第1歩は，いつでも，何らかの群を与えることであり，その群の選択は，得られた伝播因子が表わそうとする対象に依る．もっと正確に言えば，記述の対象は素粒子であり(または，これまでは，素粒子であった)，どのような群を採るかは，この粒子をいかなる近似で記述するのかに依る．更に，本章では群ではなく半群を利用しなければならず，このことは多くの技術的な複雑さをもたらすことにも注意しよう．しかしながら当面は，最も一般的概略的に構成法を説明するのが目的であるから，群について話を進めることにしよう．

群Gが選ばれたとしよう．粒子の理論を構成するためにはふたつの表現が必要であり，それらを$U_{loc}(G)$と$U_{elem}(G)$で表わす．第1の表現は粒子の局所的性質を表わし，第2のそれは粒子を全きもの，要素的対象として記述する，即ち粒子の全体的性質を受け持つ．部分を持たないものとしての素粒子の性質を記述するためには既約表現が必要であることは直観的に明らかである．実際，既約表現を，より要素的な表現の和として表わすことは不可能であり，それ故に既約表現は最も単純な対象を表わすべきものである．このような考え方をはじめて述べたのはウィグナーであって，彼はこの考え方に沿って，ポアンカレ群の既約表現を用いて相対論的素粒子を記述した[184].

しかし，これだけでは不十分である．素粒子を完全に記述するためにはその時空解釈が必要である，即ち，何らかの方法で位置の作用素と粒子の局所性の概念を導入しなければならない．3次元空間における，相対論的粒子の局所性を群論的に分析することは，ニュートンとウィグナーにより行なわれた[185]．3次元の局所性を完全に把握するのに成功したのはワイトマン[186]で，彼はこの目的のために誘導表現を利用した．3次元超平面上での局在化，即ち互いに切り離された基準系における局在化を研究する分には，この局在化の分析にとって3次元的並進と回転とを含む3次元ユークリッド群の既約表現で十分であった．

しかし相対論的粒子の時空解釈には，実際には，3次元超平面上ではなく4次元時空内での局在化が必要である．長い間，このような4次元的局在化はできないものと思われてきた．ワイトマン[186]はこの不可能性を直接に証明しようとした．勿論この証明は正しい．ところが他方，相対論的量子論(即ち，場の量子論または相対論的量子力学)では4次元座標が用いられるのが常であった．即ち，4次元的共変的な局所化の概念が導入されてきた．この外見上の矛盾の解決に向けて多くの仕事がなされたが，その中には著者の仕事も含まれている[183, 36, 37](これらを見れば他の参考文献についても知ることができよう)．

パラドックスは次のようにして解決される．観測可能な粒子の状態の中には(即ち，既約表現 U_{elem} の台空間 $\mathscr{H}_{elem}$ の中には)時空の一点に局所化された状態は含まれていない．しかし，もしこの台空間の枠外に出て，より広い状態空間 $\mathscr{H}_{loc}$，一般的に言えば仮想状態の空間を見ることにすれば，先の局所化は可能となる．空間 $\mathscr{H}_{elem}$ は部分空間のひとつとして $\mathscr{H}_{loc}$ に含まれている．

上に述べたことから，考察中の群論的方法において，素粒子を記述するために空間 $\mathscr{H}_{elem}$ で作用する表現 $U_{elem}(G)$ 以外に，空間 $\mathscr{H}_{loc}$ で作用する表現 U_{loc} も仮定されているのが納得できよう．表現 U_{elem} は部分をもたないものとしての素粒子を記述し，その台空間 $\mathscr{H}_{elem}$ は観測可能な実在的な粒子の状態空間である．表現 U_{loc} は粒子の局所的性質を表わし，ここではその統体性は壊されている．このことは局所的表現の台空間 $\mathscr{H}_{loc}$ は，一般的には，仮想的状態からなり，実在的状態はその部分空間* をなすにすぎないということに現れている．

かくして，[183, 36, 37] で定式化した群論的方法では粒子の時空記述を行なうために表現 $U_{loc}(G)$ を用いるようになっている．この表現を導入した目的を考えれば，その構成法は自ずと明らかである．この表現は時空における局所化を記述すべきものである．もし群 G が時空に推移的に作用するならば，即ち，時空が等質空間で，例えば $H\backslash G$ ならば，時空における局所化を記述する表現は部分群 H から誘導されるべきである．かくして，部分群 H のある表現を χ として $U_{loc}(G)=\chi(H)\uparrow G$ である．この処方は [186] で行なった誘導表現の分析から出てくるものである．なるほどそこで扱ったのは3次元

* 正確には，これは一般化されたベクトルの空間である．詳しくは[37]を見よ．

空間における局所化であり，今は4次元時空における局所化が問題である．しかしこのことは，群 G，部分群 H および因子空間 $H\backslash G$ を変えるだけの話である．表現 U_{loc} の構成法としての誘導表現へ到る考察は本質上変わらない．時空における局所化の場合に考察をどのように進めるのかについては[37]で詳しく調べてある．その概要は本書の第6章，§§4，5で述べておいたから，ここでそれを繰り返すのはやめておこう．

さて，群論的方法の枠内で素粒子の理論を構築するためにはふたつの表現，既約な U_{elem} と局所的な U_{loc} とが導入される．完全な理論というのはこれらを二つとも考慮に入れたものである．それ故に，完全な理論では，これら二つの表現の台空間を結びつける作用素，

$$S_1 : \mathscr{H}_{elem} \to \mathscr{H}_{loc} \; ; \; S_2 : \mathscr{H}_{loc} \to \mathscr{H}_{elem}$$

が必要となる．これらの作用素のうちはじめのものは，実在的状態の空間を，実在的状態とともに仮想的状態をも含むより広い局所化可能な状態の空間へ埋込むものである．第2の作用素は局所化可能な状態の空間を実在的状態の空間上へ射影する．理論全体を構築する際に，根底からそれを規定するのは群 G である以上，作用素 S_1, S_2 に関しては，関係する表現を織り込む作用素となるべきことが要求される．このことは記号的に，

$$S_1 \in [U_{elem}, \; U_{loc}] \; ; \; S_2 \in [U_{loc}, \; U_{elem}],$$

とされる．角括弧はすべての織り込み作用素，即ち，任意の $g \in G$ について

$$\begin{aligned} &S_1 U_{elem}(g) = U_{loc}(g) S_1, \\ &S_2 U_{loc}(g) = U_{elem}(g) S_2 \end{aligned} \tag{1.1}$$

の形の交換関係を満足する作用素の空間を表わす．二つの表現を織り込む作用素はこれらの表現と交換する，と言い表わすこともある．粒子の理論を完結したものとするのに必要な，表現 U_{elem}，U_{loc} を織り込む作用素 S_1，S_2 は普通，一意的に定まるか，または任意性をもつとしても僅かである．しかもこれらは運動量表示から座標表示への変換およびその逆の作用素であることを示すことができる[37]．更に，理論を構築するには積の形の作用素 $\Pi = S_1 S_2$ をつくらなければならない．この作用素はその形からして，局所的な表

現どうしを織り込む作用素，$\Pi\in[U_{loc}, U_{loc}]$ のはずである．他方，この作用素は局所的表現から既約な部分を取り出すものであること，もっと正確には U_{elem} に同値な部分表現上への射影であることは明らかである．かくして作用素 Π を用いると，座標表現の枠外に出ないで，全体としての粒子の性質を考えに入れることができる．この作用素を用いれば，粒子の全体的性質を局所的な用語で定式化できるのだと言ってよい．

作用素 Π は空間 $\mathscr{H}_{loc}$ で作用する．この空間のベクトルは時空における粒子の局所性を表わし，それ故に時空上の関数，$\psi(x)$ で表わされる．この関数に対する作用素 Π の作用は，それを積分作用素の形に書くことにより次のように具現化できる．

$$(\Pi\psi)(x)=\int dx'\,\Pi(x,\,x')\psi(x') \tag{1.2}$$

ここに，2点関数 $\Pi(x,x')$ は，作用素 Π の核である．これは理論において，空間内のある点から他の点への遷移の確率振幅の役割をする（[37]を見よ）．

上の結論の根拠を述べよう．そのためにある局所化された状態 $\psi\in\mathscr{H}_{loc}$ から他の局所化された状態 $\psi'\in\mathscr{H}_{loc}$ への遷移を見てみよう．粒子が局所的状態の一つにある間は，その局所的性質しか現れない．ところが，このような状態のうちの一つから他の状態へ移るときには，粒子は一つの完全なものとして，要素的な対象として行動する．従って移行の過程においては粒子を実在的状態のひとつ，$\varphi\in\mathscr{H}_{elem}$ で表わさなければならない．換言すれば，ふたつの局所化された状態間の遷移は一つの実在的状態を介して起こる，つまり，$\psi'\to\varphi\to\psi$ であると仮定すべきである．もし $A(\varphi,\psi')$ と $A(\psi,\varphi)$ で遷移 $\psi'\to\varphi$ と $\varphi\to\psi$ とのそれぞれの確率振幅を表わすことにすると，問題の遷移 $\psi'\to\psi$ に対する確率振幅は，振幅の積法則により，$A_\varphi(\psi,\psi')=A(\psi,\varphi)A(\varphi,\psi')$ に等しい．状態 $\varphi\in\mathscr{H}_{elem}$ は，可能な中間状態のひとつであって，これらの中間状態を介して移行 $\psi'\to\psi$ が実現されるのである．異なる中間状態をとれば，この同じ遷移の異なる移行過程が得られる．移行 $\psi'\to\psi$ を計算するには，すべての可能な移行過程，即ちすべての可能な中間状態をとり入れなければならない．このために空間 $\mathscr{H}_{elem}$ の基底ベクトルを利用する．$\{e_i\}$ はこの基底ベクトルの完全系とする．このとき，移行 $\psi'\to\psi$ の全確率振幅は，振幅の和の規則を用いると，

$$A(\psi,\psi')=\sum_i A_{e_i}(\psi,\psi')=\sum_i A(\psi,e_i)A(e_i,\psi') \tag{1.3}$$

の形で得られる．

問題の振幅を見出すには，任意の $\psi, \psi' \in \mathscr{H}_{loc}$, $\varphi \in \mathscr{H}_{elem}$ に対する振幅 $A(\psi, \varphi)$ と $A(\varphi, \psi')$ を知れば十分である．ところが，これらの振幅は任意ではありえない．群論的方法の下ではすべての量は群 G の規定を受け，従ってまた振幅もそうである．正確に言えば，群の適当な表現を用いて状態 ψ, ψ', φ を変換しても，これらの振幅が不変であることを要求しなければならない．

$$A(U_{loc}(g)\psi,\ U_{elem}(g)\varphi) = A(\psi, \varphi)$$
$$A(U_{elem}(g)\varphi,\ U_{loc}(g)\psi') = A(\varphi, \psi') \tag{1.4}$$

双一次形式のこのような不変性を，

$$A(\psi, \varphi) = (\psi,\ S_1\varphi)_{loc},\quad A(\varphi, \psi') = (\varphi, S_2\psi')_{elem} \tag{1.5}$$

の形に表わすことができるのを見るのはむつかしくない．ここに(,)$_{loc}$ と(,)$_{elem}$ は，相応する表現の作用の下で不変な，空間 $\mathscr{H}_{loc}$, $\mathscr{H}_{elem}$ のそれぞれにおけるスカラー積*である．もし(1.5)の形の振幅をとれば，その不変性は，スカラー積の不変性と織り込み作用素の性質から容易に導かれる．実際には逆の命題も証明することができる：振幅が不変ならば，織り込み作用素をうまく選ぶことによって，それを(1.5)の形に表わすことができる[37]．それ故，振幅の選択における任意性は織り込み作用素の選択の任意性に帰せられる．

表式(1.5)を公式(1.3)に代入し，スカラー積の線型性を利用すると，問題の遷移の振幅に対して

$$\begin{aligned} A(\psi, \psi') &= \sum_i (\psi, S_1 e_i)_{loc}\ (e_i, S_2\psi')_{elem} \\ &= \sum_i (\psi, (e_i, S_2\psi')_{elem}\, S_1 e_i)_{loc} \\ &= (\psi, \sum_i (e_i, S_2\psi')_{elem}\, S_1 e_i)_{loc} \end{aligned}$$

が得られる．このスカラー積の第2因子を，基底 $\{e_i\}$ の完全性と正規直交性を用いて変形しよう．

$$\begin{aligned} \sum_i (e_i, S_2\psi')_{elem}\, S_1 e_i &= \sum_i S_1 |i\rangle\langle i| S_2 |\psi'\rangle \\ &= S_1 S_2 \psi' = \Pi\psi'. \end{aligned}$$

求める振幅は，これによって最終的に次のようになる，

$$A(\psi, \psi') = (\psi, \Pi\psi')_{loc}.$$

この公式が既に示しているように，作用素 Π はひとつの局所的状態から他のそれへの遷移を表わしている．このことをもっと明らかにするには，スカラー積(,)$_{loc}$ に対して時空についての積分**による次の表式を利用する[37]．

---

*　空間 $\mathscr{H}_{loc}$ におけるスカラー積(,)$_{loc}$ は，一般に，符号が一定でなくてもよい，というのは，この空間のベクトルは一般に仮想状態を表わしているからである．これについての詳細は〔37〕を見よ．

**　記号の上に付けた線で示される共役演算は，誘導により表現 $U_{loc}(G)$ を求めるときの，もとになる表現 $\chi(H)$ (前を見よ)の台空間におけるスカラー積 $\langle\ ,\ \rangle$ で表わされる．これは $\bar{f} = f^{\dagger}\Gamma$, $\langle f, f'\rangle = \bar{f}f' = f^{\dagger}\Gamma f'$ を意味する．

$$(\psi, \psi')_{loc} = \int dx \overline{\psi}(x) \psi'(x). \tag{1.7}$$

ここで積分は不変測度について行なわれている．スカラー積に対するこの公式と作用素Πの積分表示(1.2)とを用いると，遷移の振幅は

$$A(\psi, \psi') = \int dx \int dx' \overline{\psi}(x) \Pi(x, x') \psi'(x') \tag{1.6'}$$

となる．もし状態$\psi, \psi' \in \mathscr{H}_{loc}$として一点に局所化された(即ち，デルタ関数に比例する)状態をとれば，我々の目的とするところでもある，次の結論に達する：時空の一点から他の点への遷移の確率振幅は作用素$\Pi = S_1 S_2$の核$\Pi(x, x')$に等しい．

得られた振幅を実際の過程の計算に利用するためには，その因果性をも考慮に入れなければならない．のちほど扱うことになる非相対論的粒子の場合には，因果性の定式化は実に簡単である：粒子は過去から未来へ向かって伝播するだけで，逆向きには伝播しない．これを振幅という語で表現すれば，点$x' = (t', x')$から点$x = (t, x)$への遷移の振幅は，最初の点が時間的に後になるや否や0に等しくなる．階段関数

$$\theta(t) = \begin{cases} 1, & t > 0 \text{ のとき}, \\ 0, & t < 0 \text{ のとき}, \end{cases}$$

を導入して，振幅$\Pi(x, x')$から非相対論的粒子の**因果的伝播因子**

$$\Pi^c(t, \boldsymbol{x}; t', \boldsymbol{x}') = \theta(t - t') \Pi(t, \boldsymbol{x}; t', \boldsymbol{x}')$$

に移ることにより，非相対論的粒子の因果的性質を考慮に入れることができる．

相対論的粒子の因果的性質を定式化するのは，周知のごとく，少々複雑である．定式化のうちのひとつは，これは歴史的にはその第一のものであるが，シュトッケルベルクとファインマンとによるものである．これは，すべての実在的状態をそのエネルギーの符号によって二つの部分に分け，正のエネルギーをもつ状態は過去から未来へと伝わり，負エネルギーをもつ状態は逆に未来から過去へ伝わるものと仮定するものである．**シュトッケルベルク－ファインマンのこの考え**は[183, 36, 37]で群論的方法と併用したものである．もうひとつの定式化は，4次元時空の座標以外に固有時間とか，ときには歴史的時間ともパラメーター時間とも呼ばれている補助的な第5のパラメータ

ーを要求するものである．固有時間を導入した後では，相対論的粒子の因果的性質は非相対論的な場合との完全な類比において定式化される．即ち，伝播は固有時が増加する向きに行われるだけで，逆向きの伝播は起きないと要求するだけで十分である．得られた振幅から固有時のパラメーターを追い出すために，そのすべての値にわたって積分を行なう．因果律のこの定式化は前のものに比べて一層首尾一貫したものに思われる．とにかくこれは，非相対論的粒子に対して以下で得られるはずの結果を一般化するのにより好都合であり，また§14ではそのためにこれを利用する．

本章では非相対論的粒子のみを詳しく見てみることにしよう，というのは，この例によって群論的方法の基本的考え方をより簡単に示すことができるからである．はじめに，群論的方法を非相対論的自由粒子に応用して得られる結果〔37〕を簡単にまとめておこう．この場合には，今述べたばかりのやり方をガリレイ群に応用するのである．次いで，一般化されたガリレイの半群を定義し，ガリレイ群との類比を十分に利用して，ガリレイ群に応用した方法をそのままこの半群に応用する．結果として，外場の中の非相対論的粒子の伝播因子が導出される．実際には本節で述べたやり方を一般化されたガリレイの半群に応用するには少々の修正が必要である．この修正は議論を進めてゆくなかで明らかになるはずである．ただ要点のみを言っておけば，修正したやり方では時空で局所化された状態ではなく，軌道空間で局所化された状態を扱うのである．時空の点から，この点に向かう軌道に移ることは固有時を用いる理論への移行によく似ている．相対論への移行も外場の中の理論への移行も，後には除去されるべき補助的自由度を要求することが分かる．これらの自由度に独立した物理的意味を見出す可能性も無いわけではない．

§2．ガリレイ群

非相対論的自由粒子の理論をつくる手がかりは，このような粒子の対称性を表わす群，即ちガリレイ群である．ガリレイ群の元には3つの異なる型があって，それらは並進(変位)，回転，および固有ガリレイ変換である．ガリレイ群の一般の元は，これら3つの型の元の積で表わされる．ひとつの型の元はガリレイ群の部分群をつくっている．並進の部分群をTで表わし，この群の任意の元を$(a,\tau)_T \in T$と書こう．この元*はベクトルaで表わされる空間的変位と数τで表わされる時間的変位である．この部分群における合成則は自明である：

$$(a,\ \tau)_T(a',\ \tau')_T=(a+a',\ \tau+\tau')_T. \tag{2.1}$$

(3次元の)回転からなる部分群をRで，その任意の元を$r \in R$で表わす．この群における合成則を陽に書く必要はない．最後に，**固有ガリレイ変換**は3次ベクトルvで与えられるが，これは運動している基準系の速度ベクトルという意味を持っている．この速度に対応するガリレイ変換を記号v_Gで表わそう．この部分群における合成則は

$$v_G v'_G=(v+v')_G \tag{2.2}$$

である．これは，固有ガリレイ変換が，3次元の並進に全く類似の，パラメーター3個をもつアーベル群Vをつくっていることを表わしている．

ガリレイ群の任意の元は3つの型の元の積$g=(a,\tau)_T r\, v_G$の形に表わされる．ガリレイ群における合成則を定義するためには，各部分群における合成則を知るだけでは不十分である．それら以外に二つの異なる部分群の元の変換則をも与える必要がある．回転との交換則は明らかである：

$$r(a,\ \tau)_T r^{-1}=(ra,\ \tau)_T,\quad r\, v_G r^{-1}=(r\, v)_G \tag{2.3}$$

これらの式は，座標系の回転に際して，量aとvとがベクトルとして変換されることを意味している．並進と固有ガリレイ変換の交換則はもっと複雑である：

$$v_G(a,\ \tau)_T=(a+v\,\tau,\ \tau)_T v_G. \tag{2.4}$$

この(2.4)の代わりに，これと同値な関係

$$(a,\ \tau)_T\, v_G=v_G(a-v\,\tau,\ \tau)_T \tag{2.4'}$$

を用いることもできる．

* これを表わす記号のうちaは3次元ベクトルである．これより先，最後の節(§14)まで，3次元ベクトルを中太肉文字で表わすことはしない．

関係式(2.1)-(2.4)を仮定すれば，ガリレイ群における合成則は，それらから導き出すことができる．しかし，それを陽に書く必要はない．普通は，ガリレイ群の元はある特殊な形の時空の変換として与えられることに注意しよう．その場合には，合成則も，これらの元がもつすべての他の性質も変換の形から導き出すことができる．しかし我々にとっては，たった今したように，ガリレイ群の構造を与えることから始める方が好都合である．のちほど，時空はこの群の因子空間であることを示そう．そうすると，ガリレイ群の時空への作用は自動的に定義される．

量子物理学では，状態ベクトルに数を乗じると，同じ状態に対応する新しいベクトルが得られる．ベクトルのノルムを固定しても，絶対値が1の乗数分だけの任意性は残っている．このように，系の物理的状態に対応しているのは実際には線型空間のベクトルはなく，この空間の半直線である．これと関連して量子系の対称性は，群の線型表現ではなく，いわゆる射線表現または射影表現によって表わされる．群 G の**射影表現**は，任意の $g,\ g'\in G$ に対して条件

$$U(g)U(g')=(g,\ g')U(g,\ g') \tag{2.5}$$

を満足する線型作用素 $U(g)$, $g\in G$ で構成されている．ここに (g, g') は乗法因子または単に因子と呼ばれるある数である．群の元の対にはその乗法因子が対応している．線型作用素の乗法の結合律から，乗法因子の系は任意の $g, g', g''\in G$ に対して条件

$$(g, g')(gg', g'')=(g, g'g'')(g', g'') \tag{2.5$'$}$$

を満足しなければならないことが導かれる．しかし乗法因子の系はすべて本質的に異なるものとは言えない．それらのうちのあるものは他のものから，表現の作用素を定義しなおすことによって得られる．実際，$U(g)$ の代わりに作用素 $\tilde{U}(g)=\lambda(g)U(g)$ を見てみよう．ここに $g\mapsto\lambda(g)$ は群 G 上の任意の数値関数である．新しい表現も射影表現になっているが，それに対する乗法因子系はもう前のものと同じではない．それはもとの乗法因子系と公式

$$\widetilde{(g,\ g')}=\frac{\lambda(g)\lambda(g')}{\lambda(gg')}\,(g, g') \tag{2.5$''$}$$

でつながっている．このように互いにつながっている二つの乗法因子系は同値であるという．本質的に異なる乗法因子系は非同値な乗法因子系だけであることは明らかである．幸いなことに十分に広い範囲内の群に対して任意の射影表現はベクトル表現に帰着する．即ち，射影表現 $\tilde{U}(g)$ がどのようであれ，数値関数 $\lambda(g)$ をうまく選んで，新しい表現 $U(g)=\lambda(g)U(g)$ が自明な乗法因子，$\widetilde{(g,g')}=1$ を持つように，つまりこの表現が**ベクトル表現**となるようにすることができる．換言すれば，乗法因子系の各同値類の中には自明な乗法因子系が存在するのである．もし群がこの性質を持っているならば，この群のベクトル表現だけを見ることにしても一般性は失われない．このような群としては，例えばポアンカレ群がある．それ故，普通はポアンカレ群の射影表現をそれとして問題にすることはないのである．

ところがガリレイ群に対しては事情が異なっている．同値性の変換によってベクトル表現に帰着させることができない射影表現が，ガリレイ群の場合には，存在するのである．更に，素粒子を記述するのに有用なのが，このような射影表現なのである．ガリレイ群の射影表現を特徴づける乗法因子系は唯1個の数値パラメーター m で決まってしまう．このとき乗法因子は次の形になる，

$$
\begin{aligned}
(g,\ g') &= ((a,\ \tau)_T\ r\ v_G,\quad (a',\tau')_T r' v'_G) \\
&= (v_G,\ (a',\tau')_T) = \exp\left[im\left(v\,a' + \frac{1}{2}\,v^2\,\tau\right)\right].
\end{aligned}
\tag{2.6}
$$

その上パラメーター m は素粒子の質量の役割を演ずるのである（例えば[37]を見よ）．

射影表現を伴う演算は技術的に困難である．それ故，人為的な方法を用いて射影表現をベクトル表現に帰着させることがよくある．このようにすると，群は複雑になるが，それは仕方のないところである．物理的に意味をもつ群から，もとの群の中心拡大と呼ばれる手続きによって他の群に移るのがそれである．こうすると，中心拡大の各ベクトル表現にはもとの群のある射影表現が対応する[187]．

どのような群にせよ，その中心拡大は1-パラメーターのアーベル群の助

けを借りて行なわれる．このアーベル群をCと書こう．この群の元を実数$\lambda\in\boldsymbol{R}$を用いて$\lambda_c\in C$と書こう．群Cにおける合成則は

$$\lambda_c\,\lambda'_c=(\lambda+\lambda')_c \tag{2.7}$$

の形である．中心拡大のために，群Cの元をもとの群に因子として付け加える．従って，ガリレイ群の中心拡大の場合には，元$(a,\ \tau)_T r\ v_G$の代わりに$g=\lambda_c(a,\ \tau)_T r\ v_G$の形の元を見ることになる．この形の元をすべて併せるとガリレイ群の拡大が得られるが，それをGと書こう．この群における合成則は，次の関係式によって定義される．第一に，元$\lambda_c\in C$は群Gのどの元とも交換して$\lambda_c\,g=g\,\lambda_c$である，即ち，その中心に属する(ここから“中心拡大”という語が生まれる)．第2に，関係(2.1)-(2.3)は何の変更も受けない．第3に，(2.4)の代わりに関係式

$$\begin{aligned}&v_G(a,\ \tau)_T=\lambda_c(a+\tau\,v,\ \tau)_T\,v_G,\\&\lambda=-\left(a\,v+\frac{1}{2}\tau\,v^2\right)\end{aligned} \tag{2.8}$$

をとる．ガリレイ群の拡大Gの既約表現をつくるとき，$\exp(im\lambda)$の形の乗数が生じる．容易に分かるように，これは乗法因子の導入と同じ結果をもたらす．もっと正確には，もし，ガリレイ群の拡大のベクトル表現をとり，それをガリレイ群そのものに制限すれば，実質的には(2.6)の形の乗法因子をもつ射影表現(2.5)が生じるのである．このようにして，ガリレイ群の射影表現の代わりに，その拡大群であるGのベクトル表現を考察の対象とすることができる．これから先はこのようにしてベクトル表現を見ることにしよう．

関係式(2.8)の代わりに，それと同値な次の関係，

$$\begin{aligned}&(a',\ \tau)_T\,v_G=\lambda'_c\,v_G(a'-\tau\,v,\ \tau)_{T'}\\&\lambda'=a'v-\frac{1}{2}\tau\,v^2\end{aligned} \tag{2.8'}$$

を用いると便利なことがある．これは群を拡大した後，関係式(2.4′)にとって代わるものである．

§3．ガリレイ群の表現

ガリレイ群をふまえて粒子の理論を構成するためには，§1で定式化した

処方をこの群に応用しなければならない．この処方では，ふたつの表現 U_{elem}，U_{loc} とそれらの織り込みが用いられる．仮定によれば，局所的表現は誘導表現である．既約な表現 U_{elem} も誘導によってつくることにしよう．そうすれば，二つの表現を織り込むためには，二つの誘導表現の織り込みについての定理を利用するだけで済む．

表現 U_{loc} をつくるためには，群 G の時空への作用の仕方を明らかにし，その空間のある点の等方群 H を見出さなければならない．そうすれば，求める表現はこの等方群を誘導することによって得られ，$U_{loc}(G)=\chi(H)\uparrow G$ である．これが[37]で用いた方法である．ここではそれとは異なって，部分群 $H\subset G$ を与えておいて，それによって時空を因子空間 $H\backslash G$ として構成するゆき方をとるのが便利である．

部分群 H は $h=\lambda_c r v_G$ の形を持つ元からできている，即ち，部分群の積 $H=CRV$ であるとしよう．そうすると左乗余類 $Hg\in H\backslash G$ の代表元として並進部分群の元をとることができる．乗余類 $H(x,\ \tau)_T$ を $(x,\ t)$ と書くことにし，これへの群 G の元の作用を $g : Hg'\mapsto Hg'g$ で定義しよう．群を定義する関係式(2.1)-(2.3)，(2.4)を用いると，

$$
\begin{aligned}
&(x,\ t)(a,\ \tau)_T=(x+a,\ t+\pi)\\
&(x,\ t)r=(r^{-1}x,\ t)\\
&(x,\ t)v_G=(x-tv,\ t)\\
&(x,\ t)\lambda_c=(x,\ t)
\end{aligned}
\tag{3.1}
$$

が容易に得られる．これらの公式を見ると，左乗余類の集合，即ち因子空間 $H\backslash G$ は実際に時空の模型たりうること，その上，この模型への群 G の作用は，ガリレイ群が実際に時空に作用する際のそれであることが分かる．部分群 H は基準系の原点，即ち $x=0$，$t=0$ の等方群であることも難なく確かめられる．

先の結果から，ガリレイ群の局所的表現は部分群 H を誘導することによってつくるべきものであることが分かる．この表現をつくってみれば確かめられることだが，それは時空における粒子の局所化を表わすものである．誘

導を行なうためには表現$\chi(H)$を選ばなければならない．これは自由粒子の内部自由度を記述するものであり，一般的に言って，勝手に選んでも誘導後には粒子の局所化を表わす表現が得られることに変わりはない．しかし，粒子の自由度を有限にしようというのであれば，有限次元表現を選ばなければならない．群Hの，有限次元で既約なユニタリー表現はふたつのパラメーター，連続な$m\in\boldsymbol{R}$と離散的な$j=0, \frac{1}{2}, 1, \frac{3}{2}, \cdots\cdots$によって与えられる．このような表現は，

$$\chi(h)=\chi(\lambda_c r v_G)=e^{im\lambda}\delta_j(r) \tag{3.2}$$

の形をもっており，ここにδ_jは既約な，$(2j+1)$次元の，回転群の表現である．表現$\chi(H)$は$(2j+1)$次元の空間$\mathscr{L}$で作用する．パラメーターmとjとは粒子の質量とスピンとを表わす．

表現$\chi(H)$を誘導しよう．そのために，群G上の関数であり，空間$\mathscr{L}$(表現$\chi(H)$の台空間)に値をもつベクトルからなる空間$\mathscr{H}_\chi$をつくろう．空間$\mathscr{H}_\chi$に属する関数に構造条件，

$$\psi(hg)=\chi(h)\psi(g) \tag{3.3}$$

を課そう．更に，空間$\mathscr{H}_\chi$に属する関数に2乗積分可能という条件を課す．これは，この空間でスカラー積が定義できるようにするためであり，このことについてはのちほどふれることにする．誘導の結果得られる作用素の，空間$\mathscr{H}_\chi$における作用を右移動：

$$(U_\chi(g)\psi)(g')=\psi(g'g) \tag{3.4}$$

で定義しよう．もしスカラー積(ヒルベルト構造)を問題にしなければ，これによって誘導表現は完全に定義されている．この表現こそ局所的表現となるものであって，$U_{loc}(G)=U_\chi(G)=\chi(H)\uparrow G$である．

構造条件(3.3)を使うと，群上の関数から等質空間$\mathscr{Y}=H\backslash G$上の関数に移ることができる．そのためには，各剰余類$y=Hg$の代表元y_Gを，$y=Hy_G$となるように選べばよい．そうすると，等質空間上の関数$\psi(y)$を，$\psi(y)=\psi(y_G)$と置くことによって定義することができる．例の如く，等質空間上の関数を群上の関数と同じ文字で表わす．このようにしても変数がどの空間に

属するかに注意すれば混同は生じない．表現$U_\chi(G)$の，群上の関数への作用は既知だから，$\mathscr{Y}$上の関数，即ち等質空間上の関数への，この表現の作用は導出することができる．このように，ひとつの空間$\mathscr{H}_\chi$を実現するのには二つの方法があり，必要に応じてどちらを用いてもよい．空間$\mathscr{H}_\chi$における不変スカラー積は関数$\psi(y)$を使って

$$(\psi,\ \psi')_\chi=\int_{\mathscr{Y}} dy < \psi(y),\ \psi'(y) >_\chi \tag{3.5}$$

と表わすのが便利である．ここでdyは等質空間$\mathscr{Y}=H\backslash G$の不変測度であり，$<\ ,\ >$は表現$\chi(H)$の作用を受けても変わらない，空間$\mathscr{L}$におけるスカラー積である．

等質空間$\mathscr{Y}=H\backslash G$は時空に他ならないことを思い出せば，たった今述べたことを正確化できる．並進は剰余類の代表元と見なすことができ，$y_G=(x,\ t)_T$である．そうすると群上の関数は等質空間上の関数となる：$\psi(x,\ t)=\psi((x,\ t)_T)$．不変スカラー積は時空に関する4次元積分で表わされる：

$$(\psi,\ \psi')_\chi=\int d^3x\int dt < \psi(x,\ t),\ \psi'(x,\ t) >_\chi .$$

角括弧は通常のスカラー積で，回転群の既約表現で次のように表わされる：

$$<f,\ f>_\chi=<f,\ f'>=\sum_{j_3=-j}^{j} f^{*j_3} f'^{j_3} \tag{3.6}$$

空間$\mathscr{H}_\chi$のベクトルは時空上の関数で与えられ，4次元積分で規格化されるという事実は，それらが時空で局所化された状態を記述するものであることをそのまま意味している．一般的には，関数$\psi(x,\ t)$は，空間的であれ，時間的であれ，無限遠点に向かうにつれて十分に速く減少しなければならない．特に，これらの関数が有界な台をもつことも許される．このときには，それらは時空の有界な領域に局所化された粒子の(仮想的)状態を表わす．極限において，時空の一点に局所化された関数も許される．このような関数はデルタ関数に比例するものであって，厳密に言えば空間$\mathscr{H}_\chi$のベクトルではない，というのは，そのノルムが無限大だからである．しかし，このような関数も空間$\mathscr{H}_\chi$の拡大空間に属する一般化されたベクトルとして数学的に厳

密に取り扱うことができる．

群上の関数$\psi(g)$は表現$U_\chi(G)$の作用で右移動の変換を受けることが分かっているから，定義$\psi(x, t)=\psi((x, t)_T)$と関数$\psi(g)$に課せられた構造条件を用いて関数$\psi(x, t)$の変換性を見出すことができる：

$$
\begin{aligned}
&(U_\chi(a, \tau)_T)\psi)(x, t)=\psi(x+a, t+\tau)\\
&(U_\chi(r)\psi)(x, t)=\delta_j(r)\psi(r^{-1}x, t) \qquad (3.7)\\
&(U_\chi(v_G)\psi)(x, t)=\exp[im(xv-\frac{1}{2}tv^2)]\psi(x-tv, t)\\
&(U_\chi(\lambda_c)\psi)(x, t)=\exp(im\lambda)\psi(x, t).
\end{aligned}
$$

ガリレイ群の局所的表現$U_{loc}(G)=U_\chi(G)=\chi(H)\uparrow G$の構造の細部にまでわたる検討が終わったから，§1の仕方に従えば，次には既約表現U_{elem}をつくらなければならない．これもまた誘導表現$U_{elem}(G)=U_\kappa(G)=\kappa(K)\uparrow G$として構成できる．問題は，誘導のあとで既約表現が得られるように部分群$K\subset G$とその表現$\kappa(K)$とを選ぶことだけである．この選択は，例えば[37]で詳述したリトル・グループの方法を用いて行なうことができる．ここでは証明なしで，最終的結論を引用する．

部分群Kとして$k=\lambda_c r(a, \tau)_T$の形をもつ元からなる部分群，即ち，部分群の積$K=CRT$をとろう．この部分群の，次の形の表現，

$$\kappa(K)=\kappa(\lambda_c r(a, \tau)_T)=\exp[i(m\lambda+\varepsilon\tau)]\delta_j(r) \qquad (3.8)$$

を見てみよう．ここでmとεは連続な(実数)パラメーターであり，$j=0, \frac{1}{2}, 1, \frac{3}{2}, \cdots\cdots$は離散的パラメーターである．これらのパラメーターを任意に選んだとき，誘導表現$U_\kappa(G)=\kappa(K)\uparrow G$は既約になることを示すことができる．これをそのまま表現$U_{elem}(G)$として用いることにする．パラメーターmとjは，公式(3.2)に従って表現$\chi(H)$を定義するものと同じでなければならないことに注意しよう．そうでなければ，表現U_{elem}とU_{loc}を織り込むことができない，即ち，粒子の理論を構築することができない．表現$\kappa(K)$を表わすのに，あるパラメーター値m', j'をとって，織り込みの空間[U_{elem}, U_{loc}]をつくってみれば，これは$m'=m$, $j'=j$の場合以外は0になることが確かめられるはずである．そこで少々先廻りすることになるが，粒子の質量

とスピンとを表わすパラメーターmとjとは，表現χとκとに対して同じであるとして話を進めよう．

表現$U_\kappa(G)=\kappa(K)\uparrow G$は，関数$\varphi: G\to\mathscr{L}$のうち，構造条件

$$\varphi(kg)=\kappa(k)\varphi(g) \tag{3.9}$$

を満足するものをベクトルにもつ空間$\mathscr{H}_\kappa$で作用する．関数φは，表現$\kappa(K)$の台空間になっている空間$\mathscr{L}$に値をもつ．今の場合には，この空間は表現$\chi(H)$の台空間と同じであるが，このことはパラメーターj'とjが同じであることと結びついている(前の記述を見よ)．表現U_κは空間$\mathscr{H}_\kappa$で右移動として作用する：

$$(U_\kappa(g)\varphi)(g')=\varphi(g'g). \tag{3.10}$$

空間$\mathscr{H}_\kappa$のベクトルを具体的に表わすには，群上の関数でなく，等質空間$\mathscr{X}=K\backslash G$上の関数を用いてもよい．この空間の点となるのは左剰余類$x=Kg$である．剰余類の代表x_Gを$x=Kx_G$となるように選ぶと，等質空間上の関数を等式$\varphi(x)=\varphi(x_G)$で定義できる．空間$\mathscr{H}_\kappa$における不変スカラー積を定義するには，この関数を用いて次のように表わすと便利である：

$$(\varphi,\varphi')_\kappa=\int_{\mathscr{X}} dx <\varphi(x),\varphi'(x)>_\kappa \tag{3.11}$$

ここにdxは$\mathscr{X}$上の不変測度であり，$<\ ,\ >_\kappa$は，表現$\kappa(K)$について不変な，空間$\mathscr{L}$におけるスカラー積である．今の場合，このスカラー積は(3.6)の形を持っている，即ち，$<\ ,\ >_\kappa=<\ ,\ >$である．

等質空間$\mathscr{X}$を具体的に記述しよう．剰余類の代表元として固有ガリレイ変換$v_G\in V$を利用することができる．かくして，各類Kv_Gはある速度vに対応し，等質空間上の関数は速度の関数となり，$\varphi(v)=\varphi(v_G)$である．群上の関数は右移動による変換を受けることが分かっているから，構造条件を利用して，速度の関数の変換則を導くことができる：

$$\begin{aligned}
&(U_\kappa((a,\ \tau)_T)\varphi)(v)=\exp\left[-im\left(av+\frac{1}{2}\tau v^2\right)+i\varepsilon\tau\right]\varphi(v),\\
&(U_\kappa(r)\varphi)(v)=\boldsymbol{\delta}_j(r)\varphi(r^{-1}v),\\
&(U_\kappa(v_G))\varphi(v')=\varphi(v'+v),
\end{aligned} \tag{3.12}$$

$$(U_\kappa(\lambda_c)\varphi)(v)=\exp(im\lambda)\varphi(v).$$

空間 $\mathscr{H}_\kappa$ における不変スカラー積は一般公式(3.11)を具体的に書けば得られて，それは，

$$(\varphi,\ \varphi')_\kappa=\int d^3v < \varphi(v), \varphi'(v) > \tag{3.13}$$

である.

表現 $U_{elem}(G)=U_\kappa(G)=\kappa(K)\uparrow G$ の，空間 $\mathscr{H}_\kappa$ における作用を陽に表わすと以上のようになる．この表現は既約であり，一方空間 $\mathscr{H}_\kappa$ は，質量 m とスピン j をもつ非相対論的素粒子の実在的状態からなる空間である．関数 $\varphi(v)$ はこのような粒子の運動量表示に相当している．このことは，速度の代わりに変数 $p=mv$ を用いると，もっとはっきりする．このときには，関数 $\hat{\varphi}(p)=\varphi(p/m)$ に対して次の変換則が得られる.

$$\begin{aligned}
&(U_\kappa(a,\ \tau)_T)\hat{\varphi})(p)=\exp\{-i[pa+(\frac{1}{2m}p^2-\varepsilon)\tau]\}\hat{\varphi}(p),\\
&(U_\kappa(r)\hat{\varphi})(p)=\boldsymbol{\delta}_j(r)\hat{\varphi}(r^{-1}p) \qquad\qquad (3.12'')\\
&(U_\kappa(v_G)\hat{\varphi})(p')=\hat{\varphi}(p'+mv)\\
&(U_\kappa(\lambda_c)\hat{\varphi})(p)=\exp(im\lambda)\hat{\varphi}(p)
\end{aligned}$$

これらの公式から分かるように，変数 $p=mv$ は運動量としての意味をもち，一方関数 $\hat{\varphi}(p)$ は，運動量表示における粒子の波動関数が受けてしかるべき変換を受ける．既約表現 $U_\kappa(G)$ を特徴づけるパラメーター ε はエネルギーの基準点としての意味をもつことに注意しよう．たいていの場合には，このパラメーターは0に等しいとしてよい．しかし理論を相対論的に一般化する際には効き目が現われる．更には，(考察から除いている，0質量に対応する表現を問題にしなければ)，パラメーター m, j, ε によって表わされる表現は，ガリレイ群の，ユニタリーな既約表現の完全系をなしている．この意味でパラメーター ε は，考察を完全なものとするために必要なものである.

§4. 自由粒子の伝播因子

前節では(拡大された)ガリレイ群のふたつの表現 $U_{elem}=U_\kappa$ と $U_{loc}=U_\chi$ とを構成した．第1節の図式に従えば，非相対論的自由粒子の伝播因子を見出

すためには，二つの表現を織り込む作用素を構成しなければならない．二つの表現はともに誘導によって得られたものであるから，誘導表現の織り込みに関する定理(例えば[37]を見よ)を応用しよう．

二つの誘導表現 $U_\kappa=\kappa(K)\uparrow G$ と $U_\chi=\chi(H)\uparrow G$ が与えられたとする．第1の表現は，構造条件(3.9)を満足する関数 $\varphi: G\to\mathscr{L}_\kappa$ の空間 $\mathscr{H}_\kappa$ において作用し，第2の表現は，構造条件(3.8)を満足する関数 $\psi: G\to\mathscr{L}_\chi$ の空間において作用する．記号 $\mathscr{L}_\kappa$，$\mathscr{L}_\chi$ はそれぞれ部分群，$\kappa(K)$ と $\chi(H)$ の表現の台空間を表わしている．どちらの場合にも誘導表現は右移動(3.10)，(3.4)として作用する．関数 φ と ψ は等質空間 $\mathscr{X}=K\backslash G$ と $\mathscr{Y}=H\backslash G$ の上の関数と考えることができる．このとき，誘導表現の織り込みに関する定理によれば，織り込み作用素 $S\in[U_\kappa, U_\chi]$ を

$$(S\varphi)(y)=\int_{\mathscr{X}} dx\, s(x_G)\varphi(x_G y_G) \tag{4.1}$$

の形に表わすことができる．ここに dx は $\mathscr{X}$ 上の不変測度であり，作用素族 $s(g): \mathscr{L}_\kappa\to\mathscr{L}_\chi$ は任意の $g\in G$, $k\in K$, $h\in H$ に対して

$$\chi(h)s(kgh)\kappa(k)=s(g) \tag{4.2}$$

の形の構造条件を満たしている．空間全体 $[U_\kappa, U_\chi]$ は，両側からの構造条件(4.2)を満足する作用素値関数 $s(g)$ をもれなく採り上げることにより得られる．

我々に関心のあるガリレイ群の表現に公式(4.1)を用いると，作用素 $S_1\in[U_\kappa, U_\chi]$ に対して，

$$(S_1\varphi)(x,\ t)=\int d^3v\, s_1(v_G)\varphi(v_G(t,\ x)_T)$$

が得られる．ここに作用素値関数 $s_1(g): \mathscr{L}\to\mathscr{L}$ は両側からの構造条件

$$e^{im\lambda}\delta_j(r)s_1(\lambda_c'r'(a,\ \tau)_T\, g\lambda_c r v_G)e^{im\lambda'}\delta_j(r')=s_1(g) \tag{4.3}$$

を満たすものとする．この等式の左辺で，関数 s_1 の引数は幾つかの因子の積の形に表わされている．v_G 以外のこれらの因子をすべて単位に等しくとれば，

$$s_1(v_G)=s_1(1)$$

が得られる．

次に r 以外の因子を単位に等しく，また $r'=r^{-1}$ とれば

$$\delta_j(r)s_1(1)\delta_j(r^{-1})=s_1(1)$$

となる．これは，作用素 $s_1(1):\mathscr{L}\to\mathscr{L}$ が，回転群の表現 $\delta_j(R)$ をそれ自身に織り込む作用素になっていることを表わしている．この表現は既約だから，それを織り込む(それと交換する)各作用素は単位を何倍かしたものである．故に，作用素 $s_1(1)$ と単位作用素との違いは数因子だけであるとの結論に達する．勝手な数を掛けてもよいという任意性は織り込み作用素の定義につきものである．この任意性を除くには規格化の考察が必要である．当面これにはふれず，簡単のためにこの数因子は1に等しくとって置こう．かくして $s_1(1)=1$ であり，織り込み作用素に対して

$$(S_1\varphi)(x,\ t)=\int d^3v\,\varphi(v_G(x,\ t)_T)$$

が得られる．

積分記号下の関数 φ の引数を，並進と固有ガリレイ変換との交換則(2.4′)を使って書き換えよう．そのあとで，関数 φ が満足すべき構造条件(3.9)を利用する．そうすると，

$$(S_1\varphi)(x,\ t)=\int d^3v\,\exp\{-i\,[mvx+(\frac{1}{2}mv^2-\varepsilon)t]\}\varphi(v) \tag{4.4}$$

が得られる．

この公式によって，作用素 $S_1:\mathscr{H}_\kappa\to\mathscr{H}_\chi$ が数因子の任意性を除いて定義される．作用素 S_1 の主要部分はフーリエ変換であり，結果として得られる，座標 x の関数のフーリエ変換においては，時間依存性が，しかもシュレディンガー方程式を満足する形で，現われていることを見るのはむつかしくない．かくして，我々が得た作用素 S_1 は運動量表示の波動関数から座標表示の波動関数への移行を表わす．ところで，この作用素が群論的考察だけから得られたことに注意をしよう．特に，ハミルトニアンは全く仮定されていない．この段階で既に分かるように，群論的方法によれば，力学を仮定する代わりに，それを導出できるのである．その上，理論中に古典的手本をもたな

い量子系の力学がただちにつくられるのである．

形式的観点から言えば，作用素 S_1 は，実在状態の空間 $\mathscr{H}_\kappa$ を局所的状態の空間 $\mathscr{H}_\chi$ の中に挿入するものである．一般に任意の関数 $\psi \in \mathscr{H}_\chi$ が仮想的状態を表わすのに対して，作用素 S_1 の作用の結果得られる関数は座標の関数として素粒子の実在的状態を記述する．

全く同じようにして，誘導表現の織り込みに関する定理，即ち公式(4.1)を適用 ($H \leftrightarrow K$, $\chi \leftrightarrow \kappa$ 等の適当な入れ替えだけである)すると，作用素 $S_2 \in [U_\chi, U_\kappa]$ が得られる．ついさきほど行なったのと同じような計算をすれば，この作用素に対して

$$(S_2 \psi)(v) = \int d^3x \int dt \exp\{i [mvx + (\frac{1}{2} mv^2 - \varepsilon) t]\} \psi(x, t) \qquad (4.5)$$

が得られる．このようにして，各局所的状態 $\psi \in \mathscr{H}_\chi$ にある実在的状態 $\varphi = S_2 \psi \in \mathscr{H}_\kappa$ を対応させる作用素が得られる．この作用素は，座標表示から運動量表示へ移るときの普通の作用とよく似てはいるが，それと較べると時間についての積分をも含んでいる点で異なる．これから分かるように，この作用素は，波動関数 $\psi(x, t)$ が時空のすべての方向にわたって減少するような局所的状態に作用させなければならない．

もし，この作用素を実在的状態 $\psi = S_1 \varphi$, $\psi \in \mathscr{H}_\kappa$ に作用させると，発散する積分が得られる．無限大の生じる原因は，実際には時間に依存しない関数を時間について積分するところにある(波動関数 $\psi(x, t)$ の時間への依存性は，この関数に乗ぜられる指数関数の時間依存性によって打ち消される)．"無限大の乗数を分離"する手はあって，それを使えば座標表示から運動量表示へ移る通常の公式を得ることができる．これを数学的に言えば，空間 $\mathscr{H}_\chi$ 上で定義されている作用素 S_2 は，(一般化された)部分空間上で定義された作用素の積分に分解され，この和から一つの成分が分離されるのである．これによって，作用素 S_2 と量子力学で通常用いられるフーリエ変換との関係を明らかにすることができる．しかし我々に必要なのは，公式(4.5)で定義された形の作用素 S_2 だけである．

公式(4.4)と(4.5)を一緒にすれば，遷移の振幅と直接に関係する作用素 $\Pi = S_1 S_2$ に対する表式が容易に得られる．この作用素が積分作用素,

$$(\Pi \psi)(x, t) = \int d^3x' \int dt' \Pi(x, t ; x', t') \psi(x', t') \qquad (4.6)$$

であり，その核が

$$\Pi(x, t ; x, t')=\int d^3v \exp\left\{-i\left[mv(x-x')+(\frac{1}{2}mv^2-\varepsilon)(t-t')\right]\right\} \tag{4.7}$$

であることは直ちに分かる．ここで d^3v についての積分はガウス型であり，計算は容易である．計算の結果，

$$\Pi(x, t ; x', t')=\left[\frac{2\pi}{im(t-t')}\right]^{3/2} \exp\left[\frac{im(x-x')^2}{2(t-t')}+i\varepsilon(t-t')\right] \tag{4.8}$$

が得られる．群論的考察は作用 Π を任意の乗数までの正確さで定義するにすぎず，それを規格することはできないことを考えに入れなければならない．この規格化は少しあとで行なう．こうして得られた2点関数が，どちらの引数についてもシュレディンガー方程式

$$(-i\frac{\partial}{\partial t}-\frac{1}{2m}\frac{\partial^2}{\partial x^2}-\varepsilon)\Pi(x, t ; x', t')=0 \tag{4.9}$$

を満足することを確かめるのはむつかしくない．

伝播因子を得るためには，粒子は過去から未来にしか伝播しない(§1を見よ)ことを要請して，因果律をとり入れればよく，そのためには，振幅 $\Pi(x, t ; x', t')$ に階段関数 $\theta(t-t')$ を乗ずればよい．こうして因果的伝播因子が得られ，しかも容易に分かるように，得られた表式は，右辺がデルタ関数に比例するシュレディンガー方程式を満たす．この段階までは作用素 Π の規格化は任意であるから，右辺のデルタ関数が係数 $(-i)$ をもつように規格することにしよう．そうすると

$$\Pi^c(x, t ; x', t')=\theta(t-t')\left[\frac{m}{2\pi i(t-t')}\right]^{3/2}\exp\left[\frac{im(x-x')^2}{2(t-t')}+i\varepsilon(t-t')\right] \tag{4.10}$$

$$(-i\frac{\partial}{\partial t}-\frac{1}{2m}\frac{\partial^2}{\partial x^2}-\varepsilon)\Pi^c(x, t ; x', t')=-i\delta(t-t')\delta(x-x') \tag{4.11}$$

となる．

かくして，§1で定式化した一般的方法をガリレイ群に適用すれば，非相対論的自由粒子の伝播因子が得られることが示された．得られた結果はよく知られたものであるが，それが群論的枠組の中で導かれたことに意義がある．即ち，ある場合には，力学を仮定するのでなく，理論的考察からそれを導くことができるのである．言うまでもなく，自明でない系の力学を群論的に導くことができれば，その意義は，更に大きい．以下の諸節では，これを，外場の中にある非相対論的粒子に対して行なってみよう．

§5. 軌道の半群

前の諸節では，§1で定式化した群論的方法によって非相対論的自由粒子の力学を導出できることが確かめられた．この方法で，もっと実際的な素粒子の理論を構築するためには，ガリレイ群の代わりにある，もっと複雑な代数系を利用しなければならない．それを用いて本章の以下の諸節では外場の中にある非相対論的粒子の理論を構築するのである．既に第6章から第10章にわたって見たように，外場の中にある粒子は径路群を用いて記述できる．しかし，この場合に徹頭徹尾，群論的記述が可能なのは粒子の運動学的性質だけである．今我々が直面しているのはその力学をも含む，粒子の完全な理論を構築するという問題である．このためには径路群では不十分であって，その一般化であるパラメーター表示された径路，或いは軌道の半群を用いなければならない．

かくして，理論構築のあらましは次のようになる．1）軌道の部分群を定義すること；2）通常のガリレイ群における並進群を軌道の部分群に変えることによって，一般化されたガリレイの半群を定義すること；3）一般化されたガリレイの半群に群論的方法を適用し，そうすることによって外場の中にある粒子の力学をつくること．本節では以上の計画の1）を実行し，軌道の部分群を定義しよう．

径路群の元としての径路とは，第6章で定義したように，線型空間内の連続曲線の同値類である．一つの同値類には，パラメーター表示の仕方，曲線全体としての平行移動，または盲腸(断片状の曲線上の往復)の有無で異なる曲線が含まれている．この類を狭めると，群の構造は壊れてしまう．それにも拘らず，ここでは，群に特徴的な性質を犠牲にして，強いてもっと狭い類を見てみることにする．

第9章の公式(5.5)からも分かるように，粒子の力学を記述するためには，もっと狭い類を見る他ないのである．実際，伝播因子を表わす積分において，被積分関数は，我々が“径路”と名づけた類に依存してはいるが，積分はパラメーター表示された曲線について行なわれている．パラメーター表示が異なる曲線は異なるものとして積分される．ここから，新しい“パラメーター表示された径路”という概念を見てみようという考えが出てくる．パラメーター表示された径路とは，全体としての平行移動による違いはあるが，パラメーター表示の仕方は固定されている，線型空間内の連続曲線の類を指すものとする．このパラメーター表示された径路を，簡単に**軌道**と呼ぶことにしよう．軌道をもっと厳密に定義しよう．そうすると，軌道は半群をなすことが分かるであろう．軌道の概念を3次元空間 $\boldsymbol{R}^3$ の曲線を介して定義することにする，というのは，この場合こそ非相対論的粒子を記述するのに必要だからである．しかしながら，定義を任意の線型(アフィン)空間の場合へと一般化するのには何らの困難もない．特に，相対論的一般化のためには，4次元ミンコフスキー空間の軌道が必要である．

$\{x\}_{t'}^{t}=\{x(s)\in\boldsymbol{R}^3\,|\,t'\leqq s\leqq t\}$ は $\boldsymbol{R}^3$ において区分的に微分可能な連続曲線とし，$\hat{\mathscr{T}}$ はこのような曲線の集合とする．このようなふたつの曲線の積 $\{x''\}_{t''}^{t}=\{x\}_{t'}^{t}\cdot\{x'\}_{t''}^{t'}$ を定義しよう．ただし，これらの2曲線は，$x(t')=x'(t')$ の意味でつながっているものとする．積の定義として

$$x''(s)=\begin{cases} t''\leqq s\leqq t' \text{ のとき，} x'(s) \\ t'\leqq s\leqq t \text{ のとき，} x(s) \end{cases} \tag{5.1}$$

と置こう．

難なく確かめられるように，公式(5.1)で定義される乗法では結合律が成り立つ．従って曲線の集合は，この乗法に関して半亜群である．群との違いは，任意の元に対して積が定義されているとは限らないこと，逆元が定義されていないことである．第1の欠陥を除くためにある同値関係を導入し，こ

れによって曲線を類別しよう.

区分的に微分可能な連続曲線の集合 $\hat{\mathscr{T}}$ の上に同値関係を導入する. そのために, Δt は任意の(実)数, u は任意の(3次元)ベクトルとして, $x'(s)=x(s-\Delta t)+u$ ならば, $\{x\}_{t'}^{t}\sim\{x'\}_{t'+\Delta t}^{t+\Delta t}$ と置こう. 同値な曲線の類からなる因子空間 $\mathscr{T}=\hat{\mathscr{T}}/\sim$ を見てみよう. 類の各々を軌道またはパラメーター表示された径路と呼ぼう. 明らかに, 勝手にとった二つの軌道を掛け合わせることは可能である. そのためには, それぞれの曲線類から, 公式(5.1)に従って掛け合わせることができるように, 互いにつながっている代表元を選び出さなければならない. 掛け算を実行すると新しい軌道が得られ, これによって新しい曲線類, 即ち, 軌道が得られる. これが, もとの二つの軌道の積である. 難なく確かめられるように, 積は, 公式(5.1)に代入するための, 類の代表元の選択には依らず, 従って曲線類の積は類そのものだけによって定まり, 代表元の選び方には依らない. 言うまでもなく, 類の乗法は結合律を満たし, これは集合 $\hat{\mathscr{T}}$ から継承したものである. かくして集合 $\mathscr{T}$ の任意の元は掛け合わせることができ, この乗法は結合律を満たしている. 従って集合 $\mathscr{T}$ は半群である. これが**軌道の半群**であり, 我々の研究において並進群の代役をつとめるものである. ある曲線 $\{x\}_{t'}^{t}$($\hat{\mathscr{T}}$ の元)に対応する軌道, 即ち, この曲線を含む類を, 速度 $u(\sigma)=\dot{x}(\sigma+t')$, $o\leqq\sigma\leqq\tau$ で特徴づけることができる. ここに $\tau=t-t'$ である. 曲線 $\{u(\sigma)\in\boldsymbol{R}^3|o\leqq\sigma\leqq\tau\}$ はもはや連続とは限らない. これについていえることは, それが区分的に連続でなければならないということだけである. 速度からなるこの曲線が軌道だけによって定義されることは重要である. 即ち, 同値なふたつの曲線, $\{x\}_{t'}^{t}\sim\{x'\}_{t'+\Delta t}^{t+\Delta t}$ は同一の速度曲線を与える. それ故に, 速度曲線は軌道を特徴づけるのに適しているのである. 我々はこれ以降, この特徴づけを用いよう. これと関連して, 軌道を表わすのに記号 $[u]_\tau$ を用いることにする. 軌道の積を速度という用語で表わすのは難しくない. 即ち, もし

$$u''(\sigma)=\begin{cases}0\leqq\sigma\leqq\tau' \text{ のとき } u'(\sigma)\\ \tau'\leqq\sigma\leqq\tau'+\tau \text{ のとき } u(\sigma-\tau')\end{cases}\tag{5.1'}$$

ならば $[u'']_{\tau+\tau'}=[u]_\tau[u]_{\tau'}$ である. 単位元の性質をもつ, 縮退した軌道 $[u]_0$

をも導入しておくと都合がよい．これを他の軌道に右または左から掛けても，その軌道は変化しない．

軌道の半群は並進群の一般化になっている．正確には，この軌道の部分群から並進群への準同型Δが存在する．この準同型は軌道 $[u]_\tau$ を，条件 $a=\int_0^\tau u(\sigma)\,d\sigma$ で定義され，その軌道に沿う変位と呼ばれる並進 $\Delta[u]_\tau=(a,\tau)_T$ に写すものである．他方，軌道の半群は径路群の一般化とも考えられる．軌道の半群から径路群を得るためには，もう一度因子化を行なわなければならない，即ち，径路の，もっと広い類に移らなければならない．このためには，パラメーター表示の違い，または盲腸の有無による違いを持つ曲線を同値なものとみなさなければならない．しかし本章では軌道の半群と径路群の間の対応を陽に表わす必要はない．

軌道の半群の，時空への作用は自然な仕方で定義できる．そのためには，軌道の半群から並進群への準同型を利用すればよい．もし，軌道 $[u]_\tau$ がこの準同型によって並進 $(a,\tau)_T$ に写されるならば，軌道 $[u]_\tau$ の，時空への作用は並進 $(a,\tau)_T$ の作用と同じであるとみなすことができる．この定義は，これもまた自然な次のような定義と同値である：時空のある点への軌道の作用を見出すには，対応する曲線類の中から，その一端が問題の点と一致する曲線 $\{\boldsymbol{x}\}_{t'}^{t}$ を選び出さなければならない．そうすると，この曲線のもうひとつの端点は，問題の点が所与の軌道によって，どのような点へと移されるかを表わす．第6章で径路群の時空への作用をはっきりさせるために用いたのも，このような定義であった．

§6．ガリレイの半群の一般化

前節で得られた軌道の半群は並進群の一般化である．ところで，これだけでは粒子の理論をつくるのに不十分である．実際，§4で見たように，自由粒子の理論を得るためには，並進以外に，回転と固有ガリレイ変換（運動している基準系への移行）をも含むガリレイ群が必要であった．そこで，外場の中にある粒子の理論を構築するためには，軌道の半群にある元を補って，ガリレイ群の類形となるような半群を得なければならない．

回転 $r \in R$ の定義は前と同じままで，固有ガリレイ変換 v_G を一般化しよう．一般化の大まかな方向は軌道の半群 $\mathscr{T}$ の構造からも見てとれるが，得られる代数系が実際に半群の構造をもつようにするためには，細かな点にわたって正確に述べておく必要がある．軌道と並進の違いは，前者が並進の結果(変位ベクトル)だけでなく，その過程を表わす，パラメーター表示の仕方までをも含む曲線によって与えられることである．これから類推すれば，"運動している基準系"への移行は，唯ひとつの速度ベクトル v によってではなく，パラメーターの値毎に定まる速度の族全体によって表わされるはずである．半群の構造を得るためには，$-\infty$ から $+\infty$ にわたる，パラメーターのすべての値を見る必要がある．かくして，固有ガリレイ変換を一般化すると，曲線 $[v]=\{v(\sigma)\in \boldsymbol{R}^3 \mid -\infty<\sigma<\infty\}$ になる．このような曲線の乗法の規則を，固有ガリレイ変換の乗法規則をまねて，速度の合成則の助けを借りて次のように仮定しよう．

$$[v][v']=[v+v']=[v(\sigma)+v'(\sigma) \mid -\infty<\sigma<\infty] \tag{6.1}$$

その結果，このような曲線は群 $\mathscr{V}$ をつくる．これが，非有界なパラメーターをもつアーベル群であることは明らかである．

軌道の半群 $\mathscr{T}$，回転群 R，および速度群 $\mathscr{V}$ が出揃ったから，これらをまとめて一つの半群としなければならない．そのためには，これら3つの代数系の元の間に＜交換関係＞を設定しなければならない．回転との交換関係は自然な仕方で定義される：

$$\begin{aligned} r[u]_\tau r^{-1}&=[ru]_\tau=\{ru(\sigma) \mid 0\leqq\sigma\leqq\tau\}, \\ r[v]r^{-1}&=[rv]=\{rv(\sigma) \mid -\infty<\sigma<\infty\}. \end{aligned} \tag{6.2}$$

これ以外に，軌道と速度の交換関係，即ち，関係式(2.4)の一般化が必要である．

$$[v][u]_\tau=[u+\tau_T v]_\tau[\tau_T v] \tag{6.3}$$

と置くことによって，それを定義しよう．ここで，

$$(\tau_T v)(\sigma)=v(\sigma-\tau) \tag{6.4}$$

という記号を用いている．ある場合には，(6.3) の代わりに，それと同値な

関係

$$[u]_\tau[v]=[\tau_T^{-1}v][u-v]_\tau \qquad (6.3')$$

を用いた方が便利なこともある．

式(6,2)，(6.3)，(6.3′)の型の交換関係を任意に定めることはできない．それらは正しくなければならない．即ち，結合律と矛盾するものであってはならない．関係式(6.2)の正しさを確かめるには，$r=r_1r_2$ と置いて，ふた通りの仕方で，即ち，まず r_2 を，次いで r_1 を作用させる仕方と積 $r=r_1r_2$ を一度に作用させる仕方とで計算してみればよい．言うまでもなく，これは確かめてみるほどのことではない．全く同じように $r([u]_\tau[u']_{\tau'})r^{-1}=r[u]_\tau r^{-1}r[u']_\tau r^{-1}$ である，即ち，二つの軌道の積に回転を作用させた結果は計算の仕方に依らない，等々がいえる．関係式(6.3)と結合律との無矛盾性はそれほど自明ではない．これを証明するために表式 $[v][v'][u]_\tau$ を，(6.3)を用いて変換する．これは，因子3つの積のどこに括弧を入れるかによって，二つの異なる方法で実行できる．どちらによっても結果は同じで $[v]([v'][u]_\tau)=([v][v'])[u]_\tau$ となることを確かめるのは容易である．表式 $[v][u]_\tau[u']_{\tau'}$ についても，これと同じように調べてみなければならない．括弧の位置が異なる二つの場合について，(6.3)を用いて変換を行なうと結果は同じになることが分かる．以上で関係式(6.3)が結合律と矛盾しないことが証明された．証明の過程で，群 $\mathscr{V}$ と半群 $\mathscr{T}$ とで定義されている乗法規則を用いるのはいうまでもない．

関係式(6.3)と(6.3′)が，ガリレイ群の対応する関係(2.4)，(2.4′)の一般化になっているのは一見しただけでは明らかではない．軌道 $[u]_\tau$ から，それを代表する曲線のひとつに移ると，この類比はもっと分かりやすくなる．$\{x\}_0^\tau\in[u]_\tau$，即ち，$x(s)=x(o)+\int_0^s u(\sigma)d\sigma$ であるとしよう．そうすると，(6.3)に現れる軌道 $[u-v]_\tau$ は曲線 $\{x'\}_0^\tau$ を含んでいる．ただし $x'(s)=x(s)-\int_0^s v(\sigma)d\sigma$ である．特に，$x'(\tau)=x(\tau)-\int_0^\tau v(\sigma)d\sigma$ であり，このことからして，置き換え $[u]_\tau\mapsto[u-v]_\tau$ は，(2.4′)に現れる置き換え $(a,\tau)_T\to(a-\tau v,\tau)_T$ の類形であることが分かる．これは次のように，もう少し形式的に考えることもできる．軌道の半群の並進群への準同型(前節の最後の部分を見よ)において，軌道 $[u]_\tau$ が並進 $(a,\tau)_T$ に写されるものとすれば，軌道 $[u+v]_\tau$ は並進 $(a+\int_0^\tau v(\sigma)d\sigma,\ \tau)_T$ に写される．こうすれば，(6.3)と(2.4′)の間の類似性は明らかである．(6.3)と(2.4)の間の類似性は，変位の時間成分が含まれているためにそれほど明白ではないが，速度が一定の場合には時間的変位は重要ではなくなり，類似性が明らかになる．

一般化されたガリレイの半群の一般的な元として，それぞれ $\mathscr{T}$，R および $\mathscr{V}$ に属する元の積 $g=[u]_\tau r[v]$ をとろう．交換関係(6.2)，(6.3)および各系$\mathscr{T}$, R, $\mathscr{V}$の内部での乗法規則を利用すれば，一般化されたガリレイの半群の任意の元の積$gg'=g''$を再び標準的形$g''=[u'']_{\tau''}r''[v'']$に書き表わすことは難しくない．ここに，

$$[u'']_{\tau''}=[u]_\tau[r(u'+\tau'_T v)]_{\tau'} \tag{6.5}$$
$$[v'']=[v'+\tau'_T r'^{-1}v]$$
$$r''=rr', \quad \tau''=\tau+\tau'$$

である．見て分かるように，一般化されたガリレイの半群における合成則はかなり複雑である．しかしながら，これを陽な形で用いる必要はない．

ガリレイ群と全く同じように，たった今構成した，一般化されたガリレイの半群も射影表現を，即ち，条件(2.5)を満足する表現を持っている．この表現を定義する乗法因子は，

$$([u]_\tau r[v],\ [u']_{\tau'}r'[v'])=([v],[u']_{\tau'})$$
$$=\exp[-im\int_0^\tau d\sigma(u'(\sigma)v(\sigma-\tau)+\frac{1}{2}v^2(\sigma-\tau)] \tag{6.6}$$

の形を持つ．このようにして，乗法因子の系は，我々の理論において質量の役割を演ずる，唯一つの数パラメーターmによって特徴づけられる．(2.6)と(6.6)の類似性は明らかである．

ガリレイ群の場合と同じように，射影表現を扱うよりも，半群を拡大して，この拡大された半群のベクトル表現だけを見ることにした方が便利である．拡大は，実数$\lambda\in\boldsymbol{R}$で特徴づけられる元$\lambda_c\in C$をもつ，1-パラメーターのアーベル群Cの助けを借りて行なうことができる．拡大された半群を$G=C\mathscr{T}R\mathscr{V}$で定義しよう．即ち，拡大された半群の一般的元は$g=\lambda_c[u]_\tau r[v]$の形を持つとするのである．この群における合成則を定義するために次のように仮定しよう．

1) 各部部分群C, R, $\mathscr{V}\subset G$と部分半群$\mathscr{T}\subset G$とにおいて，合成則(2.7), (6.1), (5.1′)がそのまま成り立つ(回転群Rにおける合成則は陽に引合に出さない)．

2) 部分群Cの任意の元は，半群Gのどの元とも交換する，即ち部分群

C は半群 G の中心に属する：

$$\lambda_c[u]_\tau r[v]=[u]_\tau r[v]\lambda_c$$

3) 回転との交換関係は以前と同じ(6.2)で与えられる.

4) 軌道と速度の交換関係に対しては，(6.3)，(6.3′) の代わりに新しい規則,

$$[v][u]_\tau=\lambda_c[u+v']_\tau[v'],$$
$$\lambda=-\int_0^\tau d\sigma\left(uv'+\frac{1}{2}v'^2\right),\quad v'=\tau_T v, \tag{6.7}$$
$$v'(\sigma)==v(\sigma-\tau),$$

または，これらに同値な

$$[u]_\tau[v]=\lambda_c'[\tau_T^{-1}v][u-v]_\tau, \tag{6.7′}$$
$$\lambda'=\int_0^\tau d\sigma\left(uv-\frac{1}{2}v^2\right)$$

を採る.

交換則(6.7)を勝手に定めることができないのは勿論である．そんなことをすれば群公理との間に矛盾が生じる．仮定した交換則の正しさを確かめるには少々の点検が必要である．まず，公式(6.7)が(6.2)と両立することを確かめなければならない．そのために等式(6.7)の両辺に，右から r，左から r^{-1} を掛け，その後で公式(6.2)を用いると，得られた結果が関係(6.7)と矛盾しないことが分かる．これはわざわざやってみるまでもないことであって，公式(6.7)の λ に対する表式中のスカラー積 uv'，v'^2 が回転に関して不変であることから直接に分かることである.

更には，交換則(6.7)が群演算の結合律と矛盾しないことを確かめなければならない．このためには，例えば，積 $[v][v'][u]_\tau$ をとり，これを，ふた通りの可能な括弧の入れ方について，公式(6.7)を用いて変形しなければならない．これらのうちの一つは,

$$([v][v'])[u]_\tau=[v+v'][u]_\tau$$

であり，これに対して交換則(6.7)を応用することができる．この交換則によれば，積の形の元ではいつも左側に軌道が，右側に速度が現れるようにで

きるのである．括弧の位置を変えて $[v]([v'][u]_\tau)$ とし，交換則(6.7)を2回使うと，同じものを別の方法で計算できる．計算を実行して，どちらの方法を使っても結果は同じであることを示さなければならない．

このような点検を実行するには，交換則(6.7)，(6.7′)を，

$$[v][u]_\tau=\{[\tau_T v],[u]_\tau\}^{-1}[u+\tau_T v]_\tau[\tau_T v], \tag{6.8}$$

$$[u]_\tau[v]=\{[v],[u-v]_\tau\}[\tau_T^{-1}v][u-v]_\tau \tag{6.8′}$$

の形に書き換えておくと便利である．ここに記号，

$$\{[v],[u]_\tau\}=\int_0^\tau d\sigma\left(u(\sigma)v(\sigma)+\frac{1}{2}v^2(\sigma)\right) \tag{6.9}$$

が導入してある．そうすると，積 $[v][v'][u]_\tau$ における乗法の結合律は積分(6.9)の性質：

$$\{[v],[u]_\tau\}+\{[v'],[u+v]_\tau\}=\{[v+v'],[u]_\tau\} \tag{6.10}$$

から得られる．同じように，積 $[v][u']_{\tau'}[u]_\tau$ の結合律は積分(6.9)の持つもうひとつの性質：

$$\{[v],[u]_\tau\}+\{[\tau_T^{-1}v],[u']_{\tau'}\}=\{[v],[u']_{\tau'}[u]_\tau\} \tag{6.10}$$

から出る．以上で交換則(6.7)の無矛盾質性が証明された．第2の規則(6.7′)を別個に調べる必要はない，というのは，それは(6.7)から得られるものだからである．

このようにして元 $g=\lambda_c[u]_\tau r[v]$ を持つ半群 G を定義することができた．この半群を，拡大され，一般化されたガリレイの半群，または，**一般化されたガリレイの半群**，或いは簡単に，**ガリレイの半群**と呼ぶことにしよう．

第3節では，回転と固有ガリレイ変換(および補助的アーベル群 C の元)とから成る部分群を法とする，ガリレイ群の因子群として，時空を定義することができた．一般化されたガリレイの半群の場合には，このような部分群に相当するのは $h=\lambda_c r[v]$ の形の元を持つ部分群 H，即ち，$H=CR\mathscr{V}$ である．この部分群 H を法とする，ガリレイの半群 G の因子空間を見出そう．因子空間 $\mathscr{Y}=H\backslash G$ の点となるのは剰余類 $y=Hg$ である．今の場合に剰余類の代表元となりうるのは，明らかに，軌道であり，それ故に剰余類を元に持つ集

合は軌道の空間と一致し，$y=H[u]_\tau$ である．ガリレイの半群の，空間 $\mathscr{Y}=H\backslash G$ への作用は通常の規則：$g: y=Hg' \mapsto yg=Hg'g$ に従って見出すことができる．その結果は，

$$
\begin{aligned}
&H[u]_\tau[u']_{\tau'}=H([u]_\tau[u']_{\tau'}),\\
&H[u]_\tau r=H[r^{-1}u]_\tau, \qquad\qquad (6.11)\\
&H[u]_\tau[v]=H[u-v]_\tau,\\
&H[u]_\tau \lambda_c=H[u]_\tau
\end{aligned}
$$

である．各軌道 $[u]_\tau$ の代表元として，初期条件 $x(0)=O$ をもつ曲線 $\{x\}_0^\tau$ をとることにする．そうすると剰余類 $H[u]_\tau$ もこの曲線によって代表される．この記号で半群の作用を書き表わすと次のようになる．

$$
\begin{aligned}
&\{x\}_0^t\lambda_c=\{x\}_0^t\\
&\{x\}_0^t r=\{r^{-1}x\}_0^t \qquad\qquad (6.11')\\
&\{x\}_0^t[v]=\{x'\}_0^t, \quad x'(s)=x(s)-\int_0^s v(\sigma)\,d\sigma\\
&\{x\}_0^t[u']_{\tau'}=\{x+a'\}_\tau^{t+\tau}\{x'\}_0^\tau,\\
&x'(s)=\int_0^s u'(\sigma)\,d\sigma, \quad a'=x'(\tau)
\end{aligned}
$$

これらの式から，因子空間 $H\backslash G$ は**軌道の空間**に他ならないことが分かる．部分群 H は単位軌道 $[u]_0$，または同じことだが，縮退した曲線 $\{x\}_0^0$ の等方部分群である．以下の諸節では，群論的方法を用いて，まず，粒子の理論を軌道空間の語で構築しよう，即ち，通常の量子論よりも詳しく粒子の状態を特徴づけてみよう．そのあとで，時空における通常の理論に移る．

§7．半群の分解

前節では，ガリレイの半群と呼ばれる半群を構成したが，これは，外場の中の粒子の理論を導出することを最終目的とする以下の理論構成の基礎である．原理的には，このような理論構成の仕方は§1で既に定式化してある．しかし，このような一般論との違いがあるのも事実である．第1節で定式化した処方をそのままガリレイの半群に適用すると軌道の空間における粒子の理論が得られる．時空的な描像に移るには，この処方の枠外に出なければな

らなくなるが，それは最後に(§§12，13)行なう．軌道の空間における理論に関していえば，それを構成するためにはガリレイの半群のふたつの表現 $U_{loc}(G)$ と $U_{elem}(G)$ を考察し，それらの織り込みを見出さなければならない．しかし，このとき，群ではなく半群を扱わなければならないことから生じる，全く技術的な困難に出遭う．本節と次節との二つの節では，一般論との違いを分析し，半群を用いる研究に適した数学的道具立ての準備を行なう．これらの諸節の内容は基本的には数学的性格を持っている．数学上の詳細に関心のない読者はこれらを飛ばして，直ちに§10に進んでもよい．

部分群を法として群を分解すると，よく知られているように，等質空間が得られる(第6章§3を，もっと詳しく知りたければ[37]を見よ)．これは，部分群 K に関する群 G の剰余類 Kg の集合上に，群の作用 $g: Kg' \mapsto Kg'g$ が与えられていて，しかもそれが推移的* であることを意味する．ここで行なおうとしているように，素粒子の理論に群論的方法を応用するに当たって鍵となるのは群の誘導表現であり，それをつくるために先の分解が利用されるのである．ところで，今我々が扱っているのは群ではなくて部分半群である．少し考えてみれば分かるように，因子空間への半群の作用は，もはや推移的ではない．そのために，半群の誘導表現はある特性を持つことになる．そこで半群と群との違いを分析し，のちほど一般化されたガリレイの半群に応用するための数学的道具を作り上げよう．前節で考察した因子空間(軌道の空間)は，半群を部分群に関して分解することによって得られたことに注意しよう．この場合には半群の特性は完全には現れていない．さて，部分半群に関する分解をみてみることにしよう．

G は半群，$K \subset G$ はその部分半群としよう，即ち，K は乗法に関して閉じた集合であるとしよう．因子空間 $\mathscr{X} = K \backslash G$ を，剰余類 $x = Kg = \{kg \mid k \in K\}$ の集合として定義しよう．この空間への半群の作用は，$g: Kg' \mapsto Kg'g$ として自然に定義される．乗法の結合律が成り立つから，表式 $Kg'g$ には括弧は不要である．同じく結合律が成り立つことから，これまで通り，次の規則が

* ここでは左剰余類 Kg を用いる，というのはその方が半群の場合には好都合だからである．

満たされている：半群の元の積は写像の合成に相当する．かくして，因子空間 $\mathscr{X}$ への半群 G の右からの作用が与えられたということができる．ところで半群では逆元に移ることは一般に定義されていない(それは半群に含まれるある部分群において定義できるにすぎない)．このために半群の作用は非推移的なのである．実際，前もって勝手に与えられた類 Kg', Kg が，半群の元のどれかによって一方から他方へと変換されるとは決して言えない．(群の場合には，このような元としていつも $g=g'^{-1}g''$ を採ることができる)．そしてまた実際に，半群の因子空間には，互いに移り変わることのできない類が存在するのである．

半群と群とのこの違い(その他の幾つかの違いについてもそうだが)を示すためには，その構造が極めて簡単な，非負の数からなる半群 $\boldsymbol{R}_+=\{\tau\in\boldsymbol{R}|\tau\geqq 0\}$ を用いると分かりやすい(群演算は加法とする)．これの部分半群である，非負の整数からなる半群 $\boldsymbol{Z}_+=\{n\in\boldsymbol{Z}|n\geqq 0\}$ をみてみよう．このとき因子空間は $\boldsymbol{Z}+\tau$, $\tau\geqq 0$ の形の類からなっており，半直線 $0\leqq\tau<\infty$ を用いてこれをパラメーター表示することができる．意外なことに，区間 $0\leqq\tau<1$ ではすべての類をパラメーター表示できないのである．実際，類 $\boldsymbol{Z}_++\frac{3}{2}=\{\frac{3}{2}, \frac{5}{2}, \cdots\}$ は類 $\boldsymbol{Z}_++\frac{1}{2}=\{\frac{1}{2}, \frac{3}{2}. \frac{5}{2}, \cdots\}$ とは決して同じにはならない．この例では，剰余類の集合上には包含関係に基づく部分順序関係が存在している．実のところ，これは半群の，部分群に関する因子空間に共通の性質である．

実際，任意の $k\in K$ に対して集合 Kk は半群 K に属するが，逆は一般に正しくない．かくして $Kk\subset K$ である．これより $Kkg\subset Kg$ となり，包含関係で結ばれた剰余類の例が得られる，即ち，一方が他方より前にある(他方より小さい) 2 つの剰余類が得られる．このようにして得られる，包含関係で結ばれた類は，最も一般的なものであることを示そう．そのためにまず，類の代表元について述べておこう．

K が(群ではなく)半群である場合には，剰余類の任意元がその類の代表元であるとはいえない．実際，もし $x=Kg$ ならば，即ち，g が類 x の代表元ならば，この類の元は kg, $k\in K$ の形に書くことができる．しかし任意の元 kg をこの類の代表元に採ることは一般に許されない，というのは $Kkg\subset Kg$

ではあるが，逆の包含関係は正しくないこともありうるからである．各剰余類 $x\in\mathscr{X}$ から，この類の代表元となりうるものを選び，それを x_G と書こう．そうすると $x=Kx_G$ である．

2つの類の間に包含関係 $x'\subset x$ があるものとしよう，即ち，第1の類の元はすべて第2の類の元であるとしよう．このことは，特に第1の類の代表元についても言うことができる，即ち，$x'_G\in x$ である．ところで，これはある $k\in K$ に対して $x_G'=kx_G$ であることを意味している．こうして，$Khg\subset Kg$ というのは，ある類が他の類に含まれる場合の最も一般的な形である．その上，前もって与えられたある類 x に含まれるすべての類はその類に属する元 kx_G, $k\in K$ によって生成されることが分かる．このような元を生成元として類を生成すると，類 x より小さな類の集合が得られる．

2つの類 $x=Kx_G$ と $x'=Kx'_G$ が共通元を持つとしよう．これは，$kx_G=k'x'_G$ となる h, $k'\in K$ の存在を意味している．これより剰余類 $Kkx_G=Kk'x'_G$ は部分集合として類 x にも，類 x' にも含まれることになる．換言すれば，もしふたつの剰余類が共通元を持つならば，それらは，この共通元によって生成される共通な部分類を持つ．

包含関係による順序に関して極大な類からなる集合を $\overline{\mathscr{X}}$ で表わそう．$\bar{x}\in\overline{\mathscr{X}}$ は極大な類とする．これは，($\bar{x}$ 自身は別として) $\bar{x}\subset x$ となる類 $x\in\mathscr{X}$ は存在しないことを意味する．$\bar{x}$ に包まれる類を数え尽くすには，これらの類はどれも $\bar{x}$ の元によって生成されることを利用すればよい．類 $\bar{x}$ の代表元を $\bar{x}_G$ とすれば，$x\subset\bar{x}$ である任意の類 x は，ある $k\in K$ を用いて $x=Kk\bar{x}_G$ の形に書ける．

$\bar{x}\in\overline{\mathscr{X}}$ はひとつの極大な類とする．これは半群の元 $g\in G$ の作用を受けて新しい類 $\bar{x}g=K\bar{x}_Gg$ に変わる．この新しい類は一般に極大ではなく，それ故，半群 G の作用で集合 $\overline{\mathscr{X}}$ の外へ出てしまう．しかし，これが起こらないように，G の作用を定義し直すことができる．そのために，各類 x に，それを含むある極大な類 $\bar{x}\supset x$ を対応させよう．このとき，文字の上の線は空間 $\mathscr{X}$ の，部分空間 $\overline{\mathscr{X}}$ 上への射影を表わすことになる．この射影演算を定義しようとすると，所与の類 x に，これを包む2つ以上の極大な類が存在する場合に問題が生じる．しかし，ガリレイの半群を扱う場合には，このような問題は生じない．つまり，各 $x\in\mathscr{X}$ に対して，$x\subset\bar{x}$ となる極大な類は唯一つしか存在しないのである．これは，2つの極大な類は一致するか，または共通元を全然持たないことを意味する．この場合には，射影演算 $x\mapsto\bar{x}$ を一意的に定義できる．空間 $\overline{\mathscr{X}}$ への半群の作用を定義しなおして，結果がこの空間の外へ出ないようにしよう．そのために，元 $g\in G$ は極大な類 $\bar{x}\in\overline{\mathscr{X}}$ を $\bar{x}g$ ではなく，射影 $\overline{\bar{x}g}$ に移すとみなそう．作用 $g:\bar{x}\mapsto\overline{\bar{x}g}$ が極大な類の空間 $\overline{\mathscr{X}}$ の外には出ることはない．

各 $x\in\mathscr{X}$ に対して，これを包む極大な類 $\bar{x}\in\mathscr{X}$ は唯一つしか存在しないという仮定は，$\bar{x}$ に包まれるすべての類からなる集合が線型順序を持ち，一方，$\bar{x}$ 自身はこの集合の最大元であることを意味している．これを使うと作用 $g:\bar{x}\mapsto\overline{\bar{x}g}$ の定義を簡単化できる．この定義の代わりに，同じ作用を $g:\bar{x}\mapsto\overline{xg}$ で定義することもできる．この定義が前のものと同値であることを確かめるには，各 $x\in\mathscr{X}$，$g\in G$ に対して $\overline{\bar{x}g}=\overline{xg}$ となることを見ておけば十分である．ところで $x\in\bar{x}$ だから，$xg\subset\bar{x}g$ である．従って，xg と同様に $\bar{x}g$ も，類 $\overline{\bar{x}g}\in\overline{\mathscr{X}}$ に包まれている．同時に $\overline{\bar{x}g}$ は極大である．全く同じように，$\overline{xg}$ も xg を包む極大な類である．ところが仮定によれば，このような類は唯ひとつに限られており，従って $\overline{xg}=\overline{\bar{x}g}$ である．

かくして，(所与の類を包む極大な類は唯ひとつだけ存在するという)上述のような仮定をすれば，作用 $g:\bar{x}\mapsto\overline{xg}$ を定義することができ，これにより半群の各元は，$\overline{\mathscr{X}}$ をそれ自身の中に写す写像であるとみなすことができる．難なく確かめられるように，半群の元の積には写像の合成 $\overline{\bar{x}g\,g'}=\overline{xg\,g'}$ が対応している．以上で，極大な類の空間 $\overline{\mathscr{X}}$ への半群の作用が与えられたことになる．

前節では，$h=\lambda_c r[v]$ の形を持つ元からなる部分群を H として，これに関するガリレイの半群 G の因子空間 $\mathscr{Y}=H\backslash G$ を見た．部分群の各元は逆を持つから，この空間では半群の特性は十分には現れない．特に各元 $y\in\mathscr{Y}$ は極大であって，$\overline{\mathscr{Y}}=\mathscr{Y}$ であり，$\bar{y}=y$ である．それ故，半群 G の，極大な類の空間 $\overline{\mathscr{Y}}$ への作用を特に定義する必要はない．それは因子空間 $\mathscr{Y}$ そのものへの半群の作用に帰着する．この作用については前節で詳しく見た通りである．

次に，粒子の理論を構築するためにのちほど必要となるもうひとつの因子空間を見ておこう．それは，$k=\lambda_c[u]_\tau r$ の形の，即ち軌道，回転および補助的なアーベル群 C の元からなる元を持つ部分半群 K によって生成されるものである．これに対応する因子空間を $\mathscr{X}=K\backslash G$ と書こう．剰余類の代表元としては $[u]_\tau[v]$ の形を持つ元を採ることができ，それ故，任意の類は $x=K[u]_\tau[v]$ の形を持つ．ここには既に，K が群ではなく半群であることが現れている．この故にこそ，この群に属する因子 $[u]_\tau$ は代表元の一構成部分になっているのである．極大な類は K の因子を含まない代表元によって生成される，即ち，任意の $\bar{x}\in\overline{\mathscr{X}}$ は $\bar{x}=K[v]$ の形を持つ．従って空間 $\overline{\mathscr{X}}$ の元は速度 $[v]$ によってパラメーター表示される．$\overline{\mathscr{X}}$ は速度の空間といってよい．射影演算 $x\mapsto\bar{x}$ を陽な形で定義すれば，$K[u]_\tau[v]\mapsto K[v]$ である．

半群の因子空間への作用は，半群における乗法則を用いると容易に見出すことができて，それは次のようになる．

$$\begin{aligned}
&K[u]_\tau[v]\lambda_c=K[u]_\tau[v]\\
&K[u]_\tau[v]r=K[r^{-1}u]_\tau[r^{-1}v],\\
&K[u]_\tau[v][v']=K[u]_\tau[v+v'],\\
&K[u]_\tau[v][u']_{\tau'}=K[u]_\tau[u'+\tau_\tau{}'v]_{\tau'}[\tau_\tau{}'v].
\end{aligned}\tag{7.1}$$

極大な類の空間への半群の作用 $g:\bar{x}\mapsto\overline{xg}$ は上の式から，射影演算 $x\mapsto\bar{x}$ の助けを借りて定義することができる．その結果，

$$\begin{aligned}
&\overline{K[v]\lambda_c}=K[v],\\
&\overline{K[v]r}=K[r^{-1}v],\\
&\overline{K[v][v']}=K[v+v'],\\
&\overline{K[v][u]_\tau}=K[\tau_T v]
\end{aligned}\tag{7.2}$$

が得られる．かくして，速度の空間への軌道の作用は，速度を定義するための時間変数をずらせることに帰着する．

§8．半群に関して不変な測度

群の誘導表現とそれらの織り込みとを記述するときには，この群の因子空間上の不変な測度が重要な働きをする．半群の誘導表現とそれらの織り込みとを定義できるようにするためには，半群の因子空間上の，この半群に関して不変な測度が必要である．ここでもまた，群と半群の違いによる特性が現れる．以下では，至るところで，半群も部分半群も単位元を含んでいるものと仮定しよう．

直接に必要なものではないが，半群自身の上の不変測度から始めよう．この場合の特殊性は，集合 $Gg=\{g'g|g'\in G\}$ が一般に G と異なる(その部分集合である)ことから生じる．それ故に，半群上の右不変な測度 dg とは，半群上の任意の関数*$F(g)$ に対して等式

$$\int_G dg'F(g'g)=\int_{Gg} dg'F(g') \tag{8.1}$$

を満足するものであるとして定義しなければならない．右辺の積分は半群全体にわたってではなく，その部分集合の上で行なわれることに注意しよう．部分集合の特性関数を導入すれば，この積分を半群全体の上での積分の形に書きなおすことができる：

$$\int dg'F(g'g)=\int dg'\eta_{Gg}(g')F(g') \tag{8.1'}$$

測度 dg がこのような性質をもつとき，この測度は右不変であるということにし，記号的に $d(g'g)=dg'$ と書くことにしよう．

$\mathscr{X}$ は G-空間であるとしよう，即ち，半群 G は(1対1とは限らない)写像の群として $\mathscr{X}$ に右から作用するものとしよう．その上，半群の元の積には写像の合成が対応するものとする，即ち，$x(gg')=(xg)g'$ とする．任意の関数 $\phi(x)$ に対して等式

---

* 実際には，関数は，問題の測度に関して積分可能な関数の空間に属するものでなければならないが，関数解析的な細部には触れないで，問題の代数的面にのみ留意することにする．

$$\int_{\mathscr{X}} dx\,\phi(xg) = \int_{\mathscr{X}g} dx\,\phi(x) \tag{8.2}$$

が成り立つとき，空間 $\mathscr{X}$ 上の測度は不変であるということにしよう．測度がこの性質を持つとき，それを記号的に $d(xg)=dx$ と書き表わす．

$\mathscr{X}=K\backslash G$ は半群 G の，部分半群 K に関する因子空間とする．dg は G 上の，dk は K 上のそれぞれ右不変な測度とする．$\mathscr{X}$ 上には，分解 $dg=dxdk$ を許す測度 dx が存在すると仮定しよう．より詳しく言えば，これは，半群上の任意の関数 $F(g)$ に対して等式

$$\int_G dg\,F(g) = \int_{\mathscr{X}} dx \int_K dkF(kx_G) \tag{8.3}$$

が成り立つことを意味する．このような分解に関して直ちにいえることが二つある．第一に，それは類の代表元 x_G の選び方に依らない．他の代表元からなる系に移ったとしても，測度 dk の不変性によって，等式の右辺は変わらないのである．第二に，測度 dg と dk の不変性から，測度 dx もまた不変であることが導かれる．

二つめの命題は，元 x_Gg が，対応する類の代表元 $(xg)_G$ とは部分半群に属する因子の分だけしか違わず，$(x,g)_K\in K$ として，

$$x_Gg = (x,g)_K(xg)_G \tag{8.4}$$

であることに注意すれば容易に証明できる．更には，この因子は逆を持つことがわかる，というのは，さもなければ元 $(xg)_G$ と x_Gg によって生成される類は異なるはずであるが，それらは定義によって同じであるからである．元 $(x,g)_k$ は $x\in\mathscr{X}$，$g\in G$ の対によって定義されており，これを因数と呼ぶ．剰余類の代表元を変えると，当然，因数の系も変わる．代表元からなる系は，分解と誘導表現にとって便利な道具である．特に，測度 dx の不変性を証明するために，関数 F の引数をずらせた後，それを公式(8.4)を用いて変換する．そうすると，$F(kx_Gg)=F(k(x,g)_K(xg)_G)$ である．これを公式(8.3)に代入して，測度 dk の不変性を利用すると，

$$\int_G dg'\,F(g'g) = \int_{\mathscr{X}} dx \int_K dk\,F(k(xg)_G)$$

が得られ，更に測度 dg' の不変性によって，これは等式(8.1)の右辺に等しいことがわかる．このことは任意の関数 $F(g)$ に対していえるから，これより等式(8.2)，即ち，測度 dx の不変性が出る．

分解(8.3)のもとになっているのは，任意の元 $g\in G$ を $g=kx_G$ の形に表わすことができるということである．ところが，この分解は一意的ではない．というのは，元 g は異なる幾つかの剰余類に含まれることがあるからである．ところで，g を含む極大な類 $\bar{x}\in\overline{\mathscr{X}}$ は唯ひとつしか存在せず，分解 $g=k\overline{x_G}$ は一意的である．それ故，(8.3)の代わりに他の分解：

$$\int_G dg\,F(g)=\int_{\overline{\mathscr{X}}} d\bar{x}\int_k dk\,F(k\overline{x_G}) \tag{8.3′}$$

を用いる方が便利である．これはまた，一層自然でもある．更に，分解(8.3)は許されないが，(8.3′)は許される場合がある．このことは，半群 K の元で逆を持たないものの集合が非コンパクト(不変測度 dk に関して無限大)である場合に起こる．分解(8.3′)はまた，極大な類が交わりを持たないこと，即ち，それらが半群の類別を許すことからしても，自然である．

展開(8.3′)を用いると，測度 dg と dk の不変性から，変換 $g:\bar{x}\mapsto\overline{xg}$ に関して測度 $d\bar{x}$ が不変であることを導くのは容易である．証明のために，今後必要となるもうひとつの記号を導入しておこう．前に示したように，代表元 x_G は，対応する極大な類の代表元 $\overline{x_G}$ とは部分半群 K に属する因子(これは逆をもたない元である)の分だけ異なっている．それを $x_K\in K$ と記せば，

$$x_G=x_K\,\overline{x_G} \tag{8.5}$$

である．このとき等式(8.3′)の関数 F の引数を変位させると，

$$F(k\overline{x_G}g)=F(k(\bar{x},g)_K(\bar{x}g)_K(\overline{xg})_G)$$

となる．測度 dk の不変性を用いると，関数 F の引数のうちのふたつの因子を追い出すことができる．更に測度 dg の不変性を考慮すれば，等式

$$\int_{\overline{\mathscr{X}}} d\bar{x}\int_{K(\bar{x}g)_k} dkF(k(\overline{xg})_G)=\int_{\overline{\mathscr{X}g}} d\bar{x}\int_{Kx_k} dkF(k\bar{x}_G),\quad x\in\overline{\mathscr{X}}g$$

に行きつく．関数 F は全く任意であるから，これより，極大な類の空間 $\overline{\mathscr{X}}$ 上の任意の関数 $\phi(\bar{x})$ に対して，

$$\int_{\bar{\mathscr{X}}} d\bar{x}\phi(\overline{xg}) = \int_{\overline{\mathscr{X}g}} d\bar{x}\phi(\bar{x}) \tag{8.6}$$

が得られる．

こうして，変換 $g:\bar{x}\mapsto\overline{xg}$ に関して不変な $\bar{\mathscr{X}}$ 上の測度は，半群上の不変測度を分解するときに自然な仕方で得られることが分かる．しかし，分解とは独立にこれを導入することも可能であることはいうまでもない．条件(8.6)を満足する任意の，$\bar{\mathscr{X}}$ 上の測度を不変測度と呼ぼう．次に，問題の，ガリレイの半群の因子空間上の不変測度はどのようなものか見てみよう．そこで思い起こす必要があるのは，これらの空間が関数空間であることであり，これに関して述べておくべき事がある．

関数空間上の測度を構成するにあたって我々が用いるのは，数学的に厳密なその定義ではなく，物理学の文献で採用されている，簡単化された“素朴な”定義である．関数空間上の測度を扱っているというよりはむしろ，この空間上で与えられた汎関数の積分の仕方を問題にしているのだというべきであろう．通常，この場合の積分の定義は，関数空間を有限次元の多様体で置き換え，その後でこの次元を無限に大きくするという極限操作の助けを借りて行なわれる(第2章§§3,4，および付録Aを見よ)．この操作を行なう際の収束性の条件と極限が存在するための条件とについてはふれないでおく．かくして我々が行なう関数空間の測度の構成は全く形式的なものである．しかし，形式的構成から，これまで文献の中で詳しく調べられてきた，軌道についてのガウス積分が得られ，しかもこれに完全にして明確な意味を与えることができるのであるから，厳密性に欠ける点は許されてもよいと思われる．原理的には，この最終的結果に至るまでの過程を厳密なものにすることは可能なはずである．しかし勿論，これは簡単にできることではなく，我々はここではそれにふれないでおく．

第6節では，$h=\lambda_c r[v]$ の形の元からなる部分群を法として，ガリレイの半群の因子空間 $\mathscr{Y}=H\backslash G$ を定義した．これに対応して，剰余類は軌道によって $y=H[u]_\tau$ と表わされるから，$\mathscr{Y}$ を軌道空間と呼ぶことができる．空間 $\mathscr{Y}$ 上の不変測度は，

$$\int_{\mathscr{Y}} dy\,\phi(y)=\int_0^\infty d\tau\int d[u]_\tau\,\phi(H[u]_\tau) \tag{8.7}$$

の形を持つと仮定しよう．ここに

$$d[u]_\tau=\rho([u]_\tau)\prod_{\sigma=0}^{\tau} d^3u(\sigma) \tag{8.7'}$$

である．最後の公式は，極限操作を記号的に表わしているものと解さなければならない．即ち，積分の各段階で有限個の変数 u_k，$k=1, 2, \cdots, N$ の積をつくる．ただし，これらの変数とは有限個の点における，関数 $u(\sigma)$ の値 $u_k=u(k\tau/N)$ のことである．その後で数 N を無限に大きくすると，これらの変数の個数は無限大となるが，これで事実上，関数を変数とする積分に移行したことになる(第2章§3，および付録 A を見よ)．先に行なった仮定では，軌道空間上の測度 dy は重み関数(汎関数) $\rho([u]_\tau)$ を用いて定義されている．我々は，この関数を，空間 $\mathscr{Y}$ への半群の作用に関して測度が不変となるように選ばなければならない．

測度(8.7′)は，軌道空間へのガリレイの半群の作用に関して不変でなければならない．このことは，公式(6.11)で表わされる変換に関して測度 dy が不変であることを要求するものである．まず，この測度が，速度の作用に関して不変であること，$d(y[v])=dy$ を要請しよう．このために，公式(8.7)に変位を受けた引数を持つ関数

$$\tilde{\phi}(H[u]_\tau)=\phi(H[u]_\tau[v])=\phi(H[u-v])$$

を代入し，これを積分した結果が元の関数 ϕ の積分と同じであることを要求しよう．$\tilde{\phi}$ を代入した後の積分で，積分変数を変換して，$[u]_\tau$ についての積分から $[u']_\tau$，$u'=u-v$ についての積分に移ると，

$$\int_0^\infty d\tau\int d[u'+v]_\tau\,\phi(H[u']_\tau)$$

となる．この積分は，条件 $d[u+v]_\tau=d[u]_\tau$ の下で元の積分(8.7)と等しくなるが，この条件そのものは，

$$\rho([u+v]_\tau)=\rho([u]_\tau)$$

を意味している．

この等式は軌道$[u]_\tau$と速度〔v〕をどのように選ぼうとも正しくなければならない．区間$0\leqq\sigma\leqq\tau$で$u(\sigma)+v(\sigma)=0$となるように速度$[v]$を選ぶと$\rho([u]_\tau)=\rho(\tau)$となる．ここに$\rho(\tau)=\rho([0]_\tau)$である．測度(8.7′)の形は，従って，次のようにより的確に表わされる：

$$d[u]_\tau=\rho(\tau)\prod_{\sigma=0}^{\tau}d^3u(\sigma) \tag{8.7″}$$

次に軌道による変位に関して測度が不変であること，$d(y[u']_{\tau'})=dy$を要請しよう．変位を受けた引数を持つ関数，

$$\tilde{\phi}(H[u]_\tau)=\phi(H[u]_\tau[u']_{\tau'})=\phi(H[\bar{u}]_{\bar{\tau}})$$

を表式(8.7)に代入すると，

$$\int_0^\infty d\tau\,\rho(\tau)\int\prod_{\sigma=0}^{\tau}d^3u(\sigma)\,\phi(H[u]_\tau[u']_{\tau'})$$
$$=\int_{\tau'}^\infty d\bar{\tau}\,\rho(\bar{\tau}-\tau)\int\prod_{\sigma=\tau}^{\bar{\tau}}d^3\bar{u}(\sigma)\,\phi(H[\bar{u}]_{\bar{\tau}})\Big|_{[\bar{u}]_{\tau'}=[u']_{\tau'}} \tag{8.8}$$

が得られる．ここに$[\bar{u}]_{\tau'}$で表わされているのは軌道$[\bar{u}]_{\bar{\tau}}$のはじめの部分である．不変性の定義(8.2)によれば，この積分は元の関数ϕの，ただし変位を受けた後の領域$\mathscr{Y}[u']_{\tau'}$にわたる積分に等しくなければならない．この積分領域に含まれている軌道のはじめの一部は，$[u]_{\tau'}$に一致するように固定されている．このような領域に制限された積分(8.7)を，

$$\int_{\mathscr{Y}[u']_{\tau'}}dy\,\phi(y)=\int_{\tau'}^\infty d\tau\,\rho(\tau)\int\prod_{\sigma=\tau'}^{\tau}d^3u(\sigma)\,\phi(H[u]_\tau)\Big|_{[u]_{\tau'}=[u']_{\tau'}} \tag{8.9}$$

の形に書くことができる．パラメーターτ'の任意の値と任意の関数ϕに対して積分(8.8)と(8.9)が等しくなるよう要求すると，重み関数ρは定数でなければならないことが分かる．それを1に等しくとれば*，空間$\mathscr{Y}=H\backslash G$上の不変測度に対して最終的に

$$d[u]_\tau=\prod_{\sigma=0}^{\tau}d^3u(\sigma) \tag{8.7‴}$$

を得る．こうして得られた測度は，特に要求しはしなかったが，回転に関し

* ここでも，これから先でも，数乗数には留意しない．最終的に伝播因子に対する表式が得られた後で，それを規格化する．

ても不変になっていて $d(yr)=dy$ である．

先に本節で述べた空間 $\mathscr{X}=K\backslash G$ 上の測度を構成しよう．もっと正確には，極大な類の空間 $\bar{\mathscr{X}}$ 上の不変測度を定義しよう．既に述べたように極大な類は速度によってパラメーター表示され，$\bar{x}=K[v]$ と表わすことができる．そこで，

$$\int_{\bar{\mathscr{X}}} d\bar{x}\ (\bar{x}\phi)=\int d[v]\ \phi(K[v]) \tag{8.10}$$

と置こう．ここに

$$d[v]=\rho([v])\prod_{\sigma=-\infty}^{\infty} d^3 v(\sigma) \tag{8.10′}$$

である．この測度が速度の作用に関して不変であること，$d(\overline{x[v']})=d\bar{x}$ を要求しよう．速度の作用を，半群の他の任意の元の作用と同じように，公式(7.2)で定義する．変位を受けた引数を持つ関数，

$$\tilde{\phi}(K[v])=\phi(K[v][v'])=\psi(K[v+v']),$$

を(8.10)に代入して，新しい積分変数 $[\bar{v}]=[v+v']$ に移ると，速度に関して測度が不変であることから，重み関数に対する次の条件が得られる：$\rho([v-v'])=\rho([v])$．この条件は任意の $[v],[v']$ に対して満たされるべきであるから，すべての σ に対して $v'(\sigma)=v(\sigma)$ と置くことができ，これより $\rho([v])=$定数，が得られる．この定数を1に等しくとれば，空間 $\bar{\mathscr{X}}$ 上の不変測度に対する最終的な表式，

$$d[v]=\prod_{\sigma=-\infty}^{\infty} d^3 v(\sigma) \tag{8.10″}$$

が得られる．測度(8.10″)は速度に関する不変性の条件から見出されたものであるが，これはまた回転と軌道の作用に関しても不変であることが分かる．このことは，ガリレイの半群の，空間 $\bar{\mathscr{X}}$ に対する作用を定義する公式(7.2)の助けを借りれば，容易に確かめることができる．

§9. 半群の誘導表現

群を部分群に関して分解することは群の誘導表現の基礎である．全く同じ

ように，前節で見た，部分半群に関する半群の分解を用いて半群の誘導表現を定義することができる．まず一般的定義を定式化し，その後でそれをガリレイの半群に適用しよう．

G は半群，K はそのある部分半群としよう．空間 $\mathscr{L}_\kappa$ における線型作用素による，部分半群の表現 $\kappa(K)$ が与えられたものとしよう．次に誘導表現と呼ばれる，半群全体の表現 $U_\kappa(G)=\kappa(K)\uparrow G$ を定義しよう．定義の大半は，群の場合に対して§3で定式化した内容の繰り返しである．しかし半群を性格づける特徴は，半群の因子空間およびその上の不変測度が持つ独特の性質となって現れる．

はじめに，表現 $U_\kappa(G)$ が作用する線型空間 $\mathscr{H}_\kappa$ を構成しよう．空間 $\mathscr{H}_\kappa$ のベクトルとは，半群 G 上で与えられ，線型空間 $\mathscr{L}_\kappa$ に値を持つ関数 φ のことであるとする．かくして $\varphi: G\to\mathscr{L}_\kappa$ または $\varphi(g)\in\mathscr{L}_\kappa$ である．空間 $\mathscr{H}_\kappa$ には，このような型の関数のすべてが含まれるのではなく，すべての $g\in G$, $k\in K$ について条件

$$\varphi(kg)=\kappa(k)\varphi(g) \tag{9.1}$$

を満足するものだけを含ませることにしよう．この条件を構造条件と呼ぶ．空間 $\mathscr{H}_\kappa$ における，作用素 $U_\kappa(g)$ の作用を右移動として定義しよう．即ち，

$$(U_\kappa(g)\varphi)(g')=\varphi(g'g) \tag{9.2}$$

と置こう．不変スカラー積を問題にしなければ，以上で誘導表現 $U_\kappa(G)=\kappa(K)\uparrow G$ は完全に定義されたことになる．スカラー積の定義は，空間 $\mathscr{H}_\kappa$ のもう一つの記述の仕方一因子空間 $K\backslash G$ 上の関数による記述一に移った後に行なう．その方が便利だからである．この，因子空間上の関数による記述法は応用上の観点からも重要である．

$\mathscr{X}=K\backslash G$ は，前の諸節で詳しく見た，部分半群に関する半群の因子空間とする．この空間の点は剰余類 $k=Kg$ であり，これらの点に対する半群の作用は剰余類の右移動，$g: Kg'\mapsto Kg'g$ として定義されている．各類 x の中に代表元 x_G が選ばれているものとしよう．類全体はこの代表元によって $x=Kx_G$ の形に表わされる．そうすると，半群上の任意の関数 φ は因子空間

上のある関数を定義する．これを同じ文字で表わす：

$$\varphi(x)=\varphi(x_G). \tag{9.3}$$

公式(9.3)で定義される関数$\varphi(x)$は，構造条件(9.1)に由来するある条件を満たさなければならない．これは，剰余類$Kg\in K\backslash G$が共通の元を持ちうることと関係している(§7を見よ)．このために，もう一歩進めて，極大な類の空間$\overline{\mathscr{X}}$上の関数に移った方が何かと好都合である．剰余類の空間$\mathscr{X}$は包含関係によって順序づけられており，記号$\overline{\mathscr{X}}$はこの順序に関する極大な類の集合を表わしていることを思い出そう．各$x\in\mathscr{X}$に対して，$x\subset\bar{x}$となる極大な類$\bar{x}\in\overline{\mathscr{X}}$は唯一つだけ存在するものと仮定しておく，そうすると，写像$x\mapsto\bar{x}$は空間$\mathscr{X}$の空間$\overline{\mathscr{X}}$上への射影である．公式(9.3)を極大な類に限ってみれば，極大な類の集合上でのみ定義された関数，

$$\varphi(\bar{x})=\varphi(\bar{x}_G) \tag{9.3$'$}$$

が得られる．

関数$\varphi:\overline{\mathscr{X}}\to\mathscr{L}_\kappa$は，関数$\varphi:\mathscr{X}\to\mathscr{L}_\kappa$，更には関数$\varphi:G\to\mathscr{L}_\kappa$が含んでいるのと同じ情報を含んでいることは容易に分かる．それにもかかわらず，空間$\overline{\mathscr{X}}$上の関数は，構造条件のような如何なる補助条件による制限も受けない．これは，極大な類は半群Gの分割をなしていること，即ち，半群の各元はひとつの，そして唯一つの類にのみ含まれることと結びついている．$g\in\bar{x}\in\overline{\mathscr{X}}$としよう．これは$g=k\bar{x}_G$, $k\in K$を意味している．半群の元のこのような表現は一意的であり，これを利用すれば，極大な類からなる空間上の関数$\varphi:G\to\mathscr{L}_\kappa$が既知のとき，半群上の関数$\varphi:G\to\mathscr{L}_\kappa$を復元することができる．そのためには，

$$\varphi(g)=\varphi(k\bar{x}_G)=\kappa(k)\varphi(\bar{x}) \tag{9.3$''$}$$

と置けばよい．このように定義された関数が構造条件(9.1)を満足することを示すのは難しくない．

このようにすると，半群上の各関数$\varphi\in\mathscr{H}_\kappa$には(公式(9.3′)によって)空間$\overline{\mathscr{X}}$上の関数を対比させ，また逆に，$\overline{\mathscr{X}}$上の各関数には，構造条件を満足する，半群上の関数を対比させることができる．これは，関数$\varphi:\overline{\mathscr{X}}\to$

$\mathscr{L}_\kappa$が空間$\mathscr{H}_\kappa$のもう一つの実現になっていることを意味している．二つの実現は非退化な線型変換によって結ばれている．これらの実現のうちの一つ(9.2)において表現$U_\kappa(G)$が如何に作用するかは分かっている．従って他の実現におけるその作用を見出すのは容易である．幾分か正確さを損うが，$\overline{\mathscr{X}}$上の関数の空間を同じ文字$\mathscr{H}_\kappa$で，そして，この空間で作用する作用素もこれまた同じ記号$U_\kappa(g)$で表わそう．これらの作用素に対して

$$(U_\kappa(g)\varphi)(\bar{x})=\kappa(\bar{x},g)_\kappa(\bar{x}g)_\kappa)\varphi(\overline{gx}) \tag{9.2'}$$

が得られる．ここでは公式(8.4)と(8.5)で定義した記号を用いている．

空間$\mathscr{H}_\kappa$の新しい実現では，そこにヒルベルト構造を導入することができる．群の場合には誘導表現はユニタリーである，即ち，この表現に関して不変なスカラー積を導入することができる．半群の場合には必ずしもそうではない．一般の場合には，誘導表現の作用で互いに移り変わることのできる，エルミート形式の族全体が得られるにすぎない．実際，空間$\mathscr{H}_\kappa$におけるスカラー積を，公式

$$(\varphi,\varphi')_\kappa=\int_{\overline{\mathscr{X}}} d\bar{x} < \varphi(\bar{x}),\varphi'(\bar{x}) >_\kappa \tag{9.4}$$

によって定義することはできよう．ここに$d\bar{x}$は$\overline{\mathscr{X}}$上の不変測度であり，$<\ ,\ >_\kappa$は$\mathscr{L}_\kappa$におけるスカラー積である．しかし形式$<\ ,\ >_\kappa$が表現$\kappa(K)$に関して不変であるとしても，公式(9.2′)を利用すれば容易に確かめられるように，誘導表現の作用の下でスカラー積$(\ ,\ )_\kappa$は不変ではない．原因は，不変測度は公式(8.6)で定義されているが，この式の左辺と右辺では積分領域が異なっていることにある．不変測度のこの性質から

$$(U_\kappa(g)\varphi,\ U_\kappa(g)\varphi')_\kappa=(\varphi,\varphi')_\kappa^{\overline{\mathscr{X}g}}$$

が導かれる．ここに，

$$(\varphi,\varphi')_\kappa^{\overline{\mathscr{X}g}}=\int_{\overline{\mathscr{X}g}} d\bar{x} < \varphi(\bar{x}),\ \varphi'(\bar{x}) >_\kappa \tag{9.4'}$$

である．

このように，半群の誘導表現の場合には，唯ひとつのスカラー積の代わり

に，エルミート形式の族が得られ，それらの形式は極大な元のつくる部分空間$\overline{\mathscr{X}\mathfrak{b}}$, $g\in G$によってパラメーター表示される．誘導表現の作用を受けると(9.4′)は不変に留まらず，次のような仕方で互いに移り変わる：

$$(U_\kappa(g)\varphi, U_\kappa(g)\varphi')_\kappa^{\overline{\mathscr{X}g'}}=(\varphi,\varphi')_\kappa^{\overline{\mathscr{X}g'g}} \tag{9.5}$$

形式$(\ ,\ )_\kappa^{\overline{\mathscr{X}g}}$, $\overline{\mathscr{X}g}\neq\overline{\mathscr{X}}$では関数$\varphi\in\mathscr{H}_\kappa$が領域$\overline{\mathscr{X}g}$で持つ値だけが問題である．もし2つの関数のとる値が，この領域の外部でのみ異なるならば，これらの関数を形式$(\ ,\ )_\kappa^{\overline{\mathscr{X}g}}$に代入したとき得られる値は同じである．従って，この形式は，もしそれを空間$\mathscr{H}_\kappa$においてみるならば，退化している．明らかに，この形式は$\mathscr{H}_\kappa$とは別の空間において見た方がよい．その空間を$\mathscr{H}_\kappa^{\overline{\mathscr{X}g}}$と書き表わし，領域$\overline{\mathscr{X}g}$の外部に台をもつ関数(即ち，$\overline{\mathscr{X}g}$では0となる関数)に関して空間$\mathscr{H}_\kappa$を分解したものとして定義しよう．空間$\mathscr{H}_\kappa^{\overline{\mathscr{X}g}}$上では形式$(\ ,\ )^{\overline{\mathscr{X}g}}$は退化しておらず，スカラー積*としてそれを採用することができる．或いは(先の定義と同値だが)空間$\mathscr{H}_\kappa^{\overline{\mathscr{X}g}}$を，領域$\overline{\mathscr{X}g}$内に集中した台を持つ関数の(即ち，この領域の外では0になる関数だけからなる)空間と定義することもできる．いうまでもなく，二つの任意の関数に対してスカラー積(9.4′)が意味を持ちうるようにするためには，空間$\mathscr{H}_\kappa^{\overline{\mathscr{X}g}}$にはスカラー平方が有限な関数のみを含ませるべきである．しかし，例によって，物理学では一般化された関数の考察も興味のある問題であり，その場合には2乗積分可能な関数の空間の枠外へ出ることになる．

半群の誘導表現の一般論として必要な最後のものは，2つの誘導表現の織り込みである．$U_\kappa(G)=K(K)\uparrow G$は，たった今詳しく見たばかりの，関数$\varphi:\overline{\mathscr{X}}\to\mathscr{L}_\kappa$の空間$\mathscr{H}_\kappa$で作用する誘導表現とする．$U_\chi(G)=\chi(H)\uparrow G$は，一般的に言って$K$とは別の部分半群から誘導される，もうひとつの誘導表現とする．この表現が作用する空間を$\mathscr{H}_\chi$と書き，関数$\psi:\overline{\mathscr{Y}}\to\mathscr{L}_\chi$によって実現しよう．ここに$\mathscr{Y}=H\backslash G$である．織り込み作用素$S\in[U_\kappa, U_\chi]$とは空間$\mathscr{H}_\kappa$を空間$\mathscr{H}_\chi$に写すべきものである．織り込み作用素は次の形の積分

* もし積$\langle\ ,\ \rangle_\kappa$が定符号をもつならば，この積も定符号を持つ．しかし，不定符号の積も，仮想状態の空間で考えれば，物理解釈を許す．勿論，その場合には確率としてではなく，確率振幅としてであるが([37]を見よ)．

作用素として表わされることが判っている：

$$\psi(\bar{y})=(S\varphi)(\bar{y})=\int_{\bar{\mathscr{X}}} d\bar{x}\, s(\bar{x}_G)\varphi(\bar{x}_G\,\bar{y}_G). \tag{9.6}$$

ここに $d\bar{x}$ は $\bar{\mathscr{X}}$ 上の不変測度であり，s は G 上の作用素値関数であって，$s(g)\colon \mathscr{L}_\kappa\to\mathscr{L}_\chi$ は線型作用素になっており，これは任意の $g\in G$, $k\in K$, $h\in H$ に対して関係式

$$\chi(h)s(kgh)\kappa(k)=s(g) \tag{9.6$'$}$$

を満たすものである．作用素(9.6)が実際に，与えられた表現を織り込むことは直接に確かめることができるが，かなり面倒である．

注　意1　群の場合には，2つの誘導表現の織り込み作用素はどれも(4.1)の形となることを示すことができる．もっと正確にいえば，もし関数 $s(g)$ (織り込みの核)に何の制限も課さず，一般化された関数であることさえも許すことにすれば，織り込み作用素をこの形に表わすことができる．もし，織り込みの核として通常の，十分に滑かな関数だけをとれば，積分作用素(4.1)の形に表わすことのできる織り込み作用素の範囲は限られてくる(詳しくは[37]を見よ)．多分，半群の場合にも事情は同じであって，2つの誘導表現の織り込み作用素はどれも(9.6)の形に表わされるであろうが，一般的には織り込みの核には制限を課すことができず，一般化された関数をさえ認めなければならないであろう．いうまでもなく，これは簡単とはいえない数学的問題であって，研究の余地が多く残されている．

注　意2　原理的には公式(9.6)から，誘導表現が既約かどうかを判定する規準が得られる．これは群の場合の，対応する結論との類比である([37]を見よ)．そのためには，自己織り込みの作用素 $S\in[U_\kappa]=[U_\kappa, U_\kappa]$ すべてが単位元の何倍かになる条件を，部分半群 K とその表現 $\kappa(K)$ が満たしているかどうかを見ればよい．この条件が満たされているとき表現 U_κ は作用既約であると言う．もし，この表現が更にユニタリーであるならば，それは普通の意味で既約である．この判定規準の一般的形に立ち入ることはしないが，次

節ではこれを，ガリレイの半群のある表現が既約であることを証明するために利用する．

§10．ガリレイの半群の表現

今や，外場における非相対論的粒子の理論を構築するのに必要な数学のすべてが出揃った．実際，並進群の一般化である軌道の半群が定義されており(§5)，これを追加することによってガリレイ群の一般化であるガリレイの半群が得られている(§6)．ガリレイ群の因子空間に相当する，この半群の2つの因子空間については§6，7で調べてあるし，これらの空間上の不変測度は§8で見出してある．最後に前節では，任意の半群の誘導表現を定義し，2つの誘導表現の織り込み作用素を導入した．これらすべてが，我々の目的にとって必要な数学的道具の内容である．これで，ガリレイの半群の構造を基礎に置いて，§1で定式化した手順を実行に移すことができる．

手順を実行に移すためには，ガリレイの半群の，2つの表現を構成し，それらの織り込みを見出さなければならない．これらの表現のひとつ，$U_{loc}(G)$は粒子の局所的性質を記述すべきものであり，ふたつめの表現，$U_{elem}(G)$は粒子の全体像を記述すべきものである．ガリレイ群という例では，局所的表現は必然的に誘導表現$U_{loc}=\chi(H)\uparrow G$でなければならないことを見た．このことは，時空がガリレイ群の因子空間$H\backslash G$として表わされることと関連していた．ガリレイの半群の場合には，空間をこの半群の因子空間として構成できないことが原因となって，事情は複雑である．因子空間$\mathscr{Y}=H\backslash G$の形で実現されるのは軌道の空間にすぎない(§6を見よ)．それ故，まず軌道の空間において局所化された粒子の理論を構築しよう．これは誘導表現$U_{loc}(G)=U_{\chi}(G)=\chi(H)\uparrow G$の助けを借りて普通の方法で行なうことができる．時空の用語による解釈はのちほど与えることにするが，そのときには§1で述べた手順の枠外に出ることになろう．

局所的表現の他に，粒子を全体的なものとして記述する，ガリレイの半群の表現も必要である．ガリレイ群の場合にはKと$\kappa(K)$の選択は，誘導表現が既約となるように行なわれた．同じようにしてガリレイの半群の表現も既約な形で得られることを後で示そう．表現 U_{loc} と U_{elem} が得られたら，それらの織り込みと伝播因子の構成へと進む．こうして軌道空間において局所化された粒子の理論が定式化される．特に，このようにして構成された伝播因子は軌道空間における粒子の伝播を表わす．本節と次節ではこれを取り上げ，§12で時空的描像を扱うことにしよう．

局所的表現の構成から始めよう．既に述べたように，局所化とは軌道空間 $\mathscr{Y}=H\backslash G$ における局所化のことである．ここで H は，$h=\lambda_c r[v]$ の形の元からなる部分群である．空間 $\mathscr{Y}$ の点はこの部分群に関する剰余類であって，それを，軌道でパラメーター表示して $y=H[u]_\tau$ と書くことができる．軌道の空間と，これに対するガリレイの半群の作用については §6 で見た通りである．軌道という語によって粒子を記述するためには，それを，部分群 H から誘導した半群 G の表現によって記述しなければならない．そこで $U_{loc}(G)=U_\chi(G)=\chi(H)\uparrow G$ と置こう．表現 $\chi(H)$ の選択について言えば，原理的には全く任意に行なってよい．しかし実際に興味があるのは，χ として，例えば，群 H の既約表現を任意に選ぶ場合である．表現 χ は粒子の内部自由度を記述するものである，即ち，軌道空間における粒子の位置を固定したとき粒子が有する自由度を記述する．このような自由度の選び方を限定する先験的理由は何もない．しかしながら，自由度が有限な場合の考察から始めるのが自然である．その上，相対論的自由粒子の理論で知られているように，無限の内部自由度が存在する場合には理論は非局所的になってしまう．このようなタイプの理論も面白いものではあるが，通常の素粒子論から余りにもかけ離れたものになってしまう．我々の課題は，外場の中における通常の周知の理論を導くこと，しかもそれを群論的考察から導くことにある．そこで，自由度の個数は有限であると仮定しよう．即ち，χ として有限次限の既約表現をとろう．

群 H の既約ユニタリー表現はどれも，対応するガリレイ群の部分群の表現との類比によって構成される．このような表現は2つのパラメーター，実数 m と，数 j とによって分類される．パラメーター j は一連の離散的な値 $j=0, \frac{1}{2}, 1, \frac{3}{2}, \cdots$ を取る．パラメーター m と j とで定義される表現 χ は，

$$\chi(h)=\chi(\lambda_c r[v])=e^{im\lambda}\delta_j(r) \tag{10.1}$$

の形を持つ．ここに $\delta_j(R)$ は回転群の，既約な $(2j+1)$ 次元のユニタリー表現である．勿論，パラメーター m と j は粒子の質量とスピンに相当している．一般性を損なうことなく $m>0$ とみなしてよい(質量が0の場合は，特にそれとして調べなければならない)．この表現は $(2j+1)$ 次元の空間 $\mathscr{L}_j$ で作用する．

表現 $U_{loc}=U_\chi=\chi(H)\uparrow G$ は，§9で述べた一般的手続きを経て構成される．この表現の正準実現は，関数 $\psi: G\to\mathscr{L}_j$ のうち構造条件 $\psi(hg)=\chi(h)\psi(g)$ を満足するものからなる空間 $\mathscr{H}_\chi$ における右移動 $(U_\chi(g)\psi)(g')=\psi(g'g)$ である．これ以外に，空間 $\mathscr{H}_\chi$ は因子空間 $\mathscr{Y}=H\backslash G$ 上の関数によっても実現することができる．これらの関数を，半群上の関数と同じ文字で表わし，$\psi: \mathscr{Y}\to\mathscr{L}_j$ としよう．軌道空間上の関数と半群上の関数との関係は公式，

$$\psi(y)=\psi(H[u]_\tau)=\psi([u]_\tau)$$

である．この場合には，簡単化して $\psi[u]_\tau$ と書くことにしよう．軌道空間上の関数の変換法則は(9.2)から導くことができる．或いは，半群上の関数の変換法則から直接導くこともできる．その結果は次の通りである．

$$\begin{aligned}
&(U[v]\psi)[u]_\tau=\exp\{im\int_0^\tau d\sigma(uv-\frac{1}{2}v^2)\}\psi[u-v]_\tau,\\
&(U([u']_{\tau'})\psi)[u]_\tau=\psi([u]_\tau[u']_{\tau'}),\\
&(U(r)\psi)[u]_\tau=\delta_j(r)\psi[r^{-1}u]_\tau,\\
&(U(\lambda_c)\psi)[u]_\tau=e^{im\lambda}\psi[u]_\tau.
\end{aligned} \tag{10.2}$$

空間 $\mathscr{H}_\chi$ では不変なスカラー積はひとつとして構成することができない．その代わりに，半群の作用で互いに移り変わることのできる一群のエルミート形式が存在する．これらの形式は一般公式(9.4′)に従って構成される．ただし，この公式は，因子空間 $\mathscr{Y}$ ではすべての類が極大であること，即ち，$\overline{\mathscr{Y}}=\mathscr{Y}$ であることと関連して少々簡単になり次の形をとる．

$$(\psi,\psi')_\chi^{\mathscr{Y}g}=\int_{\mathscr{Y}g}dy<\psi(y),\psi'(y)>_j,$$

ここに $<f,f'>_j=\sum_{j_3=-j}^{j}\overset{*}{f}{}^{j_3}f'^{j_3}$ は $\mathscr{L}_j$ における，$\delta_j(R)$ に関して不変なスカラ

ー積であり，dy は公式(8.7)，(8.7‴)で定義された，$\mathscr{Y}$ における不変測度である．実際には空間 $\mathscr{Y}g$, $g\in G$ のすべてが異なるわけではない．この空間族のうちの異なる空間は軌道によってパラメーター表示することができ，(これは，ガリレイの半群で逆を持たない元は軌道だけであることと関連している)従って $\mathscr{Y}g=\mathscr{Y}[u]_\tau$ である．これを考慮すると $\mathscr{H}_\chi$ におけるスカラー積を，もっと分かりやすい次の形に書き直すことができる：

$$(\psi,\psi')_\chi^{[u]_\tau}=\int_0^\infty d\tau'\int d[u']_{\tau'}<\psi([u']_{\tau'}[u]_\tau),\ \psi'([u']_{\tau'}[u]_\tau)>_j. \tag{10.3}$$

ガリレイの半群の作用を受けると，族(10.3)のスカラー積は，次のように互いの間で移り変わる：

$$\begin{aligned}
&(U[u']_{\tau'}\psi,\ U[u']_{\tau'}\psi')_\chi^{[u]_\tau}=(\psi,\ \psi')_\chi^{[u]_\tau[u']_{\tau'}}\\
&(U[v]\psi,\ U[v]\psi')_\chi^{[u]_\tau}=(\psi,\ \psi')_\chi^{[u-v]_\tau},\\
&(U(r)\psi,\ U(r)\psi')_\chi^{[u]_\tau}=(\psi,\ \psi')_\chi^{[r^{-1}u]_\tau},\\
&(U(\lambda_c)\psi,\ U(\lambda_c)\psi')_\chi^{[u]_\tau}=(\psi,\ \psi')_\chi^{[u]_\tau}.
\end{aligned} \tag{10.3'}$$

表現 $U_{loc}=U_\chi$ の記述は以上で尽くされている．この表現の台空間のベクトル $\psi\in\mathscr{H}_\chi$ は，軌道の空間において任意の仕方で局所化された粒子の状態を表わすことが分かる．特に，粒子はある特別な軌道に局所化された状態に存在しうる．いうまでもなく，粒子の理論におけるこの種の局所化された状態は仮想状態の役割を演ずるはずである(実在的状態は表現 U_{elem} の助けを借りて構成されるであろう)．もし粒子が局所化された状態のひとつ ψ にあれば，この粒子はある確率で他の局所化された状態 ψ' に見出される．一般的には，この確率の振幅は形式 $(\psi,\psi')_\chi^1$ で表わされる．もし，ふたつの関数 ψ, ψ' の台が空間 $\mathscr{Y}[u]_\tau$ に属しているならば，これらの状態の間の遷移確率振幅を形式 $(\psi,\psi')_\chi^{[u]_\tau}$ として計算することができる．この最後の形式は，従って，粒子の軌道の第1の部分が固定されていて，第2の部分だけが量子論的拡がりを持つ場合に用いることができるものである．この場合に形式 $(\psi,\ \psi')_\chi^1$ を用いると0となるであろう．即ち，この形式は提起された問題に対する解としては適さないものである．

さて，粒子の記述に必要な，ガリレイの半群の第2の表現 U_{elem} をつくろう．この表現は粒子を単一の完全体として記述すべきものであり，それ故に既約でなければならない．これを，§3における，ガリレイ群の既約表現の構成を手本にして構成してみよう．その後で，得られた表現が既約であることを示そう．構成法は誘導による，即ち，部分半群 $K\subset G$，とその表現 $\kappa(K)$ とを適当に選んで $U_{elem}=U_\kappa=\kappa_u(K)\uparrow G$ と置こう．ガリレイ群との類似性から，半群 K は $k=\lambda_c\, r[u]_\tau$ の形を持つ元からなるものとし，この半群の表現として

$$\kappa(k)=\kappa(\lambda_c\, r[u]_\tau)=e^{im\lambda}\, e^{i\varepsilon\tau}\, \delta_j(r) \tag{10.4}$$

の形を選ぼう．表現を構成した後で，それが既約であることを示し，それによってこの選択の正しさを示そう．いうまでもなく，表現 κ を特徴づけるパラメーター m と j とは，表現 χ を特徴づけるパラメーターと一致しなくてもよい．しかし後で見るように，表現 U_κ と U_χ が自明でない織り込みを持つのは，これらのパラメーターが一致する場合に限られる．それ故，はじめから，これらは同じものであるとしておこう．表現 $\kappa(K)$ は空間 $\mathscr{L}_j$ で作用する．

誘導表現 $U_\kappa(G)=\kappa(K)\uparrow G$ をつくろう．この表現は，構造条件 $\varphi(kg)=\kappa(k)\varphi(g)$ を満足する関数 $\varphi: G\to\mathscr{L}_j$ の空間 $\mathscr{H}_\kappa$ における右移動，$(U_\kappa(g)\varphi)(g')=\varphi(g'g)$ によって正準的に実現される．この方法以外に，§9で示したように同じ空間 $\mathscr{H}_\kappa$ を，因子空間 $\mathscr{X}=K\backslash G$ に属する極大な類の集合 $\bar{\mathscr{X}}$ 上の関数の空間として実現することもできる．この場合の関数をも前と同じ記号で表わすと $\varphi: \bar{\mathscr{X}}\to\mathscr{L}_j$ である．極大な類のひとつひとつは速度 $[v]$ によって表わされる，即ち，$\bar{x}=K[v]$ である．それ故，関数 φ は速度の関数であるとしてよい．速度空間上の関数と半群上の関数との関係は公式

$$\varphi(\bar{x})=\varphi(K[v])=\varphi(v)$$

で表わされる．速度の関数への誘導表現 U_κ の作用は公式(9.2′)を使って見出すことができるが，群上の関数の変換法則から直接に導く方が容易である．

結果は次の通りである．

$$
\begin{aligned}
&(U[u]_\tau\varphi)[v]=\exp\{-im\int_0^\tau d\sigma(uv'+\frac{1}{2}v'^2)\}\varphi[v'],\quad v'=\tau_\tau v,\\
&(U[v']\varphi)[v]=\varphi[v+v'],\\
&(U(r)\varphi)[v]=\delta_j(r)\varphi[r^{-1}v],\\
&(U(\lambda_c)\varphi)[v]=e^{im\lambda}\varphi[v].
\end{aligned}
\tag{10.5}
$$

空間 $\mathscr{H}_\kappa$ では不変なスカラー積が存在し，公式(9.4)に従って構成される．それを陽な形で書けば次のようになる：

$$
(\varphi,\varphi')_\kappa=\int d[v]<\varphi[u],\varphi'[v]>_j, \tag{10.6}
$$

ここに $d[v]$ は公式(8.10″)で定義される不変測度である．今の場合には，スカラー積全体の族を導入する必要はない．これは，極大な類の集合が，この場合には，半群の作用で不変，つまり $\overline{\mathscr{X}g}=\overline{\mathscr{X}}$ であることと関連している．

得られた表現が既約であることを確かめるには，§9の終り，注意2の指示に従って調べなければならない．そのためには，一般公式(9.6)によって任意の自己織り込み作用素 $S\in[U_\kappa]$ をつくり，これが単位元を何倍かしたものになっていることを確かめなければならない．このことから表現が作用既約であることが出る．ところで表現はユニタリーだから，作用既約であることは既約であることと同値である(即ち，自己織り込み作用素がすべて単位元の倍元ならば，不変な真部分空間は存在しない)．

公式(9.6)によると，表現 $U_\kappa=\kappa(K)\uparrow G$ の，任意の自己織り込み作用素は次の積分によって表わされる：

$$
(S\varphi)(\bar{x})=\int_{\overline{\mathscr{X}}} d\bar{x}'\, s(\bar{x}'_G)\varphi(\bar{x}'_G\bar{x}_G), \tag{10.7}
$$

ここで作用素値関数 $s(g)$ は構造条件

$$
\chi(k)s(k'gh)\kappa(k')=s(g) \tag{10.7'}
$$

(織り込みの核に対する構造条件)を満足するものとする．今の場合には織り込み作用素は

$$(S\varphi)[v]=\int d[v']s[v']\varphi[v+v'] \tag{10.8}$$

の形をとる．速度 v' が恒等的に0に等しい場合にのみ，関数 $s[v']$ は0と異なる値をとりうることを示せば，公式(10.8)から，作用素 S は単位元の倍元であることが結論される．ところで，関数 $s[v']$ のこの性質は，構造条件(10.7′)を利用すれば，証明することができる．

実際，関数 s を点 $[u]_\tau[v]$ で見てみよう．構造条件(10.7′)に従うと，この点における関数の値は

$$s([u]_\tau[v])=s[v] \tag{10.9}$$

に等しい．ところが，交換関係(6.7′)によれば表式 $[u]_\tau[v]$ は $[\tau_T^{-1}v]\lambda_0[u-v]_\tau$ とも書ける．ここに $\lambda=\int_0^\tau d\sigma(uv-\frac{1}{2}v^2)$ である．関数 s の引数をこの形に書き，再び構造条件(10.7′)を用いると，

$$s([\tau_T^{-1}v]\lambda_0[u-v]_\tau)=e^{-im\lambda}s[\tau_T^{-1}v] \tag{10.10}$$

が得られる．表式(10.9)と(10.10)を等置すると，

$$s[v]=e^{-im\lambda}s[\tau_T^{-1}v] \tag{10.11}$$

となる．次に元 $[o]_\tau[v]$，即ち，速度は同じだが，全区間にわたって0である軌道から始めて先と同じ計算を行なう．そうすると(10.11)の代わりに，

$$s[v]=e^{-im\lambda'}s[\tau_T^{-1}v] \tag{10.11′}$$

が得られる．ここで $\lambda'=\int_0^\tau d\sigma(-\frac{1}{2}v^2)$ である．

(10.11)と(10.11′)を比較すると，

$$(e^{im\int_0^\tau d\sigma(uv)}-1)s[v]=0 \tag{10.12}$$

と $$(e^{-im\int_0^\tau d\sigma(uv)}-1)s[\tau_T^{-1}v]=0$$

とが見出される．最後の表式で $[v]$ を $[\tau_Tv]$ に変えると

$$(e^{-im\int_{-\tau}^0 d\sigma(u'v)}-1)s[v]=0 \tag{10.12′}$$

が得られる．ここに $u'(\sigma)=u(\sigma+\tau)$ である．

最後に(10.12)で，区間 $[o,\tau]$ では $u=v$ と置き，(10.12′)で，区間 $[-\tau,o]$ で $u'=v$ と置くと関係式，

$$(e^{im\int_0^\tau d\sigma v^2}-1)s[v]=0,$$

$$(e^{-im\int_{-\tau}^0 d\sigma v^2}-1)s[v]=0$$

に行きつく．第1の関係式から，$s[v]$は速度vが区間$[0, \tau]$で0になる場合に限って，0と異なる値をとりうることが分かる．同じように，第2の関係式から，速度vが区間$[-\tau, 0]$で0となる場合に限って，$s[v]$は0と異なる値をとりうることが分かる．τを無限に大きくすれば，$s[v]$が0と異なる値をとりうるのは自明な速度の場合だけであることが分かり，これが証明すべきことであった．

かくしてガリレイの半群の既約表現$U_\kappa(G)$が得られた．これは質量mとスピンjを持つ粒子を記述する．パラメーターm，jとならんで表現を特徴づけるパラメーターεはエネルギーの基準点の意味を持ち，多くの場合重要ではない．既約表現の台空間のベクトル$\varphi\in\mathscr{H}_\kappa$は粒子の実在的状態を記述する．たしかに，このような状態を実在的だとか，観測可能だとかいいうるのは通常容認されているよりも一層詳しく，つまり軌道という語によって粒子が特徴づけられる理論においてだけである．もっと正確にいえば，軌道の空間を伝播するとき粒子は単一のものとして運動する，即ち，状態$\varphi\in\mathscr{H}_\kappa$のうちのひとつに見出されるのである(§1の議論を見よ)．かくして，表現U_χとU_κの織り込み作用素を介した粒子の伝播因子の構成法へと導かれる．実際の構成に向かおう．

注　意

多分，ガリレイ群の場合と同じように，(特別に調べる必要のある“質量が0”の表現を考えなければ)上に考察した表現U_κ以外には既約な表現は存在しないと思われる．しかし，この証明には立ち入らないでおく．

§11．軌道の空間における伝播因子

前節ではガリレイの半群の2つの表現を構成した．そのうちのひとつ，$U_{loc}=U_\chi$は軌道の空間における局所化を記述する。それ故この表現は，軌道に依存する関数$\psi[u]_\tau$から成る空間$\mathscr{H}_\chi$において作用する．ふたつめの表現，$U_{elem}=U_\kappa$は既約である，即ち，単一体としての粒子を記述する．これは，速度に依存する関数$\varphi[v]$の空間$\mathscr{H}_\kappa$において作用する．そこで，§1で述べたプログラムに沿って，これら2つの表現を織り込む作用素を見出さなけれ

ばならない．そうすると，これらの作用素の助けを借りて，軌道の空間における粒子の伝播因子を構成することができる．

要素的および局所的な表現を織り込む作用素 $S_1 \in [U_\kappa, U_\kappa]$ は，これらの表現がともに誘導表現であることを利用して構成することができる．この作用素は空間 $\mathscr{H}_\kappa$ を空間 $\mathscr{H}_\chi$ に写すもの，即ち，速度の関数 $\varphi[v]$ に軌道の関数 $\psi[u]=(S_1\varphi)[u]_\tau$ を対応させるべきものである．この作用素は織り込みの作用素でなければならない．つまり，対応する表現と交換しなければならない：

$$S_1 U_\kappa(g) = U_\chi(g) S_1.$$

公式(9.6)に対応して，この作用素は

$$(S_1\varphi)(y) = \int_{\bar{\mathscr{X}}} d\bar{x}\, s_1(\bar{x}_G)\varphi(\bar{x}_G y_G) \tag{11.1}$$

の形を持つ．ここで $\bar{\mathscr{X}}$ は速度の空間(§7)，$\mathscr{Y}$ は軌道の空間(§6)であり，$d\bar{x}$ は§8で導入した，$\bar{\mathscr{X}}$ 上の不変測度である．また，織り込みの核 s_1，は構造条件(9.6′)：

$$\chi(h)s_1(kgh)\kappa(k) = s_1(g) \tag{11.1′}$$

を満足する作用素値関数 $s_1(g)$：$\mathscr{L}_j \to \mathscr{L}_j$ である．

$\bar{x}_G$ のかわりに速度を，y_G のかわりに軌道を代入して公式(11.1)を，

$$(S_1\varphi)[u]_\tau = \int d[v] s_1[v]\varphi([v][u]_\tau) \tag{11.2}$$

の形に書き換えよう．$s_1[v]$ を計算するために構造条件(11.1′)と $\chi[v]=1$ を用いる．そうすると

$$s_1[v] = s_1(1\cdot[v]) = s_1(1)$$

が得られる．

作用素 $s_1(1)$ を見出すために，もう一度，$g=1$，$k=r$，$h=r^{-1}$ と置いて条件(11.1′)を使おう．更に $\kappa(r)=\boldsymbol{\delta}_j(r)$，$\chi(r^{-1})=\boldsymbol{\delta}_j(r^{-1})$ をも使うと

$$s_1(1)\boldsymbol{\delta}_j(r) = \boldsymbol{\delta}_j(r)s_1(1)$$

となる．この式は，作用素 $s_1(1)$ が表現 $\boldsymbol{\delta}_j(R)$ をそれ自身と織り込むことを表わしている．表現 $\boldsymbol{\delta}_j$ は既約だから，この作用素は単位元の倍元*である．織り込み作用素の数因子には関心が無いから，それを1に等しくとろう．そ

うすると $s[v]=1$ となり，織り込み作用素に対する表式 (11.2) は次の形に書き改められる：

$$(S_1\varphi)[u]_\tau=\int d[v]\varphi([v][u]_\tau).$$

公式(6.7)を用いて関数 φ の引数を変換し，この関数が満足すべき次の構造条件を利用しよう：

$$\varphi(\lambda_c r[u]_\tau g)=e^{i(m\lambda+\varepsilon\tau)}\delta_j(r)\varphi(g). \tag{11.3}$$

このとき，織り込み作用素に対する表式は

$$(S_1\varphi)[u]_\tau=\int d[v]e^{i(\varepsilon\tau-m\lambda)}\varphi[v']$$

の形となる．ここで $v'(\sigma)=v(\sigma-\tau)$，$\lambda=\int_0^\tau d\sigma(uv'+\frac{1}{2}v'^2)$ である．最後に，置換 $v\mapsto v'$ を行なっても測度 $d[v]$ が不変であることを使う．そうすると最終的に

$$(S_1\varphi)[u]_\tau=\int d[v]\exp\left\{i\varepsilon\tau-im\int_0^\tau d\sigma(uv+\frac{1}{2}v^2)\right\}\varphi[v] \tag{11.4}$$

が得られる．この積分の，指数関数の指数は特徴ある構造を持っていることに注意しよう．もし，$u=\dot{x}$(速度)，$mv=p$(運動量)，そして $\frac{1}{2}mv^2-\varepsilon=E$ (エネルギー)と書くことにすれば，指数関数は $\exp\left\{-i\int(pdx+Edt)\right\}$ の形に書くことができる．

全く同じようにして，同じ表現を逆向きに織り込む作用素 $S_2\in[U_\chi, U_\kappa]$ が見出される．これは空間 $\mathscr{H}_\chi$ から空間 $\mathscr{H}_\kappa$ への変換となるべきものである．即ち，軌道の各関数 $\varphi[u]_\tau$ にある速度の関数 $\varphi[v]=(S_2\psi)[v]$ を対応させるべきものである．一般公式(9.6)に従って，この作用素を積分の形，

$$(S_2\psi)(\bar{x})=\int_{\mathscr{Y}}dy\,s_2(y_G)\psi(y_G\bar{x}_G)$$

---

*(前頁) もし表現 χ と κ の特徴づけに，異なるスピン $j'\neq j$ をとったとすれば，作用素 $s_1(1)$ に対して条件 $s_1(1)\in[\delta_j,\delta_{j'}]$ が得られたはずである．しかし異なる既約表現を織り込むことはできないから，$s_1(1)=0$ となり，従って $S_1=0$ である．これと全く同じように，もし表現 χ と κ を異なる質量 $m'\neq m$ で特徴づけたものとすれば，織り込みは自明なものとなろう．まさにこの理由で，そもそもの始めから同じ値の組 (m,j) を用いて2つの表現 χ と κ を特徴づけたのである．

に表わすことができる．ここで積分は軌道の空間上の不変測度について行ない，また織り込みの核 s_2 は構造条件，

$$\kappa(k)s_2(hgk)\chi(k)=s_2(g)$$

を満足している．

y_G のかわりに軌道を，$\bar{x}_G$ のかわりに速度を代入すると，作用素に対する表式を，

$$(S_2\psi)[v]=\int_0^\infty d\tau\int d[u]_\tau\, s_2[u]_\tau\,\psi([u]_\tau[v])$$

の形にできる．核 s_2 に課せられた構造条件を利用してまず $s_2[u]_\tau=s_2(1)e^{-i\varepsilon\tau}$ を証明し，次いで作用素 $s_2(1)$ が回転群の既約表現と可換であり，それ故単位元に等しいことを証明する．このようにして

$$(S_2\psi)[v]=\int_0^\infty d\tau\int d[u]_\tau\, e^{-i\varepsilon\tau}\psi([u]_\tau[v])$$

が得られる．公式(6.7′)を用いて関数 ψ の引数を変換し，この関数に対する構造条件を利用し，積分変数を変換すれば，最終的な結果，

$$(S_2\psi)[v]=\int_0^\infty d\tau\int d[u]_\tau \exp\left\{-i\varepsilon\tau+im\int_0^\tau d\sigma\left[uv+\frac{1}{2}v^2\right)\right\}\psi[u]_\tau \tag{11.5}$$

が得られる．

かくして表現 U_κ，U_χ を2つの向きに織り込む作用素，$S_1:\mathscr{H}_\kappa\to\mathscr{H}_\chi$ と $S_2:\mathscr{H}_\chi\to\mathscr{H}_\kappa$ とが構成された．更には§1の図式に対応して作用素 $\Pi=S_1S_2$ を構成しなければならない．この作用素は空間 $\mathscr{H}_\chi$ をそれ自身に変換し，一方表現 U_χ とは可換である：$\Pi U_\chi(g)=U_\chi(g)\Pi$．この式は，作用素 Π は表現 U_χ をそれ自身と織り込み，その際，この表現から，表現 U_κ に同値な部分既約表現を取り出すものであることを意味している．作用素 Π は，既約表現に応じて変換される部分空間のベクトル以外は，すべてのベクトルを0に変える．この部分空間のベクトルはといえば，それは作用素 Π によって恒等的に変換される．以上が作用素 Π の代数的意味である．その物理的意味については§1で明らかにしてある．要点を言えば，この作用素の核は空間

$H\backslash G$ の一点からこの空間の他の点への移行の振幅である．今の場合には，作用素 Π は軌道の空間の一点からこの空間の他の点への伝播を記述する．

作用素 Π の陽な表式は公式 (11.4), (11.5) から容易に見出される．それには関数 φ の代わりに，公式 (11.5) により得られる関数 $S_2\psi$ を公式(11.4)に代入すればよい．即ち，

$$(\Pi\psi)[u]_\tau=\int_0^\infty d\tau'\int d[u']_{\tau'}\int d[v]\times$$
$$\exp\left\{i\varepsilon(\tau-\tau')-im\int_0^\tau d\sigma\,(uv+\frac{1}{2}v^2)+im\int_0^{\tau'} d\sigma\,(u'v+\frac{1}{2}v^2)\right\}\psi[u']_{\tau'}$$

である．作用素 Π を積分作用素の形に表わそう：

$$(\Pi\psi)[u]_\tau=\int_0^\infty d\tau'\int d[u']_{\tau'}\Pi([u]_{\tau'},\ [u']_{\tau'})\psi[u']_{\tau'}. \tag{11.7}$$

このとき，その核は

$$\Pi([u]_\tau, [u']_{\tau'})$$
$$=\int d[v]\exp\left\{i\varepsilon(\tau-\tau')-im\int_0^\tau d\sigma\,(uv+\frac{1}{2}v^2)+im\int_0^{\tau'} d\sigma\,(u'v+\frac{1}{2}v^2)\right. \tag{11.8}$$

である．この核が，軌道の空間における粒子の伝播の振幅である．あとはこれの因果性を調べ，因果律を満足する部分を取り出すことが残されているにすぎない．

振幅(11.8)を二つの部分の和として表わし，ひとつは $\tau>\tau'$ のときにのみ，他は $\tau<\tau'$ のときにのみ0と異なるようにしよう．これに応じて作用素 Π も2つの作用素の和の形に表わされる：$\Pi=\Pi^c+\Pi^a$. ここで肩につけた文字は因果的および反因果的部分を意味するものである．この用語の意味は不等式 $\tau>\tau'$ と $\tau<\tau'$ とから既に明らかであるが，のちほど更に説明を付け加える．因果的部分を取り出して調べよう．これに対する表式は

$$\Pi^c([u]_\tau, [u']_{\tau'})=\theta(\tau-\tau')e^{i\varepsilon(\tau-\tau')}$$
$$\times\int d[v]\exp\left\{-im\int_0^{\tau'} d\sigma\,(u-u')v\right\}\exp\left\{-im\int_{\tau'}^{\tau} d\sigma\,(uv+\frac{1}{2}v^2)\right\} \tag{11.9}$$

である．

公式(8.10″)に対応して，測度 $d[v]$ を，パラメーター値の異なる区間に対応する測度の積の形に表わすことができる．この分解，

$$d[v]=d[v]_{-\infty}^{0}\,d[v]_{0}^{\tau'}\,d[v]_{\tau'}^{\tau}\,d[v]_{\tau}^{\infty} \tag{11.10}$$

を利用しよう．$d[v]_{-\infty}^{0}\,d[v]_{\tau}^{\infty}$ に関する積は規格化に含めることのできる数因子をもたらすにすぎず，現段階ではそれを省略する．$d[v]_{0}^{\tau'}$ に関する積分は，数因子を除けば，デルタ汎関数である．

$$\int d[v]_{0}^{\tau'}\exp\left\{-im\int_{0}^{\tau'}d\sigma(u-u')v\right\}\sim\delta([u]_{\tau'},[u']_{\tau'}). \tag{11.11}$$

ここで $[u]_{\tau'}$ としたのは軌道 $[u]_{\tau}$ の始めの部分であり，パラメーター値 $0\leqq\sigma\leqq\tau'$ に対応する部分である．デルタ汎関数は普通のデルタ関数と類似の性質，

$$\int d[u']_{\tau'}\delta([u]_{\tau'},[u']_{\tau'})\phi[[u']_{\tau'})=\phi([u]_{\tau'}), \tag{11.12}$$

を持っている．表式(11.11)が実際にデルタ関数の性質を持っていること，即ち，関係式(11.12)を満足することは，関数測度 $d[u']_{\tau'}$, $d[v]_{0}^{\tau'}$ からその有限次元近似に移れば容易に証明できる．残るは測度 $d[v]_{\tau'}^{\tau}$ に関する積分である．これはガウス型に属しており，正確に計算できる(付録 A を見よ)．結果として(11.9)の代りに次の表式(数因子は省略してある)を得る．

$$\begin{aligned}&\Pi^{c}([u]_{\tau},[u']_{\tau'})\\&=\theta(\tau-\tau')\exp\left\{i\varepsilon(\tau-\tau')+\frac{1}{2}im\int_{\tau'}^{\tau}d\sigma u^{2}\right\}\delta([u]_{\tau'},[u']_{\tau'}).\end{aligned} \tag{11.13}$$

これに対応して作用素 Π 自身の因果的部分は

$$(\Pi^{c}\psi)[u]_{\tau}=\int_{0}^{\tau}d\tau'\exp\left\{i\varepsilon(\tau-\tau')+\frac{1}{2}im\int_{\tau'}^{\tau}d\sigma u^{2}\right\}\psi[u]_{\tau'} \tag{11.13'}$$

の形に表わされる．

次に反因果的部分を調べよう．公式(11.8)から，

$$\Pi^{a}([u]_{\tau},[u']_{\tau'})$$

$$=\theta(\tau'-\tau)e^{i\varepsilon(\tau-\tau')}\int d[v]\exp\left\{-im\int_0^\tau d\sigma(u-u')v\right\}$$
$$\times\exp\left\{im\int_\tau^{\tau'} d\sigma\left(u'v+\frac{1}{2}v^2\right)\right\} \tag{11.14}$$

である．再び測度 $d[v]$ を分解して

$$d[v]=d[v]_{-\infty}^{0}\,d[v]_0^\tau\,d[v]_\tau^{\tau'}\,d[v]_{\tau'}^{\infty} \tag{11.10'}$$

とし，$d[v]_{-\infty}^{0}\,d[v]_{\tau'}^{\infty}$ に関する積分により生じる因子を捨て去る．$d[v]_0^\tau$ についての積分はデルタ汎関数を与え，$d[v]_\tau^{\tau'}$ についての積分はガウス型の積分で，これは正確に計算できる．従って

$$\Pi^a([u]_\tau,\ [u']_{\tau'})=\theta(\tau'-\tau)\exp\left\{i\varepsilon(\tau-\tau')-\frac{1}{2}im\int_{\tau'}^{\tau} d\sigma u^2\right\}$$
$$\times\delta([u]_\tau,\ [u']_\tau) \tag{11.15}$$

が得られる．核から対応する作用素に移れば，

$$(\Pi^a\psi)[u]_\tau$$
$$=\int_\tau^\infty d\tau'\int d[u']_\tau^{\tau'}\exp\left\{i\varepsilon(\tau-\tau^{\tau'})-\frac{1}{2}im\int_{\tau'}^{\tau} d\sigma u'^2\right\}\psi[u']_{\tau'}\Big|_{[u']_\tau=[u]_\tau} \tag{11.15'}$$

が得られる．ここで $d[u']_\tau^{\tau'}$ と記されているのは分解

$$d[u']_{\tau'}=d[u']_{\tau'}\,d[u']_\tau^{\tau'} \tag{11.16}$$

により得られる測度である．測度(11.16)は，公式 $[u']_{\tau'}=[u]_{\bar\tau}[u']_\tau$ で定義される軌道についての積分に移って，少し別の形に書くと都合がよい．そうすると，

$$(\Pi^a\psi)[u]_\tau=\int_0^\infty d\bar\tau\int d[u]_{\bar\tau}\exp\left\{-i\varepsilon\bar\tau-\frac{1}{2}im\int_0^{\bar\tau} d\sigma u^2\right\}$$
$$\times\psi([u]_{\bar\tau}[u]_\tau) \tag{11.15''}$$

となる．

ここまでくれば，作用素 Π^c と Π^a をそれぞれ作用素 Π の因果的部分，反因果的部分と呼ぶのを裏付ける補足的考察を行なうことができる．表式

(11.13)，(11.13′)から，作用素 Π^c は軌道 $[u]_{\tau'}$ から軌道$[u]_\tau$，$\tau>\tau'$ への伝播を表わすものであることが分かる．その内容を見ると，伝播後の軌道は伝播前の軌道に，ある軌道を継ぎ足したものになっている．伝播は，軌道 $[u]_{\tau'}$ が，軌道$[\bar{u}]_{\bar{\tau}}[u]_{\tau'}$ になるように行なわれるといえば，このことは一層分かりやすい．これは，軌道の空間における伝播の因果性というものに対する直観的描像と完全に一致している．これとは逆に，公式(11.15)，(11.15″)から分かることは，作用素 Π^a は軌道 $[\bar{u}]_{\bar{\tau}}[u]_\tau$ から軌道 $[u]_\tau$ への伝播を表わしている．換言すれば，この場合には伝播後の軌道は，もとの軌道を，その終わりの一部を捨て去ることによって短くした結果になっている．これは，軌道の空間における反因果的伝播の直観的描像に合致している．

このあとは，以上の分析をふまえて，**因果律**を導入し，軌道の空間における粒子の伝播は，(11.13)，(11.13′)の形の因果的伝播因子によって記述される，と仮定すればよい．以上で軌道の空間における粒子の理論の構築は終わる．この理論形式では，粒子は普通の理論におけるよりも詳細に記述されることが分かる：粒子の位置は時空の点で特徴づけられるだけでなく，この点に通じる軌道によっても特徴づけられている．軌道の半群を基礎とし，通常の群論的研究方法（§1）に従うことによって，我々は軌道の空間における，質量 m とスピン j を持つ粒子の力学を導出した．この力学は(11.13)，(11.13′)の形の伝播因子によって表現されている．この伝播因子の中には，相互作用とか粒子に作用している弱い場のようなものは何も入っていない．粒子を軌道の空間で記述してみると，それは自由粒子になっている，といってよい．以下の諸節では，軌道という語による記述から時空的描像に移ると外場との相互作用が姿を現すことが分かるであろう．

§12．時空的描像への移行．自由粒子の伝播因子の導出

前節では軌道の空間における粒子の理論，即ち，通常の理論よりも詳しく粒子を記述する理論を構築した．本節では通常の時空的描像に移るつもりであるが，その前に，既に得られている結果を検討しておこう．これまでに得られた基礎的結果は，軌道の空間における粒子の伝播，即ち，ある軌道から

他の軌道への遷移を表わす因果的伝播因子の形である. この伝播因子は

$$(\Pi^c\psi)[u]_\tau=\int_0^\tau d\tau'\exp\left\{i\varepsilon(\tau-\tau')+\frac{1}{2}im\int_{\tau'}^\tau d\sigma u^2\right\}\psi[u]_{\tau'} \qquad (12.1)$$

の形を持っている. ここに $[u]_{\tau'}$, $\tau'\leqq\tau$ は軌道 $[u]_\tau$ の始めの一部である. 伝播因子(12.1)の構造が量子物理学に特有の一面を持っていることを確かめるために, これまでずっと利用してきた軌道の記述から, もとの記述法に戻ろう. 軌道 $[u]_\tau$ とは曲線$\{x\}_t^{t'}$, $\dot{x}(s)=u(s-t)$, $t\leqq s\leqq t'=t+\tau$ の類であることを思い出そう. このような曲線のひとつをとり, $\psi[u]_\tau$ の代わりに $\psi\{x\}_t^{t'}$ と書こう. そうすると

$$(\Pi^c\psi)\{x\}_t^{t'}=\int_t^{t'}dt''\exp\left\{i\varepsilon(t'-t'')+\frac{1}{2}im\int_{t''}^{t'}ds\,\dot{x}^2(s)\right\}\psi\{x\}_t^{t''} \qquad (12.2)$$

となる. ここで$\{x\}_t^{t''}$, $t\leqq t''\leqq t'$ は曲線$\{x\}_t^{t'}$ の始めの一部である. 伝播因子の表式には自由粒子の作用の指数関数があることが分かる. 例えば関数

$$\tilde{\psi}\{x\}_t^{t'}=e^{-i\varepsilon(t'-t)}\psi\{x\}_t^{t'}$$

に移ることによって, 勝手に選んだエネルギーの基準を除去すると, 伝播因子は作用の指数関数によって表わされる.

$$(\Pi^c\tilde{\psi})\{x\}_t^{t'}=\int_t^{t'}dt''\exp\left\{i\int_{t''}^{t'}\left(\frac{1}{2}m\dot{x}^2\right)ds\right\}\tilde{\psi}\{x\}_t^{t''}. \qquad (12.2')$$

伝播因子に対する表式 (12.1), (12.2), (12.2′) は通常の物理的意味を持っており, それは特に最後の表式によく現れている. もし粒子の状態(もちろん仮想的状態)が一定の軌道$\{x\}_t^{t''}$ で記述されているならば, この状態は一定の確率振幅で, 軌道$\{x\}_t^{t'}$ で記述される他の状態に移ることができるのがわかる. このとき, $t'\geqq t''$ でなければならず, 軌道$\{x\}_t^{t'}$ の始めの一部はもとの軌道$\{x\}_t^{t''}$ と同じである. このようにして量子的遷移の際, 軌道は時間間隔の継ぎ足し, $[t, t'']\to[t, t']$ の形で変化するにすぎず, しかももとの時間間隔 $[t, t'']$ 上では何ら変化しない. この遷移の確率振幅についていえば, それは, 新たに継ぎ足された軌道に対して, 即ち, 時間間隔 $[t'', t']$ に対し

て計算した作用の指数関数に等しい．

これらはすべてファインマンの方法で定式化された量子力学の仮定に対応している(第2章，§1を見よ)．ファインマンの公理に従えば，ある軌道に沿っての変位の確率振幅は，この軌道に沿って計算した作用の指数関数に等しい．今の場合には，我々は粒子の状態を時空においてではなく軌道の空間で記述している．それ故，一定の軌道に沿っての遷移のかわりに軌道の継ぎ足しが生じるのである。そして遷移の振幅はといえば，それは新しく継ぎ足された軌道に沿う作用積分で表わされている．群論的方法によれば，遷移の振幅に対するファインマンの表式を導出できただけでなく，軌道の変化はその継ぎ足しによってのみ起こることをも結論できたことに注意を向けよう．軌道の現存部分は変化を受けず元のままに留まる．この事実は，因果的伝播因子の核に対する表式(11.13)にデルタ汎関数が存在することからの帰結である．このデルタ関数は仮定されたのではなく，形式的計算の過程で得られたのである．

それと同時に，これまでに得られた伝播因子には自由粒子の作用が現れていることに注意すると面白い．作用積分，例えば(12.2′)には運動エネルギーの項があるだけで，如何なるポテンシャル・エネルギーも含まれていない．軌道という語で記述すれば，どのような粒子も自由粒子であるといってよい．後に見るように，外場との相互作用は，この同じ粒子を時空という語で記述するときに現れる．

そこで粒子の時空記述に移ることにしよう．これは，粒子の状態を記述するために，軌道の関数$\phi[u]_\tau$の代わりに時空の点に依存する関数$\Psi(x,t)$を導入すべきであることを意味する．関数$\phi[u]_\tau$から波動関数$\Psi(x,t)$への移行は，軌道に関して和をとることによって行なうべきであると仮定するのが自然である．実際，量$\phi[u]_\tau$は，粒子の歴史が軌道$[u]_\tau$で表わされる確率振幅であると解釈できる．他方，量$\Psi(x,t)$は，粒子が点(x,t)に見出される確率振幅である．この振幅は点(x,t)へと向かう歴史に対応する振幅の和に等しいと仮定するのが自然である．

ここで，如何なる重みをつけて和をとるのか，或いはどのような測度で積分すべきかという問題が生じる．最も簡単な仮定は，§8で見出した軌道空間上の不変測度で積分するべきだとする仮定である．まずこの仮定を採り，どのような帰結がそれから導かれるのか見てみよう．その後で，それ以外に可能な測度の選び方を検討しよう．

もし，波動関数 $\Psi(x,t)$ の値は，点 (x,t) に終る軌道についての値 $\psi[u]_\tau$ の和(積分)に等しいと仮定すると，

$$\Psi(x,t)=\int d[u]_t\,\psi[u]_t$$

である．ここで積分は，条件 $\int_0^t ud\sigma=x$ を満足する軌道について行なう．波動関数に対するこの表式は，粒子は $t=0$ の瞬間に基準系の原点 $x=0$ を出て，確率振幅 $\psi[u]_t$ で軌道 $[u]_\tau$ に沿って運動し，この運動の最後に(瞬時 t に)点 x に到達するという仮定に基づいている．粒子の運動は任意のある時刻 t' に任意の点 x' から始まり，軌道 $[u]_\tau$ に沿って動いた後，瞬時 t に点 x に達する，とすれば仮定はより一般的なものになる．このときには波動関数の値は公式

$$\Psi(x,t)=\int d[u]_\tau\,\psi[u]_\tau$$

で計算すべきである．ここに $\tau=t-t'$ であり，積分は条件 $\Delta[u]_\tau=\int_0^\tau d\sigma u(\sigma)=x-x'$ を満足する軌道について行なうものとする．

最後に，運動の始点 (x',t') を固定しないで，どの点からでもある確率振幅で運動が始まると仮定すれば，これが最も一般的な仮定であろう．この振幅は $\Psi_0(x',t')$ に等しいとしよう．このとき波動関数として

$$\Psi(x,t)=\int_0^\infty d\tau\int d[u]_\tau\,\psi[u]_\tau\Psi_0\Big(x-\int_0^\tau ud\sigma,\,t-\tau\Big),\qquad(12.3)$$

が得られる．我々はこの一般的な仮定を採ることにしよう．前の段落で述べた仮定は，この一般的な仮定の特殊な場合であって，初期分布 Ψ_0 をある具体的な形に選ぶことによって得られる．この一般的な仮定は，時空にわたるある初期分布 Ψ_0，一度だけ固定できる粒子の普遍的状態または“前状態”が存在することを意味している．理論に現れる具体的な粒子の状態はどれも，

この初期状態から様々な軌道を経て粒子が運動した結果得られるのであり，その際軌道 $[u]_\tau$ に沿う運動は振幅 $\varphi[u]_\tau$ で行なわれるのである．この結果時空における新しい確率分布 Ψ が生じ，これが波動関数の働きをするのである．

後で見るように，初期値関数 Ψ_0 に依存するものは本質上何も無い．それ故，我々が行なった仮定が特に本質的なものであるわけではない．と同時に，この仮定は，軌道による時空の記述に含まれているある不自然さを除去するものでもある．この不自然さは，特に，基準系の原点の特殊な役割にあった．最後の仮定では，軌道は時空の点と点の間の遷移を記述するだけであり，時空の点そのものは軌道のどのような類とも対比されない．このことによって不自然さは解消されている．とはいえ，既に述べたように，この仮定が本質的であるというわけではなく，そうしたければ§§5～6で見た描像に戻ることもできる．これは $\Psi_0(x',t')=\delta(x')\delta(t')$ と取ることに当たっている．

このように，我々は二つの方法で粒子の状態を記述できることになった：より詳細な，関数 $\varphi[u]_\tau$ によるか，または詳しさでは劣るが関数 $\Psi(x,t)$ によるか，である．それぞれの方法で記述された状態の間の関係は公式(12.3)で与えられる．さて，任意の状態 φ をとり，これに作用素 Π^c，即ち，因果的伝播因子を作用させよう．その結果新しい状態 $\varphi'=\Pi^c\varphi$ が得られる．これには軌道の空間上で定義された関数が対応しており，それは公式(12.1)によって見出される．同時に，この新しい状態には波動関数 $\Psi'(x,t)$ を対比させることができる．この波動関数は，(12.3)の形の積分によって，軌道の関数を介して表わされる．この波動関数を $\Psi'=\Pi^c\Psi$ と書こう．このようにして波動関数の空間における作用素を定義し，それを，軌道に依存する関数の空間における，対応する作用素と同じ記号 Π^c で表わす．この作用素も因果的伝播因子と呼ぶことにするが，この場合“因果的伝播因子”という語は(非相対論的理論への応用に際して)通常の意味を獲得する．

公式(12.1)と(12.3)を用いると，上のように定義された伝播因子に対して，

$$(\Pi^c\Psi)(x,\ t)=\int dt'\int dx'\,\Pi^c(x,t\,|\,x',\ t')\Psi(x',t') \tag{12.4}$$

を得る. ここで,

$$\Pi^c(x,t\,|\,x',\ t')=\theta(t-t')e^{i\varepsilon(t-t')}\int d[u]_{t-t'} \times e^{\frac{1}{2}im\int_0^{t-t'}u^2 d\sigma} \tag{12.5}$$

である. 最後の公式では, 積分は点(x',t')から点(x,t)に向かうすべての軌道にわたって, 即ち, 条件$\Delta[u]_{t-t'}=\int_0^{t-t'}ud\sigma=x-x'$を満足する軌道について行なう. 式(12.5)に現れる, 軌道についての積分はガウス型に属する. それ故, それは正確に計算できて(付録Aを見よ),

$$\Pi^c(x,t\,|\,x',\ t')=\theta(t-t')\left[\frac{m}{2\pi i(t-t')}\right]^{3/2} \times\exp\left[im\frac{(x-x')^2}{2(t-t')}+i\varepsilon(t-t')\right] \tag{12.5'}$$

となる. これは自由粒子の伝播因子(4.10)と一致するが, §4では, これはガリレイ群を基にして定義されたのであった*.

かくして, 群論的方法とガリレイの半群とから同じ自由伝播因子が得られた. ただし, 考察と計算はかなり煩わしいものであった. このために, ガリレイの半群と軌道の半群は全く信用するに値せず, 放棄すべきものと思われるかもしれない. しかし, そうではない. 既に公式(12.5)が示しているように, ガリレイの半群は, ガリレイ群には無い可能性を含んでいるのである. 実際, この公式は自由伝播因子を径路積分の形で表現している. ところで我々は, 径路積分が外場の中の粒子の運動を記述するのに有効であることを知っている. ガリレイ群からは直接, 表式(12.5')が得られるが, ここへ相互作用を導入するのは不可能である. ところが表式(12.5)は相互作用を容易に導入できる構造を持っており, それには, 指数関数の指数である作用積分に適当な項を付け加えればよい. しかしながら, 群論的研究方法の枠組の中で得られた表式(12.5)を人為的な仕方で変えてみても, 何らかの目覚ましい結

* 積分(12.5)からは, 伝播因子は数因子を除いて決められるにすぎない. 式(12.5')では, 伝播因子が普通の仕方で規格化されるようにこの数因子を決めてある.

果が得られたとは言えない．この表式に到達するまでの全過程を分析し，この過程の内に，それを捨て去れば最終的結果(12.5)が変更され，そこへ粒子の相互作用項が現れるような任意性が含まれていないかどうかを明らかにしなければならない．

これを次節で行なおう．そこでは，軌道について積分を行なうときの，公式(12.3)中の測度を変えることによって，時空における波動関数の定義を一般化できることを明らかにしよう．積分に対して任意の測度を利用すると，非局所的対象——紐の記述が得られよう．そして測度を制限して，記述される対象が局所的となるようにすれば，得られるのは外場における粒子の記述に他ならないのである．

§13．外場の中にある粒子の伝播因子の導出

群論を中心とする研究法をガリレイの半群の場合に応用すると，基本的対象(粒子)を時空的に記述する通常の記述の代わりに，軌道の空間におけるその記述が得られることが分かった．前節ではこの記述法から通常の時空的描像に移ってみた．結果として伝播因子(伝播の振幅)に対する表式が得られ，これは自由粒子の伝播因子と一致した．しかし，これが満足できる結果でないことは勿論である．自由伝播因子はガリレイ群に基づいても得られる(§4)のであって，これに比してはるかに煩わしい，一般化されたガリレイの半群は，自由伝播因子の導出には必要ないのである．ガリレイ群からガリレイの半群に移ったのは，そうすることによって自由粒子のみならず，相互作用している粒子に対しても，その伝播因子を導出できるかもしれないとの期待があったからである．

本節の目標は，軌道の空間における伝播因子から時空における伝播因子へ移るために前節で用いた手順の中に任意性を見出すことである．そのあと，この任意性を利用して相互作用している粒子の伝播因子を得なければならない．もしこれがうまく行けば，主要な目標——群論的考察から自明ではない力学を導出すること，に達したことになる．これが可能であることを明らかにしよう．

前節で用いた手続き中には実際に任意性が存在する．それは，軌道の空間像から時空的描像に移るのに用いた，軌道についての積分の定義に含まれている．この積分における測度を任意に選ぶと非局所的対象(紐)が得られることを示そう．この測度に，理論が局所的となるようにとの要求を課せば，外場の中の粒子の理論が得られる．しかし，この可能性の考察に移る前に，前節の結果をまとめておこう．

第11節ではガリレイの半群と群論的考察から，軌道の空間における伝播因子を導出した．これは，ある軌道で表わされる(仮想的な)状態から他の軌道で表わされる状態への粒子の遷移を特徴づけるものである．この伝播因子(ある軌道から他の軌道への遷移の振幅)は(11.13)の形をもっている．積分作用素の核として，この振幅を用いると，積分作用素そのものは(11.13′)の形をもつ．

$$(\Pi^c\psi)[u]_\tau=\int_0^\tau d\tau'\exp\left\{i\varepsilon(\tau-\tau')+\frac{1}{2}im\int_{\tau'}^\tau d\sigma u^2\right\}\psi[u]_{\tau'},\qquad(13.1)$$

ここで $[u]_{\tau'}$, $\tau'<\tau$ は軌道 $[u]_\tau$ の始めの一部である．

前節では，軌道の空間における伝播因子に対するこの表式を本にして時空における伝播因子を，即ち，時空の一点から他の点への粒子の伝播の振幅を見出した．これを行なうために，波動関数(ある点に粒子が存在する確率振幅)を，問題の点へと向かうすべての軌道についての和として定義した(12.3)：

$$\Psi(x,t)=\int_0^\infty d\tau\int d[u]_\tau\,\psi[u]_\tau\Psi_0(x-\Delta[u]_\tau,\ t-\tau).\qquad(13.2)$$

因果的な伝播の結果，軌道の空間上の関数 ψ は，公式(13.1)に従って関数 $\Pi^c\psi$ に変わる．これに対応する時空における波動関数 $\Pi^c\Psi$ は，公式(13.2)で ψ を $\Pi^c\psi$ で置き換えることによって得られ，

$$(\Pi^c\Psi)(x,t)=\int_0^\infty d\tau\int d[u]_\tau(\Pi^c\psi_\tau)[u]_\tau\Psi_0(x-\Delta[u]_\tau,t-\tau)\qquad(13.2')$$

となる．これによって，時空における因果的伝播を表わす作用素 Π^c に対する表式が得られる．この作用素を積分作用素，

$$(\Pi^c\Psi)(x,t)=\int dt'\int dx'\Pi^c(x,t|x',t')\Psi(x',t') \tag{13.3}$$

の形に表わすと，核$\Pi^c(x,t|x',t')$が得られ，これは既に一点から他の点への遷移の確率振幅そのものになっている．先に述べた定義を用いると，この振幅に対して，自由粒子の理論で得られるものと全く同じ表式(12.5′)が得られる：

$$\Pi^c(x,t|x',t')=\theta(t-t')\left[\frac{m}{2\pi i(t\text{-}t')}\right]^{3/2}\exp\left[im\frac{(x\text{-}x)^2}{2(t\text{-}t')}+i\varepsilon(t\text{-}t')\right].$$

しかし，これを導くのに用いた定義の中には全く任意な仮定が一つ含まれているのである．というのは，公式(13.2)で用いている軌道に関する積分の測度が任意な仕方で選ばれているからである．なるほどこれは，§8で導出され，§11では軌道の空間における伝播因子を得るために利用された不変測度ではある．しかし，これらの諸節でこの測度を選んだのには根拠があったが，その同じ測度を公式(13.2)に用いる根拠は全くない．このことを次に示そう．

軌道の空間における伝播因子の表式(13.1)に至るまでは，我々は§1で述べた厳密な群論的枠組の中で考察を進めてきたことを思い起こそう．その際，二度，関数空間上で積分を行なわなければならなかった(一度は軌道空間上で，もう一度は速度空間上で)．しかし，これらの場合には，積分の測度は不変性の要求によって一意的に定義されていた．もし不変でない測度を選んでいたら，織り込み作用素は得られなかったであろうし，そうすれば全考察がだめになってしまったであろう．さて，軌道空間における伝播因子の表式を見出したら，それを利用して，時空的描像へと進む．ところが時空ではガリレイの半群の作用は定義されていないから，測度の任意性をこの半群の存在を用いて除去することはもはやできない．時空の点に依存する波動関数を導入するためには，公式(13.2)で軌道についての積分を行なわなければならないが，この場合には如何なる考察によっても積分測度を決めることはできないのである．この計算に入る前の段階で得られている不変測度をそのまま使うことによって我々は自由伝播因子を得たのである．しかし，他の測度を自由に選ぶことを禁止する理由はない．ここではどのような考察によっても，不変測度に限ることはできないのである.

問題を欠けるところなく検討するために，全く任意な測度を採って公式(13.2)を書き換えよう．正確に言えば，(13.2)の積分を任意の重み因子 $d[u]_\tau$ と不変測度 $\alpha[u]_\tau$ で実行しよう：

$$\Psi(x,t)=\int_0^\infty d\tau\int d[u]_\tau\,\psi[u]_\tau\,\alpha[u]_\tau\Psi_0(x-\Delta[u]_\tau,t-\tau). \qquad (13.4)$$

この公式によって軌道空間における各分布 $\psi[u]_\tau$ に，時空におけるある分布 $\Psi(x,t)$ を対応させることができる．ここで関数 ψ に因果的伝播因子を作用させ，新しい関数 $\psi'=\Pi^c\psi$ をつくる．これにもまた，ある波動関数，即ち時空におけるある分布 Ψ' を対応させることができるのは勿論である．この関数を $\Pi^c\Psi$ と書こう．これらのことから，波動関数の空間におけるある作用素が定義されるが，それを同じ Π^c で表わそう．この作用素を

$$(\Pi^c\Psi)(x,t)=\int_0^\infty d\tau\int d[u]_\tau\int_0^\infty d\tau'\int d[u']_{\tau'}$$
$$\times\exp\left\{i\varepsilon\tau+\frac{1}{2}im\int_0^\tau u^2d\sigma\right\}\times\psi[u']_{\tau'}\alpha([u]_\tau[u']_{\tau'})$$
$$\times\Psi_0(x-\Delta[u']_{\tau'}-\Delta[u]_\tau,\ t-\tau'-\tau) \qquad (13.5)$$

の形に表わすことは容易である．

容易に分かるように，一般の場合に作用素(13.5)を積分作用素(13.3)の形に書き表わすこと，即ち，時空の点に依存する核によって表わすことは不可能である．従って，重み因子 α を任意に選んだ場合，形式的であるにしても，時空の点に依存する波動関数を導入することは可能であるが，この波動関数の力学，その伝播の法則を時空だけの用語で表現することは不可能である．力学を記述するためには，時空的な記述を離れて，軌道の用語による粒子のより詳細な記述に移り，そこで公式(13.1)を用いた力学の記述を利用する他なく，このようにした後にのみ，そうするのが都合がよければ，時空的描像に立ち返るより仕方がない．この場合には時空描像はそれ自身では力学的に閉じていないのである．実は，公式(13.4)の汎関数 $\alpha[u]_\tau$ を任意に選ぶ限り，我々は局所的な粒子ではなく，非局所的対象――紐を扱うことになるのだと

言ってよい.

このようにして，重み因子が自明な $\alpha=1$ の場合には，時空的描像への移行は当を得たものであり，力学的に閉じた描像を与えるが，この描像は内容の乏しい，自由粒子の記述に相当している．重み汎関数 $\alpha[u]_\tau$ を任意なものに選ぶ場合には，時空的描像は閉じていず，系の力学を完全に記述するには軌道空間が必要である．ここで生じる当然の疑問は，重み汎関数 $\alpha[u]_\tau$ が自明でなく，それにもかかわらず，閉じた時空的描像をもたらし，これによって記述される系を局所的粒子と解釈することができるような中間的な場合は存在しないのだろうか，ということである.

実は，このような中間的場合はあるのである．このとき重み汎関数は分解可能でなければならない，即ち，関係式

$$\alpha([u]_\tau[u']_{\tau'})=\alpha[u]_\tau\,\alpha[u']_{\tau'} \tag{13.6}$$

を満足しなければならない．言い換えれば，この汎関数は軌道の半群の表現である．一般的には，これは数(まして正の数)ではありえない．量 $\alpha[u]_\tau$ は作用素である可能性もある．大切なことは，この量が軌道の半群の表現になることである．このとき，公式(13.5)の中の量 $\alpha([u]_\tau[u']_{\tau'})$ を因子に分解し，定義(13.4)を利用すると，

$$\begin{aligned}(\Pi^c\Psi)(x,t)&\\ =\int_0^\infty d\tau\int d[u]_\tau\exp\left\{i\varepsilon\tau+\frac{1}{2}im\int_0^\tau u^2d\sigma\right\}\alpha[u]_\tau&\\ \times\Psi(x-\Delta[u]_\tau,\ t-\tau)&\end{aligned}$$

が得られる．これから分かるように，伝播因子を，核

$$\Pi^c(x,t\,|\,x',t')=\int d[u]_{t-t'}\exp\left\{i\varepsilon(t-t')+\frac{1}{2}im\int_0^{t-t'}u^2d\sigma\right\}\alpha[u]_{(t-t')} \tag{13.7}$$

をもつ積分作用素(13.3)の形に表わすことができる．ここに積分は所与の変位 $\Delta[u]_{t-t'}=x-x'$ を持つ軌道について行なうものとする.

ここまでくれば，試験的考察によって時空的描像への移行，即ち局所的理論への移行が，より一般的な場合にも可能であることを示すことができる.

波動関数は，(13.4)ではなくもっと一般的な公式

$$\Psi=\int_0^\infty d\tau\int d[u]_\tau\,\psi[u]_\tau U[u]_\tau \Psi_0 \tag{13.8}$$

によって定義されていると仮定しよう．ここに $U[u]_\tau$ は波動関数の空間で作用するある作用素とする．この作用素については，唯一つだけ次の仮定をしておけば十分である：この作用素は**軌道の半群の表現**をなす，即ち，関係式

$$U([u]_\tau[u']_{\tau'})=U[u]_\tau U[u']_{\tau'} \tag{13.9}$$

が満たされている．公式(13.8)の関数 ψ を関数 $\Pi^c\psi$ に変えて，即ち，関数 ψ を公式(13.1)に従って変換すると，Ψ の代わりに新しい関数 $\Pi^c\Psi$ が得られる．関係式(13.9)を考慮すると，この関数は

$$\Pi^c\Psi=\int_0^\infty d\tau\int d[u]_\tau \exp\left\{i\varepsilon\tau+\frac{1}{2}im\int_0^\tau u^2d\sigma\right\}\int U[u]_\tau \times\int_0^\infty d\tau'\int d[u']_{\tau'}\,\psi[u']_{\tau'}U[u']_{\tau'}\Psi_0$$

に等しい．これは，作用素 Π^c が(時空の点に依存する)波動関数の空間で定義されていて，

$$\Pi^c=\int_0^\infty d\tau\int d[u]_\tau \exp\left\{i\varepsilon\tau+\frac{1}{2}im\int_0^\tau u^2d\sigma\right\}U[u]_\tau \tag{13.10}$$

に等しいことを意味している．

このように，時空における伝播因子を軌道の空間に戻らず直接に定義できるためには，時空における波動関数が公式(13.8)で表わされているだけで十分である．ここに U は軌道の半群の表現である．前に検討したのは作用素 $U[u]_\tau$ を

$$(U[u]_\tau\Psi)(x,t)=\alpha[u]_\tau\Psi(x-\Delta[u]_\tau,t-\tau)$$

の形に採った場合である．ここで $\alpha[u]_\tau$ はそれ自体が半群の表現になっている．ところで興味があるのはもっと一般的な場合である．作用素 $U[u]_\tau$ を，

$$(U[u]_\tau\Psi)(x,t)=\alpha\{x\}_t^{t'}\Psi(x',t') \tag{13.11}$$

の形に選ぼう．ここで$\{x\}_{t'}^{t}$は点(x',t')と(x,t)を結び，軌道$[u]_\tau$を形成する類に属する曲線とする．そうすると，作用素$\alpha\{x\}_{t'}^{t}$が連続曲線の半群(§5 5を見よ)の表現になっていさえすれば，即ち，$x(t')=x'(t')$(このとき次式で括弧内の曲線の積が定義されている)のときいつでも関係式

$$\alpha(\{x\}_{t'}^{t}\{x\}_{t''}^{t'})=\alpha\{x\}_{t'}^{t}\,\alpha\{x'\}_{t''}^{t'} \tag{13.11'}$$

が満たされてさえいれば，作用素$U[u]_\tau$は軌道の半群の表現となる．

我々が到達した定義は余りにも抽象的で実際とは掛け離れていると考える人がいるかもしれない．しかし実際にはそうではない．連続曲線$\alpha\{x\}_{t'}^{t}$の半群はよく知られた対象——電気的および磁気的な場，またはその一般化から得られることを示すことができる．実際，$V(x,\ t)$は電場のポテンシャル，$A(x,\ t)$は磁場のベクトル・ポテンシャルであるとしよう．このとき公式，

$$\alpha\{x\}_{t'}^{t}=\exp\left\{i\int_{t'}^{t}ds\left[-V(x(s),s)+A(x(s),s)\dot{x}(s)\right]\right\} \tag{13.12}$$

でつくられる量(ここで$A\dot{x}$は3次元ベクトルの積とする)は曲線の半群の表現になる．その際，公式(13.10)によれば，核

$$\Pi^c(x,t|x',t')$$
$$=\theta(t-t')\int d\{x\}_{t'}^{t}\exp\left\{i\varepsilon(t-t')+i\int_{t'}^{t}ds\left[\frac{1}{2}m\dot{x}^2-V+A\dot{x}\right]\right\} \tag{13.13}$$

をもつ作用素が得られる．ここで積分は点$(x',\ t')$と(x,t)を結ぶすべての曲線について行なう．換言すれば，半群の表現を(13.11)，(13.12)の形に選ぶと，電気的および磁気的場*における粒子の伝播因子が得られるのである．更には，ポテンシャルV，Aを作用素値関数と見ることもできる．このときには表式(13.12)はもはや表現を与えない．しかし，普通の指数関数を順序指数関数

$$\alpha\{x\}_{t'}^{t}=P\exp\left\{i\int_{t'}^{t}ds\left[-V(x(s),s)+A(x(s),s)\dot{x}(s)\right]\right\}, \tag{13.14}$$

---

* 関数Vは電場だけでなく，非相対論的粒子に作用する任意のポテンシャル場(例えば，ニュートンの重力場)でもよいことは容易に理解できる．

に換えれば，表現となる作用素が得られる．このとき公式(13.10)から核，

$$\Pi^c(x,t|x',t')$$
$$=\theta(t-t')\int d\{x\}_{t'}^{t}\exp\left\{i\int_{t'}^{t}ds\,(\frac{1}{2}m\dot{x}^2+\varepsilon)\right\}$$
$$\times P\exp\left\{i\int_{t'}^{t}ds(-V+A\dot{x})\right\} \qquad (13.15)$$

をもつ作用素，即ち，**ゲージ場中の粒子**の伝播因子が導かれる．

注意　軌道の半群の表現 $U[u]_\tau$ に対して，(13.11)よりもっと一般的な表式を得ることができる．そのためには，この半群が，時空上で与えられた波動関数にではなく，時空上の標構ファイバー束において与えられた波動関数に作用すると仮定すればよい．このような表現をつくるには第10章で発展させた方法を用いる．その結果，公式(13.10)によって曲がった空間における粒子の伝播を表わす伝播因子が得られる．このような一般化は接続を伴う系の理論構成(正しくは，その群論的基礎づけ)にとって必要となるかもしれない，というのは，このような系は曲がった(リーマン)空間の点と解釈できるからである．上に述べたような表現は，本章での考察を相対論的に一般化する場合に，重力場の中の粒子を記述するために必要となろう．

我々の到達点をまとめておこう．群論に基づく研究法をガリレイの半群に応用すると，状態は軌道空間における波動関数によって，力学は軌道空間における伝播因子によって表わされる要素的対象に行き着く．この伝播因子には自由粒子の作用積分が現れる(13.1)．更には，時空の用語で理論を定式化することを問題として提起できる．この定式化は公式(13.4)，或いはもっと一般的には(13.8)を用いて波動関数に移ることによってなされる．このような移行の際，ある汎関数 $\alpha[u]_\tau$ または $U[u]_\tau$ が現れる．もし，この汎関数が軌道の半群の表現になっている(関係式(13.6)または(13.9)が満足される)ならば，時空において，力学的に閉じた形で，考察の対象についての理論を構成することができる．この場合，対象は外場の中に置かれた普通の局所的粒子に他ならない．外場は正に表現 $\alpha[u]_\tau$ または $U[u]_\tau$ で記述され，このよ

うに外場を群論的にとらえるやり方は，第6章から第10章で発展させた理論形式の一変態である．

軌道空間で記述される物理的対象と時空で記述される対象とはどのように結びついているのだろうか．公式(13.4)または(13.8)から，時空像へ移るとは，自由度のあるものを選び取り，他の自由度を捨て去ることであることが分かる．条件(13.6)または(13.9)は，選び出された自由度が力学的に閉じていること，即ちその力学を記述するのに残りの自由度を引き入れる必要がないことを保証している．この場合，選び出された自由度は外場における粒子を表わしている．もし条件(13.6)または(13.9)が満足されなければ，波動関数に移る際選び出された自由度は閉じた系を与えない．この自由度を取り出すことは勿論可能ではあるのだが，その発展を表わすには残りすべての自由度を必要とするのである．このとき我々が問題としているのは粒子ではなく紐*であり，紐の粒子的特性だけを考察するのは正しくないのである．

本章でつくり上げた理論と第8章，§10で述べた紐と粒子の理論との間には似た点があることに気付く．第8章で見たように，紐は一定の条件下で(紐に非局所的外場が作用しないとき)粒子のように振舞う．正確に言えば，この場合，紐は局所的粒子の特性として発現する自由度を持っているのである．全く同じように，本節では，一定の条件の下で(というのは，汎関数 $U[u]_\tau$ が局所関数 $V(x,t)$，$A(x,t)$ になるとき)紐の自由度の一部が粒子の特性として発現するのを見たわけである．と同時に，既に第8章，§10で述べた考えに，新しい根拠をふまえて再度到達することになる：どのような粒子も本質上は紐である．しかし，ある場合にはその非局所性が発現しない．

§14．相対論的一般化

前節で群論的考察による，非相対論的粒子の伝播因子の導出を終えた．その際，出発点となったのはガリレイの半群であった．同じように群論的考察から相対論的粒子の伝播因子を導出できないか，という問題が生じても当然

* この対象は，場の量子論で普通用いられている紐の概念に完全に対応してはいない．むしろ"歴史を記憶している粒子"とでも呼ぶべきものである．

である．もし，この伝播因子(即ち，ファインマンの因果関数)を固有時を用いて表わせば，これが実際に可能であることは難なく分かる(第9章，§5を見よ)．

もし記号 x でミンコフスキー時空の点 $x=(\boldsymbol{x}, t)$ を表わすことにすれば，点 x' から点 x への自由粒子の伝播を表わす因果的伝播因子 $K(x, x')$ はダランベール方程式のグリーン関数である，即ち，方程式

$$(\Box+m^2)K(x, x')=-i\delta(x-x')$$

を満足する．この方程式の解のなかから，いわゆる因果関数を選び採らなければならない．これを定義するひとつの方法は，いわゆる**固有時**，またはパラメーター時，或いは単に第5番目のパラメーターと呼ばれる補助変数 τ の導入である．そうすると因果的伝播因子は積分，

$$K(x, x')=\int_0^\infty d\tau\, e^{-im^2\tau}K_\tau(x, x') \tag{14.1}$$

の形に表わされる．ここに $K_\tau(x, x')$ は固有時における伝播因子と呼ぶことのできる補助的関数で，条件

$$\left(-i\frac{\partial}{\partial\tau}+\Box\right)K_\tau(x, x')=0$$

$$K_0(x, x')=\delta(x-x')$$

を満足する．

因果的(ファインマンの)伝播因子に対する表式は

$$K(x, x')=\int_{-\infty}^\infty d\tau\, e^{-im^2\tau}K_\tau^c(x, x') \tag{14.1'}$$

の形に書き換えることができる．ここで固有時における因果的伝播因子，

$$K_\tau^c(x, x')=\theta(\tau)K_\tau(x, x')$$

が導入してある．この関数が，§4で見た，非相対論的自由粒子の因果的伝播因子 $\Pi^c(\boldsymbol{x}, t|\boldsymbol{x}', t')$ を直接相対論的に一般化したものであることを見るのは難しくない．実際，関数

$$\Pi^c(x, \tau\,;\, x', \tau')=K_{\tau-\tau'}^c(x, x') \tag{14.2}$$

は，3次元ユークリッド空間の点$\boldsymbol{x}$がミンコフスキー空間の点xで，時間tが固有時τで，そしてシュレデンガー方程式中のラプラス作用素$\Delta=\frac{\partial^2}{\partial \boldsymbol{x}^2}$がダランベール作用素$\Box=\eta^{\mu\nu}\frac{\partial^2}{\partial x^\mu \partial x^\nu}$でそれぞれ置き換えられている点で，非相対論的伝播因子と異なるにすぎない．

この類似性は，前の諸節で発展させられた理論を相対論的に一般化するにはどうしたらよいかを示している．3次元ユークリッド空間における軌道の半群の代わりにミンコフスキー空間における軌道の半群を見なければならない．このような軌道$\{x\}_{\tau'}^{\tau}=[\dot{x}]_{\tau-\tau'}$は，固有時でパラメーター表示された，ミンコフスキー空間の曲線$x(\sigma)$の類である．更に4次元ベクトル$v(\tau)$を用いて4次元速度，

$$[v]=\{v(\tau)\,|\,-\infty<\tau<\infty\}$$

を導入し，ガリレイの半群の4次元的類形である半群をつくらなければならない．4次元の軌道$[u]_\tau$と4次元の速度$[v]$以外に，この半群は（3次元回転群の代わりに）ローレンツ群の元l，そしてアーベル拡大をした後はその元λ_cをも含むであろう．こうして得られる半群をポアンカレ-ガリレイの半群と呼ぶことができる．その構造はガリレイの半群の直接的一般化であり，次の公式で定義される．

$$\begin{aligned}
&[u]_\tau[u']_{\tau'}=[u'']_{\tau+\tau'},\quad u''(\sigma)=\begin{cases} u'(\sigma), & 0\leqq\sigma\leqq\tau' \\ u(\sigma-\tau'), & \tau'\leqq\sigma\leqq\tau+\tau', \end{cases}\\
&[u][v']=[v+v]\\
&l[u]_\tau l^{-1}=[lu]_\tau,\quad l[v]l^{-1}=[lv], \qquad\qquad (14.3)\\
&[v][u]_\tau=\lambda_c[u+v']_\tau[v'],\quad v'(\sigma)=v(\sigma-\tau),\\
&\qquad\qquad \lambda=-\int_0^\tau d\sigma\left[(u,v')+\frac{1}{2}(v',v')\right].
\end{aligned}$$

これらの公式では，回転群がローレンツ群で，3次元空間におけるスカラー積が4次元の内積$(a,b)=a^\circ b^\circ-ab$で置き換えられている．

ポアンカレ-ガリレイの半群が定義されたら，それ以降の構成は非相対論的ガリレイの半群に対しての構成と全く同じである．その結果，軌道（今度は固有時でパラメーター表示された相対論的軌道）の空間における伝播因子

が，続いて，対$(x, \tau)=(\boldsymbol{x}, x^{\circ}, \tau)$を点とする5次元空間における伝播因子が導出される．この伝播因子$\Pi^{c}(x, \tau|x', \tau')$を，§12で行なったのと同じように定義できるが，そのときには，これは自由粒子の伝播を記述するものとなろう．伝播因子を，§13で行なったように，もっと一般的方法で定義することもできる．このときには，伝播因子は外部ゲージ場*の中を伝播する相対論的粒子を表わすであろう．このようにしたとき，まだ非物理的な第5のパラメーターτが残っているが，それを除くのは容易であって，公式(14.1)，(14.2)に対応する積分を行なえばよい．こうして因果的伝播因子が得られる．

非相対論的な場合にしてもそうであるが，このような手順で得られる伝播因子は目新しいものではなく，それ自体は興味を引くものではない．それに対して，適当な群と，群論的考察によって伝播因子を導くことができるという事実は注目に値する．その上，この導出の仕方は素粒子の中に秘められた，より深い構造を暴く．それを次のようにいおう：素粒子は軌道という語で記述される．ポアンカレ-ガリレイの半群に基づく群論的分析は粒子が実際には紐であるが，その非局所性は一定の条件下では発現しないことを示している，と(§13の終りにある議論を見よ)．これを次のように言い換えてもよい：粒子の非局所性となって現象するのは，それに作用している場である．実際，§13で示したように，粒子の下層構造を表わす紐は自由であり，より粗い，粒子の時空的記述に移ったときにのみ強い場(ゲージ場と重力場)が姿を現す．これらの，粒子がもつ紐としての本性と結びついた事実は興味深く，意味深長であるが，その意義と効用に対しては一層の研究を要する．

真実のためには，群論的方法の相対論的一般化に関係してもうひとつ述べておかなければならないことがある．先に述べた手順に従うと，ある質量mとローレンツ群のある表現$\sigma(L)$で特徴づけられた粒子の伝播因子に行き着く．しかし，知られているように，このような表現は，たとえそれが既約であるとしても，2つ，またはそれ以上のスピンを表わすことができ，これら

* 時空上の標構ファイバー束を利用すれば，重力場における粒子の記述が得られる．この関係については前節の終りの「注意」を見よ．

のうちから物理的スピンを取り出すためには，伝播因子の中へ補助的な行列構造を導入する必要がある(第6章，§5を，もっと詳しくは[37]を見よ)．目下のところ，本書で展開した群論的方法の枠内で，この構造を自然な仕方で導入する方法は明らかでない．しかし，この困難は群論的方法に関係しているのではなく，むしろ固有時の方法とつながっているのであり，これについては第9章，§5で詳しく論じてある．そこでは，これらの困難からの脱出口を見出しうるいくつかの方向が提案してある．そのプログラムを実行するまでは，群論的方法の枠内で，スカラー粒子または表現 $\sigma(L)$ に含まれるすべてのスピンの伝播を表わす伝播因子 $K^0(x, x')$ を得ることができるだけである．多くの場合これで十分である．これは重要なことだが一般に，伝播因子がひとつのスピンだけを運ぶことを要請する必要性はない．必要なスピンだけを取り出す別の方法もある．例えば，適当な相互作用ラグランジアン(グラフの頂点)を選べば，ファインマン図の外線でのみ物理的スピンを分離するだけで十分であって，内線にはすべてのスピンを運ぶ伝播因子を利用できることが分かる．

第II部への注解

ゲージ理論については実に多くの文献がある．ここでは，これまでに見てきた問題に関係のあるいくつかの論文を挙げるにとどめるが，概観的なものも少し挙げておこう．ゲージ理論に関する初期の代数的研究については，ヤン-ミルス，ワード，ゲルマン，グレショウ，ネーマン，サラム，内山，キップルその他の人々の論文に余すところなく述べられている〔90〕．ファイバー多様体における接続の理論については，すぐれた多くの数学的書物がある．例えば，[26-28] がそうである．微分幾何学と位相幾何学の分野の極めて広範な問題についての有用な数学的情報と，とりつきやすい形でのそれらの説明は[30]に求めることができる．ゲージ場の量子論については，例えば，〔102〕，レヴュー[91-94 103-105]に説明がある．

ゲージ理論と重力理論とを，径路の概念で定式化する方法は，マンデルスタム[146, 147,149,150] とビリヤニッキー・ビルリ〔148〕によって発展させられた．最近このような研究の流れは不断に増加しつつある．ヤン[152]とウー・ヤン[153]の論文の後，この理論形式への視角が幾分変化し，今では，積分不可能な位相乗数の方法とか，径路変数の方法とか呼ばれることが一番多い．この方向での研究のひとつは，順序指数関数の真空期待値によって得られる汎関数の研究である．これはウィルソン [151] に始まったもので，ゲージ場そのものの汎関数を用いてその様々な位相状態，或いはクォークの閉じ込めを記述することを課題としている．これに関しては [155-164] を挙げておく．

曲がった時空における平行移動の亜群は，シュヴェ-ゲシュの論文〔165, 166〕ではじめて考察された．本書の著者による論文 [168] では，ミンコフスキー空間における径路の亜群が導入され，シュヴエ-ゲシュの平行移動の亜群はその表現のひとつであることが明らかにされた．径路群は本書の著者による論文 [171-175] で提起したものであるが，平行移動によるその表現は，ずっと前に，曲がった空間内での径路積分に応用されていた [167, 169, 170]．径路群をゲージ場に応用する場合の基礎的命題は [173] に定式化してある．径路群の群としての性質は，群論的手法を用いなかったとはいえ，ヤン [152] の積分的理論形式の中で利用されていたことには注意すべきである．ヤンは，順序指数関数が乗法性を持つことに目を向けた．本書で導入した用語では，この性質を次のように定式化できる：順序指数関数は固定された径路の亜群の表現を形成する．径路の空間に群構造が導入できることと，共変微分をこの群の生成元として解釈できることには，ヤンはふれていない．

第6章，§10 で非アーベル量についてストークスの定理を定式化したが，この形は [173]では仮定したものである([192]をも見よ)．本質上この定理に極めて近いものが，異なる形でアレフィエフ [161] によって証明されている．高次の非アーベル的形式に関するストークスの定理がそこではじめて定式化され証明された(第7章の終りを見よ)．これは非アーベル的形式の分類と関連している．

磁荷，即ち磁気単極についての仮説は，1931年にディラックによって提起され [129]，後に多くの論文[130-139]で考察された．磁荷によりつくられる場の記述を問題とする理論的な論文と，他の源によりつくられる場の中における磁荷そのものの運動を扱った論文とに分けて考えるべきであろう．後の場合には試験体的磁荷を問題にしているのである．磁荷による場を径路の理論形式を用いて考察したものとしては [131,132,134,136,138,139,153,158]があり，それらのうち[138,139,153,158]は非アーベル的ゲージ場を扱っている．

試験体的アーベル的磁気単極は [131,134,136] で考察されている．非アーベル的な場合の運動学の基礎は[173]で定式化された．そこでは概略的ながら，非局所対象としてのクォークの模型が定式化されている．しかしながら，そこでの結果と比較すると，第8章の内容は質的に極めて発展させられており，クォークの模型は改良され，より具体的になっている．レプトンは，分裂して自由になったクォークであるとの仮説と逆の閉じ込めについての予想は本書で(初めて)述べられたものである．論文〔134, 136〕で提唱されたバリオンとクォークの模型は，本書で考察したものとよく似ているが，アーベル単極を基礎としているから実像からかけ離れたものである．

径路群とローレンツ群を統一して一般化されたポアンカレ群とすることは[171, 172] で提唱したものである．ありとあらゆる基準系に関連した状態空間における，一般化されたポアンカレ群の作用はそこで初めて考察された．粒子の実在状態の解釈と径路群の観点から見た運動方程式は [172] で極めて簡単に調べられている．現在の形での径路群は [171] に出てくるだけが，重力の様々な側面に径路群を応用したものとしては論文[167-172,174]がある．重力における径路群の諸問題は論文[172,174]に最も完全に述べてある．とはいえ，本書第10章は多くの新しい内容を含んでおり，以前に発表した諸結果の詳解になっている．径路群の重力への応用は [191] でも検討されている．

紐の記述に 2 -径路群を応用することと，閉じた紐に対する位相的干渉効果の導出は報告集 [188] で初めて公にされた．これらの問題の詳しい説明は本書の英語版の第 8 章で初めて行なわれる．

径路積分と作用汎関数の群論的導出は報告集[189]と論文[190]で公にしたものである．本書の英語版の第11章では，これらの導出がずっと詳しく行なわれている．

第12章　結び・未解決の問題

本書では径路積分に基づいて観測の量子論を，径路群を基礎としてゲージ場と重力場とにおける粒子の理論を見てきた．得られた結果を振り返り，それから生じる当面の課題を見てみよう．先のふたつの領域において解決を迫られている多くの具体的計算，原理的問題が存在することが分かるであろう．

§1．観測の量子論

第Ⅰ部では観測の量子論の新しい研究方法が定式化された．そこで重要な役割を果すのは確率振幅の理論とファインマンの径路積分である．この研究方法の将来を見てみよう．

観測の理論への径路積分の応用は，方法として主要な点は本書で定式化されはしたが，具体的計算は最も簡単な場合に対して行なわれたにすぎない．この方法によって他の課題を吟味することもむつかしくない．このことは，なによりもまず，任意の線型な系におけるスペクトル観測についていえることである．ふたつの連結された振動子の系におけるスペクトル観測の問題（第4章，§6）が解ければ，任意の線型な系を調べることは原理的に複雑ではない．結論のうちのいくつかは自明である．もっと込み入っているのは非線型系における観測の計算である．この場合には，作用はもはや2次形式ではないから，径路積分を正確に計算することができない．そこで，様々な近似法の使用が必要になる．

もうひとつ興味ある問題を挙げれば，座標と運動量（速度）を各瞬間毎に一定の正確さで同時に測定する観測系がそれである．量子効果を考慮に入れてこのような系についての計算を行なうことは，実際上のみならず理論上でも興味のあることである．これは，座標にも運動量にも依存する関数を用いたウィグナーの理論の意味を明らかにしてくれるかもしれない．しかし，このような観測を実際に行なうことができるのかどうかは明らかでない．

座標がある有限な区間内の値をもつ系における測定についての計算は多分面白くもあり，実行もそれほど難しくないだろう．このような系の例を挙げれば回転体がそれであって，その位置は角 $0 \leqq \varphi \leqq 2\pi$ で与えられる．このような場合には測定誤差は原理的にある一定の大きさ(回転体に対しては2π)より大きくならない．それ故に系に作用する力を評価する際の正確さに制限が追加される．

系の観測の具体的計算の他に，提起した方法によって，観測の作用を受けて**状態が収縮**する過程をもっと深く分析することは重要である．収縮が，何らかの外的な観測系の影響とは無関係に，系自身の作用の結果，**自発的**に起こる場合を見てみるのは非常に面白い．このことは，多分，系が全体としては巨視的であって(例えば結晶)，巨視的法則によって記述されるのではあるが，同時にその巨視的性質が微視的構成粒子(例えば結晶を構成する原子またはその中の電子)に影響を与える場合に起こるであろう．相転移を代表とする，統計物理学で見られるある種の過程を理解するのにも，自発的収縮を調べることは有益かもしれない．

相対論的物理学における**状態の収縮**の影響を一貫して考慮に入れようとすると多くの問題が生じるが，これらはある意味で同一の問題である．普通，この領域(場の量子論)の現象に対しては純力学的研究法が用いられ，観測系の影響が考慮されないばかりか，一般的にいって問題の過程が進行する領域と時間は無限大であるという，本質的に非物理的な仮定が行なわれる．多くの場合にこのような理想化は正当化される．しかし同時に，まさにこの種の理想化こそ，理論にときとして現れる無限大と関係しているのである．もし相互作用領域が有限ならば(即ち有限の大きさの観測系が存在するならば)，これら(赤外部)の無限大のうち少なくともいくつかは消え去るであろう．

観測の量子論の応用がさし迫って必要と思われる相対論的課題がひとつある．これは強い場(例えば電磁場または重力場)における**真空からの対生成**に関する課題である．この問題は最近主として重力収縮の際の対生成と関連して集中的に研究されている [121-123]．このときには，強い場という条件下で粒子(真空)をいかに定義すべきかという，原理的に重要で，未だ明らかではない問題が生じるのである．この問題設定も，解法も多分に形式的である．その結果，曖昧さが生じている．

他方，径路積分を利用すれば，対生成についての描像が極めて明瞭で，曖昧さが生じないように課題を設定し，かつ解くことができる．要点は，時空のある帯状領域を運動する粒子として対生成を表現するところにある．この帯状領域は，未来から過去へ，次いで反転して過去から未来へと向かうある時間的曲線に沿ってとられる．反転が行なわれる点，これが対生成の行なわれる点である．この場合，対生成の確率振幅は所与の帯状領域内の径路について径路積分を行なって計算することができる．径路積分は相対論的でなければならない．これは，例えば，固有時というパラメーターを用いて定式化できる．計算の最後に，この固有時について積分するのである(第9章，§5を第10章，§6を見よ)．

このような計算の結果は殊更言うまでもない．もし帯状領域の幅がコンプトン波長に較べてはるかに狭ければ，生成の確率はどのような帯状領域に対しても常に大きい．ところがこれは仮想的な粒子対の生成確率にすぎない．現実の粒子対はコンプトン波長より大きなオーダーの幅をもつ帯状領域によって記述される．このとき対生成の振幅は，折り返し点の近くで(ミンコフスキー空間がもつような)通常の計量構造の破れの拡がりがコンプトン波長程度か，あるいはそれより小さい場合を例外として，常にほとんど0である．例えば，このような例外は(コンプトン波長よりも小さな曲率半径をもつ)強く歪んだ空間で起こるであろう．特に，折り返し点が時空の特異点の近くにある場合も起こりうる．それ故，特異点(からの距離がコンプトン波長程度)の近くで対生成が起こる可能性があると結論できる．この研究法で重要なことは，粒子(正の振動数をもつ波動関数)の定義の仕方に関する問題が生じないことである．このようにして得られる結果を，粒子(真空)とか特異点における境界条件とかの形式的定義に基づく結果と比較すると面白かろう(例えば[124-128]を見よ)．

最後に，第I部で発展させた方法は，現存するものよりもっと一貫した**確率の量子論**を構成するのに利用しうることに注意しよう．このとき主要な働きをするのは，確率振幅の計算とこの計算の特別な場合としての径路積分とでなければならない．同時に径路積分そのものに群論的解釈を与えることができる(これに関しては第11章を見よ)．これは大切なことである，というのは確率論の基礎には一般に群論があるからである． 熟考すれば分かることだが，どのような確率測度の定義も，すべて同等で，従って同一の確率をもつ事象からなるある空間を定義することに帰着させられる(一般には，この空間における確率密度が一定であることを言わなければならない)．ところがこのことは空間が等質であること，即ち，この空間ではある対称群が推移的に作用することを意味している．このような解釈を与えなければ，径路積分の理論は多分不完全であろう．第11章ではパラメーター表示された径路の半群の助けを借りればこのことが実現できることを示してある．

§2．径 路 群

第II部では多くの実例を通して，径路群およびそれと結合された，一般化されたポアンカレ群が場の量子論にとって有用な数学的道具であることを確かめた．分析の基礎となったのは，これらの群の自明とさえもいえる性質と，明らかな物理的意味をもっていて，実際上は以前から物理学の文献に現れていた(とはいえ，必要な群論的解釈は行なわれていなかった)これらの群の表現であった．ところで，もし径路群に特別な意義を認めて，その応用範囲を拡大しようというのであれば，当然のことながら，その構造をもっと詳しく調べ，この群の表現をより幅広く求め，またこの群と関係をもつ他の群を見出さなければならない．このことと関連して，径路群は，多分数学者がこれまで本気になって研究したことのない群の仲間であることを強調しておかなければならない．この群は無限次元の群である，つまりその元を数であるパラメーターでは与えることができず，関数によって与えられるのだというだけではまだ足りない．それどころかこの群は無限次限の群の中にあってその複雑さ故に際だっている．問題は，径路群が比較的よく研究されている類の，つまりリー群に相当する無限次元の群の類ではないことにある．このことは，径路群のどの元も1-パラメーター部分群によって単位元とつながっていないことに現れている(このことはループの部分群でさえそうなのである)．したがって，この群に対してリー代数のような，有用な補助的対象を構成することができないのである．径路群の元を指数関数の形に表わすことは不可能である．従って，無限次元リー群の研究に用いられる通常の方法はどれもこの群に対しては応用できない．

それだけに一層，それに相応しい方法を創り上げながら，この群とその仲間の群の研究を始めることが重要である．研究の方向を二つ挙げることができるが，それらにおけるはじめの数歩はすでに明らかである．それは群上の不変測度と径路の亜群の任意な表現に関する方向である．

(数学的観点からは十分に厳密とはいえないにせよ)第6章ではループ群の表現をかなり詳しく見た．それは1-形式$A=A_\mu dx^\mu$の積分の順序指数関数で与えられ，それ故にミンコフスキー空間上のあるファイバー束の接続に帰着させられた．より正確には，ループ群の表現は1-形式のゲージ同値類によって与えられ，他方具体的な形式Aは径路の亜群を定義する．多分，(連続性よりも強い)滑かさという条件を課すことによって亜群の表現はループの表現と同じ(か，または第7章で見た純粋に位相幾何学的因子の分だけそれとは異なる)タイプに属するのは確かである．

しかし，もしこのような滑かさという厳しい条件を課さないのであれば，もっと一般的な形の表現が存在する．径路の亜群のそのような表現は(線型な接続とは別の)≪次数1の接続≫に対応している．それは1次の同次形式$A(dx)$を径路に沿って順序づけた指数関数によって定義される．例えばそれは$A(dx)=A_{\mu\nu\lambda}(x)dx^\mu dx^\nu dx^\lambda)^{1/3}$の形をもつ形式でもよい．このとき表現は3次の対称な場のテンソルによって与えられる．このような型の表現によってゲージ場の一般化が得られることは明らかである．ループ群の表現は場の量子論における基本的な概念であるから，この種の一般化されたゲージ場がある実際の相互作用に対応していることもありうる．それを調べてみるのも興味があろう．

因子化 $P/L=\mathscr{M}$ を用いれば，径路群上の不変測度をループ群上の不変測度に帰着させるのは容易である．後者を調べるには次のようにすればよい．群 L の任意の表現 $\alpha(L)$ はこの群の，ある群 G 上への準同型である．最も簡単な(例えばゲージ場の)場合には群 G はリー群であり，唯一の不変測度(ハールの測度)をもっている．ところで，J を準同型 α の核とすれば同型 $G=L/J$ が存在する．従って表現 $\alpha(L)$ が与えられれば，因子群 L/J 上の不変測度を定義することができる．もし，表現(準同型)$\alpha_i: L\to G_i$ の列をつくり，極限において準同型の核が 0 (もっと正確には単位元だけからなる群)に収束するようにすれば，この極限において群 L そのものの上の測度が得られ，しかも構成法からこの測度は不変となる．この手続きをベクトル・ポテンシャルと順序指数関数とを用いて定式化することができる．このとき，構成の一意性または，すべての可能な不変測度を列挙し尽すというやっかいな問題が生じるのは勿論である．そしてまた，どの不変測度を選ぶかという任意性が物理的解釈を許すことも，ありうることである．

§3．場の量子論

第Ⅱ部では，ゲージ場と重力場の中を運動する粒子の理論は，径路群と一般化されたポアンカレ群との様々な表現の理論として解することができることを示した．この研究法をとったとき，他にどのような主張が可能であろうかという問題が生じる．

まずなによりも，我々は古典的ゲージ場と重力場だけを見てきたにすぎないことに注意すべきである．そこで，我々がとった研究方法の枠内では，**場の量子化**はどのように実行されるのかという問題は当然提起されてしかるべきである．**ゲージ場の量子化**については，ともに自然であると思われる二つの方法が考えられる．もし，所与の古典場の中における量子的粒子の理論をつくることができれば，完全な理論は古典場の様々な配位について関数積分を行なうことによって得られる[102, 92]．第1の方法はこの中に含まれている．第2の方法は，ループ群の表現をベクトル・ポテンシャル $A_\mu(x)$ で特徴づける際に，これを荷電空間 $\mathscr{L}_\alpha$ における作用素としてではなく，積空間 $\mathscr{L}_\alpha \times \mathscr{F}$ における作用素とみなすことにある．ここに $\mathscr{F}$ は量子化されたゲージ場の状態空間である．このとき，本書の第II部で得られた結果の有効性はすべてそのままである，というのはそれらに対しては作用素 $A_\mu(x)$ の本性はどうでもよいことだからである．このようにして場の作用素を用いた(**第2量子化**の理論形式における)ゲージ場の量子論が得られる．

これら二つの方法は，もし普遍的ミンコフスキー空間 $\mathscr{M}$ ではなく，(曲がった)時空 $\mathscr{X}$ 自身の上の径路と微分形式に移って考えれば，重力場の量子化に対しても同じように適用可能である．しかしこれは径路依存の形式の中で考えると自然ではないし，その上時空 $\mathscr{X}$ の位相を先験的に固定しなければならない．このようにするかわりに，第10章，§8で示したように，ゲージ場も重力場も**2-ループの群 *K***(ミンコフスキー空間における2-ループを念頭に置いている)の表現によって記述される，ということを利用することができる．そこで，これらの場の量子化は共通の普遍的群 K の様々な表現を含む量子集団を構成することに帰着する．これはマンデルスタム[147]によって提唱された重力場の量子化と同じであることを示すことができる．同時に，この方法は重力場の中の粒子と非局所的粒子（もしクォークがそのようなものならば，クォーク）を同じ仕方で記述できるというおまけの長所を持っている．

異なる型の**相互作用を統一**するという課題は，今や場の量子論において最も関心をもたれているものであろう．弱い相互作用と電磁相互作用の統一は原理的に解決済みの問題であるとみなしてよい．明らかなように，この統一の原理はサラム-ワインバーグ模型において述べられていたものであり，それと一緒に理論には新しくかつ興味ある契機(対移性の自発的破れとヒッグス効果)が持ち込まれた．強い相互作用と電・弱相互作用の統一は現在成功裡に達成されつつある．このいわゆる大統一の図式のうちの幾つかは本格的に研究されつつある．すべてが明らかになっているとは言えないが，統一へのこの途上に原理的困難があるとは，目下のところ思われない．

このような研究の最終段階は，重力による相互作用を，強・弱・電磁の三つの相互作用と統一すること，換言すれば重力をゲージ理論と統一することである．このような統一をいかにしてなしとげるかは目下のところ明らかではない．唯ひとつ確かなことは，ゲージ理論にせよ，重力の理論にせよ，その基礎には幾何学が存在することである．このことが，それらを統一できることを示している．しかし重力の特殊性が余りに多すぎて，それをゲージ場と同じように見ることは，これまでのところうまくいっていない．主たる困難は，並進群を，時空と関係しない群に対して行なったのと全く同じようには(ゲージ的に)局所化できそうにないことである．我々は，径路群が，もっと正しくは一般化されたポアンカレ群がゲージ理論にも重力の理論にも同じように自然に生じるのを見た．径路群が重力理論とゲージ理論との統一のために新しい可能性をもたらすものと期待してよい．

(全体的には期待通りに事態が進むとしても)この可能性がいかなる仕方で現実のものとされるかについては，当然のことながら，目下のところ何も言えない．とはいうものの意見程度のことは今でもいえる．主たる問題は重力と強い相互作用の統一であり，一方強い相互作用の基礎的対象はクォークである．第8章では，本質的に**非局所的な粒子**(紐)としてのクォークの模型をつくった．また第8章では，非局所的粒子はループ群 L の表現によっては記述できないことを示した．そのかわりに，その運動学的性質は**2-ループの群$\boldsymbol{K}$**の表現によって与えられるのである．うまいことに，クォークの記述もゲージ場の記述も同一の群 K を用いて同時に実行できるのである．このことは重力と強い相互作用を統一する可能な方法のひとつを指示しているとも言える．

群論的研究の枠内で提起できる問題のうちから**重力単極子**の問題 [140-145]を挙げておかなければならない．重力単極子の理論を群論的につくり上げるのに，ゲージ単極(第6章，§5と第8章)との類比を基礎とすることができる．このときにも常の如く重力場の特殊性が入り込む．この問題が興味あるものであることは確かである．重力単極子は，もし存在するならば，物理学においてブラック・ホールおよび重力の**特異点**として振舞う.

未解決の問題を列挙してきたが，最後にもう一度注意を促しておきたいことがある．それは，径路群と一般化されたポアンカレ群についてであって，それらは普遍的であり，ミンコフスキー空間においても曲がった時空においても使いものになる点でなによりも魅力的であるということである．まさにこのこと故に，それらは重力相互作用と他の型の相互作用を統一するために有効であろうと期待できるのである．他方，このような普遍性は，これらの群にはもっと深い意味が隠されているのではないか，**時空関係のより深い見方**が隠されていないかと考えさせる．重力の量子論では，時空多様体を用いて理解される時空関係という，これまで使い慣れてきた記述法が実は不適当なものであったということもありそうである．一般化されたポアンカレ群そのものが多様体にとってかわることもありうることである．これらのことがらと関連して，次のことを指摘しておくべきであろう．もし粒子の局所化を点の空間における局所化としてではなく，軌道の空間におけるそれと解するならば(第11章，§§12，13を見よ)，2-スリット型の実験に現れる≪非局性の背理≫の多くまたはそのすべて，或いはアインシュタイン-ポドルスキー-ローゼンの背理は解消される.

物理的に見てこの群が多様体よりも優れているのは，この群が，微視的世界の記述に現れる**局所的側面と全体的側面**との関係および相互浸透を効果的に記述せしめることにある．本書で見た図式の内では，このような関係は自由粒子の内部自由度を表わすホロノミー群とその表現によって実現されている．将来の理論でこのような関係を著しく深めることも可能である．局所的現象と大域的現象とが原理的に分離できないものとなり，時空の点は正確な概念としては理論から姿を消すかもしれない．しかしその場合にも，径路群，一般化されたポアンカレ群，或いはそれらの仲間である群または空間はその意義を完全に保つであろう.

付　録

A. 関数積分の手法

本書第I部のすべての結果を得るためには，第2章の，最後の二つの節に含まれている径路積分の知識だけで十分である．更には，もっと広範な問題を見るためにもそれで足りるのである．はじめて径路積分の手法に出会った読者は，この手法が扱いにくく不便なものだとの印象を受けるかもしれない．実際には，物理学者は径路積分を，もっと一般的には関数積分を，計算のある過程を本質的に簡単化せしめる非常に単純な対象として使いこなすことを学んだのである．

場の量子論では，よく知られているように様々な反応の振幅は**ファインマン図**を用いて計算される．各ファインマン図には一定の規則(ファインマンの規則)に応じてある確率振幅が対応させられており，計算の最後にはこのような振幅すべてを合成しなければならない．しかし理論中の相互作用が複雑な構造をもっている場合には，ファインマンの規則は複雑になり，すべての図を列挙してこれらに対応する振幅を計算することは，極めて込み入った組合せを扱う課題となるので誤りも生じやすい．然るに関数積分の言葉を用いると最終的結果が十分に単純な形に表現されるのである．まさにこの故に関数積分は場の量子論において必要な計算の道具となったのである．

我々の見るところでは，関数積分は非相対論的量子論においても便利な数学的技術である．第2章，§§1，2で示したように，連続的観測という課題を簡単にかつ自然な仕方で定式化せしめたのはこの技術なのである．ここでは定義と関係する細かなことには立ち入らないで，この積分の用い方を示そう．

§1．関数積分の定義

そのためには，このような場合に物理学の文献で行なわれているように，数学的厳密さについては更に低い水準にまで降りなければならない．我々は通常の多重積分との類比から出発して関数積分の計算規則を導くことにしよう．このための基礎となるのは**ガウス積分**であって，それを

$$\int_{-\infty}^{\infty} dx\, e^{-\frac{1}{2}\beta x^2} = \left(\frac{2\pi}{\beta}\right)^{1/2} \tag{A.1}$$

の形に書こう．この積分は，パラメーターβが正の実数であるとき正しく定義されているが，このパラメーターの正または(極限で)零の実部をもつ複素数値に対しても解析接続が可能である．

公式(A.1)をn乗すると有限次元空間におけるガウス積分が得られるが，それを

$$\int d\boldsymbol{x}\, e^{-\frac{1}{2}\beta(\boldsymbol{x},\boldsymbol{x})} = 1$$

の形に書くことができる．ここに

$$d\boldsymbol{x} = \left(\frac{\beta}{2\pi}\right)^{n/2} dx_1, dx_2 \cdots dx_n = \left(\frac{\beta}{2\pi}\right)^{n/2} \prod_{i=1}^{n} dx_i,$$

$$(\boldsymbol{x}, \boldsymbol{y}) = x_1 y_1 +, \cdots, + x_n y_n$$

である．指数関数の指数として任意の非退化な対称行列Bで定義される2次形式$(\boldsymbol{x}, B\boldsymbol{x})$が現れる場合に移るのはむつかしくない．新しい積分変数$\boldsymbol{x}' = B^{-1/2}\boldsymbol{x}$に移れば，

$$\int d\boldsymbol{x}\, e^{-\frac{1}{2}(\boldsymbol{x}, B\boldsymbol{x})} = 1$$

が得られる．ここに

$$d\boldsymbol{x} = \left(\det \frac{B}{2\pi}\right)^{1/2} \prod_j dx_i \tag{A.2}$$

である．n次元ベクトル空間における積分の測度を，指数関数の指数に現れる2次形式に依存して定義していることに注意しよう(このように定義される測度は互いに数因子だけの違いをもつだけである)．

もし指数関数の指数が2次以下の任意の形式$-\frac{1}{2}(\boldsymbol{x}, B\boldsymbol{x})+(\boldsymbol{x}, \boldsymbol{b})$であれば，変数を$\boldsymbol{x}'=\boldsymbol{x}-B^{-1}\boldsymbol{b}$に変えることによってこれまでの場合に帰着させることができて，

$$\int d\boldsymbol{x}\, e^{-\frac{1}{2}(\boldsymbol{x}, B\boldsymbol{x})+(\boldsymbol{x}, \boldsymbol{b})}=e^{\frac{1}{2}(\boldsymbol{b}, B^{-1}\boldsymbol{b})} \tag{A.3}$$

となる．測度$d\boldsymbol{x}$は$(A, 2)$である．

ここまで被積分関数の指数が2次以下である，ガウス型の積分だけを見てきた．公式(A.3)の両辺をベクトル$\boldsymbol{b}$の成分で微分すると，もっと一般的な型の積分公式が得られる：

$$\int d\boldsymbol{x}\, x_{i_1}\cdots x_{i_r}\, e^{-\frac{1}{2}(\boldsymbol{x}, B\boldsymbol{x})+(\boldsymbol{x}, \boldsymbol{b})}=\frac{\partial}{\partial b_{i_1}}\cdots\frac{\partial}{\partial b_{i_r}}e^{\frac{1}{2}(\boldsymbol{b}, B^{-1}\boldsymbol{b})}$$

任意の係数でこれらの積分の1次結合をつくると

$$\int d\boldsymbol{x} G(\boldsymbol{x})\, e^{-\frac{1}{2}(\boldsymbol{x}, B\boldsymbol{x})+(\boldsymbol{x}, \boldsymbol{b})}$$

$$=G(\partial/\partial\boldsymbol{b})\, e^{\frac{1}{2}(\boldsymbol{b}, B^{-1}\boldsymbol{b})} \tag{A.4}$$

が得られる．特にこの公式で$\boldsymbol{b}=0$とおくと

$$\int d\boldsymbol{x} G(\boldsymbol{x})\, e^{-\frac{1}{2}(\boldsymbol{x}, B\boldsymbol{x})}=\left[G(\partial/\partial\boldsymbol{b})\, e^{-\frac{1}{2}(\boldsymbol{b}, B^{-1}\boldsymbol{b})}\right]_{\boldsymbol{b}=0} \tag{A.5}$$

が出る．以上の考察過程は，この公式が多項式$G(\boldsymbol{x})$に対して正しいことを直接に示しているが，多項式の次数が増大する極限に移ることによって，この公式を，巾級数に展開可能な任意の関数の場合へと拡大することができる．

ベクトル$\boldsymbol{x}$が属する空間の次元を際限なく大きくすれば，極限において関数空間の場合に移ることができる．第2章，§§3，4で径路積分を定義したときには，本質的にはこのようにしたのであり，本節の考察では記号が若干一般化されているにすぎない．公式(A.4)と(A.5)はそのまま径路積分または関数空間での積分とみなすことができる．そのためには，$\boldsymbol{x}$と$\boldsymbol{b}$は径路(または任意の多様体上の関数)であり，一方(,)はそれぞれについて線型なふたつの関数のスカラー積，つまりそれらの積の積分である，とみなしさえすればよい．関数空間への移行は，有限次元ベクトルに対するすべての式を

ベクトルの添字を用いて書き表わしてから，それらの添字を関数の引数とみなし，添字について和をとる代わりに引数についての積分に移ることによって特に分かりやすくできる．

例えば，ふたつのベクトルのスカラー積は$(\boldsymbol{x},\boldsymbol{b})=\sum_i x_i b_i$の形に書ける．離散的添字$i$を連続パラメーター$t$に変え，$i$についての和を$t$についての積分に変えると，

$$(\boldsymbol{x},\boldsymbol{b})=\int dt x(t) b(t)$$

が得られる．ここにtは必ずしも1個の引数とは限らない．これはベクトル，つまり多次元空間の点であってもよい．同様にdtは，引数tが属する空間の任意の測度(特別な場合には重みつきの積分)であるとしてよい．

離散的添字iを連続な引数tに変えると，ベクトルの成分に関する通常の微分$\partial/\partial b_i$は所与の点における，関数の値に関する**変分導関数**$\delta/\delta\boldsymbol{b}(t)$に変わる．このことを詳しく説明しよう．$\Phi(\boldsymbol{b})$は，関数$t\mapsto\boldsymbol{b}(t)$に依存する汎関数としよう．このことは，与えられた各関数$\boldsymbol{b}$にある数$\Phi(\boldsymbol{b})$が対応させられていることを意味している．関数が無限小だけ変化するとしよう：$\boldsymbol{b}(t)\mapsto\boldsymbol{b}(t)+\delta\boldsymbol{b}(t)$．このとき汎関数の値も変化する．汎関数の増分$\delta\Phi(\boldsymbol{b})$を$\delta b(t)$の巾に展開し，1次の項だけを残せば，

$$\delta\Phi(\boldsymbol{b})=\int dt\, A(t)\delta b(t)$$

が得られる．このようにして関数$A(t)$が現れ，これは定義によって所与の汎関数の，その引数についての**変分導関数**である，即ち，$A(t)=\delta\Phi(\boldsymbol{b})/\delta b(t)$．このようにして変分を等式，

$$\delta\Phi(\boldsymbol{b})=\int dt\frac{\delta\Phi}{\delta b(t)}\delta b(t) \tag{A.6}$$

によって定義することができる．

以上に述べたことを考慮すると，公式(A.4)を**関数積分**にも適用できるように書きかえることができる：

$$\int d\boldsymbol{x} G(\boldsymbol{x})e^{-\frac{1}{2}(\boldsymbol{x},B\boldsymbol{x})+(\boldsymbol{b},\boldsymbol{x})}=G(\delta/\delta\boldsymbol{b})e^{\frac{1}{2}(\boldsymbol{b},B^{-1}\boldsymbol{b})} \tag{A.7}$$

ここに

$$dx = (\det\frac{B}{2\pi})^{-1/2}\prod_t dx(t) \qquad \text{(A.8)}$$

である．今や太文字は径路(または一般に関数)を表わし，スカラー積はふたつの関数の積の積分を，G は所与の関数を数に対応させる汎関数を，そして $\boldsymbol{\delta}/\boldsymbol{\delta b}$ は，その値が各点における変分導関数である関数：$t \mapsto \delta/\delta b(t)$ を表わしている．B は，ここでは，径路(関数)の空間における線型作用素であり，積分または微分作用素として与えられることもある；B^{-1} は B の逆を表わす線型作用素である．

最後に，$\det B$ は**線型作用素の行列式**を表わしている．これは，行列の次数が限りなく増加するときの行列の行列式の極限として定義することができる．実際にはこのような無限次元の行列式は，公式

$$\det B = e^{\mathrm{Tr}\ln B} \qquad \text{(A.9)}$$

に従って計算することが多い．ここに Tr は作用素の跡を表わす．核 $B(t, t')$ をもつ積分作用素に対しては，跡は $\int dt\, B(t, t')$ で定義される．作用素の対数は，作用素を $B=1-C$ の形に表わして，級数展開し，

$$-\ln(1-C) = C + \frac{1}{2}C^2 + \frac{1}{3}C^3 + \cdots \qquad \text{(A.10)}$$

のように計算されることが最も多い．

とはいうものの，公式(A.8)に現れる行列式そのものを計算する必要はない，というのは，それは測度を正しく規格化するために導入されているにすぎないからである(第2章，§3と比較せよ)．計算を実行するには，(A.7)中のすべての量を有限次元近似で置き換え，そのあと，これらの次元を同時に無限大にすればよい．関数積分で行列式が必要となるのは，新しい変数に移る場合だけである．

公式(A.7)とその応用について少し注意をしておこう．この公式が常に適用できるわけでないことは当然であり，またこれまでの説明は公式を証明するものでは決してなく，この公式が使える場合を念頭に置いた発見法的議論であることを忘れてはならない．詳細は専門的文献の中に見ることができる．

径路積分の手法の厳密な数学的基礎づけは[12, 13, 16, 21, 22]に含まれており，これらはこの順序でむつかしくなっている．関数積分の物理学への実際的応用については，多くの文献があるが[12, 14, 15, 20, 91, 94, 102]だけを挙げておこう．

公式(A.7)は発見法則的考察の結果であるとは言え，この考察から結果以外の何もいえないというわけではない．我々の出発点は，パラメーターβの実部が正である場合によく定義されているガウス積分(A.1)であった．これに対応して公式(A.4)と(A.7)は作用素Bのエルミート部分が正値である場合に限って適用可能である．確率論，ブラウン運動と拡散の理論に現れるのがまさにこのような作用素なのである．それだからこそ，これらの理論において径路積分がよく定義されているのであり，また数学者が通常用いる意味での測度を径路の空間上に定義できるのである．

量子論に現れる作用素Bは通常反エルミートである，つまり許容範囲の境界上にある．境界上で径路積分を定義するためには，自然な仕方で生じる作用素Bに無限小正値のエルミート部分を付け加えたり，或いは，よく定義できる領域で径路積分を定義しておき，そのあとで極限操作によって境界上での定義を得たりする．しかしながら，このようにする場合には，その度ごとに極限操作の内容を正確に固定しておく必要がある．さもないと多義性の生じる恐れがある．公式(A.7)のもつ非一意性は，作用素B^{-1}が一意的に定義されていないところに秘められている．もし，ある具体的な(即ち，ある一定の物理理論における)作用素Bを扱っているときに，(物理的考察から)作用素B^{-1}のうちからひとつを選び，それを固定するものとすれば，そのあとは公式(A.7)によって関数積分に現れるすべての量は自動的に定義されてしまう．通常はこのようにしているのであり，それ故にこそ，《ファインマン積分を関数空間における測度として定義できない》ことに含まれている困難を回避できるのである．

このようにして困難を回避する方法は，ある関数(今の場合には関数$G(\boldsymbol{x})$)の級数展開可能性に基礎を置いており，このことは重要であるから強調しておきたい．場の量子論では，この展開は(ファインマン図に従って)摂動計算を行なうときには常に可能である．摂動論の枠外に出ようとするといつでも，関数積分の定義の非一意性が直ちに本質的となる．実際，この非一意性と結びついた興味ある物理現象も存在するのである(例えば[14]を見よ)．

§2．一般公式の調和振動子への応用

前節で得られた一般的定義を調和振動子の場合に応用し，これを例として応用に伴う細かな問題を少々見てみよう．自由粒子の場合から始めるが，これは振動数$\omega=0$という特別な場合と考えてよい．この場合には作用は$S\{x\}=\frac{m}{2}\int_0^\tau dt\dot{x}^2$の形をもつ．一般的定義を利用するためには，これを$(\boldsymbol{x}, B\boldsymbol{x})$の形に変えなければならない．ここにスカラー積は$t$に関する積分で表わされ，また$B$はある線型作用素である．変形のためには部分積分を行なえばよい．しかしそのとき生じる境界からの寄与を捨て去ることができるためには，径路に対する境界値が0でなければならない．第2章，§4で，径路を二つに分け，ひとつが境界値0をもつようにするという手をすでに利用している．もう一度，これを使おう．$x=\eta+z$とおく．ここに$\ddot{\eta}=0, \eta(o)=x$，$\eta(\tau)=x'$である．そうすると径路zは境界値0をもち，これに対して作用は2次形式で表わされる．結果は，

$$\int d\boldsymbol{x}\, e^{\frac{i}{\hbar}S\{x\}}=e^{\frac{i}{\hbar}S\{\eta\}}\int dz\, e^{-\frac{i}{2\hbar}(\boldsymbol{z}, B\boldsymbol{z})}$$

となる．ここに$B=m(d^2/dt^2)$である．一般公式(A.7)によれば，zについての関数積分は1に等しく，それ故，

$$\int d\boldsymbol{x}\, e^{\frac{i}{\hbar}S\{x\}}=e^{\frac{i}{\hbar}S\{\eta\}} \tag{A.11}$$

が得られる．この表式を，第2章の公式(3.5)と比較すると，公式(A.11)で定義される関数積分は，第2章§3で定義されたものと，数因子

$$\int d\{x\}=(m/2\pi i\hbar\tau)^{1/2}\int d\boldsymbol{x} \tag{A.12}$$

だけ異なることが分かる．誤解を避けるためにこのことは常に念頭に置いておくべきである．

作用 $S\{x\}=\frac{m}{2}\int_0^\tau dt(\dot{x}^2-\omega^2x^2)$ をもつ調和振動子の場合に移ろう．第2章の(4.1)を満たす，径路の古典的部分を分離すると，径路積分をガウス型，

$$\int d\boldsymbol{x}\, e^{\frac{i}{\hbar}S\{x\}}=e^{\frac{i}{\hbar}S\{\eta\}}\int d\boldsymbol{z}\, e^{-\frac{i}{2\hbar}(\boldsymbol{z},\, B_\omega \boldsymbol{z})}$$

に変えることができる．ここに，

$$B_\omega=m\left(\frac{d^2}{dt^2}+\omega^2\right)$$

である．こうして得られた $\boldsymbol{z}$ に関する積分は再び1となり，それ故，$\boldsymbol{x}$ についての積分に対しては再度表式(A.11)が得られる(勿論，今度の場合には古典的作用 $S\{\eta\}$ を計算するのに振動数 ω を考慮に入れなければならないが，違いはこれに尽きる)．第2章の公式(4.9)と比較すると，測度(A.8)と，第2章，§3で定義した測度との違いは，今の場合には，

$$\int d\{x\}=(m\omega/2\pi i\hbar\sin\omega\tau)^{1/2}\int d\boldsymbol{x} \tag{A.13}$$

であることが分かる．

一見したところ，公式(A.12)と(A.13)は両立しない．この見かけ上の矛盾は，公式(A.12)の測度 $d\boldsymbol{x}$ が作用素 B を用いて定義されているのに対し，公式(A.13)では $d\boldsymbol{x}$ がそれとは異なる測度を表わしていることによるのである．このことは，公式(A.8)から引き出される大変重要なことなのである．ガウス型の関数積分を扱うときには，指数関数中の2次形式によって測度が定義され，2次形式が変われば測度も変わることを常に思い出すべきである．もし，作用素 B_ω に対応する測度を $d_\omega\boldsymbol{x}$ と書くことにすれば，ふたつの測度のは比は，それぞれに対応する(無限大の値をもつ)行列式の比によって定義される：

$$\frac{d_\omega\boldsymbol{x}}{d\boldsymbol{x}}=\left(\frac{\det\frac{B_\omega}{2\pi}}{\det\frac{B}{2\pi}}\right)^{1/2}=\left(\det\frac{B_\omega}{B}\right)^{1/2}. \tag{A.14}$$

作用素 B と B_ω との定義を用いて，無限大の行列式を計算することによって，測

度の比を見出すことはむつかしくない．公式($A.14$)の分母と分子とにある行列式はどちらも発散する(それらの発散は測度$\prod_t dx(t)$の発散を打ち消すようになっている)．しかし，これらの作用素の比の行列式は有限である．この比は，

$$\frac{B_\omega}{B}=1+\omega^2 R,\quad R=\left(\frac{d^2}{dt^2}\right)^{-1}$$

に等しい．作用素Rを積分作用素，

$$(Rf)(t)=\int_0^{\tau'} dt'\, R(t,t')f(t')$$

の形に書くと，その核に対する方程式，

$$\frac{d^2}{dt^2}R(t,t')=\delta(t-t'),\quad 0\leqq t,t'\leqq\tau$$

が得られる．ここに$\delta(t-t')$は，条件，

$$\int_0^\tau dt'\,\delta(t-t')f(t')=f(t)$$

で定義されるディラックのデルタ関数である．この方程式の解である2点関数$R(t,t')$を，方程式$\ddot{\xi}=f$のグリーン関数という．しかし方程式はこの関数を一意的に定義するわけではない．この非一意性を除くために，我々は，境界条件$z(o)=z(\tau)=0$をもつ径路の空間ですべての計算を行なっていることを思い出そう．この空間だけに限らなければならなかったのは，作用を2次形式$-\frac{1}{2}(z,B_\omega z)$の形に書くことができるようにするためであった．それ故，作用素Rに対して，それがどのような関数に作用しようともその結果は我々が考察している空間に属するようにと要請すべきである．このためには境界条件，

$$R(0,t')=R(\tau,t')=0$$

が満たされていなければならない．このようにして，作用素Rの核は，0となる境界条件をもつ，方程式$\ddot{\xi}=f$のグリーン関数となる．

核$R(t,t')$を見出すのは，第2章，(4.5)の形のフーリエ級数への展開を用いればむつかしくない．このとき，

$$R(t,t')=-\frac{2}{\tau}\sum_{n=1}^{\infty}\frac{1}{\Omega_n{}^2}\sin\Omega_n t\sin\Omega_n t'$$

が得られる．区間$[o,\tau]$における正規直交関数$\sin\Omega_n t$を用いて，作用素Rの巾が次のような核をもつことを示すのはむつかしくない：

$$(R^k f)(t)=\int_0^\tau dt'\,R^k(t,t')f(t'),$$

$$R^k(t,t')=(-1)^k\frac{2}{\tau}\sum_{n=1}^{\infty}\frac{1}{\Omega_n{}^{2k}}\sin\Omega_n t\sin\Omega_n t'.$$

これらの核に応じて，対応する作用素の跡は容易に見出される：

$$\mathrm{Tr}\, R^k = \int_0^\tau dt\, R^k(t,t) = (-1)^k \sum_{n=1}^{\infty} \frac{1}{\Omega_k{}^{2k}}.$$

今や行列式の定義に対して公式(A.9)，(A.10)を利用することができ，結果として，

$$\ln \det \frac{B_\omega}{B} = \ln \det(1+\omega^2 R)$$

$$= \mathrm{Tr}\left[\omega^2 R - \frac{1}{2}\omega^4 R^2 + \frac{1}{3}\omega^6 R^3 - \cdots\right]$$

$$= -\sum_{n=1}^{\infty}\left(\frac{\omega^2}{\Omega_n{}^2} + \frac{1}{2}\frac{\omega^4}{\Omega_n{}^4} + \frac{1}{3}\frac{\omega^6}{\Omega_n{}^6} + \cdots\right)$$

が得られる．対数の展開公式(A.10)をもう一度利用すると，上の表式は，

$$\ln \prod_{n=1}^{\infty}\left(1 - \frac{\omega^2}{\Omega_n{}^2}\right)$$

の形になる．このようにして得られた無限積は，オイラーの公式(第2章の公式(4.7)によって計算することができる．その結果，

$$\frac{d_\omega \boldsymbol{x}}{d\boldsymbol{x}} = \left(\det \frac{B_\omega}{B}\right)^{-1/2} = \left(\frac{\omega\tau}{\sin \omega \tau}\right)^{-1/2} \tag{A.15}$$

が得られる．

これから(A.12)と(A.13)との違いが明らかになる．

上に述べたことから次のように結論できる：公式(A.7)の測度 $d\boldsymbol{x}$ は所与の2次形式に相対的に定義される，即ち，所与の作用素に相対的に定義される．この結論をはっきりと表わしているのが(A.8)である．それ故に，もし2次形式を変えれば，補足的な数因子が現れることもありうることを覚えておくべきである．このことは，作用の一部は直接2次形式 $-\frac{1}{2}(\boldsymbol{x}, B\boldsymbol{x})$ の中に含まれ，残りが関数 $G(\boldsymbol{x})$ の中に含まれる場合に特に重要である．≪自由ラグランジアン≫と≪相互作用ラグランジアン≫へのこのような分割はある程度任意である．そこで2次形式を変えて別の分割に移ることもできるわけである．このとき測度の定義に補足的数因子が現れることも起こる．振動子に対する径路積分を計算したときには，ポテンシャル・エネルギー，$\frac{1}{2}m\omega^2 x^2$ を2次形式に含め，その結果として測度 $d_\omega \boldsymbol{x}$ を得たのである．これは計算をするには便利である．しかし原理的には測度を運動エネルギーのみによって定義し，ポテンシャル・エネルギーを相互作用エネルギーとみなすこともできる．これは振動子に対する径路積分を，自由粒子に特徴的な測度

$d\boldsymbol{x}$ を用いて計算することに対応している．こうすると，今では明らかなように，径路積分には有限な数因子 (A. 15) だけの違いが出る．この数因子は一般にどうでもよい場合が多い．このことは第3章，第4章での内容についても言えることである．

振動子に対する径路積分に戻ろう．これから先，本節では測度 $d_\omega \boldsymbol{x}$ を用いることにし，添字 ω は省略する．これと，第2章，§3で導入した測度との関係は公式(A. 13)で表わされる．

任意の外力の作用下にある振動子に対する径路積分を見てみよう．このとき作用は第2章の(4. 4)の形をもつ．第2章の(4. 1)という条件を満たす古典的径路 η を分離して，境界値が0である径路についての積分に移ろう：

$$\int d\boldsymbol{x}\, e^{\frac{i}{\hbar}S\{x\}} = e^{\frac{i}{\hbar}S\{\eta\}} \int d\boldsymbol{z}\, e^{-\frac{i}{2\hbar}(\boldsymbol{z}, B_\omega \boldsymbol{z}) + \frac{i}{\hbar}(\boldsymbol{F}, \boldsymbol{z})}$$

残った z についての積分は公式(A. 7)によって直ちに計算できて，

$$\int d\boldsymbol{x}\, e^{\frac{i}{\hbar}S\{x\}} = e^{\frac{i}{\hbar}S\{\eta\}} e^{\frac{i}{2\hbar}(\boldsymbol{F}, B_\omega^{-1}\boldsymbol{F})} \tag{A. 16}$$

となる．

そこで作用素 B_ω^{-1} を見出さなければならないが，これは非常にやさしい．作用素 B_ω は各古典軌道 $\zeta(t)$ に，この軌道に沿って運動するとき受けるはずの力 $F(t)$ を対応させる．逆に，逆作用素 B_ω^{-1} は，各力に，この力を受けて運動する振動子の軌道を対応させなければならない．換言すれば，これは振動子の運動に対する微分方程式を解かしめる作用素である．しかしながら，我々はすでに知っているように，解は一意的ではなく，従って解を一意的に定義するためには，或いは同じことだが，作用素 B_ω^{-1} を一意的に定義するためには，境界条件を与えなければならない．我々は，境界値0をもつ径路上だけで積分を行ない，作用としてはこのような径路上で定義された2次形式を扱っているのであるから，B_ω^{-1} にも境界値0を課すべきである．結局，B_ω^{-1} に対しては第2章，(4. 5) のフーリエ展開による定義が得られることになる．

$$\zeta(t)=(B_{\omega}^{-1}\boldsymbol{F})(t)=\frac{1}{m}\sum_{n=1}^{\infty}\frac{F_n}{\omega^2-\Omega_n{}^2}\sin\Omega_n t.$$

2次形式$(\boldsymbol{F},\ B_{\omega}^{-1}\boldsymbol{F})$の計算も容易である：

$$(\boldsymbol{F},\ B_{\omega}^{-1}\boldsymbol{F})=(\boldsymbol{F},\zeta)=\frac{\tau}{2m}\sum_{n=1}^{\infty}\frac{F_n{}^2}{\omega^2-\Omega_n{}^2}.$$

これを(*A*. 16)に代入すれば，関数積分に対する最終的結果，

$$\int d\boldsymbol{x}\, e^{\frac{i}{\hbar}S\{x\}}=e^{\frac{i}{\hbar}S\{\xi\}}$$

が得られる．ここにξは，第2章(4.8)の（0とは異なる）境界条件をもつ所与の力の作用下で運動する振動子の古典軌道である．測度の比，(A. 13)を考慮すると，これは以前に得た表式，第2章の(4.9)と一致する．

B．同伴ファイバー束の断面としての荷電粒子の状態

ここでは同伴ファイバー多様体を定義し，(ゲージ的に)帯電した粒子の波動関数を同伴ファイバー束の断面として導入しよう．第5章，§4では帯電粒子は主ファイバー多様体上の関数によって表わされることを示した．それ故，(数学者が行なうように)同伴ファイバー束とその断面を導入するのは余計なこととも思われる．ここでこれらの概念を定義するのは，叙述を完全なものにすることだけが目的である．

構造群Gをもつ主ファイバー多様体$\mathscr{P}$に同伴な，底空間$\mathscr{X}$と標準ファイバー$\mathscr{L}$をもつ**同伴ファイバー多様体**$\mathscr{V}(\mathscr{X},\mathscr{L},G,\mathscr{P})$を次のように定義しよう．線型空間$\mathscr{L}$が与えられていて，その上に群$G$の表現$U$が作用するものとしよう．わかりやすくするために，ここでもまた，ファイバー束$\mathscr{P}$が自明となる領域$\mathscr{U}\subset\mathscr{X}$から話を始めよう．任意の点$p\in\pi^{-1}(\mathscr{U})\subset\mathscr{P}$は対$p=(x,g)$の形に表わされる．ここに$x=\pi(p)$，$g\in G$である．さて，我々が自由にできるのは空間$\mathscr{L}$であり，考察の対象は$v=(x,\lambda)$ $\lambda\in\mathscr{L}$の形の対である．この対が，(自明化される領域上で)ファイバー束$\mathscr{V}$を構成す

る．ところで，すでに$\mathscr{P}$内で定義済みのある種の構造（主として接続の概念）を新しいファイバー束に持ち込むために，対(x, λ)とならんですべての対$(x, U(g)\lambda)$，$g\in G$を見ることにしよう．対$v=(x, U(g)\lambda)$が我々の関心の的であるファイバー束$\mathscr{V}$の点であることは明らかである．この点は3つの元，$x\in\mathscr{X}$，$g\in G$および$\lambda\in\mathscr{L}$によって与えられる．しかし最後のふたつを$g\mapsto gg_1$，$\lambda\to U(g_1^{-1})\lambda$のように変化させても，$v$は変わらない．即ち，ファイバー束の点$v$を直積$\mathscr{U}\times G\times\mathscr{L}$の3つ組の点とみなすことができるが，このときある3つ組の点どうしは同じ点と見なければならない．このことから，一般的抽象的定義に進むことができる．

直積$\mathscr{P}\times\mathscr{L}$を見てみよう．その元は対$(p, \lambda)$である．この空間上での群$G$の作用を次のように定義しよう：

$$g:(p, \lambda)\mapsto(pg, U(g^{-1})\lambda \qquad \text{(B.1)}$$

ここでは，既に定義済みの$\mathscr{P}$上での，群の右からの作用$p\mapsto pg$と$\mathscr{L}$上での左からの作用$\lambda\mapsto U(g)\lambda$とを利用した．既存の定義をもとにして群の対への作用を定義したのである．次に積空間を，群を法として因子化することにより，求めるファイバー束に達する：$\mathscr{V}=(\mathscr{P}\times\mathscr{L})/G$．より詳しく言えば，群の作用（Б.1）だけの違いがある対を同値であるとして，この同値性に基づいて因子化を行なうのである．もしファイバー束$\mathscr{P}$が（底空間全体にわたってではないにしても）自明化されていれば，ここでの定義は前の段落で見た定義に帰着する．これを調べることはむつかしいことではない．ファイバー束$\mathscr{V}$の元は，本質的には対(x, λ)，$x\in\mathscr{X}$，$\lambda\in\mathscr{L}$であることを理解しておくことが大切である．まさにこのために，空間$\mathscr{L}$は同伴ファイバー束$\mathscr{V}$の標準ファイバーと呼ばれるのである．

ファイバー束$\mathscr{V}$の定義に用いた因子化をもっと分かりやすくするために，記法を少し簡単にしよう．第1に$U(g)$の代わりにgと書こう．それ故，線型空間$\mathscr{L}$への群の作用を，$g:\lambda\to g\lambda$と書くことにする．このようにしたところで混乱が生じるわけではない，というのは，λがいかなる空間に属するかが分かっていれば，それに対して群がどのように作用すべきかは分かっているからである．そこで積$\mathscr{P}\times\mathscr{L}$の元を$(p, \lambda)$ではなく$p\lambda$と記そう．このようにすると因子化は自動的に扱われるのである．実際，記号そのものから次の一連の変換が生じる：$(pg)(g^{-1}\lambda)=p(gg^{-1})\lambda=p\lambda$．かくして同伴ファイバー束の元とは $p\lambda$，$p\in\mathscr{P}$，$\lambda\in\mathscr{L}$ の形をもつ対のことである．

もし p を固定しておいて $\lambda\in\mathscr{L}$ を変化させれば，$p\lambda$ は点 $\pi(p)$ 上のファイバー v_x を経めぐる．従って p は，標準ファイバー $\mathscr{L}$ を点 $\pi(p)$ 上の具体的ファイバー v_x 上に写す写像であると見ることができる．同一の点 x 上の異なる元 p は，$\mathscr{L}$ の v_x 上への異なる写像となっている．このように，記法 $v=p\lambda$ は単に形式上のものではなく，もっと深い意味をもつにいたる：p は写像 $p:\mathscr{L}\to\mathscr{V}_x$ として λ に作用する．

以上で同伴ファイバー束における接続を定義するための準備が整った．問題は，ファイバー束 $\mathscr{V}$ における接続を直接に定義するのが困難であることにある．それ故，接続は $\mathscr{P}$ からそのまま持ち込むことになる．即ち，$\mathscr{P}$ における既知の接続に応じてそれに同伴なファイバー束 $\mathscr{V}$ における接続が定義される．ファイバー束 $\mathscr{V}$ における接続を定義するとは，その各点で水平方向（水平ベクトルからなる部分空間）を定義することである．そうすると，水平曲線族が定義され，また底空間からファイバー束への曲線の持ち上げ，平行移動といった操作も定義されることになる．しかし今の場合，逆向きに定義をしてゆく方が簡単であり，水平曲線族の定義から始めよう．これらによって水平方向が定義されるのである．

ファイバー束 $\mathscr{V}$ の各点は $v=p\lambda$，$p\in\mathscr{P}$，$\lambda\in\mathscr{L}$ の形に表わすことができるから，$\mathscr{V}$ の曲線は $v(\tau)=p(\tau)\lambda(\tau)$ の形に書き表わすことができる．**水平曲線**とは $v(\tau)=p(\tau)\lambda_0$ の形をもつ曲線のことである．ここに $\lambda_0\in\mathscr{L}$ は固定されたベクトルであり，$p(\tau)$ は主ファイバー多様体 $\mathscr{P}$ における水平曲線である．この水平曲線 $p(\tau)$ に対しては第5章の方程式 (3.10) が成り立つ．点 $v\in\mathscr{V}$ は対 $v=(x,\lambda)$ の形に書くことができるから，曲線 $V(\tau)$ を $(x(\tau),\lambda(\tau))$ と書こう．あるいは，もっと詳しく言えば $v(\tau)=(v^\mu(\tau),\ \lambda_\alpha(\tau))$ と書くことにしよう．ここに $\lambda_\alpha(\tau)$ はある基底を採ったときのベクトル $\lambda(\tau)$ の成分である．このようにすると (x^μ,λ_α) はファイバー束 $\mathscr{V}$ における座標と見ることができる．もし $p(\tau)=(x(\tau),g(\tau))$ ならば，$v(\tau)=(x(\tau),\ g(\tau)\lambda_0)$ である．それ

故$\lambda(\tau)=g(\tau)\lambda_0$となり，第5章の方程式(3.10)は即$\lambda(\tau)$に対する方程式を与える．

ここで，$U(g)\lambda$のかわりに$g\lambda$と書くように記法を簡単化したことを思い出さなければならない．実際には空間$\mathscr{L}$では行列$g=\{g_{\alpha\beta}\}$からなる群Gそのものではなく，その表現$U(G)$が作用する．それ故，$\lambda(\tau)$に対する方程式を書く前に，$g(\tau)$に対する方程式，即ち第5章の(3.10)から$U(g(\tau))$に対する方程式を導いておかなければならない．これは，第5章の方程式(3.10)に対する，P-指数関数の形に書かれた解，即ち第5章の(3.11)に戻って考えれば容易に行なうことができる．この等式には群の元だけが現れている．順序指数関数そのものは，単位元に無限に近い群の元を無限個掛け合せたものになっている．それ故，表現の性質，$U(gg')=U(g)U(g')$を用いると，第5章，(3.11)から，公式

$$U(g(\tau))=P\exp\left(i\int_0^\tau d\tau'\dot{x}^\mu(\tau')A_a^\mu(x(\tau'))T_a\right)U(g(0)) \qquad \text{(B. 2)}$$

に移ることができる．ここにT_aは，群$U(g)$の表現に対応し，その上条件，

$$U(e^{\chi^a D_a})=e^{\chi^a T_a} \qquad \text{(B. 3)}$$

で定義されるリー代数の表現である．

作用素である関数(B.2)は，明らかに，方程式，

$$\frac{d}{d\tau}U(g(\tau))-i\dot{x}^\mu(\tau)A_\mu^a(x(\tau))T_aU(g(\tau))=0$$

を満足する．それ故，関数$\lambda(\tau)=U(g(\tau))\lambda$は方程式，

$$\dot{\lambda}(\tau)-i\dot{x}^\mu(\tau)A_\mu^a(x(\tau))T_a\lambda(\tau)=0： \qquad \text{(B. 4)}$$

$$\lambda(0)=\lambda_0$$

を満たす．この方程式の解を順序指数関数を介して表わすとそれは$\lambda(\tau)=U(g(\tau))\lambda_0$の形をもつ．ここに$U(g(\tau))$は公式(B.2)で表わされる作用素である．かくしてファイバー束$\mathscr{V}$における水平ベクトルの陽な形が得られた．実際，方程式(B.4)を満たす曲線は各点で水平的である．かくして，水平ベクトル場は次の基底によって張られる：

$$\mathscr{D}_\mu=\frac{\partial}{\partial x^\mu}+i\,A_\mu^a\,T_{arr'}\lambda_{r'}\,\frac{\partial}{\partial\lambda_r} \tag{Б.5}$$

次にゲージ理論における荷電粒子の波動関数$\psi(x)$を見てみよう．これは，各点$x\in\mathscr{X}$に(表現$U(G)$が作用する)空間$\mathscr{L}$のベクトルを対応させる関数である．今や明らかなように，この関数を得るためには，同伴ファイバー束$\mathscr{V}$の断面を考察しなければならない．実際，このファイバー束の断面σは，各点$x\in\mathscr{X}$に，x上のファイバー内にあるファイバー束の点$v\in\mathscr{V}_x$を対応させる，つまり対$v=(x,\lambda)$を対応させる．ここに$\lambda\in\mathscr{L}$である．もし点xに対応するベクトルλを$\psi(x)\in\mathscr{L}$と書くことにすれば，断面は，

$$\sigma：x\mapsto(x,\psi(x)),\quad \psi(x)\in\mathscr{L}$$

の形をもつ．かくして，ファイバー束の断面σを選ぶと，$\mathscr{L}$内に値をもつ関数$\psi(x)$が定義され，また逆も成り立つ．このようにして必要な構造をもつ関数が得られる．もし，$\mathscr{X}$として時空多様体を採り，Gとして粒子の対称性の群をとれば，$\psi(x)$はゲージ荷をもつ粒子の波動関数である．

我々には，公式(B.5)で定義され，ファイバー多様体$\mathscr{V}$で作用する微分作用素$\mathscr{D}_\mu$がある．ファイバー多様体の断面に対するこの作用素の作用を自然な仕方で定義できるであろうか．これが可能であることは容易に分かる．実際，微分作用素(B.5)はファイバー束$\mathscr{V}$におけるベクトル場，即ち方向場である．もし断面のすべての点をこの場で定義される(水平)方向に移動させれば，新しい断面が得られる．この移動は形式的に次のように行なわれる．一組の数ξ^μを用いて，$\mathscr{D}_\mu$から微分作用素$\xi^\mu\mathscr{D}_\mu$をつくろう．これもまた水平ベクトル場である．これを用いて(第2章，§5で行なったように)作用素$R^*(\xi)=\exp(\xi^\mu\mathscr{D}_\mu)$をつくることができる．この作用素は$\mathscr{V}$上の関数の空間で作用し，これらの関数の引数に変位をもたらす．このことを陽に表わすために，対応する変位の作用素$R(\xi)：\mathscr{V}\to\mathscr{V}$を，

$$R^*(\xi)F(v)=F(R(\xi)v) \tag{B.6}$$

として導入しよう．この作用素を断面σ上の点に作用させることができる．断面上の各点は水平方向に移動させられ，その結果新しい断面σ'がつくられる．新しい断面は，新しいある関数$\psi':\mathscr{X}\to\mathscr{L}$によって対$(x,\psi'(x))$と

して与えられる．このように，数の組ξ^μを与えることによってファイバー束の変位が定義され，またそれによって関数$\psi(x)$(ファイバー束の断面)の変換が定義される．数ξ^μが無限小であれば，ファイバー束の変位に際して，座標x^μは，

$$R(\delta x):(x^\mu,\lambda)\mapsto(x^\mu+\delta x^\mu,\ \lambda+i\delta x^\mu A^a_\mu T_a\lambda) \tag{B.7}$$

のように変化する．これが数ξ^μの意味である．従って移動$R(\delta x)$を行なうと，切断σ'に対応している対$(x-\delta x,\ \psi(x-\delta x)$は，切断$\sigma'$に対応する対$(x,\ \psi'(x))$に変わる．このことと公式(B.7)を利用して，移動$R(\delta x)$の作用下における変換則$\psi\mapsto\psi'$を導出することができる．この変換の作用素を$R^\Sigma(\delta x)$と書くことにすると，これは，

$$(R^\Sigma(\delta x)\psi(x))=\psi'(x)=e^{-\delta x^\mu\nabla_\mu}\psi(x) \tag{B.8}$$

の形をもつことになる．ここに

$$\nabla_\mu=\frac{\partial}{\partial x^\mu}-i\,A^a_\mu\,T_a \tag{B.9}$$

である．公式(B.8)は，座標の増分δx^μが無限小である場合にのみ正しいことに注意しよう．有限な移動を表わす作用素はP-指数関数で表わすことができる．

このようにして，ゲージ理論に特有の共変微分∇_μを同伴ファイバー束の接続を特徴づけるものとして得ることができる一方，ゲージ荷をもつ粒子の状態はこのファイバー束の断面によって表わされることになる．ゲージ場と，ゲージ荷をもつ粒子とをこのように表わすと，内部自由度の空間または≪荷電≫空間$\mathscr{L}$が(主ファイバー束の標準ファイバーであるゲージ群Gの代わりに)ファイバー束の標準ファイバーとなる．しかし，主ファイバー束以外に同伴ファイバー束をも用いるとなると，数学的道具立が複雑になる．このことは，第5章，§4で行なったように，ゲージ荷をもつ粒子の状態を主ファイバー束上の関数で表わせば避けることができる．そのようにした方が粒子を簡単に記述できるようである．可能な方法はもう一つあって，それは，ゲージ荷をもつ粒子の状態空間を径路群の誘導表現の台空間と見なすことである(第6章，§§7，8)

参考文献

量子物理学における一般的および数学的諸題

（量子力学と場の量子論［1—10］；関数積分［11—20］；関数解析と線型代数［21—25］；微分幾何学と位相数学［26—31］；誘導表現の方法と，それに関する群論的方法［32—43］）

1. *Дирак П. А. М.* Принципы квантовой механики. — М.: Наука, 1980.
2. *Ландау Л. Д., Лифшиц Е. М.* Квантовая механика. — М.: Физматгиз, 1963.
3. *Фон Нейман И.* Математические основы квантовой механики. — М.: Наука, 1964.
4. *Боголюбов Н. Н., Ширков Д. В.* Квантованные поля. — М.: Наука, 1980.
5. *Боголюбов Н. Н., Ширков Д. В.* Введение в теорию квантованных полей. — 2-е изд. — М.: Наука, 1973.
6. *Боголюбов Н. Н., Логунов А. А., Тодоров И. Т.* Основы аксиоматического подхода в квантовой теории поля. — М.: Наука, 1969.
7. *Газиорович С.* Физика элементарных частиц. — М.: Наука, 1969.
8. *Dirac P. A. M.* — Fields and Quanta, 1972, v. 3, p. 139.
9. *Feynman R.* — Phys. Rev., 1951, v. 84, p. 108.
10. *Schwinger J.* — Phys. Rev., 1951, v. 82, p. 664. Перевод в сб.: Новейшее развитие квантовой электродинамики. — М.: ИЛ, 1954.
11. *Feynman R. P.* — Reviews of Modern Phys., 1948, v. 20, p. 367. Перевод в сб.: Вопросы причинности в квантовой механике. — М.: ИЛ, 1955.
12. *Фейнман Р., Хибс А.* Квантовая механика и интегралы по траекториям. — М.: Мир, 1968.
13. *Кац М.* Вероятность и смежные вопросы в физике. — М.: Мир, 1965.
14. *Васильев А. Н.* Функциональные методы в квантовой теории поля и статистике. — Л.: Изд-во Ленингр. ун-та, 1976.
15. *Marinov M. S.* — Phys. Reports, 1980, v. 60, p. 1.
16. *Гельфанд И. М., Яглом А. М.* — УМН, 1956, т. 11, с. 77.
17. *De Witt-Morette C., Maheshwari A., Nelson B.* — Phys. Reports, 1979, v. 50, p. 255.
18. *Clarke C. J. S.* — Commun. math. Phys., 1977, v. 56, p. 125.
19. *De Witt B. S.* — Reviews of Modern Phys., 1957, v. 29, p. 377.
20. *Garrod C.* — Reviews of Modern Phys., 1966, v. 38, p. 483.
21. *Рид М., Саймон Б.* Методы современной математической физики. — М.: Мир, 1977 (том 1), 1978 (том 2).
22. *Гельфанд И. М., Виленкин Н. Я.* Некоторые применения гармонического анализа. Оснащенные гильбертовы пространства. — М.: Физматгиз, 1961. — (Сер. «Обобщенные функции», т. 4).
23. Функциональный анализ/ Виленкин Н. Я., Горин Е. А., Костюченко А. Г. и др. Под ред. С. Г. Крейна. — М.: Наука, 1964. — (Справочная математическая библиотека).
24. *Канторович Л. В., Акилов Г. П.* Функциональный анализ в нормированных пространствах. — М.: Физматгиз, 1959.

25. Высшая алгебра: Линейная алгебра, многочлены, общая алгебра/ Мишина А. П., Проскуряков И. В. Под ред. П. К. Рашевского. — М.: Физматгиз, 1962. — (Справочная математическая библиотека).
26. *Номидзу К.* Группы Ли и дифференциальная геометрия. — М.: ИЛ, 1960.
27. *Бишоп Р. Л., Криттенден Р. Дж.* Геометрия многообразий. — М.: Мир, 1967.
28. *Стернберг С.* Лекции по дифференциальной геометрии. — М.: Мир, 1970.
29. *Ленг С.* Введение в теорию дифференцируемых многообразий. — М.: Мир, 1967.
30. *Дубровин Б. А., Новиков С. П., Фоменко А. Т.* Современная геометрия: Методы и приложения. — М.: Наука, 1979.
31. Введение в топологию / Борисович Ю. Г., Близняков Н. М., Израилевич Я. А., Фоменко Т. Н. — М.: Высшая школа, 1980.
32. *Mackey G. W.* Induced Representations of Groups and Quantum Mechanics. — N. Y. — Amsterdam: W. A. Benjamin, inc.; Torino: Editore Boringhieri, 1968.
33. *Coleman A. J.* — In: Group Theory and Its Applications/ Ed. by E. M. Loeble. — N. Y.—L.: Acad. Press, 1968, p. 57.
34. *Барут А. О., Рончка Р.* Теория представлений групп и ее приложения. — М.: Мир, 1980, т. 2.
35. *Кириллов А. А.* Элементы теории представлений. — М.: Наука, 1972.
36. *Mensky M. B.* — Commun. math. Phys., 1976, v. 47, p. 97.
37. *Менский М. Б.* Метод индуцированных представлений: пространство-время и концепция частиц. М.: Наука, 1976.
38. *Переломов А. М.* — УФН, 1977, т. 123, с. 23.
39. *Scutaru H.* — Lett. Math. Phys., 1977, v. 2, p. 101.
40. *Castrigiano D. P. L., Henrichs R. W.* — Lett. Math. Phys., 1980, v. 4, p. 169.
41. *Малкин И. А., Манько В. И.* Динамические симметрии и когерентные состояния квантовых систем. — М.: Наука, 1979.
42. *Dodonov V. V., Malkin I. A., Man'ko V. I.* — Int. J. Theor. Phys., 1975, v. 14, p. 37.
43. *Wechler W.* — Wiss. Z. Techn. Univ. Dresden, 1967, v. 16, p. 885.

観測の量子論

（精密な観測における量子効果［44—60］；観測の量子論の一般的問題［61—85］）

44. *Брагинский В. Б.* — ЖЭТФ, 1967, т. 53, с. 1434.
45. *Брагинский В. Б., Назаренко В. С.* — ЖЭТФ, 1969, т. 57, с. 1421.
46. *Брагинский В. Б.* Физические эксперименты с пробными телами. — М.: Наука, 1970.
47. *Брагинский В. Б., Воронцов Ю. И.* — УФН, 1974, т. 114, с. 41.
48. *Брагинский В. Б.* — УФН, 1977, т. 122, с. 164.
49. *Брагинский В. Б., Воронцов Ю. И., Халили Ф. Я.* — ЖЭТФ, 1977, т. 73, с. 1340.
50. *Брагинский В. Б., Воронцов Ю. И., Халили Ф. Я.* — Письма в ЖЭТФ, 1978, т. 27, с. 296.
51. *Гусев А. В., Руденко В. Н.* — ЖЭТФ, 1978, т. 74, с. 819.
52. *Moncrief V.* — Ann. Phys., 1978, v. 114, p. 201.
53. *Von Roos O.* — Phys. Rev., 1978, v. D18, p. 4796.
54. *Thorne K. S., Drever R. W. P., Caves C. M.* et al. — Phys. Rev. Lett., 1978, v. 40, p. 667.
55. *Unruh W. G.* — Phys. Rev., 1978, v. D17, p. 1180.
56. *Unruh W. G.* — Phys. Rev., 1978, v. D18, p. 1764.
57. *Гусев А. В., Руденко В. Н.* — ЖЭТФ, 1979, т. 76, с. 1488.

58. *Unruh W. G.* — Phys. Rev., 1979, v. D19, p. 2888.
59. *Додонов В. В., Манько В. И., Руденко В. Н.* — ЖЭТФ, 1980, т. 78, с. 881.
60. *Грищук Л. П., Сажин М. В.* — ЖЭТФ, 1981, т. 80, № 4.
61. *Lüders G.* — Ann. d. Physik, 1951, v. 8, p. 322.
62. *Jauch J. M.* — Helv. Phys. Acta, 1964, v. 37, p. 293.
63. *Макки Дж.* Лекции по математическим основам квантовой механики. — М.: Мир, 1965.
64. *Arthurs E., Kelly J. L.* — Bell System Tech. J., 1965, v. 44, p. 725.
65. *Helstrom C. W.* — IEEE Trans. on Information Theory, 1968, v. 14, p. 234.
66. *Гришанин Б. А., Стратонович Р. Л.* — Пробл. передачи информации, 1970, т. 6, с. 15.
67. *Stratonovich R. L.* — J. of Stochastics, 1973, v. 1, p. 87.
68. *Baumann K.* — Acta Phys. Austr., 1975, v. 41, p. 223.
69. *Baumann K.* — Acta Phys. Austr., 1975, v. 42, p. 73.
70. *Srinivas M. D.* — J. Math. Phys., 1975, v. 16, p. 1672.
71. *Levy-Leblond J.—M.* — Dialectica, 1976, v. 30, p. 161.
72. *Piron C.* Foundations of Quantum Mechanics. — Mass.: Benjamin Reading, 1976.
73. *Davis M.* — Int. J. Theor. Phys., 1977, v. 16, p. 867.
74. *d'Espagnat B.* — Phys. Rev., 1978, v. D18, p. 349.
75. *Srinivas M. D.* — J. Math. Phys., 1978, v. 19, p. 1705.
76. *Хелстром К.* Квантовая теория проверки гипотез и оценивания. — М.: Мир, 1979.
77. *Bub J.* — In: Log.-Algebraic Approach Quant. Mech. — Dordrecht e. a., 1979, v. 2, p. 209.
78. *Finkelstein D.* — In: Log.-Algebraic Approach Quant. Mech. — Dordrecht e. a., 1979, v. 2, p. 141. — (Перепечатка из издания 1972 г.).
79. *Холево А. С.* Вероятностные и статистические аспекты квантовой теории. — М.: Наука, 1980.
80. *Peres A.* — Phys. Rev., 1980, v. D22, p. 879.
81. *Mensky M. B.* — Phys. Rev., 1979, v. D20, p. 384.
82. *Менский М. Б.* — ЖЭТФ, 1979, т. 77, с. 1326.
83. *Mensky M. B.* — In: Abstracts of Contributed Papers, 9th Intern. Conf. on Gen. Rel. and Gravitation (Jena, 1980). — Jena, 1980, v. 2, p. 426.
84. *Гельфер Я. М., Любошиц В. Л., Подгорецкий М. И.* Парадокс Гиббса и тождественность частиц в квантовой механике. — М.: Наука, 1975.
85. *De Muynck W. M.* — Int. J. Theor. Phys., 1975, v. 14, p. 327.

ゲージ理論と重力

（ゲージ理論と電気力学の幾つかの問題 [86—115]；重力についての若干の問題 [116—128]；磁気，ゲージおよび重力単極 [129—145]）

86. *Yang C. N., Mills R. L.* — Phys. Rev., 1954, v. 96, p. 191. Перевод в сб. [90].
87. *Utiyama R.* — Phys. Rev., 1956, v. 101, p. 1597. Перевод в сб. [90].
88. *Sakurai J. J.* — Ann. Phys., 1960, v. 11, p. 1. Перевод в сб. [90].
89. *Kibble T. W. B.* — J. Math. Phys., 1961, v. 2, p. 212. Перевод в сб. [90].
90. Элементарные частицы и компенсирующие поля: Сб. статей, пер. с англ./ Под ред. Д. Д. Иваненко. — М.: Мир, 1964.
91. *Коноплева Н. П., Попов В. Н.* Калибровочные поля. — М.: Атомиздат, 1972.
92. *Coleman S.* — In: Laws of Hadronic Matter / Ed. by A. Zichichi. — Acad. Press, 1975. Перевод в сб. [95].
93. *Bernstein J.* — Reviews of Modern Phys., 1974, v. 46, p. 7. Перевод в сб. [95].

94. *Abers E. S., Lee B. W.* — Phys. Reports, 1973, v. 9, p. 1. Перевод в сб. [95].
95. Квантовая теория калибровочных полей: Сб. статей, пер. с англ./ Под ред. Н. П. Коноплевой. — М.: Мир, 1977.
96. *Поляков А. М.* — ЖЭТФ, 1975, т. 68, с. 1975.
97. *Фаддеев Л. Д.* — В сб.: Труды Межд. конф. по мат. пробл. квант. теории поля и квант. статистики (Москва, 1972). — Труды МИАН СССР, т. 85. — М.: Наука, 1975.
98. *Фаддеев Л. Д.* — Письма в ЖЭТФ, 1975, т. 21, с. 141.
99. *Иванов Е. А., Огиевецкий В. И.* — Письма в ЖЭТФ, 1976, т. 23, с. 661.
100. *Polyakov A. M.* — Nucl. Phys., 1977, v. B120, p. 429.
101. *Лезнов А. Н., Манько В. И.* — В сб.: Труды Межд. семинара по пробл. физ. высок. энергий и квант. теории поля (Протвино, 1978). — Серпухов, 1978, т. 2, с. 36.
102. *Славнов А. А., Фаддеев Л. Д.* Введение в квантовую теорию калибровочных полей. — М.: Наука, 1978.
103. *O'Raifeartaigh L.* — Rep. Progr. Phys., 1979, v. 42, p. 159.
104. *Окунь Л. Б.* Лептоны и кварки. — М.: Наука, 1981.
105. *Нелипа Н. Ф.* Калибровочные поля и элементарные частицы. — М.: ВИНИТИ, 1980. — (сер. Итоги науки и техники. Теоретич. физ. и физ. элементарных частиц. Том 1).
106. *Маринов М. С.* — УФН, 1977, т. 121, с. 377.
107. *Aharonov Y., Bohm D.* — Phys. Rev., 1959, v. 115, p. 485.
108. *Martin C.* — Lett. Math. Phys., 1976, v. 1, p. 155.
109. *Isham C. J.* — Proc. R. Soc. Lond., 1978, v. A362, p. 383.
110. *Avis S. J., Isham C. J.* — Proc. R. Soc. Lond., 1978, v. A363, p. 581.
111. *De Witt B. S., Hart C. F., Isham C. J.* — Physica, 1979, v. A96, p. 197.
112. *Dowker J. S., Banach R.* — J. Phys., 1978, v. A11, p. 2255.
113. *Дубровин Б. А., Новиков С. П.* — ЖЭТФ, 1980, т. 79, с. 1006.
114. *Schrader R.* — Fortschr. der Physik, 1972, v. 20, p. 701.
115. *Кадышевский В. Г.* — Физ. элем. частиц и атом. ядра, 1980, т. 11, с. 5.
116. *Bichteler K.* — J. Math. Phys., 1968, v. 9, p. 813.
117. *Хокинг С., Эллис Дж.* Крупномасштабная структура пространства-времени. — М.: Мир, 1977.
118. *Мизнер Ч., Торн К., Уилер Дж.* Гравитация. — М.: Мир, 1977, т. 3.
119. *Станюкович К. П.* Гравитационное поле и элементарные частицы. — М.: Наука, 1965.
120. *Hawking S. W.* — Phys. Rev., 1976, v. D14, p. 2460. Перевод в сб. [123].
121. *De Witt B. S.* — Phys. Reports, 1975, v. 19, p. 295. Перевод в сб. [123].
122. *Фролов В. П.* — УФН, 1976, т. 118, с. 473.
123. Черные дыры: Сб. статей, пер. с англ. — М.: Мир, 1978.
124. *Chitre D. M., Hartle J. B.* — Phys. Rev., 1977, v. D16, p. 251.
125. *Гриб А. А., Мамаев С. Г., Мостепаненко В. М.* Квантовые эффекты в интенсивных внешних полях. — М.: Атомиздат, 1980.
126. *Карманов О. Ю., Менский М. Б.* — Теор. и мат. физ., 1979, т. 41, с. 245.
127. *Карманов О. Ю., Менский М. Б.* — Теор. и мат. физ., 1980, т. 42, с. 23.
128. *Mensky M. B., Karmanov O. Yu.* — Gen. Rel. and Grav., 1980, v. 12, p. 267.
129. *Dirac P. A. M.* — Proc. Roy. Soc., 1931, v. A133, p. 60.
130. *Dirac P. A. M.* — Int. J. Theor. Phys., 1978, v. 17, p. 235.
131. *Cabibbo N., Ferrari E.* — Nuovo Cimento, 1962, v. 23, p. 1147.
132. *Ross D. K.* — J. Phys.. 1974, v. A7, p. 705.

133. *Jadczyk A. Z.* — Int. J. Theor. Phys., 1975, v. 14, p. 183.
134. *Artru X.* — Nucl. Phys., 1975, v. B85, p. 442.
135. *Recami E., Mignani R.* — Phys. Lett., 1976, v. B62, p. 41.
136. *Artru X.* — Nucl. Phys., 1977, v. B129, p. 7826.
137. *Монастырский М. И., Переломов А. М.* — Письма в ЖЭТФ, 1975, т. 21, с. 94.
138. *Marciano W. J.* — Int. J. Theor. Phys., 1978, v. 17, p. 275.
139. *Yang C. N.* — J. Math. Phys., 1978, v. 19, p. 320.
140. *Dowker J. S., Roche J. A.* — Proc. Phys. Soc., 1967, v. 92, p. 1.
141. *Dowker J. S.* — Gen. Rel. and Grav., 1974, v. 5, p. 603.
142. *Riegert R. J.* — Int. J. Theor. Phys., 1976, v. 15, p. 121.
143. *Lubkin E.* — Int. J. Theor. Phys., 1977, v. 16, p. 551.
144. *Mignani R.* — Lett. Nuovo Cimento, 1978, v. 22, p. 597.
145. *Mignani R.* — Nuovo Cimento, 1980, v. B56, p. 201.

Путезависимый формализм в калибровочной теории и гравитации
(**Путезависимый формализм [146—164]; группоид путей и группа путей [165—175]**)

146. *Mandelstam S.* — Ann. Phys., 1962, v. 19, p. 1.
147. *Mandelstam S.* — Ann. Phys., 1962, v. 19, p. 25.
148. *Bialynicki-Birula I.* — Bull. Acad. polon. sci. Sér. sci. math. astron. et phys., 1963, v. 11, p. 135.
149. *Mandelstam S.* — Phys. Rev., 1968, v. 175, p. 1604.
150. *Mandelstam S.* — Phys. Rev., 1968, v. 175, p. 1580.
151. *Wilson K. G.* — Phys. Rev., 1974, v. D10, p. 2445.
152. *Yang C. N.* — Phys. Rev. Lett., 1974, v. 33, p. 445.
153. *Wu T. T., Yang C. N.* — Phys. Rev., 1975, v. D12, p. 3845.
154. *Liggatt P. A. J., Macfarlane A. J.* — J. Phys., 1978, v. G4, p. 633.
155. *'t Hooft G.* — Nucl. Phys., 1978, v. B138, p. 1.
156. *Glimm J., Jaffe A.* — Nucl. Phys., 1979, v. B149, p. 49.
157. *Makeenko Yu. M., Migdal A. A.* — Phys. Lett., 1979, v. B88, p. 135.
158. *Mandelstam S.* — Phys. Rev., 1979, v. D19, p. 2391.
159. *Nambu Y.* — Phys. Lett., 1979, v. B80, p. 372.
160. *Polyakov A. M.* — Phys. Lett., 1979, v. B82, p. 247.
161. *Арефьева И. Я.* — Теор. и мат. физ., 1980, т. 43, с. 111.
162. *Макеенко Ю. М., Мигдал А. А.* — Ядерная физика, 1980, т. 32, с. 838.
163. *Aref'eva I. Ya.* — Phys. Lett., 1980, v. B93, p. 347.
164. *Polyakov A. M.* — Nucl. Phys., 1980, v. B164, p. 171.
165. *Süveges M.* — Acta Phys. Acad. Sci. Hung., 1966, v. 20, p. 41; 51; 274.
166. *Süveges M.* — Acta Phys. Acad. Sci. Hung., 1969, v. 27, p. 261.
167. *Mensky M. B.* — Preprint PIAN, 1971, No. 140, p. 29. — (Abstract of the report at Int. Sem on Funct. Methods in Quant. Field Theory and Statistics, Moscow, 1971).
168. *Менский М. Б.* — В сб.: Гравитация: проблемы и перспективы (памяти акад. А. З. Петрова). — Киев: Наукова думка, 1972, с. 157.
169. *Менский М. Б.* — В сб.: Проблемы теории гравитации и элементарных частиц, вып. 7. — Труды ВНИИФТРИ, вып. 16 (46). — М., 1972, с. 73.
170. *Менский М. Б.* — Теор. и мат. физ., 1974, т. 18, с. 190.
171. *Mensky M. B.* — In: Abstracts of Contributed Papers, 8th Intern. Conf. on Gen. Rel. and Grav. (Waterloo, 1977). — Waterloo, 1977, p. 251.
172. *Mensky M. B.* — Lett. Math. Phys., 1978, v. 2, p. 175.
173. *Mensky M. B.* — Lett. Math. Phys., 1979, v. 3, p. 513.
174. *Mensky M. B.* — In: Abstracts of Contributed Papers, 9th Intern. Conf. on Gen. Rel. and Grav. (Jena, 1980). — Jena, 1980, v. 3, p. 572.
175. *Mensky M. B.* — В сб.: Теор.-группов. методы в физ. Труды Междунар. семинара, Звенигород, 1979. — М., 1980, т. II, с. 291.

改訂版で追加されたもの

176. *Kalb M.*, *Ramond P.*—Phys. Rev., 1974, v. D9, p. 2273.
177. *Cremmer E.*, *Scherk J.*—Nucl. Phys., 1974, v. B72, p. 117.
178. *Nambu Y.*—Phys. Repts., 1976, v. 23, p. 250.
179. *Freedman D. Z.*, *Townsend P. K.*—Nucl. Phys., 1981, v. B177, p. 282.
180. Обухов ю, Н.—Теор. мат. Физ., 1982, т. 50, с. 350.
181. *Han M. Y.*, *Nambu Y.*—Phys. Rev., 1965, v. 139, p. 1006.
182. *Lubkin E.*—Ann. Phys., 1963, v. 23, p. 233.
183. Менский М. Б.—в сб. "Проблемы теории гравитации и элементарных частиц", вып. 7.—Труды ВНИИФТРИ, вып. 16 (46).—М., 1972, с. 115.
184. *Wigner E.*—Ann. Math., 1939, v. 40, p. 149.
185. *Newton T. D.*, *Wigner E. P.*—Reviews of Modern Phys., 1949, v. 21, p. 400.
186. *Wightman A. S.*—Reviews of Modern Phys. 1962, v. 34, p. 845.
187. Холл М. Теория групп. —М.: Изд-во иностр. лнт-ры, 1962.
188. *Mensky M. B.*—In "Contributed papers, 10 th Intern. Conf. on Gen. Rel. and Grav., Padova, 1983", Padova, 1983, v. 1, p. 583.
189. *Mensky M. B. Group-theoretical approach to* a path integral.—Доклад на 2ом Межд. сем. "Теор.-групповые методы в Физике", Звенигород, 1982.
190. Менский М. Б.—Теор. мат. Физ., 1983, т. 57, с. 217.
191. Воронов Н. А., Макеенко Ю. М.—Ядерная Физика, 1982, т. 36, с. 758.
192. *Diósi L.*—Phys. Rev., 1983, v. D27, p. 2552.
193. *Niemi A. J.*, *Paranjape M. B.*, *Semenoff G. W.*—Phys. Rev. Lett., 1984, v. 53, p. 515.

事項索引

サ行

タ 行

ナ 行

ハ 行

マ 行

ヤ，ラ行

［訳者注］ 本書で用いた訳語について，参考のために，対応する（または対応すると思われる）英訳を挙げておく．

亜群	groupoid	径路変数	contour variable	標構	reference
半群	halfgroup	順序指数関数	ordered exponent	非原始的な	imprimitive
径路	path	可能事象	alternative	紐	string
閉路	contour	類形	analogue	荷	charge
軌道	trajectory	異形	variant		
ループ	loop	織り込み	weaving		

ISBN4-8427-0000-9

訳者紹介

町田　茂（まちだ しげる）
昭和24年東京大学理学部卒
現在京都大学理学部教授
理学博士

菅野公男（すがの きみお）
昭和46年京都大学大学院
理学研究科博士課程修了

径路の 幾何学と素粒子論　　1988 ©

1988年10月25日　第１刷発行

監訳者　町　田　　　茂
訳　者　菅　野　公　男
発行者　吉　岡　　　誠

京都市左京区田中門前町87
株式会社　吉　岡　書　店
電(075)781-4747/振替京都3-4624

昭和堂印刷所・清水製本

ISBN4-8427-0220-6

径路の幾何学と素粒子論 [POD版]

2000年8月1日　発行

著　者　メンスキー

発行者　吉岡　誠

発　行　株式会社　吉岡書店
〒606-8225
京都市左京区田中門前町87
TEL 075-781-4747　FAX 075-701-9075

印刷・製本　ココデ印刷株式会社
〒173-0001
東京都板橋区本町34-5

ISBN 978-4-8427-0285-8 C3342　Printed in Japan